科学出版社“十三五”普通高等教育本科规划教材

高等数学（经、管类）

郭　军　房少梅　总主编
张　昕　王学峰　主　编

科学出版社
北　京

内 容 简 介

本书共10章，包括函数与极限、导数与微分、微分中值定理及其应用、不定积分、定积分及其应用、空间解析几何初步、多元函数微分学、二重积分、无穷级数、微分方程与差分方程等内容。书后附有积分表、几种常用的曲线和各章节习题及总习题的参考答案。

本书内容由浅入深，叙述详细，主次分明，通俗易懂，便于教学，也便于自学；例题选取难易适度，有助于加深对基本概念的理解和计算方法的掌握；强调数学方法与其他学科，尤其是经济学的相互联系，增强应用数学方法的意识，为后继课程的学习打好数学基础。

本书既可作为高等院校经济管理类专业本、专科（高职）的高等数学课程的教材，也可作为各类成人教育相应课程的教材，还可作为经济管理人员的参考书。

图书在版编目（CIP）数据

高等数学：经、管类 / 张昕，王学峰主编. —北京：科学出版社，2018.7

科学出版社“十三五”普通高等教育本科规划教材

ISBN 978-7-03-057565-4

Ⅰ. ①高… Ⅱ. ①张… ②王… Ⅲ. ①高等数学–高等学校–教材 Ⅳ. ①O13

中国版本图书馆CIP数据核字（2018）第112476号

责任编辑：郭勇斌 邓新平 / 责任校对：王萌萌

责任印制：师艳茹 / 封面设计：蔡美宇

科学出版社出版

北京东黄城根北街16号

邮政编码：100717

http: //www.sciencep.com

石家庄继文印刷有限公司印刷

科学出版社发行 各地新华书店经销

*

2018年7月第 一 版 开本：720 × 1000 1/16

2023年8月第六次印刷 印张：30

字数：583 000

定价：59.00元

（如有印装质量问题，我社负责调换）

《高等数学（经、管类）》编委会

前　言

本书是为适应高校经济管理类专业对微积分的基本要求而编写的教材。我们希望本书能够配合高校经济管理类专业的教学改革，使数学与经济管理类专业相互渗透和融合，为培养学生的数学素质及其应用能力做出应有的贡献。

我们在编写过程中，以面向经济管理类专业和科技发展的需要为原则，舍弃了部分难度较大而应用很少的传统微积分内容，增加了经济应用的知识。在体系编排上，既注意体现数学课程循序渐进、由浅入深的特点，又尽可能对体系合理优化安排，避免烦琐复杂的推理证明，逻辑推理及证明尽可能做到适可而止，为了方便对教材中内容的选学和分层次教学，书中标有“*”的内容可以选学，不讲授这部分内容不会影响教材的系统性。在习题的选配方面，各节精选了一些概念性强、方法有代表性、难度适中的练习题，为了改变传统数学教材在许多非数学专业大学生心目中枯燥无味的形象，编写时注意概念与定理的直观描述与背景介绍，强调理论联系实际，为了便于读者阶段性复习，每章末给出了总练习题。

本书既可作为高等院校经济管理类专业本、专科（高职）的高等数学课程的教材，也可作为各类成人教育相应课程的教材，还可作为经济管理人员的参考书。

由于编者水平有限，书中难免有错漏之处，恳请读者批评指正，以便使本教材在今后教学实践的基础上更加完善。

编　者

2018 年 6 月于广州

前言

目　录

引 言

0.1 微积分学思想

经济与管理中的高等数学是研究经济、管理领域内数量关系与优化规律的科学，主要包括微分学和积分学，简称微积分. 微积分研究的对象是函数，主要是初等函数，其研究的方法是极限方法.

从古希腊开始，微积分的萌芽、产生、发展经历了两千多年的探索之路. 我国古代的《庄子・天下篇》中就有“一尺之棰，日取其半，万世不竭”的极限思想. 公元 263 年，刘徽提出了“割圆术”，用正多边形来逼近圆周，这正是极限思想的成功运用.

微分是通过对曲线作切线问题和求函数的极值问题而产生的. 微分方法的第一个真正值得注意的先驱工作起源于 1629 年费马（Fermat）陈述的概念，他给出了如何确定极大值和极小值的方法，其后英国剑桥大学的巴罗（Barrow）教授给出了求切线的方法，进一步推动了微分学概念的产生.

积分是由求某些面积、体积和弧长引起的，古希腊数学家阿基米德（Archimedes）在《抛物线求积法》中用穷竭法求抛物线弓形的面积是积分学的真正萌芽.

牛顿（Newton）和莱布尼茨（Leibniz）在总结前人的基础上，从不同的背景（运动的和几何的）出发，经过各自独立的研究，建立了微分法和积分法，并洞悉了二者之间的联系，因此，将他们两人并列为微积分的创始人，并且莱布尼茨创造的微分和积分符号一直沿用至今.

微积分的精髓在于：在变化中考察各量之间的关系. 可以说，没有变化就没有微积分.

微积分的产生是数学上的伟大创造，它从生产实践和理论科学的需要中产生，又反过来广泛影响它们的发展.

0.2 预 备 知 识

0.2.1 集合及其运算

集合是数学中的一个基本概念，例如，一个班的全体学生构成一个集合，全体整数构成一个集合，等等. 一般地，具有某种特定性质的事物的总体称为一个集合（简称集）. 组成这个集合的事物称为这个集合的元素.

集合通常用大写的拉丁字母 A，B，C，…表示，其元素则用小写的拉丁字母 a，b，c，…表示. 如果 a 是集合 A 的元素，就称 a 属于 A，记作 $a\in A$，否则，就称 a 不属于 A，记作 $a\notin A$. 含有有限个元素的集合称为有限集；不是有限集的集合称为无限集.

对于数集，习惯上把全体自然数的集合记作 $\mathbf{N}$；全体整数的集合记作 $\mathbf{Z}$；全体有理数的集合记作 $\mathbf{Q}$；全体实数的集合记作 $\mathbf{R}$. 我们有时在表示数集的字母的右上角标上“*”来表示该数集内排除 0 的集，标上“+”来表示该数集内排除 0 与负数的集. 例如，全体正整数的集合记作 $\mathbf{Z}^+$，即 $\mathbf{Z}^+=\{1,2,3,\cdots,n,\cdots\}$.

如果集合 A 的元素都是集合 B 的元素，则称 A 是 B 的子集，记作 $A\subseteq B$ 或 $B\supseteq A$. 如果集合 A 与集合 B 互为子集，则称集合 A 与集合 B 相等，记作 $A=B$，即 $A=B\Leftrightarrow A\subseteq B$ 且 $B\subseteq A$. 如果 $A\subseteq B$ 且 $A\neq B$，则称集合 A 是集合 B 的真子集，记作 $A\subset B$. 不含任何元素的集合称为空集，记作 $\varnothing$. 规定空集是任何集合 A 的子集，即 $\varnothing\subseteq A$.

集合的基本运算有交、并、差等. 设 A、B 为两个集合，由所有既属于 A 又属于 B 的元素组成的集合，称为 A 与 B 的交集（简称交），记作 $A\cap B$，即

$$A\cap B=\{x\,|\,x\in A \text{ 且 } x\in B\};$$

由所有属于 A 或者属于 B 的元素组成的集合，称为 A 与 B 的并集（简称并），记作 $A\cup B$，即

$$A\cup B=\{x\,|\,x\in A \text{ 或 } x\in B\};$$

由所有属于 A 而不属于 B 的元素组成的集合，称为 A 与 B 的差集（简称差），记作 $A\setminus B$，即

$$A\setminus B=\{x\,|\,x\in A \text{ 且 } x\notin B\}.$$

有时我们所研究的集合 A、B 都是集合 I 的子集，此时，称集合 I 为全集或基本集，称 $I\setminus A$ 为 A 的余集或补集，记作 A^C.

设 A、B、C 为任意三个集合，则集合的交、并、余运算满足下列运算规律：

（1）交换律：$A\cap B=B\cap A$，$A\cup B=B\cup A$；

（2）结合律：$(A\cap B)\cap C=A\cap(B\cap C)$，$(A\cup B)\cup C=A\cup(B\cup C)$；

（3）分配律：$(A\cap B)\cup C=(A\cup C)\cap(B\cup C)$，$(A\cup B)\cap C=(A\cap C)\cup(B\cap C)$；

（4）对偶律：$(A\cap B)^C=A^C\cup B^C$，$(A\cup B)^C=A^C\cap B^C$.

0.2.2　区间和邻域

设a、$b\in\mathbf{R}$，且$a<b$．我们称数集$\{x\,|\,a<x<b\}$为开区间，记作(a,b)；数集$\{x\,|\,a\leqslant x\leqslant b\}$称为闭区间，记作$[a,b]$；类似地，数集$\{x\,|\,a\leqslant x<b\}$，$\{x\,|\,a<x\leqslant b\}$称为半开半闭区间，分别记作$[a,b)$和$(a,b]$．$a$与$b$称为区间的端点，当$a<b$时，$a$称为左端点，$b$称为右端点．以上这几类区间统称为有限区间．

除了上述这些有限区间以外，还有各种无限区间．引进符号∞（读作无穷大）、$+\infty$（读作正无穷大）及$-\infty$（读作负无穷大），则可类似地表示无限区间．例如，集合$\{x\,|\,x\geqslant a\}$可记为$[a,+\infty)$，集合$\{x\,|\,x<b\}$可记为$(-\infty,b)$，全体实数的集合$\mathbf{R}$也可记为$(-\infty,+\infty)$．有限区间和无限区间统称为区间．

闭区间$[a,b]$、开区间(a,b)及无限区间$[a,+\infty)$和$(-\infty,b)$在数轴上表示分别如图0-1（a）、（b）、（c）和（d）所示．

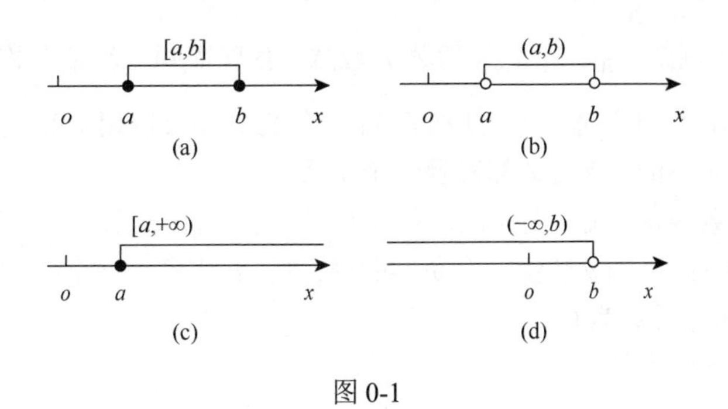

图 0-1

设$a,\delta\in\mathbf{R}$，$\delta>0$．满足绝对值不等式$|x-a|<\delta$的全体实数x的集合称为点a的δ邻域，记作$U(a,\delta)$（图0-2），或简单地写作$U(a)$．即有

$$U(a,\delta)=\{x\,\|\,x-a|<\delta\}=(a-\delta,a+\delta).$$

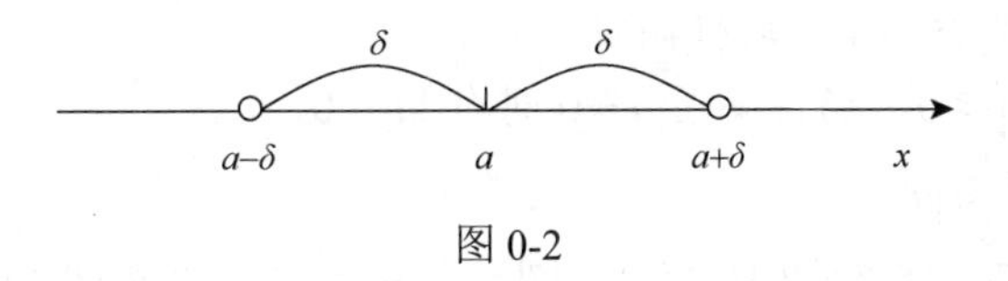

图 0-2

点a的空心δ邻域定义为

$$\mathring{U}(a,\delta)=\{x\,|\,0<|x-a|<\delta\}.$$

它也可简单地记作$\mathring{U}(\delta)$. 注意, $\mathring{U}(a,\delta)$与$U(a,\delta)$的差别在于：$\mathring{U}(a,\delta)$不包含点a.

此外, 我们还常用到以下几种邻域：

点a的δ左邻域$U_{-}(a,\delta)=(a-\delta,a]$；

点a的δ右邻域$U_{+}(a,\delta)=[a,a+\delta)$；

$U_{-}(a,\delta)$与$U_{+}(a,\delta)$去除点a后, 分别为点a的空心δ左、右邻域, 简记为$\mathring{U}_{-}(a,\delta)$与$\mathring{U}_{+}(a,\delta)$.

0.2.3　实数与实数的绝对值

在中学数学课程中, 我们知道实数由有理数和无理数两部分组成. 有理数可用分数形式$\dfrac{p}{q}$（p、q为整数, $q\neq 0$）表示, 也可用有限十进小数或无限十进循环小数来表示. 例如, $\dfrac{2}{5}$可表示为0.4, $\dfrac{1}{3}$可表示为$0.\dot{3}$, 等等. 无限十进不循环小数则称为无理数. 例如, $\pi,\sqrt{2}-\sqrt{3}$等为无理数. 有理数和无理数统称为实数。

实数与数轴上的点是一一对应的, 每一个实数都可以用数轴上的一个点来表示；反之, 数轴上每一个点又都表示一个实数.

如果一实数为a, 我们用$-a$表示a的相反数, 当a表示一个正实数时, $-a$就表示一个负实数；又当a表示一个负实数时, 则$-a$就表示一个正实数. a与$-a$互为相反数. 0的相反数为0.

实数a的绝对值定义为

$$|a|=\begin{cases}a, & a>0,\\0, & a=0,\\-a, & a<0.\end{cases}$$

例如, $|\pi|=\pi$, $|\sqrt{2}-\sqrt{3}|=\sqrt{3}-\sqrt{2}$. 从数轴上看, 数$a$的绝对值$|a|$就是点$a$到原点的距离.

实数的绝对值有如下一些性质：

（1）$|a|=|-a|\geqslant 0$, 当且仅当$a=0$时有$|a|=0$；

（2）$-|a|\leqslant a\leqslant |a|$；

（3）$|a|<h\Leftrightarrow -h<a<h\ (h>0)$；$|a|\leqslant h\Leftrightarrow -h\leqslant a\leqslant h\ (h>0)$；

（4）$|ab|=|a||b|$；

（5）$\left|\dfrac{a}{b}\right|=\dfrac{|a|}{|b|}\ (b\neq 0)$.

解绝对值不等式最后归结为以下两种情形：

（1）$|x|<a$，当$a\leqslant 0$时，其解集为空集；当$a>0$时，解集为

$$\{x|-a<x<a\};$$

（2）$|x|>a$，当$a<0$时，其解集为全体实数$\mathbf{R}$；当$a\geqslant 0$时，解集为

$$\{x|x<-a\}\cup\{x|x>a\}.$$

0.2.4 逻辑推理及符号

若命题A成立必然得到命题B成立，则称命题A为命题B的充分条件，或称命题B为命题A的必要条件.

若命题A成立必然得到命题B成立且命题B成立必然得到命题A成立，则称命题A为命题B的充要条件，或称命题B为命题A的充要条件，即命题A等价于命题B.

在数学的逻辑推理中，为了书写方便，我们常采用下列逻辑符号.

符号“$\forall$”表示“任给”或“每一个”；符号“$\exists$”表示“存在”或“找到”；符号“$A\Leftrightarrow B$”表示命题（或条件）A与B等价，或命题（或条件）A与B互为充要条件.

第1章　函数与极限

微积分学是以函数为研究对象的一门科学. 所谓函数关系就是变量之间的依赖关系. 极限方法是研究函数的一种基本方法, 它是学习微分学、积分学的基础. 本章将介绍函数、函数极限和函数的连续性等基本概念及其性质.

1.1　函　　数

1.1.1　函数的定义

我们在研究某一实际问题或自然现象的过程中, 往往发现所涉及的变量并不是独立变化的, 变量之间总会存在着某种依存关系. 下面我们考察两个例子.

例 1.1　圆的面积 s 随半径 r 的改变而变化, 它们的关系为

$$s=\pi r^2,\ r\in(0,+\infty).$$

例 1.2　自由落体运动中, 下落的距离 h 和时间 t 都是变量, 它们有如下关系:

$$h=\frac{1}{2}gt^2, t\in[0,T].$$

从以上的例子我们看到, 它们所描述的问题虽各不相同, 但却有共同的特征:

(1) 每个问题中都有两个变量, 它们之间不是彼此孤立的, 而是相互联系, 相互制约的;

(2) 当一个变量在它的变化范围中任意取定一值时, 另一个变量按一定法则就有一个确定的值与这一事先取定的值相对应.

具有这两个特征的变量之间的依存关系, 我们称为函数关系.

定义 1.1　设两个变量 x 和 y, 当变量 x 在某给定的数集 D 中任意取一个值时, 变量 y 按照一定的法则 f 总有确定的数值和它对应, 则称 y 是 x 的函数, 记作 $y=f(x)$, $x\in D$. 其中 x 称为自变量, y 称为因变量, 数集 D 称为这个函数的定义域.

当自变量 x 取值 x_0 时, 与 x_0 对应的变量 y 的数值 y_0 称为函数 $f(x)$ 在点 x_0 处的函数值, 即 $y_0=f(x_0)$.

函数值 $f(x)$ 全体所构成的集合称为函数的值域, 记作 R_f 或 $f(D)$, 即

$$R_f = f(D) = \{y \mid y = f(x), x \in D\}.$$

例 1.1、例 1.2 的值域分别为 $R_f = (0,+\infty)$, $R_f = \left[0, \frac{1}{2}gT^2\right]$.

注　(1) 若对任意 $x \in D$, 按照一定的法则 f 只有一个 y 值与之对应, 则称函数 $y = f(x)$ 为单值函数. 否则, 称函数 $y = f(x)$ 为多值函数. 如函数 $y = \sqrt{1-x^2}$ 为单值函数, 由方程 $x^2 + y^2 = r^2$ 确定的函数为多值函数.

(2) 记号 f 和 $f(x)$ 的含义是有区别的: 前者表示自变量 x 与因变量 y 之间的对应法则, 而后者表示与自变量 x 对应的函数值, 但习惯上常用记号"$f(x), x \in D$"或"$y = f(x), x \in D$"来表示定义在 D 上的函数 f.

(3) 除了常用 f 表示函数的记号外, 还可以用"g""F""φ"等英文字母或希腊字母表示.

由函数的定义可知, 构成函数的两个基本要素为: 定义域 D 及对应法则 f. 如果两个函数的定义域和对应法则都相同, 则为同一函数, 否则就是不同的函数. 例如, 函数 $f(x) = 1$ 与 $g(x) = \sin^2 x + \cos^2 x$ 是同一函数; 而函数 $f(x) = x$ 与 $g(x) = \sqrt{x^2}$ 就不是同一函数.

函数的定义域通常按以下两种情形来确定: 一种是在实际问题中, 根据实际意义确定. 例如, 在圆的面积 s 与半径 r 的函数关系中, $s = \pi r^2$, 定义域为 $(0,+\infty)$, 因为 $r \leqslant 0$ 时不再有实际意义. 另一种是对用算式抽象地表达的函数, 通常约定这种函数的定义域是使得算式有意义的一切实数组成的集合. 例如, 函数 $y = \sqrt{9-x^2}$ 的定义域 D 为 $[-3,3]$, 函数 $y = \dfrac{1}{\sqrt{4-x^2}}$ 的定义域 D 为 $(-2,2)$.

函数的表示方法主要有三种: 解析法(公式法)、表格法、图像法.

点集 $P = \{(x,y) \mid y = f(x), x \in D\}$ 称为函数 $y = f(x)$ 的图形, 如图 1-1 所示.

常见的函数有我们中学数学里学过的常数函数、幂函数、指数函数、对数函数、三角函数、反三角函数等. 下面再举几个函数的例子.

例 1.3　符号函数

$$y = \operatorname{sgn} x = \begin{cases} 1, & x > 0, \\ 0, & x = 0, \\ -1, & x < 0. \end{cases}$$

其中, 定义域 $D = (-\infty,+\infty)$, 值域 $R_f = \{-1,0,1\}$ (图 1-2).

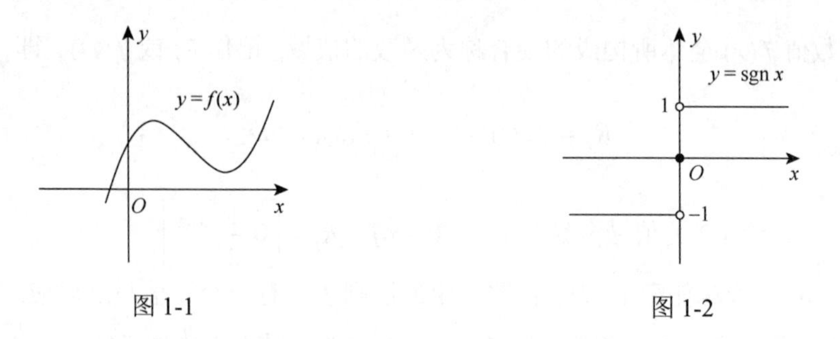

图 1-1　　　　图 1-2

例 1.4　取整函数 $y=[x]$，$[x]$表示不超过 x 的最大整数部分，x 为任一实数，如图 1-3 所示.

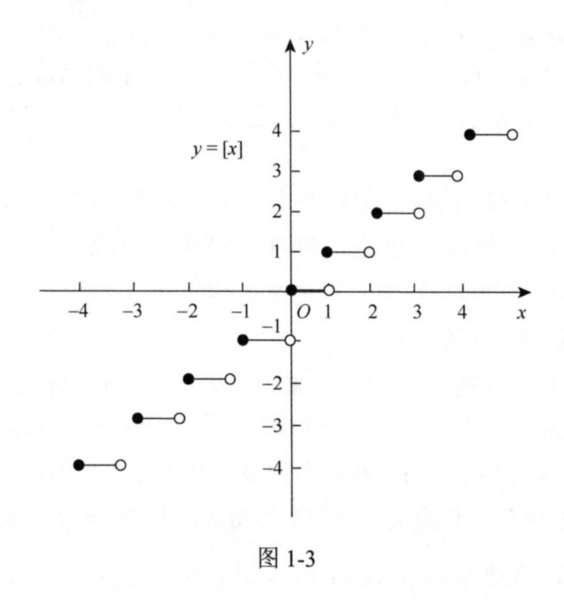

图 1-3

例 1.5　需求函数 $D(p)=\dfrac{1}{p}, D(p)=2-p$，供给函数 $S(p)=3\mathrm{e}^{0.5p}$ 等，其中 p 是价格.

1.1.2　函数的几种特性

1. 单调性

设函数 $f(x)$ 的定义域为 D，区间 $I\subset D$. 如果对于 I 上任意两点 x_1 及 x_2，当 $x_1<x_2$ 时，不等式 $f(x_1)\leqslant f(x_2)$ 成立，称函数 $f(x)$ 在区间 I 上是单调增加的. 特别当严格不等式 $f(x_1)<f(x_2)$ 成立，称函数 $f(x)$ 在区间 I 上是严格单调增加的

（图1-4）；反之，如果对于区间 I 上任意两点 x_1 及 x_2，当 $x_1 < x_2$ 时，不等式 $f(x_1) \geqslant f(x_2)$ 成立，称函数 $f(x)$ 在区间 I 上是单调减少的，特别当严格不等式 $f(x_1) > f(x_2)$ 成立，称函数 $f(x)$ 在区间 I 上是严格单调减少的（图1-5）. 单调增加和单调减少的函数统称为单调函数，严格单调增加和严格单调减少的函数统称为严格单调函数，区间 I 称为单调区间.

例如，函数 $y = 3x$ 在区间 $(-\infty, +\infty)$ 上是单调增加的. 函数 $y = \dfrac{1}{2x}$ 在区间 $(0, +\infty)$ 上是单调减少的，而在整个定义域 $(-\infty, 0) \cup (0, +\infty)$ 上不是单调的.

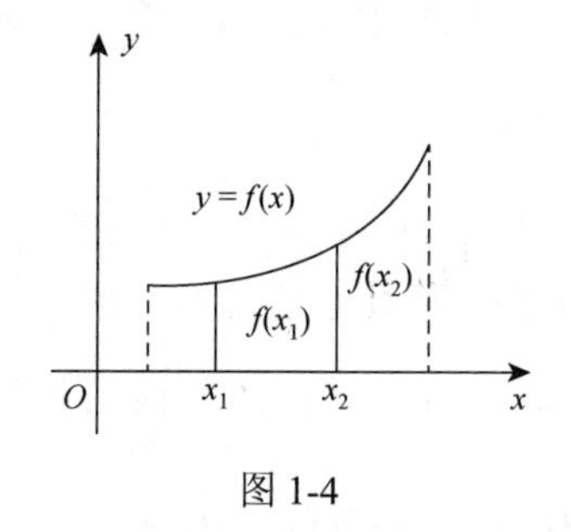

图 1-4

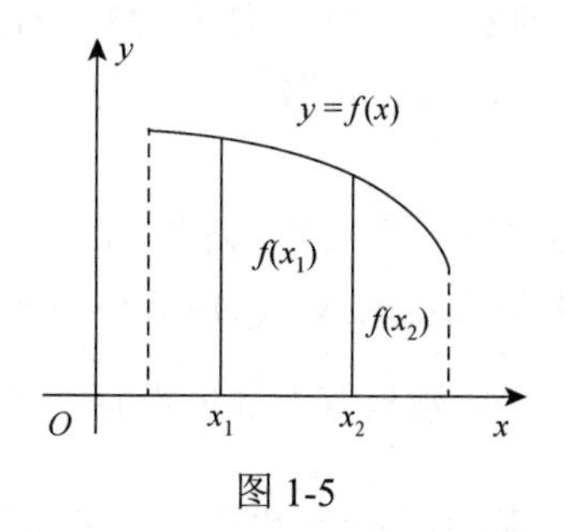

图 1-5

2. 奇偶性

设函数 $f(x)$ 的定义域 D 关于原点对称，即对任意 $x \in D$，有 $-x \in D$. 若等式 $f(-x) = -f(x)$ 恒成立，则称 $f(x)$ 为奇函数；若等式 $f(-x) = f(x)$ 恒成立，则称 $f(x)$ 为偶函数.

例如，函数 $f(x) = \sin x$ 是奇函数，因为 $f(-x) = \sin(-x) = -\sin x = -f(x)$. 函数 $f(x) = x^2 + 1$ 是偶函数，因为 $f(-x) = (-x)^2 + 1 = x^2 + 1 = f(x)$，而 $f(x) = x^2 + \sin x$ 既非奇函数，也非偶函数.

奇函数的图形关于原点对称，偶函数的图形关于 y 轴对称.

3. 有界性

设函数 $f(x)$ 的定义域为 D，数集 $X \subset D$. 如果存在正数 M，使得对任意 $x \in X$，都有

$$|f(x)| \leqslant M$$

成立，则称函数 $f(x)$ 在数集 X 上有界. 如果这样的 M 不存在，就称函数 $f(x)$ 在 X 上无界；即对任何正数 M，总可以在 X 上找到一点 x_1，使得 $|f(x_1)| > M$，则称函数 $f(x)$ 在 X 上无界.

对于函数 $f(x)$，如果存在常数 M_1，使得对任意 $x \in X$，都有

$$f(x) \leqslant M_1$$

成立，则称 $f(x)$ 在 X 上有上界，而 M_1 称为函数 $f(x)$ 在 X 上的一个上界. 如果存在常数 M_2，使得对任意 $x \in X$，都有

$$f(x) \geqslant M_2$$

成立，则称 $f(x)$ 在 X 上有下界，而 M_2 称为函数 $f(x)$ 在 X 上的一个下界.

例如，对于函数 $f(x) = \sin x$ 在区间 $(-\infty, +\infty)$ 上，因为

$$|f(x)| = |\sin x| \leqslant 1,$$

所以函数 $f(x) = \sin x$ 在区间 $(-\infty, +\infty)$ 上是有界的. 这里 $M = 1$（当然也可以取大于 1 的任何数作为 M 而使不等式 $|f(x)| \leqslant M$ 成立）. 同理，函数 $f(x) = 2 + \cos x$ 在区间 $(-\infty, +\infty)$ 上，因为

$$1 \leqslant f(x) = 2 + \cos x \leqslant 3,$$

则 3 是它的一个上界，这里 $M_1 = 3$；1 是它的一个下界，这里 $M_2 = 1$（当然，大于 3 的任何数也是函数 $f(x) = 2 + \cos x$ 的上界，小于 1 的任何数也是它的下界）.

有些函数只有上界但没有下界，如函数 $f(x) = -\dfrac{1}{x}$ 在开区间 $(0,1)$ 内，0 就是它的一个上界；有些函数没有上界但有下界，如函数 $f(x) = \dfrac{1}{x}$ 在开区间 $(0,1)$ 内，1 就是它的一个下界. 这两个函数在区间 $(0,1)$ 内是无界的，因为不存在这样的正数 M，使 $|f(x)| = \left|\pm\dfrac{1}{x}\right| = \dfrac{1}{x} \leqslant M$ 对于 $(0,1)$ 内的一切 x 都成立. 但是函数 $f(x) = \dfrac{1}{x}$ 在区间 $(1,3)$ 内是有界的，例如，取 $M = 1$ 时，对于一切 $x \in (1,3)$ 都有 $\left|\dfrac{1}{x}\right| \leqslant 1$ 成立.

读者容易证明，函数 $f(x)$ 在数集 X 上有界的充要条件是它在 X 上既有上界又有下界.

4. 周期性

设函数 $f(x)$ 的定义域为 D，如果存在一个不为零的数 l，使得对于任一 $x \in D$，有 $(x \pm l) \in D$ 且 $f(x \pm l) = f(x)$ 恒成立，则称函数 $f(x)$ 为周期函数. 数 l 称为函数 $f(x)$ 的周期，通常我们说周期函数的周期是指最小正周期，用 T 表示.

例如，函数 $f(x) = 1 + \sin\dfrac{x}{2}$ 的周期为 4π.

1.1.3 分段函数

如例 1.3 所示，有时一个函数需要用几个式子表示，这种在自变量的不同变化范围中，对应法则用不同式子来表示的函数，通常称为分段函数.

例 1.6　函数

$$y=f(x)=\begin{cases}3\sqrt{x}, & 0\leqslant x<1,\\ 1+x, & 1\leqslant x<2,\\ x^2+6x-5, & 2\leqslant x\leqslant 4\end{cases}$$

是一个分段函数. 它的定义域 $D=[0,4]$. 当 $x\in[0,1)$ 时, 对应的函数值 $f(x)=3\sqrt{x}$; 当 $x\in[1,2)$ 时, 对应的函数值 $f(x)=1+x$; 当 $x\in[2,4]$ 时, 对应的函数值 $f(x)=x^2+6x-5$. 如 $\frac{1}{4}\in[0,1)$, 则 $f\left(\frac{1}{4}\right)=3\sqrt{\frac{1}{4}}=\frac{3}{2}$.

在经济学与管理科学中, 我们经常会遇到分段函数的情形.

1.1.4　反函数与复合函数

函数 $y=f(x)$ 的自变量 x 与因变量 y 的关系往往是相对的. 有时我们不仅要研究 y 随 x 而变化的状况, 同时也要研究 x 随 y 而变化的状况. 因此, 我们引入反函数的概念.

设函数 $y=f(x),x\in D$ 满足: 对于值域 $f(D)$ 中的每一个值 y, D 中有且仅有一个 x 使得 $f(x)=y$, 按此对应法则得到一个定义在 $f(D)$ 上的函数, 称这个函数为 $f(x)$ 的**反函数**, 记作

$$x=f^{-1}(y),y\in f(D).$$

在反函数的表示式中, 是以 y 为自变量, x 为因变量的. 如果按习惯仍然用 x 作为自变量, y 作为因变量, 则函数 $f(x)$ 的反函数也可以记作

$$y=f^{-1}(x),x\in f(D).$$

例如, 函数 $y=x^3,x\in\mathbf{R}$ 与函数 $x=y^{\frac{1}{3}},y\in\mathbf{R}$ 互为反函数.

反函数 $y=f^{-1}(x)$ 与它的原函数 $y=f(x)$ 的图形画在同一坐标平面上, 这两个图形关于直线 $y=x$ 是对称的. 而且, 原函数 $y=f(x)$ 若在定义域 D 上是单调的, 则反函数 $y=f^{-1}(x)$ 在定义域 $f(D)$ 上也是单调的.

在实际问题中, 我们常常遇到一个函数还跟另一个函数发生联系. 如由函数 $y=\sqrt{u}$ 和函数 $u=1-x^2$ 可得函数 $y=\sqrt{1-x^2}$.

设函数 $y=f(u)$ 的定义域为 D_1, 函数 $u=\varphi(x)$ 在 D 上有定义, 且 $\varphi(D)\subset D_1$, 则由下式确定的函数

$$y=f[\varphi(x)],x\in D$$

称为由函数 $u=\varphi(x)$ 和函数 $y=f(u)$ 构成的复合函数，它的定义域为 D，变量 u 称为中间变量.

不是任何两个函数都可以复合成一个复合函数的. 例如，不能由函数 $y=\arcsin u$，$u=2+x^2$ 复合成 $y=\arcsin(2+x^2)$. 另外，复合函数可以由两个以上的函数经过复合构成. 如函数 $y=\sqrt[3]{\sin^2\frac{x}{2}}$ 是由 $y=\sqrt[3]{u}$，$u=v^2$，$v=\sin w$，$w=\frac{x}{2}$ 复合而成.

1.1.5 初等函数

初等函数是最常见的一类函数，它也是本教材最主要的研究对象.

下列几类函数是我们在中学数学中讨论过的，现将其汇总如下：

常数函数：$y=C$（其中 C 为任意实常数）.

幂函数：$y=x^\mu$（其中 μ 为任意实常数）.

指数函数：$y=a^x$（$a>0$且$a\neq 1$），在今后的学习中，用得最多的是指数函数 $y=\mathrm{e}^x$，其中 e 是一个无理数，它的值为 $\mathrm{e}=2.718\,281\,828\,459\,045\cdots$.

对数函数：$y=\log_a x$（$a>0$且$a\neq 1$）. 特别当 $a=\mathrm{e}$ 时，这种对数函数称为自然对数函数，记作 $y=\ln x$.

三角函数：如 $y=\sin x$，$y=\cos x$，$y=\tan x$，$y=\cot x$，$y=\sec x$，$y=\csc x$，等等.

反三角函数：由于三角函数是周期函数，它们在各自的定义域上不是一一对应的，所以不存在反函数. 若将三角函数的定义域限制在某一个单调区间上，这样的三角函数就存在反函数，称为反三角函数. 定义域限制在单调区间 $\left[-\frac{\pi}{2},\frac{\pi}{2}\right]$ 上的正弦函数的反函数称为反正弦函数，记为 $y=\arcsin x$. 即 $x=\sin y$，$y\in\left[-\frac{\pi}{2},\frac{\pi}{2}\right]$. 同理，可定义反余弦函数 $y=\arccos x$、反正切函数 $y=\arctan x$、反余切函数 $y=\operatorname{arccot} x$ 等.

函数 $y=\arcsin x$ 的定义域为 $[-1,1]$，值域为 $\left[-\frac{\pi}{2},\frac{\pi}{2}\right]$，它是奇函数且单调增加的；

函数 $y=\arccos x$ 的定义域为 $[-1,1]$，值域为 $[0,\pi]$，它是单调减少的；

函数 $y=\arctan x$ 的定义域为 $\mathbf{R}$，值域为 $\left(-\frac{\pi}{2},\frac{\pi}{2}\right)$，它是奇函数且单调增加的；

函数 $y=\operatorname{arccot} x$ 的定义域为 $\mathbf{R}$，值域为 $(0,\pi)$，它是单调减少的.

符号 $\arcsin x$ 可以理解为区间 $\left[-\dfrac{\pi}{2},\dfrac{\pi}{2}\right]$ 上的一个角度或弧度，也可理解为 $\left[-\dfrac{\pi}{2},\dfrac{\pi}{2}\right]$ 上的一个实数. 同理可以这样理解符号 $\arccos x$ 、 $\arctan x$ 、 $\operatorname{arccot} x$.

函数 $y=\arcsin x$ 即 $\sin y=x$ ， $y\in\left[-\dfrac{\pi}{2},\dfrac{\pi}{2}\right]$. 同样，函数 $y=\arccos x$ 即 $\cos y=x$ ， $y\in[0,\pi]$ ；函数 $y=\arctan x$ 即 $\tan y=x$ ， $y\in\left(-\dfrac{\pi}{2},\dfrac{\pi}{2}\right)$ ；函数 $y=\operatorname{arccot} x$ 即 $\cot y=x$ ， $y\in(0,\pi)$. 这些关系是解反三角函数问题的主要依据.

我们将反三角函数的一些恒等式列举如下，请读者自行证明：

$\sin(\arcsin x)=x, x\in[-1,1]$ ；　　　$\cos(\arccos x)=x, x\in[-1,1]$ ；

$\tan(\arctan x)=x, x\in(-\infty,\infty)$ ；　　　$\cot(\operatorname{arccot} x)=x, x\in(-\infty,\infty)$ ；

$\arcsin(\sin x)=x, x\in\left[-\dfrac{\pi}{2},\dfrac{\pi}{2}\right]$ ；　　　$\arccos(\cos x)=x, x\in[0,\pi]$ ；

$\arcsin x+\arccos x=\dfrac{\pi}{2}, x\in[-1,1]$ ；　　　$\arctan x+\operatorname{arccot} x=\dfrac{\pi}{2}, x\in\mathbf{R}$.

常数函数、幂函数、指数函数、对数函数、三角函数、反三角函数这六类函数统称为基本初等函数.

定义 1.2　由基本初等函数经过有限次的四则运算和复合运算所构成并可用一个解析式表示的函数称为初等函数.

例如，函数

$$y=\sin^2(3x+1), y=\sqrt{x^2+1}, y=\frac{\lg x+\sqrt[3]{x}+2\tan x}{10^x-x+9},$$

等等都是初等函数.

习　题　1-1

1. 求下列函数的定义域：

（1） $y=\dfrac{1}{x-1}+\sqrt{9-x^2}$ ；　　　（2） $y=\arcsin(x-2)-\cos\sqrt{x-2}$ ；

（3） $y=\ln(-x^2+3x-2)$ ；　　　（4） $y=2^{\frac{1}{x^3-x}}$ ；

（5） $y=\begin{cases}\sin\dfrac{1}{x-1}, & x\neq 1,\\ 2, & x=1;\end{cases}$　　　（6） $y=\dfrac{1}{1-x^2}+\sqrt{\sin x}$.

2. 已知 $f(x)$ 定义域为 $[0,1]$ ，求 $f(x^2), f(\sin x), f(x+a), f(x+a)+f(x-a)$ （ $a>0$ ）的定义域.

3. 设 $f(x)=\dfrac{1}{x^2}\left(1-\dfrac{a-x}{\sqrt{a^2-2ax+x^2}}\right), a>0$, 求函数值 $f\left(\dfrac{a}{2}\right), f(2a)$.

4. 设 $f(x)=\begin{cases}1, & |x|<1,\\ 0, & |x|=1,\\ -1, & |x|>1,\end{cases}$ $g(x)=2^x$，求 $f[g(x)]$ 与 $g[f(x)]$，并作出函数图形.

5. 设 $f(x)=\begin{cases}1+x, & x<0,\\ 1, & x\geqslant 0,\end{cases}$ 试证：$f[f(x)]=\begin{cases}2+x, & x<-1,\\ 1, & x\geqslant -1.\end{cases}$

6. 下列各组函数中，$f(x)$ 与 $g(x)$ 是否是同一函数？为什么？

（1）$f(x)=1+x^2, g(x)=\dfrac{x+x^3}{x}$；（2）$f(x)=\sqrt[3]{x^5-2x^3}, g(x)=x\sqrt[3]{x^2-2}$；

（3）$f(x)=1, g(x)=\sec^2 x-\tan^2 x$；（4）$f(x)=2\lg x, g(x)=\lg x^2$；

（5）$f(x)=\begin{cases}x+1, & x\leqslant 0,\\ 2x+1, & x>0,\end{cases}$ $g(x)=\dfrac{1}{2}(3x+\sqrt{x^2})+1$.

7. 确定下列函数的单调区间：

（1）$y=1+\sqrt{x-1}$；（2）$y=\dfrac{x}{1-x}$；

（3）$y=\left(\dfrac{1}{3}\right)^x$；（4）$y=1-\sin x$.

8. 下列函数中哪些是偶函数，哪些是奇函数，哪些既非偶函数又非奇函数？

（1）$y=\lg(x+\sqrt{x^2+1})$；（2）$y=\sqrt[3]{(1-x)^2}+\sqrt[3]{(1+x)^2}$；

（3）$y=\sin x+2\cos x-1$；（4）$y=\dfrac{a^x+a^{-x}}{2}$.

9. 设 $f(x)$ 是定义在 $[-l,l]$ 上的任意函数，证明：

（1）$f(x)+f(-x)$ 是偶函数，$f(x)-f(-x)$ 是奇函数；

（2）$f(x)$ 可表示成偶函数与奇函数之和的形式.

10. 证明函数在区间 I 上有界的充要条件是：函数在 I 上既有上界又有下界.

11. 下列函数是否是周期函数？对于周期函数指出其周期：

（1）$y=|\sin x|$；（2）$y=1+\sin \pi x$；

（3）$y=x\tan x$；（4）$y=\cos^2 x$.

12. 求下列函数的反函数：

（1）$y=\dfrac{2^x}{2^x+1}$；（2）$y=\dfrac{ax+b}{cx-a}\quad (a^2\neq bc)$；

（3）$y=\lg(x+\sqrt{x^2-1})$；（4）$y=3\cos 2x\quad \left(0\leqslant x\leqslant \dfrac{\pi}{2}\right)$.

13. 在下列各题中，求由所给函数构成的复合函数，并求这函数分别对应于给定自变量值 x_1 和 x_2 的函数值：

（1）$y = \mathrm{e}^u, u = x^2, x_1 = 0, x_2 = 2$；（2）$y = u^2 + 1, u = \mathrm{e}^v - 1, v = x + 1, x_1 = 1, x_2 = -1$.

14. 在一圆柱形容器内倒进某种溶液，该容器的底半径为 r，高为 H. 当倒进溶液后液面的高度为 h 时，溶液的体积为 V. 试把 h 表示为 V 的函数，并指出其定义区间.

15. 某城市的行政管理部门，在保证居民正常用水需要的前提下，为了节约用水，制定了如下收费方法：每户居民每月用水量不超过 4.5 吨（t）时，水费按 0.64 元/t 计算. 超过部分每吨以 5 倍价格收费. 试建立每月用水费用与用水量之间的函数关系. 并计算用水量分别为 3.5 t、4.5 t、5.5 t 的用水费用.

16. 收音机每台售价为 90 元，成本为 60 元. 厂方为了鼓励销售商大量采购，决定凡是订购量超过 100 台以上的，每多订购 1 台，售价就降低 1 分，但最低价为每台 75 元.

（1）将每台的实际售价 p 表示为订购量 x 的函数；

（2）将厂方所获的利润 R 表示成订购量 x 的函数；

（3）某一商行订购了 1000 台，厂方可获利润多少？

1.2　数列的极限

极限的概念和运算是高等数学的基础，微积分学的许多重要概念和推理过程，就是通过极限来表达或实现的. 本节主要介绍了数列极限的概念及收敛数列的性质.

1.2.1　数列极限的定义

无穷多个数 $x_1, x_2, x_3, \cdots, x_n, \cdots$ 按次序一个接一个地排列下去，就构成了一个数列，记作 $\{x_n\}$，第 n 项 x_n 称为数列的一般项或通项，例如：

（1）$\dfrac{1}{2}, \dfrac{2}{3}, \dfrac{3}{4}, \cdots, \dfrac{n}{n+1}, \cdots$；

（2）$1, -1, 1, -1, \cdots, 1, -1, \cdots$；

（3）$\sqrt{3}, \sqrt{3+\sqrt{3}}, \cdots, \sqrt{3+\sqrt{3+\sqrt{\cdots+\sqrt{3}}}}, \cdots$.

事实上，对于任给的正整数 n，都有一个数 x_n 与之对应，即数列给出了一个以正整数集为定义域的函数，此函数称为整标函数，即 $x_n = f(n)$. 另外，数列对应着数轴上一个点列，可看作一动点依次在数轴上取 $x_1, x_2, \cdots, x_n, \cdots$ 的点构成的点列（图 1-6）.

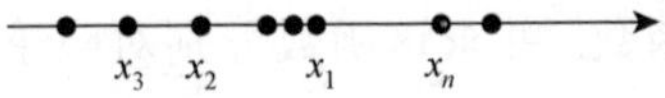

x_3　x_2　x_1　x_n

图 1-6

为了说明极限的概念，我们先考虑数列

$$0,\frac{3}{2},\frac{2}{3},\frac{5}{4},\cdots,1+\frac{(-1)^n}{n},\cdots$$

易知，当n无限增大，即n趋于无穷大时，一般项$x_n=1+\frac{(-1)^n}{n}$无限接近于常数1．那么，如何用精确的数学语言来阐述“当n趋于无穷大时，数列$\{x_n\}$无限接近一个确定的常数a”这一变化趋势？我们知道，两个数a与b之间的接近程度可以用这两个数之差的绝对值$|b-a|$来度量（$|b-a|$的几何意义表示点a与点b之间的距离），$|b-a|$越小，a与b就越接近．这样，“数列$\{x_n\}$无限接近一个确定的常数a”，就是$|x_n-a|$可以任意小，也就是说$|x_n-a|$可以小于预先给定的任意小的正数；“n趋于无穷大”就是要n充分大，大到足以保证$|x_n-a|$可以小于预先给定的任意小的正数．对于数列$x_n=1+\frac{(-1)^n}{n}$，若预先给定正数$\frac{1}{100}$，$|x_n-1|=\left|\left(1+\frac{(-1)^n}{n}\right)-1\right|=\frac{1}{n}$，所以要使$|x_n-1|<\frac{1}{100}$，只要$n>100$就可以了，即从第 101 项起，都能使$|x_n-1|<\frac{1}{100}$不等式成立．若预先给定正数$\frac{1}{1000}$，只要$n>1000$就可以了，即从第 1001 项起，都能使$|x_n-1|<\frac{1}{1000}$不等式成立．

一般地，对于任意给定的正数ε，若总存在着一个正整数$N=\left[\frac{1}{\varepsilon}\right]$，使得当$n>N$时，都能使不等式$|x_n-1|=\frac{1}{n}<\varepsilon$成立，我们就称数列$x_n=1+\frac{(-1)^n}{n}(n=1,2,\cdots)$当$n$趋于无穷大时的极限为1．

定义 1.3　设有数列$\{x_n\}$，a为常数，如果对任意给定的正数ε（无论它多么小），总存在正整数N，使得对于$n>N$的一切x_n，不等式

$$|x_n-a|<\varepsilon$$

都成立，那么称常数a为数列$\{x_n\}$当n趋于无穷大时的极限，或者称数列$\{x_n\}$收敛于a，记作

$$\lim_{n\to\infty}x_n=a \text{ 或 } x_n\to a \quad (n\to\infty).$$

如果不存在这样的a，则称数列$\{x_n\}$没有极限，或称数列$\{x_n\}$发散．习惯上也称$\lim\limits_{n\to\infty}x_n$不存在．

为方便起见，引入符号“$\forall$”表示“任给”或“每一个”，符号“$\exists$”表示“存在”．因此，数列极限$\lim\limits_{n\to\infty}x_n=a$的定义可表达为

$$\forall\varepsilon>0,\exists\text{正整数}N，\text{当}n>N\text{时，有}|x_n-a|<\varepsilon.$$

这就是所谓数列极限的“ε-N”定义.

注　(1) 不等式$|x_n-a|<\varepsilon$刻画了点x_n与a的无限接近;

(2) 一般地, 正整数N与给定的ε有关;

(3) 数列极限的几何意义如图 1-7 所示:

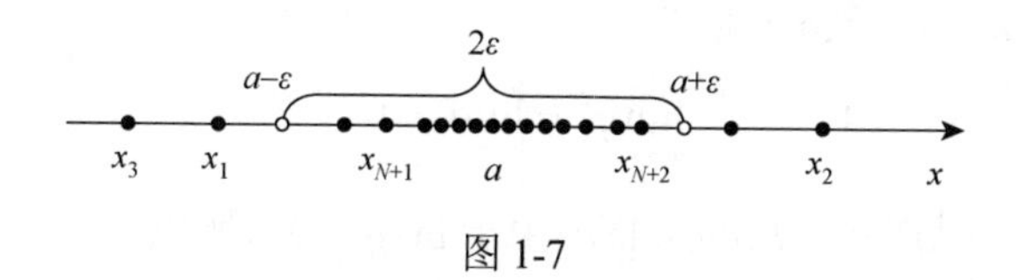

图 1-7

当$n>N$时, 即x_N以后所有的点x_n都落在开区间$(a-\varepsilon,a+\varepsilon)$内, 而只有有限个点（至多只有$N$个）在这区间以外. 请读者注意, 这是收敛数列的一个重要性质.

(4) 数列极限的定义并没有提供求极限的方法, 极限的求法将在以后逐步讲到.

例 1.7　设数列$x_n=C$（常数）, 证明$\lim\limits_{n\to\infty}x_n=C$.

证明　任给$\varepsilon>0$, 对于一切自然数n, 总有

$$|x_n-C|=|C-C|=0<\varepsilon$$

成立, 所以

$$\lim_{n\to\infty}x_n=C.$$

注　常数数列的极限等于同一常数.

例 1.8　证明 $\lim\limits_{n\to\infty}\frac{n+(-1)^{n-1}}{2n}=\frac{1}{2}$.

证明　由于

$$\left|x_n-\frac{1}{2}\right|=\left|\frac{n+(-1)^{n-1}}{2n}-\frac{1}{2}\right|=\frac{1}{2n},$$

任给$\varepsilon>0$, 要使$\left|x_n-\frac{1}{2}\right|<\varepsilon$, 只要

$$\frac{1}{2n}<\varepsilon,\text{ 即 } n>\frac{1}{2\varepsilon}.$$

取$N=\left[\frac{1}{2\varepsilon}\right]$, 则当$n>N$时, 就有

$$\left|\frac{n+(-1)^{n-1}}{2n}-\frac{1}{2}\right|<\varepsilon,$$

所以

$$\lim_{n\to\infty}\frac{n+(-1)^{n-1}}{2n}=\frac{1}{2}.$$

例 1.9　证明 $\lim\limits_{n\to\infty}q^n=0$，其中$|q|<1$.

证明　任给$\varepsilon>0$，若$q=0$,则

$$\lim_{n\to\infty}q^n=\lim_{n\to\infty}0=0;$$

若$0<|q|<1,|x_n-0|=|q^n|<\varepsilon,n\ln|q|<\ln\varepsilon$, 由于$\ln|q|<0$，所以

$$n>\frac{\ln\varepsilon}{\ln|q|},$$

取$N=\left[\dfrac{\ln\varepsilon}{\ln|q|}\right]$，则当$n>N$时，就有

$$|q^n-0|<\varepsilon,$$

所以

$$\lim_{n\to\infty}q^n=0.$$

1.2.2　收敛数列的性质

收敛数列具有以下性质.

定理 1.1（唯一性）　若数列$\{x_n\}$收敛，则其极限是唯一的.

证明　设$\lim\limits_{n\to\infty}x_n=a$，又$\lim\limits_{n\to\infty}x_n=b$. 由数列极限的定义可知，$\forall\varepsilon>0$，$\exists$正整数$N_1$，$N_2$，使得当$n>N_1$时，恒有

$$|x_n-a|<\frac{\varepsilon}{2},$$

当$n>N_2$时，恒有

$$|x_n-b|<\frac{\varepsilon}{2},$$

取$N=\max\{N_1,N_2\}$，则当$n>N$时，有$|a-b|=|(x_n-b)-(x_n-a)|\leqslant|x_n-b|+|x_n-a|<\dfrac{\varepsilon}{2}+\dfrac{\varepsilon}{2}=\varepsilon$. 由于$\varepsilon$的任意性，上式仅当$a=b$时才成立，所以收敛数列的极限是唯一的.

例 1.10　证明数列$x_n=(-1)^{n+1}$是发散的.

证明　反证法. 设 $\lim\limits_{n\to\infty} x_n = a$，由数列极限的定义，对于 $\varepsilon = \dfrac{1}{2}$，则 $\exists$ 正整数 N，使得当 $n > N$ 时，有 $|x_n - a| < \dfrac{1}{2}$ 成立，即当 $n > N$ 时，$x_n \in \left(a - \dfrac{1}{2}, a + \dfrac{1}{2}\right)$，其区间长度为 1. 因为当 $n \to \infty$ 时，x_n 无休止地反复取得 $1, -1$ 这两个数，而这两个数不可能同时位于长度为 1 的开区间 $\left(a - \dfrac{1}{2}, a + \dfrac{1}{2}\right)$ 内. 因此，数列 $x_n = (-1)^{n+1}$ 是发散的.

对于数列 $\{x_n\}$，如果存在正数 M，使得一切 x_n 都满足 $|x_n| \leqslant M$，则称数列 $\{x_n\}$ 是有界的；否则，如果这样的正数 M 不存在，则称数列 $\{x_n\}$ 是无界的. 例如，数列 $x_n = \dfrac{1}{n}$，$x_n = \cos\dfrac{n\pi}{2}$，等等都是有界的，这是因为可取 $M = 1$，$\left|\dfrac{1}{n}\right| \leqslant 1, \left|\cos\dfrac{n\pi}{2}\right| \leqslant 1$ 总成立. 数列 $x_n = 2n$ 是无界的，因为当 n 无限增加时，$2n$ 可以超过任何正数.

有界数列的点 x_n 在数轴上都落在闭区间 $[-M, M]$ 上.

定理 1.2（有界性）　若数列 $\{x_n\}$ 收敛，则数列 $\{x_n\}$ 有界.

证明　设 $\lim\limits_{n\to\infty} x_n = a$，由数列极限的定义，取 $\varepsilon = 1$，则 $\exists$ 正整数 N，使得当 $n > N$ 时，恒有

$$|x_n - a| < 1$$

成立. 那么当 $n > N$ 时，

$$|x_n| = |(x_n - a) + a| \leqslant |x_n - a| + |a| < 1 + |a|.$$

记 $M = \max\{|x_1|, |x_2|, \cdots, |x_N|, 1 + |a|\}$，则对一切自然数 n，皆有 $|x_n| \leqslant M$. 故 $\{x_n\}$ 有界.

注　由定理 1.2 可知，若数列 $\{x_n\}$ 收敛，则数列 $\{x_n\}$ 必有界. 反之，则不一定成立，即有界数列 $\{x_n\}$ 未必是收敛的. 例如，数列 $x_n = (-1)^{n-1}$ 有界但不收敛.

推论 1.1　无界数列必定发散.

定理 1.3（保号性）　如果 $\lim\limits_{n\to\infty} x_n = a$ 且 $a > 0$（或 $a < 0$），那么存在正整数 $N > 0$，当 $n > N$ 时，都有 $x_n > 0$（或 $x_n < 0$）.

证明　设 $a > 0$，由 $\lim\limits_{n\to\infty} x_n = a$，则对 $\varepsilon = \dfrac{a}{2} > 0$，$\exists$ 正整数 N，当 $n > N$ 时，有 $|x_n - a| < \dfrac{a}{2}$，从而 $x_n > a - \dfrac{a}{2} = \dfrac{a}{2} > 0$.

推论 1.2　如果数列 $\{x_n\}$ 从某项起有 $x_n \geqslant 0$（或 $x_n \leqslant 0$）且 $\lim\limits_{n\to\infty} x_n = a$，那么 $a \geqslant 0$（或 $a \leqslant 0$）.

请读者自行考虑，如果把推论 1.2 中的条件 $x_n \geqslant 0$（或 $x_n \leqslant 0$）换成严格不等式 $x_n > 0$（或 $x_n < 0$），那么能否把结论换成 $a > 0$（或 $a < 0$）？

以下介绍有关子数列的概念及收敛数列与其子数列间的关系.

在数列 $\{x_n\}$ 中任意抽取无限多项并保持这些项在原数列 $\{x_n\}$ 中的先后次序，这样得到的一个数列称为原数列 $\{x_n\}$ 的子数列（或子列）. 一般地，我们用 x_{n_k} 表示数列 $\{x_n\}$ 子数列的第 k 项，而 x_{n_k} 在原数列 $\{x_n\}$ 中却是第 n_k 项. 显然，$n_k \geqslant k$. 收敛数列与其子数列间有以下关系.

定理 1.4　如果数列 $\{x_n\}$ 收敛于 a，那么它的任一子数列也收敛，且极限也是 a.

定理 1.4 也给出了一种判断数列 $\{x_n\}$ 发散的方法. 如果数列 $\{x_n\}$ 有两个子数列收敛于不同的极限，那么数列 $\{x_n\}$ 是发散的. 例如，数列 $x_n=(-1)^n$ 的子数列 $\{x_{2k-1}\}$ 收敛于 -1，而子数列 $\{x_{2k}\}$ 收敛于 1，因此，数列 $x_n=(-1)^n$ 是发散的.

习　题　1-2

1. 设 $a_n=\dfrac{3n+2}{n+1}(n=1,2,3,\cdots)$，

（1）求 $|a_1-3|,|a_{10}-3|,|a_{100}-3|$ 的值；

（2）求 N，使当 $n>N$ 时，不等式 $|a_n-3|<10^{-4}$ 成立；

（3）求 N，使当 $n>N$ 时，不等式 $|a_n-3|<\varepsilon$ 成立.

2. 根据数列极限的定义证明：

（1）$\lim\limits_{n\to\infty}\dfrac{1}{\sqrt{n}}=0$；　　　　（2）$\lim\limits_{n\to\infty}\dfrac{\sqrt{n^2+3}}{n}=1$.

3. 若 $\lim\limits_{n\to\infty}u_n=a$，证明 $\lim\limits_{n\to\infty}|u_n|=|a|$. 并举例说明：如果数列 $\{|x_n|\}$ 有极限，但数列 $\{x_n\}$ 未必有极限.

4. 设数列 $\{x_n\}$ 的一般项 $x_n=\dfrac{1}{\sqrt{n}}\sin\dfrac{n\pi}{2}$，求 $\lim\limits_{n\to\infty}x_n$.

5. 对于数列 $\{x_n\}$，若 $x_{2k-1}\to A(k\to\infty)$，$x_{2k}\to A(k\to\infty)$，证明：$x_n\to A(n\to\infty)$.

1.3　函数的极限

1.3.1　函数极限的定义

在前一节我们讨论了数列的极限，下面讨论函数的极限. 如果函数 $f(x)$ 在自变量的某个变化过程中，对应的函数值无限接近于某个确定的数 A，那么这个确定的数 A 就称为在这一变化过程中函数的极限. 由于自变量的变化过程不同，函

数的极限就表现为不同的形式. 数列的极限可看作函数 $f(n)$ 当 $n\to\infty$ 时的极限, 这里自变量的变化过程是 $n\to\infty\ (n\in\mathbf{N}^+)$. 下面主要研究当自变量 x 趋于无穷大或趋于有限值时, 函数 $f(x)$ 的极限.

（1）自变量 x 的绝对值 $|x|$ 无限增大即 x 趋于无穷大（记作 $x\to\infty$ ）时, 对应的函数值 $f(x)$ 的变化情形;

（2）自变量 x 任意地接近于有限值 x_0 或趋于有限值 x_0 （记作 $x\to x_0$ ）时, 对应的函数值 $f(x)$ 的变化情形.

1. 自变量趋于无穷大时函数的极限

观察函数 $y=\dfrac{1}{x}$ 当 $x\to\infty$ 时的变化趋势（图 1-8）.

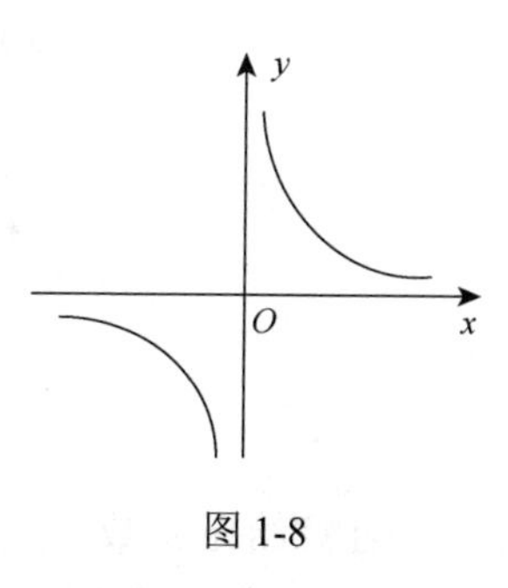

图 1-8

通过观察可知：当自变量的绝对值 $|x|$ 无限增大时, 函数 $f(x)=\dfrac{1}{x}$ 无限接近于常数 0 . 如何用数学语言来刻画这种当自变量的绝对值无限增大的过程中, 函数与常数的“无限接近”呢？通常我们用绝对值 $|b-a|$ 来表示点 a 与点 b 之间的距离（即接近程度）. 如果对于任意小的正数 ε （无论它多么小）, 都有 $|f(x)-A|<\varepsilon$, 就表明函数 $f(x)$ 与常数 A 的“无限接近”, 而绝对值 $|x|$ 无限增大的过程, 就是说对任意给定的 ε, 总存在正数 X , 满足 $|x|>X$ 的一切实数 x, 都有 $|f(x)-A|<\varepsilon$.

一般地, 当 x 趋于无穷大时, 函数极限的定义如下.

定义 1.4　设函数 $f(x)$ 当 $|x|$ 大于某一正数时都有定义. 如果存在常数 A, 对于任意给定的正数 ε（无论它多么小）, 总存在正数 X , 使得适合不等式 $|x|>X$ 的一切 x, 所对应的函数值 $f(x)$ 都满足不等式

$$|f(x)-A|<\varepsilon,$$

那么常数 A 就称为函数 $f(x)$ 当 x 趋于无穷大时的极限, 记作

$$\lim_{x\to\infty}f(x)=A \text{ 或 } f(x)\to A \quad (x\to\infty).$$

函数极限定义 1.4 可简单地表达成：$\forall\varepsilon>0$, $\exists X>0$, 当 $|x|>X$ 时, 若有 $|f(x)-A|<\varepsilon$, 则 $\lim\limits_{x\to\infty}f(x)=A$.

注　(1) 定义 1.4 也称为函数极限的“ ε - X ”定义, ε 是任意给定的正数, 当 ε 给定时, 一般来讲, X 与 ε 有关.

（2）定义 1.4 包含两种情况：

1）$x\to+\infty$，$\lim\limits_{x\to+\infty}f(x)=A \Leftrightarrow \forall\varepsilon>0$，$\exists X>0$，当 $x>X$ 时，有 $|f(x)-A|<\varepsilon$；

2）$x\to-\infty$，$\lim\limits_{x\to-\infty}f(x)=A \Leftrightarrow \forall\varepsilon>0$，$\exists X>0$，当 $x<-X$ 时，有 $|f(x)-A|<\varepsilon$.

（3）函数极限 $\lim\limits_{x\to\infty}f(x)=A$ 的几何解释（图 1-9）：

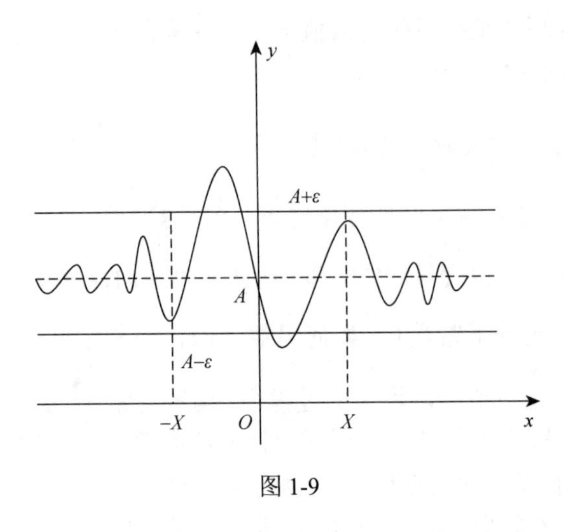

图 1-9

任意给定正数 ε，作直线 $y=A-\varepsilon$ 和 $y=A+\varepsilon$，则总存在一个正数 X，使得当 $x<-X$ 或 $x>X$ 时，函数 $y=f(x)$ 图形完全落在这两条直线之间.

例 1.11　证明 $\lim\limits_{x\to\infty}\dfrac{1}{x}=0$.

证明　$\forall\varepsilon>0$，由于

$$\left|\frac{1}{x}-0\right|=\left|\frac{1}{x}\right|=\frac{1}{|x|}<\varepsilon,$$

即 $|x|>\dfrac{1}{\varepsilon}$. 取 $X=\dfrac{1}{\varepsilon}$，则当 $|x|>X$ 时，恒有

$$\left|\frac{1}{x}-0\right|<\varepsilon.$$

故

$$\lim_{x\to\infty}\frac{1}{x}=0.$$

一般地，如果 $\lim\limits_{x\to\infty}f(x)=A$（$\lim\limits_{x\to+\infty}f(x)=A$ 或 $\lim\limits_{x\to-\infty}f(x)=A$），则称直线 $y=A$ 为函数 $y=f(x)$ 的图形的水平渐近线.

2. 自变量趋于有限值时函数的极限

如果函数 $y=f(x)$ 在点 x_0 的某个空心邻域内有定义，当 $x\to x_0$ 的过程中，对应的函数值 $f(x)$ 无限趋近于确定值 A，那么就说 A 是函数 $f(x)$ 当 $x\to x_0$ 时的极限.

考察函数 $y=f(x)=\dfrac{x^2-1}{x-1}$ $(x\neq 1)$，虽然函数在点 $x=1$ 处没有定义，但当 x 趋近于1时，$f(x)$ 与常数 2 无限接近. 我们用任意小的正数 ε，即 $|f(x)-A|<\varepsilon$ 表示 $f(x)$与常数A 无限接近. 而 $0<|x-x_0|<\delta$ 表示 $x\to x_0$ 的过程，即在点 x_0 的空心 δ 邻域中，邻域半径 δ 体现了 x 趋近于 x_0 的程度（图 1-10）.

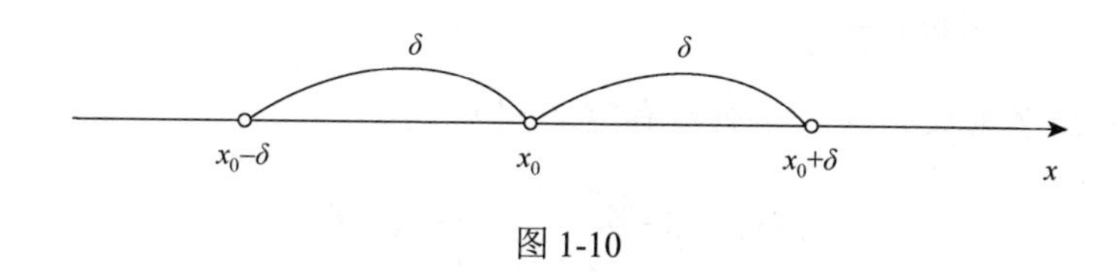

图 1-10

定义 1.5　设函数 $f(x)$ 在点 x_0 的某一空心邻域内有定义，如果存在常数 A，对于任意给定的正数 ε（不论它多么小），总存在正数 δ，使得对于适合不等式 $0<|x-x_0|<\delta$ 的一切 x，对应的函数值 $f(x)$ 都满足不等式

$$|f(x)-A|<\varepsilon,$$

那么常数 A 就称为函数 $f(x)$ 当 x 趋于 x_0 时的极限，记作

$$\lim_{x\to x_0} f(x)=A \text{ 或 } f(x)\to A \quad (x\to x_0).$$

函数极限定义 1.5 可简单地表达成：$\forall\varepsilon>0$ ，$\exists\delta>0$，当 $0<|x-x_0|<\delta$ 时，总有 $|f(x)-A|<\varepsilon$.

注　（1）定义 1.5 也称为函数极限的“ε-δ”定义，ε 是任意给定的正数，当 ε 给定时，一般而言 δ 与 ε 有关.

（2）定义 1.5 中 $0<|x-x_0|$ 表明 x 与 x_0 不相等，故当 x 趋于 x_0 时，函数 $f(x)$ 有无极限与函数 $f(x)$ 在点 x_0 处有无定义无关.

（3）$\lim\limits_{x\to x_0} f(x)=A$ 的几何解释：

任意给定正数 ε，作直线 $y=A-\varepsilon$ 和 $y=A+\varepsilon$. 对于给定的 ε，存在着点 x_0 的一个空心 δ 邻域，当 x 在 x_0 的空心 δ 邻域内时，函数 $y=f(x)$ 的图形完全落在直线 $y=A-\varepsilon$ 和 $y=A+\varepsilon$ 之间的带形区域内（图 1-11）.

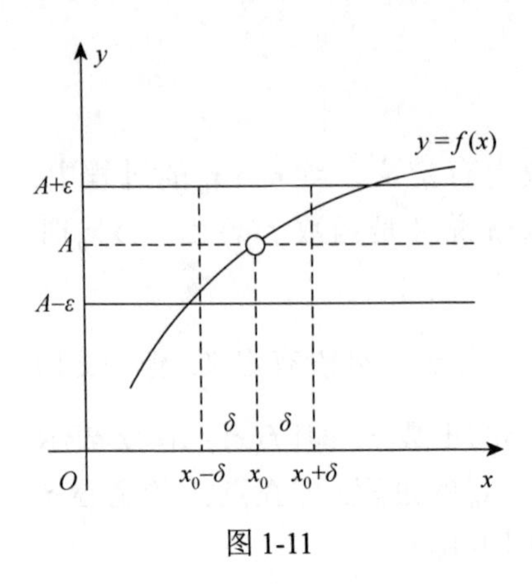

图 1-11

例 1.12　证明 $\lim\limits_{x\to1}(x^2-2x+5)=4$.

证明　由于

$|f(x)-A|=|(x^2-2x+5)-4|=|x^2-2x+1|=|x-1|^2$,

任给 $\varepsilon>0$，取 $\delta=\sqrt{\varepsilon}$，只要 $0<|x-1|<\delta=\sqrt{\varepsilon}$，就有

$$|(x^2-2x+5)-4|<\varepsilon,$$

所以

$$\lim_{x\to1}(x^2-2x+5)=4$$

成立.

例 1.13　证明 $\lim\limits_{x\to3}\dfrac{x^2-9}{x-3}=6$.

证明　虽然函数在点 $x=3$ 处没有定义. 但由于

$$|f(x)-A|=\left|\frac{x^2-9}{x-3}-6\right|=|x-3|,$$

任给 $\varepsilon>0$，要使

$$|f(x)-A|=|x-3|<\varepsilon,$$

只要取 $\delta=\varepsilon$，当 $0<|x-3|<\delta$ 时，就有

$$\left|\frac{x^2-9}{x-3}-6\right|<\varepsilon,$$

则

$$\lim_{x\to3}\frac{x^2-9}{x-3}=6.$$

例 1.14　证明：$\lim\limits_{x\to2}x^2=4$.

证明　由于

$$|f(x)-A|=|x^2-4|=|x+2||x-2|,$$

不妨假设 $|x-2|<1$，则有 $1<x<3$ 和 $3<|x+2|<5$，那么

$$|f(x)-A|=|x^2-4|=|x+2||x-2|<5|x-2|.$$

对于任意给定的 $\varepsilon>0$，要使

$$|f(x)-A|<\varepsilon,$$

只要

$$|x-2|<\frac{\varepsilon}{5}.$$

又由于假设了$|x-2|<1$，因此，取$\delta=\min\left\{1,\frac{\varepsilon}{5}\right\}$，则当$0<|x-2|<\delta$ 时，就有

$$|x^2-4|<\varepsilon,$$

所以

$$\lim_{x\to 2}x^2=4.$$

由极限的定义知，$x\to x_0$是从左右两侧趋于x_0的，而有时只须考虑从一侧趋于x_0. x从左侧趋近于x_0，记作$x\to x_0^-$；x从右侧趋近于x_0，记作$x\to x_0^+$.

左极限：$\forall\varepsilon>0$，$\exists\delta>0$，当$x_0-\delta<x<x_0$时，恒有$|f(x)-A|<\varepsilon$，那么A就称为函数$f(x)$当$x\to x_0$时的左极限. 记作$\lim\limits_{x\to x_0^-}f(x)=A$或$f(x_0-0)=A$.

右极限：$\forall\varepsilon>0$，$\exists\delta>0$，当$x_0<x<x_0+\delta$时，恒有$|f(x)-A|<\varepsilon$，那么A就称为函数$f(x)$当$x\to x_0$时的右极限. 记作$\lim\limits_{x\to x_0^+}f(x)=A$或$f(x_0+0)=A$.

左极限和右极限统称为单侧极限.

左极限、右极限及函数极限存在以下关系.

定理 1.5　函数$f(x)$当x趋于x_0时极限存在的充要条件是左极限、右极限各自存在且相等，即

$$\lim_{x\to x_0}f(x)=A\Leftrightarrow f(x_0-0)=f(x_0+0)=A.$$

例1.15　设$f(x)=\begin{cases}1-x, & x<0\\ x^2+1, & x\geqslant 0\end{cases}$（图1-12），证明$\lim\limits_{x\to 0}f(x)=1$.

证明　因为$\lim\limits_{x\to 0^-}f(x)=\lim\limits_{x\to 0^-}(1-x)=1$，$\lim\limits_{x\to 0^+}f(x)=\lim\limits_{x\to 0^+}(x^2+1)=1$，所以$\lim\limits_{x\to 0}f(x)=1$.

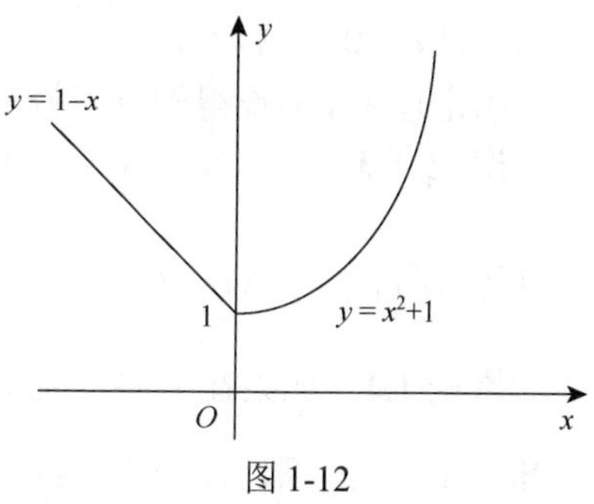

图 1-12

例 1.16　验证$\lim\limits_{x\to 0}\frac{|x|}{x}$不存在.

证明　$\lim\limits_{x\to 0^-}\frac{|x|}{x}=\lim\limits_{x\to 0^-}\frac{-x}{x}=\lim\limits_{x\to 0^-}(-1)=-1$，$\lim\limits_{x\to 0^+}\frac{|x|}{x}=\lim\limits_{x\to 0^+}\frac{x}{x}=\lim\limits_{x\to 0^+}1=1$，左右极限虽然存在但不相等，所以$\lim\limits_{x\to 0}f(x)$不存在.

1.3.2　函数极限的性质

类似收敛数列的性质，可得函数极限的一些相应的性质.

定理 1.6（唯一性）　若 $\lim\limits_{x\to x_0} f(x)=A$，且 $\lim\limits_{x\to x_0} f(x)=B$，则 $A=B$.

定理 1.7（局部有界性）　若 $\lim\limits_{x\to x_0} f(x)=a$，则存在一个空心邻域 $\mathring{U}(x_0,\delta)$，$\delta>0$，使得函数 $f(x)$ 在 $\mathring{U}(x_0,\delta)$ 内有界.

证明　由于 $\lim\limits_{x\to x_0} f(x)=a$，取 $\varepsilon=1$，则 $\exists\delta>0$，当 $x\in\mathring{U}(x_0,\delta)$ 时，有

$$|f(x)-a|<1，即 a-1<f(x)<a+1，$$

令 $M=\max\{|a-1|,|a+1|\}$，则

$$|f(x)|\leqslant M，$$

定理 1.7 得证.

定理 1.8（局部保号性）　如果 $\lim\limits_{x\to x_0} f(x)=a$，而且 $a>0$（或 $a<0$），则存在一个 $\mathring{U}(x_0,\delta)$，当 x 在 $\mathring{U}(x_0,\delta)$ 内时，就有 $f(x)>0$（或 $f(x)<0$）.

证明　设 $a>0$，由 $\lim\limits_{x\to x_0} f(x)=a$，取 $\varepsilon=\dfrac{a}{2}>0$，则 $\exists\delta>0$，当 $x\in\mathring{U}(x_0,\delta)$ 时，有

$$|f(x)-a|<\frac{a}{2}，$$

故有

$$f(x)>a-\frac{a}{2}=\frac{a}{2}>0\cdot$$

类似可证 $a<0$ 的情形.

由定理 1.8 不难得到以下推论：

推论 1.3　设 $\lim\limits_{x\to x_0} f(x)=a$，$\lim\limits_{x\to x_0} g(x)=b$，且 $a<b$，则存在 $\delta>0$，对任意 $x\in\mathring{U}(x_0,\delta)$，有 $f(x)<g(x)$.

推论 1.4　如果在 x_0 的空心 δ 邻域 $\mathring{U}(x_0,\delta)$ 内，$f(x)\geqslant 0$（或 $f(x)\leqslant 0$），而且 $\lim\limits_{x\to x_0} f(x)=a$，那么 $a\geqslant 0$（或 $a\leqslant 0$）.

推论 1.5　如果 $\exists\delta>0,\forall x\in\mathring{U}(x_0,\delta)$ 时，有 $f(x)\geqslant g(x)$，而 $\lim f(x)=a$，$\lim g(x)=b$，那么 $a\geqslant b$.

习　题　1-3

1. 当 $x\to1$ 时，$y=x^2+3\to4$．问 δ 等于多少，使当 $|x-1|<\delta$ 时，$|y-4|<0.01$？

2. 当 $x\to\infty$ 时，$y=\dfrac{2x^2+1}{x^2-3}\to2$．问 X 等于多少，使当 $|x|>X$ 时，$|y-2|<0.001$？

3. 根据函数极限的定义证明：

（1）$\lim\limits_{x\to1}(2x-1)=1$；　（2）$\lim\limits_{x\to\infty}\dfrac{3x+5}{x}=3$；

（3）$\lim\limits_{x\to-2}\dfrac{x^2-4}{x+2}=-4$；　（4）$\lim\limits_{x\to+\infty}\dfrac{\sin x}{\sqrt{x}}=0$．

4. 用 ε-X 或 ε-δ 语言，写出下列各函数的定义：

（1）$\lim\limits_{x\to-\infty}f(x)=3$；　（2）$\lim\limits_{x\to\infty}f(x)=-1$；

（3）$\lim\limits_{x\to a^+}f(x)=b$；　（4）$\lim\limits_{x\to3^-}f(x)=-8$．

5. 试问函数 $f(x)=\begin{cases}x\cos x, & x>0,\\ 1, & x=0,\\ 3+x^2, & x<0\end{cases}$ 在 $x=0$ 处的左、右极限是否存在？当 $x\to0$ 时，$f(x)$ 的极限是否存在？

6. 证明：若 $x\to+\infty$ 及 $x\to-\infty$ 时，函数 $f(x)$ 的极限存在且都等于 A 的充要条件是 $\lim\limits_{x\to\infty}f(x)=A$．

1.4　无穷小量与无穷大量

目前为止，我们讨论了数列极限与函数极限．为了研究问题方便起见，下面研究两类具有特殊极限的函数，即在自变量的一定趋向下，函数绝对值无限变小，或无限变大的函数，这就是所谓的无穷小量和无穷大量．

1.4.1　无穷小量

定义 1.6　当 $x\to x_0$（或 $x\to\infty$）时，如果函数 $f(x)$ 的极限为零，则称函数 $f(x)$ 为当 $x\to x_0$（或 $x\to\infty$）时的无穷小量，简称无穷小．

特别地，以零为极限的数列 $\{x_n\}$ 称为当 $n\to\infty$ 时的无穷小．

例如，因为 $\lim\limits_{n\to\infty}\frac{1}{n}=0$，所以 $\frac{1}{n}$ 是当 $n\to\infty$ 时的无穷小；又由于 $\lim\limits_{x\to 3}(x-3)=0$，所以函数 $x-3$ 为当 $x\to 3$ 时的无穷小.

注 无穷小量是一个变量（除常数零外），它与绝对值很小的数有本质的区别. 如 10^{-1000} 是个绝对值很小的数，但它不是无穷小.

因为无穷小是极限为零的函数，所以无穷小与函数极限有密切的关系.

定理 1.9 在自变量的同一变化过程 $x\to x_0$（或 $x\to\infty$）中，函数 $f(x)$ 的极限为 A 的充要条件是 $f(x)=A+\alpha(x)$，其中 $\alpha(x)$ 是无穷小.

证明 下面仅讨论 $x\to x_0$ 的过程，类似地可证当 $x\to\infty$ 的情形.

必要性 设 $\lim\limits_{x\to x_0}f(x)=A$，则 $\forall\varepsilon>0,\exists\delta>0$，当 $0<|x-x_0|<\delta$ 时，有

$$|f(x)-A|<\varepsilon .$$

令 $\alpha(x)=f(x)-A$，则 $\lim\limits_{x\to x_0}\alpha(x)=0$，也就是 $f(x)=A+\alpha(x)$，其中 $\alpha(x)$ 是无穷小.

充分性 因为 $\alpha(x)=f(x)-A$ 是无穷小，其中 A 是常数，即 $\lim\limits_{x\to x_0}\alpha(x)=0$，所以 $\forall\varepsilon>0,\exists\delta>0$，当 $0<|x-x_0|<\delta$ 时，有

$$|\alpha(x)|<\varepsilon ,$$

也就是 $|f(x)-A|<\varepsilon$. 这就证明了 A 是 $f(x)$ 当 $x\to x_0$ 时的极限.

如函数 $f(x)=1+\frac{1}{x}$，$\lim\limits_{x\to\infty}f(x)=1$，$\alpha(x)=f(x)-A=\left(1+\frac{1}{x}\right)-1=\frac{1}{x}$，显然有

$$\lim_{x\to\infty}\alpha(x)=\lim_{x\to\infty}\frac{1}{x}=0 .$$

1.4.2 无穷大量

定义 1.7 设函数 $f(x)$ 在点 x_0 的某一空心邻域内有定义（或当 $|x|$ 大于某一正数时有定义），如果对任意给定的正数 M（无论它多么大），总存在正数 δ（或正数 X），使得对于适合不等式 $0<|x-x_0|<\delta$（或 $|x|>X$）的一切 x，对应的函数值 $f(x)$ 都满足不等式

$$|f(x)|>M ,$$

则称函数 $f(x)$ 为当 $x\to x_0$（或 $x\to\infty$）时的无穷大量，简称无穷大.

事实上，依据函数极限的定义，当 $x\to x_0$（或 $x\to\infty$）时为无穷大的函数 $f(x)$，其极限是不存在的，但是为了叙述上的方便，我们也说“函数的极限是无穷大”，并记为

$$\lim_{x\to x_0}f(x)=\infty \quad \left(\text{或}\lim_{x\to\infty}f(x)=\infty\right).$$

在定义 1.7 中, 如果把 $|f(x)|>M$ 换成 $f(x)>M$ （或 $f(x)<-M$ ），就记作

$$\lim_{\substack{x\to x_0\\(x\to\infty)}} f(x)=+\infty \quad \left(\text{或} \lim_{\substack{x\to x_0\\(x\to\infty)}} f(x)=-\infty\right).$$

值得注意的是, 无穷大（ ∞ ）不是数, 不要与很大的数混为一谈.

例 1.17　证明函数 $y=x^2$ 当 $x\to\infty$ 时为无穷大, 即 $\lim\limits_{x\to\infty}x^2=\infty$.

证明　$\forall M>0$，要使 $|x^2|>M$，只要 $|x|>\sqrt{M}$. 所以, 取 $X=\sqrt{M}>0$，则只要 x 满足 $|x|>X$，就有

$$|x^2|>M.$$

这就证明了 $\lim\limits_{x\to\infty}x^2=\infty$.

注　（1）函数 $f(x)$ 当 $x\to x_0$（或 $x\to\infty$ ）时为无穷大, 实际上极限不存在, ∞ 只不过是一个记号.

（2）如果 $\lim\limits_{x\to x_0}f(x)=\infty$，则直线 $x=x_0$ 称为函数 $y=f(x)$ 的图形的铅直渐近线. 例如, 如果 $\lim\limits_{x\to 1}\dfrac{1}{x-1}=\infty$，则直线 $x=1$ 是函数 $y=\dfrac{1}{x-1}$ 的图形的铅直渐近线.

无穷小与无穷大的关系有以下定理.

定理 1.10　在自变量的同一变化过程中, 如果 $f(x)$ 为无穷大且 $f(x)\neq 0$，则 $\dfrac{1}{f(x)}$ 为无穷小；反之, 如果 $f(x)$ 为无穷小且 $f(x)\neq 0$，则 $\dfrac{1}{f(x)}$ 为无穷大.

证明　下面仅就 $x\to x_0$ 的情形给出证明, 类似地可证 $x\to\infty$ 时的情形.

令 $\lim\limits_{x\to x_0}f(x)=\infty$，对于 $\forall\varepsilon>0$，取 $M=\dfrac{1}{\varepsilon}$，则存在 δ 大于零, 当 $0<|x-x_0|<\delta$ 时, 有

$$|f(x)|>M=\frac{1}{\varepsilon},$$

又 $f(x)\neq 0$，则 $\left|\dfrac{1}{f(x)}\right|<\varepsilon$，所以 $\dfrac{1}{f(x)}$ 为当 $x\to x_0$ 时的无穷小.

反之, 设 $\lim\limits_{x\to x_0}f(x)=0$，且 $f(x)\neq 0$. 对于任意的 $M>0$，取 $\varepsilon=\dfrac{1}{M}$，则存在 δ 大于零, 当 $0<|x-x_0|<\delta$ 时, 有

$$|f(x)|<\varepsilon=\frac{1}{M},$$

由于当 $0<|x-x_0|<\delta$ 时 $f(x)\neq 0$，从而

$$\left|\frac{1}{f(x)}\right| > M,$$

所以 $\dfrac{1}{f(x)}$ 为当 $x \to x_0$ 时的无穷大.

习 题 1-4

1. 根据函数极限的定义证明：

（1） $y = \dfrac{x^2 - 1}{x + 1}$ 为当 $x \to 1$ 时的无穷小；

（2） $y = \dfrac{1}{x}\sin x$ 为当 $x \to \infty$ 时的无穷小；

（3） $y = \dfrac{1 + 3x}{x}$ 为当 $x \to 0$ 时的无穷大.

2. 函数 $y = x\sin x$ 在 $(0, +\infty)$ 内是否有界？该函数是否为 $x \to +\infty$ 时的无穷大？

3. 证明：函数 $y = \dfrac{1}{x}\cos\dfrac{1}{x}$ 在区间 $(0,1]$ 上无界，但这函数不是 $x \to 0^+$ 时的无穷大.

1.5 极限的运算法则与性质

本节主要是建立极限的四则运算法则和复合函数的极限运算法则，利用这些法则可以求某些函数（或数列）的极限.

1.5.1 数列极限的四则运算法则

定理 1.11 如果数列 $\{x_n\},\{y_n\}$ 都收敛，令 $\lim\limits_{n\to\infty} x_n = a$，$\lim\limits_{n\to\infty} y_n = b$ 则

（1） $\lim\limits_{n\to\infty}(x_n \pm y_n) = \lim\limits_{n\to\infty} x_n \pm \lim\limits_{n\to\infty} y_n = a \pm b$.

（2） $\lim\limits_{n\to\infty}(x_n \cdot y_n) = \lim\limits_{n\to\infty} x_n \cdot \lim\limits_{n\to\infty} y_n = ab$，特别地，

$$\lim_{n\to\infty}(C \cdot x_n) = C \cdot \lim_{n\to\infty} x_n = Ca \ (C \text{ 为常数})；\quad \lim_{n\to\infty}(x_n)^k = (\lim_{n\to\infty} x_n)^k = a^k \ (k \in \mathbf{N}).$$

（3） $\lim\limits_{n\to\infty}\dfrac{x_n}{y_n} = \dfrac{\lim\limits_{n\to\infty} x_n}{\lim\limits_{n\to\infty} y_n} = \dfrac{a}{b}\ (\lim\limits_{n\to\infty} y_n = b \neq 0)$.

（4） $\lim\limits_{n\to\infty}\sqrt[k]{x_n} = \sqrt[k]{\lim\limits_{n\to\infty} x_n} = \sqrt[k]{a}$（$k$ 为偶数时，$\lim\limits_{n\to\infty} x_n = a \geqslant 0$）.

我们可以直接应用数列极限的定义来证明定理 1.11, 证明过程略, 请读者自行完成.

注　定理 1.11 中的（1)、(2）都不难推广到有限个收敛数列的情形. 例如, 如果 $\lim\limits_{n\to\infty}x_n=a$, $\lim\limits_{n\to\infty}y_n=b$, $\lim\limits_{n\to\infty}z_n=c$, 则有

$$\lim_{n\to\infty}(x_n+y_n-z_n)=\lim_{n\to\infty}x_n+\lim_{n\to\infty}y_n-\lim_{n\to\infty}z_n=a+b-c,$$

$$\lim_{n\to\infty}(x_n\cdot y_n\cdot z_n)=\lim_{n\to\infty}x_n\cdot\lim_{n\to\infty}y_n\cdot\lim_{n\to\infty}z_n=abc.$$

应用上面的定理 1.11, 我们可以从一些已知的简单数列极限, 求出一些较复杂的数列极限.

例 1.18　求数列 $x_n=\dfrac{n^2+1}{3n^2+2n-5}$　$(n=1,2,3,\cdots)$ 当 n 趋于无穷大时的极限.

解　因为 x_n 的分母和分子的极限都不存在, 所以不能直接应用定理 1.11. 由于

$$x_n=\frac{n^2+1}{3n^2+2n-5}=\frac{1+\dfrac{1}{n^2}}{3+\dfrac{2}{n}-\dfrac{5}{n^2}},$$

所以 x_n 可以看成是由收敛数列 $\dfrac{1}{n}$ 和常数数列经过有限次四则运算而成, 故

$$\lim_{n\to\infty}\frac{n^2+1}{3n^2+2n-5}=\lim_{n\to\infty}\frac{1+\dfrac{1}{n^2}}{3+\dfrac{2}{n}-\dfrac{5}{n^2}}=\frac{\lim\limits_{n\to\infty}1+\lim\limits_{n\to\infty}\dfrac{1}{n^2}}{\lim\limits_{n\to\infty}3+\lim\limits_{n\to\infty}2\cdot\lim\limits_{n\to\infty}\dfrac{1}{n}-\lim\limits_{n\to\infty}5\cdot\lim\limits_{n\to\infty}\dfrac{1}{n^2}}=\frac{1}{3}.$$

1.5.2　函数极限的四则运算法则

以下讨论函数极限的四则运算法则, 符号“lim”下面没有标明自变量的变化过程, 表明以下定理对 $x\to x_0$ 及 $x\to\infty$ 都成立.

定理 1.12　如果 $\lim f(x)=a$, $\lim g(x)=b$, 那么

（1）$\lim[f(x)\pm g(x)]$ 存在, 且

$$\lim[f(x)\pm g(x)]=\lim f(x)\pm\lim g(x)=a\pm b.$$

（2）$\lim[f(x)\cdot g(x)]$ 存在, 且

$$\lim[f(x)\cdot g(x)]=\lim f(x)\cdot\lim g(x)=ab.$$

特别地, 如果 $\lim f(x)$ 存在, 而 C 为常数, 则

$$\lim[C\cdot f(x)]=C\cdot\lim f(x)=Ca;$$

如果 $\lim f(x)$ 存在, 而 n 为正整数, 则

$$\lim[f(x)]^n = [\lim f(x)]^n = a^n.$$

（3）若 $b \neq 0$，则 $\lim \dfrac{f(x)}{g(x)}$ 存在，且

$$\lim \frac{f(x)}{g(x)} = \frac{\lim f(x)}{\lim g(x)} = \frac{a}{b}.$$

例 1.19　求 $\lim\limits_{x \to 2}(x^3 - 3x + 5)$.

解　$\lim\limits_{x \to 2}(x^3 - 3x + 5) = \lim\limits_{x \to 2} x^3 - \lim\limits_{x \to 2} 3x + \lim\limits_{x \to 2} 5$

$$= (\lim_{x \to 2} x)^3 - 3\lim_{x \to 2} x + 5 = 2^3 - 3 \cdot 2 + 5 = 7.$$

例 1.20　求 $\lim\limits_{x \to 1} \dfrac{x^2 + 1}{x^6 - 3x^3 + 5x}$.

解　当 $x \to 1$ 时，$x^6 - 3x^3 + 5x$ 的极限不为 0，则

$$\lim_{x \to 1} \frac{x^2 + 1}{x^6 - 3x^3 + 5x} = \frac{\lim\limits_{x \to 1}(x^2 + 1)}{\lim\limits_{x \to 1}(x^6 - 3x^3 + 5x)} = \frac{\lim\limits_{x \to 1} x^2 + \lim\limits_{x \to 1} 1}{\lim\limits_{x \to 1} x^6 - \lim\limits_{x \to 1} 3x^3 + \lim\limits_{x \to 1} 5x}$$

$$= \frac{(\lim\limits_{x \to 1} x)^2 + 1}{(\lim\limits_{x \to 1} x)^6 - 3 \cdot (\lim\limits_{x \to 1} x)^3 + 5 \cdot \lim\limits_{x \to 1} x} = \frac{1^2 + 1}{1^6 - 3 \cdot 1^3 + 5 \cdot 1} = \frac{2}{3}.$$

注　求多项式函数或有理函数（代入 x_0 后分母不等于零）当 $x \to x_0$ 的极限时，只要把 x_0 代入函数中即可；但对于有理函数，如果代入 x_0 后分母等于零，则没有意义，需采用别的方法求极限.

一般地，设多项式

$$f(x) = a_0 x^n + a_1 x^{n-1} + \cdots + a_n,$$

则 $\lim\limits_{x \to x_0} f(x) = \lim\limits_{x \to x_0}(a_0 x^n + a_1 x^{n-1} + \cdots + a_n) = a_0 (\lim\limits_{x \to x_0} x)^n + a_1 (\lim\limits_{x \to x_0} x)^{n-1} + \cdots + \lim\limits_{x \to x_0} a_n$

$$= a_0 {x_0}^n + a_1 {x_0}^{n-1} + \cdots + a_n = f(x_0);$$

又设有理函数

$$F(x) = \frac{P(x)}{Q(x)},$$

其中 $P(x)$，$Q(x)$ 都是多项式，于是

$$\lim_{x \to x_0} P(x) = P(x_0), \quad \lim_{x \to x_0} Q(x) = Q(x_0).$$

如果 $Q(x_0) \neq 0$，则

$$\lim_{x \to x_0} F(x) = \lim_{x \to x_0} \frac{P(x)}{Q(x)} = \frac{\lim\limits_{x \to x_0} P(x)}{\lim\limits_{x \to x_0} Q(x)} = \frac{P(x_0)}{Q(x_0)} = F(x_0).$$

如果 $Q(x_0) = 0$，则关于商的极限的运算法则不能应用，那就需要特别考虑. 以下两例属于这种情形.

例 1.21　求$\lim\limits_{x\to 1}\left(\dfrac{1}{1-x}-\dfrac{3}{1-x^3}\right)$.

解　当$x\to 1$时，括号内两式的分母均趋于零，不能直接运用四则运算法则求，将函数变形.

$$\frac{1}{1-x}-\frac{3}{1-x^3}=\frac{1+x+x^2-3}{1-x^3}=\frac{(x-1)(x+2)}{(1-x)(1+x+x^2)}=\frac{-(x+2)}{x^2+x+1}.$$

则

$$\lim_{x\to 1}(\frac{1}{1-x}-\frac{3}{1-x^3})=\lim_{x\to 1}\frac{-(x+2)}{x^2+x+1}=-1.$$

例 1.22　求$\lim\limits_{x\to 0}\dfrac{\sqrt{x+3}-\sqrt{3}}{x}$.

解　当$x\to 0$时，分子与分母的极限都是 0，于是不能采取分子、分母分别取极限的方法. 若将函数的分子有理化，得

$$\frac{\sqrt{x+3}-\sqrt{3}}{x}=\frac{(\sqrt{x+3}-\sqrt{3})(\sqrt{x+3}+\sqrt{3})}{x(\sqrt{x+3}+\sqrt{3})}$$

$$=\frac{x}{x(\sqrt{x+3}+\sqrt{3})}=\frac{1}{\sqrt{x+3}+\sqrt{3}}.$$

由于

$$\lim_{x\to 0}(\sqrt{x+3}+\sqrt{3})=2\sqrt{3},$$

所以

$$\lim_{x\to 0}\frac{\sqrt{x+3}-\sqrt{3}}{x}=\lim_{x\to 0}\frac{1}{\sqrt{x+3}+\sqrt{3}}=\frac{1}{2\sqrt{3}}=\frac{\sqrt{3}}{6}.$$

例 1.23　求$\lim\limits_{x\to\infty}\dfrac{3x^3+5x^2-7}{6x^3+4x^2+2x}$.

解　当$x\to\infty$时，分子、分母都趋于无穷大，所以不能直接运用四则运算法则求. 先将分子、分母同除以x^3，然后取极限：

$$\lim_{x\to\infty}\frac{3x^3+5x^2-7}{6x^3+4x^2+2x}=\lim_{x\to\infty}\frac{3+\dfrac{5}{x}-\dfrac{7}{x^3}}{6+\dfrac{4}{x}+\dfrac{2}{x^2}}=\frac{3}{6}=\frac{1}{2}.$$

例 1.24　求$\lim\limits_{x\to\infty}\dfrac{2x^2-5x+3}{5x^3+4x^2-8}$.

解　先将分子、分母同除以x^3，然后取极限，得

$$\lim_{x\to\infty}\frac{2x^2-5x+3}{5x^3+4x^2-8}=\lim_{x\to\infty}\frac{\dfrac{2}{x}-\dfrac{5}{x^2}+\dfrac{3}{x^3}}{5+\dfrac{4}{x}-\dfrac{8}{x^3}}=\frac{0}{5}=0.$$

例 1.25　求$\lim\limits_{x\to\infty}\dfrac{5x^3+4x^2-8}{2x^2-5x+3}$.

解　由例 1.24 得$\lim\limits_{x\to\infty}\dfrac{2x^2-5x+3}{5x^3+4x^2-8}=0$，而函数$\dfrac{5x^3+4x^2-8}{2x^2-5x+3}$与函数$\dfrac{2x^2-5x+3}{5x^3+4x^2-8}$互为倒数，故$\lim\limits_{x\to\infty}\dfrac{5x^3+4x^2-8}{2x^2-5x+3}=\infty$.

例 1.23～例 1.25 的一般情形如下：

当$a_0\neq 0$，$b_0\neq 0$，m 和 n 为非负整数时，有

$$\lim_{x\to\infty}\frac{a_0x^m+a_1x^{m-1}+\cdots+a_m}{b_0x^n+b_1x^{n-1}+\cdots+b_n}=\begin{cases}\dfrac{a_0}{b_0}, & 当n=m,\\ 0, & 当n>m,\\ \infty, & 当n<m.\end{cases}$$

1.5.3　无穷小量的运算法则

定理 1.13　两个无穷小的和、差仍是无穷小.

推论 1.6　有限个无穷小的代数和仍是无穷小.

定理 1.14　有界函数与无穷小的乘积是无穷小.

证明　设函数 $f(x)$ 在 x_0 的某一空心邻域 $\mathring{U}(x_0,\delta_1)$ 内是有界的，即存在 $M>0$，对一切 $x\in\mathring{U}(x_0,\delta_1)$，都有 $|f(x)|\leqslant M$ 成立. 又设 $\lim\limits_{x\to x_0}g(x)=0$，即任意 $\varepsilon>0$，存在 $\delta_2>0$，当 $x\in\mathring{U}(x_0,\delta_2)$ 时，有

$$|g(x)|<\frac{\varepsilon}{M}.$$

取 $\delta=\min\{\delta_1,\delta_2\}$，则当 $x\in\mathring{U}(x_0,\delta)$ 时，有

$$|f(x)|\leqslant M 及 |g(x)|<\frac{\varepsilon}{M}$$

同时成立. 从而

$$|f(x)g(x)|=|f(x)||g(x)|<M\cdot\frac{\varepsilon}{M}=\varepsilon,$$

即

$$\lim_{x\to x_0}f(x)g(x)=0.$$

推论 1.7　常数与无穷小的乘积是无穷小.

推论 1.8　有限个无穷小的乘积也是无穷小.

例 1.26　$\lim\limits_{x\to\infty}\dfrac{\sin x\cos x}{x}$.

解　当 $x\to\infty$ 时，分子与分母的极限都不存在，则不能用商的极限的运算法则. 如果将函数 $\dfrac{\sin x\cos x}{x}$ 看作函数 $\dfrac{1}{x}$ 与 $\sin x\cos x$ 的乘积，其中 $\lim\limits_{x\to\infty}\dfrac{1}{x}=0$，而 $|\sin x\cos x|\leqslant 1$，根据本节定理 1.14，有 $\lim\limits_{x\to\infty}\dfrac{\sin x\cos x}{x}=0$.

1.5.4　复合函数的极限

定理 1.15　设函数 $y=f(u)$ 满足 $\lim\limits_{u\to u_0}f(u)=a$，函数 $u=\varphi(x)$ 满足 $\lim\limits_{x\to x_0}\varphi(x)=u_0$，且在点 x_0 的空心 δ 邻域 $\mathring{U}(x_0,\delta)$ 内 $\varphi(x)\neq u_0(\delta>0)$，若函数 $y=f(u)$ 与 $u=\varphi(x)$ 复合而成的函数 $y=f[\varphi(x)]$ 在点 x_0 的某空心邻域内有定义，则 $\lim\limits_{x\to x_0}f[\varphi(x)]=\lim\limits_{u\to u_0}f(u)=a$.

习　题　1-5

1. 求下列极限：

（1）$\lim\limits_{n\to\infty}\dfrac{3n^2+n+1}{n^3+4n^2-1}$；

（2）$\lim\limits_{n\to\infty}\left[\dfrac{1}{1\cdot 2}+\dfrac{1}{2\cdot 3}+\cdots+\dfrac{1}{n(n+1)}\right]$；

（3）$\lim\limits_{n\to\infty}\left(\dfrac{1}{n^2}+\dfrac{2}{n^2}+\cdots+\dfrac{n}{n^2}\right)$；

（4）$\lim\limits_{n\to\infty}\dfrac{3^n+2^n}{3^{n+1}-2^{n+1}}$；

（5）$\lim\limits_{x\to 1}\dfrac{x^2-1}{x^2-5x+4}$；

（6）$\lim\limits_{x\to 2}\dfrac{x^3+1}{x^2-5x+3}$；

（7）$\lim\limits_{x\to+\infty}(\sqrt{x^2+x}-\sqrt{x^2+1})$；

（8）$\lim\limits_{x\to\infty}\dfrac{2x^2+1}{x^2+5x+3}$；

（9）$\lim\limits_{h\to 0}\dfrac{(x+h)^3-x^3}{h}$；

（10）$\lim\limits_{x\to 1}\dfrac{3x^2+1}{x^2-4x+1}$；

（11）$\lim\limits_{x\to 2}\left(\dfrac{12}{8-x^3}-\dfrac{1}{2-x}\right)$；

（12）$\lim\limits_{x\to\infty}\dfrac{x^2+x}{5x^3-3x+1}$；

（13）$\lim\limits_{x\to 3}\dfrac{x^3+x^2+3x+27}{x-3}$；

（14）$\lim\limits_{x\to\infty}\dfrac{x^3}{2x+1}$；

（15）$\lim\limits_{x\to\infty}(2x^3-3x+6)$；

（16）$\lim\limits_{x\to 1}\dfrac{\sqrt{1+x}-\sqrt{1-x}}{\sqrt[3]{1+x}-\sqrt[3]{1-x}}$.

2. 设 $f(x)=\begin{cases} e^x, & x<0, \\ 2x+a, & x\geqslant 0. \end{cases}$ 问当 a 为何值时，极限 $\lim\limits_{x\to 0}f(x)$ 存在.

3. 求当 $x\to 1$ 时，函数 $\dfrac{x^2-1}{x-1}e^{\frac{1}{x-1}}$ 的极限.

4. 已知 $\lim\limits_{x\to +\infty}(5x-\sqrt{ax^2-bx+c})=1$，其中 a，b，c 为常数，求 a 和 b 的值.

5. 计算下列极限：

（1）$\lim\limits_{x\to 0}x\sin\dfrac{1}{x}$；（2）$\lim\limits_{x\to\infty}\dfrac{\sin x}{x}$；

（3）$\lim\limits_{x\to\infty}\dfrac{1}{x}\sin\dfrac{1}{x}$；（4）$\lim\limits_{x\to\infty}\dfrac{\arctan x}{x}$.

6. 试问函数 $f(x)=\begin{cases} 5-x\sin\dfrac{1}{x}, & x>0, \\ 10, & x=0, \\ 5+x^2, & x<0 \end{cases}$ 在 $x=0$ 处的左、右极限是否存在？当 $x\to 0$ 时，$f(x)$ 的极限是否存在？

1.6 函数极限存在准则 两个重要极限公式

前面我们讨论了极限的基本概念、性质和四则运算法则，但是，要求一个函数的极限，首先应该知道它的极限是否存在，这就是所谓极限的存在性问题. 下面讨论判定极限存在的两个准则，作为应用准则的例子，讨论两个重要极限公式：$\lim\limits_{x\to\infty}\left(1+\dfrac{1}{x}\right)^x=e$ 和 $\lim\limits_{x\to 0}\dfrac{\sin x}{x}=1$.

如果数列 $\{x_n\}$ 满足条件

$$x_1\leqslant x_2\leqslant x_3\leqslant\cdots\leqslant x_n\leqslant\cdots,$$

则称数列 $\{x_n\}$ 是单调增加的；如果数列 $\{x_n\}$ 满足条件

$$x_1\geqslant x_2\geqslant x_3\geqslant\cdots\geqslant x_n\geqslant\cdots,$$

则称数列 $\{x_n\}$ 是单调减少的. 单调增加数列和单调减少数列统称为单调数列.

准则 I（单调有界准则） 单调有界数列必有极限.

注 （1）利用准则 I 来判定数列收敛必须同时满足数列单调和有界这两个条件.

例如，数列 $x_n=(-1)^n$，虽然有界但不单调；数列 $x_n=n$，虽然是单调的，但其无界，易知这两个数列均发散.

（2）单调有界是数列收敛的充分条件，而非必要条件.

例如，$x_n=1+\dfrac{(-1)^n}{n}$，尽管数列 $\{x_n\}$ 不单调，但有 $\lim\limits_{n\to\infty}x_n=1$.

（3）准则 I 只能判定数列极限的存在，并未给出求极限的方法.

例 1.27　证明数列 $x_n=\left(1+\dfrac{1}{n}\right)^n$ 当 n 趋于无穷大时收敛.

证明　首先，证明 $x_n=\left(1+\dfrac{1}{n}\right)^n$ 是单调增加的.

由牛顿二项公式，有

$$\begin{aligned}x_n&=\left(1+\frac{1}{n}\right)^n\\&=1+\frac{n}{1!}\cdot\frac{1}{n}+\frac{n(n-1)}{2!}\cdot\frac{1}{n^2}+\frac{n(n-1)(n-2)}{3!}\cdot\frac{1}{n^3}+\cdots+\frac{n(n-1)\cdots[n-(n-1)]}{n!}\cdot\frac{1}{n^n}\\&=1+1+\frac{1}{2!}\left(1-\frac{1}{n}\right)+\frac{1}{3!}\left(1-\frac{1}{n}\right)\left(1-\frac{2}{n}\right)+\cdots+\frac{1}{n!}\left(1-\frac{1}{n}\right)\left(1-\frac{2}{n}\right)\cdots\left(1-\frac{n-1}{n}\right),\end{aligned}$$

同理，

$$\begin{aligned}x_{n+1}=1+1&+\frac{1}{2!}\left(1-\frac{1}{n+1}\right)+\frac{1}{3!}\left(1-\frac{1}{n+1}\right)\left(1-\frac{2}{n+1}\right)+\cdots\\&+\frac{1}{n!}\left(1-\frac{1}{n+1}\right)\left(1-\frac{2}{n+1}\right)\cdots\left(1-\frac{n-1}{n+1}\right)\\&+\frac{1}{(n+1)!}\left(1-\frac{1}{n+1}\right)\left(1-\frac{2}{n+1}\right)\cdots\left(1-\frac{n}{n+1}\right).\end{aligned}$$

通过比较 x_n、x_{n+1} 的展开式，可得

$$x_n<x_{n+1}.$$

所以，数列 $x_n=\left(1+\dfrac{1}{n}\right)^n$ 是单调增加的.

其次，证 $x_n=\left(1+\dfrac{1}{n}\right)^n$ 有界.

显然，$x_n\geqslant x_1=2$. 又如果 x_n 的展开式中各项括号内的数用较大的数1代替得

$$\begin{aligned}x_n&<1+1+\frac{1}{2!}+\frac{1}{3!}+\cdots+\frac{1}{n!}<1+1+\frac{1}{2}+\frac{1}{2^2}+\cdots+\frac{1}{2^{n-1}}\\&=1+\frac{1-\frac{1}{2^n}}{1-\frac{1}{2}}=3-\frac{1}{2^{n-1}}<3,\end{aligned}$$

则 $2\leqslant x_n<3$，即数列 $\{x_n\}$ 有界. 综上，根据极限存在准则 I 可知，数列 $\{x_n\}$ 是收敛的.

通常用字母 e 来表示这个极限，即

$$\lim_{n\to\infty}\left(1+\frac{1}{n}\right)^n=\mathrm{e}.$$

可以证明，当 x 取实数而趋于 $+\infty$ 或 $-\infty$ 时，函数 $y=\left(1+\frac{1}{x}\right)^x$ 的极限都存在且都等于e，即

$$\lim_{x\to\infty}\left(1+\frac{1}{x}\right)^x=\mathrm{e}. \tag{1-1}$$

数e是一个无理数，值为 $\mathrm{e}=2.718\ 281\ 828\ 459\ 045\cdots$. 数e在数学的理论研究和实际应用中都起着重要作用. 前面提到的指数函数 $y=\mathrm{e}^x$ 与自然对数函数 $y=\ln x$ 中的底e都是这个常数.

令 $y=\frac{1}{x}$，可将式（1-1）变形为另一种形式

$$\lim_{y\to 0}(1+y)^{\frac{1}{y}}=\mathrm{e} \tag{1-2}$$

式(1-1)、式(1-2)这两个极限式子的特征是：底为两项之和，第一项为1，第二项是无穷小量，指数与第二项互为倒数.

例 1.28　求 $\lim\limits_{x\to\infty}\left(1+\frac{1}{2x}\right)^x$.

解　$$\lim_{x\to\infty}\left(1+\frac{1}{2x}\right)^x=\lim_{x\to\infty}\left(1+\frac{1}{2x}\right)^{\frac{2x}{2}}=\lim_{x\to\infty}\left[\left(1+\frac{1}{2x}\right)^{2x}\right]^{\frac{1}{2}}$$
$$=\left[\lim_{x\to\infty}\left(1+\frac{1}{2x}\right)^{2x}\right]^{\frac{1}{2}}=\mathrm{e}^{\frac{1}{2}}.$$

例 1.29　求 $\lim\limits_{x\to 0}\left(1-\frac{x}{3}\right)^{\frac{1}{x}}$.

解　$$\lim_{x\to 0}\left(1-\frac{x}{3}\right)^{\frac{1}{x}}=\lim_{x\to 0}\left(1+\frac{-x}{3}\right)^{\frac{3}{-x}\cdot\left(-\frac{1}{3}\right)}=\left[\lim_{x\to 0}\left(1+\frac{-x}{3}\right)^{\frac{3}{-x}}\right]^{-\frac{1}{3}}=\mathrm{e}^{-\frac{1}{3}}.$$

对于准则Ⅰ，函数极限也有类似的准则，自变量的不同变化过程（$x\to x_0^-$，$x\to x_0^+$，$x\to-\infty$，$x\to+\infty$），准则有不同的形式.

准则Ⅰ′　设函数 $f(x)$ 在点 x_0 的某个左邻域内单调并且有界，则 $f(x)$ 在 x_0 的左极限 $f(x_0^-)$ 必存在.

准则Ⅱ（夹逼准则）　如果数列 $\{x_n\}$、$\{y_n\}$ 及 $\{z_n\}$ 满足下列条件:

（1）存在正整数N_0，当$n>N_0$时，有$y_n \leqslant x_n \leqslant z_n$，

（2）$\lim\limits_{n\to\infty} y_n = a$，$\lim\limits_{n\to\infty} z_n = a$，则数列$\{x_n\}$的极限存在，且$\lim\limits_{n\to\infty} x_n = a$.

证明　$\forall \varepsilon>0$，由$\lim\limits_{n\to\infty} y_n = a$可知，$\exists$正整数$N_1$，当$n>N_1$时，有$|y_n - a|<\varepsilon$，从而有$a-\varepsilon<y_n$. 同理，由$\lim\limits_{n\to\infty} z_n = a$可知，$\exists$正整数$N_2$，当$n>N_2$时，$|z_n - a|<\varepsilon$，从而有$z_n<a+\varepsilon$. 于是取$N=\max\{N_0,N_1,N_2\}$，当$n>N$时，有$a-\varepsilon<y_n$，$z_n<a+\varepsilon$，$y_n \leqslant x_n \leqslant z_n$同时成立，得

$$a-\varepsilon<y_n \leqslant x_n \leqslant z_n<a+\varepsilon,$$

即$|x_n - a|<\varepsilon$，故$\lim\limits_{x\to\infty} x_n = a$.

例 1.30　求极限$\lim\limits_{n\to\infty}\left(\dfrac{1}{\sqrt{n^2+1}}+\dfrac{1}{\sqrt{n^2+2}}+\cdots+\dfrac{1}{\sqrt{n^2+n}}\right)$.

解　因为

$$\frac{n}{\sqrt{n^2+n}} \leqslant \frac{1}{\sqrt{n^2+1}}+\frac{1}{\sqrt{n^2+2}}+\cdots+\frac{1}{\sqrt{n^2+n}} \leqslant \frac{n}{\sqrt{n^2+1}},$$

又$\lim\limits_{n\to\infty}\dfrac{n}{\sqrt{n^2+n}}=1$，$\lim\limits_{n\to\infty}\dfrac{n}{\sqrt{n^2+1}}=1$，则

$$\lim_{n\to\infty}\left(\frac{1}{\sqrt{n^2+1}}+\frac{1}{\sqrt{n^2+2}}+\cdots+\frac{1}{\sqrt{n^2+n}}\right)=1.$$

我们可将准则Ⅱ推广到函数的极限：

准则Ⅱ′　设函数$f(x)$在点x_0的某一空心邻域$\mathring{U}(x_0,\delta)$内（或$|x| \geqslant X$）时，满足条件：

（1）$g(x) \leqslant f(x) \leqslant h(x)$，

（2）$\lim\limits_{x\to x_0} g(x)=A$，$\lim\limits_{x\to x_0} h(x)=A$（或$\lim\limits_{x\to\infty} g(x)=A$，$\lim\limits_{x\to\infty} h(x)=A$），则$\lim\limits_{x\to x_0} f(x)$存在，且$\lim\limits_{x\to x_0} f(x)=A$（或$\lim\limits_{x\to\infty} f(x)$存在，且$\lim\limits_{x\to\infty} f(x)=A$）.

夹逼准则不仅说明了极限存在，而且给出了求极限的方法. 下面利用它证明一个重要的极限公式：$\lim\limits_{x\to 0}\dfrac{\sin x}{x}=1$.

证明　函数$\dfrac{\sin x}{x}$的定义域为$x\neq 0$的全体实数. 在如图1-13所示的单位圆中，设圆心角$\angle AOB = x\left(0<x<\dfrac{\pi}{2}\right)$，点$A$处的切线与$OB$的延长线相交于$D$，又$BC\perp OA$，$C$为垂足，则

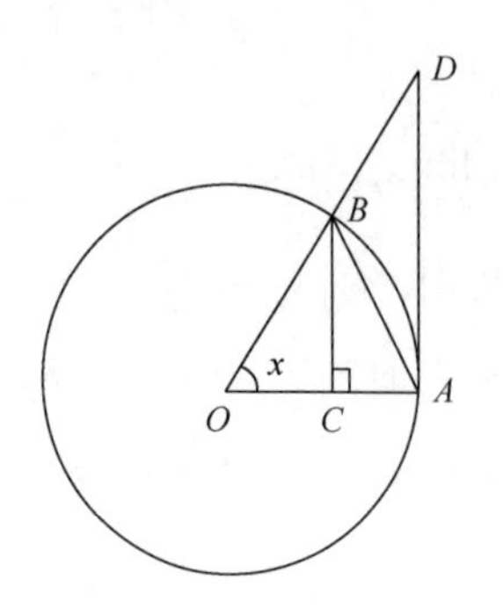

图 1-13

$$\sin x = BC, x = \overset{\frown}{AB}, \tan x = AD.$$

因为

ΔAOB 的面积<扇形 AOB 的面积< ΔAOD 的面积,

所以

$$\frac{1}{2}\sin x < \frac{1}{2}x < \frac{1}{2}\tan x,$$

即

$$\sin x < x < \tan x.$$

由于 $0 < x < \frac{\pi}{2}$，那么有

$$\frac{1}{\tan x} < \frac{1}{x} < \frac{1}{\sin x}$$

不等式各边都乘以 $\sin x$，得

$$\cos x < \frac{\sin x}{x} < 1. \tag{1-3}$$

若用 $-x$ 代替 x，$\cos x$ 与 $\frac{\sin x}{x}$ 都不变, 所以当 $-\frac{\pi}{2} < x < 0$ 时, 不等式 $\cos x < \frac{\sin x}{x} < 1$ 也成立.

为了应用夹逼准则求 $\lim\limits_{x\to 0}\frac{\sin x}{x}$，由式（1-3）只要证明 $\lim\limits_{x\to 0}\cos x = 1$.

事实上, 当 $0 < |x| < \frac{\pi}{2}$ 时,

$$0 < |\cos x - 1| = 1 - \cos x = 2\sin^2\frac{x}{2} < 2\cdot\left(\frac{x}{2}\right)^2 = \frac{x^2}{2},$$

即

$$0 < 1 - \cos x < \frac{x^2}{2}.$$

当 $x \to 0$ 时, $\frac{x^2}{2} \to 0$，所以 $\lim\limits_{x\to 0}(1-\cos x) = 0$，即

$$\lim_{x\to 0}\cos x = 1.$$

由式（1-3）及夹逼准则得证

$$\lim_{x\to 0}\frac{\sin x}{x} = 1.$$

例 1.31　求极限 $\lim\limits_{x\to 0}\frac{\tan x}{x}$.

解　$$\lim_{x\to 0}\frac{\tan x}{x}=\lim_{x\to 0}\left(\frac{\sin x}{x}\cdot\frac{1}{\cos x}\right)=\lim_{x\to 0}\frac{\sin x}{x}\cdot\lim_{x\to 0}\frac{1}{\cos x}=1.$$

例 1.32　求极限 $\lim\limits_{x\to 0}\dfrac{\sin 3x}{\sin 5x}$.

解　$$\lim_{x\to 0}\frac{\sin 3x}{\sin 5x}=\frac{3}{5}\lim_{x\to 0}\frac{\sin 3x}{3x}\cdot\frac{5x}{\sin 5x}=\frac{3}{5}\lim_{x\to 0}\frac{\sin 3x}{3x}\cdot\lim_{x\to 0}\frac{5x}{\sin 5x}=\frac{3}{5}.$$

例 1.33　求极限 $\lim\limits_{x\to 0}\dfrac{\tan x-\sin x}{x^3}$.

解　$$\lim_{x\to 0}\frac{\tan x-\sin x}{x^3}=\lim_{x\to 0}\frac{\tan x(1-\cos x)}{x^3}=\lim_{x\to 0}\frac{2\sin x\sin^2\frac{x}{2}}{x^3\cos x}=\frac{1}{2}\lim_{x\to 0}\frac{\sin x}{x}\cdot\left(\frac{\sin\frac{x}{2}}{\frac{x}{2}}\right)^2\cdot\frac{1}{\cos x}=\frac{1}{2}.$$

习　题　1-6

1. 计算下列极限：

（1）$\lim\limits_{x\to\infty}\left(1-\dfrac{2}{x}\right)^{2x}$；　（2）$\lim\limits_{x\to 0}\left(1+\dfrac{x}{2}\right)^{\frac{-1}{x}}$；

（3）$\lim\limits_{x\to\infty}\left(\dfrac{x+3}{x-3}\right)^{x-3}$；　（4）$\lim\limits_{x\to 2}\left(\dfrac{x}{2}\right)^{\frac{1}{x-2}}$.

2. 计算下列极限：

（1）$\lim\limits_{x\to 0}x\cot x$；　（2）$\lim\limits_{x\to 0}\dfrac{\sin 2x}{3x}$；

（3）$\lim\limits_{x\to 0}\dfrac{\cos x-\cos 3x}{5x}$；　（4）$\lim\limits_{x\to 0}\dfrac{\cos x-1}{x^{\frac{3}{2}}}$；

（5）$\lim\limits_{x\to 0}\dfrac{\arcsin x}{x}$；　（6）$\lim\limits_{n\to\infty}2^n\sin\dfrac{x}{2^n}$（$x$ 为不等于零的常数）.

3. 利用极限存在准则证明：

（1）$\lim\limits_{n\to\infty}\sqrt[n]{1+\dfrac{3}{n}}=1$；（2）$\lim\limits_{x\to\infty}\left(\dfrac{1}{\sqrt{n^6+n}}+\dfrac{2^2}{\sqrt{n^6+2n}}+\cdots+\dfrac{n^2}{\sqrt{n^6+n^2}}\right)=\dfrac{1}{3}$.

4. 设 $x_1=10$，$x_{n+1}=\sqrt{6+x_n}$，其中 $n=1,2,\cdots$，试证数列 $\{x_n\}$ 极限存在，并求此极限.

1.7 无穷小的比较

我们曾在 1.5 节中讨论了两个（有限个）无穷小的和、差及乘积仍旧是无穷小. 那么两个无穷小的商会是什么样的情况呢？例如，当 $x\to 0$ 时，$3x$、$2x$、x^3 都是无穷小，而它们的比值的极限有各种不同情况：$\lim\limits_{x\to 0}\dfrac{3x}{2x}=\dfrac{3}{2}$，$\lim\limits_{x\to 0}\dfrac{x^3}{3x}=0$，$\lim\limits_{x\to 0}\dfrac{2x}{x^3}=\infty$. 这反映了在同一极限过程中，不同的无穷小趋于零的"快慢"程度不一样. 从上述例子可看出，在 $x\to 0$ 的过程中，$3x\to 0$ 与 $2x\to 0$"快慢大致相同"，保持了倍数关系，$x^3\to 0$ 比 $3x\to 0$ "快些"，而 $2x\to 0$ 比 $x^3\to 0$ "慢些". 下面我们通过无穷小之比的极限来说明两个无穷小之间的比较. 为方便起见，设在同一自变量变化过程中的两个无穷小分别为 α,β 且 $\alpha\neq 0$.

定义 1.8 如果 $\lim\dfrac{\beta}{\alpha}=0$，就称 β 是比 α 高阶的无穷小，记作 $\beta=o(\alpha)$；

如果 $\lim\dfrac{\beta}{\alpha}=\infty$，就称 β 是比 α 低阶的无穷小；

如果 $\lim\dfrac{\beta}{\alpha}=c\neq 0$，就称 β 是与 α 同阶无穷小；

如果 $\lim\dfrac{\beta}{\alpha^k}=c\neq 0, k>0$，就称 β 是关于 α 的 k 阶无穷小；

如果 $\lim\dfrac{\beta}{\alpha}=1$，就称 β 与 α 是等价无穷小，记作 $\alpha\sim\beta$.

明显地，等价无穷小是同阶无穷小当 $c=1$ 时的特殊情况.

例如，当 $x\to 0$ 时，x^3 是比 $3x$ 高阶的无穷小，因为 $\lim\limits_{x\to 0}\dfrac{x^3}{3x}=0$，即 $x^3=o(3x)$ $(x\to 0)$；

当 $x\to 0$ 时，$2x$ 是比 x^3 低阶的无穷小，因为 $\lim\limits_{x\to 0}\dfrac{2x}{x^3}=\infty$；

当 $x\to 2$ 时，x^2-4 与 $x-2$ 是同阶无穷小，因为 $\lim\limits_{x\to 2}\dfrac{x^2-4}{x-2}=4$；

当 $x \to 0$ 时，$1-\cos x$ 是关于 x 的二阶无穷小，因为 $\lim\limits_{x\to 0}\dfrac{1-\cos x}{x^2}=\dfrac{1}{2}$；

当 $x \to 0$ 时，$\sin x$ 与 x 是等价无穷小，即 $\sin x \sim x$（$x\to 0$），因为 $\lim\limits_{x\to 0}\dfrac{\sin x}{x}=1$.

例 1.34　当 $x\to 0$ 时，试比较下列无穷小的阶.

（1）$\alpha = x^3+2x^2$，　$\beta = x^2$；　　　（2）$\alpha = x^2\cos x$，　$\beta = x^2$.

解　（1）因为 $\lim\limits_{x\to 0}\dfrac{x^3+2x^2}{x^2}=2$，所以当 $x\to 0$ 时，x^3+2x^2 与 x^2 是同阶无穷小.

（2）因为 $\lim\limits_{x\to 0}\dfrac{x^2\cos x}{x^2}=1$，所以当 $x\to 0$ 时，$x^2\cos x$ 与 x^2 是等价无穷小.

例 1.35　证明：当 $x\to 0$ 时，$\sqrt[n]{1+x}-1 \sim \dfrac{1}{n}x$.

证明　因为

$$\lim_{x\to 0}\frac{\sqrt[n]{1+x}-1}{\dfrac{1}{n}x}=\lim_{x\to 0}\frac{(\sqrt[n]{1+x})^n-1}{\dfrac{1}{n}x\left[\sqrt[n]{(1+x)^{n-1}}+\sqrt[n]{(1+x)^{n-2}}+\cdots+1\right]}$$

$$=\lim_{x\to 0}\frac{n}{\sqrt[n]{(1+x)^{n-1}}+\sqrt[n]{(1+x)^{n-2}}+\cdots+1}=1,$$

所以

$$\sqrt[n]{1+x}-1\sim\frac{1}{n}x \quad (x\to 0).$$

关于等价无穷小，有下面的重要性质.

定理 1.16　β 与 α 是等价无穷小的充要条件为 $\beta=\alpha+o(\alpha)$.

证明　若 $\alpha\sim\beta$，则 $\lim\dfrac{\beta}{\alpha}=1$，有 $\lim\dfrac{\beta}{\alpha}-1=\lim\left(\dfrac{\beta}{\alpha}-1\right)=\lim\dfrac{\beta-\alpha}{\alpha}=0$，因此

$$\beta-\alpha=o(\alpha),$$

即

$$\beta=\alpha+o(\alpha).$$

若 $\beta=\alpha+o(\alpha)$，则 $\lim\dfrac{\beta}{\alpha}=\lim\dfrac{\alpha+o(\alpha)}{\alpha}=\lim\left[1+\dfrac{o(\alpha)}{\alpha}\right]=1$，因此 $\alpha\sim\beta$.

例如，当 $x\to 0$ 时，因为 $\sin x\sim x, \tan x\sim x, \arcsin x\sim x, 1-\cos x\sim\dfrac{1}{2}x^2$，所以当 $x\to 0$ 时，有

$$\sin x = x+o(x),\ \tan x = x+o(x),\ \arcsin x = x+o(x),\ 1-\cos x=\frac{1}{2}x^2+o(x^2).$$

定理 1.17　设$\alpha \sim \alpha'$，$\beta \sim \beta'$，且$\lim \dfrac{\beta'}{\alpha'}$存在，则$\lim \dfrac{\beta}{\alpha} = \lim \dfrac{\beta'}{\alpha'}$.

证明　$\lim \dfrac{\beta}{\alpha} = \lim \left(\dfrac{\beta}{\beta'} \cdot \dfrac{\beta'}{\alpha'} \cdot \dfrac{\alpha'}{\alpha} \right) = \lim \dfrac{\beta}{\beta'} \cdot \lim \dfrac{\beta'}{\alpha'} \cdot \lim \dfrac{\alpha'}{\alpha} = \lim \dfrac{\beta'}{\alpha'}$.

注　在计算两个无穷小之比的极限过程中，可将分子或分母的乘积因子（或整体）替换为与其等价的无穷小，这种替换选得适当时，可以大大简化计算. 但是必须注意，在加减运算中不可以运用等价无穷小替换.

常用的等价无穷小替换：

当$x \to 0$时，$\sin x \sim x$，$\tan x \sim x$，$\arcsin x \sim x$，$\arctan x \sim x$，$1-\cos x \sim \dfrac{x^2}{2}$，$\sqrt[n]{1+x}-1 \sim \dfrac{1}{n}x$，$\ln(1+x) \sim x$，$e^x - 1 \sim x$，$(1+x)^\mu - 1 \sim \mu x$. 其中，$\ln(1+x) \sim x$，$e^x - 1 \sim x$，$(1+x)^\mu - 1 \sim \mu x$的证明，读者在学完本章的 1.9 节后，就可以明白了.

例 1.36　求$\lim\limits_{x \to 0} \dfrac{\sin 5x}{x + x^3}$.

解　当$x \to 0$时，$\sin 5x \sim 5x$，所以

$$\lim_{x \to 0} \frac{\sin 5x}{x+x^3} = \lim_{x \to 0} \frac{5x}{x+x^3} = \lim_{x \to 0} \frac{5x}{x(1+x^2)} = \lim_{x \to 0} \frac{5}{1+x^2} = 5.$$

例 1.37　求$\lim\limits_{x \to 0} \dfrac{\tan x - \sin x}{x^3}$.

解　当$x \to 0$时，$\tan x \sim x$，$1-\cos x \sim \dfrac{x^2}{2}$，所以

$$\lim_{x \to 0} \frac{\tan x - \sin x}{x^3} = \lim_{x \to 0} \frac{\tan x(1-\cos x)}{x^3} = \lim_{x \to 0} \frac{\frac{1}{2}x^3}{x^3} = \frac{1}{2}.$$

例 1.38　求$\lim\limits_{x \to 0} \dfrac{\sqrt{1+\tan x} - \sqrt{1-\tan x}}{e^x - 1}$.

解　当$x \to 0$时，$e^x - 1 \sim x$，$\tan x \sim x$，所以

$$\begin{aligned}
\lim_{x \to 0} \frac{\sqrt{1+\tan x} - \sqrt{1-\tan x}}{e^x - 1} &= \lim_{x \to 0} \frac{(1+\tan x) - (1-\tan x)}{(e^x-1)\left(\sqrt{1+\tan x} + \sqrt{1-\tan x}\right)} \\
&= \lim_{x \to 0} \frac{2\tan x}{x\left(\sqrt{1+\tan x} + \sqrt{1-\tan x}\right)} \\
&= \lim_{x \to 0} \frac{2\tan x}{x} \lim_{x \to 0} \frac{1}{\left(\sqrt{1+\tan x} + \sqrt{1-\tan x}\right)} = 2 \times \frac{1}{2} = 1.
\end{aligned}$$

例 1.39　求$\lim\limits_{x \to 0} \dfrac{3x + \sin^2 x}{\tan 2x - x^3}$.

解　当 $x\to 0$ 时，$3x+\sin^2 x\sim 3x, \tan 2x - x^3\sim 2x$，所以

$$\lim_{x\to 0}\frac{3x+\sin^2 x}{\tan 2x - x^3}=\lim_{x\to 0}\frac{3x}{2x}=\frac{3}{2}.$$

习　题　1-7

1. 当 $x\to 0$ 时，$2x-x^2$ 与 x^2-2x^3 相比，哪一个是高阶的无穷小？

2. 当 $x\to 0$ 时，若 $(1-ax^2)^{\frac{1}{4}}-1$ 与 $x\sin x$ 是等价无穷小，试求 a.

3. 利用等价无穷小的性质，求下列极限：

（1）$\lim\limits_{x\to 0}\dfrac{\sin(x^n)}{\sin mx}$（$n$，$m$ 为正整数）；　（2）$\lim\limits_{x\to 0}\dfrac{\sqrt{1+x+2x^2}-1}{\sin 3x}$；

（3）$\lim\limits_{x\to 0^+}\dfrac{1-\sqrt{\cos x}}{x(1-\cos\sqrt{x})}$；　（4）$\lim\limits_{x\to 0}\dfrac{3x+5x^2-7x^3}{4x^3+2\tan x}$；

（5）$\lim\limits_{x\to 0}\dfrac{\sqrt{2}-\sqrt{1+\cos x}}{\sin^2 3x}$；　（6）$\lim\limits_{x\to 0}\dfrac{x+\sin^2 x+\tan 3x}{\sin 5x+2x^2}$；

（7）$\lim\limits_{x\to 0}\dfrac{\ln(1+2x-3x^2)}{4x}$；　（8）$\lim\limits_{x\to 0}\dfrac{e^{\frac{\sin x}{3}}-1}{\arctan x}$.

1.8　函数的连续性与间断点

1.8.1　函数的连续性

函数的连续性概念是微积分的基本概念. 自然界中有许多现象，如气温的变化、动植物的生长等都是随时间变化而连续变化的. 其特点是：当时间变化很微小时，气温的变化、动植物的生长等都是很微小的. 这种现象反映在函数关系上，就是函数的连续性. 下面我们先引入增量的概念，然后给出函数连续的定义.

设变量 x 从初值 x_1 变到终值 x_2，终值与初值的差 x_2-x_1 称为变量 x 的增量，记作 Δx，即

$$\Delta x = x_2 - x_1.$$

增量 Δx 可以是正的，也可以是负的. 对应的函数值的增量 $\Delta y = f(x_2)-f(x_1)$.

注　Δx 是一个整体记号，不可分割，并不表示某个量 Δ 与变量 x 的乘积.

例 1.40　分析函数 $y=x^2$ 当 x 由 $x_0=2$ 变到 $x_0+\Delta x=2.05$ 时，函数值的改变量.

解　$\Delta y=(x_0+\Delta x)^2-{x_0}^2=(2.05)^2-2^2=(2.05-2)(2.05+2)=0.2025$.

一般地，设函数 $y=f(x)$ 在点 x_0 的某一个邻域内有定义. 当自变量 x 在该邻

域内从 x_0 变到 $x_0+\Delta x$ 时，函数值 y 相应地从 $f(x_0)$ 变到 $f(x_0+\Delta x)$，因此，函数 y 的对应增量为

$$\Delta y=f(x_0+\Delta x)-f(x_0).$$

假定 x_0 不变而让自变量的增量 Δx 变动，一般情况，函数 y 的增量 Δy 也要随着变动. 因此，函数的连续性用增量的变动描述为：如果函数 $y=f(x)$，当自变量的增量 Δx 趋于零时，函数 y 的对应增量 Δy 也趋于零，即

$$\lim_{\Delta x\to 0}\Delta y=0$$

或

$$\lim_{\Delta x\to 0}[f(x_0+\Delta x)-f(x_0)]=0,$$

那么就称函数 $y=f(x)$ 在点 x_0 处是连续的.

定义 1.9 设函数 $y=f(x)$ 在点 x_0 的某一邻域内有定义，如果自变量 x 在 x_0 处的增量 $\Delta x=x-x_0$ 趋向于零时，对应的函数值的增量 $\Delta y=f(x_0+\Delta x)-f(x_0)$ 也趋向于零，即

$$\lim_{\Delta x\to 0}\Delta y=0,$$

则称函数 $y=f(x)$ 在点 x_0 处连续.

设 $\Delta x=x-x_0$，则 $\Delta x\to 0$ 就是 $x\to x_0$. 此时

$$\Delta y=f(x_0+\Delta x)-f(x_0)=f(x)-f(x_0),$$

即

$$f(x)=f(x_0)+\Delta y,$$

则 $\Delta y\to 0$，也就是 $f(x)\to f(x_0)$，于是有以下等价定义：

定义 1.10 设函数 $y=f(x)$ 在点 x_0 的某一邻域内有定义，如果函数 $f(x)$ 当 $x\to x_0$ 时的极限存在，且 $\lim\limits_{x\to x_0}f(x)=f(x_0)$，则称函数 $y=f(x)$ 在点 x_0 处连续.

采用“ε-δ”语言，定义 1.10 可叙述为

如果对于 $\forall\varepsilon>0$，$\exists\delta>0$，使得对于适合不等式 $|x-x_0|<\delta$ 的一切 x，总有

$$|f(x)-f(x_0)|<\varepsilon$$

成立，则称函数 $y=f(x)$ 在点 x_0 处连续.

注 定义 1.9 与定义 1.10 本质上是一致的，即函数 $f(x)$ 在点 x_0 处连续，必须同时满足下列三个条件：

（1）函数 $y=f(x)$ 在点 x_0 处的某个邻域内有定义（函数 $y=f(x)$ 在点 x_0 处有定义）；

（2）$\lim\limits_{x\to x_0}f(x)$ 存在；

（3）$\lim\limits_{x\to x_0}f(x)=f(x_0)$.

类似地，我们可以定义函数 $y = f(x)$ 在点 x_0 处左连续、右连续.

如果函数 $y = f(x)$ 在区间 $(x_0-\delta, x_0]$（$\delta>0$）内有定义，$\lim\limits_{x\to x_0^-} f(x)$ 存在且 $\lim\limits_{x\to x_0^-} f(x)=f(x_0)$（即 $f(x_0-0)=f(x_0)$），则称函数 $f(x)$ 在点 x_0 处左连续.

如果函数 $y = f(x)$ 在区间 $[x_0, x_0+\delta)$（$\delta>0$）内有定义，$\lim\limits_{x\to x_0^+} f(x)$ 存在且 $\lim\limits_{x\to x_0^+} f(x)=f(x_0)$（即 $f(x_0+0)=f(x_0)$），则称函数 $f(x)$ 在点 x_0 处右连续.

定理 1.18　函数 $y=f(x)$ 在点 x_0 处连续的充要条件是函数 $y=f(x)$ 在点 x_0 处既左连续又右连续.

如果函数 $y = f(x)$ 在某一区间上每一点都是连续的（若此区间包含端点，且在左端点处右连续，在右端点处左连续），则称函数 $y = f(x)$ 在该区间上是连续的. 对于多项式函数，因为取任意的 x_0，都有 $\lim\limits_{x\to x_0} f(x)=f(x_0)$，所以多项式函数在 $(-\infty,+\infty)$ 上是连续的；有理函数 $F(x)=\dfrac{P(x)}{Q(x)}$，在分母不等于零的点处，也有 $\lim\limits_{x\to x_0} F(x)=F(x_0)$，则有理函数在定义域内是连续的.

例 1.41　证明函数 $f(x)=|x|$ 在 $x=0$ 点连续.

证明　由于

$$\lim_{x\to 0^-}|x|=\lim_{x\to 0^-}(-x)=0,\quad \lim_{x\to 0^+}|x|=\lim_{x\to 0^+}x=0,$$

所以 $\lim\limits_{x\to 0}|x|=0$. 又 $f(0)=0=\lim\limits_{x\to 0}|x|$，则 $f(x)=|x|$ 在 $x=0$ 点处连续.

例 1.42　证明函数 $y=\sin x$ 在 $(-\infty,+\infty)$ 内是连续的.

证明　设 x 是区间 $(-\infty,+\infty)$ 内任意一点，其增量为 Δx，则对应的函数增量为

$$\Delta y=\sin(x+\Delta x)-\sin x=2\sin\frac{\Delta x}{2}\cos\left(x+\frac{\Delta x}{2}\right),$$

因为 $\left|\cos\left(x+\dfrac{\Delta x}{2}\right)\right|\leqslant 1$，所以，$0\leqslant|\Delta y|\leqslant 2\left|\sin\dfrac{\Delta x}{2}\right|\leqslant 2\cdot\dfrac{|\Delta x|}{2}=|\Delta x|$. 因此，当 $\Delta x\to 0$ 时，由夹逼准则知 $|\Delta y|\to 0$，则 $\lim\limits_{\Delta x\to 0}\Delta y=0$，由 x 的任意性，故函数 $y=\sin x$ 在 $(-\infty,+\infty)$ 内是连续的.

同理可证函数 $y=\cos x$ 在 $(-\infty,+\infty)$ 内是连续的.

例 1.43　讨论函数 $f(x)=\begin{cases}x^3+2, & x\geqslant 0,\\ x-2, & x<0\end{cases}$ 在 $x=0$ 处的连续性.

解　由于 $\lim\limits_{x\to 0^-}f(x)=\lim\limits_{x\to 0^-}(x-2)=-2$，$\lim\limits_{x\to 0^+}f(x)=\lim\limits_{x\to 0^+}(x^3+2)=2$，而且 $\lim\limits_{x\to 0^-}f(x)\neq\lim\limits_{x\to 0^+}f(x)$，所以该函数在 $x=0$ 点处不连续. 但 $f(0)=2=\lim\limits_{x\to 0^+}(x^3+2)$，所以该函数在 $x=0$ 处右连续.

1.8.2　函数的间断点

定义 1.11　设函数 $f(x)$ 在点 x_0 的某空心邻域内有定义，如果函数 $f(x)$ 有下列三种情形之一：

（1）函数 $f(x)$ 在点 x_0 处无定义；

（2）虽然在 x_0 处有定义，但 $\lim\limits_{x\to x_0} f(x)$ 不存在；

（3）虽然在 x_0 处有定义且 $\lim\limits_{x\to x_0} f(x)$ 存在，但 $\lim\limits_{x\to x_0} f(x)\neq f(x_0)$.

则函数 $f(x)$ 在点 x_0 处不连续，点 x_0 称为函数 $f(x)$ 的一个间断点（或不连续点）.

函数间断点有以下几种类型：

（1）设 x_0 为函数 $f(x)$ 的一个间断点，若左极限 $f(x_0-0)$ 和右极限 $f(x_0+0)$ 都存在，则称 x_0 为 $f(x)$ 的第一类间断点.

在第一类间断点中，若 $f(x_0-0) = f(x_0+0)$，即 $\lim\limits_{x\to x_0} f(x)$ 存在，但函数 $f(x)$ 在点 x_0 处无定义，或虽然在 x_0 有定义可是 $\lim\limits_{x\to x_0} f(x)\neq f(x_0)$，此类间断点称为可去间断点.

在第一类间断点中，若 $f(x_0-0)\neq f(x_0+0)$，即 $\lim\limits_{x\to x_0} f(x)$ 不存在，此类间断点称为跳跃间断点.

（2）设 x_0 为函数 $f(x)$ 的一个间断点，若左极限 $f(x_0-0)$ 与右极限 $f(x_0+0)$ 中至少有一个不存在，则称 x_0 为函数 $f(x)$ 的第二类间断点. 无穷间断点和振荡间断点是第二类间断点中常见的两类特殊的间断点.

例 1.44　因为函数 $y=\dfrac{\sin x}{x}$ 在 $x=0$ 点无定义，所以 $x=0$ 为其间断点. 又因为 $\lim\limits_{x\to 0}\dfrac{\sin x}{x}=1$，如果补充定义 $f(0)=1$，那么函数在 $x=0$ 点处就连续了，这类间断点属于可去间断点.

例 1.45　因为符号函数 $y=\operatorname{sgn} x$ 在 $x=0$ 点左、右极限虽然存在但不相等，所以 $x=0$ 为其间断点. 这类间断点属于跳跃间断点.

例 1.46　设 $f(x)=\dfrac{1}{x^2}$，当 $x\to 0, f(x)\to\infty$，即极限不存在，所以 $x=0$ 为 $f(x)$ 的间断点. 由于 $\lim\limits_{x\to 0}\dfrac{1}{x^2}=\infty$，所以我们称 $x=0$ 属于无穷间断点.

例 1.47　因为函数 $y=\sin\dfrac{1}{x}$ 在 $x=0$ 点无定义，且当 $x\to 0$ 时，函数值在 -1 与 $+1$ 之间无限次地振荡，同时不超于某一定数，我们称这间断点为振荡间断点（图 1-14）.

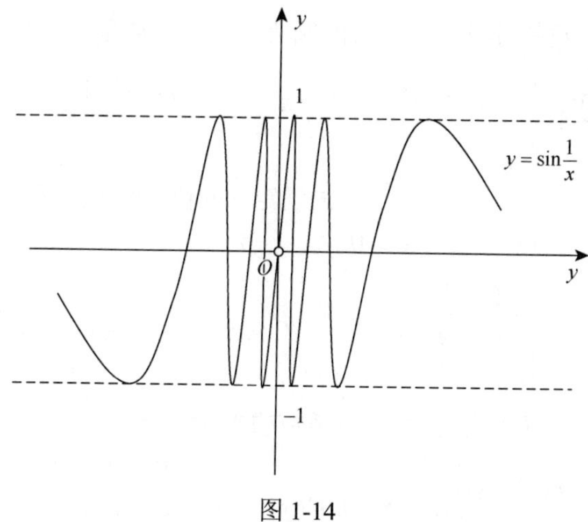

图 1-14

例 1.48　当 a 取何值时，函数 $f(x)=\begin{cases}\sin x, & x<0,\\ a+x, & x\geqslant 0\end{cases}$ 在 $x=0$ 处连续.

解　因为 $f(0)=a+0=a$，$\lim\limits_{x\to 0^-}f(x)=\lim\limits_{x\to 0^-}(\sin x)=0$，$\lim\limits_{x\to 0^+}f(x)=\lim\limits_{x\to 0^+}(a+x)=a$，要使 $f(0+0)=f(0-0)=f(0)$，得 $a=0$．故当且仅当 $a=0$ 时，函数 $f(x)$ 在 $x=0$ 点连续.

习　题　1-8

1. 研究下列函数的连续性：

（1）$f(x)=\begin{cases}x, & |x|\leqslant 1,\\ 1, & |x|>1;\end{cases}$

（2）$f(x)=\begin{cases}1, & x\in\mathbf{Q},\\ 0, & x\in\mathbf{Q}^c.\end{cases}$ 其中 $\mathbf{Q}$ 和 $\mathbf{Q}^c$ 分别表示有理数和无理数.

2. 讨论下列函数的连续性，若有间断点，指出其类型. 如果是可去间断点，则补充或改变函数的定义使其连续.

（1）$f(x)=\begin{cases}x+1, & x\geqslant 3,\\ 4-x, & x<3;\end{cases}$　　（2）$f(x)=\cos\dfrac{3}{x}$；

（3）$f(x)=\dfrac{1}{1+\mathrm{e}^{\frac{1}{x}}}$；　　（4）$f(x)=\begin{cases}x\sin\dfrac{1}{x}, & x\neq 0,\\ 0, & x=0;\end{cases}$

（5）$f(x)=\dfrac{x^2-1}{x^2-3x+2}$；　　（6）$f(x)=\dfrac{x^2-x}{|x|(x^2-1)}$.

3. 讨论下列函数的连续性，若有间断点，判别其类型.

（1）$f(x)=\lim\limits_{n\to\infty}\dfrac{1}{1+x^n}\ (x\geqslant 0)$；（2）$f(x)=\lim\limits_{n\to\infty}\dfrac{(1-x^{2n})x}{1+x^{2n}}$.

4. 设函数 $f(x)=\begin{cases}\dfrac{\sin 2x}{x}, & x<0,\\ x^2+a, & x\geqslant 0.\end{cases}$ 试确定 a 的值，使函数 $f(x)$ 在 $x=0$ 处连续.

5. 设函数 $f(x)=\begin{cases}\dfrac{\ln(1+3x)}{\sin ax}, & x>0,\\ bx+1, & x\leqslant 0\end{cases}$ 在点 $x=0$ 处连续，求 a 和 b 的值.

6. 设某城市居民每月用水费用的函数模型为

$$f(x)=\begin{cases}0.64x, & 0\leqslant x\leqslant 4.5,\\ 2.88+5\times 0.64(x-4.5), & x>4.5.\end{cases}$$

其中 x 为用水量（单位：t），$f(x)$ 为水费（单位：元）.

（1）求 $\lim\limits_{x\to 4.5}f(x)$；

（2）$f(x)$ 是连续函数吗？

（3）画出 $f(x)$ 的图形.

1.9 连续函数的运算与初等函数的连续性

1.9.1 连续函数的和、差、积、商的连续性

根据函数在某点连续的定义和极限的四则运算法则，可证明以下定理.

定理 1.19 如果函数 $f(x)$、$g(x)$ 均在点 x_0 处连续，则

（1）$f(x)\pm g(x)$ 在点 x_0 处连续；

（2）$f(x)\cdot g(x)$ 在点 x_0 处连续；

（3）$\dfrac{f(x)}{g(x)}$ 在点 x_0 处连续（$g(x_0)\neq 0$）.

例如，函数 $y=\sin x$、$y=\cos x$ 在区间 $(-\infty,+\infty)$ 内连续，所以 $y=\sin x+\cos x$、$y=\sin x\cdot\cos x$ 在区间 $(-\infty,+\infty)$ 内连续，$y=\tan x=\dfrac{\sin x}{\cos x}$ 在 $x\neq k\pi+\dfrac{\pi}{2}$ 处连续.

注 定理 1.19 中的（1）、（2）均可推广到任意有限个连续函数的情形.

1.9.2 反函数和复合函数的连续性

定理 1.20 如果函数 $y=f(x)$ 在区间 I_x 上严格单调增加（或严格单调减少）

且连续，那么它的反函数 $x=\phi(y)$ 也在对应的区间 $I_y=\{y\mid y=f(x),x\in I_x\}$ 上严格单调增加（或严格单调减少）且连续.

例如，因为函数 $y=\sin x$ 在区间 $\left[-\frac{\pi}{2},\frac{\pi}{2}\right]$ 上严格单调增加且连续，所以它的反函数 $y=\arcsin x$ 在闭区间 $[-1,1]$ 上也是严格单调增加且连续的.

同理可知其他的反三角函数在各自的定义域内都是连续的.

又如，由于幂函数 $y=x^m$（m 为正整数）在 $[0,+\infty)$ 上严格单调且连续，所以由定理 1.20 知，其反函数 $y=x^{\frac{1}{m}}$ 在 $[0,+\infty)$ 上也严格单调且连续. 同理，有理幂函数 $y=x^{\alpha}$ $(\alpha=\frac{q}{p},p\neq 0,p,q\text{为正整数})$ 在定义域内是连续的.

定理 1.21　设函数 $y=f[\varphi(x)]$（其中 $x\in D$）由函数 $y=f(u)$ 与函数 $u=\varphi(x)$ 复合而成，空心邻域 $\mathring{U}(x_0)\subset D$，若 $\lim\limits_{x\to x_0}\varphi(x)=u_0$，而函数 $y=f(u)$ 在 $u=u_0$ 处连续，那么当 x 趋于 x_0 时，函数 $y=f[\varphi(x)]$ 的极限存在且等于 $f(u_0)$，即

$$\lim_{x\to x_0}f[\varphi(x)]=\lim_{u\to u_0}f(u)=f(u_0).$$

注　(1) 将定理 1.21 中的条件 x 趋于 x_0 换为 x 趋于 ∞ 时，相应的结论也成立.

(2) 在定理 1.21 的条件下，如果作代换 $u=\varphi(x)$，那么求 $\lim\limits_{x\to x_0}f[\varphi(x)]$ 则可转化为求 $\lim\limits_{u\to u_0}f(u)$，这里 $u_0=\lim\limits_{x\to x_0}\varphi(x)$.

(3) 如果函数 $u=\varphi(x)$、$y=f(u)$ 满足定理 1.21 的条件，则有下式成立：

$$\lim_{x\to x_0}f[\varphi(x)]=f(u_0)=f\left[\lim_{x\to x_0}\varphi(x)\right],$$

即在满足定理 1.21 的条件下，求复合函数 $y=f[\phi(x)]$ 的极限时，函数符号和极限符号可以交换次序.

例 1.49　求 $\lim\limits_{x\to 0}\sqrt{2-\frac{\sin x}{x}}$.

解　因为 $\lim\limits_{x\to 0}\frac{\sin x}{x}=1$，同时 $y=\sqrt{2-u}$ 在 $u_0=1$ 点连续，故由定理 1.21 可得

$$\lim_{x\to 0}\sqrt{2-\frac{\sin x}{x}}=\sqrt{2-\lim_{x\to 0}\frac{\sin x}{x}}=\sqrt{2-1}=1.$$

例 1.50　求 $\lim\limits_{x\to 0}\frac{\ln(1+x)}{x}$.

解　$\lim\limits_{x\to 0}\frac{\ln(1+x)}{x}=\lim\limits_{x\to 0}\ln(1+x)^{\frac{1}{x}}=\ln\lim\limits_{x\to 0}(1+x)^{\frac{1}{x}}=\ln e=1$.

定理 1.22　设函数 $y=f[\varphi(x)]$（其中 $x\in D$）是由函数 $y=f(u)$ 与函数 $u=\varphi(x)$ 复合而成，$U(x_0)\subset D$．若函数 $u=\varphi(x)$ 在 $x=x_0$ 处连续，且 $\varphi(x_0)=u_0$，而函数 $y=f(u)$ 在点 $u=u_0$ 处连续，那么复合函数 $y=f[\varphi(x)]$ 在 $x=x_0$ 处也连续．

证明　由定理 1.21 得

$$\lim_{x\to x_0} f[\varphi(x)]=f(u_0)=f[\varphi(x_0)],$$

所以复合函数 $y=f[\varphi(x)]$ 在点 $x=x_0$ 是连续的．

例 1.51　讨论函数 $y=\cos\dfrac{1}{x}$ 的连续性．

解　函数 $y=\cos\dfrac{1}{x}$ 可看作是由 $y=\cos u$ 及 $u=\dfrac{1}{x}$ 复合而成的．$\cos u$ 在 $(-\infty,+\infty)$ 内是连续的，$\dfrac{1}{x}$ 在 $(-\infty,0)\cup(0,+\infty)$ 内是连续的．根据定理 1.22，函数 $y=\cos\dfrac{1}{x}$ 在 $(-\infty,0)\cup(0,+\infty)$ 内是连续的．

1.9.3　初等函数的连续性

我们知道三角函数和反三角函数在其定义域内都是连续的．利用定义也可证明指数函数 $y=a^x(a>0,a\neq1)$ 在其定义域 $(-\infty,+\infty)$ 内是严格单调且连续的，它的值域为 $(0,+\infty)$．由定理 1.20 可知，对数函数 $y=\log_a x$（$a>0$ 且 $a\neq1$）在其定义域 $(0,+\infty)$ 内是连续的．

幂函数 $y=x^\mu=a^{\mu\log_a x}$（μ 为常数，$x>0$，$a>0$ 且 $a\neq1$）可以看作是由 $y=a^u$，$u=\mu\log_a x$ 两函数复合而成的，由定理 1.22 知 $y=x^\mu$ 在 $(0,+\infty)$ 内是连续的．如果对 μ 取不同值加以证明，可知幂函数 $y=x^\mu$ 在其定义域内是连续的．

综上可得：基本初等函数在它们各自的定义域内都是连续的．

由基本初等函数的连续性及定理 1.19、定理 1.22，即得重要结论：一切初等函数在其定义区间内都是连续的．所谓定义区间是指包含在定义域内的区间．

在上一节，我们是用极限来证明连续性，而现在可利用函数的连续性来求连续函数的极限．如果函数 $f(x)$ 在点 x_0 处连续，根据点连续的定义，有 $\lim\limits_{x\to x_0} f(x)=f(\lim\limits_{x\to x_0} x)=f(x_0)$．因此，对于初等函数 $f(x)$ 且 x_0 是 $f(x)$ 的定义区间内的点，那么求 $\lim\limits_{x\to x_0} f(x)$ 时，只要求函数 $f(x)$ 在点 x_0 处的函数值 $f(x_0)$ 即可．

例 1.52　求极限 $\lim\limits_{x\to1}\dfrac{x^2+\ln(2-x)}{4\arctan x}$．

解　因为函数 $f(x)=\dfrac{x^2+\ln(2-x)}{4\arctan x}$ 为初等函数，$x=1$ 是其定义区间内一点，则

$$\lim_{x\to 1}\frac{x^2+\ln(2-x)}{4\arctan x}=f(1)=\frac{1^2+\ln(2-1)}{4\arctan 1}=\frac{1}{\pi}.$$

例 1.53　求 $\lim\limits_{x\to a}\dfrac{\sin x-\sin a}{x-a}$.

解　$\lim\limits_{x\to a}\dfrac{\sin x-\sin a}{x-a}=\lim\limits_{x\to a}\dfrac{2\sin\dfrac{x-a}{2}\cos\dfrac{x+a}{2}}{x-a}=\lim\limits_{x\to a}\dfrac{\sin\dfrac{x-a}{2}}{\dfrac{x-a}{2}}\cdot\cos\dfrac{x+a}{2}\left(令 t=\dfrac{x-a}{2}\right)$

$$=\lim_{t\to 0}\frac{\sin t}{t}\cdot\cos(t+a)=\cos a.$$

例 1.54　求 $\lim\limits_{x\to 0}(1+2x)^{\frac{3}{\sin x}}$.

解　因为

$$(1+2x)^{\frac{3}{\sin x}}=(1+2x)^{\frac{1}{2x}\cdot\frac{6x}{\sin x}}=\mathrm{e}^{\ln(1+2x)^{\frac{1}{2x}}\cdot\frac{6x}{\sin x}}=\mathrm{e}^{\frac{6x}{\sin x}\ln(1+2x)^{\frac{1}{2x}}},$$

则有

$$\lim_{x\to 0}(1+2x)^{\frac{3}{\sin x}}=\mathrm{e}^{\lim\limits_{x\to 0}\left[\frac{6x}{\sin x}\ln(1+2x)^{\frac{1}{2x}}\right]}=\mathrm{e}^6.$$

一般地，对于形如 $u(x)^{v(x)}(u(x)>0, u(x)\neq 1)$ 的幂指函数，如果

$$\lim u(x)=a>0,\ \lim v(x)=b,\ a,b 为常数,$$

那么

$$\lim u(x)^{v(x)}=a^b.$$

这里的三个 lim 都表示在同一自变量变化过程中的极限. 例如：$\lim\limits_{x\to 0}(1+x)^x=1$.

习　题　1-9

1. 研究下列函数的连续性：

（1）$f(x)=x^2\cos x+\mathrm{e}^x$；　　（2）$f(x)=\dfrac{x-2}{x^3-8}$；

（3）$f(x)=\sqrt{-x^2-x+12}$.

2. 求下列函数的极限：

（1）$\lim\limits_{x\to 1}\sin\left(\pi\sqrt{\dfrac{x+1}{5x+3}}\right)$；　　（2）$\lim\limits_{x\to +\infty}\arcsin(\sqrt{x^2+x}-x)$；

（3）$\lim\limits_{x\to 1}\dfrac{\dfrac{1}{2}+\ln(2-x)}{3\arctan x-\dfrac{\pi}{4}}$；　　（4）$\lim\limits_{x\to 0}(1-4x)^{\frac{1-x}{x}}$；

（5）$\lim\limits_{x\to 0}[1+\ln(1+x)]^{\frac{2}{x}}$；　　（6）$\lim\limits_{x\to 0}(1+x^2\mathrm{e}^x)^{\frac{1}{1-\cos x}}$；

（7）$\lim\limits_{x\to 0}\dfrac{\sqrt{1+\tan x}-\sqrt{1+\sin x}}{x\sqrt{1+\sin^2 x}-x}$；　　（8）$\lim\limits_{x\to 0}(\cos x)^{\cot^2 x}$；

（9）$\lim\limits_{n\to\infty}n[\ln n-\ln(n+2)]$.

3. 设函数 $f(x)$ 与 $g(x)$ 在点 x_0 连续，证明函数

$$\varphi(x)=\max\{f(x),g(x)\},\quad \psi(x)=\min\{f(x),g(x)\}$$

在点 x_0 也连续.

4. 若函数 $f(x)=\begin{cases} a+bx^2, & x\leqslant 0, \\ \dfrac{\sin bx}{x}, & x>0 \end{cases}$ 在 $(-\infty,+\infty)$ 内连续，则 a 和 b 的关系是（　　）.

A. $a=b$　　B. $a>b$　　C. $a<b$　　D. 不能确定

5. 设 $\lim\limits_{x\to\infty}\left(\dfrac{x+2a}{x-a}\right)^x=8$，求常数 a 的值.

1.10　闭区间上连续函数的性质

所谓函数 $f(x)$ 在闭区间 $[a,b]$ 上连续，是指 $f(x)$ 在开区间 (a,b) 内连续，且在左端点 a 右连续，在右端点 b 左连续. 闭区间上的连续函数具有一些重要的性质，在几何直观上是十分明显的，但是严格证明比较困难.下面我们以定理的形式给出这些性质，其证明均略去.

定义 1.12　设函数 $f(x)$ 在区间 I 上有定义，若存在 x_0 属于 I，使得对 I 上的任意 x，都有不等式

$$f(x)\leqslant f(x_0)\quad (\text{或} f(x)\geqslant f(x_0))$$

成立，则称 $f(x_0)$ 为函数 $f(x)$ 在区间 I 上的最大值（或最小值），称 x_0 为函数 $f(x)$ 的最大值点（或最小值点）.

例如，函数 $y=\frac{1}{x}$ 在区间[1, 2]上有最大值 1 和最小值 $\frac{1}{2}$，并且 $x=1$ 和 $x=2$ 分别是函数 $y=\frac{1}{x}$ 的最大值点和最小值点.

注　（1）显然，最值是唯一的，而最值点不一定唯一，如函数 $y=\sin x$；

（2）最值点必在区间 I 上；

（3）若在区间 I 上，最大值与最小值相等，那么在 I 上函数 $f(x)$ 为常数；

（4）一般而言，最值未必存在，如函数 $f(x)=x$ 在 $(-1,1)$ 内既无最大值，也无最小值；$g(x)=x^2$ 在 $(-1,1)$ 内有最小值，但无最大值. 那么，究竟在什么情况下，最大值与最小值同时存在呢？下面的定理给出了函数有界且最大值与最小值同时存在的充分条件.

定理 1.23（有界性与最大值最小值定理）　设函数 $f(x)$ 在闭区间 $[a, b]$ 上连续，则它在 $[a,b]$ 上有界，并且一定能取得最大值和最小值.

这就是说，如果函数 $f(x)$ 在闭区间 $[a, b]$ 上连续，那么存在常数 $M>0$，使得对闭区间 $[a,b]$ 上任意数 x，满足 $|f(x)|\leqslant M$，且至少存在一点 ξ_1，有 $f(\xi_1)\geqslant f(x)$，又至少存在一点 ξ_2，有 $f(\xi_2)\leqslant f(x)$（图 1-15）.

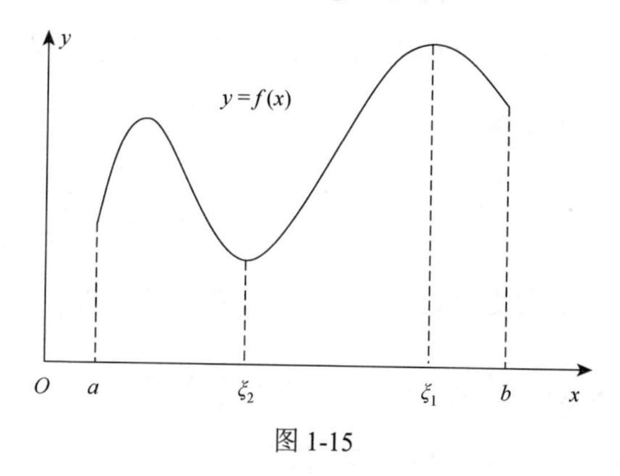

图 1-15

注　“闭区间”与“连续”两个条件缺一不可.

下面给出零点定理与介值定理.

如果存在 x_0 使得 $f(x_0)=0$，就称 x_0 为函数 $f(x)$ 的零点（或称 x_0 为方程 $f(x)=0$ 的根）.

定理 1.24（零点定理）　设函数 $f(x)$ 在闭区间 $[a,b]$ 上连续，且 $f(a)$ 与 $f(b)$ 异号（即 $f(a)\cdot f(b)<0$），那么在开区间 (a,b) 内至少存在一点 ξ，使得

$$f(\xi)=0,$$

即 $f(x)$ 在 (a,b) 内至少有一个零点.

注　（1）定理 1.24 给出了判断连续函数零点的存在性的充分条件和大致位置的方法，但是并没有给出求解零点的具体方法.

（2）从几何上看，点 $(a,f(a))$ 与点 $(b,f(b))$ 在 x 轴的上下两侧，由于函数 $f(x)$ 连续，显然，在区间 (a,b) 内，函数 $f(x)$ 的图像与 x 轴至少相交一次（图 1-16）.

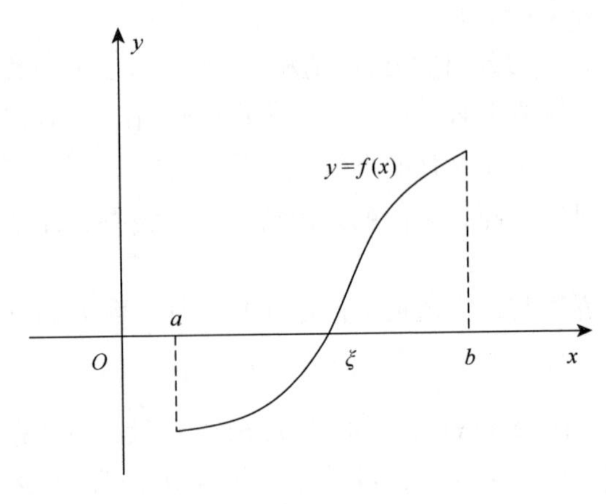

图 1-16

（3）若 $f(a)\cdot f(b)>0$，则不能判定有没有零点，须进一步考查.

例 1.55　验证方程 $4x=2^x$ 有一根在 0 与 $\frac{1}{2}$ 之间.

证明　令 $f(x)=4x-2^x$，则 $f(0)=-1<0$，$f\left(\frac{1}{2}\right)=2-\sqrt{2}>0$，又 $f(x)$ 在 $\left[0,\frac{1}{2}\right]$ 上是连续的，故由零点定理知，至少存在一 $\xi\in\left(0,\frac{1}{2}\right)$，使得 $f(\xi)=0$，即 $4\xi=2^\xi$，所以，方程 $4x=2^x$ 至少有一根在 0 与 $\frac{1}{2}$ 之间.

由定理 1.24 可推得下列一般性的介值定理.

定理 1.25（介值定理）　设函数 $y=f(x)$ 在闭区间 $[a,b]$ 上连续，且在这区间的端点取不同的函数值

$$f(a)=A \text{ 及 } f(b)=B \quad (A\neq B),$$

那么，对于 A 与 B 之间的任意一个数 C，在开区间 (a,b) 内至少存在一点 ξ，使得

$$f(\xi)=C \quad (a<\xi<b).$$

证明　设 $\varphi(x)=f(x)-C$，则 $\varphi(x)$ 在闭区间 $[a,b]$ 上连续，且 $\varphi(a)=A-C$ 与 $\varphi(b)=B-C$ 异号. 根据零点定理，在开区间 (a,b) 内至少有一点 ξ 使得

$$\varphi(\xi)=0 \quad (a<\xi<b).$$

又 $\varphi(\xi)=f(\xi)-C$，因此即得

$$f(\xi)=C \quad (a<\xi<b).$$

介值定理的几何意义是：连续曲线 $y=f(x)$ 与水平直线 $y=C$ 在 (a,b) 内至少有一个交点（图 1-17）.

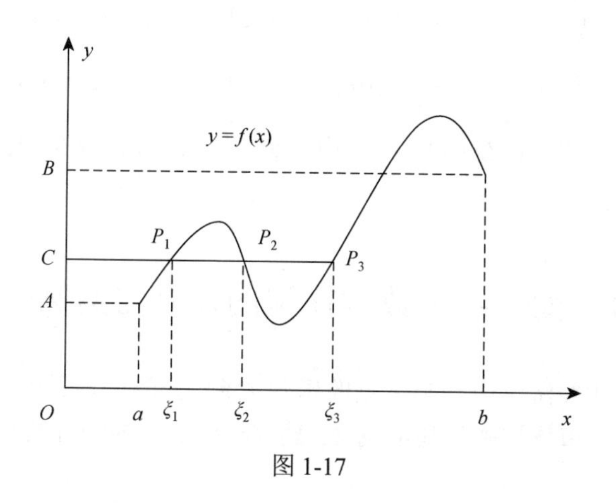

图 1-17

推论 1.9　设在闭区间 $[a,b]$ 上的连续函数 $f(x)$ 有最大值 M 和最小值 $m(M\neq m)$，那么，对于开区间 (m,M) 内任意数 C，在开区间 (a,b) 上必存在一数 ξ，使得 $f(\xi)=C$.

例 1.56　证明方程 $x=a\sin x+b$，其中 $a>0,b>0$，至少存在一个正根，并且它的根不超过 $a+b$.

证明　令 $f(x)=x-a\sin x-b$，显然，$f(0)=-b<0$，又

$$f(a+b)=(a+b)-a\sin(a+b)-b=a[1-\sin(a+b)]\geqslant 0.$$

（1）若 $f(a+b)=0$，则 $a+b$ 是 $f(x)$ 的零点，即 $a+b$ 是方程 $x=a\sin x+b$ 的根，且 $a+b>0$，此时得证；

（2）若 $f(a+b)\neq 0$，必有 $f(a+b)>0$，因为 $f(x)$ 在 $[0,a+b]$ 上是连续的，所以由零点定理得，至少有一 $\xi\in(0,a+b)$，使得 $f(\xi)=0$，即 ξ 为 $x=a\sin x+b$ 的根，此时也得证.

习　题　1-10

1. 证明方程 $x\ln x=2$ 在 $(1,\mathrm{e})$ 内至少有一实根.
2. 证明方程 $x^5+x=1$ 有正实根.

3. 设函数 $f(x)$ 对于闭区间 $[a,b]$ 上的任意两点 x、y 恒有 $|f(x)-f(y)|\leqslant L|x-y|$，其中 L 为正常数，且 $f(a)\cdot f(b)<0$．证明：至少有一点 $\xi\in(a,b)$，使得 $f(\xi)=0$．

4. 若函数 $f(x)$ 在 $[a,b]$ 上连续，$a<x_1<x_2<\cdots<x_n<b$，则在 $[x_1,x_n]$ 内至少有一点 ξ，使 $f(\xi)=\dfrac{f(x_1)+f(x_2)+\cdots+f(x_n)}{n}$．

5. 若函数 $f(x)$ 在 $[a,b]$ 上连续，$x_i\in[a,b],t_i>0\ (i=1,2,3,\cdots,n)$，且 $\sum\limits_{i=1}^{n}t_i=1$．试证至少存在一点 $\xi\in(a,b)$ 使得 $f(\xi)=t_1f(x_1)+t_2f(x_2)+\cdots+t_nf(x_n)$．

6. 证明：若函数 $f(x)$ 在 $(-\infty,+\infty)$ 内连续，且 $\lim\limits_{x\to\infty}f(x)$ 存在，则函数 $f(x)$ 必在 $(-\infty,+\infty)$ 内有界.

1.11 简单经济数学模型的建立与案例分析

本节主要阐述经济学中几类常见的函数关系，介绍成本、收益、利润、需求和供给及保本点、市场均衡等基本概念，建立一些简单的经济数学模型.

1.11.1 成本函数 $C=C(x)$

总成本 C 是由固定成本 C_0 和可变成本 C_1 两部分组成，固定成本 C_0 是指企业中不随产量 x 变化的成本，如厂房费用、设备折旧费、工资、行政管理费等. 可变成本 C_1 是指企业中随产量 x 变化的成本，如原材料、燃料、动力支出等. 可见成本是产量的函数，即

$$C=C(x)=C_0+C_1(x),$$

其中 x 是产量.

在讨论总成本的基础上，还要进一步讨论均摊在单位产量上的成本. 均摊在单位产量上的成本称为平均单位成本，记作

$$\overline{C}=\overline{C}(x)=\frac{C(x)}{x}.$$

例 1.57 某公司生产某种汽水，按设计要求，其生产能力在 $a\sim b$ 之间，公司的固定成本为 C_0 元，每生产一个单位产品，所需费用增加 C_1 元，试求成本函数.

解 设 x 为生产总量，则 x 的取值范围为 $[a,b]$，生产 x 个单位的可变成本为 C_1x 元. 因此，成本函数为

$$C=C(x)=C_0+C_1x,\quad x\in[a,b].$$

1.11.2　收益函数 $R = R(x)$

收益 R 是生产者销售一定数量产品所得的全部收入，收益 R 是销售量 x 与价格 p 乘积的函数. 即

$$R = R(x) = px.$$

根据经济学价格与销售的关系，价格 p 受销售量 x 变化的影响，不再是常数，记作 $p = p(x)$，则收益

$$R = R(x) = xp(x).$$

1.11.3　利润函数 $L = L(x)$

所谓利润 L 就是收益 R 与成本 C 之差，即

$$L = L(x) = R(x) - C(x).$$

显然，销售量 x 一定时，当 $R(x) < C(x), L(x) < 0$；当 $R(x) = C(x), L(x) = 0$；当 $R(x) > C(x)$, $L(x) > 0$. 我们由经济学常识可知：当生产成本 C 超过销售收益 R 时，则表明这种经营活动是亏本的；反之，当销售收益 R 超过生产成本 C 时，则产生利润；当利润 $L = L(x) = 0$，亦即收益等于成本时，不亏不盈. 通常称 $L = L(x) = 0$ 时的点为保本点.

例 1.58　保本分析　某公司每天要支付一笔固定费用 5000 元(用于房租与工资等)，它所出售的产品的生产费用为 6 元/件，而销售价格为 8 元/件，试问它们的保本点为多少？即每天应销售多少件商品才能使公司的收支平衡.

解　设每天应销售 x 件商品才能使公司的收支平衡，依题意，成本 $C(x) = (6x + 5000)$ 元，收益 $R(x) = 8x$ 元，则利润

$$L(x) = R(x) - C(x) = 8x - (6x + 5000).$$

令 $L(x) = 0$，则得 $x = 2500$. 即每天应销售 2500 件商品才能使公司的收支平衡. 将 $x = 2500$ 代入 $R(x)$ 或 $C(x)$ 得 $R(x) = C(x) = 20000$，则保本点为（2500, 20000）.

1.11.4　需求函数 $Q = Q(p)$

需求 Q 是指在一定时期内，在一定的价格条件下，消费者愿意而且能够购买的商品数量. 社会需求是由多种因素决定的，但主要是由价格决定. 需求 Q 是随着市场价格 p 的提高而减少的，因此，需求函数 $Q = Q(p)$ 是价格 p 的单调减少函数.

例如，需求函数 $Q(p) = \dfrac{3}{2p}, Q(p) = -5p + 6$ 等，其中 p 是价格.

1.11.5 供给函数 $S=S(p)$

供给 S 也是由多种因素决定的，最主要的因素是商品自身的价格 p，我们也只讨论供给与价格的关系. 考虑市场供给一方，当市场商品的价格上升时，厂商当然愿意提供更多的商品. 一般而言，供给函数 $S=S(p)$ 是价格 p 的单调增加函数.

例如，供给函数 $S(p)=3p+8, S(p)=2e^{0.3p}$ 等，其中 p 是价格.

1.11.6 市场均衡

我们由上述可知需求、供给与价格的关系，即价格的提高将引起厂商供给的增加，而社会需求量随之减少；相反，价格的降低将会使市场供给减少，而需求增加. 所谓市场均衡是指供给与需求处于相等时的状态，即 $S(p)=Q(p)$，此时的价格 p 称为均衡价格.

例 1.59 设某商品的供给函数为 $S(p)=p^2+7p+20$，需求函数为 $Q(p)=-9p+100$，其中 p 为价格，单位为元，求市场均衡价格.

解 市场均衡价格就是供给曲线与需求曲线的交点，即当

$$S(p)=Q(p)$$

时的价格，依题意有

$$p^2+7p+20=-9p+100,$$

则 $p=4, p=-20$（舍去），因此，该商品的市场均衡价格为 4 元.

所谓数学模型，就是描述现实对象函数关系的数学表达式，下面再就经济领域内一些简单的数量关系与规律进行建立模型举例.

例 1.60 贷款购房 设一家庭贷款购房的能力 (y) 是其偿还能力 (u) 的 200 倍，而这个家庭的偿还能力又是月收入 (x) 的 30%.

（1）试建立此家庭贷款购房能力与月收入的函数关系；

（2）如果这个家庭的月收入是 5000 元，那么，这个家庭购买住房可贷款多少？

解 （1）依题意，$y=f(u)=200u$，$u=g(x)=0.3x$，则

$$y=f[g(x)]=f(0.3x)=200\times(0.3x)=60x.$$

这就是说，这个家庭贷款购房能力 (y) 是其月收入 (x) 的 60 倍.

（2）如果月收入 $x=5000$ 元，则 $y=60\times5000=300000$ 元，这表明，月收入为5000元的家庭，其贷款的购房能力为30万元.

例 1.61　停车场收费　某停车场收费标准为：凡停车不超过2小时的，收费1元，以后每多停1小时（不到1小时以1小时计）增加收费0.8元，但停车时间最长不能超过24小时. 试建立停车费用与停车时间之间的函数关系.

解　设停车收费为 F，停车时间为 t，依题意有

$$F(t)=\begin{cases}1, & 0<t\leqslant2,\\ 1+0.8\times[(n+1)-2], & n<t\leqslant n+1,\end{cases}\quad 其中\ 2<n+1\leqslant24,\ n\in\mathbf{N}.$$

假设某人在停车场停车6小时38分钟，则有 $6<t<7$，$F(t)=1+0.8\times(7-2)=5$元.

例 1.62　国民生产总值（GNP）　某个国家的国民生产总值在1985年是1000亿元，1995年是1800亿元，现假设GNP按指数模型 $G(t)=G_0\mathrm{e}^{kt}$ 增长，问这个国家在2005年的GNP是多少？

解　假设从1985年开始计时，依题意，当 $t=0$ 时，$G_0=G(0)=1000$，当 $t=10$ 时，$G(10)=1800$，那么该国的GNP模型为

$$G(t)=1000\mathrm{e}^{\frac{t}{10}\ln\frac{9}{5}}=1000\left(\frac{9}{5}\right)^{\frac{t}{10}},$$

则在2005年的国民生产总值为 $G(20)=1000\left(\frac{9}{5}\right)^{\frac{20}{10}}=3240$ 亿元.

例 1.63　定期储蓄　设 A、B、C、D 四家银行按不同的方式（分别以年、半年、月、连续）计算本利和，若某人在每个银行均存入1000元，年利率为8%，试问5年后本利和各为多少？

解　设存入 p_0 元，按复利计算，t 年后本利和为

$$P=P_0(1+r)^t,$$

其中 r 是年利率，t 是存期（年）.

A 银行按年计息，则 $P_A=1000(1+8\%)^5=1469.33$（元）；

B 银行按半年计息，则 $P_B=1000\left(1+8\%\times\frac{1}{2}\right)^{5\times2}=1480.24$（元）；

C 银行按月计息，则 $P_C=1000\left(1+8\%\times\frac{1}{12}\right)^{5\times12}=1489.85$（元）；

由于 D 银行连续计息，我们先把计息周期缩短，过 $\frac{1}{n}$ 年计一次息，此时利率为 $\frac{r}{n}$，t 年后的本利和为

$$P = P_0\left(1+\frac{r}{n}\right)^{nt}.$$

若再将一年无限细分，即让$n \to \infty$，t年后的本利和为

$$\begin{aligned} P &= \lim_{n\to\infty} P_0\left(1+\frac{r}{n}\right)^{nt} \\ &= P_0 \lim_{n\to\infty}\left(1+\frac{r}{n}\right)^{\frac{n}{r}\cdot rt} \\ &= P_0 \mathrm{e}^{rt}. \end{aligned}$$

则$P_D = 1000\mathrm{e}^{8\%\cdot 5} = 1491.82$（元）.

在金融界有人称 e 为银行家常数，它还有一个有趣解释：若你将 1 元钱存入银行，年利率为 10%，10 年后的本利和恰为数 e，即

$$P = P_0\mathrm{e}^{rt} = 1\cdot \mathrm{e}^{(0.10)\cdot 10} = \mathrm{e}.$$

习　题　1-11

1. 设清除大气中的污染模型为

$$C(x) = \frac{18000x}{100-x},$$

其中C是清除$x\%$污染的成本，试求：

（1）$C(x)$的定义域；

（2）$C(40), C(80), C(95)$.

2. 某企业在一个周期内的生产成本由如下构成的：固定成本为 1500 元；可变成本为生产一个产品需 22 元，如果该企业每销售一个产品可得 52 元，试求：

（1）成本函数；　（2）收益函数；　（3）利润函数；　（4）保本点.

3. 某公司生产糖果，每天生产x公斤的成本为$C(x) = 8x + 4000$元，$C(0) = 4000$元为固定成本.

（1）若糖果的售价为 16 元/公斤，问每天应销售多少公斤才能保本？

（2）若糖果售价提高为 18 元/公斤，问其保本点是多少？

（3）若每天至少能够销售 800 公斤，问每公斤定价多少才能保证不亏本.

4. 已知某商品的市场需求函数为$p = 0.2q^2 + 3$，供给函数为$p = 3.5 - 0.2q - 0.1q^2$（其中p为价格，q为相应的数量），试求该商品的市场均衡价格与市场均衡交易量.

5. 设一商品的供给函数为$S(p) = ap^2 + b$，a, b为常数，且$a > 0$，需求函数为$D(p) = cp + d$，c, d为常数，且$c < 0$，其中p为价格，求市场均衡价格.

6. 按现行个人所得税规定：个人因其作品以图书、报刊形式出版、发表而取得收入的计税依据为：每次收入不超过 4000 元的，为收入减除 800 元费用后的余

额征税；每次收入超过4000元的，为收入减除20%费用后的余额征税；税率为14%，试建立个人所得税与稿酬收入之间的函数关系. 一作者出版了一部 36 万字的书，稿酬按每千字 30 元计算，该作者应纳的个人所得税为多少？

7. 贷款购房　设一家庭贷款购房的能力 (y) 是其偿还能力 (u) 的100倍，而这个家庭的偿还能力又是月收入 (x) 的20%.

（1）试建立此家庭贷款购房能力与月收入的函数关系；

（2）如果这个家庭的月收入是4000元，那么，这个家庭购买住房可贷款多少？

8. 停车场收费　某停车场收费标准为：凡停车不超过 2 小时的，收费 2 元，以后每多停 1 小时（不到 1 小时以 1 小时计）增加收费 0.5 元，但停车时间最长不能超过 5 小时. 试建立停车费用与停车时间之间的函数关系.

9. 复利问题　所谓复利，就是利滚利，这不仅是一个经济问题，而且是一个古老又现代的社会问题. 随着商品经济的发展，复利计息将日益普遍，同时复利的期限将日益变短，即不仅用年息、月息，而且用旬息、日息、半日息表示利息率.

设本金为 p，年利率为 r，若一年分为 n 期，每期利率为 $\frac{r}{n}$，存期为 t 年，则本利和为多少？现某同学存入 1000 元，年利率 $r=0.06$，2 年后，请按（1）季度；（2）月；（3）日；（4）连续计算本利和，并作出你的评论.

总习题一（A）

1. 单项选择题

（1）下列各式中正确的是（　　）.

A. $\lim\limits_{x\to 0^+}(1+x)^{\frac{1}{x}}=\mathrm{e}$　　　B. $\lim\limits_{x\to 0^+}\left(1+\frac{1}{x}\right)^x=\mathrm{e}$

C. $\lim\limits_{x\to \infty}\left(1-\frac{1}{x}\right)^x=-\mathrm{e}$　　　D. $\lim\limits_{x\to +\infty}\left(1+\frac{1}{x}\right)^{-x}=\mathrm{e}$

（2）当 $x\to 0$ 时，下列四个无穷小量中，哪一个是比其他三个更高阶的无穷小（　　）.

A. x^2　　B. $1-\cos x$　　C. $\sqrt{1-x^2}-1$　　D. $\sin x-\tan x$

（3）若当 $x\to x_0$ 时，$\alpha(x)$ 和 $\beta(x)$ 都是无穷小，则当 $x\to x_0$ 时，下列表达式中哪一个不一定是无穷小（　　）.

A. $|\alpha(x)|+|\beta(x)|$　　　B. $\alpha^2(x)$ 和 $\beta^2(x)$

C. $\ln[1+\alpha(x)\cdot\beta(x)]$　　　D. $\frac{\alpha^2(x)}{\beta(x)}$

（4）设函数 $f(x)=\begin{cases}\dfrac{x^2+2x+b}{x-1}, & x\neq 1,\\ a, & x=1\end{cases}$ 满足 $\lim\limits_{x\to 1}f(x)=A$，则以下结果正确的是（　　）.

A. $a=4,b=-3,A=4$　　B. $a=4,A=4,b$ 可取任意实数

C. $b=-3,A=4,a$ 可取任意实数　D. a,b,A 都可取任意实数

（5）设函数 $f(x)=\dfrac{x^3-x}{\sin\pi x}$，则（　　）.

A. 有无穷多个第一类间断点　B. 只有 1 个可去间断点

C. 有 2 个跳跃间断点　D. 有 3 个可去间断点.

2. 填空题

（1）设函数 $f(x)$ 的定义域是 $[0,1]$，则 $f\left(\dfrac{x-1}{x+1}\right)$ 的定义域是________.

（2）在“充分”、“必要”和“充要”三者中选择一个正确的填入空格内：数列 $\{x_n\}$ 有界是数列 $\{x_n\}$ 收敛的________条件；函数 $f(x)$ 的极限 $\lim\limits_{x\to x_0}f(x)$ 存在是 $f(x)$ 在 x_0 的某一空心邻域内有界的________条件；函数 $f(x)$ 在 x_0 的某一空心邻域内无界是 $\lim\limits_{x\to x_0}f(x)=\infty$ 的________条件；函数 $f(x)$ 在 x_0 左连续且右连续是 $f(x)$ 在 x_0 连续的________条件.

（3）已知 $\lim\limits_{x\to\infty}\left(\dfrac{2x^2}{x+1}-ax-b\right)=1$，其中 a 与 b 为常数. 则 $a=$________，$b=$________.

（4）极限 $\lim\limits_{x\to 1}\dfrac{x^2-1}{x-1}\mathrm{e}^{\frac{1}{x-1}}=$________.

（5）设函数 $f(x)=\begin{cases}x^2+1, & |x|\leqslant c,\\ \dfrac{2}{|x|}, & |x|>c\end{cases}$ 在 $(-\infty,+\infty)$ 内连续，则常数 $c=$________.

3. 求下列极限：

（1）$\lim\limits_{n\to\infty}3^n\sin\dfrac{\pi}{3^{n-1}}$；　　（2）$\lim\limits_{n\to\infty}\left(1+\dfrac{1}{8}+\cdots+\dfrac{1}{8^n}\right)$；

（3）$\lim\limits_{x\to+\infty}\arccos\left(\sqrt{x^2+x}-x\right)$；　　（4）$\lim\limits_{x\to 0}\dfrac{1-\cos 2x}{x\sin 3x}$；

（5）$\lim\limits_{x\to 0}\dfrac{\sin x^2\cos\dfrac{1}{x}}{x}$；　　（6）$\lim\limits_{x\to 0}\dfrac{\sqrt{1+6x}-\sqrt{1-2x}}{x^2+4x}$；

（7）$\lim\limits_{x\to 0}\dfrac{1-\cos(\sin x)}{2\ln(1+x^2)}$；　　（8）$\lim\limits_{x\to\infty}\left(x\sin\dfrac{1}{x}+\dfrac{1}{x}\sin x\right)$；

（9）$\lim\limits_{x\to\infty}\left(\dfrac{x+a}{x-a}\right)^x$（$a$ 为非零常数）；　　（10）$\lim\limits_{x\to\infty}x\sin\dfrac{2x}{x^2+1}$．

4. 设当 $x\to x_0$ 时，$f(x)$ 是比 $g(x)$ 高阶的无穷小．证明：当 $x\to x_0$ 时，$f(x)+g(x)$ 与 $g(x)$ 是等价无穷小．

5. 已知 $\lim\limits_{x\to 2}\dfrac{x^3+ax+b}{x-2}=8$，求常数 a 与 b 的值．

6. 设 $x_1=10$，$x_{n+1}=\sqrt{2x_n+8}\ (n\geqslant 1)$，证明数列 $\{x_n\}$ 极限存在，并求此极限．

7. 确定非零常数 a 与 b 的值，使得函数 $f(x)=\begin{cases}\dfrac{\sin 6x}{2x}, & x<0,\\ a+3x, & x=0,\\ (1+bx)^{\frac{1}{x}}, & x>0\end{cases}$ 处处连续．

8. 求下列函数的间断点，并判定其类型：

（1）$f(x)=\arctan\dfrac{1}{x}$；　　（2）$f(x)=\dfrac{x}{\tan x}$；

（3）$f(x)=\lim\limits_{n\to\infty}\dfrac{x+\mathrm{e}^{nx}}{1+\mathrm{e}^{nx}}$．

9. 设函数 $f(x)$ 在 $(-\infty,+\infty)$ 内有定义，且 $\lim\limits_{x\to\infty}f(x)=a$，$g(x)=\begin{cases}f\left(\dfrac{1}{x}\right), & x\neq 0,\\ 0, & x=0,\end{cases}$ 试讨论函数 $g(x)$ 在 $x=0$ 点处的连续情况．

10. 证明：方程 $(x^2-1)\cos x+\sqrt{2}\sin x-1=0$ 在区间 $(0,1)$ 内有根．

总习题一（B）

1. 单项选择题

（1）当 $x\to 0$ 时，下列无穷小量中与 x 不等价的是（　　）．

A. $x-3x^2+x^3$　　B. $\dfrac{\ln(1+x^2)}{x}$

C. $\mathrm{e}^x-2x^2+5x^4-1$　　D. $\sin(6\sin x+x^2)$

（2）下列极限不存在的是（　　）.

A. $\lim\limits_{x\to+\infty}\left(2^{\frac{1}{x}}+\dfrac{\sin x}{x}\right)$　　B. $\lim\limits_{x\to 0}x\sin\dfrac{1}{x}$

C. $\lim\limits_{x\to\infty}\dfrac{\sqrt{x^2-3x+1}}{x}$　　D. $\lim\limits_{x\to 0^+}\left(\dfrac{\ln(1+x)}{x}+\arctan\dfrac{1}{x}\right)$

（3）极限（　　）等于 e.

A. $\lim\limits_{x\to\infty}(1+x)^{\frac{1}{x}}$　　B. $\lim\limits_{x\to-\infty}\left(1+\dfrac{1}{x}\right)^{x-1}$

C. $\lim\limits_{x\to-\infty}\left(1-\dfrac{1}{x}\right)^{x}$　　D. $\lim\limits_{x\to 0}\left(1+\dfrac{1}{x}\right)^{x}$

（4）设 $\forall n$，数列 $|f(n)|<g(n)$，如果 $\lim\limits_{n\to\infty}g(n)=3$，则 $\lim\limits_{n\to\infty}f(n)$ 的值为（　　）.

A. $\lim\limits_{n\to\infty}f(n)=-3$　　B. $-3\leqslant\lim\limits_{n\to\infty}f(n)\leqslant 3$

C. $\lim\limits_{n\to\infty}f(n)=3$　　D. $-3<\lim\limits_{n\to\infty}f(n)<3$

（5）设函数 $f(x)=\dfrac{|x|\sin(x-2)}{x(x-1)(x-2)^2}$，则 $f(x)$ 在下列哪个区间内有界（　　）.

A. $(-1,0)$　　B. $(0,1)$　　C. $(1,2)$　　D. $(2,3)$

2. 填空题

（1）计算 $\lim\limits_{x\to 0}\dfrac{1}{x}\ln\sqrt{\dfrac{1+x-x^2}{1-x+x^2}}=$________.

（2）设 $\lim\limits_{x\to 0}(1+2x-2x^2)^{\frac{1}{ax+bx^2}}=e^2$，则 $a=$________，$b=$________.

（3）设 $x\to 0^+$ 时，$e^{\sqrt{x}\cos x^2}-e^{\sqrt{x}}$ 与 x^{μ} 是同阶无穷小，则 $\mu=$________.

（4）设 $\lim\limits_{x\to 0}\dfrac{f(x)}{x^3}=-3$，则 $\lim\limits_{x\to 0}\dfrac{f(x)}{x}=$________，$\lim\limits_{x\to 0}\dfrac{f(x)}{x^2}=$________.

（5）若 $\lim\limits_{x\to 0}\left[\dfrac{1}{x}-\left(\dfrac{1}{x}-a\right)e^x\right]=1$，则 $a=$________.

3. 求下列极限：

（1）$\lim\limits_{n\to\infty}[\sqrt{1+2+\cdots+n}-\sqrt{1+2+\cdots+(n-1)}]$；

（2）$\lim\limits_{x\to 0^+}\dfrac{e^{x^3}-1}{1-\cos\sqrt{x(1-\cos x)}}$；

（3）$\lim\limits_{x\to 0}\left(\dfrac{a^x+b^x+c^x}{3}\right)^{\frac{1}{x}}$ $(a>0,b>0,c>0)$；

（4）$\lim\limits_{x\to 0}(1+e^x\arctan x^2)^{\frac{1}{1-\cos x}}$；

（5）$\lim\limits_{x\to\frac{\pi}{2}}(\sin x)^{\tan x}$；　　（6）$\lim\limits_{x\to+\infty}(\sin\sqrt{x+1}-\sin\sqrt{x})$；

（7）$\lim\limits_{n\to\infty}\left(1+\dfrac{1}{2}+\dfrac{1}{3}+\cdots+\dfrac{1}{n}\right)^{\frac{1}{n}}$；　　（8）$\lim\limits_{x\to0}\left(\dfrac{2+e^{\frac{1}{x}}}{1+e^{\frac{4}{x}}}+\dfrac{\sin x}{|x|}\right)$；

（9）$\lim\limits_{n\to\infty}(1+x)(1+x^2)\cdots(1+x^{2^n}),|x|<1$；

（10）$\lim\limits_{x\to0}\dfrac{\ln(e^{\sin x}+\sqrt[3]{1-\cos x})-\sin x}{\arctan(4\sqrt[3]{1-\cos x})}$.

4. 已知函数 $f(x)=\lim\limits_{n\to\infty}\dfrac{x^n}{2+x^{2n}}$，试确定 $f(x)$ 的间断点及其类型.

5. 设函数 $f(x)=\begin{cases}ax^2+bx, & x<1,\\ 3, & x=1,\\ 2a-bx, & x>1.\end{cases}$ 求 a，b 使 $f(x)$ 在 $x=1$ 处连续.

6. 求证方程 $x+1+\sin x=0$ 在区间 $\left(-\dfrac{\pi}{2},\dfrac{\pi}{2}\right)$ 上至少有一个根.

7. 设 $a>0$，任取 $x_1>0$，令 $x_{n+1}=\dfrac{1}{2}\left(x_n+\dfrac{a}{x_n}\right)$（其中 $n=1,2,\cdots$）. 证明数列 $\{x_n\}$ 收敛，并求极限 $\lim\limits_{n\to\infty}x_n$.

8. 如果存在直线 $L:y=kx+b$，使得当 $x\to\infty$（或 $x\to+\infty$，$x\to-\infty$）时，曲线 $y=f(x)$ 上的动点 $M(x,y)$ 到直线 L 的距离 $d(M,L)\to0$，则称 L 为曲线 $y=f(x)$ 的渐近线. 当直线 L 的斜率 $k\neq0$ 时，称 L 为斜渐近线.

（1）证明：直线 $L:y=kx+b$ 为曲线 $y=f(x)$ 的渐近线的充要条件是

$$k=\lim_{x\to\infty}\frac{f(x)}{x},\quad b=\lim_{x\to\infty}[f(x)-kx].$$

（2）求曲线 $y=(2x-1)e^{\frac{1}{x}}$ 的斜渐近线.

极限的发展史

第 2 章　导数与微分

导数与微分是微积分学的重要概念. 导数反映了函数相对于自变量变化而变化的快慢程度, 即函数的变化率. 微分是当自变量有微小改变时, 函数增量的近似值, 微分概念在理论和实际应用特别是近似计算中具有重要意义. 本章主要讨论这两个概念及其运算问题.

2.1　导 数 概 念

在第 1 章, 我们讨论了函数的连续性问题, 知道函数 $y=f(x)$ 在点 x 处连续的充要条件是 $\lim\limits_{\Delta x\to 0}\Delta y=0$, 此式揭示了连续函数的函数增量 Δy 与自变量增量 Δx 之间的变化关系, 在此前提下, 两个无穷小量的比值 $\dfrac{\Delta y}{\Delta x}$ 会如何变化呢? 这便是函数的变化率问题. 历史上, 导致导数概念的产生, 与以下两个问题密切相关:

（1）瞬时速度问题: 已知质点的运动规律, 求质点在运动过程中任意时刻的速度;

（2）切线问题: 已知平面曲线方程, 求其上任意点处的切线方程, 此问题的关键在于确定切线的斜率.

下面, 我们从实际问题引入导数的概念.

2.1.1　变化率问题

例 2.1（瞬时速度问题）　设一个质点 M 自原点 O 开始作直线运动, 已知运动方程 $s=s(t)$, 求质点 M 在 t_0 时刻的瞬时速度.

解　如果质点作匀速直线运动, 那么它在 t_0 时刻的瞬时速度等于初始速度, 即 $v(t_0)=v_0=\dfrac{s(t_0)}{t_0}$.

现在质点作变速直线运动, 它的位移 $s=s(t)$ 随时间 t 而变化, 所以不能直接用上面的公式求 t_0 时刻的速度, 但可以用它求 Δt 时间内的平均速度.

设在 t_0 时刻质点的位置为 $s(t_0)$, $t_0+\Delta t$ 时刻质点的位置为 $s(t_0+\Delta t)$, 则在 Δt 时间内, 质点走过的路程为

$$\Delta s = s(t_0 + \Delta t) - s(t_0),$$

从而

$$\frac{\Delta s}{\Delta t} = \frac{s(t_0 + \Delta t) - s(t_0)}{\Delta t}$$

表示质点 M 在 Δt 这段时间内的平均速度. 此平均速度近似地反映了质点 M 在 t_0 时刻的瞬时速度, 而且当 Δt 越小, 此平均速度越接近于 t_0 时刻的瞬时速度. 因此, 当 $\Delta t \to 0$ 时, 若 $\frac{\Delta s}{\Delta t}$ 的极限存在, 则此平均速度的极限就是质点 M 在 t_0 时刻的瞬时速度, 即

$$v(t_0) = \lim_{\Delta t \to 0} \frac{\Delta s}{\Delta t} = \lim_{\Delta t \to 0} \frac{s(t_0 + \Delta t) - s(t_0)}{\Delta t}.$$

例 2.2（切线的斜率问题）　求曲线 $y = f(x)$ 在点 $P_0(x_0, f(x_0))$ 处的切线的斜率.

解　设 $P_0(x_0, f(x_0))$ 是曲线 $y = f(x)$ 上的一点, 当自变量由 x_0 变到 $x_0 + \Delta x$ 时, 在曲线上得到另一点 $P(x_0+\Delta x, f(x_0+\Delta x))$, 由图 2-1 可以看到, 函数增量 Δy 与自变量增量 Δx 之比 $\frac{\Delta y}{\Delta x}$ 为割线 P_0P 的斜率, 即

$$\tan\varphi = \frac{\Delta y}{\Delta x} = \frac{f(x_0 + \Delta x) - f(x_0)}{\Delta x},$$

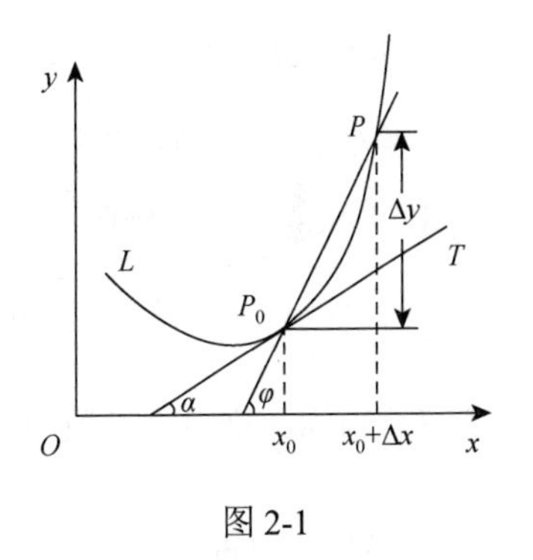

图 2-1

其中, φ 是割线 P_0P 的倾角.

显然, 当 $\Delta x \to 0$ 时, P 点沿曲线移动而趋向于 P_0 点, 这时割线 P_0P 以点 P_0 为支点逐渐转动而趋于极限位置, 即直线 P_0T. 直线 P_0T 就称为曲线 $y = f(x)$ 在点 P_0 处的切线. 相应地, 割线 P_0P 的斜率 $\tan\varphi$ 就趋向于切线的斜率 k, 即 $k = \lim\limits_{\Delta x \to 0} \tan\varphi = \lim\limits_{\Delta x \to 0} \frac{f(x_0 + \Delta x) - f(x_0)}{\Delta x}$.

例 2.3（边际利润问题）　设生产某产品的总利润 L 是产量 x 的函数, 即 $L = L(x)$. 求总利润在产量为 x_0 时的变化率（即变化速度）. 这个变化率称为总利润 $L(x)$ 在 x_0 时的边际利润.

解　当产量 x 从 x_0 变化到 $x_0 + \Delta x$ 时, 总利润的改变量为

$$\Delta L = L(x_0 + \Delta x) - L(x_0),$$

总利润的平均变化率

$$\frac{\Delta L}{\Delta x} = \frac{L(x_0 + \Delta x) - L(x_0)}{\Delta x}.$$

显然, 产量的改变量 Δx 越小, 总利润的平均变化率越接近于产量为 x_0 时的变化率. 若极限

$$\lim_{\Delta x\to 0}\frac{\Delta L}{\Delta x}=\lim_{\Delta x\to 0}\frac{L(x_0+\Delta x)-L(x_0)}{\Delta x}$$

存在，则此极限为总利润 $L(x)$ 在 x_0 处的边际利润.

以上三个例子，虽然它们所解决的问题不一样，但解决问题的方法一样，揭示的本质也是一样的. 从数量关系上看，它们都归结为：当自变量增量趋于零时，求函数增量与自变量增量之比的极限，这就是函数对于自变量的变化率问题，由此，我们引入导数的概念.

2.1.2　导数的概念

1. 导数的定义

定义 2.1　设函数 $y=f(x)$ 在点 x_0 的某邻域内有定义，当自变量 x 在点 x_0 处有增量 Δx（点 $x_0+\Delta x$ 仍在该邻域内）时，相应地函数有增量 $\Delta y=f(x_0+\Delta x)-f(x_0)$. 如果当 $\Delta x\to 0$ 时，极限

$$\lim_{\Delta x\to 0}\frac{\Delta y}{\Delta x}=\lim_{\Delta x\to 0}\frac{f(x_0+\Delta x)-f(x_0)}{\Delta x}$$

存在，则称此极限为函数 $f(x)$ 在点 x_0 处的导数，记作 $f'(x_0)$，或 $y'\big|_{x=x_0}$，或 $\frac{\mathrm{d}y}{\mathrm{d}x}\Big|_{x=x_0}$，或 $\frac{\mathrm{d}f(x)}{\mathrm{d}x}\Big|_{x=x_0}$. 即

$$f'(x_0)=\lim_{\Delta x\to 0}\frac{\Delta y}{\Delta x}=\lim_{\Delta x\to 0}\frac{f(x_0+\Delta x)-f(x_0)}{\Delta x}.\qquad(2\text{-}1)$$

如果函数 $f(x)$ 在点 x_0 处导数存在，则称 $f(x)$ 在点 x_0 处可导，否则称 $f(x)$ 在点 x_0 处不可导.

$f'(x_0)$ 又称为 $f(x)$ 在 x_0 处的变化率，它反映了因变量随自变量的变化而变化的快慢程度，这也是导数的本质含义.

在式（2-1）中，如果令 $x=x_0+\Delta x$，则

$$\Delta x=x-x_0,\ \Delta y=f(x)-f(x_0).$$

当 $\Delta x\to 0$时, $x\to x_0$，从而式（2-1）变为

$$f'(x_0)=\lim_{x\to x_0}\frac{f(x)-f(x_0)}{x-x_0},\qquad(2\text{-}2)$$

这是导数常用的另一种形式.

上面三个例子中的所求量都可用导数表示. 质点 M 在 t_0 时刻的瞬时速度 $v(t_0)$ 就是位移函数 $s(t)$ 在 t_0 处的导数，即 $v(t_0)=s'(t_0)$. 曲线 $y=f(x)$ 在点 $(x_0,f(x_0))$ 处

切线的斜率 k 就是函数 $f(x)$ 在点 x_0 处的导数，即 $k=f'(x_0)$，这也是导数的几何意义，亦即 $f'(x_0)$ 在几何上表示曲线 $y=f(x)$ 在点 $(x_0,f(x_0))$ 处切线的斜率. 边际利润就是总利润函数 $L(x)$ 在 x_0 处的导数 $L'(x_0)$.

根据导数的几何意义，若函数 $y=f(x)$ 在点 x_0 处可导，则 $y=f(x)$ 在点 $(x_0,f(x_0))$ 处的切线方程为

$$y-f(x_0)=f'(x_0)(x-x_0).$$

若 $f'(x_0)\neq 0$，则曲线在点 $(x_0,f(x_0))$ 处的法线方程为

$$y-f(x_0)=-\frac{1}{f'(x_0)}(x-x_0).$$

特别地，若 $f'(x_0)=0$，则曲线在点 $(x_0,f(x_0))$ 有平行于 x 轴的切线；若 $f'(x_0)=\infty$（此时函数在点 x_0 处不可导），则曲线在点 $(x_0,f(x_0))$ 有垂直于 x 轴的切线.

如果函数 $f(x)$ 在开区间 (a,b) 内每一点处都可导，则称函数 $f(x)$ 在开区间 (a,b) 内可导. 这时，对于任意 $x\in(a,b)$，$f'(x)=\lim\limits_{\Delta x\to 0}\dfrac{f(x+\Delta x)-f(x)}{\Delta x}$ 是一个随 x 变化而变化的函数，称这个函数为 $y=f(x)$ 的导函数，简称为导数，记作 y'，$f'(x)$，$\dfrac{\mathrm{d}y}{\mathrm{d}x}$ 或 $\dfrac{\mathrm{d}f(x)}{\mathrm{d}x}$. 即

$$f'(x)=\lim_{\Delta x\to 0}\frac{f(x+\Delta x)-f(x)}{\Delta x}. \tag{2-3}$$

显然，函数 $f(x)$ 在点 x_0 处的导数 $f'(x_0)$ 就是其导函数 $f'(x)$ 在点 $x=x_0$ 处的函数值，即

$$f'(x_0)=f'(x)\Big|_{x=x_0}. \tag{2-4}$$

例 2.4　设函数 $f(x)=x^2$，求 $f'(-1)$，$f'(2)$ 和 $f'(x)$.

解　因为

$$\lim_{\Delta x\to 0}\frac{f(-1+\Delta x)-f(-1)}{\Delta x}=\lim_{\Delta x\to 0}\frac{(-1+\Delta x)^2-(-1)^2}{\Delta x}=\lim_{\Delta x\to 0}\frac{(-2+\Delta x)\Delta x}{\Delta x}=-2;$$

$$\lim_{\Delta x\to 0}\frac{f(2+\Delta x)-f(2)}{\Delta x}=\lim_{\Delta x\to 0}\frac{(2+\Delta x)^2-2^2}{\Delta x}=\lim_{\Delta x\to 0}\frac{(4+\Delta x)\Delta x}{\Delta x}=4;$$

$$\begin{aligned}\lim_{\Delta x\to 0}\frac{\Delta y}{\Delta x}&=\lim_{\Delta x\to 0}\frac{f(x+\Delta x)-f(x)}{\Delta x}\\&=\lim_{\Delta x\to 0}\frac{(x+\Delta x)^2-x^2}{\Delta x}\\&=\lim_{\Delta x\to 0}\frac{(2x+\Delta x)\Delta x}{\Delta x}=2x,\end{aligned}$$

所以 $f'(-1)=-2$，$f'(2)=4$，$f'(x)=(x^2)'=2x$.

显然 $f'(-1)=-2=f'(x)\big|_{x=-1}$，$f'(2)=4=f'(x)\big|_{x=2}$.

例 2.5 求曲线 $y=\sqrt{x}$ 在点 $(1,1)$ 处的切线方程和法线方程.

解 由导数的几何意义，曲线在点 $(1,1)$ 处的切线的斜率为

$$k=f'(1)=\lim_{x\to1}\frac{f(x)-f(1)}{x-1}=\lim_{x\to1}\frac{\sqrt{x}-1}{x-1}=\lim_{x\to1}\frac{1}{\sqrt{x}+1}=\frac{1}{2},$$

则法线斜率为 $-\frac{1}{k}=-2$，故曲线在点 $(1,1)$ 处的切线方程为

$$y-1=\frac{1}{2}(x-1),\quad 即\ 2y-x-1=0.$$

在点 $(1,1)$ 处的法线方程为

$$y-1=-2(x-1),\quad 即\ y+2x-3=0.$$

2. 左、右导数的定义

类似于单侧极限（左、右极限）、单侧连续（左、右连续），我们给出单侧导数（左、右导数）的定义.

定义 2.2 若左极限 $\lim\limits_{x\to x_0^-}\frac{f(x)-f(x_0)}{x-x_0}$ 存在，则称该极限为函数 $f(x)$ 在点 x_0 处的左导数，记作 $f'_-(x_0)$，即

$$f'_-(x_0)=\lim_{x\to x_0^-}\frac{f(x)-f(x_0)}{x-x_0}\ 或\ f'_-(x_0)=\lim_{\Delta x\to0^-}\frac{f(x_0+\Delta x)-f(x_0)}{\Delta x}.$$

若右极限 $\lim\limits_{x\to x_0^+}\frac{f(x)-f(x_0)}{x-x_0}$ 存在，则称该极限为函数 $f(x)$ 在点 x_0 处的右导数，记作 $f'_+(x_0)$，即

$$f'_+(x_0)=\lim_{x\to x_0^+}\frac{f(x)-f(x_0)}{x-x_0}\ 或\ f'_+(x_0)=\lim_{\Delta x\to0^+}\frac{f(x_0+\Delta x)-f(x_0)}{\Delta x}.$$

$f'_-(x_0)$ 与 $f'_+(x_0)$ 统称为函数 $f(x)$ 在点 x_0 处的单侧导数.

由极限在点 x_0 处存在的充要条件可知，函数 $y=f(x)$ 在点 x_0 处可导的充要条件是函数 $y=f(x)$ 在 x_0 处左、右导数都存在且相等，即

$$f'_-(x_0)=f'_+(x_0).$$

注 讨论分段函数在分段点处的可导性时，要从左、右导数来考虑.

如果函数 $f(x)$ 在开区间 (a,b) 内可导，且 $f'_+(a)$ 与 $f'_-(b)$ 都存在，则称函数 $f(x)$ 在闭区间 $[a,b]$ 上可导.

例 2.6 讨论函数 $f(x)=|x|$ 在 $x=0$ 处的可导性.

解 因为 $\dfrac{\Delta y}{\Delta x}=\dfrac{f(0+\Delta x)-f(0)}{\Delta x}=\dfrac{|0+\Delta x|-0}{\Delta x}=\dfrac{|\Delta x|}{\Delta x}$，所以

$$f'_-(0)=\lim_{\Delta x\to 0^-}\frac{|\Delta x|}{\Delta x}=\lim_{\Delta x\to 0^-}\frac{-\Delta x}{\Delta x}=-1,$$

$$f'_+(0)=\lim_{\Delta x\to 0^+}\frac{|\Delta x|}{\Delta x}=\lim_{\Delta x\to 0^+}\frac{\Delta x}{\Delta x}=1.$$

即函数的左、右导数都存在，但 $f'_-(0)\neq f'_+(0)$，因此 $f(x)=|x|$ 在 $x=0$ 处不可导（图 2-2）.

一般地, 如果函数的图形在某点出现“尖角”，那么在该点就没有切线, 从而函数在该点不可导.

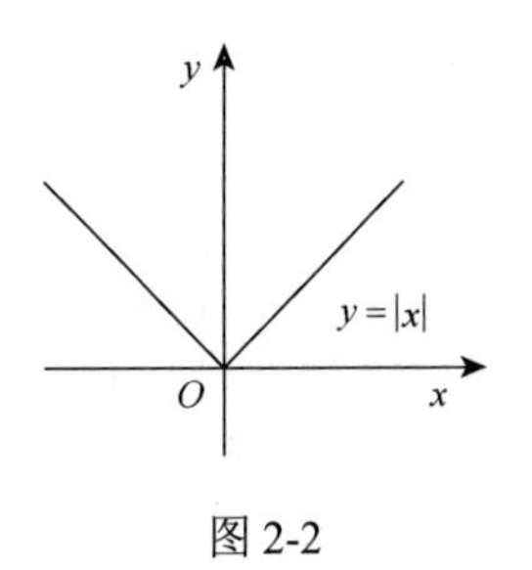

图 2-2

3. 函数的可导性与连续性的关系

定理 2.1 若函数 $y=f(x)$ 在点 x_0 处可导, 则 $y=f(x)$ 在点 x_0 处连续.

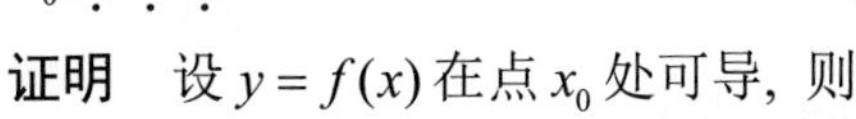
证明 设 $y=f(x)$ 在点 x_0 处可导, 则

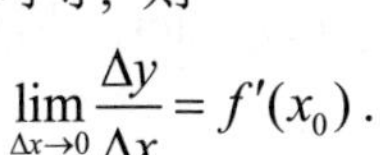

$$\lim_{\Delta x\to 0}\frac{\Delta y}{\Delta x}=f'(x_0).$$

由无穷小量与函数极限的关系知

$$\frac{\Delta y}{\Delta x}=f'(x_0)+\alpha\text{, 其中 }\lim_{\Delta x\to 0}\alpha=0,$$

从而

$$\Delta y=f'(x_0)\Delta x+\alpha\cdot\Delta x.$$

因此

$$\lim_{\Delta x\to 0}\Delta y=\lim_{\Delta x\to 0}[f'(x_0)\Delta x+\alpha\cdot\Delta x]=0,$$

所以 $y=f(x)$ 在点 x_0 处连续.

但此定理的逆命题不成立, 即函数 $y=f(x)$ 在点 x_0 处连续, 在点 x_0 处却不一定可导.

如函数 $y=|x|$ 在 $x=0$ 处连续 (因 $\lim\limits_{x\to 0}|x|=0$)，但由例 2.6 知：$y=|x|$ 在 $x=0$ 处不可导.

因此, 函数在某点连续是函数在该点可导的必要条件, 而非充分条件.

例 2.7 讨论下列函数在 $x=0$ 处的连续性和可导性.

（1）$f(x)=\sqrt[3]{x}$；（2）$f(x)=\begin{cases}e^x, & x\leqslant 0,\\ \sin x, & x>0;\end{cases}$（3）$f(x)=\begin{cases}x^2+1, & x>0,\\ x+1, & x\leqslant 0;\end{cases}$

（4）$f(x)=xg(x)$，其中 $g(x)$ 在 $x=0$ 点连续, 且 $g(0)=1$.

解　（1）因为 $\lim\limits_{x\to 0} f(x)=\lim\limits_{x\to 0}\sqrt[3]{x}=0=f(0)$,

$$\lim_{x\to 0}\frac{f(x)-f(0)}{x-0}=\lim_{x\to 0}\frac{\sqrt[3]{x}}{x}=+\infty,$$

所以函数 $f(x)=\sqrt[3]{x}$ 在 $x=0$ 处连续，但不可导，但此时曲线在 $(0,0)$ 点有垂直于 x 轴的切线.

（2）因为

$$\lim_{x\to 0^-} f(x)=\lim_{x\to 0^-}\mathrm{e}^x=1,$$

$$\lim_{x\to 0^+} f(x)=\lim_{x\to 0^+}\sin x=0,$$

所以 $f(x)=\begin{cases}\mathrm{e}^x, & x\leqslant 0,\\ \sin x, & x>0\end{cases}$ 在 $x=0$ 处不连续，从而不可导.

（3）因为 $f(0)=1$，且

$$\lim_{x\to 0^+} f(x)=\lim_{x\to 0^+}(x^2+1)=1,$$

$$\lim_{x\to 0^-} f(x)=\lim_{x\to 0^-}(x+1)=1,$$

所以函数 $f(x)=\begin{cases}x^2+1, & x>0,\\ x+1, & x\leqslant 0\end{cases}$ 在 $x=0$ 处连续.

而

$$f'_+(0)=\lim_{x\to 0^+}\frac{f(x)-f(0)}{x-0}=\lim_{x\to 0^+}\frac{x^2+1-1}{x}=0,$$

$$f'_-(0)=\lim_{x\to 0^-}\frac{f(x)-f(0)}{x-0}=\lim_{x\to 0^-}\frac{x+1-1}{x}=1,$$

故

$$f'_+(0)\neq f'_-(0),$$

所以函数 $f(x)=\begin{cases}x^2+1, & x>0,\\ x+1, & x\leqslant 0\end{cases}$ 在 $x=0$ 处不可导.

（4）因为

$$\lim_{x\to 0}\frac{f(x)-f(0)}{x-0}=\lim_{x\to 0}\frac{xg(x)}{x}=g(0)=1,$$

所以 $f(x)=xg(x)$ 在 $x=0$ 处可导，且 $f'(0)=1$，函数在该点连续.

例 2.8　设函数 $f(x)=\begin{cases}x^2, & x\leqslant 1,\\ ax+b, & x>1,\end{cases}$ 能否确定 a,b 的值，使得 $f(x)$ 在 $x=1$ 处可导？

解　要使函数 $f(x)$ 在 $x=1$ 处可导，则函数 $f(x)$ 在 $x=1$ 处必须连续，即

$$\lim_{x\to1^+}f(x)=\lim_{x\to1^-}f(x)=f(1)=1,$$

从而 $a+b=1$.

要使 $f(x)$ 在 $x=1$ 处可导，必须使 $f'_+(1)=f'_-(1)$，而

$$f'_+(1)=\lim_{x\to1^+}\frac{f(x)-f(1)}{x-1}=\lim_{x\to1^+}\frac{ax+b-1}{x-1}=\lim_{x\to1^+}\frac{ax-a}{x-1}=a,$$

$$f'_-(1)=\lim_{x\to1^-}\frac{f(x)-f(1)}{x-1}=\lim_{x\to1^-}\frac{x^2-1}{x-1}=2,$$

所以 $a=2$，代入 $a+b=1$ 中，解得 $b=-1$.

因此 $a=2$，$b=-1$ 时，$f(x)$ 在 $x=1$ 处可导.

习　题　2-1

1. 用导数定义求下列函数的导数：

（1）$y=\dfrac{1}{1+x}$；　　（2）$y=\cos x$.

2. 某物体的运动方程为 $s(t)=t^2$，求该物体在 $t=3$ 时的瞬时速度.

3. 问 $f'(x_0)=[f(x_0)]'$ 正确吗？

4. 设函数 $y=f(x)$ 在点 x_0 处不可导，则曲线 $y=f(x)$ 在点 $P_0(x_0,f(x_0))$ 处是否一定不存在切线？

5. 求曲线 $y=x^3+x$ 上的点，使曲线在该点处的切线与直线 $y=4x$ 平行.

6. 已知 $f'(3)=2$，则

（1）$\lim\limits_{h\to0}\dfrac{f(3-h)-f(3)}{2h}=$ ________；

（2）$\lim\limits_{h\to0}\dfrac{f(3+h)-f(3-h)}{2h}=$ ________；

（3）$\lim\limits_{h\to0}\dfrac{f(3+2h)-f(3-2h)}{2h}=$ ________.

7. 讨论下列函数在 $x=0$ 处的连续性与可导性：

（1）$y=x|x|$；　　（2）$y=\begin{cases}x+2, & x>0,\\ 3x-1, & x\leqslant0;\end{cases}$　　（3）$y=\begin{cases}x\sin\dfrac{1}{x}, & x<0,\\ \ln(1+x^2), & x\geqslant0.\end{cases}$

8. 设 $f(x)=(x-a)\varphi(x)$，其中 $\varphi(x)$ 在 $x=a$ 处连续，求 $f'(a)$.

9. 证明：双曲线 $xy=1$ 上任意一点处的切线与两坐标轴所围成的三角形的面积等于 2.

2.2　导数的运算法则及导数基本公式

2.2.1　几个基本初等函数的导数

1. 常数的导数

设 $f(x)=C$ （C 为常数），则 $C'=0$.

证明　函数 $y=f(x)$ 的增量 $\Delta y=f(x+\Delta x)-f(x)=C-C=0$，所以

$$\lim_{x\to 0}\frac{f(x+\Delta x)-f(x)}{\Delta x}=\lim_{x\to 0}0=0,$$

所以 $C'=0$.

2. 幂函数的导数

设 $f(x)=x^n$ （n 为正整数），则 $f'(x)=nx^{n-1}$.

证明　因为 $\Delta y=(x+\Delta x)^n-x^n$

$$=x^n+nx^{n-1}\Delta x+\frac{n(n-1)}{2}x^{n-2}(\Delta x)^2+\cdots+(\Delta x)^n-x^n$$

$$=nx^{n-1}\Delta x+\frac{n(n-1)}{2}x^{n-2}(\Delta x)^2+\cdots+(\Delta x)^n,$$

于是

$$\lim_{\Delta x\to 0}\frac{\Delta y}{\Delta x}=\lim_{\Delta x\to 0}[nx^{n-1}+\frac{n(n-1)}{2}x^{n-2}\Delta x+\cdots+(\Delta x)^{n-1}]=nx^{n-1},$$

所以 $(x^n)'=nx^{n-1}$.

对于一般的幂函数 $f(x)=x^{\mu}$ （μ 为实数），仍有

$$(x^{\mu})'=\mu x^{\mu-1}$$ （此式将在 2.3 节例 2.25 证明）.

3. 正弦函数与余弦函数的导数

设 $f(x)=\sin x$，则 $f'(x)=\cos x$.

证明　因为 $\Delta y=f(x+\Delta x)-f(x)=\sin(x+\Delta x)-\sin x$

$$=2\cos\left(x+\frac{\Delta x}{2}\right)\sin\frac{\Delta x}{2},$$

所以

$$\lim_{\Delta x\to 0}\frac{\Delta y}{\Delta x}=\lim_{\Delta x\to 0}\frac{\sin\frac{\Delta x}{2}}{\frac{\Delta x}{2}}\cdot\cos\left(x+\frac{\Delta x}{2}\right)=\cos x.$$

由导数的定义可知,

$$(\sin x)'=\cos x .$$

类似可证

$$(\cos x)'=-\sin x .$$

4. 指数函数的导数

设 $f(x)=a^x(a>0,\ a\neq 1)$，则 $f'(x)=a^x\ln a$.

证明　因为 $\Delta y=f(x+\Delta x)-f(x)=a^{x+\Delta x}-a^x=a^x(a^{\Delta x}-1)$

$=a^x(\mathrm{e}^{\Delta x\ln a}-1)$,

所以

$$\lim_{\Delta x\to 0}\frac{\Delta y}{\Delta x}=a^x\lim_{\Delta x\to 0}\frac{\mathrm{e}^{\Delta x\ln a}-1}{\Delta x}=a^x\ln a ,$$

因为当 $\Delta x\to 0$ 时，$\mathrm{e}^{\Delta x\ln a}-1$ 与 $\Delta x\ln a$ 是等价无穷小，由此得 $(a^x)'=a^x\ln a$.

特别地，当 $a=\mathrm{e}$ 时，$(\mathrm{e}^x)'=\mathrm{e}^x$.

5. 对数函数的导数

设 $f(x)=\log_a x$，则 $f'(x)=\dfrac{1}{x\ln a}$.

证明　因为 $\Delta y=f(x+\Delta x)-f(x)=\log_a(x+\Delta x)-\log_a x=\log_a\left(1+\dfrac{\Delta x}{x}\right)$,

所以

$$\lim_{\Delta x\to 0}\frac{\Delta y}{\Delta x}=\lim_{\Delta x\to 0}\frac{\log_a\left(1+\frac{\Delta x}{x}\right)}{\Delta x}=\lim_{\Delta x\to 0}\log_a\left(1+\frac{\Delta x}{x}\right)^{\frac{x}{\Delta x}\cdot\frac{1}{x}}$$

$$=\log_a\mathrm{e}^{\frac{1}{x}}=\frac{1}{x\ln a},$$

由导数的定义可知,

$$(\log_a x)'=\frac{1}{x\ln a}\cdot$$

特别地，当 $a=\mathrm{e}$ 时，有 $(\ln x)'=\dfrac{1}{x}$.

2.2.2　函数的和、差、积、商的求导法则

利用导数的定义，我们求出了一些基本初等函数的导数，但是当函数结构比

较复杂时, 再用定义求其导数, 往往烦琐, 甚至不可能. 因此, 为了有效解决函数的导数计算问题, 我们给出下面的导数运算法则.

定理 2.2　设函数 $u(x)$, $v(x)$ 在 x 点皆可导, 则它们的和、差、积、商（除分母为零的点外）在 x 点也可导, 且

（1）$[u(x)\pm v(x)]'=u'(x)\pm v'(x)$;

（2）$[u(x)\cdot v(x)]'=u'(x)v(x)+u(x)v'(x)$;

（3）$\left[\dfrac{u(x)}{v(x)}\right]'=\dfrac{u'(x)v(x)-u(x)v'(x)}{[v(x)]^2}(v(x)\neq 0)$.

下面证明（2）和（3）, 请读者完成（1）的证明.

证明　（2）设 $y=u(x)v(x)$, 则

$$\begin{aligned}\Delta y&=u(x+\Delta x)v(x+\Delta x)-u(x)v(x)\\&=[u(x+\Delta x)-u(x)]v(x+\Delta x)+u(x)[v(x+\Delta x)-v(x)].\end{aligned}$$

注意到可导必连续, 我们得到

$$\begin{aligned}\lim_{\Delta x\to 0}\frac{\Delta y}{\Delta x}&=\lim_{\Delta x\to 0}\frac{u(x+\Delta x)v(x+\Delta x)-u(x)v(x)}{\Delta x}\\&=\lim_{\Delta x\to 0}\frac{u(x+\Delta x)-u(x)}{\Delta x}\lim_{\Delta x\to 0}v(x+\Delta x)+u(x)\cdot\lim_{\Delta x\to 0}\frac{v(x+\Delta x)-v(x)}{\Delta x}\\&=u'(x)v(x)+u(x)v'(x).\end{aligned}$$

所以 $[u(x)\cdot v(x)]'=u'(x)v(x)+u(x)v'(x)$.

（3）设 $y=\dfrac{u(x)}{v(x)}$, $v(x)\neq 0$, 则

$$\begin{aligned}\Delta y&=\frac{u(x+\Delta x)}{v(x+\Delta x)}-\frac{u(x)}{v(x)}=\frac{u(x+\Delta x)v(x)-u(x)v(x+\Delta x)}{v(x)\cdot v(x+\Delta x)}\\&=\frac{u(x+\Delta x)v(x)-u(x)v(x)+u(x)v(x)-v(x+\Delta x)u(x)}{v(x)\cdot v(x+\Delta x)}\\&=\frac{v(x)\cdot\Delta u-u(x)\cdot\Delta v}{v(x)\cdot v(x+\Delta x)},\end{aligned}$$

其中, $\Delta u=u(x+\Delta x)-u(x)$, $\Delta v=v(x+\Delta x)-v(x)$.

于是

$$\begin{aligned}\lim_{\Delta x\to 0}\frac{\Delta y}{\Delta x}&=\lim_{\Delta x\to 0}\frac{v(x)\cdot\Delta u-u(x)\cdot\Delta v}{v(x)\cdot v(x+\Delta x)\cdot\Delta x}\\&=\lim_{\Delta x\to 0}\frac{1}{v(x)\cdot v(x+\Delta x)}\left[v(x)\cdot\frac{\Delta u}{\Delta x}-u(x)\cdot\frac{\Delta v}{\Delta x}\right].\end{aligned}$$

因为 $v(x)$ 在 x 点可导，所以 $v(x)$ 在 x 点连续，从而 $\lim\limits_{\Delta x \to 0} v(x+\Delta x)=v(x)$.
注意 $v(x)\neq 0$ ，所以

$$\left[\frac{u(x)}{v(x)}\right]'=\frac{u'(x)\cdot v(x)-u(x)\cdot v'(x)}{[v(x)]^2}.$$

推论 2.1　设 $u(x)$ 在 x 点可导，C 为常数，则 $[Cu(x)]'=Cu'(x)$.

推论 2.2　设 $C_i \in \mathbf{R}$，$u_i(x)$（$i=1,2,\cdots,n$）、$v(x)$ 在 x 点可导，则

（1）$[C_1u_1(x)+C_2u_2(x)+\cdots+C_nu_n(x)]'=\sum\limits_{i=1}^{n}C_iu_i'(x)$；

（2）$[u_1(x)u_2(x)\cdots u_n(x)]'=\sum\limits_{i=1}^{n}u_1(x)\cdots u_{i-1}(x)u_i'(x)u_{i+1}(x)\cdots u_n(x)$；

（3）$\left[\dfrac{1}{v(x)}\right]'=-\dfrac{v'(x)}{v^2(x)}$，其中 $v(x)\neq 0$.

例 2.9　设 $y=5^x-2\log_a x+\dfrac{3}{\sqrt{x}}+\sin\dfrac{\pi}{3}$，求 y' .

解　$$y'=(5^x)'-(2\log_a x)'+\left(\frac{3}{\sqrt{x}}\right)'+\left(\sin\frac{\pi}{3}\right)'$$
$$=5^x\ln 5-\frac{2}{x\ln a}-\frac{3}{2\sqrt{x^3}}.$$

例 2.10　设 $y=(x^3+3a^x)(\cos x-1)$，求 y' .

解　$$y'=(x^3+3a^x)'(\cos x-1)+(x^3+3a^x)(\cos x-1)'$$
$$=(3x^2+3a^x\ln a)(\cos x-1)-(x^3+3a^x)\sin x.$$

例 2.11　设 $y=\tan x$，求 y' .

解　$$y'=(\tan x)'=\left(\frac{\sin x}{\cos x}\right)'=\frac{(\sin x)'\cos x-\sin x(\cos x)'}{\cos^2 x}$$
$$=\frac{\cos^2 x+\sin^2 x}{\cos^2 x}=\frac{1}{\cos^2 x}=\sec^2 x,$$

所以 $(\tan x)'=\sec^2 x$.

同理可证 $(\cot x)'=-\csc^2 x$.

例 2.12　设 $y=\sec x$，求 y' .

解　$$y'=(\sec x)'=\left(\frac{1}{\cos x}\right)=\frac{(1)'\cos x-1\cdot(\cos x)'}{\cos^2 x}$$
$$=\frac{\sin x}{\cos^2 x}=\sec x\tan x,$$

所以$(\sec x)' = \sec x \tan x$.

同理可证$(\csc x)' = -\csc x \cot x$.

2.2.3 反函数的导数

定理 2.3 设函数$x = \varphi(y)$在点y的某区间I_y内单调连续，$\varphi'(y)$存在且不为零，则它的反函数$y = f(x)$在区间$I_x = \left\{x \middle| x = \varphi(y), y \in I_y\right\}$内也可导，且

$$f'(x) = \frac{1}{\varphi'(y)} \text{ 或 } \frac{\mathrm{d}y}{\mathrm{d}x} = \frac{1}{\dfrac{\mathrm{d}x}{\mathrm{d}y}}.$$

证明 由于$x = \varphi(y)$在区间I_y内单调连续，由第1章知，它的反函数$y = f(x)$在对应区间I_x内也单调连续. 因此当$y = f(x)$的自变量在点x处有增量Δx且$\Delta x \neq 0$时，必有$\Delta y = f(x + \Delta x) - f(x) \neq 0$，于是$\dfrac{\Delta y}{\Delta x} = \dfrac{1}{\dfrac{\Delta x}{\Delta y}}$.

又$y = f(x)$连续，故当$\Delta x \to 0$时，必有$\Delta y \to 0$，且$\varphi'(y) \neq 0$，故

$$\lim_{\Delta x \to 0} \frac{\Delta y}{\Delta x} = \lim_{\Delta y \to 0} \frac{1}{\dfrac{\Delta x}{\Delta y}} = \frac{1}{\varphi'(y)},$$

即$f'(x) = \dfrac{1}{\varphi'(y)}$.

上述结论表明：互为反函数的两个函数的导数互为倒数.

例 2.13 求函数$y = \arcsin x$的导数.

解 因为函数$y = \arcsin x$是$x = \sin y$在区间$\left(-\dfrac{\pi}{2}, \dfrac{\pi}{2}\right)$内的反函数，且$x = \sin y$在$\left(-\dfrac{\pi}{2}, \dfrac{\pi}{2}\right)$内单调连续，$(\sin y)' = \cos y \neq 0$.

因此有

$$(\arcsin x)' = \frac{1}{(\sin y)'} = \frac{1}{\cos y} = \frac{1}{\sqrt{1 - \sin^2 y}} = \frac{1}{\sqrt{1 - x^2}},\ x \in (-1, 1).$$

即 $(\arcsin x)' = \dfrac{1}{\sqrt{1-x^2}}$，$x \in (-1,1)$.

同理可证 $(\arccos x)' = -\dfrac{1}{\sqrt{1-x^2}}$，$x \in (-1,1)$.

例 2.14　求函数 $y = \arctan x$ 的导数.

解　因为函数 $y = \arctan x$ 是 $x = \tan y$ 在区间 $\left(-\dfrac{\pi}{2}, \dfrac{\pi}{2}\right)$ 内的反函数，且 $x = \tan y$ 在 $\left(-\dfrac{\pi}{2}, \dfrac{\pi}{2}\right)$ 内单调连续，$(\tan y)' = \sec^2 y \neq 0$，所以有

$$(\arctan x)' = \frac{1}{(\tan y)'} = \frac{1}{\sec^2 y} = \frac{1}{1+\tan^2 y} = \frac{1}{1+x^2}, \ x \in (-\infty, +\infty).$$

即 $(\arctan x)' = \dfrac{1}{1+x^2}$，　$x \in (-\infty, +\infty)$.

同理可证 $(\operatorname{arccot} x)' = -\dfrac{1}{1+x^2}$，　$x \in (-\infty, +\infty)$.

2.2.4　复合函数的求导法则

定理 2.4　设函数 $u = \varphi(x)$ 在点 x 处可导，而函数 $y = f(u)$ 在与 x 对应的点 u 处可导，则复合函数 $y = f[\varphi(x)]$ 在点 x 处可导，且

$$y'(x) = f'(u)\varphi'(x) \text{ 或 } \frac{\mathrm{d}y}{\mathrm{d}x} = \frac{\mathrm{d}y}{\mathrm{d}u} \cdot \frac{\mathrm{d}u}{\mathrm{d}x}.$$

证明　因为 $y = f(u)$ 在点 u 处可导，所以 $\lim\limits_{\Delta u \to 0} \dfrac{\Delta y}{\Delta u} = f'(u)$.

由无穷小量与函数极限的关系定理，知

$$\frac{\Delta y}{\Delta u} = f'(u) + \alpha, \text{ 其中 } \lim_{\Delta u \to 0} \alpha = 0.$$

当 $\Delta u \neq 0$ 时，用 Δu 乘上式两边，得

$$\Delta y = f'(u)\Delta u + \alpha \Delta u. \tag{2-5}$$

当 $\Delta u = 0$ 时，因 $\Delta y = f(u + \Delta u) - f(u) = 0$，特取 $\alpha = 0$，式（2-5）仍然成立.
现将式（2-5）两端同时除以 $\Delta x \neq 0$，得

$$\frac{\Delta y}{\Delta x}=f'(u)\frac{\Delta u}{\Delta x}+\alpha\cdot\frac{\Delta u}{\Delta x}.$$

考察上式当$\Delta x\to 0$时的极限，由可导必连续知$\lim\limits_{\Delta x\to 0}\Delta u=0$，从而

$$\lim_{\Delta x\to 0}\alpha=\lim_{\Delta u\to 0}\alpha=0.$$

又

$$\lim_{\Delta x\to 0}\frac{\Delta u}{\Delta x}=\varphi'(x),$$

于是

$$\lim_{\Delta x\to 0}\frac{\Delta y}{\Delta x}=f'(u)\cdot\lim_{\Delta x\to 0}\frac{\Delta u}{\Delta x}=f'(u)\varphi'(x).$$

即$y'(x)=f'(u)\varphi'(x)$.

复合函数求导法则可以推广到有限个中间变量的情形. 例如：$y=f(u)$，$u=\varphi(v)$，$v=\psi(x)$均为可导函数，且能构成复合函数，则复合函数$y=f\{\varphi[\psi(x)]\}$的导数为

$$y'_x=f'(u)\varphi'(v)\psi'(x) \text{ 或 } \frac{\mathrm{d}y}{\mathrm{d}x}=\frac{\mathrm{d}y}{\mathrm{d}u}\cdot\frac{\mathrm{d}u}{\mathrm{d}v}\cdot\frac{\mathrm{d}v}{\mathrm{d}x}.$$

复合函数求导法则又称**链式法则**.

例 2.15　设函数$y=(1-2x^2)^{10}$，求y'.

解　函数$y=(1-2x^2)^{10}$是由$y=u^{10}$与$u=1-2x^2$复合而成的，则

$$\begin{aligned}\frac{\mathrm{d}y}{\mathrm{d}x}&=\frac{\mathrm{d}y}{\mathrm{d}u}\cdot\frac{\mathrm{d}u}{\mathrm{d}x}=(u^{10})'\cdot(1-2x^2)'\\&=10u^9\cdot(-4x)=-40x(1-2x^2)^9.\end{aligned}$$

注　最后一定要代回到x的函数.

例 2.16　设函数$y=\ln\sin x$，求y'.

解　函数$y=\ln\sin x$是由$y=\ln u$与$u=\sin x$复合而成，则

$$\begin{aligned}\frac{\mathrm{d}y}{\mathrm{d}x}&=\frac{\mathrm{d}y}{\mathrm{d}u}\cdot\frac{\mathrm{d}u}{\mathrm{d}x}=(\ln u)'(\sin x)'\\&=\frac{1}{u}\cos x=\frac{\cos x}{\sin x}=\cot x.\end{aligned}$$

对复合函数的分解比较熟练以后，分解过程可以略去.

例 2.17　求函数 $y=\mathrm{e}^{\tan\frac{x}{2}}$ 的导数.

解　$y'=\left(\mathrm{e}^{\tan\frac{x}{2}}\right)'=\mathrm{e}^{\tan\frac{x}{2}}\left(\tan\frac{x}{2}\right)'=\mathrm{e}^{\tan\frac{x}{2}}\cdot\sec^2\frac{x}{2}\cdot\left(\frac{x}{2}\right)'$

$=\mathrm{e}^{\tan\frac{x}{2}}\cdot\sec^2\frac{x}{2}\cdot\frac{1}{2}=\frac{1}{2}\mathrm{e}^{\tan\frac{x}{2}}\cdot\sec^2\frac{x}{2}.$

例 2.18　设函数 $y=\ln|x|\,(x\neq 0)$，求 y'.

解　当 $x>0$ 时，$y=\ln|x|=\ln x$，所以 $\frac{\mathrm{d}y}{\mathrm{d}x}=\frac{1}{x}$.

当 $x<0$ 时，$y=\ln|x|=\ln(-x)$，所以 $\frac{\mathrm{d}y}{\mathrm{d}x}=\frac{\mathrm{d}}{\mathrm{d}x}\ln(-x)=\frac{(-x)'}{-x}=\frac{1}{x}$.

综上有 $y'=(\ln|x|)'=\frac{1}{x}\quad(x\neq 0)$.

例 2.19　求函数 $y=\ln|\cos(\sec^2 x)|$ 的导数.

解　利用例 2.18 的结论，则

$$
\begin{aligned}
y'&=\frac{1}{\cos(\sec^2 x)}\cdot[-\sin(\sec^2 x)]\cdot 2\sec x\cdot\sec x\tan x\\
&=-2\tan x\sec^2 x\tan(\sec^2 x).
\end{aligned}
$$

例 2.20　设函数 $y=f(u)$ 是可导函数，求 $y=f\left(\arctan\frac{1}{x}\right)$ 的导数.

解　$y'=f'\left(\arctan\frac{1}{x}\right)\cdot\frac{1}{1+\left(\frac{1}{x}\right)^2}\cdot\left(-\frac{1}{x^2}\right)$

$=-\frac{1}{1+x^2}f'\left(\arctan\frac{1}{x}\right).$

习　题　2-2

1. 求下列函数的导数：

（1）$y=2\sqrt[3]{x}-\frac{1}{3\sqrt[3]{x^2}}-\frac{1}{x}$；　（2）$y=3^x-2\arccos x-\ln\mathrm{e}$；

（3）$y=x^a-a^x+\ln x-\tan x$；　（4）$y=\sqrt{x\sqrt{x\sqrt{x}}}$；

（5）$y=\dfrac{1+\cos x}{\sin x}$；（6）$y=\dfrac{1-\ln x}{1+\ln x}$；

（7）$y=x\sin x\ln x$；（8）$y=\dfrac{10^x-1}{\ln x}$.

2. 求下列函数的导数：

（1）$y=(3x^2-2x+5)^{10}$；（2）$y=\dfrac{1}{\sqrt{x^2+1}}$；

（3）$y=4^{\sin 2x}$；（4）$y=2\sin^2\dfrac{1}{x^2}$；

（5）$y=\ln\ln x$；（6）$y=\sec^2\dfrac{x}{a}+\csc^2\dfrac{a}{x}$；

（7）$y=x\operatorname{arccot}\dfrac{x}{3}$；（8）$y=\sqrt{x+\sqrt{x+\sqrt{x}}}$；

（9）$y=\arctan \mathrm{e}^x+\ln\sqrt{1+\mathrm{e}^{-2x}}$；（10）$y=\ln(x+\sqrt{a^2+x^2})$.

3. 证明下列命题：

（1）可导的偶函数的导数是奇函数；

（2）可导的奇函数的导数是偶函数；

（3）可导的周期函数的导数是具有相同周期的周期函数.

4. 设函数 $f(x)$ 可导，试求下列函数的导数：

（1）$y=f(x^2)$；（2）$y=f(\mathrm{e}^{-2x}+\cos x)$；

（3）$y=f(\sin^2 x)+f(\cos^2 x)$；（4）$y=f(\ln x)\cdot\ln f(x)$.

5. 设函数 $f(x)=x|x(x-2)|$，求 $f'(x)$.

6. 设函数 $f(x)=\begin{cases}\dfrac{1}{x}, & x<0,\\ -x^2+3x-2, & 0\leqslant x<1,\\ \ln x, & x\geqslant 1,\end{cases}$ 求 $f'(x)$.

7. 设函数 $f(x)=\begin{cases}x\arctan\dfrac{1}{x^2}, & x\neq 0,\\ 0, & x=0,\end{cases}$ 求 $f'(x)$，并讨论 $f'(x)$ 在 $x=0$ 处的连续性.

2.3 隐函数及由参数方程确定的函数的导数

2.3.1 隐函数的导数

前面我们所研究的函数，都是可以用解析式 $y=f(x)$ 来表示的函数，用这种方式表示的函数称为显函数. 在实际问题中, 我们也经常遇到另一类函数, 它的因变量 y 和自变量 x 之间的对应法则是以方程 $F(x,y)=0$ 形式给定的, 就是说, 如果存在一个定义在某区间上的函数 $y=y(x)$, 使 $F(x,y(x))\equiv 0$, 那么称 $y=y(x)$ 是由方程 $F(x,y)=0$ 确定的隐函数.

若能从方程 $F(x,y)=0$ 中解出 $y=f(x)$, 则称这一过程为隐函数的显化. 例如, 从方程 $x^2+y^3=2$ 中可解出 $y=\sqrt[3]{2-x^2}$, 就把隐函数化成了显函数. 但隐函数的显化有时是困难的, 甚至是不可能的, 如方程 $x\mathrm{e}^y-y+\mathrm{e}^x=0$ 确定的隐函数不能显化. 因此, 我们希望寻求一种求导方法, 无论隐函数能否显化都可直接从方程求出它所确定的隐函数的导数.

下面通过两个实例来阐述如何求隐函数的导数.

例 2.21　求由方程 $x^2+y^3=2$ 确定的隐函数 $y=y(x)$ 的导数 $\dfrac{\mathrm{d}y}{\mathrm{d}x}$.

解　我们用两种方法来求导数.

解法 1　由方程 $x^2+y^3=2$, 解得 $y=\sqrt[3]{2-x^2}$, 则

$$y'=\frac{1}{3}(2-x^2)^{-\frac{2}{3}}(2-x^2)'=-\frac{2x}{3\cdot\sqrt[3]{(2-x^2)^2}}.$$

解法 2　由于 y 是 x 的函数, 则 $y^3=[y(x)]^3$ 是 x 的复合函数, 因而可以将方程两边同时对 x 求导. 由复合函数求导法则, 有

$$2x+3y^2\cdot y'=0,$$

从中解出 y', 得到 $y'=-\dfrac{2x}{3y^2}$.

上述所得的两个结果, 本质一样, 只是外在表示形式不同.

从此例看出: 求隐函数的导数时, 可以直接将方程两端同时对 x 求导, 无需将隐函数显化. 需要注意的是在求导过程中, 应将 y 看成 x 的函数, $\varphi(y)$ 是 x 的复合函数, 正确使用复合函数的求导法则.

例 2.22　求由方程 $\arctan\dfrac{y}{x}=\ln\sqrt{x^2+y^2}$ 确定的隐函数 $y=y(x)$ 的导数 $\dfrac{\mathrm{d}y}{\mathrm{d}x}$.

解　方程可变形为 $\arctan\dfrac{y}{x}=\dfrac{1}{2}\ln(x^2+y^2)$.

两边对 x 求导, 得 $\dfrac{\left(\dfrac{y}{x}\right)'}{1+\left(\dfrac{y}{x}\right)^2}=\dfrac{2x+2y\cdot y'}{2(x^2+y^2)}$,

即有

$$\frac{1}{1+\left(\frac{y}{x}\right)^2}\cdot\frac{xy'-y}{x^2}=\frac{x+y\cdot y'}{x^2+y^2},$$

整理化简，得所求导数为 $y'=\dfrac{x+y}{x-y}$.

有些显函数的求导运算十分麻烦，这时可用对数求导法求解. 所谓**对数求导法**，就是先对函数 $y=f(x)$ 取对数化为隐函数 $\ln y=\ln f(x)$，再按隐函数求导.

例 2.23 设函数 $y=\dfrac{x^2}{1-x}\sqrt[3]{\dfrac{3-x}{(3+x)^2}}$，求 y'.

解 将函数两边取自然对数，得

$$\ln|y|=2\ln|x|-\ln|1-x|+\frac{1}{3}\ln|3-x|-\frac{2}{3}\ln|3+x|,$$

将上式两端同时对 x 求导，有

$$\frac{1}{y}y'=\frac{2}{x}-\frac{1}{1-x}\cdot(-1)+\frac{1}{3}\cdot\frac{1}{3-x}\cdot(-1)-\frac{2}{3}\cdot\frac{1}{3+x},$$

所以 $y'=y\left[\dfrac{2}{x}+\dfrac{1}{1-x}-\dfrac{1}{3(3-x)}-\dfrac{2}{3(3+x)}\right]$

$$=\frac{x^2}{1-x}\sqrt[3]{\frac{3-x}{(3+x)^2}}\left[\frac{2}{x}+\frac{1}{1-x}-\frac{1}{3(3-x)}-\frac{2}{3(3+x)}\right].$$

例 2.24 求函数 $y=x^{\sin x}\ (x>0)$ 的导数.

解 将函数取自然对数，得

$$\ln y=\sin x\ln x.$$

将上式两边同时对 x 求导，得

$$\frac{1}{y}y'=\cos x\ln x+\frac{\sin x}{x},$$

故 $y'=y\left(\cos x\ln x+\dfrac{\sin x}{x}\right)=x^{\sin x}\left(\cos x\ln x+\dfrac{\sin x}{x}\right)$.

例 2.25 设 $y=x^{\mu}$（μ 是实常数），证明 $y'=\mu x^{\mu-1}$.

证明 当 $x\neq 0$ 时，对 $y=x^{\mu}$ 取自然对数，有

$$\ln|y|=\mu\ln|x|,$$

两端同时对 x 求导，得 $\dfrac{y'}{y}=\dfrac{\mu}{x}$，因此 $y'=y\dfrac{\mu}{x}=x^{\mu}\cdot\dfrac{\mu}{x}=\mu x^{\mu-1}$.

当 $x=0$ 时，由导数的定义可直接求得 $y'|_{x=0}=0$（当 $\mu>0$ 时）.

综上得 $(x^{\mu})'=\mu x^{\mu-1}$，$\mu\in\mathbf{R}$.

2.3.2　由参数方程确定的函数的求导法则

在实际问题中，函数 y 与自变量 x 可能不是直接由 $y=f(x)$ 给出，而是通过参数 t 给出：

$$\begin{cases} x=\varphi(t), \\ y=\psi(t), \end{cases} \quad t \text{ 为参数}. \tag{2-6}$$

该参数方程确定了 y 与 x 之间的函数关系，我们称该函数为由参数方程（2-6）所确定的函数.

在实际问题中，需要计算由参数方程（2-6）所确定的函数的导数. 但从参数方程（2-6）中消去参数 t 有时比较困难，甚至不可能. 因此，我们希望找到求导方法：不用消去参数 t，就能求得由参数方程确定的函数 $y=y(x)$ 的导数.

设 $x=\varphi(t)$ 有单调连续的反函数 $t=\varphi^{-1}(x)$，又 $\varphi'(t)$ 与 $\psi'(t)$ 都存在，且 $\varphi'(t)\neq 0$，$t=\varphi^{-1}(x)$ 与 $y=\psi(t)$ 可构成复合函数，则由复合函数及反函数的求导法则，函数 $y=\psi(t)=\psi[\varphi^{-1}(x)]$ 的导数为

$$\frac{\mathrm{d}y}{\mathrm{d}x}=\frac{\mathrm{d}y}{\mathrm{d}t}\cdot\frac{\mathrm{d}t}{\mathrm{d}x}=\frac{\mathrm{d}y}{\mathrm{d}t}\bigg/\frac{\mathrm{d}x}{\mathrm{d}t}=\frac{y'(t)}{x'(t)}=\frac{\psi'(t)}{\varphi'(t)}. \tag{2-7}$$

这就是由参数方程（2-6）所确定的函数 $y=y(x)$ 的求导公式.

例 2.26　设曲线的参数方程为 $\begin{cases} x=\sin t, \\ y=\cos 2t, \end{cases}$ 求曲线在 $t=\dfrac{\pi}{4}$ 处的切线方程.

解　因 $t=\dfrac{\pi}{4}$ 时，$x=\dfrac{\sqrt{2}}{2}$，$y=0$. 本问题即为求曲线在点 $P_0\left(\dfrac{\sqrt{2}}{2},0\right)$ 处的切线方程.

由式（2-7）可得

$$\frac{\mathrm{d}y}{\mathrm{d}x}=\frac{y'(t)}{x'(t)}=\frac{(\cos 2t)'}{(\sin t)'}=-4\sin t,$$

于是曲线在点 $P_0\left(\dfrac{\sqrt{2}}{2},0\right)$ 处的切线斜率为 $k=y'\Big|_{\frac{\pi}{4}}=-2\sqrt{2}$，故所求切线方程为 $y=-2\sqrt{2}\left(x-\dfrac{\sqrt{2}}{2}\right)$，即 $2\sqrt{2}x+y-2=0$.

例 2.27　求由参数方程 $\begin{cases} x=\sqrt{t}-5, \\ y(t-1)=\ln y \end{cases}$ 确定的函数 $y=y(x)$ 的导数 $\dfrac{\mathrm{d}y}{\mathrm{d}x}$.

解　函数 $y=y(t)$ 由方程 $y(t-1)=\ln y$ 确定，将方程两边同时对 t 求导，得

$$\frac{\mathrm{d}y}{\mathrm{d}t}\cdot(t-1)+y=\frac{1}{y}\cdot\frac{\mathrm{d}y}{\mathrm{d}t},$$

解得

$$\frac{\mathrm{d}y}{\mathrm{d}t}=-\frac{y^2}{yt-y-1},$$

又

$$\frac{\mathrm{d}x}{\mathrm{d}t}=\frac{1}{2\sqrt{t}},$$

所以 $\frac{\mathrm{d}y}{\mathrm{d}x}=\frac{\mathrm{d}y}{\mathrm{d}t}\Big/\frac{\mathrm{d}x}{\mathrm{d}t}=\frac{-y^2}{yt-y-1}\Big/\frac{1}{2\sqrt{t}}=\frac{-2y^2\sqrt{t}}{yt-y-1}$.

至此，我们已推导出所有基本初等函数的导数公式，这些公式称为**基本导数公式**，应用这些公式及四则运算求导法则、复合函数求导法则，就可以解决初等函数的导数计算问题. 为方便起见，归纳如下.

2.3.3　基本导数公式与求导法则

1. 基本导数公式

（1）$C'=0$；

（2）$(x^{\mu})'=\mu x^{\mu-1}$（μ 为实数）；

（3）$(a^x)'=a^x\ln a$；

（4）$(\mathrm{e}^x)'=\mathrm{e}^x$；

（5）$(\log_a x)'=\frac{1}{x\ln a}$（$a>0$，$a\neq1$）；

（6）$(\ln|x|)'=\frac{1}{x}$；

（7）$(\sin x)'=\cos x$；

（8）$(\cos x)'=-\sin x$；

（9）$(\tan x)'=\frac{1}{\cos^2 x}=\sec^2 x$；

（10）$(\cot x)'=-\frac{1}{\sin^2 x}=-\csc^2 x$；

（11）$(\sec x)'=\sec x\tan x$；

（12）$(\csc x)'=-\csc x\cot x$；

（13）$(\arcsin x)'=\frac{1}{\sqrt{1-x^2}}$；

（14）$(\arccos x)'=-\frac{1}{\sqrt{1-x^2}}$；

（15）$(\arctan x)'=\frac{1}{1+x^2}$；

（16）$(\mathrm{arccot}\, x)'=-\frac{1}{1+x^2}$.

2. 函数和、差、积、商的求导法则

设 $u=u(x)$，$v=v(x)$ 都可导，则

（1）$(u\pm v)'=u'\pm v'$；

（2）$(cu)'=cu'$（c 为常数）；

（3）$(uv)' = vu' + uv'$；　　（4）$\left(\dfrac{u}{v}\right)' = \dfrac{u'v - uv'}{v^2}\ (v \neq 0)$.

3. 反函数的求导法则

设函数 $x = \varphi(y)$ 在点 y 的某区间 I_y 内单调连续，$\varphi'(y)$ 存在且不为零，则它的反函数 $y = f(x)$ 在区间 $I_x = \{x \mid x = \varphi(y), y \in I_y\}$ 内也可导，且

$$f'(x) = \frac{1}{\varphi'(y)} \text{ 或 } \frac{\mathrm{d}y}{\mathrm{d}x} = \frac{1}{\dfrac{\mathrm{d}x}{\mathrm{d}y}}.$$

4. 复合函数的求导法则

设 $y = f(u), u = u(x)$ 均可导，则复合函数 $y = f[u(x)]$ 也可导，而且

$$\frac{\mathrm{d}y}{\mathrm{d}x} = \frac{\mathrm{d}y}{\mathrm{d}u} \cdot \frac{\mathrm{d}u}{\mathrm{d}x} \text{ 或 } y'(x) = f'(u) \cdot u'(x).$$

5. 由参数方程确定的函数的求导法则

设参数方程 $\begin{cases} x = \varphi(t), \\ y = \psi(t) \end{cases}$ 确定函数 $y = y(x)$，则

$$\frac{\mathrm{d}y}{\mathrm{d}x} = \frac{y'(t)}{x'(t)} = \frac{\psi'(t)}{\varphi'(t)} \quad \text{（其中 } \varphi'(t) \neq 0 \text{）}.$$

习　题　2-3

1. 求由下列方程所确定的隐函数 $y = y(x)$ 的导数 $y'(x)$：

（1）$\mathrm{e}^x \sin y - \mathrm{e}^{-y} \cos x = 0$；　（2）$y = \ln(xy) + 1$；

（3）$\sqrt{x} + \sqrt{y} = a^2$.

2. 利用对数求导法，求下列函数的导数：

（1）$y = x\sqrt{\dfrac{1-x}{1+x}}$；　　（2）$y = \dfrac{\sqrt{x+2}(3-x)^4}{(x+1)^5}$；

（3）$y = \left(\dfrac{x}{1+x}\right)^x (x > 0)$；　　（4）$y = x^{a^x} + x^{x^a} + a^{x^x} (a > 0, a \neq 1, x > 0)$.

3. 求由下列参数方程所确定的函数的导数 $\dfrac{\mathrm{d}y}{\mathrm{d}x}$：

（1）$\begin{cases} x = 2\mathrm{e}^t, \\ y = \mathrm{e}^{-t}; \end{cases}$　　（2）$\begin{cases} x = \ln(1+t^2), \\ y = t - \arctan t; \end{cases}$

（3）$\begin{cases} x = a(t-\sin t), \\ y = a(1-\cos t); \end{cases}$　　（4）$\begin{cases} x = \arctan t, \\ 2y - ty^2 + \mathrm{e}^t = 5. \end{cases}$

4. 求曲线$\begin{cases} x = \dfrac{3at}{1+t^2}, \\ y = \dfrac{3at^2}{1+t^2} \end{cases}$在 $t=2$ 处的切线方程和法线方程.

2.4 高阶导数

2.4.1 高阶导数的概念

由 2.1 节的引例 2.1, 我们知道作变速直线运动的物体在任意时刻 t 的瞬时速度 $v(t)$ 是位移函数 $s(t)$ 对时间 t 的导数, 即 $v=\dfrac{\mathrm{d}s}{\mathrm{d}t}$, 相似地分析可以确定加速度 $a(t)=\lim\limits_{\Delta t\to 0}\dfrac{\Delta v}{\Delta t}=\dfrac{\mathrm{d}v}{\mathrm{d}t}$, 于是 $a(t)=v'(t)=[s'(t)]'$, 即加速度可由位移函数经过两次求导运算得到. 这种由函数 $f(x)$ 的导数 $f'(x)$ 再求导（设 $f'(x)$ 可导）得到的函数 $[f'(x)]'$, 称之为函数 $f(x)$ 的**二阶导数**, 记作 $f''(x)$, y'' 或 $\dfrac{\mathrm{d}^2y}{\mathrm{d}x^2}$, 即

$$f''(x)=[f'(x)]' \text{ 或 } \frac{\mathrm{d}^2y}{\mathrm{d}x^2}=\frac{\mathrm{d}}{\mathrm{d}x}\left(\frac{\mathrm{d}y}{\mathrm{d}x}\right).$$

相应地, 称 $f'(x)$ 为函数 $f(x)$ 的**一阶导数**.

可见, 作变速直线运动的物体在任意时刻 t 的瞬时速度 $v(t)$ 是位移函数 $s(t)$ 对时间 t 的一阶导数, 加速度 $a(t)$ 是位移函数 $s(t)$ 对时间 t 的二阶导数.

类似地, 二阶导数的导数 $[f''(x)]'$ 称为函数 $f(x)$ 的**三阶导数**, 记作 $f'''(x)$, y''' 或 $\dfrac{\mathrm{d}^3y}{\mathrm{d}x^3}$; 三阶导数的导数 $[f'''(x)]'$ 称为函数 $f(x)$ 的**四阶导数**, 记作 $f^{(4)}(x)$, $y^{(4)}$ 或 $\dfrac{\mathrm{d}^4y}{\mathrm{d}x^4}$.

一般地, $(n-1)$ 阶导数的导数 $[f^{(n-1)}(x)]'$ 称为函数 $f(x)$ 的 **n 阶导数**, 记作 $f^{(n)}(x)$, $y^{(n)}$ 或 $\dfrac{\mathrm{d}^ny}{\mathrm{d}x^n}$, 即

$$f^{(n)}(x)=[f^{(n-1)}(x)]'.$$

二阶及二阶以上的导数统称为**高阶导数**.

由此可见，求函数的高阶导数无非就是从一阶开始，逐阶的多次求导. 所以，高阶导数的计算没有本质上的新方法. 需要注意的是：此处逐阶求导得到高阶导数的过程都是针对导函数的计算. 对于函数在某一点 x_0 处的高阶导数，依然有 $f^{(n)}(x_0)=f^{(n)}(x)\Big|_{x=x_0}$ 成立，即

$$f^{(n)}(x_0)=\lim_{x\to x_0}\frac{f^{(n-1)}(x)-f^{(n-1)}(x_0)}{x-x_0},$$

但 $f^{(n)}(x_0)\neq[f^{(n-1)}(x_0)]'$.

例 2.28　设 $y=3x^2-2x$，求 y''.

解　$y'=6x-2$，$y''=6$.

例 2.29　设 $y=x\cos x$，求 y''.

解　$y'=\cos x-x\sin x$,

$y''=-\sin x-(\sin x+x\cos x)=-2\sin x-x\cos x$.

例 2.30　设 $y=\ln(1+x^2)$，求 $y''(0)$.

解　因为 $y'=\dfrac{2x}{1+x^2}$，故

$$y''=\left(\frac{2x}{1+x^2}\right)'=\frac{2(1+x^2)-2x\cdot 2x}{(1+x^2)^2}=\frac{2(1-x^2)}{(1+x^2)^2},$$

从而 $y''(0)=\dfrac{2(1-x^2)}{(1+x^2)^2}\Bigg|_{x=0}=2$.

例 2.31　设函数 $f(x)$ 存在二阶导数，求函数 $y=f(\ln x)$ 的二阶导数.

解　由复合函数的求导法则，可得

$$y'=f'(\ln x)\cdot(\ln x)'=\frac{f'(\ln x)}{x},$$

$$y''=\left[\frac{f'(\ln x)}{x}\right]'=\frac{f''(\ln x)\cdot\frac{1}{x}\cdot x-f'(\ln x)\cdot x'}{x^2}$$

$$=\frac{f''(\ln x)-f'(\ln x)}{x^2}.$$

例 2.32　设函数由方程 $y=\sin(x+y)$ 确定，求 $\dfrac{\mathrm{d}^2y}{\mathrm{d}x^2}$.

解　将方程 $y=\sin(x+y)$ 两端同时对 x 求导数，得

$$y'=\cos(x+y)\cdot(x+y)'=\cos(x+y)\cdot(1+y'),\tag{2-8}$$

整理化简，得

$$y' = \frac{\cos(x+y)}{1-\cos(x+y)}. \tag{2-9}$$

再将式（2-8）两端对 x 求导，得

$$y'' = -\sin(x+y)(1+y')^2 + y''\cos(x+y),$$

即

$$y'' = \frac{\sin(x+y)}{\cos(x+y)-1}(1+y')^2. \tag{2-10}$$

将式（2-9）代入式（2-10）得

$$y'' = \frac{\sin(x+y)}{\cos(x+y)-1}\left[1+\frac{\cos(x+y)}{1-\cos(x+y)}\right]^2 = \frac{\sin(x+y)}{[\cos(x+y)-1]^3}.$$

例 2.33 求由摆线的参数方程 $\begin{cases} x = a(t-\sin t), \\ y = a(1-\cos t) \end{cases}$ 确定的函数的二阶导数 $\dfrac{\mathrm{d}^2 y}{\mathrm{d}x^2}$.

解 $\dfrac{\mathrm{d}y}{\mathrm{d}x} = \dfrac{y'(t)}{x'(t)} = \dfrac{a\sin t}{a(1-\cos t)} = \dfrac{\sin t}{1-\cos t} = \cot\dfrac{t}{2}$ （$t \neq 2n\pi, n$ 为整数），

$$\frac{\mathrm{d}^2 y}{\mathrm{d}x^2} = \frac{\mathrm{d}}{\mathrm{d}t}\left(\cot\frac{t}{2}\right)\cdot\frac{1}{\frac{\mathrm{d}x}{\mathrm{d}t}}$$

$$= -\csc^2\frac{t}{2}\cdot\frac{1}{2}\cdot\frac{1}{a(1-\cos t)} = -\frac{1}{a(1-\cos t)^2} \quad (t \neq 2n\pi, n\text{为整数}).$$

2.4.2 几个常见函数的 n 阶导数公式

下面几个初等函数有 n 阶求导公式，以后也经常用到，希望读者记住.

例 2.34 求指数函数 $y = a^x$ $(a>0, a\neq 1)$ 的 n 阶导数.

解 $y' = a^x \ln a$，$y'' = a^x \ln^2 a$，$y''' = a^x \ln^3 a$，因为 $(a^x)' = a^x \ln a$，所以可递推归纳得 $y^{(n)} = a^x (\ln a)^n$.

特别地 $(\mathrm{e}^x)^{(n)} = \mathrm{e}^x$.

例 2.35 设 $y = \sin x$，求 $y^{(n)}$.

解 由基本导数公式及运算法则，可得

$$y' = \cos x, \qquad y'' = (\cos x)' = -\sin x,$$

$$y''' = (-\sin x)' = -\cos x, \qquad y^{(4)} = (-\cos x)' = \sin x.$$

可见，继续求导，将出现周而复始的循环现象，且

$$y^{(n)}=\begin{cases}\cos x, & n=4k+1,\\ -\sin x, & n=4k+2,\\ -\cos x, & n=4k+3,\\ \sin x, & n=4k,\end{cases}\text{其中 } k\in\mathbf{Z}^{+}.$$

为了得到更简单的公式, 上述结果可改写为

$$y'=\cos x=\sin\left(x+\frac{\pi}{2}\right),\qquad y''=-\sin x=\sin\left(x+2\cdot\frac{\pi}{2}\right),$$

$$y'''=-\cos x=\sin\left(x+3\cdot\frac{\pi}{2}\right),\qquad y^{(4)}=\sin x=\sin\left(x+4\cdot\frac{\pi}{2}\right).$$

于是可归纳推得 $y^{(n)}=\sin\left(x+n\cdot\dfrac{\pi}{2}\right)$, $n\in\mathbf{Z}^{+}$.

即对任意正整数 n, 有

$$(\sin x)^{(n)}=\sin\left(x+n\cdot\frac{\pi}{2}\right).$$

类似可得

$$(\cos x)^{(n)}=\cos\left(x+n\cdot\frac{\pi}{2}\right),\ n\in\mathbf{Z}^{+}.$$

例 2.36　求函数 $y=\ln(x+a)$ 的 n 阶导数.

解　由基本导数公式及运算法则, 可知

$$y'=\frac{1}{x+a}=(x+a)^{-1},\ y''=-(x+a)^{-2},\ y'''=(-1)\cdot(-2)\cdot(x+a)^{-3},\cdots$$

一般地, 有

$$\begin{aligned}y^{(n)}&=[\ln(x+a)]^{(n)}=(-1)(-2)\cdots[-(n-1)](x+a)^{-n}\\&=(-1)^{n-1}\frac{(n-1)!}{(x+a)^{n}}.\end{aligned}$$

同时可得

$$\left(\frac{1}{x+a}\right)^{(n)}=(-1)^{n}\frac{n!}{(x+a)^{n+1}}.$$

例 2.37　求函数 $y=x^{\mu}$（μ 是常数）的 n 阶导数.

解　由基本导数公式及运算法则，可得

$$y'=\mu x^{\mu-1},\quad y''=\mu(\mu-1)x^{\mu-2},\quad y'''=\mu(\mu-1)(\mu-2)x^{\mu-3},\cdots$$

一般地, 有

$$y^{(n)}=(x^{\mu})^{(n)}=\mu(\mu-1)\cdots(\mu-n+1)x^{\mu-n}.$$

特别地，当 $\mu=n$ 时，有

$$y^{(n)}=(x^{n})^{(n)}=n(n-1)\cdots3\cdot2\cdot1=n!,$$

从而 $(x^n)^{(n+1)}=0$.

2.4.3　高阶导数的运算法则

定理 2.5　如果函数 $u(x)$ 和 $v(x)$（简记作 u 和 v）在点 x 处都有 n 阶导数，则 $u(x)\pm v(x)$, $u(x)v(x)$ 在点 x 处也有 n 阶导数，并且

（1）$(u\pm v)^{(n)}=u^{(n)}\pm v^{(n)}$;

（2）$(uv)^{(n)}=u^{(n)}v+C_n^1u^{(n-1)}v'+C_n^2u^{(n-2)}v''+\cdots+C_n^ku^{(n-k)}v^{(k)}+\cdots+uv^{(n)}$.

证明（1）令 $y=u\pm v$，则

$$y'=u'\pm v',$$

$$y''=(u'\pm v')'=u''\pm v'',\cdots\cdots$$

依此类推，一般地，有

$$y^{(n)}=(u\pm v)^{(n)}=u^{(n)}\pm v^{(n)};$$

（2）令 $y=u\cdot v$，则

$$\begin{aligned}y'&=u'v+uv',\\ y''&=u''v+u'v'+v'u'+uv''=u''v+2u'v'+uv'',\\ y'''&=u'''v+u''v'+2(u''v'+u'v'')+u'v''+uv'''\\ &=u'''v+3u''v'+3u'v''+uv''',\\ &\cdots\cdots\end{aligned}$$

一般地，由数学归纳法可以证明：

$$y^{(n)}=u^{(n)}v+nu^{(n-1)}v'+\frac{n(n-1)}{2!}u^{(n-2)}v''+\cdots+\frac{n(n-1)\cdots(n-k+1)}{k!}u^{(n-k)}v^{(k)}+\cdots+uv^{(n)}.$$

即 $(u\cdot v)^{(n)}=u^{(n)}v+C_n^1u^{(n-1)}v'+\cdots+C_n^ku^{(n-k)}v^{(k)}+\cdots+uv^{(n)}$.

上式称为莱布尼茨（Leibniz）公式，它与 $(u+v)^n$ 的二项展开式极为相似.

特别地：$(Cu)^{(n)}=Cu^{(n)}$（C 为常数）.

例 2.38　设函数 $y=x^2\mathrm{e}^{2x}$，求 $y^{(7)}$.

解　令 $u=\mathrm{e}^{2x}$，$v=x^2$，则

$$u^{(n)}=2^n\mathrm{e}^{2x}，而 v'=2x，\ v''=2，\ v^{(3)}=v^{(4)}=\cdots=v^{(7)}=0.$$

于是，由莱布尼茨公式，有

$$y^{(7)}=u^{(7)}v+C_7^1u^{(6)}v'+C_7^2u^{(5)}v''$$
$$=(2^7\cdot e^{2x})(x^2)+7\cdot 2^6e^{2x}(2x)+\frac{7\cdot 6}{2!}(2^5e^{2x})\cdot 2$$
$$=64e^{2x}(2x^2+14x+21).$$

例 2.39　设函数 $y=\dfrac{1}{x^2-5x+6}$，求 $y^{(n)}$.

解　因为 $y=\dfrac{1}{x^2-5x+6}=\dfrac{1}{(x-2)(x-3)}=\dfrac{1}{x-3}-\dfrac{1}{x-2}$，
又因为

$$\left(\frac{1}{x-3}\right)^{(n)}=\frac{(-1)^n n!}{(x-3)^{n+1}},$$
$$\left(\frac{1}{x-2}\right)^{(n)}=\frac{(-1)^n n!}{(x-2)^{n+1}},$$

所以 $y^{(n)}=(-1)^n n!\left[\dfrac{1}{(x-3)^{n+1}}-\dfrac{1}{(x-2)^{n+1}}\right]$.

习　题　2-4

1. 求下列函数的二阶导数：

（1）$y=2x^2+\ln x$；　（2）$y=e^{2x-1}$；

（3）$y=x\ln x$；　（4）$y=(1+x^2)\arctan x$；

（5）$xy-e^y=1$；　（6）$\arctan y=x+y$；

（7）$\begin{cases}x=\cos t,\\ y=\sin t;\end{cases}$　（8）$\begin{cases}x=f'(t),\\ y=tf'(t)-f(t)\end{cases}$ $(f''(t)\text{存在，且}f''(t)\neq 0)$.

2. 已知函数 y 的 $n-1$ 阶导数 $y^{(n-1)}=\dfrac{x}{\ln x}$，求 y 的 n 阶导数.

3. 验证：$y=c_1e^{\lambda x}+c_2e^{-\lambda x}$（$c_1$，$c_2$，$\lambda$ 为常数）满足关系式 $y''-\lambda^2y=0$.

4. 求下列函数的高阶导数：

（1）$y=e^x\cos x$，求 $y^{(4)}$；　（2）$y=a_0x^n+a_1x^{n-1}+\cdots+a_n$，求 $y^{(n)}$；

（3）$y=x^3e^{-x}$，求 $y^{(n)}$；　（4）$y=5^{3x}+\dfrac{1}{x}+e^{-2x}$，求 $y^{(n)}$.

5. 令 $t=\sqrt{x}$，将方程 $4x\dfrac{d^2y}{dx^2}+2(1-\sqrt{x})\dfrac{dy}{dx}=e^{\sqrt{x}}$ 化为以 t 为自变量的方程.

6. 试从 $\dfrac{dx}{dy}=\dfrac{1}{y'}$ 导出：

（1）$\dfrac{\mathrm{d}^2x}{\mathrm{d}y^2}=-\dfrac{y''}{(y')^3}$；（2）$\dfrac{\mathrm{d}^3x}{\mathrm{d}y^3}=\dfrac{3(y'')^2-y'y'''}{(y')^5}$.

2.5　函数的微分

函数的导数即为函数的变化率, 反映函数增量随自变量增量变化而变化的快慢程度. 在许多实际问题中, 我们不仅要考虑函数的变化率问题, 有时还需要计算函数的增量. 一般而言, 计算函数增量的精确值是比较麻烦或困难的, 而在解决实际问题时往往只需要计算函数增量的近似值, 由此引入函数的微分概念.

2.5.1　微分概念

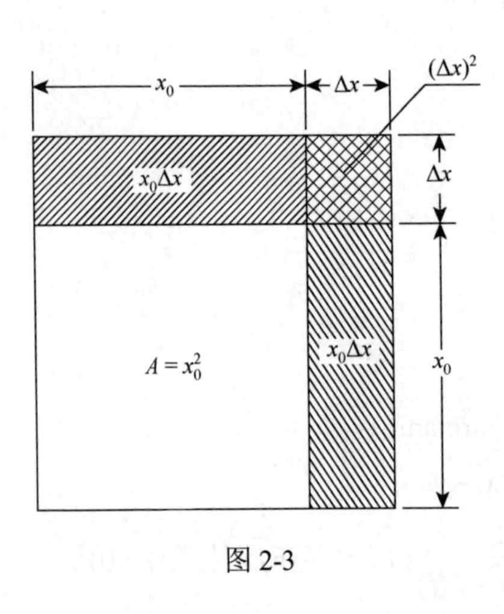

图 2-3

先看一个例子, 一块正方形金属薄片受温度变化的影响, 其边长由 x_0 变化到 $x_0+\Delta x$（图 2-3）, 该薄片面积 A 的改变量 ΔA 为

$$\Delta A=(x_0+\Delta x)^2-x_0{}^2=2x_0\Delta x+(\Delta x)^2.$$

从上式可看出, ΔA 由两部分组成: 第一部分为 $2x_0\Delta x$, 它是 Δx 的线性函数, 即图中带有斜线的两个矩形面积之和, 第二部分为 $(\Delta x)^2$, 即图中带有网格线的小正方形的面积, 它是关于 Δx 的二次函数, 当 $\Delta x\to 0$ 时, 它是比 Δx 高阶的无穷小量. 因此, 当 $|\Delta x|$ 很小时, 第二项比第一项小得多, 可以忽略不计, 即可以用第一部分 $2x_0\Delta x$ 作为 ΔA 的近似值, 即

$$\Delta A\approx 2x_0\Delta x.$$

这种处理方法具有普遍意义, 即函数 $f(x)$ 在一定条件下, 当自变量 x 有一个微小的改变量 Δx 时, 函数 y 相应的改变量 Δy 可以表示为

$$\Delta y=A\Delta x+o(\Delta x),$$

其中 A 不依赖于 Δx, 当 $\Delta x\to 0$ 时, $o(\Delta x)$ 是比 Δx 高阶的无穷小, 那么, 当 $|\Delta x|$ 很小时, 有 $\Delta y\approx A\Delta x$.

定义 2.3　设函数 $y=f(x)$ 在某区间内有定义, x_0 及 $x_0+\Delta x$ 都在该区间内, 若函数的增量 $\Delta y=f(x_0+\Delta x)-f(x_0)$ 可表示为

$$\Delta y=A\Delta x+o(\Delta x), \tag{2-11}$$

其中 A 是不依赖于 Δx 的常数，当 $\Delta x \to 0$ 时，$o(\Delta x)$是比 Δx 高阶的无穷小，则称函数 $y=f(x)$在点 x_0 处可微，$A\Delta x$ 称为函数 $f(x)$在点 x_0 处的微分，记作 $\mathrm{d}y$，即

$$\mathrm{d}y\Big|_{x=x_0} = A\Delta x. \tag{2-12}$$

从定义 2.3 可知：若函数 $y=f(x)$ 在 x_0 点可微，则其在 x_0 点的微分 $\mathrm{d}y\Big|_{x=x_0}$ 是 Δx 的线性函数，且当 $\Delta x \to 0$ 时，$\Delta y - \mathrm{d}y$ 是比 Δx 高阶的无穷小，因此当 $|\Delta x|$ 很小时，$\Delta y \approx A\Delta x$，并且 $|\Delta x|$ 越小，近似程度越高.

定理 2.6　函数 $y=f(x)$ 在点 x_0 处可微的充要条件是 $y=f(x)$ 在点 x_0 处可导，且

$$\mathrm{d}y\Big|_{x=x_0} = f'(x_0)\Delta x .$$

证明　先证必要性：

设 $y=f(x)$ 在点 x_0 处可微，则由定义 2.3 有

$$\Delta y = f(x_0+\Delta x) - f(x_0) = A\Delta x + o(\Delta x) .$$

将上式两端除以 $\Delta x \neq 0$，再令 $\Delta x \to 0$，得

$$\lim_{\Delta x\to 0}\frac{\Delta y}{\Delta x} = \lim_{\Delta x\to 0}\left[A + \frac{o(\Delta x)}{\Delta x}\right] = A + \lim_{\Delta x\to 0}\frac{o(\Delta x)}{\Delta x} = A .$$

所以 $y=f(x)$ 在点 x_0 处可导，且 $f'(x_0)=A$.

再证充分性：

若 $y=f(x)$ 在点 x_0 处可导，则 $\lim\limits_{\Delta x\to 0}\dfrac{\Delta y}{\Delta x} = f'(x_0)$. 由函数极限与无穷小的关系，有

$$\frac{\Delta y}{\Delta x} = f'(x_0) + \alpha，\quad 其中 \lim_{\Delta x\to 0}\alpha = 0 ,$$

两端乘以 Δx，得

$$\Delta y = f'(x_0)\Delta x + \alpha\cdot\Delta x .$$

上式中 $f'(x_0)$ 不依赖于 Δx，当 $\Delta x \to 0$ 时，$\alpha\cdot\Delta x$ 是比 Δx 高阶的无穷小. 所以 $y=f(x)$ 在点 x_0 处可微，并且 $\mathrm{d}y\Big|_{x=x_0} = f'(x_0)\Delta x$.

特别地，当 $y=f(x)=x$ 时，$\mathrm{d}y=\mathrm{d}x=(x)'\cdot\Delta x=\Delta x$，即对于自变量 x 有 $\mathrm{d}x=\Delta x$，所以函数的微分可以写成

$$\mathrm{d}y = f'(x)\mathrm{d}x .$$

从而有

$$\frac{\mathrm{d}y}{\mathrm{d}x} = f'(x) .$$

所以，函数的导数 $f'(x)$ 可以看成是函数的微分 $\mathrm{d}y$ 与自变量微分 $\mathrm{d}x$ 的商，故导数又称为微商.

例 2.40 求函数 $y=x^3$ 在 $x_0=2$，$\Delta x=0.02$ 时的增量与微分.

解（1）当 $x_0=2$，$\Delta x=0.02$ 时，函数增量为

$$\Delta y=(x_0+\Delta x)^3-{x_0}^3=2.02^3-2^3=0.242408;$$

（2）函数的微分为

$$\mathrm{d}y=y'\big|_{x=x_0}\Delta x=3{x_0}^2\Delta x=3\times 2^2\times 0.02=0.24.$$

此例看出：$\Delta y-\mathrm{d}y=0.002408$ 是比 $\Delta x=0.02$ 小得多的量.

2.5.2 微分的几何意义

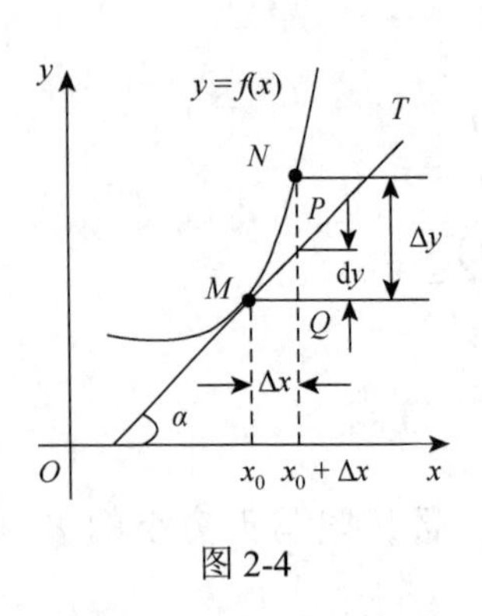

图 2-4

为了对微分有比较直观的描述，我们用图形解释微分的几何意义. 在直角坐标系中，函数 $y=f(x)$ 的图形是一条曲线，对于某一固定的 x_0 值，曲线上有一个确定点 $M(x_0,y_0)$，当自变量 x 有微小改变量 Δx 时，就得到曲线上另一点 $N(x_0+\Delta x,y_0+\Delta y)$，由图 2-4 可知

$$MQ=\Delta x,\ QN=\Delta y.$$

过点 M 作曲线 $y=f(x)$ 的切线 MT，它的倾斜角为 α，则

$$QP=MQ\cdot\tan\alpha=\Delta x\cdot f'(x_0),$$

即 $\mathrm{d}y=QP$.

由此可见：当 Δy 是曲线 $y=f(x)$ 上点 M 的纵坐标的增量时，$\mathrm{d}y$ 就是曲线在点 M 处的切线上的点的纵坐标的增量，这就是微分的几何意义.

当 $|\Delta x|$ 很小时，$|\Delta y-\mathrm{d}y|$ 比 $|\Delta x|$ 小得多，因此在点 M 的邻近，我们可以用切线段 MP 来近似代替弧 MN，其误差是 Δx 的高阶无穷小.

2.5.3 微分的计算

由微分与导数的关系 $\mathrm{d}y=f'(x)\mathrm{d}x$ 可知，只要知道函数的导数，就能写出它的微分. 因此，由基本导数公式容易得出相应的微分公式.

1. 基本初等函数的微分公式

（1）$\mathrm{d}(c)=0$（c 为常数）；　　（2）$\mathrm{d}(x^\mu)=\mu x^{\mu-1}\mathrm{d}x$；

（3）$d(\sin x)=\cos x dx$；

（4）$d(\cos x)=-\sin x dx$；

（5）$d(\tan x)=\sec^2 x dx$；

（6）$d(\cot x)=-\csc^2 x dx$；

（7）$d(\arcsin x)=\frac{1}{\sqrt{1-x^2}}dx$；

（8）$d(\arccos x)=-\frac{1}{\sqrt{1-x^2}}dx$；

（9）$d(\sec x)=\sec x\tan x dx$；

（10）$d(\csc x)=-\csc x\cot x dx$；

（11）$d(a^x)=a^x\ln a dx$；

（12）$d(e^x)=e^x dx$；

（13）$d(\log_a x)=\frac{1}{x\ln a}dx$；

（14）$d(\ln|x|)=\frac{1}{x}dx$；

（15）$d(\arctan x)=\frac{1}{1+x^2}dx$；

（16）$d(\text{arccot}\, x)=-\frac{1}{1+x^2}dx$.

2. 函数和、差、积、商的微分法则

（1）$d(u\pm v)=du\pm dv$；

（2）$d(cu)=cdu$（c 为常数）；

（3）$d(uv)=vdu+udv$；

（4）$d\left(\frac{u}{v}\right)=\frac{vdu-udv}{v^2}(v\neq 0)$.

3. 复合函数的微分法则与一阶微分形式的不变性

设 $y=f(u)$，$u=u(x)$ 均可微，则复合函数 $y=f[u(x)]$ 也可微，而且

$$dy=f'(u)u'(x)dx=f'(u)du.$$

由此可见，无论 u 是中间变量还是自变量，微分形式完全一致，这一性质称为微分形式不变性. 利用这一性质，我们可以计算较复杂的复合函数的微分和导数.

例 2.41　设函数 $y=f(x)=e^{\sin^2 x}$，求 dy.

解　应用微分形式不变性

$$\begin{aligned}dy&=e^{\sin^2 x}d(\sin^2 x)\\&=e^{\sin^2 x}2\sin x d(\sin x)\\&=e^{\sin^2 x}2\sin x\cos x dx=\sin(2x)\cdot e^{\sin^2 x}dx.\end{aligned}$$

例 2.42　设函数 $y=\sqrt[3]{1+\sin^2 x}$，求 dy.

解　$$\begin{aligned}dy=d(1+\sin^2 x)^{\frac{1}{3}}&=\frac{1}{3}(1+\sin^2 x)^{-\frac{2}{3}}d(1+\sin^2 x)\\&=\frac{1}{3}(1+\sin^2 x)^{-\frac{2}{3}}\cdot 2\sin x d(\sin x)\\&=\frac{1}{3}(1+\sin^2 x)^{-\frac{2}{3}}\cdot 2\sin x\cdot\cos x dx\end{aligned}$$

$$=\frac{1}{3}(1+\sin^2 x)^{-\frac{2}{3}}\cdot\sin(2x)\mathrm{d}x.$$

例 2.43 设函数 $y=y(x)$ 由方程 $xe^y-\ln y+5=0$ 所确定，求 $\mathrm{d}y$.

解 将方程 $xe^y-\ln y+5=0$ 两端求微分，得

$$\mathrm{d}(xe^y)-\mathrm{d}\ln y=0,$$

$$e^y\mathrm{d}x+x\mathrm{d}(e^y)-\frac{1}{y}\mathrm{d}y=0,$$

$$e^y\mathrm{d}x+xe^y\mathrm{d}y-\frac{1}{y}\mathrm{d}y=0,$$

上式中解出

$$\mathrm{d}y=\frac{ye^y}{1-xye^y}\mathrm{d}x\quad(1-xye^y\neq 0).$$

说明：可以利用微分形式不变性，间接求复合函数的导数.

2.5.4 微分在近似计算中的应用

从微分的定义可知，当 $|\Delta x|$ 较小时，$\Delta y\approx \mathrm{d}y$，即

$$\Delta y=f(x_0+\Delta x)-f(x_0)\approx f'(x_0)\Delta x\ （|\Delta x|\text{较小}），\tag{2-13}$$

此为求函数增量的近似公式.

将式（2-13）改写为

$$f(x_0+\Delta x)\approx f(x_0)+f'(x_0)\Delta x\ （|\Delta x|\text{较小}），\tag{2-14}$$

此为求 x_0 附近的函数值的近似公式（其中 $f(x_0)$ 已知）.

若在式（2-14）中取 $x_0=0$，令 $x=x_0+\Delta x=\Delta x$，则式（2-14）变为

$$f(x)\approx f(0)+f'(0)x\ （|x|\text{较小}），\tag{2-15}$$

此为求 $x=0$ 附近的函数值的近似公式（其中 $f(0)$ 已知）.

例 2.44 半径为 10 cm 的金属圆片加热后，其半径伸长了 0.01 cm，问其面积增长的精确值和近似值分别为多少？

解 因为金属圆片的面积为 $s=\pi r^2$，$r_0=10\text{ cm}$，$\Delta r=0.01\text{ cm}$，

故面积增大的精确值

$$\Delta s=s(r_0+\Delta r)-s(r_0)=\pi(10+0.01)^2-\pi\times 10^2=0.2001\pi\ (\text{cm}^2).$$

面积增大的近似值为

$$\Delta s\approx \mathrm{d}s\Big|_{r=r_0}=2\pi r_0\Delta r=2\pi\times 10\times 0.01=0.2\pi\ (\text{cm}^2).$$

例 2.45 求 $\sin 31^\circ$ 的近似值.

解　设 $f(x)=\sin x$，则 $f'(x)=\cos x$．

已知 $x_0=30^\circ=\dfrac{\pi}{6}$，$\Delta x=1^\circ=\dfrac{\pi}{180}$．应用式（2-14）得

$$\begin{aligned}f(x_0+\Delta x)&=\sin 31^\circ\approx f(x_0)+f'(x_0)\Delta x\\&=\sin\frac{\pi}{6}+\left(\cos\frac{\pi}{6}\right)\times\frac{\pi}{180}=\frac{1}{2}+\frac{\sqrt{3}}{2}\times 0.01745\approx 0.5151.\end{aligned}$$

例 2.46　证明：当 $|x|$ 较小时，$\sqrt[n]{1+x}\approx 1+\dfrac{1}{n}x$．

证明　设函数 $f(x)=\sqrt[n]{1+x}$，则 $f'(x)=\dfrac{1}{n}(1+x)^{\frac{1}{n}-1}$．

当 $|x|$ 较小时，应用式（2-15），有

$$f(x)=\sqrt[n]{1+x}\approx f(0)+f'(0)x=\sqrt[n]{1+0}+\frac{1}{n}(1+0)^{\frac{1}{n}-1}x=1+\frac{1}{n}x.$$

即当 $|x|$ 较小时，$\sqrt[n]{1+x}\approx 1+\dfrac{1}{n}x$．

类似地，我们可以证明：当 $|x|$ 较小时，有下列近似公式：

（1）$(1+x)^m\approx 1+mx$；　　（2）$\sin x\approx x$；

（3）$\arcsin x\approx x$；　　（4）$\tan x\approx x$；

（5）$\arctan x\approx x$；　　（6）$\cos x\approx 1-\dfrac{x^2}{2}$；

（7）$\ln(1+x)\approx x$；　　（8）$e^x\approx 1+x$；

（9）$\sqrt[n]{a^n+x}\approx a\left(1+\dfrac{x}{na^n}\right)$（当 $a>0$，且 $\left|\dfrac{x}{a^n}\right|$ 较小时）．

例 2.47　计算 $\sqrt[3]{8.02}$ 的近似值．

解　由上述（9）：$\sqrt[n]{a^n+x}\approx a\left(1+\dfrac{x}{na^n}\right)$，可得

$$\sqrt[3]{8.02}=\sqrt[3]{2^3+0.02}\approx 2\left(1+\frac{0.02}{3\times 2^3}\right)=2+\frac{0.01}{6}\approx 2.0017.$$

习　题　2-5

1. 求下列函数的微分：

（1）$y=\arcsin\sqrt{x}$；　　（2）$y=e^{-\frac{1}{\cos x}}$；

（3）$y=\dfrac{\cos x}{1-x^2}$；　　（4）$y=\arctan\dfrac{2x}{1-x^2}$；

（5）$y=\sin^2[\ln(3x+1)]$；　　（6）$y=\ln\sqrt[3]{1+x^2}$；

（7）$y=(\tan x)^x+x^{\tan x}$；　（8）$xy=a^2$；

（9）$y^2\cos x=a^2\sin 3x$；　（10）$y=1+xe^y$.

2. 设 $y=x^3+2x$. 计算在点 $x=1$ 处，Δx 分别等于 0.1，0.2 时函数的增量 Δy 与函数的微分 dy.

3. 求下列函数值的近似值：

（1）$\cos 61^\circ$；　（2）$\ln 1.1$；

（3）$\arctan 1.02$；　（4）$\sqrt[3]{996}$.

4. 水管的正截面是圆形，它的内半径为 2 cm，管壁厚度为 0.2 cm，管的长度为 5 m，设制造水管所用材料的密度为 5 g/cm^3，问制造水管所用材料大约为多少 g？

5. 证明：当$|x|$较小时，$\dfrac{1}{1+x}\approx 1-x$.

总习题二（A）

1. 选择题

（1）设函数 $f(x)=\sin x$，则 $\{f[f(x)]\}'=$（　　）.

A. $\cos(\sin x)\cdot\cos x$　B. $\sin(\sin x)\cdot\cos x$

C. $\cos(\cos x)\cdot\sin x$　D. $\sin(\cos x)\cdot\sin x$

（2）设 $y=\ln(1-2x)$，则 $y^{(10)}=$（　　）.

A. $\dfrac{9!}{(1-2x)^{10}}$　B. $\dfrac{-9!}{(1-2x)^{10}}$

C. $\dfrac{10!2^9}{(1-2x)^{10}}$　D. $\dfrac{-9!2^{10}}{(1-2x)^{10}}$

（3）设函数 $f(x)$ 可导且 $f'(x_0)=\dfrac{1}{2}$，则当 $\Delta x\to 0$ 时，$f(x)$ 在 x_0 处的微分 dy 与 Δx 比较是（　　）的无穷小.

A. 等价　B. 同阶　C. 低阶　D. 高阶

（4）设函数 $f(x)$ 在点 x_0 可导，a，b 为常数，则 $\lim\limits_{\Delta x\to 0}\dfrac{f(x_0+a\Delta x)-f(x_0+b\Delta x)}{\Delta x}=$（　　）.

A. $abf'(x_0)$　B. $(a+b)f'(x_0)$

C. $(a-b)f'(x_0)$　D. $\dfrac{a}{b}f'(x_0)$

2. 填空题

（1）设函数 $y=(x+e^{-\frac{x}{2}})^{\frac{2}{3}}$，则 $y'|_{x=0}=$________.

（2）设函数 $y=y(x)$ 由方程 $2^{xy}=x+y$ 所确定，则 $\mathrm{d}y\big|_{x=0}=$__________.

（3）曲线 $\begin{cases} x=\cos^3 t, \\ y=\sin^3 t \end{cases}$ 上对应于 $t=\dfrac{\pi}{6}$ 点处的法线方程为__________.

（4）设函数 $f(x)=\arctan x-\dfrac{x}{1+ax^2}$，且 $f'''(0)=1$，则 $a=$__________.

3. 求过原点 $(0,0)$ 且与曲线 $y=\ln x$ 相切的直线方程.

4. 问 a 为何值时，曲线 $y=ax^2$ 与 $y=\ln x$ 相切？

5. 设函数 $f(x)=x(x-1)(x-2)\cdots(x-100)$，求 $f'(0)$.

6. 设函数 $f(x)$ 在 $x=1$ 处连续，且 $\lim\limits_{x\to 1}\dfrac{f(x)}{x-1}=2$，求 $f(1)$，$f'(1)$.

7. 设函数 $f(x)=\begin{cases} 2\mathrm{e}^x+a, & x<0, \\ x^2+bx+1, & x\geqslant 0, \end{cases}$ 试确定 a,b 的值，使该函数在 $x=0$ 处可导.

8. 设函数 $f(x)=\arcsin x$，$\varphi(x)=x^2$，求 $f[\varphi'(x)]$，$\dfrac{\mathrm{d}f[\varphi(x)]}{\mathrm{d}\varphi(x)}$，$\{f[\varphi(x)]\}'$.

9. 设函数 $f(x)=\begin{cases} \sin x, & x<0, \\ x, & x\geqslant 0, \end{cases}$ 求 $f'(x)$.

10. 设函数 $f(x)=\begin{cases} ax^2+bx+c, & x<0, \\ \ln(1+x), & x\geqslant 0, \end{cases}$ 问 a，b，c 取何值时，$f''(0)$ 存在？

11. 求下列函数的高阶导数：

（1）$y=\dfrac{1-x}{1+x}$，求 $y^{(n)}$；　　（2）$y=\sin^2 x$，求 $y^{(n)}$.

总习题二（B）

1. 填空题

（1）设函数 $y=y(x)$ 由方程 $\mathrm{e}^{x+y}+\cos(xy)=0$ 确定，则 $\dfrac{\mathrm{d}y}{\mathrm{d}x}=$__________.

（2）已知 $f(-x)=-f(x)$，且 $f'(-x_0)=k$，则 $f'(x_0)=$__________.

（3）设 $f(x)$ 可导，则 $\lim\limits_{\Delta x\to 0}\dfrac{f(x_0+m\Delta x)-f(x_0-n\Delta x)}{\Delta x}=$__________.

（4）设 $y=(1+\sin x)^x$，则 $\mathrm{d}y\,|_{x=\pi}=$__________.

（5）曲线 $y=\ln x$ 上与直线 $x+y=1$ 垂直的切线方程为__________.

2. 选择题

（1）若曲线 $y=x^2+ax+b$ 与 $2y=xy^3-1$ 在点 $(1,-1)$ 处相切，则常数 a，b 是（　　）.

A. $a=0,\quad b=-2$　　B. $a=1,\quad b=-3$

C. $a=-3,\quad b=1$　　D. $a=-1,\quad b=-1$

（2）已知函数 $f(x)$ 具有任意阶导数，且 $f'(x)=[f(x)]^2$，则当 n 为大于 2 的整数时，$f(x)$ 的 n 阶导数 $f^{(n)}(x)$ 是（　　）.

A. $n[f(x)]^{n+1}$　　B. $n![f(x)]^{n+1}$

C. $[f(x)]^n$　　D. $n![f(x)]2n$

（3）设函数 $f(x)$ 连续，且 $f'(0)>0$，则存在 $\delta>0$，使得（　　）.

A. $f(x)$ 在 $(0,\delta)$ 内单调增加

B. $f(x)$ 在 $(-\delta,0)$ 内单调减少

C. 对任意 $x\in(0,\delta)$ 有 $f(x)>f(0)$

D. 对任意 $x\in(-\delta,0)$ 有 $f(x)>f(0)$

（4）设函数 $y=y(x)$ 由参数方程 $\begin{cases}x=t^2+2t,\\ y=\ln(1+t)\end{cases}$ 确定，则曲线 $y=y(x)$ 在 $x=3$ 处的法线与 x 轴的交点的横坐标是（　　）.

A. $\dfrac{1}{8}\ln 2+3$　B. $-\dfrac{1}{8}\ln 2+3$　C. $-8\ln 2+3$　D. $8\ln 2+3$

3. 设 $y=\ln[\cos(10+3x^2)]$，求 y'.

4. 设 $f(x)=3x^2+x^2|x|$，求使 $f^{(n)}(0)$ 存在的最高阶数 n.

5. 设 $y=\sin f(x^2)$，f 具有二阶导数，求 $\dfrac{\mathrm{d}^2y}{\mathrm{d}x^2}$.

6. 设 $\arcsin x\cdot\ln y-\mathrm{e}^{2x}+\tan y=0$，求 $\left.\dfrac{\mathrm{d}y}{\mathrm{d}x}\right|_{x=0}$.

7. 设 $x=y^2+y$，$u=(x^2+x)^{\frac{3}{2}}$，求 $\dfrac{\mathrm{d}y}{\mathrm{d}u}$.

8. 设 $y=\left(\dfrac{a}{b}\right)^x\left(\dfrac{b}{x}\right)^a\left(\dfrac{x}{a}\right)^b\ (a>0,\ b>0)$，求 $\dfrac{\mathrm{d}y}{\mathrm{d}x}$.

9. 设函数 $f(x)=\begin{cases}x^k\sin\dfrac{1}{x}, & x\neq 0,\\ 0, & x=0,\end{cases}$ 问 k 满足什么条件时，$f(x)$ 在 $x=0$ 处（1）连续；（2）可导；（3）导函数连续.

微分学的发展史

第3章　微分中值定理及其应用

在第2章中，我们从实际问题出发，引进了导数的概念，并探讨了导数的计算方法. 本章我们将讨论导数在研究函数的某些性质和经济中的应用，首先介绍导数应用的理论基础——微分中值定理.

3.1　微分中值定理

在本节中，我们将介绍三个中值定理——罗尔（Rolle）中值定理、拉格朗日（Lagrange）中值定理和柯西（Cauchy）中值定理.

3.1.1　罗尔中值定理

罗尔中值定理：如果函数$y=f(x)$在闭区间$[a, b]$上连续，在开区间(a,b)内可导，并且满足$f(a)=f(b)$，那么至少存在一点$\xi\in(a,b)$，使得$f'(\xi)=0$.

罗尔中值定理的几何意义：函数$y=f(x)$，$x\in[a,b]$的图形是一条连续的曲线段，曲线上的每一点都有切线（且切线不垂直于x轴），曲线两个端点处的纵坐标相等，则曲线上至少存在一点，过该点的切线平行于x轴（图3-1）. 从图形上可以看出，曲线上的最高点或最低点处的切线都平行于x轴，这给了我们一个证明定理的启发：点ξ可能是最值点.

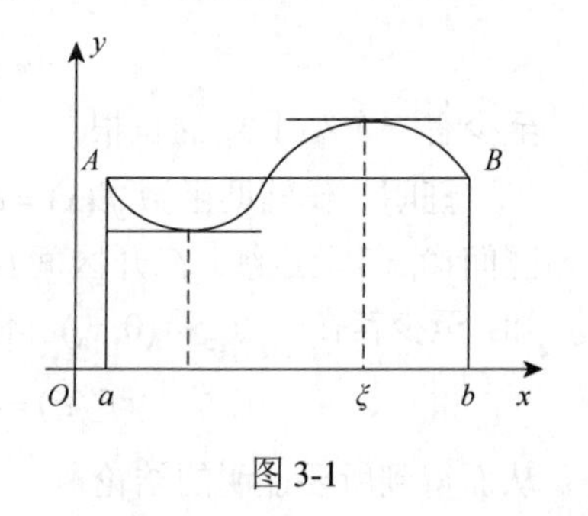

图3-1

证明　函数$y=f(x)$在闭区间$[a,b]$上是连续的，由闭区间上连续函数的最大值最小值定理知，函数$y=f(x)$在闭区间$[a,b]$上必有最大值M和最小值m. 下面根据最大值M和最小值m是否相等分为两种情况进行讨论：

（1）若$M=m$，而$m\leqslant f(x)\leqslant M$，因此$f(x)$在闭区间$[a,b]$上是常数函数，即$f(x)=M=m$，从而$f'(x)=0$. 故在$(a,b)$内任取一点$\xi$，必有$f'(\xi)=0$.

（2）若$M>m$，由于$f(a)=f(b)$，那么M，m中至少有一个不等于$f(x)$在区间$[a,b]$的端点处的函数值. 不妨假设在(a,b)内存在一点ξ，使得$f(\xi)=M$（对于最小值的情形可类似证明）. 下面证明$f(x)$在ξ处的导数为零，即$f'(\xi)=0$.

事实上，因为ξ是(a,b)内一点，则$f'(\xi)$存在，即$\lim\limits_{\Delta x\to 0}\dfrac{f(\xi+\Delta x)-f(\xi)}{\Delta x}$存在，根据极限与左右极限的关系，有

$$\lim_{\Delta x\to 0^+}\frac{f(\xi+\Delta x)-f(\xi)}{\Delta x}=\lim_{\Delta x\to 0^-}\frac{f(\xi+\Delta x)-f(\xi)}{\Delta x}.$$

由于$f(x)$在点$\xi\in(a,b)$处取得最大值M，由最大值的定义，无论$\Delta x>0$或$\Delta x<0$，只要$\xi+\Delta x\in[a,b]$，都有

$$f(\xi+\Delta x)\leqslant f(\xi)\text{或}f(\xi+\Delta x)-f(\xi)\leqslant 0.$$

当$\Delta x>0$时，$\dfrac{f(\xi+\Delta x)-f(\xi)}{\Delta x}\leqslant 0$，根据函数极限的性质，有

$$f'_+(\xi)=\lim_{\Delta x\to 0^+}\frac{f(\xi+\Delta x)-f(\xi)}{\Delta x}\leqslant 0;$$

当$\Delta x<0$时，$\dfrac{f(\xi+\Delta x)-f(\xi)}{\Delta x}\geqslant 0$，同理有

$$f'_-(\xi)=\lim_{\Delta x\to 0^-}\frac{f(\xi+\Delta x)-f(\xi)}{\Delta x}\geqslant 0.$$

从而有

$$f'(\xi)=f'_+(\xi)=f'_-(\xi)=0.$$

注 罗尔中值定理的三个条件是结论成立的充分条件，但不是必要条件.

例 3.1 如果方程$a_0x^4+a_1x^3+a_2x^2+a_3x=0$有一个正根$x_0$，证明方程

$$4a_0x^3+3a_1x^2+2a_2x+a_3=0$$

至少有一个小于x_0的正根.

证明 作辅助函数$f(x)=a_0x^4+a_1x^3+a_2x^2+a_3x$，显然，函数$f(x)$满足：在闭区间$[0,x_0]$上连续，在开区间$(0,x_0)$内可导，且$f(0)=f(x_0)=0$，由罗尔中值定理知，至少存在一点$\xi\in(0,x_0)$，使得

$$f'(\xi)=4a_0\xi^3+3a_1\xi^2+2a_2\xi+a_3=0,$$

从而得到所要证明的结论.

例 3.2 设函数$f(x)$在$[0,1]$上可导，且$f(1)=0$，证明：存在一点$\xi\in(0,1)$，使得

$$f'(\xi)+\frac{1}{\xi}f(\xi)=0.$$

分析 将结论改写为：$\xi f'(\xi)+f(\xi)=0$，则只要满足$\left[xf(x)\right]'\Big|_{x=\xi}=0$成立.

证明 作辅助函数$F(x)=xf(x)$，显然$F(x)$在$[0,1]$上连续且可导，$F(0)=F(1)=0$，满足罗尔中值定理的条件，则必存在一点$\xi\in(0,1)$，使得$F'(\xi)=0$，即

$$\xi f'(\xi)+f(\xi)=0.$$

所以有 $f'(\xi)+\dfrac{1}{\xi}f(\xi)=0$

注　以上例题的证明过程中，关键是根据问题构造恰当的辅助函数，使其满足罗尔中值定理的条件，从而得到问题的证明.

3.1.2　拉格朗日中值定理

拉格朗日中值定理：如果函数 $y=f(x)$ 在闭区间 $[a, b]$ 上连续，在开区间 (a,b) 内可导，那么至少有一点 $\xi\in(a,b)$，使得等式

$$f(b)-f(a)=f'(\xi)(b-a) \text{ 或 } f'(\xi)=\frac{f(b)-f(a)}{b-a}$$

成立.

拉格朗日中值定理的几何意义：若连接曲线 $y=f(x)$ 的弧 $\overset{\frown}{AB}$ 上除两个端点外，曲线上每一点都有切线（且切线不垂直 x 轴），那么在弧 $\overset{\frown}{AB}$ 上至少存在一点 $C(\xi,f(\xi))$，使得过这点的切线平行于弦 AB（图 3-2）.

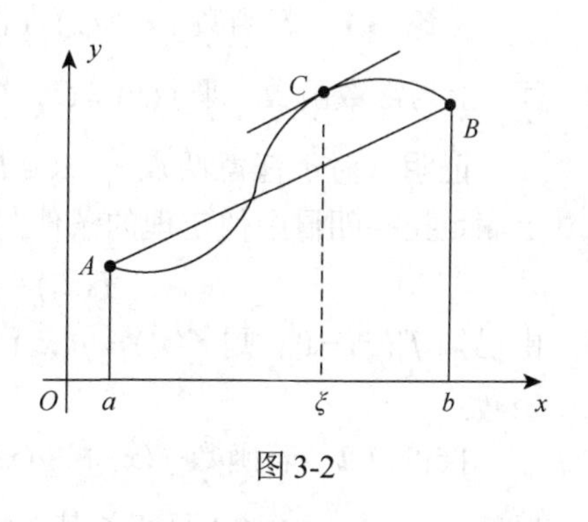

图 3-2

显然，当 $f(a)=f(b)$ 时，本定理的结论即为罗尔中值定理的结论. 这表明罗尔中值定理是拉格朗日中值定理的一个特殊情形. 由此自然地想到利用罗尔中值定理证明拉格朗日中值定理，但是在拉格朗日中值定理中，函数 $f(x)$ 不满足条件 $f(a)=f(b)$，为此必须构造一个与 $f(x)$ 有密切联系的辅助函数 $\varphi(x)$，使它满足 $\varphi(a)=\varphi(b)$，然后对 $\varphi(x)$ 使用罗尔中值定理，最后把 $\varphi(x)$ 的结论转化到函数 $f(x)$ 上. 由定理的结论可得 $f'(\xi)-\dfrac{f(b)-f(a)}{b-a}=0$，它在形式上和罗尔中值定理的结论相似，所以构造辅助函数 $\varphi(x)=f(x)-\dfrac{f(b)-f(a)}{b-a}x$.

证明　构造辅助函数 $\varphi(x)=f(x)-\dfrac{f(b)-f(a)}{b-a}x$，容易验证函数 $\varphi(x)$ 在 $[a,b]$ 上满足罗尔中值定理的三个条件，因此至少存在一点 $\xi\in(a,b)$，使得 $\varphi'(\xi)=0$，即有

$$f'(\xi)=\frac{f(b)-f(a)}{b-a}.$$

注　在定理的证明中，对辅助函数的构造不是唯一的，这里采用的是代数形式，也可以根据定理的几何意义构造辅助函数.

对于拉格朗日中值定理的结论

$$f(b)-f(a)=f'(\xi)(b-a),\ a<\xi<b,$$

实际上很容易看到该等式的成立与 a, b 大小无关, 只需要函数 $f(x)$ 在 a, b 所构成的区间 $[a,b]$（或 $[b,a]$）上满足拉格朗日中值定理的条件即可. 下面给出拉格朗日中值定理的结论的一些恒等变形, 设 $h=b-a$, 则 $b=a+h$, 那么

$$f(a+h)-f(a)=f'(\xi)h,\ \xi \text{ 介于 } a, a+h \text{ 之间}, \tag{3-1}$$

$$f(a+h)-f(a)=f'(a+\theta h)h,\ \theta\in(0,1). \tag{3-2}$$

在第 2 章中, 提到函数的增量可由函数的微分近似地替代, 即

$$f(a+h)-f(a)\approx f'(a)h.$$

从式（3-1）或式（3-2）可看到此时函数的增量由右边部分准确地表达出来, 因此式（3-1）或式（3-2）有时也称为**有限增量公式**.

下面介绍拉格朗日中值定理的两个重要推论, 它们在积分学中将被运用.

推论 3.1 若函数 $y=f(x)$ 在区间 I 上可导, 且 $f'(x)\equiv 0$, $x\in I$, 则 $f(x)$ 在区间 I 上为常数函数, 即 $f(x)=C$, C 为常数.

证明 对于任意两点 $x_1, x_2\in I$, 不妨设 $x_1<x_2$, 则函数 $f(x)$ 在闭区间 $[x_1, x_2]$ 上满足拉格朗日中值定理的条件, 所以存在一点 $\xi\in(x_1, x_2)$, 使得

$$f(x_2)-f(x_1)=f'(\xi)(x_2-x_1),$$

由已知 $f'(\xi)=0$, 则 $f(x_1)=f(x_2)$. 由 x_1, x_2 的任意性, 知 $f(x)$ 为区间 I 上为常数函数.

推论 3.2 若函数 $f(x)$ 和 $g(x)$ 在区间 I 上可导, 且 $f'(x)\equiv g'(x)$, $x\in I$, 则在区间 I 上 $f(x)$ 和 $g(x)$ 只相差某一常数, 即

$$f(x)=g(x)+C \quad (C \text{ 为某一常数}).$$

证明 设 $\varphi(x)=f(x)-g(x)$, 显然函数 $\varphi(x)$ 在区间 I 上满足推论 3.1 的条件, 故

$$\varphi(x)=C,\ \text{从而}\ f(x)=g(x)+C.$$

例 3.3 证明 $\arcsin x+\arccos x=\dfrac{\pi}{2},\ x\in[-1, 1]$.

证明 令 $f(x)=\arcsin x+\arccos x$, 求导得

$$f'(x)=(\arcsin x+\arccos x)'=\frac{1}{\sqrt{1-x^2}}-\frac{1}{\sqrt{1-x^2}}\equiv 0,$$

由推论 3.1 知 $f(x)=\arcsin x+\arccos x=C$, 其中 C 为常数. 为了确定常数 C , 取 $x=0$, 则

$$C=\arcsin 0+\arccos 0=\frac{\pi}{2},$$

从而

$$f(x)=\arcsin x+\arccos x=\frac{\pi}{2},\ x\in(-1,\ 1).$$

又因为 $f(\pm 1)=\arcsin(\pm 1)+\arccos(\pm 1)=\frac{\pi}{2}$，所以

$$f(x)=\arcsin x+\arccos x=\frac{\pi}{2},\ x\in[-1,\ 1].$$

例 3.4　证明：当 $0<a<b$ 时，有下面的不等式

$$\frac{b-a}{1+b^2}<\arctan b-\arctan a\leqslant\frac{b-a}{1+a^2}$$

成立.

证明　函数 $f(x)=\arctan x$ 在区间 $[a,b]$ 上满足拉格朗日中值定理的条件，故有

$$f(b)-f(a)=\arctan b-\arctan a=(\arctan x)'|_{x=\xi}(b-a)=\frac{b-a}{1+\xi^2},\ \xi\in(a,\ b),$$

由于

$$a<\xi<b,$$

所以

$$1+a^2<1+\xi^2<1+b^2,$$

从而

$$\frac{b-a}{1+b^2}<\frac{b-a}{1+\xi^2}<\frac{b-a}{1+a^2},$$

即

$$\frac{b-a}{1+b^2}<\arctan b-\arctan a<\frac{b-a}{1+a^2}.$$

3.1.3　柯西中值定理

柯西中值定理：如果函数 $f(x)$，$F(x)$ 在闭区间 $[a,b]$ 上连续，在开区间 (a,b) 内可导，且 $F'(x)\neq 0$，那么至少有一点 $\xi\in(a,b)$，使得等式

$$\frac{f(b)-f(a)}{F(b)-F(a)}=\frac{f'(\xi)}{F'(\xi)}$$

成立.

例 3.5　设 $f(x)$ 在 $[a,b]$ $(0<a<b)$ 上连续，在 (a,b) 内可导，证明存在 $\xi\in(a,b)$，使得

$$\frac{f(b)-f(a)}{b-a}=(a^2+ab+b^2)\frac{f'(\xi)}{3\xi^2}.$$

证明　把要证的等式改写为

$$\frac{f(b)-f(a)}{(b-a)(a^2+ab+b^2)}=\frac{f(b)-f(a)}{b^3-a^3}=\frac{f'(\xi)}{3\xi^2}.$$

取 $g(x)=x^3$，则 $f(x)$，$g(x)$ 在 $[a,b]$ 上连续，在 (a,b) 内可导，且 $g'(x)\neq 0\quad (0<a<x<b)$，满足柯西中值定理的条件，故存在 $\xi\in(a,b)$ 使得

$$\frac{f(b)-f(a)}{g(b)-g(a)}=\frac{f'(\xi)}{g'(\xi)},$$

由于 $g'(x)=3x^2$，所以由上式即得

$$\frac{f(b)-f(a)}{b^3-a^3}=\frac{f'(\xi)}{3\xi^2},$$

即

$$\frac{f(b)-f(a)}{b-a}=(a^2+ab+b^2)\frac{f'(\xi)}{3\xi^2}.$$

这就证明了等式成立.

习　题　3-1

1. 验证罗尔中值定理对函数 $f(x)=x^2-5x+6$ 在区间 $[2,3]$ 的正确性，并求出点 ξ，使得 $f'(\xi)=0$.

2. 应用拉格朗日中值定理证明下列不等式：

（1）$\frac{x}{1+x^2}<\arctan x<x,\ x>0$；

（2）$\mathrm{e}^x>\mathrm{e}x,\ x>1$；

（3）当 $0<a<b$ 时，$na^{n-1}(b-a)<b^n-a^n<nb^{n-1}(b-a)$.

3. 设 $f(x)$ 在 $[1,2]$ 上具有二阶导数且 $f(1)=f(2)=0$，若 $F(x)=(x-1)f(x)$，证明至少存在一点 $\xi\in(1,2)$，使得 $F''(\xi)=0$.

4. 试证方程 $x^5+x^3-1=0$ 只有一个正实根.

5. 设 $f(x)$ 在 $[a,b]$ 上具有二阶导数，且 $f(a)=f(b)=0$，若 $f'_+(a)f'_-(b)>0$，证明存在 $\xi\in(a,b)$ 和 $\eta\in(a,b)$，使得 $f(\xi)=0$ 和 $f''(\eta)=0$.

6. 假设函数 $y=f(x)$ 在闭区间 $[0,1]$ 上连续，在开区间 $(0,1)$ 内二阶可导，过点 $A(0,f(0))$ 与 $B(1,f(1))$ 的直线与曲线 $y=f(x)$ 相交于点 $C(c,f(c))$，其中 $0<c<1$，证明在 $(0,1)$ 内至少存在一点 ξ，使得 $f''(\xi)=0$.

3.2　洛必达法则

我们在第 1 章学习无穷小（大）量阶的比较时，已经遇到过两个无穷小（大）量之比的极限. 由于这种极限可能存在，也可能不存在，因此把两个无穷小量或

两个无穷大量之比的极限统称为未定式极限，分别记为$\dfrac{0}{0}$型或$\dfrac{\infty}{\infty}$型的未定式极限. 现在我们将以导数为工具研究未定式极限，这个方法通常称为洛必达（L'Hospital）法则. 柯西中值定理则是建立洛必达法则的理论依据.

定理 3.1　如果函数 $f(x)$, $g(x)$ 满足

（1）$\lim\limits_{x\to x_0} f(x)=0$,　$\lim\limits_{x\to x_0} g(x)=0$;

（2）在 x_0 的某空心邻域内，$f'(x)$ 及 $g'(x)$ 存在且 $g'(x)\neq 0$；

（3）$\lim\limits_{x\to x_0}\dfrac{f'(x)}{g'(x)}$ 存在或无穷大；

则

$$\lim_{x\to x_0}\frac{f(x)}{g(x)}=\lim_{x\to x_0}\frac{f'(x)}{g'(x)}.$$

证明　因为求函数 $f(x)$ 与 $g(x)$ 之比当 $x\to x_0$ 时的极限和 $f(x_0)$ 及 $g(x_0)$ 无关，所以可以假定 $f(x_0)=g(x_0)=0$，于是 $f(x), g(x)$ 在 x_0 的某邻域内是连续的. 设 x 是该邻域内的一点，函数 $f(x), g(x)$ 在 x_0 与 x 所构成得区间上满足柯西中值定理的条件，从而

$$\frac{f(x)}{g(x)}=\frac{f(x)-f(x_0)}{g(x)-g(x_0)}=\frac{f'(\xi)}{g'(\xi)}\quad (\xi\text{ 介于 }x\text{ 与 }x_0\text{ 之间})$$

令 $x\to x_0$，并对上式两端求极限，由于当 $x\to x_0$ 时，显然有 $\xi\to x_0$，根据条件（3）便得

$$\lim_{x\to x_0}\frac{f(x)}{g(x)}=\lim_{x\to x_0}\frac{f'(\xi)}{g'(\xi)}=\lim_{x\to x_0}\frac{f'(x)}{g'(x)}.$$

说明　定理 3.1 给出了当 $x\to x_0$ 时的洛必达法则，实际上对于自变量的其他变化情况（$x\to x_0^+, x\to x_0^-, x\to +\infty, x\to -\infty, x\to\infty$），也有类似的洛必达法则成立. 只是在定理 3.1 的描述和证明时，需要进行适当的修改. 在利用定理 3.1 计算极限时只要符合定理 3.1 的条件，就可以重复运用此法则.

例 3.6　求极限 $\lim\limits_{x\to 2}\dfrac{x^2-5x+6}{x^2-12x+20}$.

解　设 $f(x)=x^2-5x+6,\ g(x)=x^2-12x+20$，容易验证这两个函数在点 $x_0=2$ 的空心某邻域满足定理 3.1 的三个条件，那么

$$\lim_{x\to 2}\frac{x^2-5x+6}{x^2-12x+20}=\lim_{x\to 2}\frac{(x^2-5x+6)'}{(x^2-12x+20)'}=\lim_{x\to 2}\frac{2x-5}{2x-12}=\frac{1}{8}.$$

例 3.7　求极限 $\lim\limits_{x\to 0}\dfrac{x-\sin x}{x^3}$.

解 $\lim\limits_{x\to0}\dfrac{x-\sin x}{x^3}=\lim\limits_{x\to0}\dfrac{1-\cos x}{3x^2}=\lim\limits_{x\to0}\dfrac{\sin x}{6x}=\dfrac{1}{6}$.

下面讨论$\dfrac{\infty}{\infty}$型未定式的洛必达法则

定理 3.2 如果函数 $f(x),g(x)$ 满足

（1）$\lim\limits_{x\to\infty}f(x)=\infty$，$\lim\limits_{x\to\infty}g(x)=\infty$；

（2）M 为正数，当 $|x|>M$ 时，都有 $f'(x)$ 及 $g'(x)$ 存在且 $g'(x)\neq0$；

（3）$\lim\limits_{x\to\infty}\dfrac{f'(x)}{g'(x)}$ 存在或无穷大；

则

$$\lim_{x\to\infty}\frac{f(x)}{g(x)}=\lim_{x\to\infty}\frac{f'(x)}{g'(x)}.$$

对于定理 3.2 这里不给予证明. 实际上要注意到定理 3.2 虽然给出的只是当 $x\to\infty$ 时的洛必达法则，但实际上对于自变量的其他变化情况（$x\to x_0$，$x\to x_0^+$，$x\to x_0^-$，$x\to+\infty,x\to-\infty$）也有类似的结论成立. 在利用此定理计算极限时，只要符合定理 3.2 的三个条件，就可以重复运用洛必达法则.

例 3.8 求极限 $\lim\limits_{x\to+\infty}\dfrac{\ln x}{x}$.

解 $\lim\limits_{x\to+\infty}\dfrac{\ln x}{x}=\lim\limits_{x\to+\infty}\dfrac{\frac{1}{x}}{1}=0$.

例 3.9 求极限 $\lim\limits_{x\to+\infty}\dfrac{x^9}{\mathrm{e}^x}$.

解 $\lim\limits_{x\to+\infty}\dfrac{x^9}{\mathrm{e}^x}=\lim\limits_{x\to+\infty}\dfrac{9x^8}{\mathrm{e}^x}=\lim\limits_{x\to+\infty}\dfrac{9\cdot8x^7}{\mathrm{e}^x}=\cdots=\lim\limits_{x\to+\infty}\dfrac{9!}{\mathrm{e}^x}=0$.

洛必达法则中的条件只是充分条件，在应用时必须注意定理 3.2 的每一个条件是否都满足，例如，下面这个简单的极限

$$\lim_{x\to+\infty}\frac{x+\sin x}{x}=1,$$

但是不能利用洛必达法则求解，因为

$$\lim_{x\to+\infty}\frac{x+\sin x}{x}=\lim_{x\to+\infty}\frac{1+\cos x}{1},$$

此时右端的极限不存在，但不能说明左端的极限不存在.

除了$\dfrac{0}{0},\dfrac{\infty}{\infty}$型两个基本未定式外，还有其他类型的未定式(共五个)$0\cdot\infty,\infty-\infty$,

1^{∞}, ∞^0, 0^0. 对这些未定式可利用无穷大与无穷小的关系转化为 $\frac{0}{0}$ 或 $\frac{\infty}{\infty}$ 型未定式来计算.

例 3.10　求极限 $\lim\limits_{x\to 0^+} x^2\ln x$.

解　这是 $0\cdot\infty$ 型未定式, 由于 $x^2\ln x=\dfrac{\ln x}{\dfrac{1}{x^2}}$,

当 $x\to 0^+$ 时, 上式右端是未定式 $\frac{\infty}{\infty}$ 型, 应用洛必达法则, 得

$$\lim_{x\to 0^+} x^2\ln x=\lim_{x\to 0^+}\frac{\ln x}{\dfrac{1}{x^2}}=\lim_{x\to 0^+}\frac{\dfrac{1}{x}}{-\dfrac{2}{x^3}}=\lim_{x\to 0^+}\left(-\frac{x^2}{2}\right)=0.$$

例 3.11　求极限 $\lim\limits_{x\to 1}\left(\dfrac{1}{\ln x}-\dfrac{1}{x-1}\right)$.

解　这是 $\infty-\infty$ 型未定式,

$$\lim_{x\to 1}\left(\frac{1}{\ln x}-\frac{1}{x-1}\right)=\lim_{x\to 1}\frac{x-1-\ln x}{(x-1)\ln x}=\lim_{x\to 1}\frac{1-\dfrac{1}{x}}{\ln x+\dfrac{x-1}{x}}$$

$$=\lim_{x\to 1}\frac{x-1}{x\ln x+x-1}=\lim_{x\to 1}\frac{1}{\ln x+1+1}=\frac{1}{2}.$$

例 3.12　求极限 $\lim\limits_{x\to 1} x^{\frac{1}{x-1}}$.

解　这是 1^{∞} 型未定式,

$\lim\limits_{x\to 1} x^{\frac{1}{x-1}}=\lim\limits_{x\to 1}\mathrm{e}^{\frac{1}{x-1}\ln x}$, 而 $\lim\limits_{x\to 1}\dfrac{1}{x-1}\ln x=\lim\limits_{x\to 1}\dfrac{\dfrac{1}{x}}{1}=1$,

由于指数函数在其定义域上是连续函数, 故有

$$\lim_{x\to 1} x^{\frac{1}{x-1}}=\lim_{x\to 1}\mathrm{e}^{\frac{1}{x-1}\ln x}=\mathrm{e}^{\lim\limits_{x\to 1}\frac{1}{x-1}\ln x}=\mathrm{e}^1=\mathrm{e}.$$

例 3.13　求极限 $\lim\limits_{x\to 0^+} x^x$.

解　这是 0^0 型未定式,

$\lim\limits_{x\to 0^+} x^x=\lim\limits_{x\to 0^+}\mathrm{e}^{x\ln x}$, 而 $\lim\limits_{x\to 0^+}\dfrac{\ln x}{\dfrac{1}{x}}=\lim\limits_{x\to 0^+}\dfrac{\dfrac{1}{x}}{-\dfrac{1}{x^2}}=\lim\limits_{x\to 0^+} x=0$,

由于指数函数在其定义域上是连续函数, 故有

$$\lim_{x\to 0^+} x^x = e^{\lim\limits_{x\to 0^+} x\ln x} = e^0 = 1 .$$

例 3.14　求极限 $\lim\limits_{x\to 0^+}(\cot x)^{\frac{1}{\ln x}}$.

解　这是 ∞^0 型未定式,

$$\lim_{x\to 0^+}(\cot x)^{\frac{1}{\ln x}} = \lim_{x\to 0^+} e^{\frac{1}{\ln x}\ln\cot x},$$

而

$$\lim_{x\to 0^+}\frac{1}{\ln x}\ln\cot x = \lim_{x\to 0^+}\frac{\frac{1}{\cot x}(-\csc^2 x)}{\frac{1}{x}} = \lim_{x\to 0^+}\frac{-x}{\cos x\cdot\sin x} = -1,$$

由于指数函数在其定义域上是连续函数, 故有

$$\lim_{x\to 0^+}(\cot x)^{\frac{1}{\ln x}} = e^{\lim\limits_{x\to 0^+}\frac{1}{\ln x}\ln\cot x} = e^{-1} .$$

从例 3.12～例 3.14 可以看到, 对于幂指型函数 $[f(x)]^{g(x)}$ 的未定式, 通常利用指数函数与对数函数互为反函数的关系先转化, 然后再求极限.

截至目前, 已经介绍了关于求极限的一些主要方法, 今后在求极限的过程中希望读者能够把各种方法结合起来使用, 而不是单一地使用一种方法来计算. 下面举例说明.

例 3.15　求极限 $\lim\limits_{x\to 0}\left[\frac{1}{x}-\frac{1}{\ln(1+x)}\right]$.

解　由于 $\ln(1+x)$ 与 x（当 $x\to 0$ 时）是等价无穷小, 所以

$$\begin{aligned}\lim_{x\to 0}\left[\frac{1}{x}-\frac{1}{\ln(1+x)}\right] &= \lim_{x\to 0}\frac{\ln(1+x)-x}{x\ln(1+x)} = \lim_{x\to 0}\frac{\ln(1+x)-x}{x^2}\\ &= \lim_{x\to 0}\frac{\frac{1}{1+x}-1}{2x} = \lim_{x\to 0}\frac{-1}{2(1+x)} = -\frac{1}{2}.\end{aligned}$$

在例 3.15 中, 先使用等价无穷小代换将函数化简, 再使用洛必达法则, 这在计算中经常要用到.

习　题　3-2

1. 利用洛必达法则求下列极限:

（1）$\lim\limits_{x\to 0}\frac{\ln(x+1)}{x}$;　　　　（2）$\lim\limits_{x\to 0}\frac{\sqrt{x+2}-\sqrt{2}}{x}$;

（3）$\lim\limits_{x\to\frac{\pi}{6}}\dfrac{1-2\sin x}{\cos 3x}$；　　（4）$\lim\limits_{x\to 0}\dfrac{\tan x-x}{x^3}$；

（5）$\lim\limits_{x\to\frac{\pi}{2}}\dfrac{\tan x+1}{\sec x+2}$；　　（6）$\lim\limits_{x\to 0^+}\dfrac{\ln\tan 7x}{\ln\tan x}$；

（7）$\lim\limits_{x\to\frac{\pi}{2}}\left(\dfrac{\pi}{2}-x\right)\tan x$；　　（8）$\lim\limits_{x\to 0}\left(\dfrac{1}{x}-\dfrac{1}{e^x-1}\right)$；

（9）$\lim\limits_{x\to+\infty}(\sqrt{x^2+x+1}-x)$；　　（10）$\lim\limits_{x\to 0^+}x^{\sin x}$；

（11）$\lim\limits_{x\to\infty}\left(1+\dfrac{a}{x}\right)^x$；　　（12）$\lim\limits_{x\to 0^+}\left(\dfrac{1}{\sqrt{x}}\right)^{\tan x}$.

2. 求下列极限：

（1）$\lim\limits_{x\to\infty}\left(\dfrac{x-a}{x+a}\right)^x$；　　（2）$\lim\limits_{x\to+\infty}\dfrac{\sqrt{4x^2+x-1}+x+1}{\sqrt{x^2+\sin x}}$；

（3）$\lim\limits_{x\to 0}\left(\dfrac{1}{x^2}-\dfrac{1}{x\tan x}\right)$；　　（4）$\lim\limits_{x\to 0}\dfrac{\sqrt{1+\tan x}-\sqrt{1+\sin x}}{x\ln(x+1)-x^2}$.

3. 问 a, b 为何值时，有极限

$$\lim_{x\to 0}\left(\frac{\sin 2x}{x^3}+\frac{a}{x^2}+b\right)=0.$$

3.3　泰 勒 公 式

多项式函数是各类函数中最简单的一种，要计算其函数值，只需进行加、减、乘三种运算，这是其他函数所不具备的特点. 多项式对数值计算和理论分析都十分方便，因此我们希望能用多项式来近似地表达一个给定的函数.

我们在学习导数和微分的概念时已经知道，如果函数 $f(x)$ 在点 x_0 处可导，则有

$$f(x)=f(x_0)+f'(x_0)(x-x_0)+o(x-x_0).$$

即在点 x_0 附近，用一次多项式 $f(x)=f(x_0)+f'(x_0)(x-x_0)$ 近似表达函数 $f(x)$ 时，其误差为 $(x-x_0)$ 的高阶无穷小量. 但是在很多场合，取一次多项式近似是不够的，往往要求用二次或高于二次的多项式去近似，并且要求误差为 $o[(x-x_0)^n]$，其中 n 为多项式的次数. 为此，我们考察任意一个 n 次多项式

$$p_n(x)=a_0+a_1(x-x_0)+a_2(x-x_0)^2+\cdots+a_n(x-x_0)^n. \tag{3-3}$$

对式（3-3）逐次求各阶导数，并把 x_0 代入得到

$$p_n(x_0)=a_0,\ p_n'(x_0)=a_1,\ p_n''(x_0)=2!a_2,\ \cdots,\ p_n(x_0)=n!a_n,$$

即

$$a_0 = p_n(x_0),\ a_1 = \frac{p_n'(x_0)}{1!},\ a_2 = \frac{p_n''(x_0)}{2!},\ \cdots,\ a_n = \frac{p_n^{(n)}(x_0)}{n!}.$$

由此可见，多项式 $p_n(x)$ 的各项系数由其在 x_0 的各阶导数值所唯一确定.

仿照上述多项式系数与其在点 x_0 处各阶导数之间的关系，对于一般函数 $f(x)$，设它在点 x_0 处存在直到 n 阶的导数，由这些导数构造一个 n 次多项式

$$T_n(x) = f(x_0) + \frac{f'(x_0)}{1!}(x-x_0) + \frac{f''(x_0)}{2!}(x-x_0)^2 + \cdots + \frac{f^{(n)}(x_0)}{n!}(x-x_0)^n. \quad (3\text{-}4)$$

式（3-4）称为函数 $f(x)$ 在点 x_0 处的泰勒（Taylor）多项式，其中各项系数 $\frac{f^{(k)}(x_0)}{k!}$ $(k=0,1,2,\cdots,n)$ 称为泰勒系数. 易知 $f(x)$ 与其泰勒多项式 $T(x)$ 在点 x_0 处有相同的函数值和直至 n 阶的导数值，即

$$f^{(k)}(x_0) = T_n^{(k)}(x_0), k = 0,1,2,\cdots,n.$$

以下定理表明，泰勒多项式（3-4）就是我们所寻求的 n 次多项式.

定理 3.3（泰勒中值定理） 设函数 $f(x)$ 在 $[a,b]$ 上存在直至 n 阶的连续导数，在 (a,b) 内存在 $(n+1)$ 阶导数，则对任意的 x，$x_0 \in [a,b]$，至少存在一点 $\xi \in (a,b)$，使得

$$f(x) = f(x_0) + \frac{f'(x_0)}{1!}(x-x_0) + \frac{f''(x_0)}{2!}(x-x_0)^2 + \cdots + \frac{f^{(n)}(x_0)}{n!}(x-x_0)^n + R_n(x). \quad (3\text{-}5)$$

其中

$$R_n(x) = \frac{f^{(n+1)}(\xi)}{(n+1)!}(x-x_0)^{n+1}, \quad (3\text{-}6)$$

这里 ξ 是介 x_0 与 x 之间的某个值.

证明 设 $R_n(x) = f(x) - T_n(x),\ Q(x) = (x-x_0)^{n+1}$，现在只需要证明

$$R_n(x) = \frac{f^{(n+1)}(\xi)}{(n+1)!}(x-x_0)^{n+1} \quad (\xi \text{ 在 } x_0 \text{ 与 } x \text{ 之间}).$$

由假设知，$R_n(x)$ 在 (a,b) 区间内具有直到 $(n+1)$ 阶的导数，且

$$R_n(x_0) = R_n'(x_0) = R_n''(x_0) = \cdots = R_n^{(n)}(x_0) = 0,\ R_n^{(n+1)}(x) = f^{(n+1)}(x),$$

$$Q(x_0) = Q'(x_0) = Q''(x_0) = \cdots = Q^{(n)}(x_0) = 0,\ Q^{(n+1)}(x) = (n+1)!.$$

对函数 $R_n(x)$ 与 $Q(x)$ 在以 x_0 及 x 为端点的区间上应用柯西中值定理，得

$$\frac{R_n(x)}{Q(x)} = \frac{R_n(x) - R_n(x_0)}{Q(x) - Q(x_0)} = \frac{R_n'(\xi_1)}{(n+1)(\xi_1 - x_0)^n} \quad (\xi_1 \text{ 在 } x_0 \text{ 与 } x \text{ 之间}),$$

再对函数 $R_n'(x)$ 与 $Q'(x)$ 在以 x_0 及 ξ_1 为端点的区间上应用柯西中值定理，得

$$\frac{R_n'(\xi_1)}{Q'(\xi_1)}=\frac{R_n'(\xi_1)-R_n'(x_0)}{Q'(\xi_1)-Q'(x_0)}=\frac{R_n'(\xi_1)-R_n'(x_0)}{(n+1)(\xi_1-x_0)^n}=\frac{R_n''(\xi_2)}{n(n+1)(\xi_1-x_0)^{n-1}}\quad(\xi_2\text{ 在 }x_0\text{ 与 }\xi_1\text{ 之间}),$$

照此方法继续做下去, 经过 $(n+1)$ 次后, 得

$$\frac{R_n(x)}{Q(x)}=\frac{R_n(x)}{(x-x_0)^{n+1}}=\frac{R_n^{(n+1)}(\xi)}{(n+1)!}=\frac{f^{(n+1)}(\xi)}{(n+1)!}\quad(\xi\text{ 在 }x_0\text{ 与 }\xi_n\text{ 之间, 所以也在 }x_0\text{ 与 }x\text{ 之间}),$$

于是可得

$$R_n(x)=\frac{f^{(n+1)}(\xi)}{(n+1)!}(x-x_0)^{n+1}\quad(\xi\text{ 在 }x_0\text{ 与 }x\text{ 之间}).$$

定理证毕.

公式（3-5）称为函数 $f(x)$ 按 $(x-x_0)$ 的幂展开的带有拉格朗日型余项的 n 阶泰勒公式, 而表达式（3-6）称为拉格朗日型余项.

当 $n=0$ 时, 泰勒公式变成拉格朗日中值公式:

$$f(x)=f(x_0)+f'(\xi)(x-x_0)\quad(\xi\text{ 在 }x_0\text{ 与 }x\text{ 之间}).$$

由泰勒中值定理可知, 以泰勒多项式 $T_n(x)$ 近似表达函数 $f(x)$ 时, 其误差为 $|R_n(x)|$. 如果对于某个固定的 n, 当 $x\in(a,b)$ 时, $|f^{(n+1)}(x)|\leqslant M$, 则有估计式:

$$|R_n(x)|=\left|\frac{f^{(n+1)}(\xi)}{(n+1)!}(x-x_0)^{n+1}\right|\leqslant\frac{M}{(n+1)!}|x-x_0|^{n+1},\tag{3-7}$$

显然有

$$\lim_{x\to x_0}\frac{R_n(x)}{(x-x_0)^n}=0.$$

由此可见, 当 $x\to x_0$ 时, 误差 $|R_n(x)|$ 是比 $(x-x_0)^n$ 高阶的无穷小, 即

$$R_n(x)=o[(x-x_0)^n].\tag{3-8}$$

至此, 我们提出的问题已经得到完满解决.

带有余项式（3-8）的 n 阶泰勒公式

$$f(x)=f(x_0)+f'(x_0)(x-x_0)+\frac{f''(x_0)}{2!}(x-x_0)^2+\cdots+\frac{f^{(n)}(x_0)}{n!}(x-x_0)^n+o[(x-x_0)^n]\tag{3-9}$$

称为带有佩亚诺（Peano）型余项的 n 阶泰勒公式, 式（3-8）称为佩亚诺型余项.

在泰勒公式（3-5）中, 如果取 $x_0=0$, 泰勒公式变成所谓带有拉格朗日型余项的麦克劳林（Maclaurin）公式

$$f(x)=f(0)+f'(0)x+\frac{f''(0)}{2!}x^2+\cdots+\frac{f^{(n)}(0)}{n!}x^n+\frac{f^{(n+1)}(\xi)}{(n+1)!}x^{n+1}\quad(\xi\text{ 在 }0\text{ 与 }x\text{ 之间}).\tag{3-10}$$

在泰勒公式（3-9）中, 如果取 $x_0=0$, 即为带有佩亚诺型余项的麦克劳林公式

$$f(x)=f(0)+f'(0)x+\frac{f''(0)}{2!}x^2+\cdots+\frac{f^{(n)}(0)}{n!}x^n+o(x^n).$$

由此可得近似公式

$$f(x)\approx f(0)+f'(0)x+\frac{f''(0)}{2!}x^2+\cdots+\frac{f^{(n)}(0)}{n!}x^n,$$

误差估计式（3-7）变为

$$\left|R_n(x)\right|\leqslant\frac{M}{(n+1)!}|x|^{n+1}.$$

例 3.16　写出函数 $f(x)=\mathrm{e}^x$ 的带有拉格朗日型余项的 n 阶麦克劳林公式.

解　因为

$$f(x)=f'(x)=f''(x)=\cdots=f^{(n)}(x)=\mathrm{e}^x,$$

所以

$$f(0)=f'(0)=f''(0)=\cdots=f^{(n)}(0)=1.$$

把这些值代入公式（3-10），并注意 $f^{(n+1)}(\xi)=\mathrm{e}^{\xi}$，便得

$$\mathrm{e}^x=1+x+\frac{x^2}{2!}+\cdots+\frac{x^n}{n!}+\frac{\mathrm{e}^{\xi}}{(n+1)!}x^{n+1}\quad(\xi\text{在}0\text{与}x\text{之间}).\tag{3-11}$$

由公式（3-11）可知，函数 $f(x)=\mathrm{e}^x$ 可以用它的 n 次泰勒多项式表示为

$$\mathrm{e}^x\approx1+x+\frac{x^2}{2!}+\cdots+\frac{x^n}{n!},\tag{3-12}$$

所产生的误差为

$$\left|R_n(x)\right|=\left|\frac{\mathrm{e}^{\xi}}{(n+1)!}x^{n+1}\right|\leqslant\frac{\mathrm{e}^{|x|}}{(n+1)!}|x|^{n+1}\quad(\xi\text{在}0\text{与}x\text{之间}).$$

如果取 $n=1$，则得近似公式 $\mathrm{e}^x\approx1+x$，这时误差为

$$\left|R_n(x)\right|=\left|\frac{\mathrm{e}^{\xi}}{2!}x^2\right|\leqslant\frac{\mathrm{e}^{|x|}}{2!}|x|^2\quad(\xi\text{在}0\text{与}x\text{之间}).$$

如果 n 分别取 2 和 3，则可得 e^x 的 2 次和 3 次近似多项式

$$\mathrm{e}^x\approx1+x+\frac{x^2}{2!}\text{和}\ \mathrm{e}^x\approx1+x+\frac{x^2}{2!}+\frac{x^3}{3!},$$

其误差的绝对值依次不超过 $\frac{\mathrm{e}^{|x|}}{3!}|x|^3$ 和 $\frac{\mathrm{e}^{|x|}}{4!}|x|^4$.

以上三个近似多项式及 e^x 的图形如图 3-3 所示，以便于比较.

在 e^x 的近似表达式（3-12）中，如果取 $x=1$，则得无理数 e 的近似式为

$$\mathrm{e}\approx1+1+\frac{1}{2!}+\cdots+\frac{1}{n!},$$

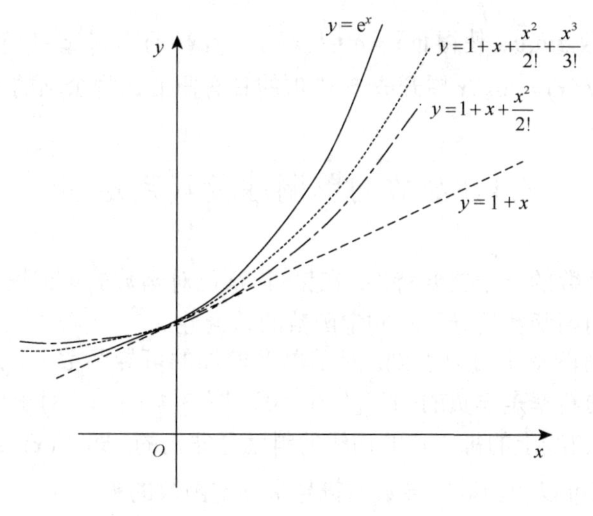

图 3-3

其误差为

$$|R_n(x)|=\left|\frac{\mathrm{e}}{(n+1)!}\right|\leqslant\frac{3}{(n+1)!}.$$

当 $n=10$，可算得 $\mathrm{e}\approx 2.718\,282$，其误差不超过 10^{-6}.

类似地，我们还可以得到另外几个基本初等函数的麦克劳林公式，小结如下.

几个常用函数的麦克劳林公式（以下公式中 ξ 介于 0 与 x 之间）：

（1）$\mathrm{e}^x=1+x+\frac{1}{2!}x^2+\cdots+\frac{1}{n!}x^n+\frac{\mathrm{e}^{\xi}}{(n+1)!}x^{n+1}$（$n$ 阶）；

（2）$\sin x=x-\frac{1}{3!}x^3+\cdots+(-1)^n\frac{1}{(2n-1)!}x^{2n-1}+\frac{\sin(\xi+\frac{2n+1}{2}\pi)}{(2n+1)!}x^{2n+1}$（$2n$ 阶）；

（3）$\cos x=1-\frac{1}{2!}x^2+\cdots+(-1)^n\frac{1}{(2n)!}x^{2n}+\frac{\cos(\xi+\frac{2n+2}{2}\pi)}{(2n+2)!}x^{2n+2}$（$2n+1$ 阶）；

（4）$\frac{1}{1+x}=1-x+x^2-x^3+\cdots+(-1)^n x^n+\frac{(-1)^{n+1}}{(1+\xi)^{n+2}}x^{n+1}$（$n$ 阶）；

（5）$\ln(1+x)=x-\frac{x^2}{2}+\frac{x^3}{3}-\frac{x^4}{4}+\cdots+(-1)^{n-1}\frac{x^n}{n}+(-1)^n\frac{x^{n+1}}{(n+1)(1+\xi)^{n+1}}$（$n$ 阶）.

习 题 3-3

1. 写出函数 $f(x)=\sqrt{x}$ 在 $x_0=4$ 的二阶泰勒公式.
2. 写出函数 $f(x)=2^x$ 的 n 阶麦克劳林公式.

3. 确定常数a,b,c，使得$\ln x = a + b(x-1) + c(x-1)^2 + o[(x-1)^2]$.

4. 把函数$f(x)=\cos^2 x$展开成含x^6项的具有佩亚诺型余项的麦克劳林公式.

3.4 函数的单调性及其判定法

单调性是函数的一个重要特性，在第 1 章已对函数的单调性进行了定义，本节将介绍怎样利用函数的导数来判定函数的单调性.

首先从几何图形上可以看到，对于单调增加的可导函数$y=f(x)$，曲线上的每一点的切线的斜率是非负的，即$f'(x)\geqslant 0$［图 3-4（a）］；对于单调减少的可导函数$y=f(x)$，曲线上的每一点的切线的斜率是非正的，即$f'(x)\leqslant 0$［图 3-4（b）］. 反过来，我们也可以用函数的导数的符号来判定函数的单调性.

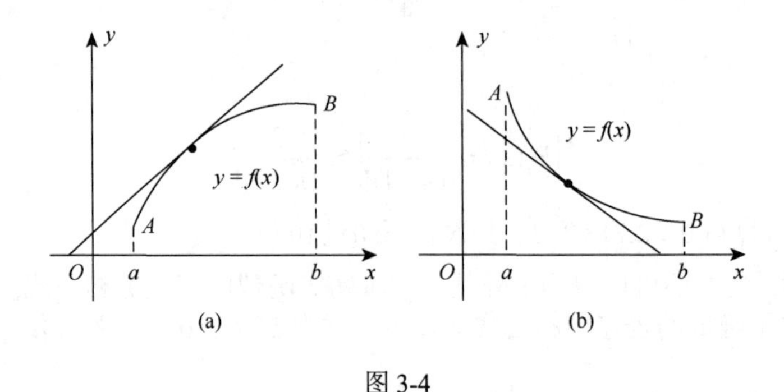

图 3-4

定理 3.4 设函数$y=f(x)$在闭区间$[a,b]$上连续，在开区间(a,b)内可导，若

$$f'(x)\geqslant 0 \quad (f'(x)\leqslant 0)$$

则函数$f(x)$在$[a,b]$上是单调增加的（单调减少的）.

证明 这里只证明单调增加的情形（单调减少的情形可类似证明）.

在$[a,b]$上任意取两点x_1, x_2，不妨设$x_1<x_2$，显然$f(x)$在$[x_1,x_2]$上满足拉格朗日中值定理的条件，则

$$f(x_2)-f(x_1)=f'(\xi)(x_2-x_1) \quad (x_1<\xi<x_2).$$

因为$f'(x)>0$，所以$f(x_1)<f(x_2)$，从而结论成立.

注 在定理 3.4 中，若存在有限个点使得$f'(x)=0$，则函数$f(x)$在$[a,b]$上仍然是单调增加的（或单调减少的）；把定理 3.4 中的闭区间换成其他任何区间，定理 3.4 的结论同样成立.

例 3.17 判定函数$y=x+\cos x$在$[0,2\pi]$上的单调性.

解　因为在 $[0,2\pi]$ 上 $y'=1-\sin x\geqslant 0$，且只有 $x=\dfrac{\pi}{2}$ 时，$y'=0$，故

$$y=x+\cos x$$

在 $[0,2\pi]$ 上是单调增加的.

例 3.18　讨论函数 $f(x)=2x^3-15x^2+36x+8$ 的单调性.

解　函数 $f(x)=2x^3-15x^2+36x+8$ 的定义域是 $(-\infty,+\infty)$，

求导得

$$f'(x)=6x^2-30x+36=6(x-2)(x-3).$$

令 $f'(x)=0$，得 $x_1=2, x_2=3$．显然，当 $x<2$ 时，$f'(x)>0$，则 $(-\infty,2]$ 是函数的单调增区间；当 $2<x<3$ 时，$f'(x)<0$，则 $[2, 3]$ 是函数的单调减区间；当 $x>3$ 时，$f'(x)>0$，则 $[3,+\infty)$ 是函数的单调增区间.

在例 3.18 的求解过程中，我们看到，$x_1=2, x_2=3$ 是两个很重要的点，它们把 $(-\infty,+\infty)$ 分成了三个区间，完成了对函数单调性的判断，并且在 $x_1=2, x_2=3$ 处均有 $f'(x)=0$.

一般地，使得函数 $f(x)$ 的导数 $f'(x)=0$ 的点，称为该函数的**驻点**．例如，$x_1=2, x_2=3$ 就是函数 $f(x)=2x^3-15x^2+36x+8$ 的驻点.

例 3.19　讨论函数 $f(x)=x^{\frac{2}{3}}$ 的单调性.

解　函数 $f(x)=x^{\frac{2}{3}}$ 的定义域是 $(-\infty,+\infty)$.

当 $x\neq 0$ 时，

$$f'(x)=\frac{2}{3}x^{-\frac{1}{3}},$$

当 $x\in(-\infty,0)$ 时，$f'(x)<0$，则函数 $f(x)$ 在 $(-\infty,0]$ 是递减的；

当 $x\in(0,+\infty)$ 时，$f'(x)>0$，则函数 $f(x)$ 在 $[0,+\infty)$ 是递增的.

在 $x=0$ 处，函数的导数不存在.

从例 3.18、例 3.19 可以看到在讨论函数的单调性或单调区间时，函数的驻点或函数有定义、但一阶导数不存在的点都可能成为单调区间的分界点.

下面举例说明函数的单调性在证明不等式中的重要应用.

例 3.20　证明：当 $x>0$ 时，有

$$1+\frac{1}{2}x>\sqrt{1+x}.$$

证明　设 $f(x)=1+\dfrac{1}{2}x-\sqrt{1+x}$，则

$$f'(x)=\frac{1}{2}-\frac{1}{2\sqrt{1+x}}=\frac{\sqrt{1+x}-1}{2\sqrt{1+x}}.$$

$f(x)$ 在 $[0,+\infty)$ 上连续，在 $(0,+\infty)$ 内 $f'(x)>0$，因此 $f(x)$ 在 $[0,+\infty)$ 上是单调增加的，从而当 $x>0$ 时，$f(x)>f(0)$.

由于 $f(0)=0$，故 $f(x)>f(0)=0$，

即

$$1+\frac{1}{2}x-\sqrt{1+x}>0,$$

从而

$$1+\frac{1}{2}x>\sqrt{1+x}\quad (x>0).$$

习　题　3-4

1. 判断函数 $y=\arctan x-x$ 的单调性.

2. 确定下列函数的单调区间：

（1）$y=x^3+2x+7$；（2）$y=\ln(x^2+1)$；

（3）$y=\sqrt{2x-x^2}$；（4）$y=\dfrac{x^2}{x+1}$.

3. 利用函数的单调性证明下列不等式：

（1）$x>\ln(x^2+1)$，$x>0$；

（2）$2\sqrt{x}>3-\dfrac{1}{x}$，$x>1$；

（3）设 $x\in\left(0,\dfrac{\pi}{2}\right)$，则 $x-\dfrac{x^3}{3}<\tan x$；

（4）$x>\sin x>\dfrac{2x}{\pi}$，$x\in\left(0,\dfrac{\pi}{2}\right)$；

（5）$\dfrac{|a+b|}{1+|a+b|}\leqslant\dfrac{|a|}{1+|a|}+\dfrac{|b|}{1+|b|}$.

4. 讨论方程 $\ln x=ax(a>0)$ 有几个实根.

3.5　函数的极值与最值

3.5.1　函数的极值

函数的极值不仅在实际问题中有着重要的应用，而且也是函数的重要特征之一. 本段将主要讨论可导函数极值的判别方法.

定义 3.1　设函数 $f(x)$ 在点 x_0 的某邻域内有定义, 若对该邻域内任意一点 x, 都有

$$f(x_0) \geqslant f(x),$$

则称函数 $f(x)$ 在点 x_0 处取得极大值 $f(x_0)$, 点 x_0 称为极大值点; 若对该邻域内的任意一点 x, 都有

$$f(x_0) \leqslant f(x),$$

则称函数 $f(x)$ 在点 x_0 处取得极小值 $f(x_0)$, 点 x_0 称为极小值点; 极大值和极小值统称为函数的极值, 极大值点和极小值点统称为函数的极值点.

函数的极值是局部概念, 一个函数可能同时有多个极值, 如图 3-5 所示, 函数 $f(x)$ 在点 x_1, x_3 处分别取得极大值 $f(x_1), f(x_3)$, 在点 x_2 处取得极小值 $f(x_2)$. 函数的最大（小）值是整体概念, 一个函数至多分别有一个最大值和最小值. 函数的最大值和最小值统称为函数的最值.

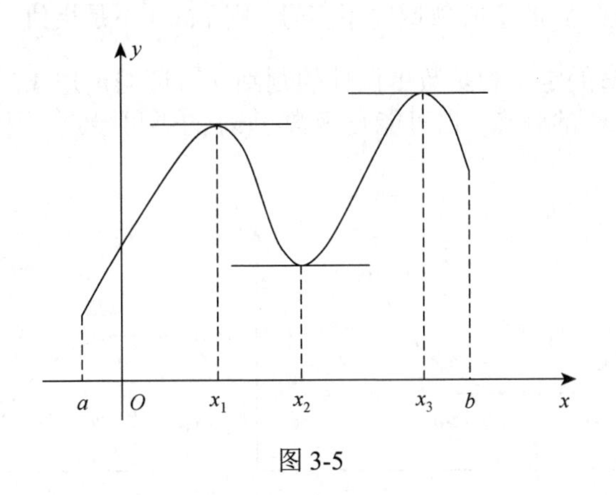

图 3-5

例如, 函数 $y=\sin x$ 在 $(0,\pi)$ 内只有最大值 $f\left(\dfrac{\pi}{2}\right)=1$, 但无最小值. 实际上, 一个函数的极值不一定是这个函数的最值, 反之, 一个函数的最值也不一定是这个函数的极值. 但是, 若函数 $f(x)$ 的最值点 x_0 在区间 (a,b) 内, 则 x_0 必定是 $f(x)$ 的极值点.

下面讨论可导函数取得极值的充要条件.

定理 3.5（必要条件）　设函数 $y=f(x)$ 在点 x_0 可导, 且在 x_0 处取得极值, 则函数在点 x_0 处的导数必为零, 即 $f'(x_0)=0$.

定理 3.5 的证明可完全类似于罗尔中值定理中第二部分的证明, 只需把那里最值改为极值即可.

例如：可导函数 $f(x)=(x-1)^2+2$ 在点 $x=1$ 处取得极小值 $f(1)=2$，显然 $f'(1)=0$.

把使得函数的导数为零（$f'(x)=0$）的点称为函数的驻点. 由定理 3.5 可知：可导函数的极值点必为驻点，但是函数的驻点不一定为极值点. 如 $y=x^3$，其导数为 $y'=3x^2$，显然 $x=0$ 为函数 $y=x^3$ 的驻点，但不是极值点. 因此求出函数的驻点后，还必须判断它是否是极值点. 下面给出判断极值点的两种不同方法.

定理 3.6（第一充分条件）　设函数 $y=f(x)$ 在点 x_0 的某邻域内连续，在点 x_0 的空心邻域 $\mathring{U}(x_0,\delta)$ 内可导，则

（1）若当 $x\in(x_0-\delta,x_0)$ 时，有 $f'(x)\geqslant 0$，当 $x\in(x_0,x_0+\delta)$ 时，有 $f'(x)\leqslant 0$，则 $y=f(x)$ 在点 x_0 取得极大值；

（2）若当 $x\in(x_0-\delta,x_0)$ 时，有 $f'(x)\leqslant 0$，当 $x\in(x_0,x_0+\delta)$ 时，有 $f'(x)\geqslant 0$，则 $y=f(x)$ 在点 x_0 取得极小值；

（3）若 $f'(x)$ 在 x_0 的空心邻域内不变号，则 $f(x_0)$ 不是极值.

利用函数极值的定义和函数单调性的判别法可证明定理 3.6. 在定理 3.6 中点 x_0 可能是函数 $f(x)$ 的驻点，也可能是函数 $f(x)$ 的不可导点. 图 3-6 给出了定理 3.6 的几何解释.

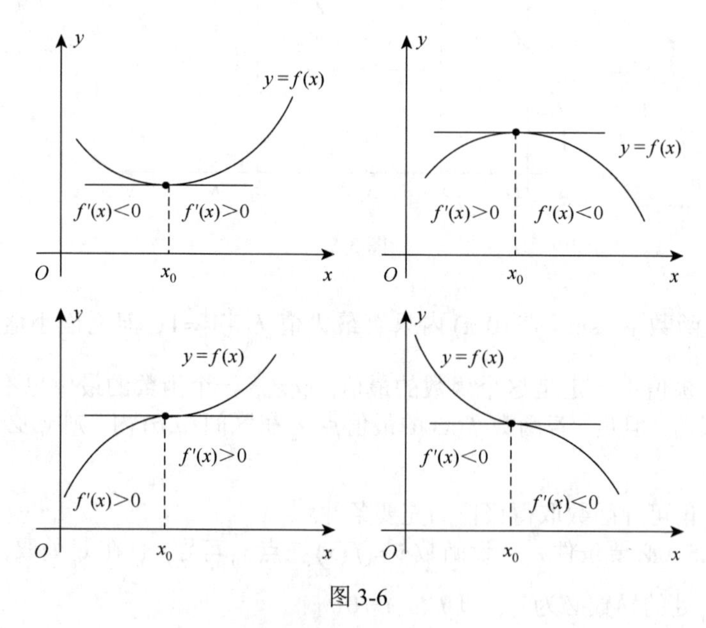

图 3-6

根据定理 3.6，可得到求函数极值的步骤：

（1）计算函数的导数 $f'(x)$；

（2）求出函数的所有驻点与使得函数不可导的点；

（3）判断函数的导数在驻点或不可导的点左右两边的符号，由定理 3.6 可判断该点是否为极值点，并求出其极值.

例 3.21　求函数 $y=2x^3+3x^2-12x+1$ 的极值.

解　$y'=6x^2+6x-12=6(x^2+x-2)=6(x+2)(x-1)$，令 $y'=0$，得驻点 $x_1=-2,x_2=1$，没有不可导的点. 当 $x<-2$ 时，$y'>0$，当 $-2<x<1$ 时，$y'<0$，当 $x>1$ 时，$y'>0$. 现列表 3-1 讨论如下.

表 3-1

x	$(-\infty,-2)$	-2	$(-2,1)$	1	$(1,+\infty)$
y'	+	0	−	0	+
y	单调增加	21	单调减少	−6	单调增加

故函数在 $x=-2$ 处取得极大值 $f(-2)=21$，在 $x=1$ 处取得极小值 $f(1)=-6$.

例 3.22　求函数 $y=1-(x-2)^{\frac{2}{3}}$ 的极值.

解　当 $x\neq 2$ 时，$y'=-\dfrac{2}{3\sqrt[3]{x-2}}$，且 $y'\neq 0$；当 $x=2$ 时，y' 不存在. 从而函数 $y=1-(x-2)^{\frac{2}{3}}$ 在其定义域内只有一个不可导点 $x=2$，没有驻点. 现列表 3-2 讨论如下.

表 3-2

x	$(-\infty,2)$	2	$(2,+\infty)$
y'	+	不存在	−
y	单调增加	1	单调减少

当 $x<2$ 时，$y'>0$，当 $x>2$ 时，$y'<0$，从而函数 $y=1-(x-2)^{\frac{2}{3}}$ 在点 $x=2$ 取得极大值 $y|_{x=2}=1$.

定理 3.7（第二充分条件）　设函数 $y=f(x)$ 在点 x_0 处具有二阶导数且

$$f'(x_0)=0,\ f''(x_0)\neq 0,$$

则

（1）当 $f''(x_0)<0$ 时，$y=f(x)$ 在点 x_0 取得极大值；

（2）当 $f''(x_0)>0$ 时，$y=f(x)$ 在点 x_0 取得极小值.

证明 因为 $f''(x_0)<0$，即有 $f''(x_0)=\lim\limits_{x\to x_0}\dfrac{f'(x)-f'(x_0)}{x-x_0}<0$，根据函数极限的保号性，那么在点 x_0 的某个空心邻域内，有 $\dfrac{f'(x)-f'(x_0)}{x-x_0}<0$．注意到 $f'(x_0)=0$，则有 $\dfrac{f'(x)}{x-x_0}<0$．当 $x<x_0$ 时，$f'(x)>0$，当 $x>x_0$ 时，$f'(x)<0$，由定理 3.6 可知函数 $y=f(x)$ 在点 x_0 取得极大值.

注 定理 3.7 只能用于判断驻点是否为极值点，不能用于判断不可导点. 在判断一阶导数的符号较困难时，也常用本定理. 此外若 $f''(x_0)=0$，点 x_0 是否为极值点还无法判断，需要用其他方法.

例 3.23 求函数 $y=x\mathrm{e}^x$ 的极值.

解 $y'=\mathrm{e}^x+x\mathrm{e}^x=(1+x)\mathrm{e}^x$，令 $y'=0$，得驻点 $x=-1$.

因为

$$y''=2\mathrm{e}^x+x\mathrm{e}^x=(2+x)\mathrm{e}^x,\ y''|_{x=-1}=\frac{1}{\mathrm{e}}>0,$$

所以函数 $y=x\mathrm{e}^x$ 在 $x=-1$ 处取得极小值 $-\dfrac{1}{\mathrm{e}}$.

3.5.2 函数的最大值最小值

在工农业生产、经济管理和经济核算中，常常需要解决在一定条件下，怎样使得投入最小，产出最多，成本最低，效益最高，利润最大等问题，这些问题反映在数学上，实际上是求函数（通常称为目标函数）在一定条件下取得最大值或最小值的问题.

下面首先讨论怎样计算连续函数在闭区间的最值问题.

在闭区间上的连续函数取得最大值和最小值的地方可能出现在以下两种情况中：

（1）在开区间内取得. 此时函数的最大值是极大值中的最大者，最小值是极小值中最小者；

（2）在闭区间的端点处取得.

因此要求函数的最大值和最小值，只需先求出函数的极大值、极小值和在端点处的函数值，再比较它们的大小，最大的为最大值，最小的为最小值.

例 3.24 求函数 $y=x^3-\dfrac{3}{2}x^2-6x-2$ 在闭区间 $[-2,1]$ 的最大值与最小值.

解 函数的导数为 $y'=3x^2-3x-6=3(x-2)(x+1)$，令 $y'=0$，在闭区间 $[-2,1]$ 上，函数的驻点为 $x_1=-1$，函数无不可导点.

当 $-2<x<-1$ 时，$y'>0$，当 $-1<x<1$ 时，$y'<0$．故函数在 $x=-1$ 处取得极大值 $y|_{x=-1}=\frac{3}{2}$，两个端点处的函数值为 $y|_{x=-2}=-4$，$y|_{x=1}=-8\frac{1}{2}$．所以，函数 y 的最大值为 $\frac{3}{2}$，最小值为 $-8\frac{1}{2}$．

在实际问题中，若根据问题的性质可以断定可导函数 $f(x)$ 确有最大值或最小值，函数在定义区间只有唯一的驻点，则极大值为最大值，极小值为最小值.

例 3.25　从一块边长为 l（cm）的正方形铁皮四角各剪去一块相等的小正方形，然后折成一无盖容器，问剪去的小正方形边长是多少时，容器的体积最大？

解　设剪去的小正方形边长是 x，则容器的边长为 $l-2x$，容器的高为 x，容器的体积为

$$V=(l-2x)^2x.$$

依题意，x 的取值范围为 $\left(0,\frac{l}{2}\right)$，则

$$V'=(l-2x)^2-4x(l-2x)=(l-6x)(l-2x),\ V''=24x-8l=8(3x-l).$$

令 $V'=0$，则 $x=\frac{l}{2}, x=\frac{l}{6}$，但 $x=\frac{l}{2}$ 在定义域之外，舍去.

当 $x=\frac{l}{6}$ 时，$V''<0$，故 $x=\frac{l}{6}$ 时，V 取得极大值. 又因为 V 在 $\left(0,\frac{l}{2}\right)$ 只有一个极大值，所以，函数在 $x=\frac{l}{6}$ 时取得最大值，其最大值为 $V\left(\frac{l}{6}\right)=\frac{2}{27}l^3$．

例 3.26　某工厂加工 x 千件产品的成本为 $C(x)=x^3-6x^2+15x$，销售 x 千件产品的收入为 $R(x)=9x$，在什么时候工厂的利润最大？

解　工厂销售 x 千件产品的利润为

$$L(x)=R(x)-C(x)=-x^3+6x^2-6x.$$

求导得 $L'(x)=-3x^2+12x-6$．令 $L'(x)=0$，得驻点为

$$x_1=2-\sqrt{2}\approx 0.586,\ x_2=2+\sqrt{2}\approx 3.414.$$

使利润最大的可能产品数量为 $x_1\approx 0.586$ 千件，或 $x_2\approx 3.414$ 千件. 图 3-7 表明在 $x_2\approx 3.414$ 千件处利润最大（收入超出成本），而在 $x_1\approx 0.586$ 千件处最大亏损发生.

例 3.27　某商店按批发价每件 6 元购进一批商品零售，若零售价定为每件 7 元，估计可卖出 100 件；而零售价每件降低 0.1 元，则可多卖出 50 件，问每批应进多少件，每件售价多少时，才能获得最大利润？最大利润是多少？

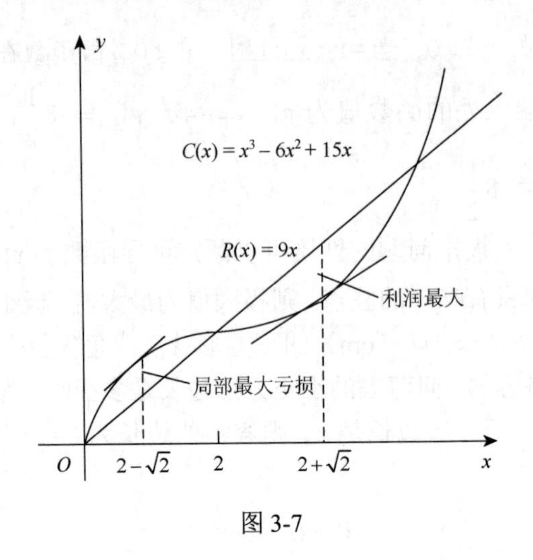

图 3-7

解　设每批应进 x 件，则每件售价 p 应为

$$p=7-\frac{x-100}{50}\times 0.1=7.2-\frac{x}{500},$$

总利润函数为

$$L(x)=\left(7.2-\frac{x}{500}\right)\times x-6x=1.2x-\frac{x^2}{500}.$$

令 $L'(x)=1.2-\dfrac{x}{250}=0$，得驻点 $x=300$，因为 $L''(300)=-\dfrac{1}{250}<0$，所以 $x=300$ 是极大值点，也是最大值点. 此时每件的售价为 $p=7.2-\dfrac{300}{500}=6.6$（元/件），最大利润是

$$L(300)=1.2\times 300-\frac{300^2}{500}=180\text{ 元}.$$

故每批应进 300 件，每件售价 6.6 元时，利润最大，最大利润是 180 元.

习　题　3-5

1. 求下列函数的极值：

（1）$y=4x^3+6x^2-12x+7$；　　（2）$y=\dfrac{x}{1+x^2}$；

（3）$y=\mathrm{e}^x\sin x$；　　（4）$y=x^x$；

（5）$y=3-2(x+1)^{\frac{1}{3}}$；　　（6）$y=x+\tan x$.

2. 试问 a 为何值时，函数 $f(x)=a\sin x+\frac{1}{3}\sin 3x$ 在 $x=\frac{\pi}{3}$ 处取得极值？是极大值还是极小值？并求出极值.

3. 求下列函数在给定区间上的最大值或最小值：

（1） $y=\mathrm{e}^{x}+\mathrm{e}^{-x}, x\in[-1,1]$；（2） $y=3x^{2}+6x+1, x\in[0,1]$；

（3） $y=x+\sqrt{1-x}, x\in[-5,1]$.

4. （销售利润最大问题）某工厂生产某产品，年产量为 x（单位：百台），总成本为 C（单位：万元），其中固定成本为 2 万元，每生产 1 百台，成本增加 1 万元，市场每年可销售此种商品 4 百台，其销售总收入 R 是 x 的函数

$$R=R(x)=\begin{cases}4x-\frac{1}{2}x^{2}, & 0\leqslant x\leqslant 4,\\ 8, & x\geqslant 4.\end{cases}$$

问每年生产多少台，总利润 $L=R-C$ 为最大，在总利润最大的基础上再生产 1 百台，总利润怎样变化？

5. （节约原材料问题）要做一个容积为 V 的圆柱形罐头筒，如何设计才能使所花的原材料最少？

6. 某商品每月的销售 x 件时，总收入函数为

$$R(x)=100x^{2}\mathrm{e}^{-\frac{x}{20}},$$

试问每月销售多少件时，总收入最大？总收入是多少？

7. 要做一底面为长方形的带盖盒子，其体积为 $72\ \mathrm{cm}^{3}$，其底边成 1∶2 的关系，问各边的长为多少，才能使表面积最小？

3.6　曲线的凹凸性、拐点、渐近线及函数图形的描绘

3.6.1　曲线的凹凸性与拐点

在前面两节，利用导数讨论了函数的单调性、极值和最值，但是这对于完全了解函数的图像是不够的，例如，基本初等函数 $y=x^{2}$ 与 $y=\sqrt{x}$ 在 $[0,1]$ 都是增函数，而且具有相同的最大值和最小值，但是它们在 $[0,1]$ 上函数图形是各不相同的. 因此有必要对函数图像做进一步的研究. 这就是本节要讲的函数的凹凸性.

定义 3.2　设函数 $f(x)$ 在区间 I 上连续，如对 I 上的任意两点 x_1，x_2 $(x_1\neq x_2)$，都有下式成立

$$f\left(\frac{x_1+x_2}{2}\right)\leqslant\frac{f(x_1)+f(x_2)}{2}\quad 或 f\left(\frac{x_1+x_2}{2}\right)\geqslant\frac{f(x_1)+f(x_2)}{2},$$

则称函数 $f(x)$ 在区间 I 的图形是凹（凸）的，此时称 $f(x)$ 在区间 I 上为凹（凸）函数，区间 I 称为凹（凸）区间（图 3-8）.

如果函数 $f(x)$ 在点 $x_0(\in I)$ 左右两边的凹凸性各不相同，称点 $(x_0, f(x_0))$ 为曲线的一个拐点.

注 若定义中的不等式改为严格不等式，则曲线 $y=f(x)$ 在 I 上是严格凹的和严格凸的.

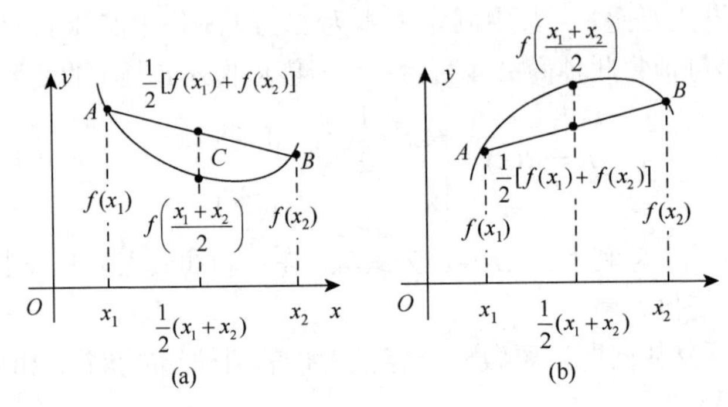

图 3-8

对函数的凹凸性的判断有如下结论.

定理 3.8 设函数 $y=f(x)$ 在 $[a,b]$ 上连续，在 (a,b) 内具有二阶导数.

（1）若在 (a,b) 内，$f''(x)\geqslant 0$，则曲线 $y=f(x)$ 在 $[a,b]$ 上是凹的；

（2）若在 (a,b) 内，$f''(x)\leqslant 0$，则曲线 $y=f(x)$ 在 $[a,b]$ 上是凸的.

注 若（1）（2）中的不等式改为严格不等式，则曲线 $y=f(x)$ 在 $[a,b]$ 上是严格凹的和严格凸的.

证明 对于情形（1），在区间 (a,b) 上，$f''(x)\geqslant 0$，故 $f'(x)$ 在 $[a,b]$ 上单调增加，在 $[a,b]$ 内任取两点 x_1，x_2（不妨设 $x_1<x_2$），令 $x_0=\frac{x_1+x_2}{2}$，则 $x_1<x_0<x_2$. 在区间 $[x_1,x_0]$ 与 $[x_0,x_2]$ 上分别用拉格朗日中值定理，存在 $\xi\in(x_1,x_0)$，　$\eta\in(x_0,x_2)$ 使得

$$f(x_1)=f(x_0)+f'(\xi)(x_1-x_0)>f(x_0)+f'(x_0)(x_1-x_0),$$
$$f(x_2)=f(x_0)+f'(\eta)(x_2-x_0)>f(x_0)+f'(x_0)(x_2-x_0).$$

从而有

$$\frac{f(x_1)+f(x_2)}{2}>f(x_0)+f'(x_0)\left[\frac{(x_1-x_0)}{2}+\frac{(x_2-x_0)}{2}\right]$$
$$=f(x_0)=f\left(\frac{x_1+x_2}{2}\right).$$

即

$$f\left(\frac{x_1+x_2}{2}\right)<\frac{f(x_1)+f(x_2)}{2}.$$

因此曲线 $y=f(x)$ 在 I 上是凹的. 类似可以证明情形（2）.

根据拐点的定义和定理 3.8, 可得到判断拐点的方法.

定理 3.9 设函数 $y=f(x)$ 在点 x_0 的某邻域内连续, 在点 x_0 的某去心邻域内二阶导数存在, 若在 x_0 的左右两侧邻近的二阶导数 $f''(x)$ 异号, 则点 $M(x_0,f(x_0))$ 是曲线 $y=f(x)$ 的拐点.

注意到函数的拐点是指曲线上的点, 而驻点、极值点和最值点指的是定义域中的点.

例 3.28 讨论函数 $y=\ln(1+x^2)$ 的凸凹性及拐点.

解 因为 $y'=\dfrac{2x}{1+x^2}$，$y''=\dfrac{2-2x^2}{(1+x^2)^2}$. 令 $y''=0$，则有 $x_1=-1$, $x_2=1$.

当 $x\in(-1,1)$ 时，$y''>0$，所以函数 y 在 $[-1,1]$ 上是凹函数；当 $x\in(-\infty,-1)$ 或 $x\in(1,\infty)$ 时，$y''<0$，所以函数 y 在 $(-\infty,-1]$ 或 $[1,\infty)$ 上是凸函数. 此时点 $(-1,\ln 2)$ 与 $(1,\ln 2)$ 是函数 $y=\ln(1+x^2)$ 的拐点.

例 3.29 求函数 $y=\sqrt[3]{x}$ 的拐点.

解 函数在 $(-\infty,+\infty)$ 内连续, 当 $x\neq 0$ 时

$$y'=\frac{1}{3\sqrt[3]{x^2}},\ y''=-\frac{2}{9x\sqrt[3]{x^2}}$$

当 $x=0$ 时，y', y'' 都不存在，它把 $(-\infty,+\infty)$ 分成两个部分 $(-\infty,0]$, $[0,+\infty)$. 在 $(-\infty,0)$ 内，$y''>0$，所以曲线在 $(-\infty,0]$ 上是凹的；在 $(0,+\infty)$ 内，$y''<0$，函数曲线在 $[0,+\infty)$ 上是凸的, 从而点 $(0,0)$ 是函数 $y=\sqrt[3]{x}$ 的拐点.

由此可见, 使得函数 $f(x)$ 二阶导数 $f''(x)=0$ 和 $f''(x)$ 不存在的点有可能是拐点.

但是, 函数 $f(x)$ 二阶导数 $f''(x)=0$ 和 $f''(x)$ 不存在的点未必就一定是拐点. 例如，$y=x^4$，在 $(0,0)$ 点 $y'(x)=0, y''(x)=0$，但 $(0,0)$ 点不是拐点. 再例如，$y=x^{\frac{2}{3}}$，在 $(0,0)$ 点 $y'(x), y''(x)$ 都不存在, 但 $(0,0)$ 点不是拐点.

3.6.2 曲线的渐近线

曲线的渐近线对描绘曲线的变化趋势有着至关重要的作用, 这里主要讨论两类简单的渐近线.

1. 水平渐近线

若 $x\to\infty$（或 $x\to\pm\infty$）时, $\lim f(x)=c$，则称 $y=c$ 为曲线 $y=f(x)$ 的水平渐近线.

2. 铅直渐近线

若 $x \to c$ （或 $x \to c^+$ 或 $x \to c^-$ ）时，$\lim f(x) = \infty$ (或 $\pm\infty$)，则称 $x = c$ 为曲线 $y = f(x)$ 的铅直渐近线.

例如，函数 $y = \arctan x$，很容易计算 $x = \pm\dfrac{\pi}{2}$ 都是函数的水平渐近线.

例 3.30 求曲线 $y = \dfrac{x^2+x+1}{(x+1)(x+2)}$ 的渐近线.

解 $\lim\limits_{x\to\infty}\dfrac{x^2+x+1}{(x+1)(x+2)} = 1$，从而 $y = 1$ 为水平渐近线；

$\lim\limits_{x\to -1}\dfrac{x^2+x+1}{(x+1)(x+2)} = \infty$，$\lim\limits_{x\to -2}\dfrac{x^2+x+1}{(x+1)(x+2)} = \infty$，从而 $x = -1$，$x = -2$ 为铅直渐近线.

3.6.3 函数图形的描绘

有了前面对函数的单调性、极值、最值、凹凸性和拐点等基本性质的讨论后，也就掌握了函数的各种性态，这便于准确地描绘函数曲线.

描绘函数图形的一般步骤是：

（1）求函数的定义域；

（2）考察函数的奇偶性、周期性；

（3）求函数的某些特殊点，如与两坐标轴的交点、不连续点与不可导点等；

（4）确定函数的单调区间、极值点、凹凸区间及拐点；

（5）考察函数的渐近线；

（6）根据上面讨论的结果画出函数图形.

例 3.31 画出函数 $y = \dfrac{2x-1}{(x-1)^2}$ 的图形

解 （1）所给函数的定义域为 $(-\infty,1)\cup(1,+\infty)$，无奇偶性. 当 $x = 0$ 时，$y = -1$，当 $y = 0$ 时，$x = \dfrac{1}{2}$.

（2） $y' = \dfrac{-2x}{(x-1)^3} = 0$，驻点 $x_1 = 0$，没有不可导点. $y'' = \dfrac{(4x+2)}{(x-1)^4} = 0$，得 $x_2 = -\dfrac{1}{2}$. 列表 3-3 讨论如下.

表 3-3

x	$\left(-\infty,-\frac{1}{2}\right)$	$-\frac{1}{2}$	$\left(-\frac{1}{2},0\right)$	0	$(0,1)$	1	$(1,+\infty)$
y'	$-$		$-$	0	$+$		$-$
y''	$-$	0	$+$	$+$	$+$		$+$
y	单调减少，凸的	拐点	单调减少，凹的	极小	单调增加，凹的		单调减少，凹的

（3）由 $\lim\limits_{x\to1}y=\lim\limits_{x\to1}\dfrac{2x-1}{(x-1)^2}=+\infty$ 知，$x=1$ 是函数的铅直渐近线，又 $\lim\limits_{x\to\infty}y=\lim\limits_{x\to\infty}\dfrac{2x-1}{(x-1)^2}=0$，故 $y=0$ 是函数的水平渐近线．函数 $y=\dfrac{2x-1}{(x-1)^2}$ 的图形如图 3-9 所示．

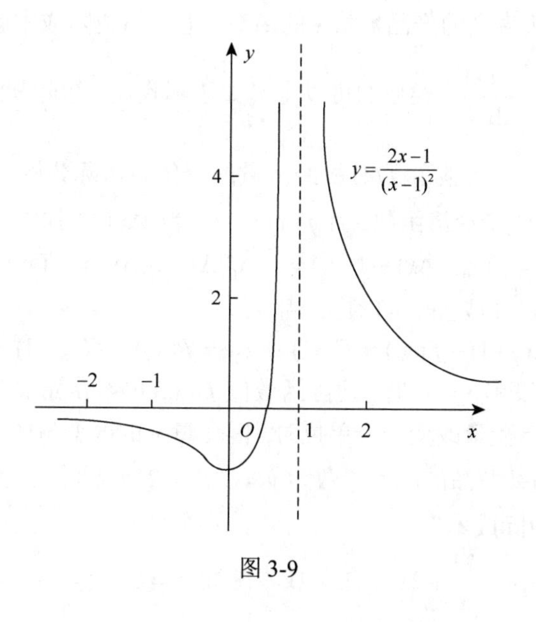

图 3-9

习　题　3-6

1. 求下列函数的凹凸区间和拐点：

（1）$y=x^3-x$；　　（2）$y=(\ln x)^2$；

（3）$y=\mathrm{e}^{-x}\sin x$．

2. 求下列函数的渐近线：

（1）$y=\dfrac{2x}{3-x^2}$；　　（2）$y=\dfrac{\ln x}{x}$；

（3） $y = x\sin\frac{1}{x}$.

3. 已知点 $(1,4)$ 是曲线 $y = ax^3 + bx^2$ 的拐点，求 a, b.

4. 作出下列函数的图形：

（1） $y = 3x^4 - 4x^3 + 1$；（2） $y = \arcsin x - 2x$.

3.7 经济数学模型与案例分析（边际分析与弹性分析）

在前面几章中，我们了解了总成本、需求、供给、收益、利润等经济函数的概念与性质，并会建立一些简单经济模型. 本节将介绍边际分析与弹性分析在经济中的应用.

定义 3.3 在经济管理中，把经济函数 $f(x)$ 的导数 $f'(x)$ 称为边际函数. 例如，产品成本 $C(x)$ 是所生产的产品数量 x 的函数，生产的边际成本就是成本关于生产水平的变化率，即 $\frac{\mathrm{d}C(x)}{\mathrm{d}x}$. 类似的可以定义如边际收益、边际利润、边际需求等许多边际函数的概念. 用边际函数分析经济量的变化叫边际分析.

设 $y = f(x)$ 是一个经济函数，且 $f(x)$ 可导. 当 $|\Delta x|$ 很小时，

$$\Delta y = f(x_0 + \Delta x) - f(x_0) = f'(x_0)\Delta x + o(\Delta x) \approx f'(x_0)\Delta x.$$

特别地，当 $\Delta x = 1$ 或 $\Delta x = -1$ 时，分别有

$$\Delta y = f(x_0 + 1) - f(x_0) \approx f'(x_0) \text{ 或 } \Delta y = f(x_0) - f(x_0 - 1) \approx f'(x_0).$$

这表明，当自变量 $x = x_0$ 时，边际函数值 $f'(x_0)$ 的经济意义为：经济函数 $f(x)$ 在点 $x = x_0$ 处，当自变量改变一个单位时，因变量 y 的改变量的值约等于 $f'(x_0)$.

例3.32 已知某商品的成本函数为 $y = C(x) = 21 + 2x^3$，x 为产量，求当 $x = 30$ 时的平均成本、边际成本.

解 平均成本 $\overline{y} = \frac{21}{x} + 2x^2$，边际成本函数 $y' = C'(x) = 6x^2$.

当 $x = 30$ 时，平均成本 $\overline{y} = \frac{21}{30} + 2(30)^2 = 1800.7$，边际成本 $y' = C'(30) = 6(30)^2 = 5400$.

该值表明，当 $x = 30$ 时，当 x 改变一个单位时，y 改变 5400 个单位.

定义 3.4 设函数 $y = f(x)$ 可导，函数的相对改变量 $\frac{\Delta y}{y} = \frac{f(\Delta x + x) - f(x)}{f(x)}$ 与自变量的相对改变量 $\frac{\Delta x}{x}$ 之比 $\frac{\Delta y/y}{\Delta x/x}$，称为函数 $f(x)$ 从 x 到 $x + \Delta x$ 两点间的相对变

化率（或弹性），若当 $\Delta x \to 0$ 时，极限 $\lim\limits_{\Delta x\to 0}\dfrac{\Delta y/y}{\Delta x/x}$ 存在，则称此极限为函数 $f(x)$ 在 x 处的相对变化率或弹性，记为 η，即

$$\eta=\lim_{\Delta x\to 0}\frac{\Delta y/y}{\Delta x/x}=\lim_{\Delta x\to 0}\frac{\Delta y}{\Delta x}\cdot\frac{x}{y}=y'\cdot\frac{x}{y}.$$

称 $\eta=y'\cdot\dfrac{x}{y}$ 为函数 $f(x)$ 的弹性函数，常记为 $\dfrac{Ey}{Ex}$，当 $x=x_0$ 时，称 $\eta|_{x=x_0}=f'(x_0)\cdot\dfrac{x_0}{f(x_0)}$ 为 $f(x)$ 在 $x=x_0$ 处的弹性.

函数的弹性反映 $f(x)$ 随自变量 x 变化的幅度的大小，即反映函数 $f(x)$ 对自变量 x 变化的灵敏度，当自变量在 x 处有 1%的改变时，函数有 $|\eta|$%的变化.

在市场经济中，商品的需求量对市场价格的反映是非常灵敏的，刻画这种灵敏度的量就是需求弹性. 一般地商品的价格低，需求量大；商品的价格高，需求量小. 因此需求函数 $Q=Q(p)$ 是关于价格 p 的单调减少函数，于是 $\dfrac{\Delta Q/Q}{\Delta p/p}$ 及 $Q'(p)\cdot\dfrac{p}{Q(p)}$ 皆为负数. 为了用正数表示需求弹性，我们定义：

定义 3.5　设需求函数 $Q=Q(p)$ 可导，则称 $-\dfrac{\Delta Q/Q_0}{\Delta p/p_0}$ 为需求函数从 p_0 到 $p_0+\Delta p$ 两点间的需求弹性，称 $-Q'(p)\cdot\dfrac{p}{Q(p)}$ 为需求函数在 p_0 处的需求弹性，记为 η_d.

定义 3.6　设供给函数 $Q=S(p)$ 可导，则称 $\dfrac{\Delta Q/Q_0}{\Delta p/p_0}$ 为供给函数从 p_0 到 $p_0+\Delta p$ 两点间的供给弹性，称 $S'(p_0)\cdot\dfrac{p_0}{S(p_0)}$ 为供给函数在 p_0 处的供给弹性，记为 η_s.

用弹性函数分析经济量的变化叫弹性分析.

需求弹性的经济意义：设需求函数 $Q=Q(p)$，需求函数一般是单调减少函数，则需求弹性 $\eta_d=-Q'(p)\cdot\dfrac{p}{Q(p)}>0$，当价格为 p 时，若提价（或降价）1%时，则需求量减少（或增加）η_d%. 根据 η_d 的大小，对需求弹性分类如下：

当 $\eta_d<1$ 时，称需求函数 $Q=Q(p)$ 为缺乏弹性（或低弹性）；

当 $\eta_d>1$ 时，称需求函数 $Q=Q(p)$ 为富于弹性（或高弹性）；

当$\eta_d = 1$时，称需求函数$Q = Q(p)$为单元弹性需求.

供给弹性的经济意义：设供给函数$Q = S(p)$，供给函数一般是单调增加函数，则供给需求弹性$\eta_s = S'(p) \cdot \dfrac{p}{S(p)} > 0$，当价格为$p$时，若提价（或降价）1%时，则需求量增加（或减少）η_s%.

例 3.33　设需求函数$Q(p) = 250 - 25p$，其中x为价格. 求需求函数在$x = 3$、$x = 5$、$x = 8$时的弹性η.

解　$Q(p) = 250 - 25p$，$Q'(p) = -25$，

所以

$$\eta = -p\frac{Q'(p)}{Q(p)} = \frac{25p}{250 - 25x} = \frac{p}{10 - p}.$$

当$p = 3$时，$\eta = \dfrac{3}{10 - 3} = \dfrac{3}{7} = 0.43$；

当$p = 8$时，$\eta = \dfrac{8}{10 - 8} = \dfrac{8}{2} = 4$；

当$p = 5$时，$\eta = \dfrac{5}{10 - 5} = \dfrac{5}{5} = 1$.

弹性经济意义的解释：

当$p = 3$时，$\eta = 0.43 < 1$. 这表明需求变动的幅度小于价格变动的幅度. 例如，价格上涨5%（即从3元上涨到3.15元），需求只减少$0.43 \times 5\% = 2.15\%$，即价格变动对需求量的影响不大；

当$p = 8$时，$\eta = 4 > 1$. 这表明需求变动的幅度大于价格变动的幅度. 例如，价格上涨1%，需求只减少$4 \times 1\% = 4\%$，即价格变动对需求量的影响较大；

当$p = 5$时，$\eta = 1$. 这表明需求变动的幅度与价格变动的幅度相同.

习　题　3-7

1. 已知某商品的成本函数和收益函数各为

$$C(x) = x + 1 - \frac{1}{1 + x} \text{ 和 } R(x) = 2x,$$

其中x为销售量，求该产品的边际成本、边际收益和边际利润.

2. 若商品的需求函数

$$Q = 100 - 2p \text{（} p \text{ 为价格），}$$

讨论其弹性变化.

3. 设某商品的销售额R与p价格之间的函数关系为

$$R = R(p) = p(88 - 30p),$$

试求当价格 $p = 1.00$ 元与 1.50 元水平时，销售额函数的弹性，并说明其经济意义.

总习题三（A）

1. 填空题

（1）罗尔中值定理中的条件是罗尔中值定理结论成立的________条件.

（2）函数 $f(x) = x^3$，在区间 $[-1,2]$ 上满足拉格朗日中值定理的点 ξ 是________.

（3）$\lim\limits_{x\to 0}\frac{1}{x}\left(\frac{a}{x} - \frac{b}{\sin x}\right) = -\frac{1}{6}$，则常数 $a =$________，$b =$________.

（4）曲线 $y = \arctan x + \frac{1}{x}$ 的单调减区间是________.

（5）曲线 $y = 1 + \sqrt[3]{1+x}$ 的拐点坐标为________.

2. 选择题

（1）下列函数在给定区间上满足罗尔中值定理条件的是（　　）.

A. $y = x^2 - 5x + 6, x \in [2,3]$　　B. $y = \frac{1}{\sqrt[3]{(x-1)^2}}, x \in [0,2]$

C. $y = x\mathrm{e}^{-x}, x \in [0,1]$　　D. $y = \begin{cases} x+1, & x < 5, \\ 1, & x \geqslant 5, \end{cases} x \in [0,5]$

（2）设当 $x \to 0$ 时，$\mathrm{e}^x - (ax^2 + bx + 1)$ 是比 x^2 高阶的无穷小，则（　　）.

A. $a = \frac{1}{2}$，$b = 1$　　B. $a = 1$，$b = 1$

C. $a = -\frac{1}{2}$，$b = 1$　　D. $a = -1$，$b = 1$

（3）设常数 $k > 0$，函数 $f(x) = \ln x - \frac{x}{\mathrm{e}} + k$ 在 $(0, +\infty)$ 内零点的个数为（　　）.

A. 1　　B. 2　　C. 3　　D. 4

（4）函数 $y = x^3 + 12x + 1$ 在定义域内（　　）.

A. 单调增加　　B. 单调减少

C. 图形是凸的　　D. 图形是凹的

（5）设在 $[0,1]$ 上 $f''(x) > 0$，则 $f'(0), f'(1), f(1) - f(0)$ 或 $f(0) - f(1)$ 的大小顺序为（　　）.

A. $f'(1) > f'(0) > f(1) - f(0)$　　B. $f'(1) > f(1) - f(0) > f'(0)$

C. $f(1) - f(0) > f'(1) > f'(0)$　　D. $f'(1) > f(0) - f(1) > f'(0)$

（6）若 $y=f(x)$ 对一切 x 满足 $xf''(x)+3x[f'(x)]^2=1-\mathrm{e}^{-x}$，且 $f'(x_0)=0\ (x_0\neq 0)$，则（　）．

A. $f(x_0)$ 是极大值　　B. $f(x_0)$ 是极小值

C. $(x_0,f(x_0))$ 是拐点　　D. 以上说法都不对

3. 求下列极限：

（1）$\lim\limits_{x\to 0^+}(\cos\sqrt{x})^{\frac{\pi}{x}}$；　　（2）$\lim\limits_{x\to 0}\left[\dfrac{1}{\ln(1+x)}-\dfrac{1}{x}\right]$；

（3）$\lim\limits_{x\to 0}\dfrac{x\sin x}{\sqrt[5]{1+5x}-(1+x)}$；　　（4）$\lim\limits_{x\to 0}\left(\dfrac{3^x+5^x}{2}\right)^{\frac{2}{x}}$.

4. 设 $f(x)$ 在 $[a,b]$ 上连续，在 (a,b) 内可导，证明至少存在一点 $\xi\in(a,b)$，使

$$\frac{bf(b)-af(a)}{b-a}=f(\xi)+\xi f'(\xi).$$

5. 设 $f(x),g(x)$ 都是可导函数，且 $|f'(x)|<g'(x)$，证明当 $x>a$ 时，

$$|f(x)-f(a)|<g(x)-g(a).$$

6. 求函数 $f(x)=\dfrac{1-x}{1+x}$ 在 $x=0$ 点带拉格朗日型余项的 n 阶泰勒公式.

7. 证明下列不等式：

（1）当 $0<x_1<x_2<\dfrac{\pi}{2}$ 时，$\dfrac{\tan x_2}{\tan x_1}>\dfrac{x_2}{x_1}$；（2）当 $x>0$ 时，$\ln(1+x)>\dfrac{\arctan x}{1+x}$.

8. 求函数 $f(x)=(x-5)x^{\frac{2}{3}}$ 的增减区间和极值.

9. 求函数 $f(x)=x\mathrm{e}^{-x}$ 的凹凸区间，拐点及其最值.

10. 某窗的形状为半圆置于矩形之上，若此窗的周长为一定值 l，试确定半圆的半径 r 和矩形的高 h，使能通过窗户的光线最为充足.

总习题三（B）

1. 填空题

（1）$\lim\limits_{n\to\infty}\left(\dfrac{\sqrt[n]{a}+\sqrt[n]{b}}{2}\right)^n=$ ________，其中 $a>0,b>0$.

（2）设 $\lim\limits_{x\to 2}\dfrac{\ln(1+x)-(ax+bx^2)}{x^2}=2$，则 $a=$ ________，$b=$ ________.

（3）已知 $\lim\limits_{x\to 0}\dfrac{6+f(x)}{x^2}=6$，则 $\lim\limits_{x\to 0}\dfrac{\sin 6x+xf(x)}{x^3}=$ ________.

（4）设 $\lim\limits_{x\to\infty} f'(x)=k$，则 $\lim\limits_{x\to\infty}[f(x+a)-f(x)]=$________.

（5）函数 $y=x+2\sin x$ 在区间 $\left[0,\dfrac{\pi}{2}\right]$ 上的最大值为________.

2. 选择题

（1）设函数 $y=f(x)$ 满足方程 $y''-y'-\mathrm{e}^{\sin x}=0$，且 $f'(x_0)=0$，则 $y=f(x)$ 在（　　）.

A. x_0 的某邻域内单调增加　　B. x_0 的某邻域内单调增少

C. x_0 取得极小值　　D. x_0 取得极大值

（2）设函数 $f(x), g(x)$ 具有二阶导数，且 $g''(x)<0$. 若 $g(x_0)=a$ 是 $g(x)$ 的极值，则 $f[g(x)]$ 在 x_0 取极大值的一个充分条件是（　　）.

A. $f'(a)<0$　　B. $f'(a)>0$

C. $f''(a)<0$　　D. $f''(a)>0$

（3）设函数 $f(x)$ 具有二阶导数，且 $f'(0)=0$，$\lim\limits_{x\to 0}\dfrac{f''(x)}{x}=1$，则（　　）.

A. $f(0)$ 是 $f(x)$ 的极大值

B. $f(0)$ 是 $f(x)$ 的极小值

C. $(0,f(0))$ 是 $f(x)$ 的拐点

D. $f(0)$ 不是 $f(x)$ 的极值，$(0,f(0))$ 也不是 $f(x)$ 的拐点

（4）曲线 $y=(1+\mathrm{e}^{-x^2})/(1-\mathrm{e}^{-x^2})$，则（　　）.

A. 没有渐近线　　B. 只有水平渐近线

C. 只有铅直渐近线　　D. 既有水平渐近线也有铅直渐近线

3. 求下列各式的极限：

（1）$\lim\limits_{x\to 0}\left(\dfrac{\mathrm{e}^x+\mathrm{e}^{2x}+\cdots+\mathrm{e}^{nx}}{n}\right)^{\frac{1}{x}}$，其中 n 为给定的自然数；

（2）$\lim\limits_{x\to 0}(1+x\mathrm{e}^x)^{\frac{1}{x}}$；

（3）$\lim\limits_{n\to\infty}\tan^n\left(\dfrac{\pi}{4}+\dfrac{1}{n}\right)$.

4. 证明当 $x>1$ 时，$(x^2-1)\ln x \geqslant (x-1)^2$.

5. 证明当 $0\leqslant x\leqslant 1, p>1$ 时，$2^{1-p}\leqslant x^p+(1-x)^p\leqslant 1$.

6. 讨论方程 $|x|^{\frac{1}{4}}+|x|^{\frac{1}{2}}-\cos x=0$ 在区间 $(-\infty,+\infty)$ 内根的个数.

7. 设 $y=\dfrac{x^3}{(x-1)^2}$，求

（1）函数的增减区间和极值；（2）函数的渐近线；

（3）函数的凹凸性及拐点；（4）作出函数图形.

8. 设函数 $y=f(x)$ 在闭区间 $[a,b]$ 上连续，在开区间 (a,b) 内可导且 $f(a)=f(b)=\lambda$，那么至少有一点 $\xi\in(a,b)$，使得 $f'(\xi)+f(\xi)=\lambda$.

9. 证明不等式：$\left(1+\frac{1}{x}\right)^{x+1}>\mathrm{e},\ x>0$.

数学家介绍及导数的应用

第4章 不定积分

不定积分是作为解决求导数（或微分）的逆运算引进的. 在导数中, 对于给定的函数$F(x)$, 求其导数$F'(x)$或微分$\mathrm{d}F(x)$. 而在实际问题中, 往往要解决与此相反的问题, 即对于给定的函数$f(x)$, 要找到一个函数$F(x)$, 使$F'(x)=f(x)$, 或$\mathrm{d}F(x)=f(x)\mathrm{d}x$, 这是积分学的基本问题之一.

4.1 不定积分的概念与性质

4.1.1 原函数与不定积分的概念

在微分学中, 导数是作为函数的变化率引进的. 例如, 已知某商品的成本函数为$C=C(x)$, 求边际成本函数$C'(x)$. 它的相反问题是已知该商品的边际成本函数为$C'(x)$, 求它的成本函数$C(x)$. 也就是说, 已知一个函数的导数, 要求这个原来的函数, 这就引出了原函数与不定积分的概念.

定义 4.1 如果在区间I上, 可导函数$F(x)$的导函数为$f(x)$, 即对任一$x\in I$, 都有

$$F'(x)=f(x) \text{ 或 } \mathrm{d}F(x)=f(x)\mathrm{d}x,$$

那么函数$F(x)$就称为$f(x)$在区间I上的原函数.

例如：因为$(\sin x)'=\cos x$, $(\sin x+C)'=\cos x$（其中C是任意常数）, 所以$\sin x$与$\sin x+C$都是$\cos x$的原函数.

因为$[\ln(x+\sqrt{1+x^2})+C]'=\dfrac{1}{\sqrt{1+x^2}}$（其中$C$是任意常数）, 所以$\ln(x+\sqrt{1+x^2})+C$是$\dfrac{1}{\sqrt{1+x^2}}$的原函数.

关于原函数有如下两个结论：

结论 4.1（原函数存在定理） 如果函数$f(x)$在区间I上连续, 则$f(x)$在区间I上一定有原函数, 即存在区间I上的可导函数$F(x)$, 使得对任一$x\in I$, 有$F'(x)=f(x)$.

结论 4.2 如果$f(x)$在区间I上有一个原函数$F(x)$, 则

（1）$F(x)+C$（其中C为任意常数）都是$f(x)$的原函数，即$f(x)$有无穷多个原函数；

（2）如果$F(x)$与$G(x)$都是$f(x)$在区间I上的任意两个原函数，则$F(x)$与$G(x)$之差为常数，即

$$F(x)-G(x)=C \quad (C\text{为常数});$$

（3）如果$F(x)$是$f(x)$在区间I上的一个原函数，则$F(x)+C$（C为任意常数）可表达$f(x)$的任意一个原函数.

由以上两个结论我们可以引进如下定义：

定义 4.2　在区间I上，$f(x)$的带有任意常数项的原函数称为$f(x)$在区间I上的不定积分，记为

$$\int f(x)\mathrm{d}x,$$

其中记号$\int$称为积分号，$f(x)$称为被积函数，$f(x)\mathrm{d}x$称为被积表达式，x称为积分变量.

由定义 4.2 及前面的两个结论可知，如果$F(x)$为$f(x)$在区间I上的一个原函数，则$F(x)+C$就是$f(x)$的不定积分，即

$$\int f(x)\mathrm{d}x=F(x)+C \quad (C\text{为任意常数}),$$

所以，不定积分$\int f(x)\mathrm{d}x$可以表示$f(x)$的任意一个原函数.

例 4.1　求$\int(2x+1)\mathrm{d}x$.

解　因为$(x^2+x)'=2x+1$，所以x^2+x是$2x+1$的一个原函数. 因此

$$\int(2x+1)\mathrm{d}x=x^2+x+C.$$

例 4.2　求$\int\frac{1}{x}\mathrm{d}x$.

解　当$x>0$时，由于$(\ln x)'=\frac{1}{x}$；所以$\ln x$是$\frac{1}{x}$在$(0,+\infty)$内的一个原函数. 因此，在$(0,+\infty)$内，

$$\int\frac{1}{x}\mathrm{d}x=\ln x+C.$$

当$x<0$时，由于$[\ln(-x)]'=\frac{1}{-x}(-x)'=\frac{1}{x}$，所以$\ln(-x)$是$\frac{1}{x}$在$(-\infty,0)$内的一个原函数. 因此，在$(-\infty,0)$内，

$$\int \frac{1}{x}\mathrm{d}x = \ln(-x) + C .$$

把 $x>0$ 和 $x<0$ 的结果合起来, 可写作

$$\int \frac{1}{x}\mathrm{d}x = \ln|x| + C \quad (x \neq 0) .$$

例 4.3 已知某产品的固定成本为10000元, 如果以 x 表示产量, 边际成本可表示为 $C'(x)=6x+5$, 求总成本函数 $C(x)$.

解 由于边际成本为总成本函数的导数, 即

$$\frac{\mathrm{d}C(x)}{\mathrm{d}x} = C'(x) = 6x+5 ,$$

所以

$$C(x) = \int (6x+5)\mathrm{d}x = 3x^2 + 5x + C .$$

又因为固定成本为10000元, 即 $C(0)=10000$, 得 $C=10000$, 因此所求总成本函数为

$$C(x) = 3x^2 + 5x + 10000 .$$

例 4.4 求过点 $(1, 1)$ 且其上任一点处的切线斜率为 $2x$ 的曲线方程.

解 设曲线方程为 $y=f(x)$, 其上任一点 (x, y) 处切线的斜率为 $\frac{\mathrm{d}y}{\mathrm{d}x}=2x$,

从而

$$y = \int 2x\,\mathrm{d}x = x^2 + C ,$$

由 $y(1)=1$, 得 $C=0$, 于是所求曲线方程为

$$y = x^2 .$$

不定积分的几何意义: 函数 $f(x)$ 的原函数的图形称为 $f(x)$ 的积分曲线, 因此不定积分 $\int f(x)\mathrm{d}x$ 的图形是一簇积分曲线. 因为 $[F(x)+C]' = f(x)$, 所以 $f(x)$ 为积分曲线族的切线斜率, 即各积分曲线上具有相同横坐标的点处的切线相互平行. 积分曲线簇可由一条积分曲线沿 y 轴上下平移而得到 (图 4-1).

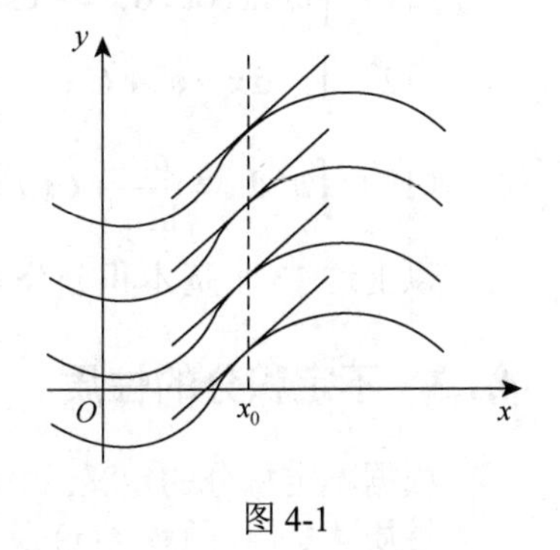

图 4-1

由原函数与不定积分的定义可得

(1) $\frac{\mathrm{d}}{\mathrm{d}x}\left[\int f(x)\mathrm{d}x\right] = f(x)$ 或 $\mathrm{d}\left[\int f(x)\mathrm{d}x\right] = f(x)\mathrm{d}x$;

(2) $\int F'(x)\mathrm{d}x = F(x) + C$ 或 $\int \mathrm{d}F(x) = F(x) + C$.

由此可见, 微分运算与不定积分运算互为逆运算, 对函数 $f(x)$ 先积分再微分, 作用互相抵消; 对函数 $F(x)$ 先微分再积分, 其结果只差一个常数.

4.1.2　基本积分表

因为不定积分运算是导数运算的逆运算，所以不难从基本导数公式或基本微分公式得到相应的基本积分公式. 下面我们将一些基本积分公式列成一个表，这个表通常称为基本积分表.

（1）$\int k\,\mathrm{d}x = kx + C$（$k$ 为常数）；

（2）$\int x^{\mu}\,\mathrm{d}x = \dfrac{x^{\mu+1}}{\mu+1} + C$（$\mu \neq -1$）；

（3）$\int \dfrac{\mathrm{d}x}{x} = \ln|x| + C$；

（4）$\int \dfrac{\mathrm{d}x}{1+x^2} = \arctan x + C$；

（5）$\int \dfrac{\mathrm{d}x}{\sqrt{1-x^2}} = \arcsin x + C$；

（6）$\int \cos x\,\mathrm{d}x = \sin x + C$；

（7）$\int \sin x\,\mathrm{d}x = -\cos x + C$；

（8）$\int \dfrac{\mathrm{d}x}{\cos^2 x} = \int \sec^2 x\,\mathrm{d}x = \tan x + C$；

（9）$\int \dfrac{\mathrm{d}x}{\sin^2 x} = \int \csc^2 x\,\mathrm{d}x = -\cot x + C$；

（10）$\int \sec x \tan x\,\mathrm{d}x = \sec x + C$；

（11）$\int \csc x \cot x\,\mathrm{d}x = -\csc x + C$；

（12）$\int \mathrm{e}^x\,\mathrm{d}x = \mathrm{e}^x + C$；

（13）$\int a^x\,\mathrm{d}x = \dfrac{a^x}{\ln a} + C(a>0, a\neq 1)$.

以上这 13 个基本积分公式是求不定积分的基础，必须熟记.

4.1.3　不定积分的性质

根据不定积分的定义，可以推出它有如下两个性质：

性质 4.1　设函数 $f(x)$ 及 $g(x)$ 的原函数都存在，则

$$\int [f(x) \pm g(x)]\mathrm{d}x = \int f(x)\mathrm{d}x \pm \int g(x)\mathrm{d}x .$$

证明　因为$\left(\int [f(x) \pm g(x)]\mathrm{d}x\right)' = f(x) \pm g(x)$,

$$\left[\int f(x)\mathrm{d}x \pm \int g(x)\mathrm{d}x\right]' = \left[\int f(x)\mathrm{d}x\right]' \pm \left[\int g(x)\mathrm{d}x\right]' = f(x) \pm g(x).$$

由原函数及不定积分的定义，性质 4.1 得证.

性质 4.1 可以推广到有限个函数的情形.

性质 4.2 设函数 $f(x)$ 的原函数存在，k 为非零常数，则

$$\int kf(x)\mathrm{d}x = k\int f(x)\mathrm{d}x.$$

性质 4.2 的证明与性质 4.1 的证明类似，从略.

利用基本积分表和不定积分性质，可以求一些简单函数的不定积分.

例 4.5 求 $\int \frac{(x-1)^2}{\sqrt{x}}\mathrm{d}x$.

解
$$\begin{aligned}\int \frac{(x-1)^2}{\sqrt{x}}\mathrm{d}x &= \int \frac{1}{\sqrt{x}}(x^2-2x+1)\mathrm{d}x \\ &= \int\left(x^{\frac{3}{2}} - 2x^{\frac{1}{2}} + x^{-\frac{1}{2}}\right)\mathrm{d}x \\ &= \frac{2}{5}x^{\frac{5}{2}} - \frac{4}{3}x^{\frac{3}{2}} + 2x^{\frac{1}{2}} + C.\end{aligned}$$

注 检验积分结果是否正确, 只要对结果求导, 看它的导数是否等于被积函数, 相等时结果是正确的, 否则结果是错误的. 如就例 4.5 的结果来看, 由于

$$\left(\frac{2}{5}x^{\frac{5}{2}} - \frac{4}{3}x^{\frac{3}{2}} + 2x^{\frac{1}{2}} + C\right)' = x^{\frac{3}{2}} - 2x^{\frac{1}{2}} + x^{-\frac{1}{2}} = \frac{(x-1)^2}{\sqrt{x}},$$

所以结果是正确的.

例 4.6 求 $\int \frac{x^4+1}{x^2+1}\mathrm{d}x$.

解
$$\begin{aligned}\int \frac{x^4+1}{x^2+1}\mathrm{d}x = \int \frac{x^4-1+2}{x^2+1}\mathrm{d}x &= \int\left(x^2-1+\frac{2}{1+x^2}\right)\mathrm{d}x \\ &= \int x^2\mathrm{d}x - \int \mathrm{d}x + 2\int\frac{1}{1+x^2}\mathrm{d}x \\ &= \frac{1}{3}x^3 - x + 2\arctan x + C.\end{aligned}$$

例 4.7 求 $\int(\mathrm{e}^x - 3\cos x + 2^x\mathrm{e}^x)\mathrm{d}x$.

解
$$\begin{aligned}\int(\mathrm{e}^x - 3\cos x + 2^x\mathrm{e}^x)\mathrm{d}x &= \int\mathrm{e}^x\mathrm{d}x - 3\int\cos x\mathrm{d}x + \int(2\mathrm{e})^x\mathrm{d}x \\ &= \mathrm{e}^x - 3\sin x + \frac{(2\mathrm{e})^x}{\ln(2\mathrm{e})} + C \\ &= \mathrm{e}^x - 3\sin x + \frac{(2\mathrm{e})^x}{1+\ln 2} + C.\end{aligned}$$

例 4.8 求$\int\frac{1+x+x^2}{x(1+x^2)}\mathrm{d}x$.

解 $\int\frac{1+x+x^2}{x(1+x^2)}\mathrm{d}x=\int\frac{(1+x^2)+x}{x(1+x^2)}\mathrm{d}x=\int\frac{1}{x}\mathrm{d}x+\int\frac{1}{1+x^2}\mathrm{d}x=\ln|x|+\arctan x+C.$

例 4.9 求$\int\tan^2 x\mathrm{d}x$.

解 基本积分表中没有这种类型的积分，先利用三角恒等式

$$\tan^2 x=\sec^2 x-1$$

化为表中所列类型的变形，然后再逐项积分：

$$\int\tan^2 x\mathrm{d}x=\int(\sec^2 x-1)\mathrm{d}x=\int\sec^2 x\mathrm{d}x-\int\mathrm{d}x=\tan x-x+C.$$

例 4.10 求$\int\cos^2\frac{x}{2}\mathrm{d}x.$

解 基本积分表中没有这种类型的积分，同上例一样，先利用三角恒等式变形，然后再逐项积分：

$$\int\cos^2\frac{x}{2}\mathrm{d}x=\int\frac{1+\cos x}{2}\mathrm{d}x=\int\frac{1}{2}\mathrm{d}x+\frac{1}{2}\int\cos x\mathrm{d}x=\frac{1}{2}(x+\sin x)+C.$$

从以上的例题我们可以看出，在求不定积分时，我们总是先将被积函数进行必要的化简或运算，然后再利用不定积分的性质和基本积分公式来求出不定积分.

习 题 4-1

1. 填空题

（1）设$\mathrm{d}f(x)=\frac{x}{\sqrt{1-x^2}}\mathrm{d}x$，则$f(x)=$________.

（2）设$\int xf(x)\mathrm{d}x=\arccos x+C$，求$f(x)=$________.

（3）在（$-\infty,+\infty$）内，$\sin x$ 的原函数是________，$\frac{1}{1+x^2}$的原函数是________.

2. $\frac{1}{2}\sin^2 x$，$-\frac{1}{4}\cos 2x,-\frac{1}{2}\cos^2 x$ 是否为同一函数的原函数？并说明理由.

3. 计算下列不定积分：

（1）$\int\frac{\mathrm{d}x}{x^2\sqrt{x}}$；（2）$\int\sqrt{x\sqrt{x\sqrt{x}}}\mathrm{d}x$；

（3）$\int\left(\sqrt[3]{x}-\frac{1}{\sqrt{x}}\right)\mathrm{d}x$；（4）$\int\left(\frac{x}{2}-\frac{1}{x}+\frac{3}{x^3}-\frac{4}{x^4}\right)\mathrm{d}x$；

(5) $\int(\sqrt{x}+1)\left(x-\frac{1}{\sqrt{x}}\right)\mathrm{d}x$；

(6) $\int\left(\frac{2}{1+x^2}-\frac{3}{\sqrt{1-x^2}}\right)\mathrm{d}x$；

(7) $\int 3^x \mathrm{e}^x\mathrm{d}x$；

(8) $\int\frac{2\cdot 3^x-5\cdot 2^x}{3^x}\mathrm{d}x$；

(9) $\int\frac{4\cos^3 x-1}{\cos^2 x}\mathrm{d}x$；

(10) $\int\left(\cos\frac{x}{2}-\sin\frac{x}{2}\right)^2\mathrm{d}x$；

(11) $\int\csc x(\csc x-\cot x)\mathrm{d}x$；

(12) $\int\left(\frac{2}{\sqrt{1-x^2}}-\frac{3}{1+x^2}+\frac{1}{2x}\right)\mathrm{d}x$；

(13) $\int\sec x(\cos x-\tan x)\mathrm{d}x$；

(14) $\int\sin^2\frac{x}{2}\mathrm{d}x$；

(15) $\int\frac{1}{1+\cos 2x}\mathrm{d}x$；

(16) $\int\frac{\cos 2x}{\cos x-\sin x}\mathrm{d}x$；

(17) $\int\frac{\cos 2x}{\cos^2 x\cdot\sin^2 x}\mathrm{d}x$；

(18) $\int\frac{1+\cos^2 x}{1+\cos 2x}\mathrm{d}x$；

(19) $\int\frac{1}{x^2(1+x^2)}\mathrm{d}x$；

(20) $\int\frac{\mathrm{e}^{2x}-1}{\mathrm{e}^x-1}\mathrm{d}x$；

(21) $\int\frac{3x^4+3x^2+1}{x^2+1}\mathrm{d}x$.

4. 某商品的边际成本 $C'(x)=\frac{1}{2000}+\frac{1}{\sqrt{x}}$，边际收入为 $R'(x)=100-0.01x$，且已知固定成本为 $C(0)=10$，求总成本函数及总收入函数.

4.2 换元积分法

利用基本积分公式与不定积分性质所能计算的不定积分非常有限，因此有必要进一步研究不定积分的求法. 本节介绍一种求不定积分的方法——换元积分法，简称换元法. 换元积分法是把复合函数的微分法反过来用于求不定积分. 这种方法是通过适当的中间变量代换得到复合函数的不定积分. 换元积分法通常分成第一类换元积分法和第二类换元积分法.

4.2.1 第一类换元积分法

设 $F(u)$ 为 $f(u)$ 的原函数，即

$$F'(u)=f(u) \text{ 或 } \int f(u)\mathrm{d}u=F(u)+C .$$

如果 u 是中间变量：$u=\varphi(x)$，且设 $\varphi(x)$ 可微，那么，根据复合函数微分法，有

$$\mathrm{d}F[\varphi(x)]=f[\varphi(x)]\varphi'(x)\mathrm{d}x ,$$

这样 $F[\varphi(x)]$ 为 $f[\varphi(x)]\varphi'(x)$ 的原函数，根据不定积分的定义，得

$$\int f[\varphi(x)]\varphi'(x)\,\mathrm{d}x = F[\varphi(x)] + C = [F(u)+C]_{u=\varphi(x)} = \left[\int f(u)\,\mathrm{d}u\right]_{u=\varphi(x)}.$$

于是有下面的定理.

定理 4.1 设 $f(u)$ 具有原函数，$u=\varphi(x)$ 可导，则有换元公式

$$\int f[\varphi(x)]\varphi'(x)\,\mathrm{d}x = \left[\int f(u)\,\mathrm{d}u\right]_{u=\varphi(x)}. \tag{4-1}$$

如何应用公式（4-1）来求不定积分？如要求 $\int g(x)\mathrm{d}x$，若被积表达式 $g(x)\mathrm{d}x$ 可以凑成 $f[\varphi(x)]\varphi'(x)\mathrm{d}x = f[\varphi(x)]\mathrm{d}\varphi(x)$ 的形式，即有

$$g(x)\,\mathrm{d}x = f[\varphi(x)]\varphi'(x)\,\mathrm{d}x = f[\varphi(x)]\,\mathrm{d}\varphi(x),$$

令 $u=\varphi(x)$，那么

$$\int g(x)\mathrm{d}x = \int f[\varphi(x)]\varphi'(x)\,\mathrm{d}x = \int f[\varphi(x)]\,\mathrm{d}\varphi(x) = \left[\int f(u)\,\mathrm{d}u\right]_{u=\varphi(x)}.$$

如果能求出 $f(u)$ 的原函数 $F(u)$，再将 $u=\varphi(x)$ 代回去，就得到 $g(x)$ 的不定积分 $F[\varphi(x)]+C$. 因此第一类换元积分法又称为凑微分法.

例 4.11 求 $\int \sin(2x+3)\,\mathrm{d}x$.

解 被积函数 $\sin(2x+3)=\sin u$，$u=2x+3$，这里缺少 $\frac{\mathrm{d}u}{\mathrm{d}x}=2$ 这样一个因子，但由于 $\frac{\mathrm{d}u}{\mathrm{d}x}$ 是个常数，故可改变系数凑出这个因子：

$$\sin(2x+3) = \frac{1}{2}\cdot\sin(2x+3)\cdot 2 = \frac{1}{2}\cdot\sin(2x+3)\cdot(2x+3)'$$

从而令 $u=2x+3$，便有

$$\begin{aligned}\int \sin(2x+3)\,\mathrm{d}x &= \int \frac{1}{2}\cdot\sin(2x+3)\cdot(2x+3)'\,\mathrm{d}x\\ &= \int \frac{1}{2}\cdot\sin u\,\mathrm{d}u = -\frac{1}{2}\cos u + C\\ &= -\frac{1}{2}\cos(2x+3)+C.\end{aligned}$$

例 4.12 求 $\int \frac{1}{4-3x}\,\mathrm{d}x$.

解 被积函数 $\frac{1}{4-3x}=\frac{1}{u}$，$u=4-3x$，这里缺少 $\frac{\mathrm{d}u}{\mathrm{d}x}=-3$ 这样一个因子，但由于 $\frac{\mathrm{d}u}{\mathrm{d}x}$ 是个常数，故可改变系数凑出这个因子：

$$\frac{1}{4-3x} = \left(-\frac{1}{3}\right)\cdot\frac{1}{4-3x}\cdot(-3) = \left(-\frac{1}{3}\right)\cdot\frac{1}{4-3x}\cdot(4-3x)',$$

从而令 $u=4-3x$，便有

$$\int\frac{1}{4-3x}\mathrm{d}x=\int\left(-\frac{1}{3}\right)\cdot\frac{1}{4-3x}\cdot(4-3x)'\mathrm{d}x=\int\left(-\frac{1}{3}\right)\cdot\frac{1}{u}\mathrm{d}u$$
$$=-\frac{1}{3}\ln|u|+C=-\frac{1}{3}\ln|4-3x|+C.$$

例 4.13 求 $\int\frac{2x}{\sqrt{1-x^2}}\mathrm{d}x$.

解 设 $u=1-x^2$，则 $\mathrm{d}u=-2x\mathrm{d}x$，即 $-\frac{1}{2}\mathrm{d}u=x\mathrm{d}x$，因此

$$\int\frac{2x}{\sqrt{1-x^2}}\mathrm{d}x=-\int u^{-\frac{1}{2}}\mathrm{d}u=-2u^{\frac{1}{2}}+C=-2(1-x^2)^{\frac{1}{2}}+C.$$

例 4.14 求 $\int x^2\cdot\sqrt[7]{x^3+4}\,\mathrm{d}x$.

解 设 $u=x^3+4$，则 $\mathrm{d}u=3x^2\mathrm{d}x$，即 $x^2\mathrm{d}x=\frac{1}{3}\mathrm{d}u$，因此

$$\int x^2\cdot\sqrt[7]{x^3+4}\,\mathrm{d}x=\int u^{\frac{1}{7}}\cdot\frac{1}{3}\mathrm{d}u,$$
$$=\frac{1}{3}\int u^{\frac{1}{7}}\mathrm{d}u=\frac{1}{3}\cdot\frac{7}{8}\cdot u^{\frac{8}{7}}+C$$
$$=\frac{7}{24}(x^3+4)^{\frac{8}{7}}+C.$$

例 4.15 求 $\int\tan x\mathrm{d}x$.

解 设 $u=\cos x$，则

$$\int\tan x\mathrm{d}x=\int\frac{\sin x}{\cos x}\mathrm{d}x=-\int\frac{1}{\cos x}\cdot(\cos x)'\mathrm{d}x$$
$$=-\int\frac{1}{u}\mathrm{d}u=-\ln|u|+C$$
$$=-\ln|\cos x|+C.$$

例 4.16 求 $\int\frac{1}{x^2}\cos\frac{1}{x}\mathrm{d}x$.

解 设 $u=\frac{1}{x}$，则

$$\int\frac{1}{x^2}\cos\frac{1}{x}\mathrm{d}x=-\int\cos\frac{1}{x}\cdot\left(\frac{1}{x}\right)'\mathrm{d}x=-\int\cos u\,\mathrm{d}u=-\sin u+C=-\sin\frac{1}{x}+C.$$

例 4.17 求 $\int\frac{\mathrm{e}^{\sqrt{x}}}{\sqrt{x}}\mathrm{d}x$.

解 设 $u=\sqrt{x}$，则 $\mathrm{d}u=\frac{1}{2\sqrt{x}}\mathrm{d}x$，即 $\frac{1}{\sqrt{x}}\mathrm{d}x=2\mathrm{d}u$，因此

$$\int\frac{e^{\sqrt{x}}}{\sqrt{x}}dx=\int e^u\cdot 2du=2\int e^u du=2e^u+C=2e^{\sqrt{x}}+C.$$

换元法熟练后，可以不设中间变量u.

例 4.18　求$\int\frac{\sqrt{\arctan x}}{1+x^2}dx$.

解　$\int\frac{\sqrt{\arctan x}}{1+x^2}dx=\int(\arctan x)^{\frac{1}{2}}d(\arctan x)=\frac{2}{3}(\arctan x)^{\frac{3}{2}}+C.$

例 4.19　求$\int x^2e^{-2x^3+1}dx$.

解　$\int x^2e^{-2x^3+1}dx=-\frac{1}{6}\int e^{-2x^3+1}d(-2x^3+1)=-\frac{1}{6}e^{-2x^3+1}+C$.

例 4.20　求$\int\frac{dx}{e^x+e^{-x}}$.

解　$\int\frac{dx}{e^x+e^{-x}}=\int\frac{e^x}{e^{2x}+1}dx=\int\frac{d(e^x)}{e^{2x}+1}=\arctan e^x+C.$

例 4.21　求$\int\frac{1}{a^2+x^2}dx\ (a\neq 0)$.

解　$\int\frac{1}{a^2+x^2}dx=\frac{1}{a^2}\int\frac{1}{1+\left(\frac{x}{a}\right)^2}dx=\frac{1}{a}\int\frac{1}{1+\left(\frac{x}{a}\right)^2}d\left(\frac{x}{a}\right)=\frac{1}{a}\arctan\frac{x}{a}+C$.

类似可求得

$$\int\frac{dx}{\sqrt{a^2-x^2}}=\arcsin\frac{x}{a}+C\quad(a>0).$$

例 4.22　求$\int\frac{1}{x^2-a^2}dx\ (a\neq 0)$.

解　
$$\begin{aligned}\int\frac{1}{x^2-a^2}dx&=\frac{1}{2a}\int\left(\frac{1}{x-a}-\frac{1}{x+a}\right)dx\\&=\frac{1}{2a}\left[\int\frac{1}{x-a}d(x-a)-\int\frac{1}{x+a}d(x+a)\right]\\&=\frac{1}{2a}(\ln|x-a|-\ln|x+a|)+C=\frac{1}{2a}\ln\left|\frac{x-a}{x+a}\right|+C.\end{aligned}$$

例 4.23　求$\int\frac{1}{x(1+4\ln x)}dx$.

解　
$$\begin{aligned}\int\frac{1}{x(1+4\ln x)}dx&=\frac{1}{4}\int\frac{1}{1+4\ln x}d(1+4\ln x)\\&=\frac{1}{4}\ln|1+4\ln x|+C.\end{aligned}$$

下面再举一些积分的例子，它们的被积函数中含有三角函数，在求这种积分的过程中，往往要用到一些三角恒等式.

例 4.24 求$\int \sin^3 x\,dx$.

解 $$\int \sin^3 x\,dx = \int \sin^2 x\cdot \sin x\,dx = -\int \sin^2 x\,d(\cos x)$$
$$= -\int (1-\cos^2 x)\,d(\cos x) = -\cos x + \frac{1}{3}\cos^3 x + C.$$

例 4.25 求$\int \sin^3 x\cos^2 x\,dx$.

解 $$\int \sin^3 x\cos^2 x\,dx = \int \sin^2 x\cos^2 x\sin x\,dx$$
$$= -\int (1-\cos^2 x)\cos^2 x\,d(\cos x)$$
$$= -\int (\cos^2 x - \cos^4 x)\,d(\cos x) = \frac{1}{5}\cos^5 x - \frac{1}{3}\cos^3 x + C.$$

一般地，对于$\sin^k x\cos^{2l+1} x$ 或$\sin^{2k+1} x\cos^l x$ $(k、l\in \mathbf{N}^+)$型函数的积分，总可以利用变换$u=\sin x$或$u=\cos x$求得积分结果.

例 4.26 求$\int \cos^2 x\,dx$.

解 $$\int \cos^2 x\,dx = \int \frac{1+\cos 2x}{2}\,dx = \frac{1}{2}\left(\int dx + \int \cos 2x\,dx\right)$$
$$= \frac{x}{2} + \frac{1}{4}\int \cos 2x\,d(2x) = \frac{x}{2} + \frac{1}{4}\sin 2x + C.$$

例 4.27 求$\int \cos^2 x\sin^4 x\,dx$.

解 $$\int \cos^2 x\sin^4 x\,dx = \frac{1}{8}\int (1+\cos 2x)(1-\cos 2x)^2\,dx$$
$$= \frac{1}{8}\int (1-\cos 2x-\cos^2 2x+\cos^3 2x)\,dx$$
$$= \frac{1}{8}\int (\cos^3 2x-\cos 2x)\,dx + \frac{1}{8}\int (1-\cos^2 2x)\,dx$$
$$= \frac{1}{8}\int \cos^3 2x\,dx - \frac{1}{16}\int \cos 2x\,d(2x) + \frac{1}{8}\int \frac{1}{2}(1-\cos 4x)\,dx$$
$$= \frac{1}{8}\int \cos^2 2x\cos 2x\,dx - \frac{1}{16}\int \cos 2x\,d(2x) + \frac{1}{8}\int \frac{1}{2}(1-\cos 4x)\,dx$$
$$= \frac{1}{16}\int (1-\sin^2 2x)\,d(\sin 2x) - \frac{1}{16}\int \cos 2x\,d(2x)$$
$$+ \frac{1}{8}\int \frac{1}{2}(1-\cos 4x)\,dx$$
$$= -\frac{1}{48}\sin^3 2x + \frac{x}{16} - \frac{1}{64}\sin 4x + C.$$

一般地，对于 $\sin^{2k}x\cos^{2l}x$ （k 、$l\in\mathbf{N}^{+}$）型函数，总可以利用三角恒等式：$\sin^2 x=\dfrac{1}{2}(1-\cos 2x)$，$\cos^2 x=\dfrac{1}{2}(1+\cos 2x)$ 化成 $\cos 2x$ 的多项式，然后采用例 4.26 中所用的方法求得积分的结果.

例 4.28 求 $\int\tan^5 x\sec^3 x\,\mathrm{d}x$.

解
$$\begin{aligned}\int\tan^5 x\sec^3 x\,\mathrm{d}x&=\int\tan^4 x\sec^2 x\,\mathrm{d}(\sec x)\\&=\int(\sec^2 x-1)^2\sec^2 x\,\mathrm{d}(\sec x)\\&=\int(\sec^6 x-2\sec^4 x+\sec^2 x)\,\mathrm{d}(\sec x)\\&=\frac{1}{7}\sec^7 x-\frac{2}{5}\sec^5 x+\frac{1}{3}\sec^3 x+C.\end{aligned}$$

例 4.29 求 $\int\tan^4 x\,\mathrm{d}x$.

解
$$\begin{aligned}\int\tan^4 x\,\mathrm{d}x&=\int\tan^2 x(\sec^2 x-1)\,\mathrm{d}x=\int\tan^2 x\sec^2 x\,\mathrm{d}x-\int\tan^2 x\,\mathrm{d}x\\&=\int\tan^2 x\sec^2 x\,\mathrm{d}x-\int(\sec^2 x-1)\,\mathrm{d}x\\&=\int\tan^2 x\,\mathrm{d}(\tan x)-\int\sec^2 x\,\mathrm{d}x+\int\mathrm{d}x\\&=\frac{1}{3}\tan^3 x-\tan x+x+C.\end{aligned}$$

一般地，对于 $\tan^k x\sec^{2l}x$ 或 $\tan^k x\sec^{2l-1}x$ （k 、$l\in\mathbf{N}^{+}$）型函数，可作变换 $u=\tan x$ 或 $u=\sec x$，求得结果.

例 4.30 求 $\int\csc x\,\mathrm{d}x$.

解
$$\begin{aligned}\int\csc x\,\mathrm{d}x&=\int\frac{1}{\sin x}\mathrm{d}x=\int\frac{\sin x}{\sin^2 x}\mathrm{d}x=-\int\frac{\mathrm{d}(\cos x)}{1-\cos^2 x}\\&=-\frac{1}{2}\ln\frac{1+\cos x}{1-\cos x}+C=-\frac{1}{2}\ln\frac{(1+\cos x)^2}{\sin^2 x}+C\\&=-\ln|\csc x+\cot x|+C=\ln|\csc x-\cot x|+C.\end{aligned}$$

类似可得 $\int\sec x\,\mathrm{d}x=\ln|\sec x+\tan x|+C$.

例 4.31 求 $\int\sin 3x\cos 5x\,\mathrm{d}x$.

解
$$\begin{aligned}\int\sin 5x\cos 3x\,\mathrm{d}x&=\frac{1}{2}\int(\sin 8x+\sin 2x)\,\mathrm{d}x\\&=\frac{1}{2}\left[\frac{1}{8}\int\sin 8x\,\mathrm{d}(8x)+\frac{1}{2}\int\sin 2x\,\mathrm{d}(2x)\right]\\&=-\frac{1}{16}\cos 8x-\frac{1}{4}\cos 2x+C.\end{aligned}$$

通过以上例题，可以看到公式（4-1）在求不定积分中所起的作用. 像复合函数的求导法则在微分学中一样，公式（4-1）在积分学中也经常使用. 但利用公式（4-1）来求不定积分，一般要比利用复合函数求导法则求函数的导数来得困难. 因为其中需要一定的技巧，需要针对被积函数的不同形式，适当选择变量代换 $u=\varphi(x)$，这一步通常要根据实际问题灵活选择，没有一般途径可循. 因此要掌握第一类换元积分法，必须要对微分学的基本求导公式、复合函数的求导法则和一些典型例题非常熟悉，并做较多的练习才行.

运用第一类换元积分法求不定积分，在适当选择变量代换时，有时由于选择不同的变换，对同一个不定积分算出的结果在形式上可能会有所不同，但只要将结果求导能得出被积函数，运算就是正确的. 这是求不定积分的一种自我检验方法.

4.2.2 第二类换元积分法

第一类换元积分法是通过变量代换 $u=\varphi(x)$，将积分 $\int f[\varphi(x)]\varphi'(x)\mathrm{d}x$ 化为 $\int f(u)\mathrm{d}u$，而 $\int f(u)\mathrm{d}u$ 容易求出来. 在计算积分时，我们常常会遇到相反的情形，即适当选择变量代换 $x=\psi(t)$，将积分 $\int f(x)\mathrm{d}x$ 化为积分 $\int f[\psi(t)]\psi'(t)\mathrm{d}t$. 这是另一种形式变量代换，写成公式形式

$$\int f(x)\mathrm{d}x=\int f[\psi(t)]\psi'(t)\mathrm{d}t.$$

这个公式的成立需要满足两个条件. 首先，等式右边的不定积分要存在，即 $f[\psi(t)]\psi'(t)$ 有原函数；其次，$\int f[\psi(t)]\psi'(t)\mathrm{d}t$ 求出后必须用 $x=\psi(t)$ 的反函数 $t=\psi^{-1}(x)$ 代回去，为了保证这反函数存在且是可导的，我们假定直接函数 $x=\psi(t)$ 在 t 的某一个区间（这个区间和所考虑的 x 的积分区间相对应）上是单调的、可导的，并且 $\psi'(t)\neq 0$.

归纳上述，我们给出如下的定理.

定理 4.2 设 $x=\psi(t)$ 是单调的可导函数，且 $\psi'(t)\neq 0$，又设 $f[\psi(t)]\psi'(t)$ 具有原函数，则

$$\int f(x)\mathrm{d}x=\left\{\int f[\psi(t)]\psi'(t)\mathrm{d}t\right\}_{t=\psi^{-1}(x)},\tag{4-2}$$

其中 $t=\psi^{-1}(x)$ 为 $x=\psi(t)$ 的反函数.

公式（4-2）称为第二类换元积分公式.

证明 设 $f[\psi(t)]\psi'(t)$ 的原函数为 $\Phi(t)$，记 $\Phi[\psi^{-1}(x)]=F(x)$，利用复合函数及反函数的求导法则，得

$$F'(x)=\frac{\mathrm{d}\Phi}{\mathrm{d}t}\cdot\frac{\mathrm{d}t}{\mathrm{d}x}=f[\psi(t)]\psi'(t)\cdot\frac{1}{\psi'(t)}=f[\psi(t)]=f(x),$$

即 $F(x)$ 是 $f(x)$ 的原函数，所以有

$$\int f(x)\mathrm{d}x = F(x)+C = \Phi[\psi^{-1}(x)]+C = \left\{\int f[\psi(t)]\psi'(t)\mathrm{d}t\right\}_{t=\psi^{-1}(x)},$$

这就证明了公式（4-2）.

例 4.32 求$\int\sqrt{a^2-x^2}\mathrm{d}x\ (a>0)$.

解 求这个积分的困难在于根式$\sqrt{a^2-x^2}$，我们可以利用三角恒等式

$$\sin^2 t+\cos^2 t=1$$

消去根式.

设$x=a\sin t$，$-\dfrac{\pi}{2}<t<\dfrac{\pi}{2}$，那么

$$\sqrt{a^2-x^2}=a\cos t,\ \mathrm{d}x=a\cos t\,\mathrm{d}t,$$

因此有

$$\begin{aligned}\int\sqrt{a^2-x^2}\,\mathrm{d}x&=\int a\cos t\cdot a\cos t\,\mathrm{d}t=a^2\int\cos^2 t\,\mathrm{d}t\\&=a^2\int\frac{1+\cos 2t}{2}\mathrm{d}t=\frac{a^2}{2}t+\frac{a^2}{4}\sin 2t+C\\&=\frac{a^2}{2}t+\frac{a^2}{2}\sin t\cos t+C.\end{aligned}$$

由于$x=a\sin t$，$-\dfrac{\pi}{2}<t<\dfrac{\pi}{2}$，所以$t=\arcsin\dfrac{x}{a}$，为了把$\sin t$及$\cos t$换成$x$的函数，可以根据$\sin t=\dfrac{x}{a}$作辅助三角形（图 4-2），便得$\cos t=\dfrac{\sqrt{a^2-x^2}}{a}$，于是所求积分为

$$\int\sqrt{a^2-x^2}\,\mathrm{d}x=\frac{a^2}{2}\arcsin\frac{x}{a}+\frac{1}{2}x\sqrt{a^2-x^2}+C.$$

例 4.33 求$\int\dfrac{\mathrm{d}x}{\sqrt{x^2+a^2}}\ (a>0)$.

解 利用三角公式$1+\tan^2 t=\sec^2 t$消去根式.

设$x=a\tan t$，$-\dfrac{\pi}{2}<t<\dfrac{\pi}{2}$，则

$$\sqrt{a^2+x^2}=a\sec t,\ \mathrm{d}x=a\sec^2 t\,\mathrm{d}t,$$

因此有

$$\int\frac{\mathrm{d}x}{\sqrt{x^2+a^2}}=\int\frac{1}{a\sec t}a\sec^2 t\,\mathrm{d}t=\int\sec t\,\mathrm{d}t=\ln|\sec t+\tan t|+C_1.$$

为了把$\sec t$及$\tan t$换成x的函数，根据$\tan t=\dfrac{x}{a}$作辅助三角形（图 4-3），便有

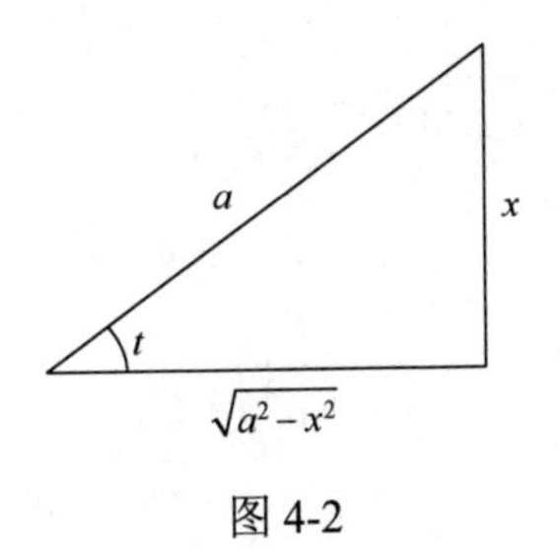

图 4-2

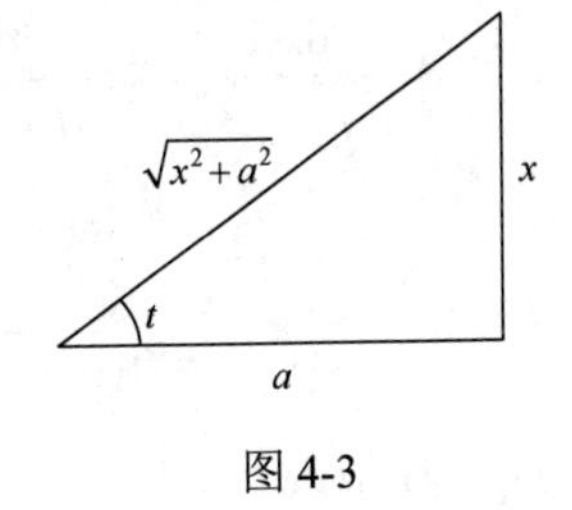

图 4-3

$$\sec t=\frac{\sqrt{x^2+a^2}}{a},$$

且 $\sec t+\tan t>0$，因此,

$$\int\frac{\mathrm{d}x}{\sqrt{x^2+a^2}}=\ln\left(\frac{x}{a}+\frac{\sqrt{x^2+a^2}}{a}\right)+C_1=\ln(x+\sqrt{x^2+a^2})+C,$$

其中 $C=C_1-\ln a$.

例 4.34 求 $\int\frac{\mathrm{d}x}{\sqrt{x^2-a^2}}\ (a>0)$.

解 类似上面两例，利用公式 $\sec^2 t-1=\tan^2 t$ 消去根式.

注意被积函数的定义域为 $x>a$ 和 $x<-a$ 两个区间，我们在两个区间分别求不定积分.

（1）当 $x>a$ 时，设 $x=a\sec t\left(0<t<\frac{\pi}{2}\right)$，则 $\mathrm{d}x=a\sec t\tan t\mathrm{d}t$，于是有

$$\int\frac{\mathrm{d}x}{\sqrt{x^2-a^2}}=\int\frac{a\sec t\tan t\mathrm{d}t}{a\tan t}=\int\sec t\mathrm{d}t$$
$$=\ln(\sec t+\tan t)+C_1.$$

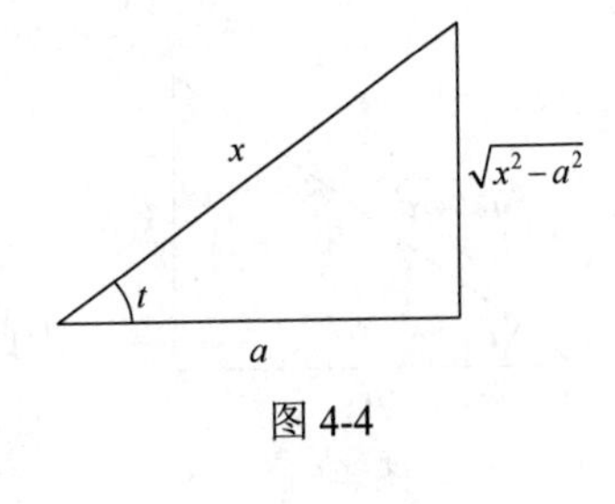

图 4-4

由 $\sec t=\frac{x}{a}$ 作辅助三角形（图 4-4），于是有

$$\tan t=\frac{\sqrt{x^2-a^2}}{a},$$

因此

$$\int\frac{\mathrm{d}x}{\sqrt{x^2-a^2}}=\ln\left(\frac{x}{a}+\frac{\sqrt{x^2-a^2}}{a}\right)+C_1=\ln(x+\sqrt{x^2-a^2})+C，其中 C=C_1-\ln a.$$

（2）当 $x<-a$ 时，令 $x=-u$，那么 $u>a$，根据以上当 $x>a$ 时的结果，有

$$\int\frac{\mathrm{d}x}{\sqrt{x^2-a^2}}=-\int\frac{\mathrm{d}u}{\sqrt{u^2-a^2}}=-\ln(u+\sqrt{u^2-a^2})+C_1$$

$$=-\ln(-x+\sqrt{x^2-a^2})+C_1$$

$$=\ln\frac{-x-\sqrt{x^2-a^2}}{a^2}+C_1=\ln(-x-\sqrt{x^2-a^2})+C,$$

其中 $C=C_1-2\ln a$.

把 $x>a$ 及 $x<-a$ 时的结果合起来，可写作

$$\int\frac{\mathrm{d}x}{\sqrt{x^2-a^2}}=\ln|x+\sqrt{x^2-a^2}|+C\ .$$

从上面的例子可知，如果被积函数含有根式 $\sqrt{a^2-x^2}$ 时，可作代换 $x=a\sin t$ 或 $x=a\cos t$ 消去根式；当被积函数含有根式 $\sqrt{x^2-a^2}$ 时，可作代换 $x=a\sec t$ 或 $x=a\csc t$ 消去根式；当被积函数含有根式 $\sqrt{a^2+x^2}$ 时，可作代换 $x=a\tan t$ 或 $x=a\cot t$ 消去根式. 但具体解题时要分析被积函数的具体情况，选取尽可能简洁的代换.

这种利用三角函数进行的代换，称为三角代换.

例 4.35　求 $\int\frac{\mathrm{d}x}{(x^2+a^2)^2}\ (a>0)$.

解　设 $x=a\tan t$ ，$-\frac{\pi}{2}<t<\frac{\pi}{2}$，则 $\mathrm{d}x=a\sec^2 t\,\mathrm{d}t$ ，于是

$$\int\frac{\mathrm{d}x}{(x^2+a^2)^2}=\int\frac{a\sec^2 t}{a^4(\tan^2 t+1)^2}\mathrm{d}t$$

$$=\frac{1}{a^3}\int\cos^2 t\,\mathrm{d}t=\frac{1}{a^3}\left(\frac{t}{2}+\frac{1}{4}\sin 2t\right)+C=\frac{1}{a^3}\left(\frac{t}{2}+\frac{1}{2}\sin t\cos t\right)+C$$

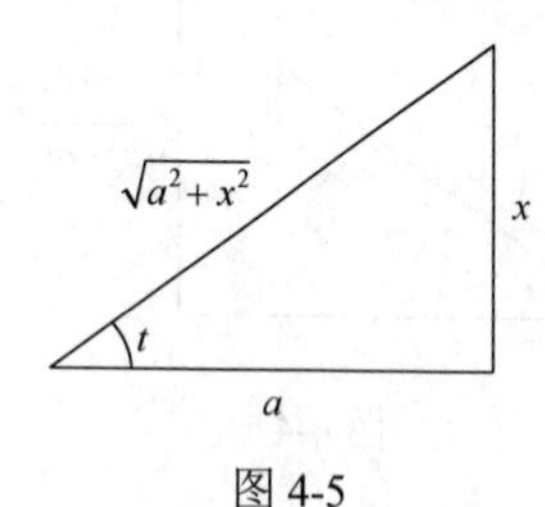

图 4-5

根据 $\tan t=\frac{x}{a}$ 作辅助三角形（图 4-5），于是有

$$\sin t=\frac{x}{\sqrt{x^2+a^2}}\ ,\ \cos t=\frac{a}{\sqrt{x^2+a^2}}\ ,$$

因此 $\int\frac{\mathrm{d}x}{(x^2+a^2)^2}=\frac{1}{2a^3}\arctan\frac{x}{a}+\frac{x}{2a^2(x^2+a^2)}+C$.

下面我们通过例子来介绍倒代换的积分方法，利用它可消去被积函数的分母中的变量因子.

例 4.36　求 $\int\frac{\mathrm{d}x}{x^2\sqrt{x^2+1}}$.

解　设 $x=\frac{1}{t}$，那么 $\mathrm{d}x=-\frac{1}{t^2}\mathrm{d}t$.

于是当 $x>0$ 时，有

$$\int \frac{\mathrm{d}x}{x^2\sqrt{x^2+1}} = \int \frac{-\frac{1}{t^2}}{\frac{1}{t^2}\sqrt{\left(\frac{1}{t}\right)^2+1}}\mathrm{d}t = -\int \frac{t\,\mathrm{d}t}{\sqrt{t^2+1}}$$

$$= -\int \frac{\mathrm{d}(t^2+1)}{2\sqrt{t^2+1}} = -\sqrt{t^2+1}+C = -\sqrt{\left(\frac{1}{x}\right)^2+1}+C = -\frac{\sqrt{x^2+1}}{x}+C.$$

当$x<0$时，有

$$\int \frac{\mathrm{d}x}{x^2\sqrt{x^2+1}} = -\frac{\sqrt{x^2+1}}{x}+C.$$

综合以上两种情况，有$\int \frac{\mathrm{d}x}{x^2\sqrt{x^2+1}} = -\frac{\sqrt{x^2+1}}{x}+C$.

下面我们再列出几个比较重要的积分公式，可以补充到基本积分公式中，以便于在今后的积分中使用.

（14）$\int \tan x\,\mathrm{d}x = -\ln|\cos x|+C$；

（15）$\int \cot x\,\mathrm{d}x = \ln|\sin x|+C$；

（16）$\int \sec x\,\mathrm{d}x = \ln|\sec x+\tan x|+C$；

（17）$\int \csc x\,\mathrm{d}x = \ln|\csc x-\cot x|+C$；

（18）$\int \frac{\mathrm{d}x}{x^2+a^2} = \frac{1}{a}\arctan\frac{x}{a}+C\ (a\neq 0)$；

（19）$\int \frac{\mathrm{d}x}{x^2-a^2} = \frac{1}{2a}\ln\left|\frac{x-a}{x+a}\right|+C$；

（20）$\int \frac{\mathrm{d}x}{\sqrt{a^2-x^2}} = \arcsin\frac{x}{a}+C\ (a>0)$；

（21）$\int \frac{\mathrm{d}x}{\sqrt{x^2\pm a^2}} = \ln|x+\sqrt{x^2\pm a^2}|+C\ (a>0)$.

例 4.37 求$\int \frac{\mathrm{d}x}{x^2+2x+6}$.

解 $\int \frac{\mathrm{d}x}{x^2+2x+6} = \int \frac{1}{x^2+2x+1+5}\mathrm{d}x = \int \frac{1}{(x+1)^2+(\sqrt{5})^2}\mathrm{d}(x+1)$

$$= \frac{1}{\sqrt{5}}\arctan\frac{x+1}{\sqrt{5}}+C.$$

例 4.38 求$\int \frac{\mathrm{d}x}{\sqrt{4x^2+1}}$.

解　$\int \frac{\mathrm{d}x}{\sqrt{4x^2+1}} = \int \frac{\mathrm{d}x}{\sqrt{(2x)^2+1^2}} = \frac{1}{2}\int \frac{\mathrm{d}(2x)}{\sqrt{(2x)^2+1^2}}$.

利用公式（21）得

$$\int \frac{\mathrm{d}x}{\sqrt{4x^2+1}} = \frac{1}{2}\ln(2x+\sqrt{4x^2+1})+C.$$

习　题　4-2

1. 填空题

（1）$\frac{1}{x^2}\mathrm{d}x = \mathrm{d}$ ________；

（2）$\frac{1}{x}\mathrm{d}x = \mathrm{d}$ ________；

（3）$\mathrm{e}^x\mathrm{d}x = \mathrm{d}$ ________；

（4）$\sec^2 x\,\mathrm{d}x = \mathrm{d}$ ________；

（5）$\sin x\,\mathrm{d}x = \mathrm{d}$ ________；

（6）$\cos x\,\mathrm{d}x = \mathrm{d}$ ________；

（7）$\frac{1}{\sqrt{1-x^2}}\mathrm{d}x = \mathrm{d}$ ________；

（8）$\frac{x}{\sqrt{1-x^2}}\mathrm{d}x = \mathrm{d}$ ________；

（9）$\tan x\sec x\,\mathrm{d}x = \mathrm{d}$ ________；

（10）$\frac{1}{x^2+1}\mathrm{d}x = \mathrm{d}$ ________；

（11）$\frac{1}{(x+1)\sqrt{x}}\mathrm{d}x = \mathrm{d}$ ________；

（12）$\frac{1}{\sqrt{x(1-x)}}\mathrm{d}x = \mathrm{d}$ ________.

2. 求下列不定积分：

（1）$\int \mathrm{e}^{-5x}\mathrm{d}x$；

（2）$\int \frac{1}{(2x-3)^2}\mathrm{d}x$；

（3）$\int \frac{1}{3-2x}\mathrm{d}x$；

（4）$\int \frac{1}{x\ln x}\mathrm{d}x$；

（5）$\int \frac{1}{\sqrt[3]{5-3x}}\mathrm{d}x$；

（6）$\int (\sin ax - \mathrm{e}^{\frac{x}{b}})\mathrm{d}x\ (b\neq 0)$；

（7）$\int \mathrm{e}^{-\frac{3}{4}x+1}\mathrm{d}x$；

（8）$\int \frac{1}{9+4x^2}\mathrm{d}x$；

（9）$\int x\sqrt{1+x^2}\mathrm{d}x$；

（10）$\int \frac{x\mathrm{d}x}{\sqrt{2-3x^2}}$；

（11）$\int x\mathrm{e}^{2x^2+1}\mathrm{d}x$；

（12）$\int x\sin(x^2+1)\mathrm{d}x$；

（13）$\int \frac{3x^3}{1-x^4}\mathrm{d}x$

（14）$\int \frac{\mathrm{e}^x\mathrm{d}x}{1-\mathrm{e}^x}$；

（15）$\int \frac{\mathrm{d}x}{1-\mathrm{e}^x}$；

（16）$\int \cos x\mathrm{e}^{\sin x}\mathrm{d}x$；

（17）$\int \frac{\cos x}{\sin^3 x}dx$；　　（18）$\int \frac{\cos\sqrt{x}}{\sqrt{x}}dx$；

（19）$\int \frac{e^{-3\sqrt{x}}}{\sqrt{x}}dx$；　　（20）$\int \frac{10^{\arccos x}}{\sqrt{1-x^2}}dx$；

（21）$\int \frac{dx}{\arcsin x\sqrt{1-x^2}}$；　　（22）$\int \tan\sqrt{x^2+1}\frac{x}{\sqrt{x^2+1}}dx$；

（23）$\int \frac{\cos x-\sin x}{\sqrt{(\sin x+\cos x)^3}}dx$；　　（24）$\int \frac{1+\ln x}{(x\ln x)^2}dx$；

（25）$\int \frac{1}{x\ln x\ln\ln x}dx$；　　（26）$\int \frac{\arctan\sqrt{x}}{\sqrt{x}(1+x)}dx$；

（27）$\int \frac{dx}{2x^2-1}$；　　（28）$\int \cos^3 x dx$；

（29）$\int \cos^2(\omega t+\varphi)dt$；　　（30）$\int \sin 2x\cos 3x dx$；

（31）$\int \sin 5x\sin 7x dx$；　　（32）$\int \tan^3 x\sec x dx$；

（33）$\int \sec^3 x\tan x dx$；　　（34）$\int \frac{x}{x-\sqrt{x^2-1}}dx$；

（35）$\int \frac{\sqrt{x^2-9}}{x}dx$；　　（36）$\int \frac{dx}{1+\sqrt{1-x^2}}$；

（37）$\int \frac{dx}{x^2\sqrt{a^2-x^2}}(a>0)$；　　（38）$\int (2x+1)\sin 2x dx$；

（39）$\int \frac{1}{x^2\sqrt{1-x^2}}dx$；　　（40）$\int \frac{x^2+1}{x\sqrt{x^4+1}}dx$；

（41）$\int \frac{dx}{4x^2+4x+5}$；　　（42）$\int \frac{x+1}{x^2+2x+17}dx$；

（43）$\int \frac{dx}{x^2-3x-4}$；　　（44）$\int \frac{x^2-5x+9}{x^2-5x+6}dx$；

（45）$\int \frac{dx}{x(x^6+4)}$；　　（46）$\int \frac{\sin^2 x}{1+\sin^2 x}dx$.

4.3　分部积分法

上节我们将复合函数的求导法则反过来用于求不定积分，得到了换元积分法. 但是，有些不定积分如$\int xe^x dx$，$\int x\ln x dx$，$\int x\sin x dx$，$\int x\arctan x dx$等，虽然被积函数很简单，但用直接积分法和换元积分法都无法求得. 这类积分的被积函数所具有的共同点，都是两种不同类型函数的乘积，这就启发我们用两个函数乘积的微分法则反过来用于这种类型的不定积分，这种方法称为分部积分法.

设函数 $u=u(x)$ 及 $v=v(x)$ 具有连续导数，则有

$$(uv)'=u'v+uv',$$

移项，得

$$uv'=(uv)'-u'v,$$

两端求不定积分，得

$$\int uv'\mathrm{d}x=uv-\int u'v\mathrm{d}x, \tag{4-3}$$

公式（4-3）称为分部积分公式.

此公式表明，如果 $\int uv'\mathrm{d}x$ 不易求出，而 $\int u'v\mathrm{d}x$ 比较容易求出时，则利用分部积分公式就起到化难为易的作用.

为方便起见，也可把公式（4-3）写成下面的形式：

$$\int u\mathrm{d}v=uv-\int v\mathrm{d}u. \tag{4-4}$$

例 4.39　求 $\int x\sin x\mathrm{d}x$.

解　运用分部积分法将 $x\sin x\mathrm{d}x$ 看作 $u\mathrm{d}v$，如何选择 u 与 $\mathrm{d}v$ 呢？

如果设 $u=x$，$\mathrm{d}v=\sin x\mathrm{d}x$，则 $\mathrm{d}u=\mathrm{d}x$，$v=-\cos x$，代入公式（4-4）得

$$\int x\sin x\mathrm{d}x=\int x\mathrm{d}(-\cos x)=-x\cos x+\int\cos x\mathrm{d}x=-x\cos x+\sin x+C.$$

值得注意的是，在例 4.39 中，如果设 $u=\sin x$，$\mathrm{d}v=x\mathrm{d}x$，则 $\mathrm{d}u=\cos x\mathrm{d}x$，$v=\dfrac{x^2}{2}$，

代入公式（4-4）得

$$\int x\sin x\mathrm{d}x=\int\sin x\mathrm{d}\left(\frac{x^2}{2}\right)=\frac{x^2}{2}\sin x+\int\frac{x^2}{2}\cos x\mathrm{d}x.$$

上式右端的积分比原积分更难求出. 由此可见，应用分部积分法时，恰当选取 u 和 $\mathrm{d}v$ 是一个关键问题，选择 u 和 $\mathrm{d}v$ 要遵循以下两个原则：

（1）v 要容易求得；

（2）$\int v\mathrm{d}u$ 要比 $\int u\mathrm{d}v$ 容易积出.

在解题比较熟练后，就不必特别写出假设的 u 与 $\mathrm{d}v$. 可以直接凑成公式（4-4）左端形式即 $\int u\mathrm{d}v$，用公式（4-4）求出不定积分.

例 4.40　求 $\int x\mathrm{e}^{-x}\mathrm{d}x$.

解　$$\begin{aligned}\int x\mathrm{e}^{-x}\mathrm{d}x&=-\int x\mathrm{d}(\mathrm{e}^{-x})=-x\mathrm{e}^{-x}+\int\mathrm{e}^{-x}\mathrm{d}x\\&=-x\mathrm{e}^{-x}-\mathrm{e}^{-x}+C=-(x+1)\mathrm{e}^{-x}+C.\end{aligned}$$

例 4.41 求$\int x^2 e^x \mathrm{d}x$.

解
$$\begin{aligned}\int x^2 e^x \mathrm{d}x &= \int x^2 \mathrm{d}e^x = x^2 e^x - \int e^x \mathrm{d}(x^2) \\ &= x^2 e^x - 2\int x e^x \mathrm{d}x = x^2 e^x - 2\int x \mathrm{d}(e^x) \\ &= x^2 e^x - 2(x e^x - \int e^x \mathrm{d}x) = x^2 e^x - 2x e^x + 2e^x + C.\end{aligned}$$

由例 4.39～例 4.41 可以看出，当被积函数是幂函数与正弦（余弦）函数乘积或是幂函数与指数函数乘积，可以考虑分部积分法，并设幂函数为u，其余部分取为$\mathrm{d}v$. 这样用一次分部积分公式就可以使幂函数的幂降低一次. 即对于形如$\int x^n e^x \mathrm{d}x$，$\int x^n \sin x \mathrm{d}x$，$\int x^n \cos x \mathrm{d}x$（其中$n$为正整数）的不定积分，选$u = x^n$.

例 4.42 求$\int x^2 \ln x \mathrm{d}x$.

解 如果设$u = x^2$，$\mathrm{d}v = \ln x \mathrm{d}x$，从中求不出函数$v$，不符合选择$u$和$\mathrm{d}v$原则. 所以只能选择$\ln x$为$u$，$x^2 \mathrm{d}x$为$\mathrm{d}v$.

于是有

$$\begin{aligned}\int x^2 \ln x \mathrm{d}x &= \frac{1}{3}\int \ln x \mathrm{d}(x^3) = \frac{1}{3}x^3 \ln x - \frac{1}{3}\int x^3 \mathrm{d}\ln x = \frac{1}{3}x^3 \ln x - \frac{1}{3}\int x^2 \mathrm{d}x \\ &= \frac{1}{3}\left(x^3 \ln x - \frac{1}{3}x^3\right) + C = \frac{1}{3}x^3 \ln x - \frac{1}{9}x^3 + C.\end{aligned}$$

例 4.43 求$\int \arcsin x \mathrm{d}x$.

解
$$\begin{aligned}\int \arcsin x \mathrm{d}x &= x \arcsin x - \int x \mathrm{d}(\arcsin x) \\ &= x \arcsin x - \int \frac{x}{\sqrt{1-x^2}} \mathrm{d}x \\ &= x \arcsin x + \frac{1}{2}\int \frac{1}{\sqrt{1-x^2}} \mathrm{d}(1-x^2) \\ &= x \arcsin x + \sqrt{1-x^2} + C.\end{aligned}$$

例 4.44 求$\int x \arctan x \mathrm{d}x$.

解
$$\begin{aligned}\int x \arctan x \mathrm{d}x &= \frac{1}{2}\int \arctan x \mathrm{d}(x^2) = \frac{1}{2}x^2 \arctan x - \frac{1}{2}\int x^2 \mathrm{d}(\arctan x) \\ &= \frac{1}{2}x^2 \arctan x - \frac{1}{2}\int \frac{x^2}{1+x^2} \mathrm{d}x \\ &= \frac{1}{2}\left[x^2 \arctan x - \int \left(1 - \frac{1}{1+x^2}\right) \mathrm{d}x\right] \\ &= \frac{1}{2}(x^2 \arctan x - x + \arctan x) + C.\end{aligned}$$

由例 4.42～例 4.44 可以看出，如果被积函数是幂函数与对数函数乘积或是幂函数与反三角函数乘积时，可以考虑用分部积分法，并设对数函数或反三角函数为u，其余部分取为$\mathrm{d}v$. 即对于形如$\int x^n \ln x\mathrm{d}x$，$\int x^n \arcsin x\mathrm{d}x$，$\int x^n \arctan x\mathrm{d}x$（其中$n$为正整数）的不定积分，选$x^n \mathrm{d}x=\mathrm{d}v$，其余部分取为$u$.

例 4.45 求$\int \mathrm{e}^x \cos x\mathrm{d}x$.

解
$$\begin{aligned}\int \mathrm{e}^x \cos x\mathrm{d}x&=\int \cos x\mathrm{d}(\mathrm{e}^x)\\&=\mathrm{e}^x\cos x-\int \mathrm{e}^x\mathrm{d}(\cos x)=\mathrm{e}^x\cos x+\int \mathrm{e}^x\sin x\mathrm{d}x\\&=\mathrm{e}^x\cos x+\int \sin x\mathrm{d}(\mathrm{e}^x)=\mathrm{e}^x\cos x+\mathrm{e}^x\sin x-\int \mathrm{e}^x\mathrm{d}(\sin x)\\&=\mathrm{e}^x\cos x+\mathrm{e}^x\sin x-\int \mathrm{e}^x\cos x\mathrm{d}x,\end{aligned}$$

因此得
$$2\int \mathrm{e}^x\cos x\mathrm{d}x=\mathrm{e}^x(\sin x+\cos x),$$

即
$$\int \mathrm{e}^x\cos x\mathrm{d}x=\frac{1}{2}\mathrm{e}^x(\sin x+\cos x)+C.$$

例 4.46 求$\int \sec^3 x\mathrm{d}x$.

解
$$\begin{aligned}\int \sec^3 x\mathrm{d}x&=\int \sec x\mathrm{d}(\tan x)\\&=\sec x\tan x-\int \tan x\mathrm{d}(\sec x)=\sec x\tan x-\int \tan^2 x\sec x\mathrm{d}x\\&=\sec x\tan x-\int (\sec^2 x-1)\sec x\mathrm{d}x\\&=\sec x\tan x-\int \sec^3 x\mathrm{d}x+\int \sec x\mathrm{d}x\\&=\sec x\tan x+\ln|\sec x+\tan x|-\int \sec^3 x\mathrm{d}x,\end{aligned}$$

故$\int \sec^3 x\mathrm{d}x=\frac{1}{2}(\sec x\tan x+\ln|\sec x+\tan x|)+C$.

上面两例是求不定积分常用的方法，它是利用两次分部积分后得到的含有与原来积分一样，则通过解代数方程，求出结果.

另外，在积分的过程中，往往兼用换元法和分部积分法，如例 4.43. 下面再举一个例子.

例 4.47 求$\int \cos\sqrt{x}\mathrm{d}x$.

解 令$\sqrt{x}=t$，则$x=t^2$，$\mathrm{d}x=2t\mathrm{d}t$，因此

$$\begin{aligned}\int\cos\sqrt{x}\,\mathrm{d}x&=2\int t\cos t\,\mathrm{d}t=2\int t\,\mathrm{d}(\sin t)\\&=2t\sin t-2\int\sin t\,\mathrm{d}t=2(t\sin t+\cos t)+C\\&=2(\sqrt{x}\sin\sqrt{x}+\cos\sqrt{x})+C.\end{aligned}$$

习　题　4-3

1. 选择下述题中给出的四个结论中一个正确的结论：

（1）$\int\ln(x+1)\mathrm{d}x=$（　　）.

A. $x[\ln(x+1)-1]+C$　　B. $x\ln(x+1)-x-\ln(x+1)+C$

C. $x\ln(x+1)-x+\ln(x+1)+C$　　D. $x\ln(x+1)-\ln(x+1)+C$

（2）$\int xf''(x)\mathrm{d}x=$（　　）.

A. $xf'(x)-\int f(x)\mathrm{d}x$　　B. $xf'(x)-f'(x)+C$

C. $xf'(x)-f(x)+C$　　D. $f(x)-xf'(x)+C$

2. 求下列不定积分：

（1）$\int x\cos x\mathrm{d}x$；　（2）$\int x\sin\frac{x}{2}\mathrm{d}x$；

（3）$\int\ln x\mathrm{d}x$；　（4）$\int x\ln x\mathrm{d}x$；

（5）$\int x\mathrm{e}^{2x}\mathrm{d}x$；　（6）$\int t\sin(\omega t+\varphi)\mathrm{d}t$；

（7）$\int x\sec^2 x\mathrm{d}x$；　（8）$\int\ln(x+\sqrt{x^2-1})\mathrm{d}x$；

（9）$\int x^2\sin x\mathrm{d}x$；　（10）$\int x\sin^2 x\mathrm{d}x$；

（11）$\int\mathrm{e}^{\sqrt[3]{x}}\mathrm{d}x$；　（12）$\int\arctan x\mathrm{d}x$；

（13）$\int\mathrm{e}^x\cos x\mathrm{d}x$；　（14）$\int\mathrm{e}^{-2x}\sin\frac{x}{2}\mathrm{d}x$；

（15）$\int x\ln(x-1)\mathrm{d}x$；　（16）$\int\ln^2 x\mathrm{d}x$；

（17）$\int\frac{\ln^2 x}{x^2}\mathrm{d}x$；　（18）$\int\frac{\ln\ln x}{x}\mathrm{d}x$；

（19）$\int(\arcsin x)^2\mathrm{d}x$；　（20）$\int x^2\arctan x\mathrm{d}x$；

（21）$\int x\sec x\tan x\mathrm{d}x$；　（22）$\int\cos\ln x\mathrm{d}x$；

（23）$\int\frac{\ln(1+x)}{\sqrt{x}}\mathrm{d}x$；　（24）$\int\frac{(1-x)\arcsin(1-x)}{\sqrt{2x-x^2}}\mathrm{d}x$.

3. 已知 $f(x)$ 的一个原函数是 $\ln(x+\sqrt{1+x^2})$，求 $\int xf'(x)\mathrm{d}x$.

4.4 若干特殊类型函数的积分

前面我们已经介绍了一些最基本的积分方法. 在此基础上, 本节将讨论某些特殊的不定积分, 这些不定积分无论怎样复杂, 原则上都可按照一定的步骤把它求出来.

4.4.1 有理函数的积分

有理函数是指由两个多项式的商所表示的函数, 其一般形式为

$$R(x)=\frac{P(x)}{Q(x)}=\frac{a_0x^n+a_1x^{n-1}+\cdots+a_{n-1}x+a_n}{b_0x^m+b_1x^{m-1}+\cdots+b_{m-1}x+b_m},\tag{4-5}$$

其中 m 和 n 都是非负整数; $a_0,a_1,a_2,\cdots,a_n$ 及 $b_0,b_1,b_2,\cdots,b_m$ 为实数, 且 $a_0b_0\neq0$.

我们总假定分子多项式 $P(x)$ 与分母多项式 $Q(x)$ 之间没有公因式.

解 因为 $\dfrac{x-2}{x^2+2x+3}=\dfrac{\frac{1}{2}(2x+2)-3}{x^2+2x+3}$,

所以

$$\begin{aligned}\int\frac{x-2}{x^2+2x+3}\mathrm{d}x&=\int\frac{\frac{1}{2}(2x+2)-3}{x^2+2x+3}\mathrm{d}x\\&=\frac{1}{2}\int\frac{2x+2}{x^2+2x+3}\mathrm{d}x-3\int\frac{\mathrm{d}x}{x^2+2x+3}\\&=\frac{1}{2}\int\frac{\mathrm{d}(x^2+2x+3)}{x^2+2x+3}-3\int\frac{\mathrm{d}(x+1)}{(x+1)^2+(\sqrt{2})^2}\\&=\frac{1}{2}\ln|x^2+2x+3|-\frac{3}{\sqrt{2}}\arctan\frac{x+1}{\sqrt{2}}+C.\end{aligned}$$

例 4.50 求 $\displaystyle\int\frac{1}{(1+2x)(1+x^2)}\mathrm{d}x$.

如果分子多项式 $P(x)$ 的次数 n 小于分母多项式 $Q(x)$ 的次数 m, 即 $n<m$ 时, 称这有理函数为真分式; 而当 $n\geqslant m$ 时, 称这有理函数为假分式. 利用多项式除法可将任一假分式化为一个多项式与一个真分式之和. 因此, 我们仅讨论真分式的积分.

根据代数学知识, 有理真分式必定可以表示成若干个部分分式之和（称为部分分式分解）. 因而问题归结为求那些部分分式的不定积分. 为此, 先将怎样分解部分分式的步骤简述如下:

（1）对分母 $Q(x)$ 在实数范围内作标准分解（即分解为一次因式和二次质因式的乘积）:

$$Q(x)=b_0(x-a_1)^{\lambda_1}\cdots(x-a_s)^{\lambda_s}(x^2+p_1x+q_1)^{\mu_1}\cdots(x^2+p_tx+q_t)^{\mu_t}, \qquad (4\text{-}6)$$

其中 $\lambda_i,\mu_j(i=1,2,\cdots,s;j=1,2,\cdots,t)$ 均为自然数，而且

$$\sum_{i=1}^{s}\lambda_i+2\sum_{j=1}^{t}\mu_j=m;\quad p_j^2-4q_j<0, j=1,2,\cdots,t.$$

（2）根据分母的各个因式分别写出与之相应的部分分式：对于每个形如 $(x-a)^k$ 的因式，它所对应的部分分式是

$$\frac{A_1}{x-a}+\frac{A_2}{(x-a)^2}+\cdots+\frac{A_k}{(x-a)^k};$$

对于每个形如 $(x^2+px+q)^k$ 的因式，它所对应的部分分式是

$$\frac{B_1x+C_1}{x^2+px+q}+\frac{B_2x+C_2}{(x^2+px+q)^2}+\cdots+\frac{B_kx+C_k}{(x^2+px+q)^k}.$$

把所有部分分式加起来，使之等于 $R(x)$. 其中部分分式中的常数系数 A_i,B_i,C_i 为待定.

（3）确定待定系数：一般方法是将所有部分分式通分相加，所得分式的分母即为原分母 $Q(x)$，而其分子亦应与原分子 $P(x)$ 恒等. 于是，按同次幂系数相等，得到一组线性方程，这组方程的解就是需要确定的系数.

下面举几个有理真分式的积分例子.

例 4.48 求 $\int\frac{x+3}{x^2-5x+6}\mathrm{d}x$.

解 因为 $\frac{x+3}{x^2-5x+6}=\frac{x+3}{(x-2)(x-3)}=\frac{6}{(x-3)}-\frac{5}{(x-2)}$,

所以

$$\int\frac{x+3}{x^2-5x+6}\mathrm{d}x=\int\frac{6}{x-3}\mathrm{d}x-\int\frac{5}{x-2}\mathrm{d}x$$
$$=6\ln|x-3|-5\ln|x-2|+C.$$

例 4.49 求 $\int\frac{x-2}{x^2+2x+3}\mathrm{d}x$.

解 因为 $\frac{1}{(1+2x)(1+x^2)}=\frac{A}{(1+2x)}+\frac{Bx+C}{(1+x^2)}$,

对上式等式右端通分，比较两端分子同次幂的系数，得

$$A=\frac{4}{5},B=-\frac{2}{5},C=\frac{1}{5}.$$

所以

$$\int\frac{1}{(1+2x)(1+x^2)}\mathrm{d}x=\frac{4}{5}\int\frac{\mathrm{d}x}{(1+2x)}-\frac{1}{5}\int\frac{2x-1}{1+x^2}\mathrm{d}x$$
$$=\frac{2}{5}\ln|1+2x|-\frac{1}{5}\ln(1+x^2)+\frac{1}{5}\arctan x+C.$$

4.4.2 三角函数有理式的积分

三角函数有理式是指由三角函数和常数经过有限次四则运算所构成的函数，由于 $\tan x$，$\cot x$，$\sec x$，$\csc x$ 都可以用 $\sin x$，$\cos x$ 表示，因此三角函数有理式一般可记作 $R(\sin x, \cos x)$.

三角函数有理式的积分一般通过万能代换公式 $u=\tan\frac{x}{2}$（$-\pi<x<\pi$），可把这种类型的积分化为以 u 为变量的有理函数的积分，因为

$$\sin x=2\sin\frac{x}{2}\cos\frac{x}{2}=\frac{2\sin\frac{x}{2}\cos\frac{x}{2}}{\sin^2\frac{x}{2}+\cos^2\frac{x}{2}}=\frac{2\tan\frac{x}{2}}{1+\tan^2\frac{x}{2}}=\frac{2u}{1+u^2},$$

$$\cos x=\cos^2\frac{x}{2}-\sin^2\frac{x}{2}=\frac{\cos^2\frac{x}{2}-\sin^2\frac{x}{2}}{\sin^2\frac{x}{2}+\cos^2\frac{x}{2}}=\frac{1-\tan^2\frac{x}{2}}{1+\tan^2\frac{x}{2}}=\frac{1-u^2}{1+u^2},$$

$$\mathrm{d}x=\mathrm{d}(2\arctan u)=\frac{2}{1+u^2}\mathrm{d}u,$$

所以

$$\int R(\sin x,\cos x)\mathrm{d}x=\int R\left(\frac{2u}{1+u^2},\frac{1-u^2}{1+u^2}\right)\cdot\frac{2\mathrm{d}u}{1+u^2}.$$

例 4.51 求 $\int\frac{1+\sin x}{1-\cos x}\mathrm{d}x$.

解 令 $u=\tan\frac{x}{2}$，则

$$\sin x=\frac{2u}{1+u^2},\ \cos x=\frac{1-u^2}{1+u^2},\ \mathrm{d}x=\frac{2}{1+u^2}\mathrm{d}u,$$

因此得

$$\begin{aligned}\int\frac{1+\sin x}{1-\cos x}\mathrm{d}x&=\int\frac{1+\frac{2u}{1+u^2}}{1-\frac{1-u^2}{1+u^2}}\frac{2}{1+u^2}\mathrm{d}u\\&=\int\frac{(1+u)^2}{u^2(1+u^2)}\mathrm{d}u=\int\left(\frac{1}{u^2}+\frac{2}{u}-\frac{2u}{1+u^2}\right)\mathrm{d}u\\&=-\frac{1}{u}+2\ln|u|-\ln(1+u^2)+C\\&=-\cot\frac{x}{2}+2\ln\left|\tan\frac{x}{2}\right|-\ln\sec^2\frac{x}{2}+C.\end{aligned}$$

例 4.52 求$\int \frac{1+\sin x}{\sin x(1+\cos x)}\mathrm{d}x$.

解 作变量代换$u=\tan\frac{x}{2}$，可得

$$\sin x=\frac{2u}{1+u^2},\quad \cos x=\frac{1-u^2}{1+u^2},\quad \mathrm{d}x=\frac{2}{1+u^2}\mathrm{d}u,$$

因此得

$$\begin{aligned}\int \frac{1+\sin x}{\sin x(1+\cos x)}\mathrm{d}x&=\int \frac{1+\frac{2u}{1+u^2}}{\frac{2u}{1+u^2}\left(1+\frac{1-u^2}{1+u^2}\right)}\cdot\frac{2}{1+u^2}\mathrm{d}u\\&=\frac{1}{2}\int\left(u+2+\frac{1}{u}\right)\mathrm{d}u=\frac{1}{2}\left(\frac{u^2}{2}+2u+\ln|u|\right)+C\\&=\frac{1}{4}\tan^2\frac{x}{2}+\tan\frac{x}{2}+\frac{1}{2}\ln\left|\tan\frac{x}{2}\right|+C.\end{aligned}$$

4.4.3 简单无理函数的积分

例 4.53 求$\int \frac{x}{\sqrt{x-1}}\mathrm{d}x$.

解 为消去根式, 设$t=\sqrt{x-1}$，则$x=t^2+1$，$\mathrm{d}x=2t\mathrm{d}t$，于是有

$$\begin{aligned}\int \frac{x}{\sqrt{x-1}}\mathrm{d}x&=\int\frac{t^2+1}{t}2t\,\mathrm{d}t=2\int(t^2+1)\mathrm{d}t\\&=\frac{2}{3}t^3+2t+C=\frac{2}{3}\sqrt{(x-1)^3}+2\sqrt{x-1}+C.\end{aligned}$$

例 4.54 求$\int\frac{1}{x}\sqrt{\frac{1-x}{1+x}}\mathrm{d}x$.

解 为了消去根式, 设$\sqrt{\frac{1-x}{1+x}}=t$，于是$x=\frac{1-t^2}{1+t^2}$，$\mathrm{d}x=\frac{-4t}{(1+t^2)^2}\mathrm{d}t$，从而所求积分为

$$\begin{aligned}\int\frac{1}{x}\sqrt{\frac{1-x}{1+x}}\mathrm{d}x&=\int\frac{-4t^2}{(1-t^2)(1+t^2)}\mathrm{d}t=\int\left(\frac{2}{t^2-1}+\frac{2}{t^2+1}\right)\mathrm{d}t\\&=\ln\left|\frac{t-1}{t+1}\right|+2\arctan t+C=\ln\left|\frac{\sqrt{1-x^2}-1}{x}\right|+2\arctan\sqrt{\frac{1-x}{1+x}}+C.\end{aligned}$$

例 4.55 求$\int\frac{1}{\sqrt{x}-\sqrt[3]{x^2}}\mathrm{d}x$.

解 被积函数出现了两个根式 $\sqrt{x}$ 和 $\sqrt[3]{x}$，为了能同时消去两个根式，可以令 $t=\sqrt[6]{x}$，得 $x=t^6$，$\mathrm{d}x=6t^5\,\mathrm{d}t$，代入得

$$
\begin{aligned}
\int\frac{1}{\sqrt{x}-\sqrt[3]{x^2}}\mathrm{d}x&=\int\frac{6t^5}{t^3-t^4}\mathrm{d}t=-6\int\frac{t^2}{t-1}\mathrm{d}t\\
&=-6\int\left(t+1+\frac{1}{t-1}\right)\mathrm{d}t\\
&=-3t^2-6t-6\ln|t-1|+C\\
&=-3\sqrt[3]{x}-6\sqrt[6]{x}-6\ln|\sqrt[6]{x}-1|+C.
\end{aligned}
$$

以上例子表明，如果被积函数中含有简单根式 $\sqrt[n]{ax+b}$ 或 $\sqrt[n]{\dfrac{ax+b}{cx+d}}$，可以令这个简单根式为 u，由于这样的变换具有反函数，且反函数为有理函数，从而可将原积分化为有理函数的积分.

习 题 4-4

计算下列不定积分：

（1）$\displaystyle\int\frac{x^3}{x-1}\mathrm{d}x$；

（2）$\displaystyle\int\frac{x^5+x^4-8}{x^3-x}\mathrm{d}x$；

（3）$\displaystyle\int\frac{2x+3}{x^2+3x-10}\mathrm{d}x$；

（4）$\displaystyle\int\frac{x}{(1-x)^3}\mathrm{d}x$；

（5）$\displaystyle\int\frac{\mathrm{d}x}{x(x^2+1)}$；

（6）$\displaystyle\int\frac{\mathrm{d}t}{(1+t)^2(t-1)}$；

（7）$\displaystyle\int\frac{x^2+1}{(x+1)^2(x-1)}\mathrm{d}x$；

（8）$\displaystyle\int\frac{1}{x^4+1}\mathrm{d}x$；

（9）$\displaystyle\int\frac{1-x^7}{x(1+x^7)}\mathrm{d}x$；

（10）$\displaystyle\int\frac{\mathrm{d}x}{3+\cos x}$；

（11）$\displaystyle\int\frac{\mathrm{d}x}{3+\sin^2 x}$；

（12）$\displaystyle\int\frac{\mathrm{d}x}{1+\sin x+\cos x}$；

（13）$\displaystyle\int\frac{\mathrm{d}x}{\sin x(2+\cos x)}$；

（14）$\displaystyle\int(x+1)\sqrt{x}\mathrm{d}x$；

（15）$\displaystyle\int\frac{1}{\sqrt{x+1}+1}\mathrm{d}x$；

（16）$\displaystyle\int\frac{\sqrt{x+1}-1}{\sqrt{x+1}+1}\mathrm{d}x$；

（17）$\displaystyle\int\frac{\mathrm{d}x}{1+\sqrt[3]{1+x}}$；

（18）$\displaystyle\int\frac{\sqrt[3]{x}\,\mathrm{d}x}{x(\sqrt{x}+\sqrt[3]{x})}$；

（19）$\displaystyle\int\frac{1}{x}\sqrt{\frac{1+x}{x}}\mathrm{d}x$；

（20）$\displaystyle\int\frac{\mathrm{d}x}{\sqrt[3]{(x+1)^2(x-1)^4}}$；

4.5　积分表的使用

通过前面的讨论可以看出，积分的计算要比导数的计算更加灵活、复杂，我们会遇到更多不同类型的不定积分的计算问题，为了应用上的方便，把常用的积分公式汇集成表，这种表称为积分表. 积分表是按照被积函数的类型来排列的，求积分时，可根据被积函数的类型直接或经过简单的变形后，在表内查得所需的结果.

本书末附录Ⅰ是一份简单的积分表，可供查阅.

例 4.56　求 $\int \frac{x}{(x+1)^2} \mathrm{d}x$.

解　被积函数含有 $a+bx$，在附录Ⅰ积分表中查得公式（4）

$$\int \frac{x}{(a+bx)^2} \mathrm{d}x = \frac{1}{b^2}\left(\frac{a}{a+bx} + \ln|a+bx|\right) + C,$$

现在 $a=1$，$b=1$，于是

$$\int \frac{x}{(x+1)^2} \mathrm{d}x = \frac{1}{x+1} + \ln|x+1| + C.$$

例 4.57　求 $\int \frac{\mathrm{d}x}{x\sqrt{4x^2+4}}$.

解　这个积分不能在表中直接查到，需要先进行变量代换.

令 $2x=u$，那么 $\sqrt{4x^2+4}=\sqrt{u^2+2^2}$，$x=\frac{u}{2}$，$\mathrm{d}x=\frac{\mathrm{d}u}{2}$，于是

$$\int \frac{\mathrm{d}x}{x\sqrt{4x^2+4}} = \int \frac{\frac{1}{2}\mathrm{d}u}{\frac{u}{2}\sqrt{u^2+2^2}} = \int \frac{\mathrm{d}u}{u\sqrt{u^2+2^2}},$$

被积函数中含有 $\sqrt{u^2+2^2}$，在附录Ⅰ积分表中查到公式（34）

$$\int \frac{\mathrm{d}x}{x\sqrt{x^2+a^2}} = -\frac{1}{a}\ln\left|\frac{\sqrt{x^2+a^2}+a}{x}\right| + C,$$

现在 $a=2$，x 相当于 u，于是有

$$\int \frac{\mathrm{d}u}{u\sqrt{u^2+2^2}} = -\frac{1}{2}\ln\frac{\sqrt{u^2+2^2}+2}{|u|} + C,$$

再把 $u=2x$ 代入，最后得到 $\int \frac{\mathrm{d}x}{x\sqrt{4x^2+4}} = \frac{1}{2}\ln\frac{2|x|}{2+\sqrt{4x^2+4}} + C$.

例 4.58　求 $\int \sin^4 x \mathrm{d}x$.

解　在附录Ⅰ积分表中查到公式（50）

$$\int \sin^n x\,\mathrm{d}x = -\frac{\sin^{n-1}x\cos x}{n} + \frac{n-1}{n}\int \sin^{n-2}x\,\mathrm{d}x,$$

现在$n=4$，于是有$\int \sin^4 x\,\mathrm{d}x = -\frac{\sin^3 x\cos x}{4} + \frac{3}{4}\int \sin^2 x\,\mathrm{d}x$，对积分$\int \sin^2 x\,\mathrm{d}x$，利用公式（48），得$\int \sin^2 x\,\mathrm{d}x = \frac{x}{2} - \frac{1}{4}\sin 2x + C$，从而所求积分为

$$\int \sin^4 x\,\mathrm{d}x = -\frac{\sin^3 x\cos x}{4} + \frac{3}{4}\left(\frac{x}{2} - \frac{1}{4}\sin 2x\right) + C.$$

一般说来，查积分表可以节省计算积分的时间，但只有掌握了前面学习过的基本积分公式才能灵活地使用积分表，而且对一些比较简单的积分，应用基本积分法来计算比查表更快，例如$\int \sin^2 x\cos^3 x\,\mathrm{d}x$，用变换$u=\sin x$很快就可得到结果，所以求积分时，究竟是直接计算，还是查表，或两者结合使用，应该具体问题具体分析，从而选择一个更快捷的方式.

习　题　4-5

利用积分表计算下列不定积分：

（1）$\int \frac{\mathrm{d}x}{\sqrt{5-4x+x^2}}$；　　（2）$\int \ln^3 x\,\mathrm{d}x$；

（3）$\int \frac{1}{(1+x^2)^2}\mathrm{d}x$；　　（4）$\int \frac{\mathrm{d}x}{x\sqrt{x^2-1}}$；

（5）$\int x^2\sqrt{x^2-2x}\,\mathrm{d}x$；　　（6）$\int \frac{\mathrm{d}x}{x^2\sqrt{2x-1}}$；

（7）$\int \cos^6 x\,\mathrm{d}x$；　　（8）$\int \mathrm{e}^{-2x}\sin 3x\,\mathrm{d}x$；

总习题四（A）

1. 填空题

（1）设$f(x)=k\cdot\tan 2x$的一个原函数为$\frac{2}{3}\ln|\cos 2x|+3$，则$k=$________.

（2）已知$F'(x)=\frac{1}{\sqrt{1-x^2}}$，且$F(1)=\frac{3}{2}\pi$，则$F(x)=$________.

（3）已知$f(x)=\frac{1}{\sqrt{x}}$，则$\int xf'(x^2)\mathrm{d}x=$________.

（4）若$\int f(u)\mathrm{d}u=F(u)+C$，且$f(x)$、$\varphi'(x)$连续，则$\int f[\varphi(x)]\varphi'(x)\mathrm{d}x=$________.

（5）设$f'(x)$为连续函数，则$\int \frac{f(x)+xf'(x)}{x^2f^2(x)}\mathrm{d}x=$________.

（6）若$\int f(x)\mathrm{d}x=\mathrm{e}^{-x^2}+C$，则$f'(x)=$________.

（7）设$f'(\ln x)=1+x$，则$f(x)=$________.

（8）设$\int xf(x)\mathrm{d}x=\arcsin x+C$，则$\int\frac{1}{f(x)}\mathrm{d}x=$________.

2. 选择题

（1）在下列等式中，正确的是（　　）.

A. $\int f'(x)\mathrm{d}x=f(x)$　　B. $\int \mathrm{d}f(x)=f(x)$

C. $\frac{\mathrm{d}}{\mathrm{d}x}\int f(x)\mathrm{d}x=f(x)$　　D. $\mathrm{d}\int f(x)\mathrm{d}x=f(x)$

（2）若$f(x)$的一个原函数是$\frac{\ln x}{x}$，则$\int xf'(x)\mathrm{d}x=$（　　）.

A. $\frac{\ln x}{x}+C$　B. $\frac{1+\ln x}{x^2}+C$　C. $\frac{1}{x}+C$　D. $\frac{1}{x}-\frac{2\ln x}{x}+C$

（3）若$\int f(x)\mathrm{d}x=x^2+C$，则$\int xf(1-x^2)\mathrm{d}x=$（　　）.

A. $2(1-x^2)^2+C$　　B. $x^2-\frac{1}{2}x^4+C$

C. $-2(1-x^2)+C$　　D. $\frac{1}{2}(1-x^2)+C$

（4）设$\frac{4}{1-x^2}f(x)=\frac{\mathrm{d}}{\mathrm{d}x}[f(x)]^2$，且$f(0)=0$，$f(x)$不恒为零，则$f(x)=$（　　）.

A. $\frac{1+x}{1-x}$　B. $\frac{1-x}{1+x}$　C. $\ln\left|\frac{1+x}{1-x}\right|$　D. $\ln\left|\frac{1-x}{1+x}\right|$

（5）下列等式（　　）是正确的.

A. $\int f(\ln x)\frac{1}{x}\mathrm{d}x=\frac{1}{2}[f(\ln x)]^2+C$

B. $\int f(\ln x)\cdot f'(\ln x)\cdot\frac{1}{x}\mathrm{d}x=\frac{1}{2}[f(\ln x)]^2+C$

C. $\int f\left(\frac{1}{x}\right)\cdot\ln x\mathrm{d}x=\frac{1}{2}\left[f\left(\frac{1}{x}\right)\right]^2+C$

D. $\int f\left(\frac{1}{x}\right)\cdot f'\left(\frac{1}{x}\right)\ln x\mathrm{d}x=\frac{1}{2}\left[f\left(\frac{1}{x}\right)\right]^2+C$

3. 计算下列不定积分：

（1）$\int\frac{x}{\sqrt{1-x^2}}\mathrm{d}x$；　　（2）$\int\frac{\sin^3 x}{2+\cos x}\mathrm{d}x$；

（3）$\int\frac{1}{5+4x+x^2}\mathrm{d}x$；　　（4）$\int\frac{x\mathrm{d}x}{x^4+2x^2+5}$；

（5）$\int \arctan\sqrt{x}\mathrm{d}x$；　　（6）$\int \frac{\mathrm{d}x}{x^2\sqrt{1-x^2}}$；

（7）$\int \frac{x+\ln(1-x)\mathrm{d}x}{x^2}$；　　（8）$\int \mathrm{e}^{\sqrt{2x-1}}\mathrm{d}x$；

（9）$\int \frac{\mathrm{d}x}{1+\mathrm{e}^x}$；　　（10）$\int \frac{\mathrm{d}x}{x\sqrt{x+1}}$；

（11）$\int \frac{x^3}{(1+x^2)^2}\mathrm{d}x$；　　（12）$\int \frac{1-x}{\sqrt{9-4x^2}}\mathrm{d}x$；

（13）$\int x^3\mathrm{e}^{x^2}\mathrm{d}x$；　　（14）$\int \sqrt{\frac{a+x}{a-x}}\mathrm{d}x \quad (a\neq 0)$；

（15）$\int \frac{1-\cos x}{x-\sin x}\mathrm{d}x$；　　（16）$\int \frac{x\ln(x^2+1)}{x^2+1}\mathrm{d}x$；

（17）$\int \frac{\mathrm{d}x}{\sqrt{\mathrm{e}^x+1}}$；　　（18）$\int \frac{\mathrm{e}^{2x}}{1+\mathrm{e}^x}\mathrm{d}x$；

（19）$\int \frac{\ln x+1}{3+(x\ln x)^2}\mathrm{d}x$；　　（20）$\int \frac{x+\sin x}{1+\cos x}\mathrm{d}x$.

4. 证明：若 $\int f(x)\mathrm{d}x = F(x)+C$，则 $\int f(ax+b)\mathrm{d}x = \frac{1}{a}F(ax+b)+C$（$a\neq 0$）.

5. 设 $f(x)$ 的一个原函数为 $\frac{\sin x}{x}$，求 $\int xf'(2x)\mathrm{d}x$.

6. 设 $f(x)$ 和 $f'(x)$ 都是连续函数，计算不定积分

$$\int \sin^2 xf'(\cos x)\mathrm{d}x - \int \cos xf(\cos x)\mathrm{d}x .$$

7. 已知某商品的边际收益函数为 $R'(q)=10(10-q)\mathrm{e}^{-\frac{q}{10}}$，其中 q 为销售量，$R=R(q)$ 为总收益，求该产品的总收益函数 $R(q)$？

总习题四（B）

1. 填空题

（1）已知 $F(x)$ 是 e^{-x^2} 的一个原函数，则 $\frac{\mathrm{d}[F(\sqrt{x})]}{\mathrm{d}x}=$________.

（2）已知 $\frac{\sin x}{x}$ 是函数 $f(x)$ 的一个原函数，$\int x^3 f'(x)\mathrm{d}x=$________.

（3）若 $f'(\sin^2 x)=\cos^2 x$，则 $f(x)=$________.

（4）设 $f'(x)=\frac{x+2}{\sqrt{x+1}}$，则 $\int f(x-1)\mathrm{d}x=$________.

（5）已知 $f(x)$ 的一个原函数是 e^{-x^2}，则 $\int xf'(x)\mathrm{d}x=$________.

（6）设 $f(x)=\ln x$，则 $\int \frac{f'(\mathrm{e}^{-x})}{\mathrm{e}^{x}}\mathrm{d}x=$ ________.

（7）设 $\int xf(x)\mathrm{d}x=\arcsin x+C$，则 $\int \frac{\mathrm{d}x}{f(x)}=$ ________.

（8）$\int \frac{\ln x-1}{x^2}\mathrm{d}x=$ ________.

（9）已知 $f'(\mathrm{e}^x)=x\mathrm{e}^{-x}$，且 $f(1)=0$，则 $f(x)=$ ________.

2. 求下列不定积分：

（1）$\int \frac{\arctan \mathrm{e}^x}{\mathrm{e}^{2x}}\mathrm{d}x$；

（2）$\int \frac{\mathrm{d}x}{\sin 2x+2\sin x}$；

（3）$\int \ln(x+\sqrt{1+x^2})\mathrm{d}x$；

（4）$\int \frac{x\mathrm{e}^x}{\sqrt{\mathrm{e}^x-1}}\mathrm{d}x$；

（5）$\int \frac{\sin x\mathrm{d}x}{1+\sin x}$；

（6）$\int \frac{\mathrm{d}x}{1+\sqrt{x}+\sqrt{1+x}}$；

（7）$\int \frac{\ln x}{(1+x^2)^{\frac{3}{2}}}\mathrm{d}x$；

（8）$\int \frac{\mathrm{e}^x(1+\sin x)}{1+\cos x}\mathrm{d}x$；

（9）$\int \frac{x^2}{(1-x)^{100}}\mathrm{d}x$；

（10）$\int \frac{x^2}{1+x^2}\arctan x\mathrm{d}x$；

（11）$\int \frac{x\mathrm{e}^{\arctan x}}{(1+x^2)^{\frac{3}{2}}}\mathrm{d}x$；

（12）$\int \ln\left(1+\sqrt{\frac{1+x}{x}}\right)\mathrm{d}x\ (x>0)$.

3. 求不定积分 $\int \left\{\frac{f(x)}{f'(x)}-\frac{f^2(x)f''(x)}{[f'(x)]^3}\right\}\mathrm{d}x$.

4. 设 $f(\sin^2 x)=\frac{x}{\sin x}$，求 $\int \frac{\sqrt{x}}{\sqrt{1-x}}f(x)\mathrm{d}x$.

5. 设 $F(x)$ 为 $f(x)$ 的一个原函数，且当 $x\geqslant 0$ 时，有 $f(x)F(x)=\frac{x\mathrm{e}^x}{2(1+x)^2}$. 已知 $F(0)=1$，$F(x)>0$，试求 $f(x)$.

6. 设函数 $f(x)$ 对一切实数都满足方程

$$f(x+y)=f(x)\cdot f(y),$$

且 $f'(0)=\ln a\,(a>0，a\neq 1)$，求 $f(x)$.

数学家介绍及不可积函数

第5章　定积分及其应用

本章将讨论一元函数积分学中的另一个基本问题——定积分问题. 我们将从几何与经济问题出发引出定积分的概念, 进而讨论定积分的有关性质, 揭示定积分与不定积分之间的内在联系, 并在此基础上进一步解决定积分的计算问题, 最后介绍定积分在几何和经济管理方面的简单应用.

5.1　定积分的概念与性质

5.1.1　定积分问题的实例

1. 曲边梯形的面积

设 $y=f(x)$ 在 $[a,b]$ 上非负、连续, 由直线 $x=a,x=b,y=0$ 及曲线 $y=f(x)$ 所围成的图形, 称为曲边梯形, 其中曲线弧称为曲边. 下面我们来考虑如何计算图 5-1 所示的曲边梯形的面积.

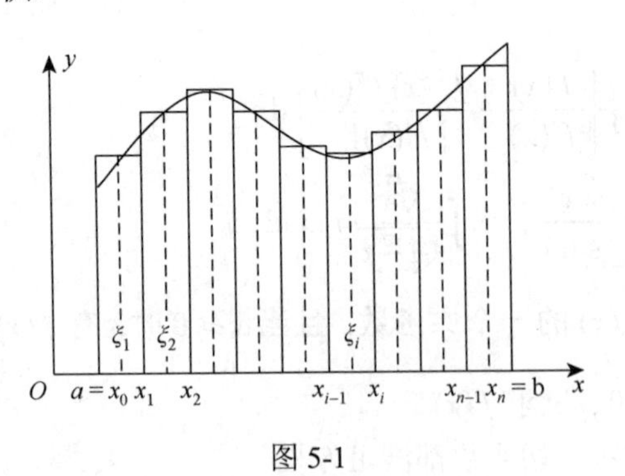

图 5-1

由于曲边梯形在底边上各点处的高 $f(x)$ 在区间 $[a,b]$ 上是变动的, 所以是不规则图形, 不能直接用规则图形的面积公式来进行计算.

尽管曲边梯形的高 $f(x)$ 在区间 $[a,b]$ 上是连续变化的, 但在很小一段区间上它的变化很微小, 近似于不变. 因此, 当把区间 $[a,b]$ 划分成一些小区间的并集时, 相应的曲边梯形面积也被划分为一些窄曲边梯形面积的和. 如果把每个窄曲边梯形的面积, 都用相应区间上以某一点的函数值为高的窄矩形面积来近似表示, 就可以得到曲边梯形面积的近似值，并且对区间$[a,b]$划分得越细，用所有窄矩形面积的和代替曲边梯形面积的近似程度就越高. 因此，当把区间$[a,b]$无限细分下去（即使每个小区间的长度都趋于零）时，所有窄矩形面积之和的极限就可定义为曲边梯形的面积. 这就是解决曲边梯形面积问题的基本思路. 其具体做法如下：

在区间$[a,b]$中任意插入$n-1$分点

$$a=x_0<x_1<x_2<\cdots<x_{n-1}<x_n=b,$$

把$[a,b]$分成n个小区间

$$[x_0,x_1],[x_1,x_2],\cdots,[x_{n-1},x_n],$$

它们的长度依次为

$$\Delta x_1=x_1-x_0,\Delta x_2=x_2-x_1,\cdots,\Delta x_n=x_n-x_{n-1}.$$

经过每一个分点作平行于y轴的直线段，把曲边梯形分成n个窄曲边梯形，在每个小区间$[x_{i-1},x_i]$上任取一点ξ_i，以$[x_{i-1},x_i]$为底、$f(\xi_i)$为高的窄矩形近似替代第i个窄曲边梯形（$i=1, 2, \cdots, n$），把这样得到的n个窄矩形面积之和作为所求曲边梯形面积A的近似值，即

$$\begin{aligned}A&\approx f(\xi_1)\Delta x_1+f(\xi_2)\Delta x_2+\cdots+f(\xi_n)\Delta x_n\\&=\sum_{i=1}^{n}f(\xi_i)\Delta x_i.\end{aligned}$$

显然，和式$\sum\limits_{i=1}^{n}f(\xi_i)\Delta x_i$依赖于区间$[a,b]$的分法及点$\xi_i(i=1,2,\cdots,n)$的取法，但当我们把区间$[a,b]$分得足够细时，不论$\xi_i$怎样取，和式$\sum\limits_{i=1}^{n}f(\xi_i)\Delta x_i$可以任意接近曲边梯形的面积$A$.

为了保证把区间$[a,b]$分得足够细，记$\lambda=\max\{\Delta x_1,\Delta x_2,\cdots,\Delta x_n\}$，则当$\lambda\to 0$时（此时分段数$n$无限增多，即$n\to\infty$，刻画了区间$[a,b]$的无限细分过程），取上述和式的极限，便可得曲边梯形的面积

$$A=\lim_{\lambda\to 0}\sum_{i=1}^{n}f(\xi_i)\Delta x_i.$$

这样，我们不仅给出了曲边梯形面积的定义，并且也提供了计算曲边梯形面积的方法. 于是计算曲边梯形的面积，就归结为计算上式这样一个特定的和式的极限.

2. 单位产品可变成本变化的总成本问题

当产品总成本对产量的变化率（又称边际成本）保持不变时，单位产品的可变成本是一个常数，于是有

$$总成本 = 单位产品成本 \times 产量 + 固定成本.$$

如果产品总成本对产量的变化率随产量的变化而变化，此时就不能简单地用上面的公式计算总成本了.

设某一生产过程中，总成本 C 对产量 x 的变化率为 $C' = f(x)$ 是产量的函数，现在计算产量由 $x = a$ 增加到 $x = b$ 时，总成本的增加量 ΔC .

先在产量间隔 $[a,b]$ 内任意插入 $n-1$ 个分点

$$a = x_0 < x_1 < x_2 < \cdots < x_{n-1} < x_n = b,$$

把 $[a,b]$ 分成 n 个小间隔

$$[x_0, x_1], [x_1, x_2], \cdots, [x_{n-1}, x_n].$$

各个产量小间隔的产量增加量依次为

$$\Delta x_1 = x_1 - x_0, \Delta x_2 = x_2 - x_1, \cdots, \Delta x_n = x_n - x_{n-1},$$

相应地，在各个产量小间隔内成本增量依次为

$$\Delta C_1, \Delta C_2, \cdots, \Delta C_n .$$

在 $[x_{i-1}, x_i]$ 上任取一个产量 $\xi_i (x_{i-1} \leqslant \xi_i \leqslant x_i)$，以 ξ_i 对应的总成本的变化率 $f(\xi_i)$ 来代替 $[x_{i-1}, x_i]$ 上单位产品可变成本平均变化率，则利用 $f(\xi_i)\Delta x_i$ 代替在该产量变化的小间隔内的总成本增加量，即得

$$\Delta C_i \approx f(\xi_i)\Delta x_i \quad (i = 1, 2, \cdots, n).$$

于是当产量由 $x = a$ 增加到 $x = b$ 时，总成本的增加量

$$\begin{aligned}\Delta C &\approx f(\xi_1)\Delta x_1 + f(\xi_2)\Delta x_2 + \cdots + f(\xi_n)\Delta x_n \\ &= \sum_{i=1}^{n} f(\xi_i)\Delta x_i.\end{aligned}$$

记 $\lambda = \max\{\Delta x_1, \Delta x_2, \cdots, \Delta x_n\}$，当 $\lambda \to 0$ 时，所有的产量小间隔无限地缩小，间隔数 $n \to \infty$，取上述和式的极限，即得所求的总成本的增加量

$$\Delta C = \lim_{\lambda \to 0} \sum_{i=1}^{n} f(\xi_i)\Delta x_i .$$

这样，单位产品可变成本变化的总成本问题也归结为求和式极限的问题. 构造这个和式极限的过程，也是一个“无限细分，无限求和”的过程.

5.1.2　定积分的定义

上面我们分析了两个具体例子，一个是求曲边梯形面积的几何问题，一个是求在指定产量变化范围内的单位成本变化率变动的总成本增量的问题. 尽管这两个问题的实际意义不同，但它们反映在数量上，都是要求某个整体的量，而这个

整体的量决定于一个函数及其自变量的变化区间，即曲边梯形的面积 A 决定于曲边梯形的高度函数 $y=f(x)$ 及其底边上的点 x 的变化区间 $[a,b]$；在指定产量变化范围 $[a,b]$ 内总成本的增量 ΔC 决定于总成本 C 对产量 x 的变化率 $C'=f(x)$.

另外，从计算这种整体量的基本思想、方法和步骤上看都是相同的. 都是先把整体的量通过“分割”化为局部的量，在每个局部上通过“以直代曲”或“以不变代变”作近似代替，再把所有局部量的近似值累加起来就得到整体量的一个近似值，然后再取极限，就得到了所求整体量的精确值. 这个方法我们简称为“分割-代替-求和-取极限”. 采用这种方法解决问题时，最后都归纳为具有相同结构的一种特定和式的极限，即面积 $A=\lim\limits_{\lambda\to 0}\sum\limits_{i=1}^{n}f(\xi_i)\Delta x_i$ ，总成本的增加量 $\Delta C=\lim\limits_{\lambda\to 0}\sum\limits_{i=1}^{n}f(\xi_i)\Delta x_i$.

事实上，在许多实际问题的解决中，都需要这种数学方法. 抛开这些问题的实际意义，抓住它们在数量关系上共同的本质与特性加以概括，我们就可以抽象出定积分的定义.

定义 5.1　设函数 $f(x)$ 在 $[a, b]$ 上有界，在 $[a, b]$ 中任意插入 $n-1$ 个分点

$$a=x_0<x_1<x_2<\cdots<x_{n-1}<x_n=b,$$

把区间 $[a, b]$ 分成 n 个小区间

$$[x_0,x_1],[x_1,x_2],\cdots,[x_{n-1},x_n],$$

各个小区间的长度依次为 $\Delta x_1=x_1-x_0,\Delta x_2=x_2-x_1,\cdots,\Delta x_n=x_n-x_{n-1}$. 在每个小区间 $[x_{i-1},x_i]$ 上任取一点 $\xi_i(x_{i-1}\leqslant\xi_i\leqslant x_i)$ ，作函数值 $f(\xi_i)$ 与小区间长度 Δx_i 的乘积 $f(\xi_i)\Delta x_i(i=1,2,\cdots,n)$, 并作出和

$$S=\sum_{i=1}^{n}f(\xi_i)\Delta x_i .$$

记 $\lambda=\max\{\Delta x_1,\Delta x_2,\cdots,\Delta x_n\}$ ，如果不论对 $[a,b]$ 怎样分法，也不论在小区间 $[x_{i-1},x_i]$ 上点 ξ_i 怎样取法，只要当 $\lambda\to 0$ 时，和 S 总趋于确定的极限 I ，这时我们称这个极限 I 为函数 $f(x)$ 在区间 $[a,b]$ 上的定积分（简称积分），记作 $\int_a^b f(x)\mathrm{d}x$ ，即

$$\int_a^b f(x)\mathrm{d}x = I = \lim_{\lambda\to 0}\sum_{i=1}^{n}f(\xi_i)\Delta x_i ,$$

其中 $f(x)$ 称为被积函数，$f(x)\mathrm{d}x$ 称为被积表达式，x 称为积分变量，a 称为积分下限，b 称为积分上限，$[a,b]$ 称为积分区间.

和式 $\sum\limits_{i=1}^{n}f(\xi_i)\Delta x_i$ 通常称为 $f(x)$ 的积分和. 如果 $f(x)$ 在 $[a,b]$ 上的定积分存在，我们就说 $f(x)$ 在 $[a, b]$ 上可积.

对于定积分，有这样一个重要问题：函数 $f(x)$ 在 $[a,b]$ 上满足怎样的条件时，$f(x)$ 在 $[a,b]$ 上一定可积？下面我们给出函数 $f(x)$ 在 $[a,b]$ 上可积的两个充分条件.

定理 5.1 设 $f(x)$ 在 $[a,b]$ 上连续，则 $f(x)$ 在 $[a,b]$ 上可积.

定理 5.2 设 $f(x)$ 在 $[a,b]$ 上有界，且只有有限个间断点，则 $f(x)$ 在 $[a,b]$ 上可积.

注 从定积分的定义可以看出，定积分 $\int_a^b f(x)\mathrm{d}x=\lim\limits_{\lambda\to 0}\sum\limits_{i=1}^{n} f(\xi_i)\Delta x_i$ 是个数值，它的大小只与被积函数 $f(x)$ 及积分区间 $[a,b]$ 有关，而与积分变量使用的符号无关，即

$$\int_a^b f(x)\mathrm{d}x=\int_a^b f(t)\mathrm{d}t=\int_a^b f(u)\mathrm{d}u .$$

根据定积分的定义，前面所讨论的两个实际问题可以分别写成定积分的形式：

曲线 $y=f(x)$ $(f(x)\geqslant 0)$，x 轴及两条直线 $x=a$，$x=b$ 所围成的曲边梯形的面积 A 等于函数 $f(x)$ 在区间 $[a,b]$ 上的定积分. 即

$$A=\int_a^b f(x)\mathrm{d}x .$$

总成本 C 对产量 x 的变化率为 $C'=f(x)$，产量由 $x=a$ 增加到 $x=b$ 时总成本的增加量 ΔC 等于函数 $f(x)$ 在区间 $[a,b]$ 上的定积分. 即

$$\Delta C=\int_a^b f(x)\mathrm{d}x .$$

5.1.3 定积分的几何意义

定积分 $\int_a^b f(x)\mathrm{d}x$ 的几何意义可用曲边梯形的面积来说明.

如果在 $[a,b]$ 上 $f(x)\geqslant 0$，定积分 $\int_a^b f(x)\mathrm{d}x$ 在几何上表示由曲线 $y=f(x)$、两条直线 $x=a$，$x=b$ 与 x 轴所围成的曲边梯形的面积；如果在 $[a,b]$ 上 $f(x)\leqslant 0$，由曲线 $y=f(x)$，两条直线 $x=a$，$x=b$ 与 x 轴所围成的曲边梯形位于 x 轴的下方，定积分 $\int_a^b f(x)\mathrm{d}x$ 在几何上表示上述曲边梯形面积的负值.

如果 $f(x)$ 在 $[a,b]$ 上既取得正值又取得负值，函数 $f(x)$ 的图形某些部分在 x 轴的上方，而其余部分在 x 轴下方（图 5-2），此时定积分 $\int_a^b f(x)\mathrm{d}x$ 表示 x 轴上方图形面积减去 x 轴下方图形面积所得之差.

例 5.1 利用定积分的几何意义求下列定积分的值：

（1）$\int_{-1}^{1}(2x-1)\mathrm{d}x$；　　（2）$\int_0^{2\pi}\sin x\mathrm{d}x$.

解 （1）$y=2x-1$ 是一条直线，如图 5-3 所示，有

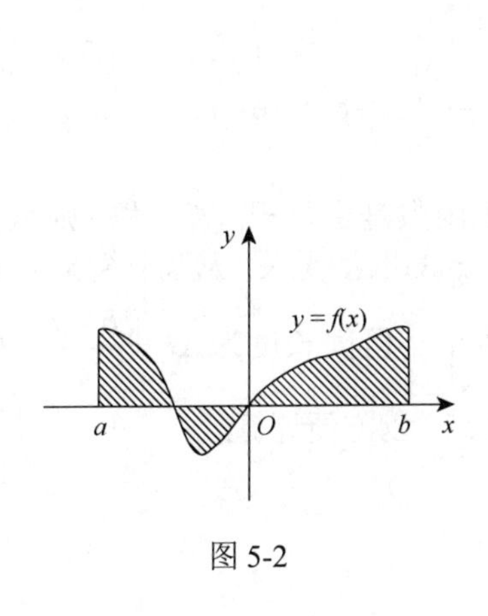

图 5-2

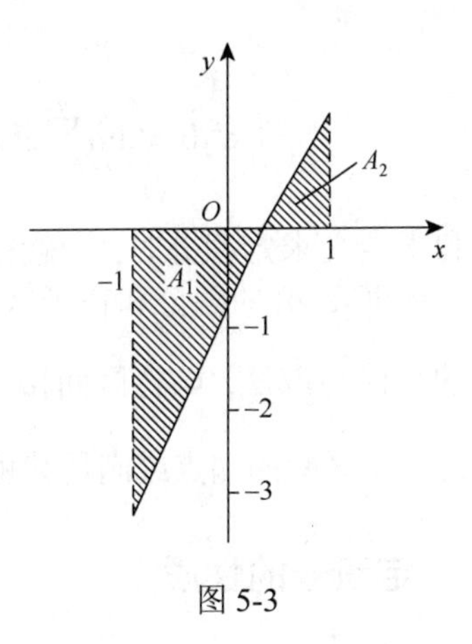

图 5-3

$$\int_{-1}^{1}(2x-1)\,\mathrm{d}x = (-A_1)+A_2 = -\frac{1}{2}\times\frac{3}{2}\times 3+\frac{1}{2}\times\frac{1}{2}\times 1=-2\,.$$

（2）由 $y=\sin x$ 在 $[0,2\pi]$ 上的图形知，$y=\sin x$ 在 $[0,\pi]$ 上的图形在 x 轴上方、在 $[\pi,2\pi]$ 上的图形在 x 轴下方，并且两部分图形的面积相等. 因此由定积分的几何意义可知

$$\int_{0}^{2\pi}\sin x\,\mathrm{d}x = 0.$$

例 5.2　利用定义计算定积分 $\int_0^1 \mathrm{e}^x\mathrm{d}x$.

解　因为被积函数 $f(x)=\mathrm{e}^x$ 在积分区间 $[0,1]$ 上连续，而连续函数是可积的，所以积分与区间 $[0,1]$ 的分法及点 ξ_i 的取法无关. 因此，为了便于计算，不妨把区间 $[0,1]$ 分成 n 等份，分点为 $x_i=\dfrac{i}{n},i=1,2,\cdots,n-1$；这样，每个小区间 $[x_{i-1},x_i]$ 的长度 $\Delta x_i=\dfrac{1}{n}$，$i=1,2,\cdots,n$；取 $\xi_i=x_i=\dfrac{i}{n}$，$i=1,2,\cdots,n$. 于是，得和式

$$\begin{aligned}\sum_{i=1}^{n} f(\xi_i)\Delta x_i &= \sum_{i=1}^{n}\mathrm{e}^{\xi_i}\Delta x_i=\sum_{i=1}^{n}\mathrm{e}^{x_i}\Delta x_i\\ &=\sum_{i=1}^{n}\mathrm{e}^{\frac{i}{n}}\cdot\frac{1}{n}=\frac{1}{n}\cdot\frac{\mathrm{e}^{\frac{1}{n}}(1-\mathrm{e}^{\frac{n}{n}})}{1-\mathrm{e}^{\frac{1}{n}}}\\ &=\frac{\frac{1}{n}}{1-\mathrm{e}^{\frac{1}{n}}}\cdot\mathrm{e}^{\frac{1}{n}}(1-\mathrm{e}^{\frac{n}{n}}).\end{aligned}$$

当 $\lambda\to 0$ 即 $n\to\infty$ 时，取上式右端的极限. 由定积分的定义，即得所要计算的积分为

$$\int_0^1 e^x dx = \lim_{n\to\infty}\sum_{i=1}^{n} e^{\xi_i}\Delta x_i = \lim_{n\to\infty}\frac{\frac{1}{n}}{1-e^{\frac{1}{n}}}\cdot e^{\frac{1}{n}}(1-e^{\frac{n}{n}}) = e-1.$$

利用定义求定积分时，一般需要判断被积函数是否可积，若可积，则积分值与积分区间$[a,b]$的划分和在子区间$[x_{i-1},x_i]$上ξ_i的取法无关. 从而计算时可以按特殊的分法与取法，如将区间$[a,b]$ n等分，每个小区间长度为$\Delta x_i=\dfrac{b-a}{n}$，而$\xi_i$可取每个小区间的端点或满足某种性质的特殊点，以方便计算.

5.1.4　定积分的性质

在定积分$\int_a^b f(x)\mathrm{d}x$的定义中，要求$a\neq b$且$a<b$，如果$a=b$或$a>b$，为了以后计算及应用方便起见，我们对定积分作如下两点补充规定：

（1）当$a=b$时，$\int_a^b f(x)\mathrm{d}x=0$；

（2）当$a>b$时，$\int_a^b f(x)\mathrm{d}x=-\int_b^a f(x)\mathrm{d}x$.

在下面的讨论中，假定各性质中所列出的定积分都是存在的，并且积分上下限的大小，如不特别指明，均不加限制.

性质 5.1　函数和（差）的定积分等于它们的定积分的和（差），即

$$\int_a^b [f(x)\pm g(x)]\mathrm{d}x = \int_a^b f(x)\mathrm{d}x \pm \int_a^b g(x)\mathrm{d}x.$$

证明

$$\begin{aligned}\int_a^b [f(x)\pm g(x)]\mathrm{d}x &= \lim_{\lambda\to 0}\sum_{i=1}^{n}[f(\xi_i)\pm g(\xi_i)]\Delta x_i\\ &= \lim_{\lambda\to 0}\sum_{i=1}^{n} f(\xi_i)\Delta x_i \pm \lim_{\lambda\to 0}\sum_{i=1}^{n} g(\xi_i)\Delta x_i\\ &= \int_a^b f(x)\mathrm{d}x \pm \int_a^b g(x)\mathrm{d}x.\end{aligned}$$

性质 5.1 对于任意有限个函数都是成立的. 类似地，可以证明：

性质 5.2　被积函数的常数因子可以提到积分号外面，即

$$\int_a^b kf(x)\mathrm{d}x = k\int_a^b f(x)\mathrm{d}x \quad (k\text{是常数}).$$

性质 5.3　如果将积分区间分成两部分，则在整个区间上的定积分等于这两个区间上定积分之和，即设$a<c<b$，则

$$\int_a^b f(x)\mathrm{d}x = \int_a^c f(x)\mathrm{d}x + \int_c^b f(x)\mathrm{d}x.$$

这个性质表明定积分对于积分区间具有可加性.

注　按定积分的补充规定，无论 a,b,c 的相对位置如何，总有上述等式成立. 例如，当 $a<b<c$ 时，由于

$$\int_a^c f(x)\mathrm{d}x=\int_a^b f(x)\mathrm{d}x+\int_b^c f(x)\mathrm{d}x,$$

于是得

$$\begin{aligned}\int_a^b f(x)\mathrm{d}x&=\int_a^c f(x)\mathrm{d}x-\int_b^c f(x)\mathrm{d}x\\&=\int_a^c f(x)\mathrm{d}x+\int_c^b f(x)\mathrm{d}x.\end{aligned}$$

性质 5.4　如果在区间 $[a,b]$ 上，$f(x)\equiv 1$，则 $\int_a^b f(x)\mathrm{d}x=\int_a^b \mathrm{d}x=b-a$.

性质 5.5　如果在区间 $[a,b]$ 上，$f(x)\geqslant 0$，则

$$\int_a^b f(x)\mathrm{d}x\geqslant 0\quad (a<b).$$

证明　因为 $f(x)\geqslant 0$，所以

$$f(\xi_i)\geqslant 0\quad (i=1,2,3,\cdots,n),$$

又因 $\Delta x_i\geqslant 0(i=1,2,\cdots,n)$，所以

$$\sum_{i=1}^{n} f(\xi_i)\Delta x_i\geqslant 0,$$

令 $\lambda=\max\{\Delta x_1,\Delta x_2,\cdots,\Delta x_n\}\to 0$ 时，便得欲证的不等式.

推论 5.1　如果在 $[a,b]$ 上，$f(x)\leqslant g(x)$，则

$$\int_a^b f(x)\mathrm{d}x\leqslant\int_a^b g(x)\mathrm{d}x\quad (a<b).$$

证明　因为 $g(x)-f(x)\geqslant 0$，由性质 5.5 得

$$\int_a^b [g(x)-f(x)]\mathrm{d}x\geqslant 0,$$

于是有

$$\int_a^b g(x)\mathrm{d}x-\int_a^b f(x)\mathrm{d}x\geqslant 0,$$

即有

$$\int_a^b f(x)\mathrm{d}x\leqslant\int_a^b g(x)\mathrm{d}x.$$

推论 5.2　$\left|\int_a^b f(x)\mathrm{d}x\right|\leqslant\int_a^b |f(x)|\mathrm{d}x\quad (a<b).$

证明　因为

$$-|f(x)|\leqslant f(x)\leqslant |f(x)|,$$

所以由推论 5.1 及性质 5.2 可得

$$-\int_a^b |f(x)|\mathrm{d}x\leqslant\int_a^b f(x)\mathrm{d}x\leqslant\int_a^b |f(x)|\mathrm{d}x,$$

故有

$$\left|\int_a^b f(x)\,\mathrm{d}x\right| \leqslant \int_a^b |f(x)|\,\mathrm{d}x .$$

性质 5.6　设 M 与 m 分别是函数 $f(x)$在$[a,b]$上的最大值及最小值, 则

$$m(b-a) \leqslant \int_a^b f(x)\,\mathrm{d}x \leqslant M(b-a) \quad (a<b).$$

证明　因为$m \leqslant f(x) \leqslant M$, 所以由性质 5.5 的推论 5.1 可得

$$\int_a^b m\,\mathrm{d}x \leqslant \int_a^b f(x)\,\mathrm{d}x \leqslant \int_a^b M\,\mathrm{d}x ,$$

再由性质 5.2 及性质 5.4, 即得

$$m(b-a) \leqslant \int_a^b f(x)\,\mathrm{d}x \leqslant M(b-a) .$$

这个性质说明, 由被积函数在积分区间上的最大值及最小值, 可以估计积分值的大致范围.

例 5.3　估计定积分 $\int_1^2 \frac{x}{x^2+1}\mathrm{d}x$ 的值.

解　因 $f(x)=\frac{x}{x^2+1}$ 在$[1,2]$上连续, 所以在$[1,2]$上可积, 又因为

$$f'(x)=\frac{1-x^2}{(x^2+1)^2} \leqslant 0 \quad (1 \leqslant x \leqslant 2),$$

所以 $f(x)$ 在$[1,2]$上单调减少, 从而有

$$\frac{2}{5} \leqslant f(x) \leqslant \frac{1}{2},$$

于是由性质 5.6 有

$$\frac{2}{5} \leqslant \int_1^2 f(x)\mathrm{d}x \leqslant \frac{1}{2}.$$

性质 5.7（定积分中值定理）　如果函数 $f(x)$ 在闭区间$[a,b]$上连续, 则在积分区间$[a,b]$上至少存在一点ξ , 使下式成立:

$$\int_a^b f(x)\,\mathrm{d}x = f(\xi)(b-a) \quad (a \leqslant \xi \leqslant b).$$

证明　利用性质 5.6, $m \leqslant \frac{1}{b-a}\int_a^b f(x)\,\mathrm{d}x \leqslant M$; 再由闭区间上连续函数的介值定理, 知在$[a,b]$上至少存在一点ξ , 使

$$f(\xi)=\frac{1}{a-b}\int_a^b f(x)\,\mathrm{d}x ,$$

故得此性质.

显然无论 $a<b$, 还是 $a>b$, 上述等式恒成立.

定积分中值定理的几何意义是：在区间$[a,b]$上至少存在一个ξ，使得以区间$[a,b]$为底边，以曲线$y=f(x)$为曲边的曲边梯形的面积等于同一底边而高为$f(\xi)$的一个矩形的面积（图5-4）.

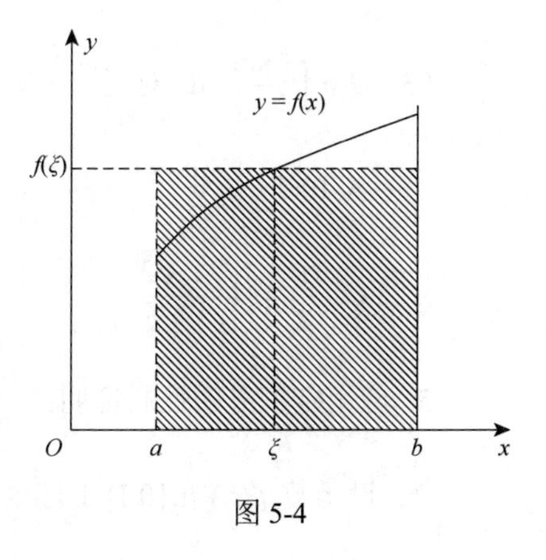

图5-4

由定积分中值定理得

$$f(\xi)=\frac{1}{b-a}\int_a^b f(x)\,\mathrm{d}x,$$

称之为函数$f(x)$在区间$[a,b]$上的平均值.

几何意义：$f(\xi)$可看作是图中曲边梯形的平均高度.

习　题　5-1

1. “$f(x)$在$[a,b]$上有界”是“$\int_a^b f(x)\mathrm{d}x$存在”的________条件，而“$f(x)$在$[a,b]$上连续”是“$\int_a^b f(x)\mathrm{d}x$存在”的________条件.

2. 利用定积分的几何意义写出下列定积分的值.

（1）$\int_0^2 x\mathrm{d}x=$________；　（2）$\int_0^a\sqrt{a^2-x^2}\mathrm{d}x=$________；

（3）$\int_{-\frac{\pi}{2}}^{\frac{\pi}{2}}\sin x\mathrm{d}x=$________；　（4）$\int_{-1}^1\arctan x\mathrm{d}x=$________.

3. 比较下列积分值的大小（用等号或不等号表示）：

（1）$\int_0^1 x\mathrm{d}x$ ________ $\int_0^1 x^2\mathrm{d}x$；　（2）$\int_2^3 x^2\mathrm{d}x$ ________ $\int_2^3 x^3\mathrm{d}x$；

（3）$\int_1^{\mathrm{e}}(\ln x)^2\mathrm{d}x$ ________ $\int_1^{\mathrm{e}}(\ln x)^3\mathrm{d}x$；　（4）$\int_0^1\mathrm{e}^x\mathrm{d}x$ ________ $\int_0^1(1+x)\mathrm{d}x$.

4. 选择题

（1）$I=\int_2^3 x^2\mathrm{d}x$对（　　）正确.

A. $4\leqslant I\leqslant 9$　B. $1\leqslant I\leqslant 6$　C. $7\leqslant I\leqslant 12$　D. $0\leqslant I\leqslant 5$

（2）$I=\int_{\frac{\pi}{4}}^{\frac{5}{4}\pi}\sqrt{1+\sin^2 x}\mathrm{d}x$对（　　）正确.

A. $1\leqslant I\leqslant\sqrt{2}$　B. $\frac{\pi}{4}\leqslant I\leqslant\frac{5\pi}{4}$

C. $0\leqslant I\leqslant\frac{\pi}{2}$　D. $\pi\leqslant I\leqslant\sqrt{2}\pi$

（3）$I=\int_{\frac{\pi}{4}}^{\frac{\pi}{2}}\frac{\sin x}{x}\mathrm{d}x$ 对（　　）正确.

A. $0\leqslant I\leqslant\frac{1}{2}$　　B. $2\leqslant I\leqslant 3$

C. $\frac{1}{2}\leqslant I\leqslant\frac{\sqrt{2}}{2}$　　D. $\frac{\pi}{4}\leqslant I\leqslant\frac{\pi}{2}$

5. 应用定积分的性质证明：$\sqrt{2}\,\mathrm{e}^{-\frac{1}{2}}\leqslant\int_{-\frac{1}{\sqrt{2}}}^{\frac{1}{\sqrt{2}}}\mathrm{e}^{-x^2}\mathrm{d}x\leqslant\sqrt{2}$.

*6. 设函数 $f(x)$ 在 $[0,1]$ 上连续，在 $(0,1)$ 内可导，且 $3\int_{\frac{2}{3}}^{1}f(x)\mathrm{d}x=f(0)$，证明：在 $(0,1)$ 内至少存在一点 c 使 $f'(c)=0$.

5.2　微积分基本公式

从前面的讨论可以看出，如果按照定积分的定义，用求和式极限的方法计算定积分是非常复杂的. 因此，我们必须寻找计算定积分的简单方法.

为此，我们以边际成本与总成本之间的联系为例，从积分与微分的关系来寻找解决问题的线索. 然后在其基础上，我们先用定积分来构造连续函数的一个原函数，并给出计算定积分的简单方法.

5.2.1　总成本函数与边际成本函数之间的联系

设某一生产过程中，总成本 C 是产量 x 的函数 $C=F(x)$，总成本对产量 x 的变化率为 $C'=F'(x)=f(x)$，那么当产量由 $x=a$ 增加到 $x=b$ 时，总成本的增加量 ΔC 可以有两种方法求得. 第一种方法是求总成本函数的增量，即 $\Delta C=F(b)-F(a)$；第二种方法是利用定积分的定义，即 $\Delta C=\int_a^b f(x)\mathrm{d}x$.

比较两种方法的结果，可以得到总成本函数 $F(x)$ 与边际成本函数 $f(x)$ 之间有如下关系：

$$\int_a^b f(x)\mathrm{d}x=F(b)-F(a).$$

我们注意 $F'(x)=f(x)$，即总成本函数 $F(x)$ 是边际成本函数 $f(x)$ 的原函数. 所以上式表明函数 $f(x)$ 在区间 $[a,b]$ 上的定积分等于 $f(x)$ 的原函数 $F(x)$ 在区间 $[a,b]$ 上的增量 $F(b)-F(a)$.

5.2.2 积分上限函数及其性质

1. 积分上限函数的定义

设函数 $f(x)$ 在区间 $[a,b]$ 上连续, 并且设 x 为 $[a,b]$ 上任一点. 现在我们来考察 $f(x)$ 在部分区间 $[a,x]$ 上的定积分

$$\int_a^x f(x)\mathrm{d}x.$$

由于 $f(x)$ 在区间 $[a,x]$ 上仍旧连续, 所以这个定积分存在. 这时, x 既表示定积分的上限, 又表示积分变量. 因为定积分与积分变量的符号无关, 所以为了避免积分变量 x 与积分上限 x 的混淆, 我们可以把积分变量改用其他符号, 例如用 t 表示, 则上面的定积分可以写成

$$\int_a^x f(t)\mathrm{d}t.$$

如果上限 x 在区间 $[a,b]$ 上任意变动, 则对于每一个取定的 x 值, 定积分都有一个值 $\int_a^x f(t)\mathrm{d}t$ 与之对应, 所以它在区间 $[a,b]$ 上定义了一个函数, 记作 $\Phi(x)$,

$$\Phi(x)=\int_a^x f(t)\mathrm{d}t \quad (a\leqslant x\leqslant b).$$

我们把这个函数 $\Phi(x)$ 称为**积分上限函数**.

积分上限函数的几何意义是明显的: 若函数 $f(x)$ 在区间 $[a, b]$ 上连续, 且 $f(x)\geqslant 0$, 则变上限定积分 $\Phi(x)=\int_a^x f(t)\mathrm{d}t$ 就表示在 $[a,x]$ 上, 在曲线 $f(x)$ 下方的曲边梯形的面积, 如图 5-5 中的阴影部分.

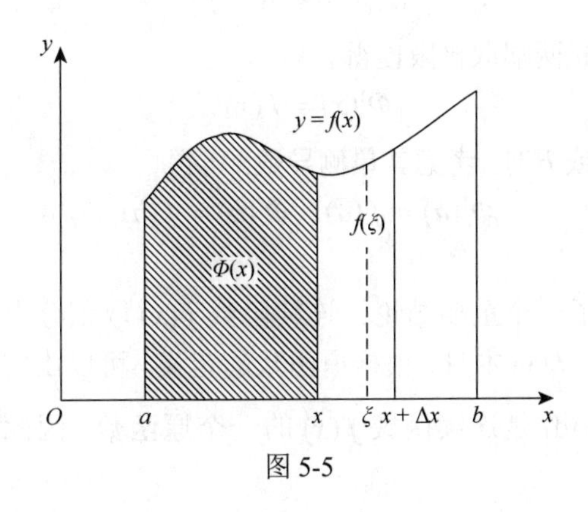

图 5-5

2. 积分上限函数的性质

定理 5.3　**如果函数 $f(x)$ 在区间 $[a,b]$ 上连续, 则积分上限函数**

$$\Phi(x)=\int_a^x f(t)\mathrm{d}t$$

在$[a,b]$上具有导数，并且它的导数是

$$\Phi'(x)=\frac{\mathrm{d}}{\mathrm{d}x}\int_a^x f(t)\mathrm{d}t = f(x) \quad (a\leqslant x\leqslant b).$$

证明　（1）任取$x\in(a,b)$，给x一个微小增量Δx，使得$x+\Delta x\in(a,b)$，则函数$\Phi(x)$在$x+\Delta x$处的函数值为

$$\Phi(x+\Delta x)=\int_a^{x+\Delta x} f(t)\mathrm{d}t.$$

由此得函数的增量

$$\begin{aligned}\Delta\Phi(x)&=\Phi(x+\Delta x)-\Phi(x)\\&=\int_a^{x+\Delta x} f(t)\mathrm{d}t-\int_a^x f(t)\mathrm{d}t\\&=\int_x^a f(t)\mathrm{d}t+\int_a^{x+\Delta x} f(t)\mathrm{d}t\\&=\int_x^{x+\Delta x} f(t)\mathrm{d}t.\end{aligned}$$

由定积分中值定理有

$$\Delta\Phi(x)=\int_x^{x+\Delta x} f(t)\mathrm{d}t=f(\xi)\Delta x,$$

其中ξ介于x与$x+\Delta x$之间，用Δx除上式两端，得

$$\frac{\Delta\Phi(x)}{\Delta x}=f(\xi).$$

由于$f(x)$在$[a,b]$上连续，而$\Delta x\to 0$时$\xi\to x$，所以有

$$\lim_{\Delta x\to 0} f(\xi)=f(x),$$

从而令$\Delta x\to 0$对上式两端取极限便得

$$\Phi'(x)=f(x).$$

（2）如果$x=a$或b时，考虑其单侧导数，可得

$$\Phi'_+(a)=f(a),\ \Phi'_-(b)=f(b).$$

定理得证.

这个定理给出了一个重要结论：连续函数$f(x)$取积分上限x的定积分然后求导，其结果还原为$f(x)$本身. 根据原函数的定义，可以由定理 5.3 推知积分上限函数$\Phi(x)=\int_a^x f(t)\mathrm{d}t$是连续函数$f(x)$的一个原函数. 因此，有如下的原函数存在定理.

定理 5.4　如果函数$f(x)$在区间$[a,b]$上连续，则函数

$$\Phi(x)=\int_a^x f(t)\mathrm{d}t$$

是 $f(x)$ 在 $[a,b]$ 的一个原函数.

这个定理的重要意义是：一方面肯定了连续函数的原函数是存在的，另一方面初步地提示了积分学中的定积分与原函数之间的联系. 因此，就有可能通过原函数来计算定积分.

例 5.4　设 $f(x)$ 在 $[0,+\infty)$ 内连续且 $f(x)>0$，证明函数

$$F(x)=\frac{\int_0^x tf(t)\,\mathrm{d}t}{\int_0^x f(t)\,\mathrm{d}t}$$

在 $(0,+\infty)$ 内为单调增加函数.

证明　因为当 $x>0$ 时，

$$\frac{\mathrm{d}}{\mathrm{d}x}\int_0^x tf(t)\,\mathrm{d}t = xf(x),\quad \frac{\mathrm{d}}{\mathrm{d}x}\int_0^x f(t)\,\mathrm{d}t = f(x).$$

故

$$F'(x)=\frac{xf(x)\int_0^x f(t)\,\mathrm{d}t-f(x)\int_0^x tf(t)\,\mathrm{d}t}{\left[\int_0^x f(t)\,\mathrm{d}t\right]^2}$$

$$=\frac{f(x)\int_0^x (x-t)f(t)\,\mathrm{d}t}{\left[\int_0^x f(t)\,\mathrm{d}t\right]^2}.$$

由定积分中值定理可得 $\int_0^x (x-t)f(t)\,\mathrm{d}t=x(x-\xi)f(\xi)$，其中 $0<\xi<x$.

又由假设条件可知，当 $0<\xi<x$ 时 $f(\xi)>0,(x-\xi)f(\xi)>0$，所以当 $x>0$ 时，$F'(x)>0$，从而 $F(x)$ 在 $(0,+\infty)$ 内为单调增加函数.

例 5.5　设 $f(x)$ 是连续函数，$F(x)=\int_0^x xf(t)\,\mathrm{d}t$，求 $F'(x)$.

解　$F'(x)=\frac{\mathrm{d}}{\mathrm{d}x}\int_0^x xf(t)\,\mathrm{d}t=\frac{\mathrm{d}}{\mathrm{d}x}\left[x\int_0^x f(t)\,\mathrm{d}t\right]=\int_0^x f(t)\,\mathrm{d}t+xf(x)$.

例 5.6　若 $f(x)$ 连续，且 $u=u(x),v=v(x)$ 可导，则

$$\frac{\mathrm{d}}{\mathrm{d}x}\int_{u(x)}^{v(x)} f(t)\,\mathrm{d}t=f[v(x)]v'(x)-f[u(x)]u'(x).$$

证明　由定积分性质对于任意常数 c，有

$$\int_{u(x)}^{v(x)} f(t)\,\mathrm{d}t=\int_c^{v(x)} f(t)\,\mathrm{d}t+\int_{u(x)}^{c} f(t)\,\mathrm{d}t=\int_c^{v(x)} f(t)\,\mathrm{d}t-\int_c^{u(x)} f(t)\,\mathrm{d}t.$$

根据复合函数求导法则有

$$\frac{\mathrm{d}}{\mathrm{d}x}\int_{u(x)}^{v(x)} f(t)\mathrm{d}t = \frac{\mathrm{d}}{\mathrm{d}x}\int_{c}^{v(x)} f(t)\,\mathrm{d}t - \frac{\mathrm{d}}{\mathrm{d}x}\int_{c}^{u(x)} f(t)\,\mathrm{d}t$$

$$= \frac{\mathrm{d}}{\mathrm{d}v}\left[\int_{c}^{v} f(t)\,\mathrm{d}t\right]\cdot\frac{\mathrm{d}v(x)}{\mathrm{d}x} - \frac{\mathrm{d}}{\mathrm{d}u}\left[\int_{c}^{u} f(t)\,\mathrm{d}t\right]\cdot\frac{\mathrm{d}u(x)}{\mathrm{d}x}$$

$$= f[v(x)]v'(x) - f[u(x)]u'(x).$$

例 5.7　已知 $y=\int_{x^2}^{x^4}\frac{1}{\sqrt{1+t^2}}\mathrm{d}t$，求 $\frac{\mathrm{d}y}{\mathrm{d}x}$.

解　由例 5.6 可得

$$\frac{\mathrm{d}y}{\mathrm{d}x} = \frac{\mathrm{d}}{\mathrm{d}x}\int_{x^2}^{x^4}\frac{1}{\sqrt{1+t^2}}\mathrm{d}t$$

$$= \frac{1}{\sqrt{1+(x^4)^2}}(x^4)' - \frac{1}{\sqrt{1+(x^2)^2}}(x^2)'$$

$$= \frac{4x^3}{\sqrt{1+x^8}} - \frac{2x}{\sqrt{1+x^4}}.$$

例 5.8　求 $\lim\limits_{x\to 0}\frac{\int_{\cos x}^{1}\mathrm{e}^{-t^2}\,\mathrm{d}t}{x^2}$.

解　$\frac{\mathrm{d}}{\mathrm{d}x}\int_{\cos x}^{1}\mathrm{e}^{-t^2}\,\mathrm{d}t = -\frac{\mathrm{d}}{\mathrm{d}x}\int_{1}^{\cos x}\mathrm{e}^{-t^2}\,\mathrm{d}t$

$$= -\mathrm{e}^{-\cos^2 x}\cdot(-\sin x)$$

$$= \sin x\cdot\mathrm{e}^{-\cos^2 x}.$$

利用洛必达法则得

$$\lim_{x\to 0}\frac{\int_{\cos x}^{1}\mathrm{e}^{-t^2}\,\mathrm{d}t}{x^2} = \lim_{x\to 0}\frac{\mathrm{e}^{-\cos^2 x}\sin x}{2x} = \frac{1}{2\mathrm{e}}.$$

5.2.3　牛顿–莱布尼茨公式

定理 5.5　如果函数 $F(x)$ 是连续函数 $f(x)$ 在区间 $[a,b]$ 上的一个原函数，则

$$\int_{a}^{b} f(x)\mathrm{d}x = F(b) - F(a).$$

证明　因为函数 $F(x)$ 是连续函数 $f(x)$ 的一个原函数，而积分上限函数

$$\varPhi(x) = \int_{a}^{x} f(t)\mathrm{d}t$$

也是 $f(x)$ 的一个原函数.

于是当 $a\leqslant x\leqslant b$ 时，有

$$\varPhi(x) = F(x)+C\quad(\text{其中 } C \text{ 是某一个常数}).$$

故有

$$\int_a^x f(t)\mathrm{d}t = F(x)+C. \tag{5-1}$$

在式（5-1）中令 $x=a$，得 $C=-F(a)$，代入上式可得

$$\int_a^x f(t)\mathrm{d}t = F(x)-F(a).$$

在式（5-1）中再令 $x=b$，并把积分变量 t 换为 x，便得到

$$\int_a^b f(x)\mathrm{d}x = F(b)-F(a).$$

这个定理确定了定积分与被积函数的原函数或不定积分之间的联系，它表明：一个连续函数在区间 $[a,b]$ 上的定积分等于它的任一原函数在区间 $[a,b]$ 上的增量. 从而使我们能够把连续函数的定积分计算问题，转化为求被积函数的原函数或不定积分的问题.

上述公式称为牛顿-莱布尼茨（Newton-Leibniz）公式，也称作微积分学基本公式.

为方便起见，把 $F(b)-F(a)$ 记作 $[F(x)]_a^b$ 或 $F(x)\big|_a^b$，因此牛顿-莱布尼茨公式也可以写成

$$\int_a^b f(x)\mathrm{d}x=[F(x)]_a^b \text{ 或 } \int_a^b f(x)\mathrm{d}x= F(x)\big|_a^b .$$

下面给出几个应用牛顿-莱布尼茨公式计算定积分的例子.

例 5.9 求 $\int_{-1}^2 x^3\,\mathrm{d}x$.

解 由于 $\dfrac{x^4}{4}$ 是 x^3 的一个原函数，所以由牛顿-莱布尼茨公式，有

$$\int_{-1}^2 x^3\,\mathrm{d}x = \left[\frac{x^4}{4}\right]_{-1}^2 = \frac{2^4}{4}-\frac{(-1)^4}{4}=\frac{15}{4}.$$

例 5.10 求 $\int_{-1}^{\sqrt{3}} \dfrac{1}{1+x^2}\mathrm{d}x$.

解 $\displaystyle\int_{-1}^{\sqrt{3}} \frac{1}{1+x^2}\mathrm{d}x = [\arctan x]_{-1}^{\sqrt{3}} = \frac{\pi}{3}+\frac{\pi}{4}=\frac{7}{12}\pi$.

例 5.11 $\displaystyle\int_{-4}^{-2}\frac{\mathrm{d}x}{x}$.

解 因为当 $x<0$ 时，$\dfrac{1}{x}$ 的一个原函数是 $\ln|x|$，所以 $\displaystyle\int_{-4}^{-2}\frac{1}{x}\mathrm{d}x=[\ln|x|]_{-4}^{-2}=\ln 2-2\ln 2=-\ln 2$.

例 5.12 求 $\int_0^{\pi}\sqrt{1+\cos 2x}\mathrm{d}x$.

解 $\displaystyle\int_0^{\pi}\sqrt{1+\cos 2x}\mathrm{d}x=\int_0^{\pi}\sqrt{2\cos^2 x}\,\mathrm{d}x=\sqrt{2}\int_0^{\pi}|\cos x|\mathrm{d}x$

$$=\sqrt{2}\left[\int_0^{\frac{\pi}{2}}\cos x\,\mathrm{d}x+\int_{\frac{\pi}{2}}^{\pi}(-\cos x)\mathrm{d}x\right]$$

$$=\sqrt{2}\left([\sin x]_0^{\frac{\pi}{2}}-[\sin x]_{\frac{\pi}{2}}^{\pi}\right)=2\sqrt{2}\,.$$

应当注意，牛顿-莱布尼茨公式适用的条件是被积函数 $f(x)$ 连续，如果对于有间断点的函数 $f(x)$ 的积分，用牛顿-莱布尼茨公式就会出现错误. 即使 $f(x)$ 连续，但 $f(x)$ 是分段函数，其定积分也不能直接用牛顿-莱布尼茨公式，而应当依 $f(x)$ 的不同表达式按段分成几个积分之和，再分别运用牛顿-莱布尼茨公式进行计算.

例 5.13 设 $f(x)=\begin{cases}2-x^2, & 0\leqslant x\leqslant 1,\\ x, & 1<x\leqslant 2,\end{cases}$ 求 $\int_0^2 f(x)\,\mathrm{d}x$.

解 $$\int_0^2 f(x)\mathrm{d}x=\int_0^1(2-x^2)\mathrm{d}x+\int_1^2 x\mathrm{d}x$$

$$=\left[2x-\frac{x^3}{3}\right]_0^1+\left[\frac{x^2}{2}\right]_1^2$$

$$=\frac{5}{3}+\frac{3}{2}=\frac{19}{6}.$$

习　题　5-2

1. 填空题

（1）设 $f(x)$ 在 $[a, b]$ 上连续，$a\leqslant x\leqslant b$，则 $\frac{\mathrm{d}}{\mathrm{d}x}\int_a^x f(t)\mathrm{d}t=$ ________；$\frac{\mathrm{d}}{\mathrm{d}x}\int_x^b f(t)\mathrm{d}t=$ ________；

（2）$\frac{\mathrm{d}}{\mathrm{d}x}\int_0^x\frac{t\sin t}{1+\cos^2 t}\mathrm{d}t=$ ________；

（3）$\frac{\mathrm{d}}{\mathrm{d}x}\int_0^{\sin x}t\sqrt{1+t^2}\mathrm{d}t=$ ________；

（4）$\lim\limits_{x\to 0}\frac{\int_0^x\tan t\mathrm{d}t}{x^2}=$ ________.

2. 选择题

（1）$\frac{\mathrm{d}}{\mathrm{d}x}\int_{2x}^{x^2}\mathrm{e}^{-t}\cos t\mathrm{d}t=$（　　）.

A. $2\mathrm{e}^{-2x}\cos 2x-2x\mathrm{e}^{-x^2}\cos(x^2)$

B. $2x\mathrm{e}^{-x^2}\cos(x^2)-2\mathrm{e}^{-2x}\cos 2x$

C. $2x\mathrm{e}^{-x^2}\cos(x^2)+2\mathrm{e}^{-2x}\cos 2x$

D. $\mathrm{e}^{-x^2}\cos(x^2)-\mathrm{e}^{-2x}\cos 2x$

（2）设 $f(x)=\int_0^{\sin x}t^2\mathrm{d}t, g(x)=x^3+x^4$,则当$x\to 0$时,$f(x)$是$g(x)$的（　　）.

A. 等价无穷小　　B. 同阶但非等价无穷小

C. 高阶无穷小　　D. 低阶无穷小

3. 求由$\int_0^y \mathrm{e}^t\,\mathrm{d}t+\int_0^x \sin t\mathrm{d}t=0$所决定的隐函数的导数$\dfrac{\mathrm{d}y}{\mathrm{d}x}$.

4. 设 $F(x)=\begin{cases}\dfrac{\int_0^x tf(t)\mathrm{d}t}{x^2}, & x\neq 0,\\ c, & x=0,\end{cases}$ 其中 $f(x)$ 连续，且 $f(0)=1$，试确定 c，使 $F(x)$ 在 $x=0$ 处连续.

5. 设 $F(x)=\int_0^{x^2}\mathrm{e}^{-t}\,\mathrm{d}t$，试求：

（1）$F(x)$ 的极值；（2）曲线 $y=F(x)$ 的拐点.

6. 计算下列定积分：

（1）$\int_{-1}^{3}(3x^2-2x+1)\mathrm{d}x$；　　（2）$\int_1^2\left(x^2+\dfrac{1}{x^4}\right)\mathrm{d}x$；

（3）$\int_{-\frac{1}{2}}^{\frac{1}{2}}\dfrac{1}{\sqrt{1-x^2}}\mathrm{d}x$；　　（4）$\int_0^{\frac{\pi}{4}}\tan^2\theta\mathrm{d}\theta$；

（5）$\int_0^{2\pi}|\sin x|\,\mathrm{d}x$；　　（6）$\int_0^2|1-x|\,\mathrm{d}x$；

（7）$\int_{\frac{1}{\sqrt{3}}}^{\sqrt{3}}\dfrac{1}{1+x^2}\mathrm{d}x$；　　（8）$\int_{-\mathrm{e}-1}^{-2}\dfrac{1}{1+x}\mathrm{d}x$.

7. 求下列极限：

（1）$\lim\limits_{x\to 0}\dfrac{\int_0^x \sin t\mathrm{d}t}{x^2}$；　　（2）$\lim\limits_{x\to +\infty}\dfrac{\int_0^x(\arctan t)^2\,\mathrm{d}t}{\sqrt{x^2+1}}$.

8. 设 $f(x)=\int_0^{-x}t\ln(1+t^2)\mathrm{d}t$，求 $f(x)$ 的增减区间和凸凹区间.

5.3　定积分的换元积分法和分部积分法

牛顿–莱布尼茨公式给出了计算定积分的方法，只要能求出被积函数的一个原函数，再将定积分的上、下限代入，计算其差即可. 但在有些情况下，这样运算比较复杂. 为此，我们根据不定积分的换元积分法和分部积分法类似地推导出定积分的换元积分法和分部积分法.

5.3.1 换元积分法

定理 5.6 假设函数 $f(x)$ 在区间 $[a,b]$ 上连续，函数 $x=\varphi(t)$ 满足条件：

（1）$\varphi(\alpha)=a, \varphi(\beta)=b$；

（2）$\varphi(t)$ 在 $[\alpha,\beta]$（或 $[\beta,\alpha]$）上具有连续导数，且其值域 $R_\varphi \subset [a,b]$，则有

$\int_a^b f(x)\mathrm{d}x = \int_\alpha^\beta f[\varphi(t)]\varphi'(t)\mathrm{d}t$.

这个公式称为定积分的换元公式.

证明 根据定理 5.6 的条件，上式两边的被积函数都是连续的，因此上式两端的定积分都存在. 现在只需证明它们相等即可.

设 $F(x)$ 是 $f(x)$ 的一个原函数，则由复合函数的求导法则，$F[\varphi(t)]$ 也是 $f[\varphi(t)]\varphi'(t)$ 的一个原函数. 于是，由牛顿-莱布尼茨公式，有

$$\int_a^b f(x)\mathrm{d}x = F(b)-F(a),$$

及 $\int_\alpha^\beta f[\varphi(t)]\varphi'(t)\mathrm{d}t = F[\varphi(\beta)]-F[\varphi(\alpha)] = F(b)-F(a)$.

因此有

$$\int_a^b f(x)\mathrm{d}x = \int_\alpha^\beta f[\varphi(t)]\varphi'(t)\mathrm{d}t.$$

在定积分 $\int_a^b f(x)\mathrm{d}x$ 中的 $\mathrm{d}x$，本来是整个定积分记号中不可分割的一部分，但由上述定理可知，在一定条件下，它确实可以作为微分记号来对待. 这就是说，应用换元公式时，如果把 $\int_a^b f(x)\mathrm{d}x$ 中的 x 换成 $\varphi(t)$，则 $\mathrm{d}x$ 就换成 $\varphi'(t)\mathrm{d}t$，这正好是 $x=\varphi(t)$ 的微分 $\mathrm{d}x$.

应用换元公式时有两点值得注意：①用 $x=\varphi(t)$ 把原来变量 x 换成新变量 t 时，积分限也要换成相应于新变量 t 的积分限；②求出 $f[\varphi(t)]\varphi'(t)$ 的一个原函数 $\Phi(t)$ 后，不必像不定积分那样要把 $\Phi(t)$ 变换成原来变量 x 的函数，而只要把新变量 t 的上、下限分别代入 $\Phi(t)$ 中然后相减即可.

换元公式有两种应用的形式：

第一种形式是从左边到右边，即求 $\int_a^b f(x)\mathrm{d}x$ 形式的积分. 通过令 $x=\varphi(t)$，且当 $x=a$ 时，$t=\alpha$；当 $x=b$ 时，$t=\beta$. 则 $\int_a^b f(x)\mathrm{d}x = \int_\alpha^\beta f[\varphi(t)]\varphi'(t)\mathrm{d}t$. 而 $\int_\alpha^\beta f[\varphi(t)]\varphi'(t)\mathrm{d}t$ 可以直接积分.

第二种形式是从右边到左边，即求$\int_{\alpha}^{\beta} f[\varphi(x)]\varphi'(x)\mathrm{d}x$形式的积分. 通过令$t=\varphi(x)$，且当$x=\alpha$时，$t=a$；当$x=\beta$时，$t=b$. 则$\int_{\alpha}^{\beta} f[\varphi(x)]\varphi'(x)\mathrm{d}x=\int_{a}^{b} f(t)\mathrm{d}t$.而$\int_{a}^{b} f(t)\mathrm{d}t$可以直接积分.

例 5.14　求$\int_0^a \sqrt{a^2-x^2}\,\mathrm{d}x$（$a>0$）.

解　设$x=a\sin t$，则$\mathrm{d}x=a\cos t\,\mathrm{d}t$，且当$x=0$时，$t=0$；当$x=a$时，$t=\dfrac{\pi}{2}$. 于是

$$\int_0^a \sqrt{a^2-x^2}\mathrm{d}x=a^2\int_0^{\frac{\pi}{2}}\cos^2 t\,\mathrm{d}t=\frac{a^2}{2}\int_0^{\frac{\pi}{2}}(1+\cos 2t)\,\mathrm{d}t$$

$$=\frac{a^2}{2}\left[t+\frac{1}{2}\sin 2t\right]_0^{\frac{\pi}{2}}=\frac{\pi a^2}{4}.$$

例 5.15　求$\int_1^4 \dfrac{\mathrm{d}x}{x+\sqrt{x}}$.

解　设$t=\sqrt{x}$，则$x=t^2$，$\mathrm{d}x=2t\,\mathrm{d}t$，且当$x=1$时，$t=1$；当$x=4$时，$t=2$. 于是

$$\int_1^4 \frac{\mathrm{d}x}{x+\sqrt{x}}=\int_1^2 \frac{2t}{t^2+t}\mathrm{d}t=2\int_1^2 \frac{1}{t+1}\mathrm{d}t=2[\ln(t+1)]_1^2=2(\ln 3-\ln 2).$$

例 5.16　求$\int_0^{\ln 2}\sqrt{\mathrm{e}^x-1}\mathrm{d}x$.

解　设$t=\sqrt{\mathrm{e}^x-1}$，则$x=\ln(1+t^2)$，$\mathrm{d}x=\dfrac{2t}{1+t^2}\mathrm{d}t$，且当$x=0$时，$t=0$；当$x=\ln 2$时，$t=1$. 于是

$$\int_0^{\ln 2}\sqrt{\mathrm{e}^x-1}\mathrm{d}x=\int_0^1 \frac{2t^2}{1+t^2}\mathrm{d}t=2\left(\int_0^1 \mathrm{d}t-\int_0^1 \frac{1}{1+t^2}\mathrm{d}t\right)$$

$$=2([t]_0^1-[\arctan t]_0^1)=2-\frac{\pi}{2}.$$

例 5.17　求$\int_0^{\frac{\pi}{2}}\cos^5 x\sin x\mathrm{d}x$.

解　设$t=\cos x$，则$\mathrm{d}t=-\sin x\,\mathrm{d}x$，且当$x=0$时，$t=1$；当$x=\dfrac{\pi}{2}$时，$t=0$. 于是

$$\int_0^{\frac{\pi}{2}}\cos^5 x\sin x\mathrm{d}x=-\int_1^0 t^5\,\mathrm{d}t=\int_0^1 t^5\,\mathrm{d}t=\left[\frac{t^6}{6}\right]_0^1=\frac{1}{6}.$$

在例 5.17 中，如果不明显地写出新变量 t，那么定积分的上、下限就不要变更. 而直接采用凑微分的形式进行计算：

$$\int_0^{\frac{\pi}{2}}\cos^5 x\sin x\mathrm{d}x=-\int_0^{\frac{\pi}{2}}\cos^5 x\mathrm{d}(\cos x)=-\left[\frac{\cos^6 x}{6}\right]_0^{\frac{\pi}{2}}=-\left(0-\frac{1}{6}\right)=\frac{1}{6}.$$

例 5.18　求 $\int_0^{\pi}\sqrt{\sin^3 x-\sin^5 x}\,\mathrm{d}x$.

解　$\int_0^{\pi}\sqrt{\sin^3 x-\sin^5 x}\,\mathrm{d}x=\int_0^{\pi}(\sin x)^{\frac{3}{2}}\sqrt{\cos^2 x}\,\mathrm{d}x=\int_0^{\pi}(\sin x)^{\frac{3}{2}}|\cos x|\mathrm{d}x$

$$=\int_0^{\frac{\pi}{2}}(\sin x)^{\frac{3}{2}}\cos x\mathrm{d}x-\int_{\frac{\pi}{2}}^{\pi}(\sin x)^{\frac{3}{2}}\cos x\mathrm{d}x$$

$$=\int_0^{\frac{\pi}{2}}(\sin x)^{\frac{3}{2}}\mathrm{d}(\sin x)-\int_{\frac{\pi}{2}}^{\pi}(\sin x)^{\frac{3}{2}}\mathrm{d}(\sin x)$$

$$=\frac{4}{5}.$$

例 5.19　求 $\int_0^2\frac{x}{(1+x^2)^3}\mathrm{d}x$.

解　$\int_0^2\frac{x}{(1+x^2)^3}\mathrm{d}x=\frac{1}{2}\int_0^2\frac{1}{(1+x^2)^3}\mathrm{d}(x^2)=\frac{1}{2}\int_0^2\frac{1}{(1+x^2)^3}\mathrm{d}(1+x^2)$

$$=\frac{1}{2}\times\left[-\frac{1}{2}(1+x^2)^{-2}\right]_0^2=\frac{6}{25}.$$

例 5.20　设 $f(x)$ 在 $[-a,a]$ 上连续，证明：

（1）当 $f(x)$ 是偶函数时，有 $\int_{-a}^{a}f(x)\mathrm{d}x=2\int_0^a f(x)\mathrm{d}x$；

（2）当 $f(x)$ 是奇函数时，有 $\int_{-a}^{a}f(x)\mathrm{d}x=0$.

证明　因为 $\int_{-a}^{a}f(x)\mathrm{d}x=\int_{-a}^{0}f(x)\mathrm{d}x+\int_0^a f(x)\mathrm{d}x$，在积分 $\int_{-a}^{0}f(x)\mathrm{d}x$ 中作代换 $x=-t$，则得

$$\int_{-a}^{0}f(x)\mathrm{d}x=-\int_a^0 f(-t)\mathrm{d}t=\int_0^a f(-t)\mathrm{d}t=\int_0^a f(-x)\mathrm{d}x.$$

于是

$$\int_{-a}^{a}f(x)\mathrm{d}x=\int_0^a f(-x)\mathrm{d}x+\int_0^a f(x)\mathrm{d}x$$

$$=\int_0^a[f(x)+f(-x)]\mathrm{d}x.$$

（1）当 $f(x)$ 为偶函数时，$f(x)+f(-x)=2f(x)$，故

$$\int_{-a}^{a}f(x)\mathrm{d}x=2\int_0^a f(x)\mathrm{d}x.$$

（2）当 $f(x)$ 为奇函数时，$f(x)+f(-x)=0$，故

$$\int_{-a}^{a} f(x)\,\mathrm{d}x = 0.$$

例 5.20 的性质有明显的几何意义：图 5-6 是 $y=f(x)$ 为奇函数的情形；图 5-7 是 $y=f(x)$ 为偶函数的情形.

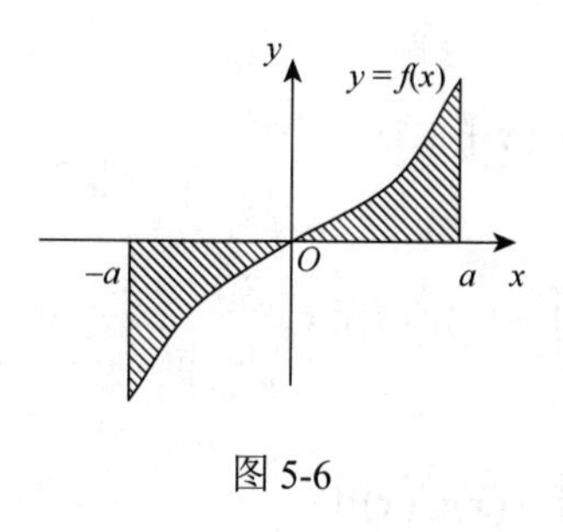

图 5-6

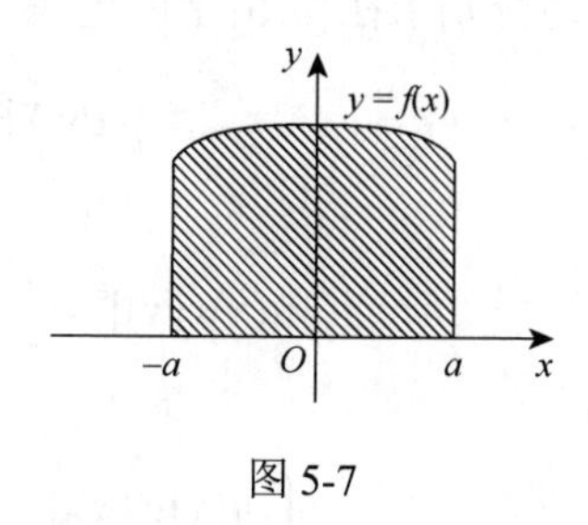

图 5-7

利用例 5.20 的结论，可简化计算偶函数、奇函数在以原点为中心的对称区间 $[-a,a]$ 上的定积分.

例 5.21　求 $\int_{-\frac{\pi}{2}}^{\frac{\pi}{2}}(x^3+2x+1)\cos x\,\mathrm{d}x$.

解　$\int_{-\frac{\pi}{2}}^{\frac{\pi}{2}}(x^3+2x+1)\cos x\,\mathrm{d}x=\int_{-\frac{\pi}{2}}^{\frac{\pi}{2}}(x^3+2x)\cos x\,\mathrm{d}x+\int_{-\frac{\pi}{2}}^{\frac{\pi}{2}}\cos x\,\mathrm{d}x$

$$=0+2\int_{0}^{\frac{\pi}{2}}\cos x\,\mathrm{d}x=2.$$

例 5.22　求 $\int_{-\pi}^{\pi}\frac{\sin x}{1+\cos^2 x}\mathrm{d}x$.

解　因为 $\frac{\sin x}{1+\cos^2 x}$ 在 $[-\pi,\pi]$ 上是奇函数，所以

$$\int_{-\pi}^{\pi}\frac{\sin x}{1+\cos^2 x}\mathrm{d}x=0.$$

5.3.2　分部积分法

定理 5.7　设函数 $u=u(x),v=v(x)$ 在区间 $[a,b]$ 上具有连续导数，则

$$\int_{a}^{b}u(x)v'(x)\,\mathrm{d}x=[u(x)v(x)]_a^b-\int_{a}^{b}v(x)u'(x)\,\mathrm{d}x.$$

简记作

$$\int_{a}^{b}uv'\,\mathrm{d}x=[uv]_a^b-\int_{a}^{b}vu'\,\mathrm{d}x,$$

或

$$\int_a^b u\,\mathrm{d}v=[uv]_a^b-\int_a^b v\,\mathrm{d}u\,.$$

证明　由函数乘积的导数公式

$$[u(x)v(x)]'=u'(x)v(x)+u(x)v'(x)\,,$$

等式两边分别求在$[a,b]$上的定积分，并注意到

$$\int_a^b[u(x)v(x)]'\mathrm{d}x=[u(x)v(x)]_a^b\,,$$

于是

$$[u(x)v(x)]_a^b=\int_a^b v(x)u'(x)\,\mathrm{d}x+\int_a^b u(x)v'(x)\,\mathrm{d}x\,,$$

移项得

$$\int_a^b u(x)v'(x)\mathrm{d}x=[u(x)v(x)]_a^b-\int_a^b v(x)u'(x)\,\mathrm{d}x\,.$$

这就是定积分的分部积分公式.

例 5.23　求$\int_0^{\frac{1}{2}}\arcsin x\,\mathrm{d}x$.

解　设$u=\arcsin x$，$\mathrm{d}v=\mathrm{d}x$, 则$\mathrm{d}u=\frac{1}{\sqrt{1-x^2}}\mathrm{d}x, v=x$，于是

$$\begin{aligned}\int_0^{\frac{1}{2}}\arcsin x\,\mathrm{d}x&=\left[x\arcsin x\right]_0^{\frac{1}{2}}-\int_0^{\frac{1}{2}}x\frac{1}{\sqrt{1-x^2}}\mathrm{d}x\\&=\frac{1}{2}\arcsin\frac{1}{2}+\frac{1}{2}\int_0^{\frac{1}{2}}\frac{1}{\sqrt{1-x^2}}\mathrm{d}(1-x^2)\\&=\frac{1}{2}\cdot\frac{\pi}{6}+\left[\sqrt{1-x^2}\right]_0^{\frac{1}{2}}=\frac{\pi}{12}+\frac{\sqrt{3}}{2}-1.\end{aligned}$$

例 5.24　求$\int_1^{\mathrm{e}}x\ln x\,\mathrm{d}x$.

解　设$u=\ln x,\mathrm{d}v=x\,\mathrm{d}x$，则$\mathrm{d}u=\frac{1}{x}\mathrm{d}x,v=\frac{x^2}{2}$，于是

$$\begin{aligned}\int_1^{\mathrm{e}}x\ln x\,\mathrm{d}x&=\left[\frac{x^2}{2}\ln x\right]_1^{\mathrm{e}}-\int_1^{\mathrm{e}}\frac{x^2}{2}\cdot\frac{1}{x}\mathrm{d}x\\&=\frac{\mathrm{e}^2}{2}-\left[\frac{x^2}{4}\right]_1^{\mathrm{e}}=\frac{\mathrm{e}^2+1}{4}.\end{aligned}$$

例 5.25　求$\int_0^1\mathrm{e}^{\sqrt{x}}\,\mathrm{d}x$.

解　先用换元法. 令$\sqrt{x}=t$，则$x=t^2,\mathrm{d}x=2t\,\mathrm{d}t$，且当$x=0$时，$t=0$；当$x=1$时，$t=1$. 于是

$$\begin{aligned}\int_0^1 e^{\sqrt{x}}\,dx &= 2\int_0^1 te^t\,dt\\ &= 2\int_0^1 t\,d(e^t)\\ &= 2[te^t]_0^1 - 2\int_0^1 e^t\,dt\\ &= 2e-2(e-1)=2.\end{aligned}$$

例 5.26　证明定积分公式

$$\begin{aligned}I_n &= \int_0^{\frac{\pi}{2}}\sin^n x\,dx \quad \left(=\int_0^{\frac{\pi}{2}}\cos^n x\,dx\right)\\ &= \begin{cases}\dfrac{n-1}{n}\cdot\dfrac{n-3}{n-2}\cdots\dfrac{3}{4}\cdot\dfrac{1}{2}\cdot\dfrac{\pi}{2}, & n\text{为正偶数},\\ \dfrac{n-1}{n}\cdot\dfrac{n-3}{n-2}\cdots\dfrac{4}{5}\cdot\dfrac{2}{3}, & n\text{为大于1的正奇数}.\end{cases}\end{aligned}$$

证明　设 $u=\sin^{n-1}x, dv=\sin x\,dx$，则 $du=(n-1)\sin^{n-2}x\cos x\,dx, v=-\cos x$，由分部积分公式可得

$$\begin{aligned}I_n &= [-\cos x\sin^{n-1}x]_0^{\frac{\pi}{2}} + (n-1)\int_0^{\frac{\pi}{2}}\sin^{n-2}x\cos^2 x\,dx\\ &= (n-1)\int_0^{\frac{\pi}{2}}\sin^{n-2}x(1-\sin^2 x)\,dx\\ &= (n-1)\int_0^{\frac{\pi}{2}}\sin^{n-2}x\,dx-(n-1)\int_0^{\frac{\pi}{2}}\sin^n x\,dx\\ &= (n-1)I_{n-2}-(n-1)I_n\end{aligned}$$

因此

$$I_n=\frac{n-1}{n}I_{n-2}.$$

这个等式称为积分 I_n 关于下标的递推公式. 它把计算 I_n 转化为计算 I_{n-2}，连续使用此公式可逐渐降低 $\sin^n x$ 的幂次，当 n 为奇数时，可降到 1 次幂；当 n 为偶数时，可降到 0 次幂. 即

$$\left.\begin{aligned}I_{2m} &= \frac{2m-1}{2m}\cdot\frac{2m-3}{2m-2}\cdot\frac{2m-5}{2m-4}\cdots\frac{5}{6}\cdot\frac{3}{4}\cdot\frac{1}{2}I_0,\\ I_{2m+1} &= \frac{2m}{2m+1}\cdot\frac{2m-2}{2m-1}\cdot\frac{2m-4}{2m-3}\cdots\frac{6}{7}\cdot\frac{4}{5}\cdot\frac{2}{3}I_1\end{aligned}\right.\quad (m=1,2,\cdots),$$

而

$$I_0=\int_0^{\frac{\pi}{2}}dx=\frac{\pi}{2},\quad I_1=\int_0^{\frac{\pi}{2}}\sin x\,dx=1.$$

于是

$$I_{2m}=\int_0^{\frac{\pi}{2}}\sin^{2m}x\,\mathrm{d}x=\frac{2m-1}{2m}\cdot\frac{2m-3}{2m-2}\cdot\frac{2m-5}{2m-4}\cdots\frac{5}{6}\cdot\frac{3}{4}\cdot\frac{1}{2}\cdot\frac{\pi}{2},$$

$$I_{2m+1}=\int_0^{\frac{\pi}{2}}\sin^{2m+1}x\,\mathrm{d}x=\frac{2m}{2m+1}\cdot\frac{2m-2}{2m-1}\cdot\frac{2m-4}{2m-3}\cdots\frac{6}{7}\cdot\frac{4}{5}\cdot\frac{2}{3}(m=1,2,\cdots).$$

下面证明：$\int_0^{\frac{\pi}{2}}\sin^n x\,\mathrm{d}x=\int_0^{\frac{\pi}{2}}\cos^n x\,\mathrm{d}x$.

设 $x=\frac{\pi}{2}-t$，则有

$$\begin{aligned}\int_0^{\frac{\pi}{2}}\sin^n x\,\mathrm{d}x&=\int_0^{\frac{\pi}{2}}\cos^n\left(\frac{\pi}{2}-x\right)\mathrm{d}x=-\int_{\frac{\pi}{2}}^0\cos^n t\,\mathrm{d}t\\&=\int_0^{\frac{\pi}{2}}\cos^n t\,\mathrm{d}t=\int_0^{\frac{\pi}{2}}\cos^n x\,\mathrm{d}x.\end{aligned}$$

因此, 上面公式对 $\int_0^{\frac{\pi}{2}}\cos^n x\,\mathrm{d}x$ 也适用.

习　题　5-3

1. 计算下列定积分：

（1）$\int_{\frac{\pi}{3}}^{\pi}\sin\left(x-\frac{\pi}{3}\right)\mathrm{d}x$；　　（2）$\int_{\frac{\pi}{6}}^{\frac{\pi}{2}}\cos^2 x\mathrm{d}x$；

（3）$\int_1^4\frac{1}{1+\sqrt{x}}\mathrm{d}x$；　　（4）$\int_0^{\pi}(1-\sin^3\theta)\mathrm{d}\theta$；

（5）$\int_1^2\frac{\mathrm{e}^{\frac{1}{x}}}{x^2}\mathrm{d}x$；　　（6）$\int_{-1}^1\frac{x\mathrm{d}x}{\sqrt{5-4x}}$；

（7）$\int_0^2 x^2\sqrt{4-x^2}\,\mathrm{d}x$；　　（8）$\int_0^{\frac{\pi}{2}}\sin^3 x\cdot\cos^3 x\,\mathrm{d}x$；

（9）$\int_1^{\mathrm{e}}\frac{1+\ln x}{x}\mathrm{d}x$；　　（10）$\int_0^{\sqrt{2}}\sqrt{2-x^2}\mathrm{d}x$；

（11）$\int_{-1}^1(x+|x|)^2\mathrm{d}x$；　　（12）$\int_1^{\mathrm{e}}\ln x\mathrm{d}x$；

（13）$\int_0^{\sqrt{\ln 2}}x^3\mathrm{e}^{x^2}\mathrm{d}x$；　　（14）$\int_{\frac{1}{\mathrm{e}}}^{\mathrm{e}}|\ln x|\mathrm{d}x$.

2. 利用定积分的换元法证明下列等式：

（1）$\int_0^1 x^m(1-x)^n\mathrm{d}x=\int_0^1 x^n(1-x)^m\mathrm{d}x$；

（2）$\int_a^b f(x)\mathrm{d}x=(b-a)\int_0^1 f[a+(b-a)x]\mathrm{d}x$，其中 $b>a$，$f(x)$ 连续.

3. 已知 $f(\pi)=1$，$f(x)$ 具有二阶连续导数，且 $\int_0^{\pi}[f(x)+f''(x)]\sin x\mathrm{d}x=3$，求 $f(0)$.

4. 已知 $f(2)=0.5$，$f'(2)=0$，$\int_0^2 f(x)\mathrm{d}x=1$，求 $\int_0^2 x^2 f''(x)\mathrm{d}x$.

5.4　定积分的几何应用

定积分在解决实际问题中有着广泛的应用，本节仅介绍它在几何方面的一些应用，其目的不仅在于建立计算这些几何量的公式，更重要的还在于介绍运用元素法将一个量表达成为定积分的分析方法.

5.4.1　定积分的元素法

在定积分的应用中，经常采用所谓的元素法. 为了说明这种方法，我们先回顾一下 5.1 节中讨论过的曲边梯形的面积问题.

设 $f(x)$ 在区间 $[a,b]$ 上连续，且 $f(x)\geqslant 0$，求以曲线 $y=f(x)$ 为曲边，底为 $[a,b]$ 的曲边梯形的面积 A（图 5-8）. 把这个面积 A 表示为定积分 $A=\int_a^b f(x)\mathrm{d}x$ 的步骤是：

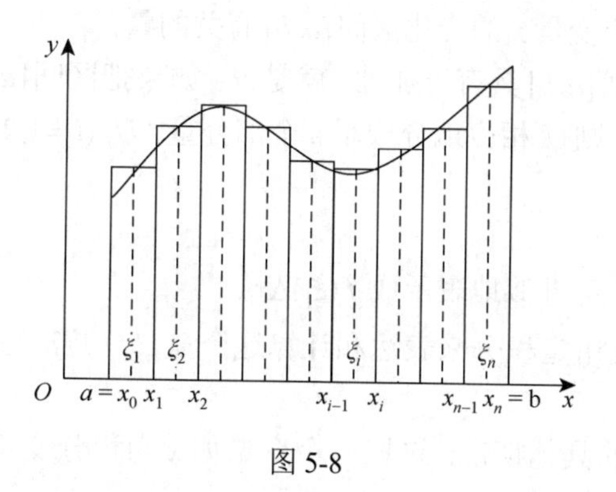

图 5-8

（1）分割：化整为零. 用任意一组分点 $a=x_0<x_1<\cdots<x_{i-1}<x_i<\cdots<x_n=b$ 将区间$[a,b]$分成n个小区间$[x_{i-1},x_i]$，记每个小区间的长度为$\Delta x_i=x_i-x_{i-1}(i=1,2,\cdots,n)$，并记 $\lambda=\max\{\Delta x_1,\Delta x_2,\cdots,\Delta x_n\}$. 相应地，曲边梯形被划分成 n 个窄曲边梯形，第 i 个窄曲边梯形的面积记为 ΔA_i，$i=1, 2, \cdots, n$. 于是有 $A=\sum_{i=1}^{n}\Delta A_i$.

（2）近似代替：以不变代变. 以窄矩形的面积代替窄曲边梯形的面积，即

$$\Delta A_i \approx f(\xi_i)\Delta x_i, \text{其中 } x_{i-1} \leqslant \xi_i \leqslant x_i \quad (i=1,2,\cdots,n).$$

（3）求和：积零为整. 给出 A 的近似值，即

$$A \approx \sum_{i=1}^{n} f(\xi_i)\Delta x_i .$$

（4）取极限：由 A 的近似值转化为 A 的精确值，即

$$A = \lim_{\lambda \to 0}\sum_{i=1}^{n} f(\xi_i)\Delta x_i = \int_a^b f(x)\mathrm{d}x .$$

上述做法蕴含有如下的本质特征：

（1）对于一个与变量 x 的变化区间 $[a,b]$ 相关联的所求量 A，如果将 $[a,b]$ 分成部分区间 $[x_{i-1},x_i]$ $(i=1,2,\cdots,n)$，则 A 相应地分成部分量 ΔA_i $(i=1,2,\cdots,n)$，并且 $A=\sum_{i=1}^{n}\Delta A_i$. 这一性质称为所求量 A 对于区间 $[a,b]$ 具有**可加性**.

（2）在用 $f(\xi_i)\Delta x_i$ 近似表示 ΔA_i 时，误差应是 Δx_i 的高阶无穷小. 即

$$\Delta A_i \approx f(\xi_i)\Delta x_i \text{，并且 } \Delta A_i - f(\xi_i)\Delta x_i = o(\Delta x_i).$$

只有这样，和式 A 的近似值 $\sum_{i=1}^{n} f(\xi_i)\Delta x_i$ 的极限才是 A 的精确值.

一般地，如果某一实际问题中的所求量 U 符合下列条件：

（1）U 是与一个变量 x 的变化区间 $[a,b]$ 有关的量；

（2）U 对于区间 $[a,b]$ 具有可加性. 就是说，如果把区间 $[a,b]$ 分成 n 个部分区间 Δx_i $(i=1,2,\cdots,n)$，则 U 相应地分成了 n 个部分量 ΔU_i $(i=1,2,\cdots,n)$，并且有 $U=\sum_{i=1}^{n}\Delta U_i$；

（3）部分量 ΔU_i 可近似地表示成 $f(\xi_i)\Delta x_i$.

那么，就可考虑用定积分来表达和计算这个量 U. 通常写出这个量 U 的积分表达式的步骤是：

（1）根据问题的具体情况，选取一个变量如 x 为积分变量，并确定它的变化区间 $[a,b]$；

（2）设想将区间 $[a,b]$ 分成若干小区间，取其中的任一小区间 $[x,x+\mathrm{d}x]$，求出它所对应的部分量 ΔU 的近似值. 如果 ΔU 能够近似地表示为区间 $[a,b]$ 上的一个连续函数在 x 处的值 $f(x)$ 与 $\mathrm{d}x$ 的乘积，即

$$\Delta U \approx f(x)\mathrm{d}x \quad (\Delta U - f(x)\mathrm{d}x = o(\mathrm{d}x)),$$

则称 $f(x)\mathrm{d}x$ 为量 U 的元素记作 $\mathrm{d}U$，即 $\mathrm{d}U = f(x)\mathrm{d}x$；

（3）以所求量 U 的元素 $f(x)\mathrm{d}x$ 作被积表达式，在区间 $[a,b]$ 上作定积分，得

$$U=\int_a^b f(x)\mathrm{d}x .$$

这种方法称为**元素法**，其关键是找出 U 的元素 $\mathrm{d}U$ 的微分表达式

$$\mathrm{d}U=f(x)\mathrm{d}x \quad (a\leqslant x\leqslant b).$$

因此，这种方法也称为**微元法**.

5.4.2　平面图形的面积

1. 直角坐标系下面积的计算

前面我们已经解决了曲边梯形面积的计算问题，即由曲线 $y=f(x)$ $(f(x)\geqslant 0)$ 及直线 $x=a$ 与 $x=b$ （$a<b$）与 x 轴所围成的曲边梯形面积：

$$A=\int_a^b f(x)\mathrm{d}x ,$$

其中被积表达式 $f(x)\mathrm{d}x$ 就是直角坐标系下面积元素，记作 $\mathrm{d}A=f(x)\mathrm{d}x$.它表示高为 $f(x)$，底为 $\mathrm{d}x$ 的一个矩形面积（图 5-9）.

下面讨论一般情形.

如果一个平面图形由连续曲线 $y=f(x)$，$y=g(x)$ 及直线 $x=a$，$x=b$ 所围成，并且在 $[a,b]$ 上 $f(x)\geqslant g(x)$，那么该图形（图 5-10）的面积为

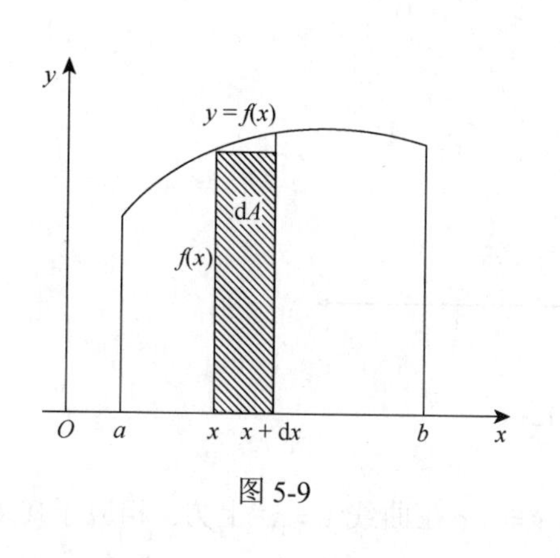

图 5-9

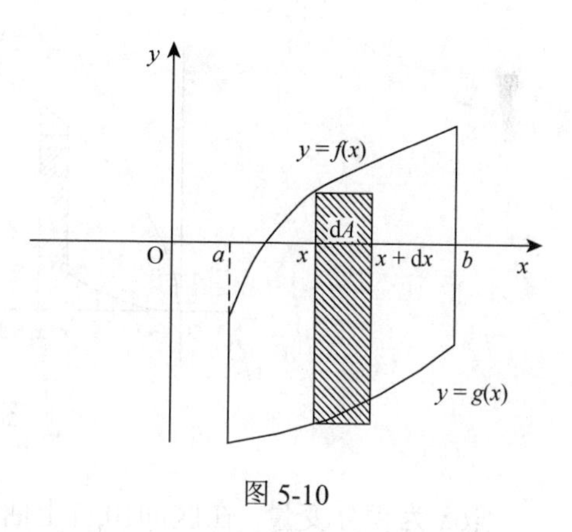

图 5-10

$$A=\int_a^b f(x)\mathrm{d}x-\int_a^b g(x)\mathrm{d}x=\int_a^b [f(x)-g(x)]\mathrm{d}x ,$$

其中 $[f(x)-g(x)]\mathrm{d}x$ 为面积元素.

类似地，如果平面图形由连续曲线 $x=\varphi(y)$，$x=\psi(y)$ 及直线 $y=c$，$y=d$ 所围成，并且在 $[c,d]$ 上 $\varphi(y)\geqslant\psi(y)$，那么该图形（图 5-11）的面积为

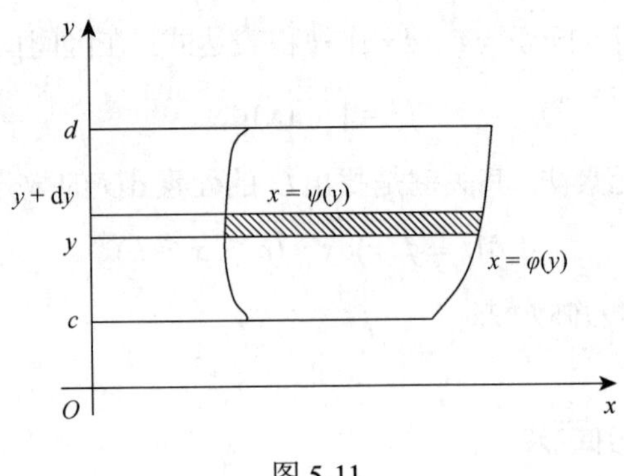

图 5-11

$$A=\int_c^d[\varphi(y)-\psi(y)]\mathrm{d}y,$$

其中$[\varphi(y)-\psi(y)]\mathrm{d}y$为面积元素.

例 5.27　计算由两条抛物线$y^2=x$，$y=x^2$所围成图形的面积.

解　这两条抛物线所围成的图形如图 5-12 所示. 解方程组$\begin{cases}y^2=x,\\ y=x^2,\end{cases}$得这两条曲线的交点$(0,0)$和$(1,1)$.

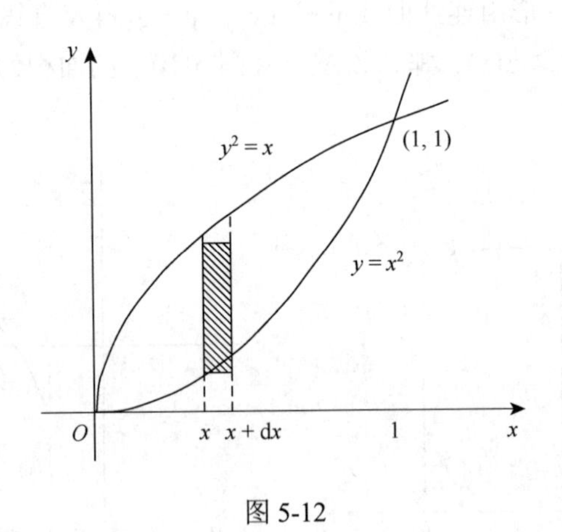

图 5-12

取x为积分变量，在区间$[0,1]$上曲线$y=\sqrt{x}$在曲线$y=x^2$上方. 相应于$[0,1]$上的任一小区间$[x,x+\mathrm{d}x]$的窄曲边梯形的面积近似于高为$\sqrt{x}-x^2$、底为$\mathrm{d}x$的窄矩形的面积. 从而得到面积元素

$$\mathrm{d}A=(\sqrt{x}-x^2)\mathrm{d}x.$$

故所求的面积为

$$A=\int_0^1(\sqrt{x}-x^2)\,\mathrm{d}x=\left[\frac{2}{3}x^{\frac{3}{2}}-\frac{x^3}{3}\right]_0^1=\frac{1}{3}.$$

例 5.28　计算抛物线 $y^2=2x$ 与直线 $y=x-4$ 所围成的图形面积.

解　这两条曲线所围成的图形如图 5-13 所示. 解方程组 $\begin{cases}y^2=2x,\\ y=x-4,\end{cases}$ 得这两条曲线的交点 $(2,-2)$ 和 $(8,4)$.

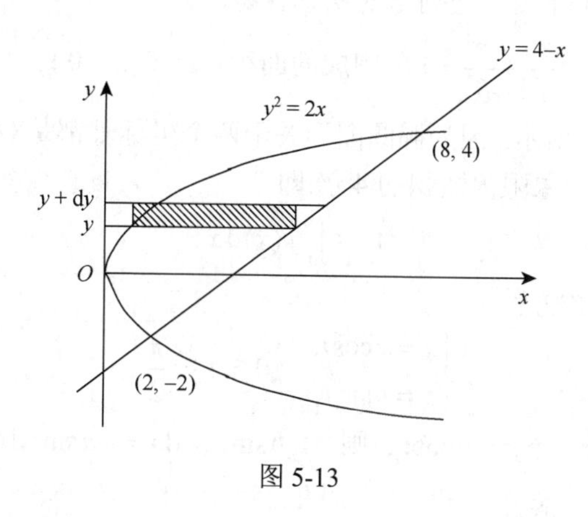

图 5-13

解法 1　取 y 为积分变量, 在区间 $[-2,4]$ 上直线 $x=4+y$ 在抛物线 $x=\dfrac{y^2}{2}$ 的右边. 相应于 $[-2,4]$ 上的任一小区间 $[y,y+\mathrm{d}y]$ 的窄曲边梯形的面积近似于高为 $y+4-\dfrac{y^2}{2}$, 底为 $\mathrm{d}y$ 的窄矩形的面积. 从而等到面积元素

$$\mathrm{d}A=\left(y+4-\frac{y^2}{2}\right)\mathrm{d}y.$$

故所求的面积为

$$A=\int_{-2}^4\left[y+4-\frac{y^2}{2}\right]\mathrm{d}y=\left[\frac{1}{2}y^2+4y-\frac{y^3}{6}\right]_{-2}^4=18.$$

解法 2　如果取 x 为积分变量, x 的变化区间为 $[0,8]$. 在 $0\leqslant x\leqslant 2$ 上, 面积元素为 $\mathrm{d}A=[\sqrt{2x}-(-\sqrt{2x})]\mathrm{d}x=2\sqrt{2x}\,\mathrm{d}x$; 在 $2\leqslant x\leqslant 8$ 上, 面积元素为

$$\mathrm{d}A=[\sqrt{2x}-(x-4)]\mathrm{d}x=(4+\sqrt{2x}-x)\,\mathrm{d}x.$$

故所求图形的面积为

$$
\begin{aligned}
A &= \int_0^2 2\sqrt{2x}\,\mathrm{d}x + \int_2^8 (4+\sqrt{2x}-x)\mathrm{d}x \\
&= \frac{4}{3}\sqrt{2}x^{\frac{3}{2}}\Big|_0^2 + \left[4x+\frac{2\sqrt{2}}{3}x^{\frac{3}{2}}-\frac{1}{2}x^2\right]_2^8 \\
&= 18.
\end{aligned}
$$

显然，在同一问题中，有时可以选取不同的积分变量进行计算，但选择的积分变量不同，计算积分的难易程度往往不同. 因此在解决定积分应用问题时，应注意把积分变量选得合适，使列出的积分容易计算.

例 5.29 求椭圆 $\frac{x^2}{a^2}+\frac{y^2}{b^2}=1$ 所围成的面积（$a>0, b>0$）.

解 如图 5-14 所示，因为椭圆图形关于两个坐标轴都是对称的，所以整个椭圆面积应为位于第一象限内面积的 4 倍.即

$$A = 4\int_0^a y(x)\,\mathrm{d}x .$$

由于椭圆的参数方程

$$\begin{cases} x = a\cos t, \\ y = b\sin t, \end{cases} \quad 0 \leqslant t \leqslant \frac{\pi}{2},$$

应用定积分换元法，令 $x=a\cos t$，则 $y=b\sin t$，$\mathrm{d}x=-a\sin t\,\mathrm{d}t$，且当 x 由 0 变到 a 时，t 由 $\frac{\pi}{2}$ 变到 0，所以

$$
\begin{aligned}
A &= 4\int_{\frac{\pi}{2}}^0 (b\sin t)(-a\sin t)\,\mathrm{d}t \\
&= 4ab\int_0^{\frac{\pi}{2}} \sin^2 \mathrm{d}t = 4ab\cdot\frac{1}{2}\cdot\frac{\pi}{2} = \pi ab.
\end{aligned}
$$

2. 极坐标情形

对于有些平面图形，我们用极坐标来计算它的面积会更为方便一些.

首先介绍关于极坐标的基本知识.

在极坐标系中，平面点 M 的位置决定于：①它到极点 O 的距离 $OM=\rho$（ρ 称为点的极径）；②线段 OM 与极轴 Ox 的夹角 θ（θ 称为点的极角）.从极轴起按逆时针方向计算的角 θ 规定为正的.

如果点 M 有极坐标 ρ 和 θ，则简记为 $M(\rho,\theta)$.

如果直角坐标系的原点与极点重合，Ox 轴正向与极轴方向一致，则点 M 的直角坐标 x 和 y 与它的极坐标 ρ 和 θ 以下列公式相联系：

$$\begin{cases} x = \rho\cos\theta, \\ y = \rho\sin\theta \end{cases} \text{和} \begin{cases} \rho = \sqrt{x^2+y^2}, \\ \tan\theta = \frac{y}{x}. \end{cases}$$

设曲线 $\rho=\varphi(\theta)$ 在 $[\alpha,\beta]$ 上连续，且 $\varphi(\theta)\geqslant 0$，我们称由曲线 $\rho=\varphi(\theta)$ 及射线 $\theta=\alpha$，$\theta=\beta$ 围成的图形为曲边扇形（图 5-15）.

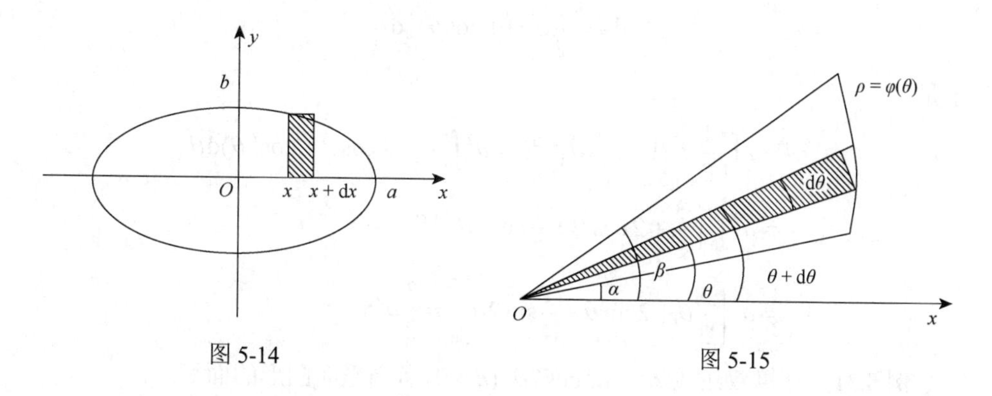

图 5-14　　图 5-15

下面用微元法来计算曲边扇形的面积.

取极角 θ 为积分变量. 在 θ 的变化范围 $[\alpha,\beta]$ 内，任取一微小区间 $[\theta,\theta+\mathrm{d}\theta]$，在这个小区间上相应的窄曲边扇形面积可以近似地用半径为 $\rho=\varphi(\theta)$、中心角为 $\mathrm{d}\theta$ 的窄曲边扇形的面积来代替，从而得到曲边扇形的面积元素

$$\mathrm{d}A=\frac{1}{2}[\varphi(\theta)]^2\,\mathrm{d}\theta,$$

故曲边梯形的面积为

$$A=\int_{\alpha}^{\beta}\frac{1}{2}\varphi^2(\theta)\mathrm{d}\theta.$$

例 5.30　计算心形线 $\rho=a(1+\cos\theta)$ $(a>0)$ 所围成图形的面积.

解　心形线所围成的图形如图 5-16 所示. 这个图形关于极轴对称，因此所求图形的面积 A 是极轴以上部分图形面积的 2 倍.

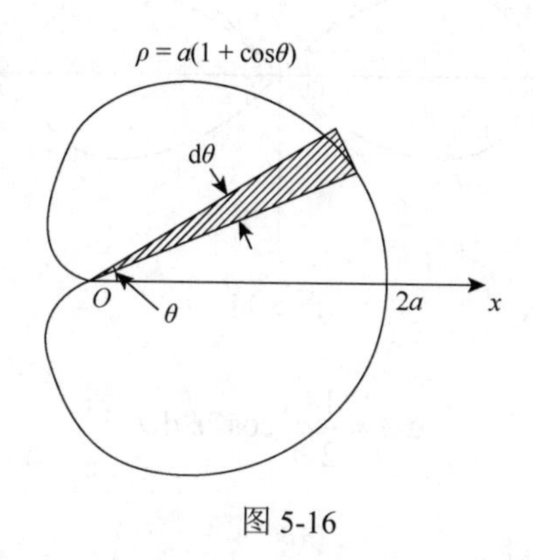

图 5-16

对于极轴以上部分的图形，θ 的变化区间为 $[0,\pi]$. 相应于 $[0,\pi]$ 上任一区间

$[\theta,\theta+\mathrm{d}\theta]$ 的窄曲边扇形的面积近似于半径为 $\rho=a(1+\cos\theta)$，中心角为 $\mathrm{d}\theta$ 的窄圆扇形的面积. 即有面积元素

$$\mathrm{d}A=\frac{1}{2}a^2(1+\cos\theta)^2\,\mathrm{d}\theta,$$

于是

$$\begin{aligned}A&=2\int_0^{\pi}\frac{1}{2}a^2(1+\cos\theta)^2\,\mathrm{d}\theta=a^2\int_0^{\pi}(1+2\cos\theta+\cos^2\theta)\mathrm{d}\theta\\&=a^2\int_0^{\pi}\left(\frac{3}{2}+2\cos\theta+\frac{1}{2}\cos2\theta\right)\mathrm{d}\theta\\&=a^2\left[\frac{3}{2}\theta+2\sin\theta+\frac{1}{4}\sin2\theta\right]_0^{\pi}=\frac{3}{2}a^2\pi.\end{aligned}$$

例 5.31 计算双纽线 $\rho^2=a^2\cos2\theta\ (a>0)$ 所围平面图形的面积.

解 双纽线所围成的图形如图 5-17 所示.

因为 $\rho^2\geqslant0$，所以 θ 的取值范围是 $\left[-\frac{\pi}{4},\frac{\pi}{4}\right]$，$\left[\frac{3\pi}{4},\frac{5\pi}{4}\right]$. 又由于这个图形关于两个坐标轴对称，所以所求图形的面积 A 是第一象限部分图形面积的 4 倍. 对于第一象限部分的图形，θ 的变化区间为 $\left[0,\frac{\pi}{4}\right]$. 相应于 $\left[0,\frac{\pi}{4}\right]$ 上任一区间 $[\theta,\theta+\mathrm{d}\theta]$ 的窄曲边扇形的面积近似于半径为 $\rho=(a^2\cos2\theta)^{\frac{1}{2}}$、中心角为 $\mathrm{d}\theta$ 的窄圆扇形的面积. 即有面积元素

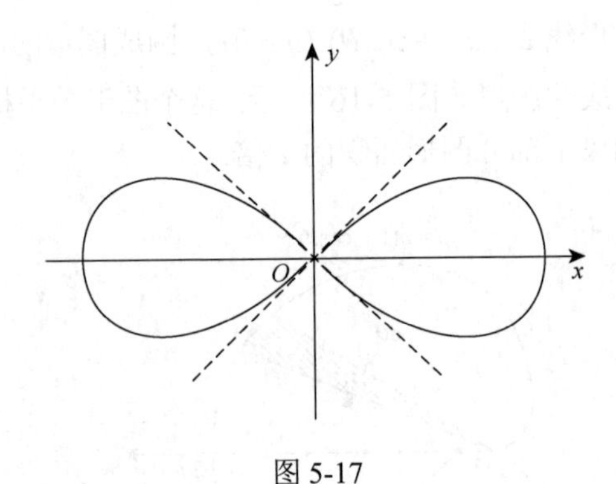

图 5-17

$$\mathrm{d}A=\frac{1}{2}a^2\cos2\theta\,\mathrm{d}\theta,$$

于是

$$A=4\int_0^{\frac{\pi}{4}}\frac{1}{2}a^2\cos2\theta\,\mathrm{d}\theta=2a^2\int_0^{\frac{\pi}{4}}\cos2\theta\,\mathrm{d}\theta=a^2.$$

5.4.3 体积

用定积分计算立体的体积, 我们只考虑下面两种简单情形, 对于一般的立体体积的计算, 将在二重积分中进行讨论.

1. 平行截面面积为已知的立体的体积

设有一空间立体, 如果该立体上垂直于一定轴的各个平行截面的面积为已知, 那么这个立体的体积就可以用定积分来进行计算.

如图 5-18 所示, 取定轴为 x 轴, 设该立体夹在过点 $x=a$, $x=b$ 且垂直于 x 轴的两个平面之间. 过任意点 $x(a\leqslant x\leqslant b)$ 作垂直于 x 轴的截面, 以 $A(x)$ 表示该截面的面积, 其中 $A(x)$ 为已知的连续函数.取 x 为积分变量, 它的变化区间为 $[a,b]$. 立体中相应于 $[a,b]$ 上任一小区间 $[x,x+\mathrm{d}x]$ 的一薄片的体积近似于底面积为 $A(x)$, 高为 $\mathrm{d}x$ 的扁柱体的体积, 即体积元素为

$$\mathrm{d}V=A(x)\mathrm{d}x.$$

于是, 该立体的体积为

$$V=\int_a^b A(x)\mathrm{d}x.$$

例 5.32　一平面经过半径为 R 的圆柱体的底圆中心, 并与底面交成角 α(图 5-19). 计算这平面截圆柱体所得立体的体积.

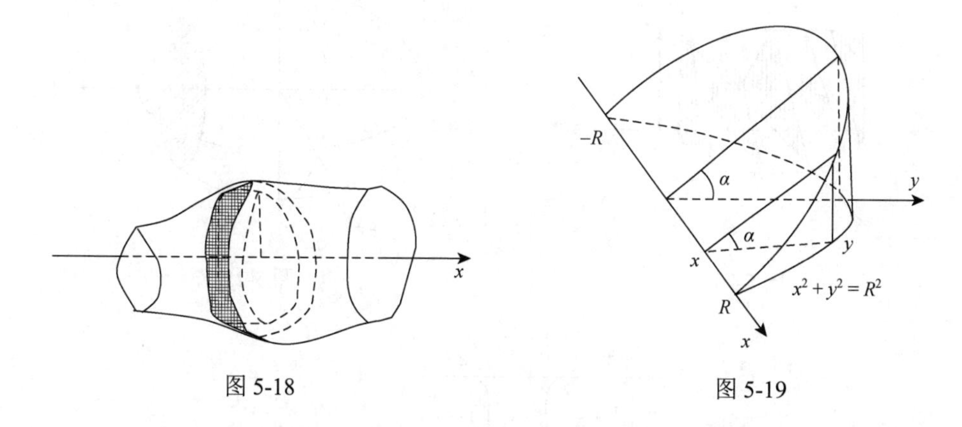

图 5-18　　图 5-19

解　取这平面与圆柱体的底面的交线为 x 轴, 底面上过圆中心、且垂直于 x 轴的直线为 y 轴. 那么底圆的方程为 $x^2+y^2=R^2$. 立体中过 x 轴上点 x 且垂直于 x 轴的截面是一个直角三角形. 它的两条直角边的长分别为 $\sqrt{R^2-x^2}$ 及 $\sqrt{R^2-x^2}\tan\alpha$. 因而截面积为 $A(x)=\frac{1}{2}(R^2-x^2)\tan\alpha$.

于是所求的立体体积为

$$V=\int_{-R}^{R}\frac{1}{2}(R^2-x^2)\tan\alpha\mathrm{d}x=\frac{1}{2}\tan\alpha\left[R^2x-\frac{1}{3}x^3\right]_{-R}^{R}=\frac{2}{3}R^3\tan\alpha.$$

例 5.33 求以半径为 R 的圆为底、平行且等于底圆直径的线段为顶、高为 h 的正劈锥体的体积.

解 取底圆所在的平面为 xOy 平面，圆心 O 为原点，并使 x 轴与正劈锥的顶平行（图 5-20）. 底圆的方程为 $x^2+y^2=R^2$. 过 x 轴上的点 $x(-R\leqslant x\leqslant R)$ 作垂直于 x 轴的平面，截正劈锥体得等腰三角形.这截面的面积为

$$A(x)=h\cdot y=h\sqrt{R^2-x^2},$$

于是所求正劈锥体的体积为

$$V=\int_{-R}^{R}h\sqrt{R^2-x^2}\,\mathrm{d}x=2R^2h\int_0^{\frac{\pi}{2}}\cos^2\theta\mathrm{d}\theta=\frac{1}{2}\pi R^2h.$$

由此可知正劈锥体的体积等于同底同高的圆柱体体积的一半.

例 5.34 求椭球体 $\frac{x^2}{a^2}+\frac{y^2}{b^2}+\frac{z^2}{c^2}\leqslant 1(a>0,b>0,c>0)$ 的体积.

解 如图 5-21 所示，取 x 为积分变量，则 $x\in[-a,a]$.过点 $x(-a\leqslant x\leqslant a)$ 作垂直于 x 轴的平面截椭球体所得截面为椭圆，其方程为

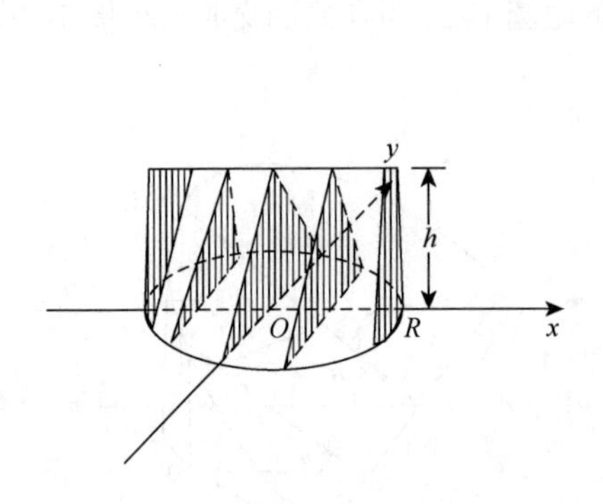

图 5-20

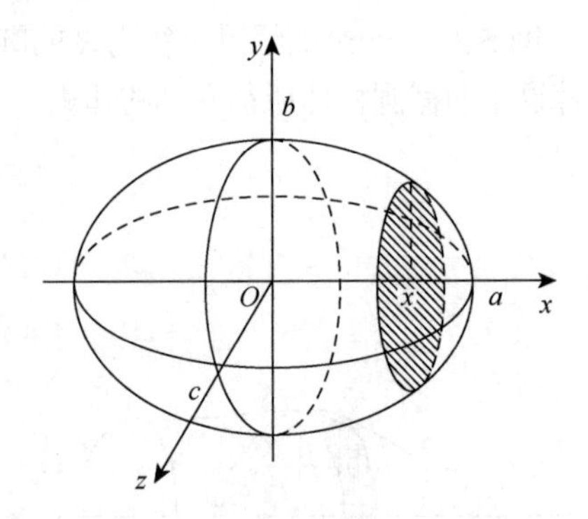

图 5-21

$$\frac{y^2}{b^2\left(1-\frac{x^2}{a^2}\right)}+\frac{z^2}{c^2\left(1-\frac{x^2}{a^2}\right)}\leqslant 1,$$

于是截面的面积为

$$A(x)=\pi bc\left(1-\frac{x^2}{a^2}\right),$$

故椭球体的体积为

$$V=\int_{-a}^{a}\pi bc\left(1-\frac{x^2}{a^2}\right)\mathrm{d}x=2\pi bc\int_0^a\left(1-\frac{x^2}{a^2}\right)\mathrm{d}x=\frac{4}{3}\pi abc.$$

特别地，当 $a=b=c$ 时，椭球体 $\frac{x^2}{a^2}+\frac{y^2}{b^2}+\frac{z^2}{c^2}\leqslant 1$ 变为球体 $x^2+y^2+z^2\leqslant a^2$，因此球体的体积为 $V=\frac{4\pi}{3}a^3$.

2. 旋转体的体积

旋转体是由一个平面图形绕该平面内的一条定直线旋转一周而形成的立体. 该定直线称为**旋转轴**. 如圆柱、圆锥、圆台、球体它们可以分别看成是由矩形绕它的一条边、直角三角形绕它的直角边、直角梯形绕它的直角腰、半圆绕它的直径旋转一周而成的立体, 所以它们都是旋转体.

上述旋转体都可以看作是由连续曲线 $y=f(x)$，直线 $x=a$；$x=b$ 及 x 轴所围成的曲边梯形绕 x 轴旋转一周而生成的立体（图 5-22）. 下面我们就用定积分来计算这种旋转体的体积.

这是平行截面面积为已知的立体的一种特殊情形.因为旋转体在任一点 x ($a\leqslant x\leqslant b$ ）处垂直于 x 轴的截面面积为

$$A(x)=\pi y^2=\pi[f(x)]^2,$$

于是所求旋转体的体积为

$$V=\int_a^b A(x)\,\mathrm{d}x=\int_a^b \pi[f(x)]^2\,\mathrm{d}x.$$

类似地，由平面连续曲线 $x=\varphi(y)$，直线 $y=c$，$y=d$ 及 y 轴所围成的曲边梯形绕 y 轴旋转一周而成的旋转体（图 5-23）的体积为

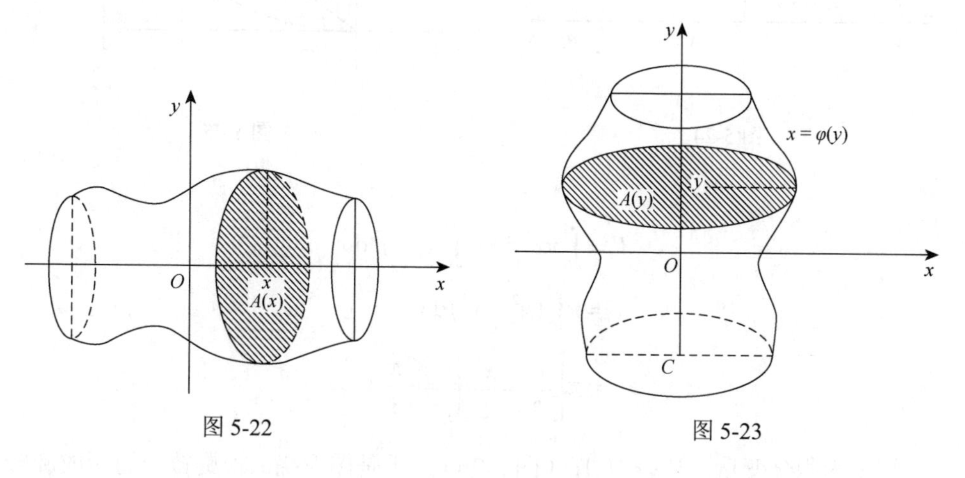

图 5-22　　图 5-23

$$V=\int_c^d \pi[\varphi(y)]^2\,\mathrm{d}y.$$

例 5.35 计算由椭圆 $\frac{x^2}{a^2}+\frac{y^2}{b^2}=1$ 所围成的图形绕 x 轴旋转一周而成的旋转体（称为旋转椭球体）的体积.

解 这个旋转体可看作是由上半个椭圆

$$y=\frac{b}{a}\sqrt{a^2-x^2}$$

及 x 轴所围成的图形（图 5-24）绕 x 轴旋转一周所生成的立体.于是所求旋转椭球体的体积为

$$V=\int_{-a}^{a}\pi y^2\,\mathrm{d}x=\frac{\pi b^2}{a^2}\int_{-a}^{a}(a^2-x^2)\,\mathrm{d}x=\frac{4}{3}\pi ab^2 .$$

例 5.36 求由抛物线 $y=x^2$ 及直线 $y=x$ 所围成的平面图形分别绕 x 轴和 y 轴旋转一周所生成的立体的体积.

解 取 x 为积分变量，则 $x\in[0,1]$（图 5-25）. 于是图形绕 x 轴旋转一周所成旋转体的体积为

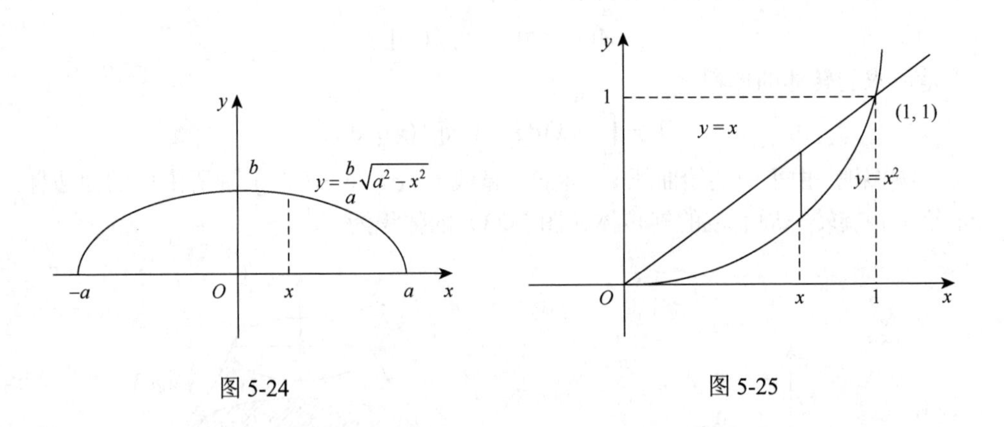

图 5-24　　　　图 5-25

$$\begin{aligned}V&=\int_0^1\pi x^2\,\mathrm{d}x-\int_0^1\pi(x^2)^2\,\mathrm{d}x\\&=\pi\int_0^1(x^2-x^4)\,\mathrm{d}x\\&=\pi\left[\frac{x^3}{3}-\frac{x^5}{5}\right]_0^1=\frac{2\pi}{15}.\end{aligned}$$

取 y 为积分变量，则 $y\in[0,1]$（图 5-26）. 于是图形绕 y 轴旋转一周所成旋转体的体积为

$$
\begin{aligned}
V &= \int_0^1 \pi(\sqrt{y})^2 \,\mathrm{d}y - \int_0^1 \pi(y)^2 \,\mathrm{d}y \\
&= \pi\int_0^1 (y - y^2)\mathrm{d}y \\
&= \pi\left[\frac{y^2}{2} - \frac{y^3}{3}\right]_0^1 = \frac{\pi}{6}.
\end{aligned}
$$

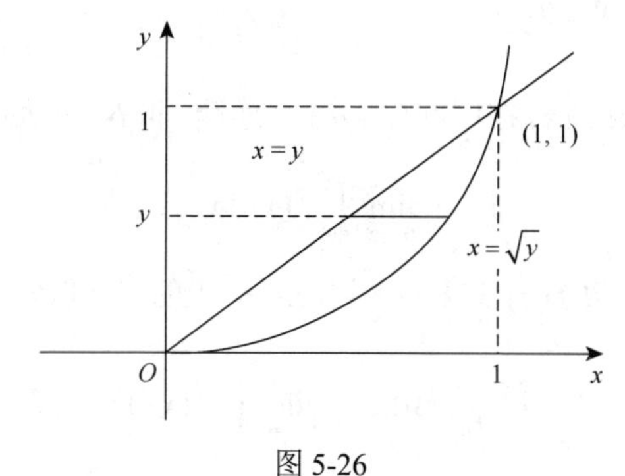

图 5-26

习　题　5-4

1. 填空题

（1）曲线 $y=\dfrac{1}{x}$ 与直线 $y=x$ 及 $x=2$ 所围的面积为________.

（2）曲线 $y=\ln x$，y 轴与直线 $y=\ln a$，$y=\ln b$ $(b>a>0)$ 所围图形面积为________.

2. 求抛物线 $y^2=2px$ 及其在点 $\left(\dfrac{p}{2},p\right)$ $(p>0)$ 的法线所围图形的面积.

3. 确定正数 k 值, 使曲线 $y^2=x$ 与 $y=kx$ 所围成的面积为 $\dfrac{1}{6}$.

4. 求抛物线 $y=-x^2+4x-3$ 及其在点 $(0,-3)$ 和 $(3,0)$ 处的切线所围成的图形的面积.

5. 计算阿基米德螺线 $\rho=a\theta(a>0)$ 上相应 θ 从 0 变到 2π 的一段弧与极轴所围成的图形的面积（图 5-27）.

6. 过点 $P(1,0)$ 作抛物线 $y=\sqrt{x-2}$ 的切线, 该切线与上述抛物线及 x 轴围成一平面图形, 求此图形绕 x 轴旋转一周所成旋转体体积.

7. 求曲线 $y=x^2-2x, y=0, x=1, x=3$ 所围成的平面图形的面积 S，并求该平面图形绕 y 轴旋转一周所得的旋转体的体积 V.

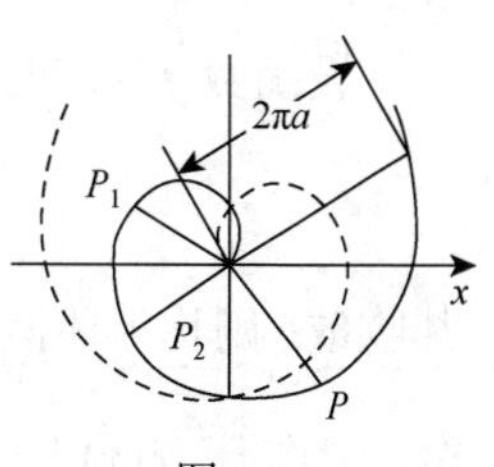

图 5-27

8. 计算椭圆 $\frac{x^2}{a^2}+\frac{y^2}{b^2}=1$ 所围成的图像绕 y 轴旋转所生成的旋转体的体积.

5.5 广义积分

5.5.1 无穷限的广义积分

定义 5.2 设函数 $f(x)$ 在区间 $[a,+\infty)$ 上连续，取 $b>a$.如果极限

$$\lim_{b\to+\infty}\int_a^b f(x)\mathrm{d}x$$

存在, 则称此极限为函数 $f(x)$ 在无穷区间 $[a,+\infty)$ 上的广义积分，记作 $\int_a^{+\infty} f(x)\mathrm{d}x$ ，即

$$\int_a^{+\infty} f(x)\mathrm{d}x = \lim_{b\to+\infty}\int_a^b f(x)\mathrm{d}x .$$

这时也称广义积分 $\int_a^{+\infty} f(x)\mathrm{d}x$ 收敛；如果上述极限不存在，函数 $f(x)$ 在无穷区间 $[a,+\infty)$ 上的广义积分 $\int_a^{+\infty} f(x)\mathrm{d}x$ 就没有意义，习惯上称为广义积分 $\int_a^{+\infty} f(x)\mathrm{d}x$ 发散，这时记号 $\int_a^{+\infty} f(x)\mathrm{d}x$ 不再表示数值了.

类似地，设函数 $f(x)$ 在区间 $(-\infty,b]$ 上连续，取 $a<b$. 如果极限

$$\lim_{a\to-\infty}\int_a^b f(x)\mathrm{d}x$$

存在, 则称此极限为函数 $f(x)$ 在无穷区间 $(-\infty,b]$ 上的广义积分，记作 $\int_{-\infty}^b f(x)\mathrm{d}x$ ，即

$$\int_{-\infty}^b f(x)\mathrm{d}x = \lim_{a\to-\infty}\int_a^b f(x)\mathrm{d}x .$$

这时也称广义积分 $\int_{-\infty}^b f(x)\mathrm{d}x$ 收敛; 如果上述极限不存在，就称广义积分 $\int_{-\infty}^b f(x)\mathrm{d}x$ 发散.

设函数 $f(x)$ 在区间（ $-\infty,+\infty$ ）上连续，如果广义积分

$$\int_{-\infty}^0 f(x)\mathrm{d}x \text{ 和 } \int_0^{+\infty} f(x)\mathrm{d}x$$

都收敛，则称上述两广义积分之和为函数 $f(x)$ 在无穷区间（ $-\infty,+\infty$ ）上的广义积分，记作 $\int_{-\infty}^{+\infty} f(x)\mathrm{d}x$ ，即

$$\int_{-\infty}^{+\infty} f(x)\mathrm{d}x = \int_{-\infty}^{0} f(x)\mathrm{d}x + \int_{0}^{+\infty} f(x)\mathrm{d}x$$
$$= \lim_{a\to-\infty}\int_{-a}^{0} f(x)\mathrm{d}x + \lim_{b\to+\infty}\int_{0}^{b} f(x)\mathrm{d}x,$$

这时也称广义积分$\int_{-\infty}^{+\infty} f(x)\mathrm{d}x$收敛；否则就称广义积分$\int_{-\infty}^{+\infty} f(x)\mathrm{d}x$发散.

上述广义积分统称为无穷限的广义积分.

例 5.37　计算广义积分$\int_{-\infty}^{+\infty}\frac{1}{1+x^2}\mathrm{d}x$.

解

$$\int_{-\infty}^{+\infty}\frac{1}{1+x^2}\mathrm{d}x = \int_{-\infty}^{0}\frac{1}{1+x^2}\mathrm{d}x + \int_{0}^{+\infty}\frac{1}{1+x^2}\mathrm{d}x$$
$$= \lim_{a\to-\infty}\int_{a}^{0}\frac{1}{1+x^2}\mathrm{d}x + \lim_{b\to+\infty}\int_{0}^{b}\frac{1}{1+x^2}\mathrm{d}x$$
$$= \lim_{a\to-\infty}[\arctan x]_a^0 + \lim_{b\to+\infty}[\arctan x]_0^b$$
$$= -\left(-\frac{\pi}{2}\right)+\frac{\pi}{2}=\pi.$$

这个广义积分值的几何意义是：当$a\to-\infty, b\to+\infty$时，虽然图 5-28 中阴影部分向左、右无限延伸，但其面积却有极限值π.简单地说，它是位于曲线$y=\frac{1}{1+x^2}$的下方，x轴上方的图形面积.

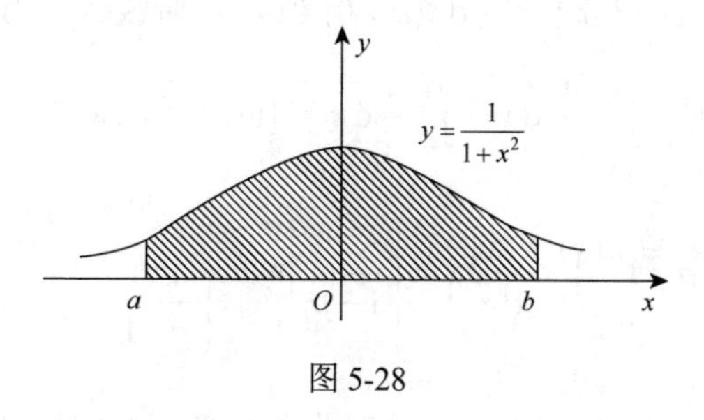

图 5-28

广义积分可以表示成牛顿-莱布尼茨公式的形式：设$F(x)$是$f(x)$在相应无穷区间上的原函数，记$F(-\infty)=\lim\limits_{x\to-\infty}F(x)$、$F(+\infty)=\lim\limits_{x\to+\infty}F(x)$，此时广义积分可记为

$$\int_{a}^{+\infty} f(x)\mathrm{d}x = \lim_{b\to+\infty}\int_{a}^{b} f(x)\mathrm{d}x=[F(x)]_a^{+\infty}=F(+\infty)-F(a),$$

并且当$F(+\infty)$存在时，广义积分$\int_{a}^{+\infty} f(x)\mathrm{d}x$收敛；当$F(+\infty)$不存在时，广义积分$\int_{a}^{+\infty} f(x)\mathrm{d}x$发散.

$$\int_{-\infty}^{b} f(x)\mathrm{d}x = \lim_{a\to-\infty}\int_{a}^{b} f(x)\mathrm{d}x=[F(x)]_{-\infty}^{b}=F(b)-F(-\infty),$$

并且当$F(-\infty)$存在时，广义积分$\int_{-\infty}^{b} f(x)\mathrm{d}x$收敛；当$F(-\infty)$不存在时，广义积分$\int_{-\infty}^{b} f(x)\mathrm{d}x$发散.

$$\int_{-\infty}^{+\infty} f(x)\mathrm{d}x = [F(x)]_{-\infty}^{+\infty} = F(+\infty) - F(-\infty),$$

并且当$F(+\infty)$、$F(-\infty)$都存在时，广义积分$\int_{-\infty}^{+\infty} f(x)\mathrm{d}x$收敛；当$F(+\infty)$、$F(-\infty)$有一个不存在时，广义积分$\int_{-\infty}^{+\infty} f(x)\mathrm{d}x$发散.

例 5.38　计算广义积分$\int_{0}^{+\infty} t\mathrm{e}^{-pt}\mathrm{d}t$（$p$是常数，且$p>0$）.

解　$$\int_{0}^{+\infty} t\mathrm{e}^{-pt}\mathrm{d}t = \int_{0}^{+\infty} \frac{-t}{p}\mathrm{d}(\mathrm{e}^{-pt})$$

$$= \left[-\frac{t}{p}\mathrm{e}^{-pt}\right]_{0}^{+\infty} + \frac{1}{p}\int_{0}^{+\infty} \mathrm{e}^{-pt}\mathrm{d}t$$

$$= 0 - \frac{1}{p^2}[\mathrm{e}^{-pt}]_{0}^{+\infty}$$

$$= \frac{1}{p^2}.$$

例 5.39　证明广义积分$\int_{a}^{+\infty} \frac{1}{x^p}\mathrm{d}x (a>0)$当$p>1$时收敛；当$p\leqslant 1$时发散.

证明　当$p=1$时，$\int_{a}^{+\infty} \frac{1}{x^p}\mathrm{d}x = \int_{a}^{+\infty} \frac{1}{x}\mathrm{d}x = [\ln x]_{0}^{+\infty} = +\infty$

$$当 p\neq 1，\int_{a}^{+\infty} \frac{1}{x^p}\mathrm{d}x = \left[\frac{x^{1-p}}{1-p}\right]_{a}^{+\infty} = \begin{cases} +\infty, & p<1, \\ \dfrac{a^{1-p}}{p-1}, & p>1. \end{cases}$$

因此，广义积分$\int_{a}^{+\infty} \frac{1}{x^p}\mathrm{d}x\ (a>0)$当$p>1$时收敛；当$p\leqslant 1$时发散.

5.5.2　无界函数的广义积分

下面我们把定积分推广到被积函数为无界函数的情形.

如果函数$f(x)$在点a的任一邻域内都无界，那么点a称为函数$f(x)$的瑕点.无界函数的广义积分又称为瑕积分.

定义 5.3　设函数$f(x)$在$(a,b]$上连续，点a为$f(x)$的瑕点.取$t>a$，如果极

限 $\lim\limits_{t\to a^+}\int_t^b f(x)\mathrm{d}x$ 存在，则称此极限为函数 $f(x)$ 在 $(a,b]$ 上的广义积分，仍然记作 $\int_a^b f(x)\mathrm{d}x$，即

$$\int_a^b f(x)\mathrm{d}x = \lim_{t\to a^+}\int_t^b f(x)\mathrm{d}x.$$

这时也称广义积分 $\int_a^b f(x)\mathrm{d}x$ 收敛.如果上述极限不存在，就称广义积分 $\int_a^b f(x)\mathrm{d}x$ 发散.

类似地，设函数 $f(x)$ 在 $[a,b)$ 上连续，点 b 为 $f(x)$ 的瑕点. 取 $t<b$，如果极限

$$\lim_{t\to b^-}\int_a^t f(x)\mathrm{d}x$$

存在，则定义

$$\int_a^b f(x)\mathrm{d}x = \lim_{t\to b^-}\int_a^t f(x)\mathrm{d}x;$$

否则就称广义积分 $\int_a^b f(x)\mathrm{d}x$ 发散.

设函数 $f(x)$ 在 $[a,b]$ 上除点 $c(a<c<b)$ 外连续，点 c 为 $f(x)$ 的瑕点，如果两个广义积分

$$\int_a^c f(x)\mathrm{d}x \text{ 与 } \int_c^b f(x)\mathrm{d}x$$

都收敛，则定义

$$\begin{aligned}\int_a^b f(x)\mathrm{d}x &= \int_a^c f(x)\mathrm{d}x + \int_c^b f(x)\mathrm{d}x \\ &= \lim_{t\to c^-}\int_a^t f(x)\mathrm{d}x + \lim_{t\to c^+}\int_t^b f(x)\mathrm{d}x;\end{aligned}$$

否则，就称广义积分 $\int_a^b f(x)\mathrm{d}x$ 发散.

计算无界函数的广义积分，也可借助于牛顿-莱布尼茨公式.

设 $x=a$ 为 $f(x)$ 的瑕点，在 $(a,b]$ 上 $F'(x)=f(x)$，如果极限 $\lim\limits_{x\to a^+}F(x)$ 存在，则广义积分

$$\int_a^b f(x)\mathrm{d}x = F(b) - \lim_{x\to a^+}F(x) = F(b) - F(a^+);$$

如果极限 $\lim\limits_{x\to a^+}F(x)$ 不存在，则广义积分 $\int_a^b f(x)\mathrm{d}x$ 发散.

我们仍用记号 $[F(x)]_a^b$ 来表示 $F(b)-F(a^+)$，从而形式上仍有

$$\int_a^b f(x)\mathrm{d}x = [F(x)]_a^b.$$

对于 $f(x)$ 在 $[a,b)$ 上连续，b 为瑕点的广义积分，也有类似的计算公式.

例 5.40　计算广义积分

$$\int_0^a \frac{\mathrm{d}x}{\sqrt{a^2-x^2}} \quad (a>0).$$

解　因为 $\lim\limits_{x\to a^-}\dfrac{1}{\sqrt{a^2-x^2}}=+\infty$，所以 a 是瑕点，于是

$$\begin{aligned}\int_0^a \frac{\mathrm{d}x}{\sqrt{a^2-x^2}} &= \left[\arcsin\frac{x}{a}\right]_0^a \\ &= \lim_{x\to a^-}\left(\arcsin\frac{x}{a}-0\right) \\ &= \frac{\pi}{2}.\end{aligned}$$

这个广义积分的几何意义是：位于曲线 $y=\dfrac{1}{\sqrt{a^2-x^2}}$ 之下，x 轴之上，直线 $x=0$ 与 $x=a$ 之间的图形面积等于 $\dfrac{\pi}{2}$（图 5-29）.

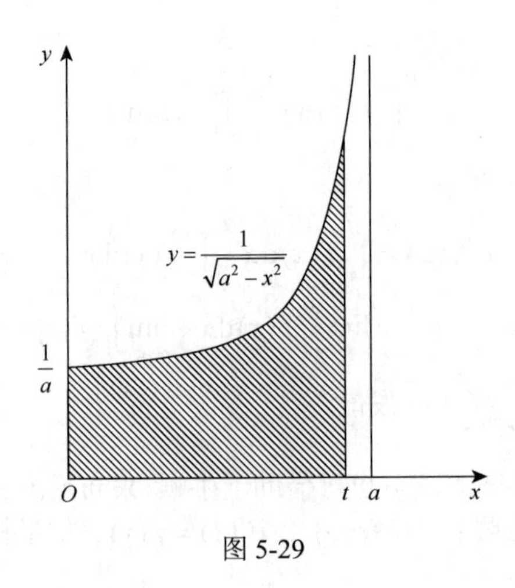

图 5-29

例 5.41　讨论广义积分 $\int_{-1}^1 \dfrac{1}{x^2}\mathrm{d}x$ 的收敛性.

解　由于被积函数 $f(x)=\dfrac{1}{x^2}$ 在 $[-1,1]$ 上除 $x=0$ 外处处连续，且 $\lim\limits_{x\to 0}\dfrac{1}{x^2}=\infty$，所以 $x=0$ 是瑕点，于是

$$\int_{-1}^{1}\frac{1}{x^2}\mathrm{d}x=\int_{-1}^{0}\frac{1}{x^2}\mathrm{d}x+\int_{0}^{1}\frac{1}{x^2}\mathrm{d}x.$$

由于

$$\int_{-1}^{0}\frac{1}{x^2}\mathrm{d}x=\left[-\frac{1}{x}\right]_{-1}^{0}=\lim_{x\to 0^-}\left[\left(-\frac{1}{x}\right)-1\right]=+\infty,$$

故所求广义积分 $\int_{-1}^{1}\frac{1}{x^2}\mathrm{d}x$ 发散.

注意：如果疏忽了 $x=0$ 是被积函数的瑕点，就会得到以下的错误结果：

$$\int_{-1}^{1}\frac{1}{x^2}\mathrm{d}x=\left[-\frac{1}{x}\right]_{-1}^{1}=-2.$$

例 5.42　证明广义积分 $\int_{a}^{b}\frac{\mathrm{d}x}{(x-a)^q}$ 当 $q<1$ 时收敛；当 $q\geqslant 1$ 时发散.

证明　当 $q=1$ 时，$\int_{a}^{b}\frac{\mathrm{d}x}{x-a}=[\ln(x-a)]_a^b=+\infty$，发散.

当 $q\neq 1$ 时，$\int_{a}^{b}\frac{\mathrm{d}x}{(x-a)^q}=\left[\frac{(x-a)^{1-q}}{1-q}\right]_a^b=\begin{cases}\frac{(b-a)^{1-q}}{1-q}, & q<1,\\ +\infty, & q>1.\end{cases}$

因此，广义积分 $\int_{a}^{b}\frac{\mathrm{d}x}{(x-a)^q}$ 当 $q<1$ 时收敛；当 $q\geqslant 1$ 时发散.

*5.5.3　Γ 函数

现在我们研究在理论上和应用上都有重要意义的 Γ 函数，该函数的定义是

$$\Gamma(s)=\int_{0}^{+\infty}\mathrm{e}^{-x}x^{s-1}\mathrm{d}x\quad(s>0).$$

1. 特点

（1）积分区间为无穷区间 $[0,+\infty)$；

（2）当 $s-1<0$ 时，被积函数在点 $x=0$ 的右邻域内无界；可以证明，广义积分 $\int_{0}^{+\infty}\mathrm{e}^{-x}x^{s-1}\mathrm{d}x(s>0)$ 是收敛的. Γ 函数的图形如图 5-30 所示.

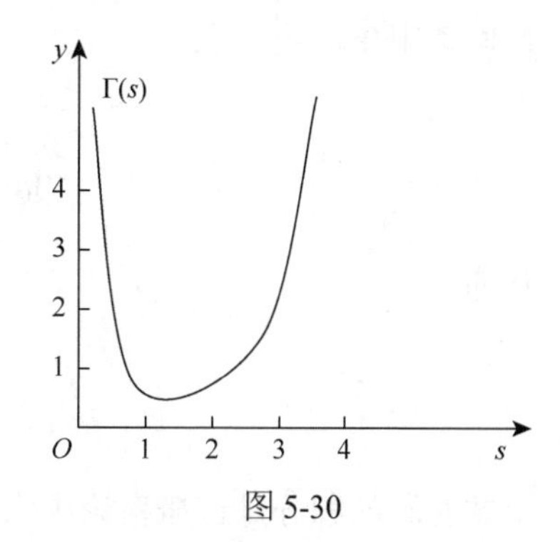

图 5-30

2. Γ 函数的几个重要性质

（1）递推公式 $\Gamma(s+1)=s\Gamma(s)(s>0)$.

证明　应用分部积分法，有

$$\begin{aligned}\Gamma(s+1)&=\int_0^{+\infty}\mathrm{e}^{-x}x^s\,\mathrm{d}x=-\int_0^{+\infty}x^s\,\mathrm{d}\mathrm{e}^{-x}\\&=[-x^s\mathrm{e}^{-x}]_0^{+\infty}+s\int_0^{+\infty}\mathrm{e}^{-x}x^{s-1}\,\mathrm{d}x\\&=s\Gamma(s),\end{aligned}$$

其中 $\lim\limits_{x\to+\infty}x^s\mathrm{e}^{-x}=0$ 可由洛必达法则求得. 显然，$\Gamma(1)=\int_0^{+\infty}\mathrm{e}^{-x}\,\mathrm{d}x=1$.

反复利用递推公式可得

$$\Gamma(2)=1\cdot\Gamma(1)=1,$$

$$\Gamma(3)=2\cdot\Gamma(2)=2!,$$

$$\Gamma(4)=3\cdot\Gamma(3)=3!,$$

$$\cdots\cdots$$

一般地, 对任何正整数 n，有

$$\Gamma(n+1)=n!,$$

所以, 我们可以把 Γ 函数看成是阶乘的推广.

（2）当 $s\to0^+$ 时, $\Gamma(s)\to+\infty$（证明略）.

（3）$\Gamma(s)\Gamma(1-s)=\dfrac{\pi}{\sin\pi s}(0<s<1)$（证明略）. 这个公式称为**余元公式**. 当 $s=\dfrac{1}{2}$ 时, 由余元公式可得 $\Gamma\left(\dfrac{1}{2}\right)=\sqrt{\pi}$.

（4）在 $\Gamma(s)=\int_0^{+\infty}\mathrm{e}^{-x}x^{s-1}\,\mathrm{d}x$ 中, 作代换 $x=u^2$, 有

$$\Gamma(s)=2\int_0^{+\infty}\mathrm{e}^{-u^2}u^{2s-1}\,\mathrm{d}u.$$

在此式中令 $s=\dfrac{1}{2}$，得

$$2\int_0^{+\infty}\mathrm{e}^{-u^2}\,\mathrm{d}u=\Gamma\left(\frac{1}{2}\right)=\sqrt{\pi},$$

从而

$$\int_0^{+\infty}\mathrm{e}^{-u^2}\,\mathrm{d}u=\frac{\sqrt{\pi}}{2}.$$

上式左端的积分是在概率论中常用的积分.

习　题　5-5

1. 填空题

（1）$\int_2^{+\infty}\frac{\mathrm{d}x}{x^3}=$________；　　（2）$\int_0^1\frac{\mathrm{d}x}{\sqrt{1-x}}=$________.

2. 判定下列广义积分的收敛性, 如果收敛, 计算广义积分的值.

（1）$\int_{-\infty}^0 x\mathrm{e}^{-x^2}\mathrm{d}x$；　　（2）$\int_1^{+\infty}\frac{1}{\sqrt{x}}\mathrm{d}x$；

（3）$\int_{-\infty}^{+\infty}\frac{1}{x^2+2x+2}\mathrm{d}x$；　　（4）$\int_{\mathrm{e}}^{+\infty}\frac{\mathrm{d}x}{x(\ln x)^2}$；

（5）$\int_0^1\frac{\mathrm{d}x}{(2-x)\sqrt{1-x}}$；　　（6）$\int_0^2\frac{\mathrm{d}x}{(1-x)^2}$；

（7）$\int_0^1\ln x\mathrm{d}x$；　　（8）$\int_0^1\sqrt{\frac{x}{1-x}}\mathrm{d}x$.

5.6　经济数学模型与案例分析

5.6.1　由边际函数求总函数

由微分学在经济分析中的应用可知, 对一已知经济总函数 $F(x)$（如总成本函数 $C(x)$，需求函数 $Q(x)$，收益函数 $R=R(x)$ 和利润函数 $L(x)$ 等），它的边际函数就是它的导数 $F'(x)$. 若对已知的边际函数 $F'(x)$ 求定积分

$$\int_0^x F'(u)\mathrm{d}u=F(x)-F(0),$$

这样可得原经济总函数 $F(x)=\int_0^x F'(u)\mathrm{d}u+F(0)$, 其中 $F(0)$ 为 $x=0$ 时的初始值.

例 5.43　生产某产品的固定成本为 50 万元, 边际成本与边际收益分别为

$$C'(x)=x^2-14x+111 \text{（万元/单位）},$$

$$R'(x)=100-2x \text{（万元/单位）},$$

试确定厂商的最大利润.

解　由极值存在的必要条件 $C'(x)=R'(x)$, 即

$$x^2-14x+111=100-2x,$$

可解得 $x_1=1$，$x_2=11$.

由极值存在的充分条件

$$\frac{\mathrm{d}[R'(x)-C'(x)]}{\mathrm{d}x}=-2-2x+14<0,$$

可知 $x_2=11$ 满足充分条件，即获得最大利润的产出水平是 $x_0=11$.

这样，最大利润为

$$
\begin{aligned}
L &= \int_0^{x_0}[R'(x)-C'(x)]\mathrm{d}x - C_0 \\
&= \int_0^{11}[(100-2x)-(x^2-14x+111)]\mathrm{d}x-50 \\
&= \frac{334}{3}(\text{万元}).
\end{aligned}
$$

5.6.2 复利问题

复利是指按本金计算利息，上期利息在下期则转为本金与原来的本金一起计息的计息方式，即通常所说的“利生利”“利滚利”. 它克服了单利计算的缺点，可以完全反映资金的时间价值.

例 5.44 一个人为了积累养老金，他每个月末按时到银行存 P 元，银行的年利率为 r，且可以任意分段按复利计算，试问此人在 t 年后共积累了多少养老金？如果存款和复利按日计算，则他又有多少养老金？如果复利和存款连续计算呢？

解 （1）按存款和复利按月计算时，每月的利息为 $\frac{r}{12}$，记 x_k 为第 k 月末时的养老金数，则由题意得

$$
x_1=P,\quad x_2=P+P\left(1+\frac{r}{12}\right),
$$

$$
x_3=P+P\left(1+\frac{r}{12}\right)+P\left(1+\frac{r}{12}\right)^2,
$$

$$
\cdots\cdots
$$

$$
\begin{aligned}
x_{12t} &= P+P\left(1+\frac{r}{12}\right)+\cdots+P\left(1+\frac{r}{12}\right)^{12t-1} \\
&= P\times\frac{1-\left(1+\frac{r}{12}\right)^{12t}}{1-\left(1+\frac{r}{12}\right)}=\frac{12P}{r}\left[\left(1+\frac{r}{12}\right)^{12t}-1\right](\text{元}).
\end{aligned}
$$

（2）当存款和复利按日计算时，记 y_k 为第 k 天的养老金，则每天的存款额为 $a=\frac{12P}{365}$，每天的利率为 $\frac{r}{365}$.第 $k+1$ 天的养老金与第 k 天养老金的关系为

$$
y_{k+1}=\frac{12P}{365}+y_k\left(1+\frac{r}{365}\right).
$$

从第 1 天开始递推为

$$y_1=\frac{12P}{365},\ y_2=\frac{12P}{365}+\frac{12P}{365}\left(1+\frac{r}{365}\right),$$

$$y_3=\frac{12P}{365}+\frac{12P}{365}\left(1+\frac{r}{365}\right)+\frac{12P}{365}\left(1+\frac{r}{365}\right)^2,$$

……

$$y_{365t}=\frac{12P}{365}+\frac{12P}{365}\left(1+\frac{r}{365}\right)+\cdots+\frac{12P}{365}\left(1+\frac{r}{365}\right)^{365t-1},$$

$$=\frac{12P}{365}\frac{1-\left(1+\frac{r}{365}\right)^{365t}}{1-\left(1+\frac{r}{365}\right)}=\frac{12P}{r}\left[\left(1+\frac{r}{365}\right)^{365t}-1\right](元).$$

（3）当存款和复利连续计算时，我们先将 1 年分为 m 个相等的时间区间，则每个时间区间中存款为 $\frac{12P}{m}$，每个区间的利息为 $\frac{r}{m}$。记第 k 个区间养老金为 z_k，类似于前面的分析得 t 年后的养老金为

$$z_{mt}=\frac{12P}{m}\frac{1-\left(1+\frac{r}{m}\right)^{mt}}{1-\left(1+\frac{r}{m}\right)}=\frac{12P}{r}\left[\left(1+\frac{r}{m}\right)^{mt}-1\right]（元）,$$

再让 $m\to+\infty$ 即得连续存款和计息时 t 年后的养老金为

$$Z(t)=\lim_{m\to+\infty}\frac{12P}{r}\left[\left(1+\frac{r}{m}\right)^{mt}-1\right]=\frac{12P}{r}(\mathrm{e}^{rt}-1)（元）.$$

养老金的变化率为 $Z'(t)=12P\mathrm{e}^{rt}$，因此在 N 年时所获得的养老金可用公式

$$Z(N)=\int_0^N 12P\mathrm{e}^{rt}\,\mathrm{d}t$$

来进行计算.

5.6.3　自然资源消费问题

一般来说，像石油、天然气、煤等自然资源都是有限的，其总的消费量取决于每种自然资源的消费速率。现假定 A_0 为在时间 $t=0$ 时自然资源的使用量，并且这种自然资源每年使用量按增长率 k 增加。如果增长率是连续重复的，则在 T 时间（以年计算）后这种自然资源的使用量可表示为

$$A=\int_0^T A_0\mathrm{e}^{kt}\,\mathrm{d}t.$$

例 5.45　1986 年世界石油消费量为 210 亿桶，石油消费每年以 8%年速率增加，并假定此速率将延续到将来. 试问

（1）从 1986 年到 1994 年世界石油消费共计多少桶？

（2）已知到 1986 年石油探明储量共计 5500 亿桶，问这些石油可以使用多少年（假定 1986 年后没有新油田发现）？

解 （1）在公式 $A=\int_0^T A_0 e^{kt}\,dt$ 中，$A_0=210$，$k=0.08$，$T=8$，因此 1986 年到 1994 年世界石油消费数量为

$$A=\int_0^8 210e^{0.08t}\,dt=\frac{210}{0.08}(e^{0.08\times 8}-1)=2353.3 \text{（亿桶）}.$$

（2）在公式 $A=\int_0^T A_0 e^{kt}\,dt$ 中，$A=5500$，$A_0=210$，$k=0.08$，

则由

$$5500=\int_0^T 210e^{0.08t}\,dt=\frac{210}{0.08}(e^{0.08T}-1),$$

可解得

$$T=14.12 \text{（年）}.$$

可见，如果没有新油田被发现的话，从 1986 年开始到 2000 年世界石油将被耗尽.

5.6.4 产品销售问题

如果已知某产品销售率 $f(x)$ 为时间 x 的函数，则该产品在 T 时期内的销售量为 $\int_0^T f(x)\,dx$.

例 5.46 某公司每月销售额为 1 000 000 元，公司的平均利润为销售额的 10%. 公司过去经验表明在作广告期间（12 个月）产品月销售率遵循的增长曲线为 $1\,000\,000e^{0.02t}$（t 的单位为月）. 现在公司需要决策是否作这种广告？

已知广告费用为 130 000 元. 如果由于作广告能使利润增加 13 000 元以上，则决定作广告.

解 作广告后这种产品的总销售额为

$$\int_0^{12} 1\,000\,000e^{0.02t}\,dt=50\,000\,000(e^{0.24}-1)$$
$$\approx 13\,550\,000(\text{元}).$$

由于作广告而使利润增加了

$$(13\,550\,000-12\times 1\,000\,000)\times 10\%-130\,000=25\,000 \text{（元）}>13\,000 \text{元},$$

所以公司该决定作广告.

习 题 5-6

1. 已知某种新产品的销售率函数为 $f(x)=1200-950e^{-x}$（这里 x 是新产品投放市场月数），求这种新产品第一年的总销售量.

2. 已知工厂生产某种产品 x 单位时的边际成本为 $MC = C'(x) = x^2 - 8x + 18$，固定成本 $C_0 = 200$，求总成本函数及平均成本函数。并求产量从 3 个单位增加至 10 个单位时，总成本的增量是多少？

3. 某储蓄所付每年 6%的利息，以连续复利计算。如果某人每年存款 1000 元，问三年后他账户上存有多少钱？

4. 1988 年世界全年煤的消费量为 42 亿吨，煤消费每年以 10%速率增加，并假定此速率将延续到将来. 试问

（1）从 1988 年到 1998 年间世界煤消费量为多少？

（2）已知在 1988 年世界拥有已查明煤储量为 6600 亿吨，这些煤能够消费多少年（假定 1988 年后没有新煤矿发现）？

5. 设一种商品每天生产 x 单位时固定成本为 20 元，边际成本函数 $C'(x) = 0.4x + 2$，求总成本函数 $C(x)$. 如果该商品的单价为 18 元，且产品可以全部售出，求总利润函数 $L(x)$，并问每天生产多少商品才能获得最大利润.

总习题五（A）

1. 填空题

（1）$\int_{-1}^{1}(x-\sqrt{1-x^2})^2\,\mathrm{d}x =$ ________.

（2）设 $f(x)=\int_1^x \frac{\ln t}{1+t}\,\mathrm{d}t\,(x>0)$，则 $f'(x)+f'\left(\frac{1}{x}\right)=$ ________.

（3）设 $f(u)$ 连续，则 $\frac{\mathrm{d}}{\mathrm{d}x}\int_a^b f(x+t)\mathrm{d}t =$ ________.

（4）设 $f(3x+1)=x\mathrm{e}^{\frac{x}{2}}$，则 $\int_0^1 f(t)\mathrm{d}t =$ ________.

（5）设 $\int_{-\infty}^{+\infty}\frac{A}{1+x^2}\mathrm{d}x = 1$，则 $A =$ ________.

（6）设 $f(x)$ 是连续函数，且 $f(x)=x+2\int_0^1 f(t)\mathrm{d}t$，则 $f(x) =$ ________.

2. 选择题

（1）在下列积分中，（　　）可直接使用牛顿–莱布尼茨公式计算.

A. $\int_{-1}^{1}\frac{\mathrm{d}x}{\sqrt{1-x^2}}$　　　B. $\int_{\frac{1}{e}}^{e}\frac{\mathrm{d}x}{x\ln x}$

C. $\int_0^1\frac{\mathrm{d}x}{3-x^2}$　　　D. $\int_{-1}^{0}\frac{\mathrm{d}x}{x+2}$

（2）若 $\frac{\mathrm{d}}{\mathrm{d}x}\int_{\sqrt{x}}^{1} f(t)\mathrm{d}t=\sqrt{x}$（$x>0$），则 $f'(x) =$（　　）.

A. $-4x$　　B. $2\sqrt{x}$　　C. $\frac{1}{2\sqrt{x}}$　　D. $-\frac{2}{\sqrt{x}}$

（3）设 $f(x)$ 连续，则 $\lim\limits_{x\to a}\frac{x}{x-a}\int_a^x f(t)\mathrm{d}t=$（　　）.

A. 0　　B. a　　C. $af(a)$　　D. $f(a)$

（4）下列等式中（　　）是正确的.

A. $\int_{-a}^{a} f(x)\mathrm{d}x=\int_{-a}^{a} f(-x)\mathrm{d}x$　　B. $\int_{-a}^{a} f(x)\mathrm{d}x=2\int_{0}^{a} f(x)\mathrm{d}x$

C. $\int_{-a}^{a} f(x)\mathrm{d}x=-\int_{-a}^{a} f(-x)\mathrm{d}x$　　D. $\int_{0}^{a} f(x)\mathrm{d}x=\int_{0}^{a} f(a-x)\mathrm{d}x$

（5）设 $M=\int_{-\frac{\pi}{2}}^{\frac{\pi}{2}}\frac{\sin x\cos^4 x}{1+x^2}\mathrm{d}x$, $N=\int_{-\frac{\pi}{2}}^{\frac{\pi}{2}}(\sin^3 x+\cos^4 x)\mathrm{d}x$, $P=\int_{-\frac{\pi}{2}}^{\frac{\pi}{2}}(x^2\sin^3 x-\cos^4 x)\mathrm{d}x$,
则有（　　）.

A. $N<P<M$　　B. $M<P<N$

C. $N<M<P$　　D. $P<M<N$

3. 计算下列定积分：

（1）$\int_0^4\frac{x+2}{\sqrt{2x+1}}\mathrm{d}x$；　　（2）$\int_0^{\pi}\sqrt{\sin t-\sin^3 t}\mathrm{d}t$；

（3）$\int_{\frac{\pi}{4}}^{\frac{\pi}{3}}\frac{\ln\tan x}{\sin 2x}\mathrm{d}x$；　　（4）$\int_0^{\frac{\pi}{2}} x\sin x\mathrm{d}x$；

（5）$\int_0^{\frac{\pi}{2}}\mathrm{e}^{2x}\cos x\mathrm{d}x$；　　（6）$\int_0^3\max\{2,x^2\}\mathrm{d}x$.

4. 求下列极限：

（1）$\lim\limits_{x\to 0}\frac{x^2-\int_0^{x^2}\cos t^2\mathrm{d}x}{\sin^{10}x}$；　　（2）$\lim\limits_{x\to\infty}\frac{\mathrm{e}^{-x^2}}{x}\int_0^x t^2\mathrm{e}^{t^2}\mathrm{d}t$.

5. 证明：$1<\int_0^{\frac{\pi}{2}}\frac{\sin x}{x}\mathrm{d}x<\frac{\pi}{2}$.

6. 求 $f(t)=\int_0^1|x-t|\mathrm{d}x$ 在 $0\leqslant t\leqslant 1$ 的最大值和最小值.

7. 设曲线 $y=1-x^2$ $(0\leqslant x\leqslant 1)$，$x$ 轴和 y 轴所围成区域被曲线 $y=ax^2$ 分成面积相等的两个部分，其中 a 为大于零的常数，试确定 a 的值.

8. 设 $f(x)=f(x-\pi)+\sin x$，且当 $x\in[0,\pi]$ 时，$f(x)=x$，求 $\int_{\pi}^{3\pi} f(x)\mathrm{d}x$.

9. 设生产某产品的固定成本为10，产量为 x 时的边际成本函数为 $C'(x)=-40-20x+3x^2$，边际收入函数为 $R'(x)=32+10x$，求：

（1）总利润函数；

（2）产量为多少时，总利润最大？

总习题五（B）

1. 设函数 $f(x)$ 在 $[0,+\infty)$ 上可导，$f(0)=0$，且其反函数为 $g(x)$，若 $\int_0^{f(x)} g(t)\mathrm{d}t = x^2 \mathrm{e}^x$，求 $f(x)$.

2. 设 $f(x)$ 是连续函数，证明：$\int_0^x [\int_0^u f(x)\mathrm{d}x]\mathrm{d}u = \int_0^x (x-u)f(u)\mathrm{d}u$.

3.（1）设 $f\left(x+\dfrac{1}{x}\right)=\dfrac{x+x^3}{1+x^4}$，计算定积分 $\int_2^{2\sqrt{2}} f(x)\mathrm{d}x$；

（2）设函数 $f(x)$ 在区间[1, 7]上可积，且已知 $\int_1^3 f(x)\mathrm{d}x = 8$，$\int_1^7 f(u)\mathrm{d}u = 4$，求 $\int_3^7 [2-f(t)]\mathrm{d}t$.

4. 设 $f(x)$ 是周期为2的连续函数，

（1）证明对任意实数 t，有 $\int_t^{t+2} f(x)\mathrm{d}x = \int_0^2 f(x)\mathrm{d}x$；

（2）证明 $G(x)=\int_0^x [2f(t)-\int_t^{t+2} f(s)\mathrm{d}s]\mathrm{d}t$ 是周期为2的周期函数.

5. 求使不等式 $\int_1^x \dfrac{\sin x}{t}\mathrm{d}t > \ln x$ 成立的 x 的取值范围.

6. 设可导函数 $y=y(x)$ 由方程 $\int_0^{x+y} \mathrm{e}^{-t^2}\mathrm{d}t = \int_0^x x\sin t^2 \mathrm{d}t$ 确定，计算 $\left.\dfrac{\mathrm{d}y}{\mathrm{d}x}\right|_{x=0}$.

7. 设 $F(x)=\int_0^x \mathrm{e}^{-t}\cos t\mathrm{d}t$，求 $F(x)$ 在 $[0,\pi]$ 上的极值.

8. 设位于曲线 $y=\dfrac{1}{\sqrt{x(1+\ln^2 x)}}$ $(\mathrm{e}\leqslant x<+\infty)$ 下方，x 轴上方的无界区域为 G，计算 G 绕 x 轴旋转一周所得空间区域的体积.

9. 某油井投资 2000 万元建成开采，开采后，在时刻 t 的追加成本和增加收益分别为 $C'(t)=7+2t^{\frac{2}{3}}$（百万元/年），$R'(t)=19-t^{\frac{2}{3}}$（百万元/年）.试确定该油井开采多长时间停产，方可获得最大利润？最大利润是多少？

数学家介绍及
微积分的发展史

第 6 章　空间解析几何初步

通过一元函数微积分的学习，可以看出平面解析几何的知识使我们对一元函数有了十分直观的认识和理解，同时，在微积分学的许多内容中其直观的几何意义表述更要借助于解析几何的知识. 所以，平面解析几何是学习一元函数微积分学的重要基础和有力工具.

为了学习多元函数微积分，本章介绍空间解析几何初步知识. 首先建立空间直角坐标系，引进向量的概念和运算，然后利用向量讨论空间中的平面、直线和曲面.

6.1　空间直角坐标系

用代数的方法研究空间中的图形，首先要建立空间中的点与有序数组之间的联系，这种联系一般是通过引进空间直角坐标系来实现的.

6.1.1　空间直角坐标系

在空间中任取一点 O，过该点作三条互相垂直的数轴，它们都以 O 点为原点且通常具有相同的单位长度. 这三条轴分别称作 x 轴（横轴）、y 轴（纵轴）、z 轴（竖轴），统称坐标轴. 它们的指向符合右手法则，即用右手握住 z 轴，拇指所指的方向为 z 轴的正向，其余四指从 x 轴正向以 $\frac{\pi}{2}$ 角度转向 y 轴正向. 这样的三条坐标轴就组成了一个空间直角坐标系，点 O 称作坐标原点（图 6-1）. 通常将 x 轴和 y 轴取水平位置，而 z 轴则是铅直向上的.

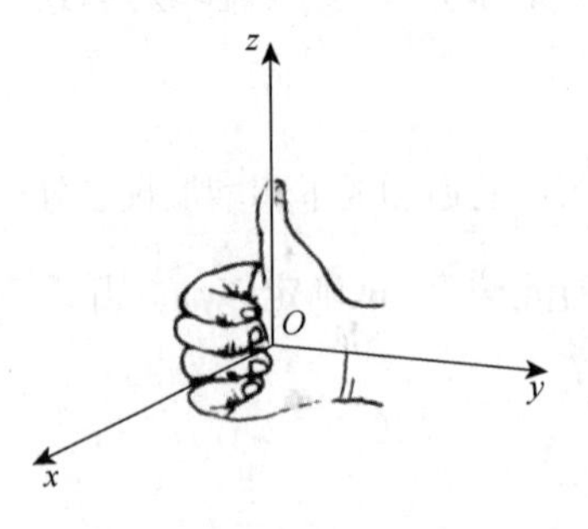

图 6-1

任意两条坐标轴可以确定一个坐标面，x 轴和 y 轴所确定的平面称为 xOy 面，y 轴和 z 轴所确定的平面称为 yOz 面，z 轴和 x 轴所确定的平面称为 zOy 面，这三个平面统称为坐标面.

三个坐标面把空间分成八个部分，每一部分称为一个卦限. xOy 面将空间划分为两部分，含 z 轴正半轴的空间称为上半空间，含 z 轴负半轴的空间称为下半空间.

在上半空间中含 x 轴正半轴和 y 轴正半轴的部分称为第一卦限，其他按逆时针方向依次为第二、第三、第四卦限. 下半空间中，与第一、第二、第三、第四卦限关于 xOy 面对称的空间部分分别称为第五、第六、第七、第八卦限. 这八个卦限分别用字母Ⅰ、Ⅱ、Ⅲ、Ⅳ、Ⅴ、Ⅵ、Ⅶ、Ⅷ表示（图 6-2）.

设 M 为空间一点，过点 M 作三个平面分别垂直于 x 轴，y 轴和 z 轴，它们与 x 轴，y 轴，z 轴的交点依次为 P，Q，R（图 6-3），这三点在 x 轴，y 轴，z 轴上的坐标依次设为 x，y，z. 于是空间点 M 就唯一地确定了一个有序数组 x,y,z.

反之，若已知一个有序数组 x,y,z，我们可以在 x 轴上取坐标为 x 的点 P，在 y 轴上取坐标为 y 的点 Q，在 z 轴上取坐标为 z 的点 R，然后通过 P、Q、R 分别作垂直于 x 轴，y 轴与 z 轴的平面，得到唯一的交点 M（图 6-3）.

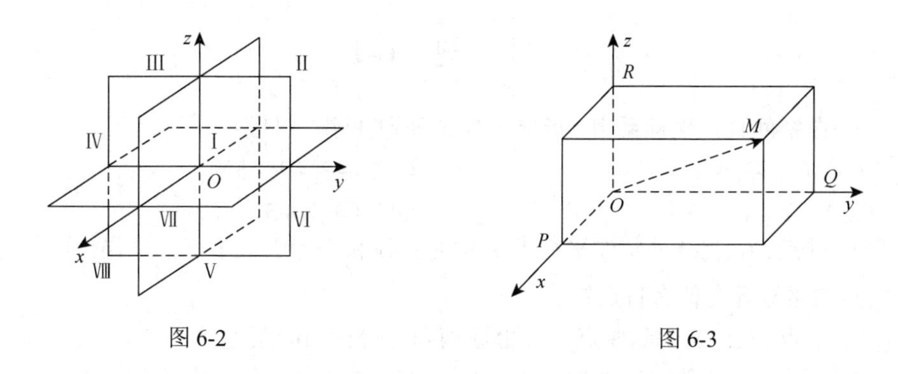

图 6-2　　图 6-3

用上述方法，建立了空间点与三元有序数组之间的一一对应关系. 这组数 x,y,z 称为点 M 的坐标，并依次称 x,y 和 z 为点 M 的横坐标，纵坐标和竖坐标. 坐标为 x,y,z 的点 M 通常记作 $M(x,y,z)$.

6.1.2　空间两点间的距离

设 $M_1(x_1,y_1,z_1),M_2(x_2,y_2,z_2)$ 为空间的两点，记 M_1,M_2 的距离为 $|M_1M_2|$，由图 6-4 可见，

$$
\begin{aligned}
d^2 &= |M_1M_2|^2 = |M_1N|^2 + |NM_2|^2 \\
&= |M_1P|^2 + |PN|^2 + |NM_2|^2 \\
&= (x_2-x_1)^2 + (y_2-y_1)^2 + (z_2-z_1)^2.
\end{aligned}
$$

于是得到空间两点间的距离公式为

$$
d = |M_1M_2| = \sqrt{(x_2-x_1)^2 + (y_2-y_1)^2 + (z_2-z_1)^2}\ .
$$

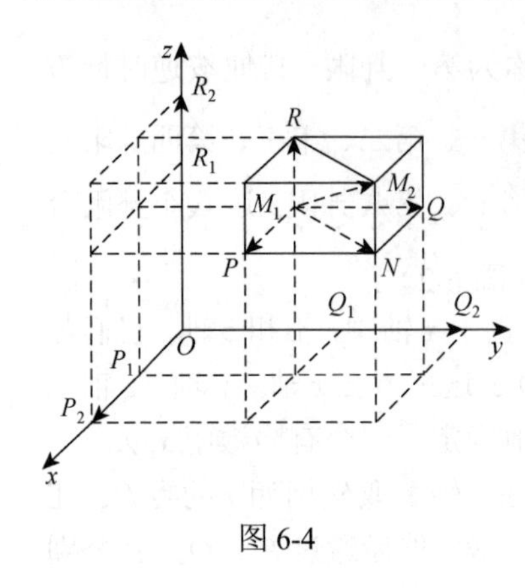

图 6-4

特别地，点 $M(x,y,z)$ 与坐标原点 $O(0,0,0)$ 的距离为

$$d=|OM|=\sqrt{x^2+y^2+z^2}.$$

例 6.1　求证：以 $A(1,2,3)$，$B(2,1,4)$，$C(4,-2,-1)$ 为顶点的三角形是直角三角形.

证明　因为

$$|AB|^2=(2-1)^2+(1-2)^2+(4-3)^2=3.$$

$$|AC|^2=(4-1)^2+(-2-2)^2+(-1-3)^2=41.$$

$$|BC|^2=(4-2)^2+(-2-1)^2+(-1-4)^2=38.$$

所以，$|AB|^2+|BC|^2=|AC|^2$，根据勾股定理可知，$\triangle ABC$ 是直角三角形.

习　题　6-1

1. 在空间直角坐标系中，指出下列点分别在哪个卦限：

（1）（2, −3, 4）；　　　　（2）（−3, −2, −5）；

（3）（3, −4, −4）；　　　　（4）（3, 1, −5）.

2. 过点 $P(a,b,c)$ 分别作平行于 z 轴的直线和平行于 xOy 面的平面，问它们上面的点的坐标各有什么特点？

3. 求点 P(2, −5, 4)到原点、各坐标轴和各坐标面的距离.

4. 证明：顶点为 $A(2,4,3)$, $B(4,1,9)$, $C(10,-1,6)$的三角形是直角三角形.

6.2　向 量 代 数

6.2.1　向量的概念

在物理学及其他应用学科中所遇到的量，通常可以分为两类：一类是只有大小而没有方向的量，如质量、体积、面积、温度、时间等，这一类量称为数量；另一类是不仅有大小而且还有方向的量，如速度、力、位移等，这一类量称为**向量**（也称**矢量**）.

在数学上，通常用一条有方向的线段，即有向线段来表示向量. 有向线段的长度表示向量的大小，有向线段的方向表示向量的方向. 如以 A 为起点，B 为终点的向量，记作 $\overrightarrow{AB}$（图 6-5），向量也可用一个上面带箭头的字母来表示，如 $\vec{a}$，$\vec{b}$，$\vec{c}$ 等，或用一个粗体的字母表示，如 $\boldsymbol{a},\boldsymbol{b},\boldsymbol{c}$ 等.

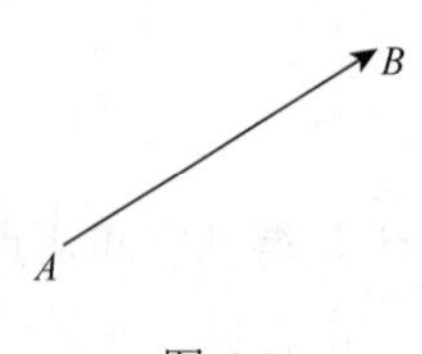

图 6-5

向量的大小或长度称为向量的模，记作$|\overrightarrow{AB}|$、$|\overrightarrow{a}|$或$|a|$. 模等于 1 的向量称为单位向量. 模等于 0 的向量称为零向量，记作 $\mathbf{0}$ 或 $\overrightarrow{0}$. 零向量的起点与终点重合，它的方向可以看作是任意的.

由于一切向量的共性是它们都有大小和方向，所以在数学上我们只研究与起点无关的向量，并称这种向量为自由向量，简称向量. 因此，如果向量 $\boldsymbol{a}$ 和 $\boldsymbol{b}$ 的大小相等，且方向相同，则说向量 $\boldsymbol{a}$ 和 $\boldsymbol{b}$ 是相等的，记为 $\boldsymbol{a}=\boldsymbol{b}$. 相等的向量经过平移后可以完全重合.

设 $\boldsymbol{a}$ 和 $\boldsymbol{b}$ 为非零向量，在空间中任取一点 O，作 $\overrightarrow{OA}=\boldsymbol{a}$，$\overrightarrow{OB}=\boldsymbol{b}$，规定不超过 π 的 $\angle AOB$（即 $0\leqslant\angle AOB\leqslant\pi$）称为向量 $\boldsymbol{a}$ 和 $\boldsymbol{b}$ 的夹角，记作 $(\widehat{\boldsymbol{a},\boldsymbol{b}})$ 或 $(\widehat{\boldsymbol{b},\boldsymbol{a}})$. 如果 $\boldsymbol{a}$ 和 $\boldsymbol{b}$ 中有一个为零向量，规定它们的夹角可在 0 与 π 之间任意取值. 若 $(\widehat{\boldsymbol{a},\boldsymbol{b}})=0$ 或 π，即向量 $\boldsymbol{a}$ 和 $\boldsymbol{b}$ 的方向相同或相反，则称这两个向量平行，记作 $\boldsymbol{a}/\!/\boldsymbol{b}$. 零向量与任何向量都平行. 若 $(\widehat{\boldsymbol{a},\boldsymbol{b}})=\dfrac{\pi}{2}$，则称向量 $\boldsymbol{a}$ 与 $\boldsymbol{b}$ 垂直，记作 $\boldsymbol{a}\perp\boldsymbol{b}$. 零向量与任何向量都垂直.

当两个平行向量的起点放在同一点时，它们的终点和公共的起点在一条直线上. 因此，两向量平行又称两向量共线.

类似还有向量共面的概念，设有 $k(k\geqslant 3)$ 个向量，当把它们的起点放在同一点时，如果 k 个终点和公共起点在同一个平面上，就称这 k 个向量共面.

6.2.2 向量的运算

1. 向量的加法

根据力学中关于力的合成法则，我们规定两个向量相加的运算法则如下：设有两个向量 $\boldsymbol{a}$、$\boldsymbol{b}$，取一定点 O，作 $\overrightarrow{OA}=\boldsymbol{a}$，$\overrightarrow{OB}=\boldsymbol{b}$，以 $\overrightarrow{OA}$，$\overrightarrow{OB}$ 为边作平行四边形 $OACB$（图 6-6），其对角线向量 $\overrightarrow{OC}=\boldsymbol{c}$ 称为向量 $\boldsymbol{a}$ 与 $\boldsymbol{b}$ 的和，记作 $\boldsymbol{c}=\boldsymbol{a}+\boldsymbol{b}$.

这个法则称为向量相加的平行四边形法则.

由于平行四边形的对边平行且相等，所以从图 6-6 可以看出，我们还可以这样来作出两个向量的和：取定一点 O，作向量 $\overrightarrow{OA}=\boldsymbol{a}$，以 $\overrightarrow{OA}$ 的终点 A 为起点，作 $\overrightarrow{AC}=\boldsymbol{b}$，连接 OC（图 6-7），就得 $\boldsymbol{c}=\boldsymbol{a}+\boldsymbol{b}$.

这个法则称为向量相加的三角形法则.

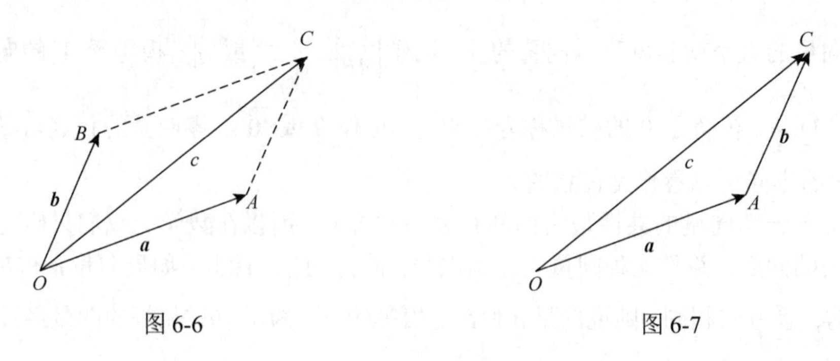

图 6-6　　图 6-7

三角形法则还可以推广到求有限个向量的和, 只需将前一个向量的终点作为后一个向量的起点, 相继作出向量 $\boldsymbol{a}_1,\boldsymbol{a}_2,\cdots,\boldsymbol{a}_n$, 然后从第一个向量的起点向最后一个向量的终点引一向量, 此向量就是这 n 个向量的和.

向量的加法符合交换律和结合律:

（1）交换律: $\boldsymbol{a}+\boldsymbol{b}=\boldsymbol{b}+\boldsymbol{a}$;

（2）结合律: $(\boldsymbol{a}+\boldsymbol{b})+\boldsymbol{c}=\boldsymbol{a}+(\boldsymbol{b}+\boldsymbol{c})=\boldsymbol{a}+\boldsymbol{b}+\boldsymbol{c}$.

设 $\boldsymbol{a}$ 为一向量, 与 $\boldsymbol{a}$ 模相同而方向相反的向量称为 $\boldsymbol{a}$ 的负向量, 记作 $-\boldsymbol{a}$. 我们规定两个向量 $\boldsymbol{a}$ 与 $\boldsymbol{b}$ 的差

$$\boldsymbol{a}-\boldsymbol{b}=\boldsymbol{a}+(-\boldsymbol{b}),$$

显然

$$\boldsymbol{a}-\boldsymbol{a}=\boldsymbol{a}+(-\boldsymbol{a})=\boldsymbol{0}.$$

2. 向量与数量的乘积

设 λ 是一个数, 向量 $\boldsymbol{a}$ 与 λ 的乘积 $\lambda\boldsymbol{a}$ 规定为

（1）$\lambda>0$ 时, $\lambda\boldsymbol{a}$ 与 $\boldsymbol{a}$ 同向, $|\lambda\boldsymbol{a}|=\lambda|\boldsymbol{a}|$;

（2）$\lambda=0$ 时, $\lambda\boldsymbol{a}=\boldsymbol{0}$;

（3）$\lambda<0$ 时, $\lambda\boldsymbol{a}$ 与 $\boldsymbol{a}$ 反向, $|\lambda\boldsymbol{a}|=|\lambda||\boldsymbol{a}|$.

向量与数量的乘积通常简称数乘, 它符合下列运算规律:

（1）结合律: $\lambda(\mu\boldsymbol{a})=\mu(\lambda\boldsymbol{a})=(\lambda\mu)\boldsymbol{a}$;

（2）分配律: $(\lambda+\mu)\boldsymbol{a}=\lambda\boldsymbol{a}+\mu\boldsymbol{a}$;

（3）分配律: $\lambda(\boldsymbol{a}+\boldsymbol{b})=\lambda\boldsymbol{a}+\lambda\boldsymbol{b}$.

设 $\boldsymbol{e}_a$ 表示与非零向量 $\boldsymbol{a}$ 同方向的单位向量, 那么 $\boldsymbol{e}_a=\dfrac{\boldsymbol{a}}{|\boldsymbol{a}|}$.

定理 6.1　设向量 $\boldsymbol{a}\neq 0$, 那么, 向量 $\boldsymbol{b}$ 平行于 $\boldsymbol{a}$ 的充要条件是: 存在唯一的实数 λ, 使得 $\boldsymbol{b}=\lambda\boldsymbol{a}$.

例 6.2　在平行四边形 $ABCD$ 中，设 $\overrightarrow{AB}=\boldsymbol{a}$，$\overrightarrow{AD}=\boldsymbol{b}$，试用 $\boldsymbol{a}$ 和 $\boldsymbol{b}$ 表示向量 $\overrightarrow{MA}$、$\overrightarrow{MB}$、$\overrightarrow{MC}$ 和 $\overrightarrow{MD}$，这里 M 是平行四边形对角线的交点（图 6-8）.

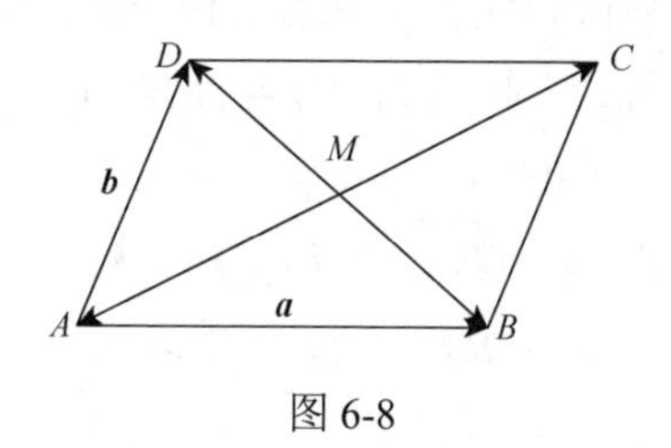

图 6-8

解　$\boldsymbol{a}+\boldsymbol{b}=\overrightarrow{AC}=2\overrightarrow{AM}$，于是 $\overrightarrow{MA}=-\dfrac{1}{2}(\boldsymbol{a}+\boldsymbol{b})$，由于 $\overrightarrow{MC}=-\overrightarrow{MA}$，于是 $\overrightarrow{MC}=\dfrac{1}{2}(\boldsymbol{a}+\boldsymbol{b})$，又由于 $-\boldsymbol{a}+\boldsymbol{b}=\overrightarrow{BD}=2\overrightarrow{MD}$，于是 $\overrightarrow{MD}=\dfrac{1}{2}(\boldsymbol{b}-\boldsymbol{a})$，由于 $\overrightarrow{MB}=-\overrightarrow{MD}$，于是 $\overrightarrow{MB}=-\dfrac{1}{2}(\boldsymbol{b}-\boldsymbol{a})$.

6.2.3　向量的坐标

为了方便后续内容的讨论，我们引进向量的坐标，即用一组有序的数组来表示向量，从而可以将向量的运算转化为代数运算.

从前述内容可知，当 $\boldsymbol{a}$ 为一单位向量时，所有与 $\boldsymbol{a}$ 平行的向量 $\boldsymbol{b}$ 都可以唯一地表示成 $\boldsymbol{b}=\lambda\boldsymbol{a}$. 这时向量之间的运算就可以转化为仅对数 λ 的运算. 由中学物理学中学过的力的合成与分解，容易想到把任意向量分解成几个固定的向量之和，即用几个固定的向量来表示任意向量，或用有序数组来表示向量. 为此，在空间直角坐标系中引入单位坐标向量 $\boldsymbol{i}$、$\boldsymbol{j}$、$\boldsymbol{k}$，令其方向分别与 x 轴、y 轴、z 轴的正方向相同，并称它们为这一坐标系的**基本单位向量**.

我们称起点在坐标原点的向量为**向径**，下面首先讨论向径的分解. 设向径 $\boldsymbol{r}=\overrightarrow{OM}$，$M$ 点的坐标为 (x,y,z)，过点 M 分别作垂直于 x 轴、y 轴、z 轴的三个平面，三个平面分别与 x 轴、y 轴、z 轴交于点 P、Q、R 三点（图 6-9）. 由图 6-9 易知：

$$\boldsymbol{r}=\overrightarrow{OM}=\overrightarrow{OP}+\overrightarrow{PM'}+\overrightarrow{M'M}=\overrightarrow{OP}+\overrightarrow{OQ}+\overrightarrow{OR}.$$

称 $\overrightarrow{OP},\overrightarrow{OQ},\overrightarrow{OR}$ 分别为向径 $\boldsymbol{r}$ 在 x 轴、y 轴、z 轴上的**分向量**. 又 $\overrightarrow{OP},\overrightarrow{OQ},\overrightarrow{OR}$ 分别与基本单位向量 $\boldsymbol{i},\boldsymbol{j},\boldsymbol{k}$ 共线，易见

$$\overrightarrow{OP}=x\boldsymbol{i},\ \overrightarrow{OQ}=y\boldsymbol{j},\ \overrightarrow{OR}=z\boldsymbol{k}.$$

因此 $\boldsymbol{r}=x\boldsymbol{i}+y\boldsymbol{j}+z\boldsymbol{k}$，称其为向径 $\boldsymbol{r}$ 的一个基本分解，简记为 $\boldsymbol{r}=\{x,y,z\}$. 显然这种分解是唯一的.

由向量的运算规则容易得到任意向量的这种分解，其分解过程如下：

设 $\boldsymbol{a}=\overrightarrow{M_1M_2}$ 为任意向量，起点 M_1 的坐标是 (x_1,y_1,z_1)，终点 M_2 的坐标是 (x_2,y_2,z_2)，如图 6-10 所示，则向径

$$\boldsymbol{r}_1=\overrightarrow{OM_1}=x_1\boldsymbol{i}+y_1\boldsymbol{j}+z_1\boldsymbol{k},$$
$$\boldsymbol{r}_2=\overrightarrow{OM_2}=x_2\boldsymbol{i}+y_2\boldsymbol{j}+z_2\boldsymbol{k},$$

向量

$$\begin{aligned}\boldsymbol{a}=\overrightarrow{M_1M_2}&=\overrightarrow{OM_2}-\overrightarrow{OM_1}=\boldsymbol{r}_2-\boldsymbol{r}_1=(x_2\boldsymbol{i}+y_2\boldsymbol{j}+z_2\boldsymbol{k})-(x_1\boldsymbol{i}+y_1\boldsymbol{j}+z_1\boldsymbol{k})\\&=(x_2-x_1)\boldsymbol{i}+(y_2-y_1)\boldsymbol{j}+(z_2-z_1)\boldsymbol{k},\end{aligned}$$

令　$a_x=x_2-x_1,\ a_y=y_2-y_1,\ a_z=z_2-z_1$，则有

$$\boldsymbol{a}=a_x\boldsymbol{i}+a_y\boldsymbol{j}+a_z\boldsymbol{k}.$$

上式称为向量 $\boldsymbol{a}$ 的基本单位向量分解式，称 $a_x\boldsymbol{i}$，$a_y\boldsymbol{j}$，$a_z\boldsymbol{k}$ 分别为向量 $\boldsymbol{a}$ 在 x 轴、y 轴、z 轴上的分向量；a_x，a_y，a_z 分别为向量 $\boldsymbol{a}$ 在 x 轴、y 轴、z 轴上的坐标. 由此可知：起点为 $M_1\ (x_1,y_1,z_1)$ 而终点为 $M_2\ (x_2,y_2,z_2)$ 的向量为

$$\overrightarrow{M_1M_2}=\{x_2-x_1,y_2-y_1,z_2-z_1\},$$

即向量 $\overrightarrow{M_1M_2}$ 的坐标为其终点坐标减去起点坐标. 特别地，向径 $\overrightarrow{OM}$ 可表示为

$$\overrightarrow{OM}=\{x-0,y-0,z-0\}=\{x,y,z\},$$

即向径的坐标与其终点的坐标一致.

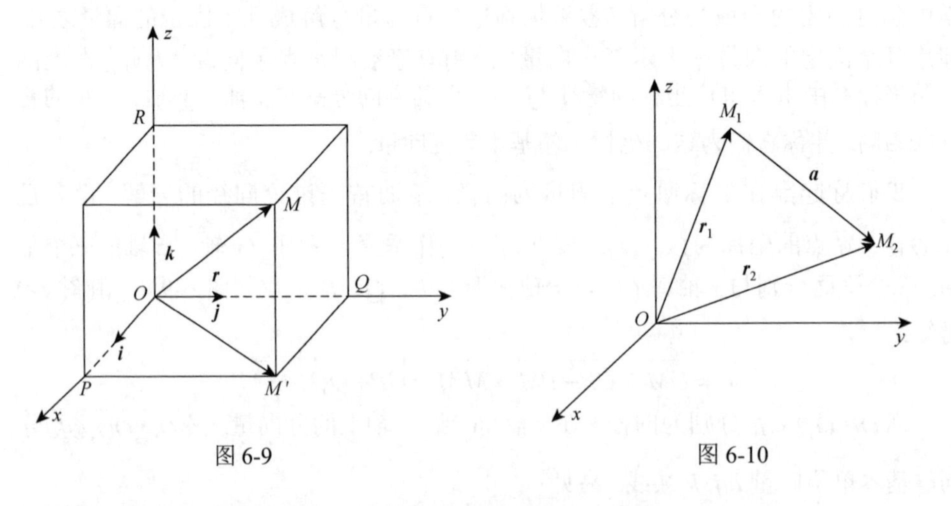

图 6-9　　　　图 6-10

容易证明，两向量相等，当且仅当其对应坐标相等.

由两点的距离公式易知，向量 $\boldsymbol{a}=\{a_x,a_y,a_z\}$ 的模可表示为

$$|\boldsymbol{a}|=\sqrt{a_x^2+a_y^2+a_z^2}\ .$$

利用向量的坐标和向量的运算规律，可得向量加减法及数乘运算如下：

设 $\boldsymbol{a}=\{a_x,a_y,a_z\}$，$\boldsymbol{b}=\{b_x,b_y,b_z\}$，则

$$\boldsymbol{a}+\boldsymbol{b}=(\boldsymbol{a}_x+\boldsymbol{b}_x)\boldsymbol{i}+(\boldsymbol{a}_y+\boldsymbol{b}_y)\boldsymbol{j}+(\boldsymbol{a}_z+\boldsymbol{b}_z)\boldsymbol{k}\ ,$$

$$\boldsymbol{a}-\boldsymbol{b}=(\boldsymbol{a}_x-\boldsymbol{b}_x)\boldsymbol{i}+(\boldsymbol{a}_y-\boldsymbol{b}_y)\boldsymbol{j}+(\boldsymbol{a}_z-\boldsymbol{b}_z)\boldsymbol{k}\ ,$$

$$\lambda\boldsymbol{a}=(\lambda\boldsymbol{a}_x)\boldsymbol{i}+(\lambda\boldsymbol{a}_y)\boldsymbol{j}+(\lambda\boldsymbol{a}_z)\boldsymbol{k}\ ,$$

或

$$\boldsymbol{a}+\boldsymbol{b}=\{a_x+b_x,a_y+b_y,a_z+b_z\}\ ,$$

$$\boldsymbol{a}-\boldsymbol{b}=\{a_x-b_x,a_y-b_y,a_z-b_z\}\ ,$$

$$\lambda\boldsymbol{a}=\{\lambda\boldsymbol{a}_x,\lambda\boldsymbol{a}_y,\lambda\boldsymbol{a}_z\}\ .$$

由此可见，对向量进行加、减及数乘，只需对向量的各个坐标分量分别进行相应的数量运算即可.

根据向量的数乘运算可知，若向量 $\boldsymbol{a}\neq 0$ 且 $\boldsymbol{a}$ 与 $\boldsymbol{b}$ 平行，则 $\boldsymbol{b}=\lambda\boldsymbol{a}$ 用坐标表示为

$$\{b_x,b_y,b_z\}=\lambda\{a_x,a_y,a_z\}\ ,$$

这就相当于向量 $\boldsymbol{a}$ 与 $\boldsymbol{b}$ 对应的坐标成比例，即 $\dfrac{b_x}{a_x}=\dfrac{b_y}{a_y}=\dfrac{b_z}{a_z}$.

例 6.3　已知两点 $M_1(x_1,y_1,z_1)$ 和 $M_2(x_2,y_2,z_2)$ 及实数 $\lambda\neq-1$，在直线 M_1M_2 上求点 M，使得 $\overrightarrow{M_1M}=\lambda\overrightarrow{MM_2}$.

解　设所求点为 $M(x,y,z)$，则

$$\overrightarrow{AM}=\overrightarrow{OM}-\overrightarrow{OA}=\{x-x_1,y-y_1,z-z_1\}\ ,$$

$$\overrightarrow{MB}=\overrightarrow{OB}-\overrightarrow{OM}=\{x_2-x,y_2-y,z_2-z\}\ .$$

依题意有 $\overrightarrow{AM}=\lambda\overrightarrow{MB}$，即

$$\{x-x_1,y-y_1,z-z_1\}=\lambda\{x_2-x,y_2-y,z_2-z\}\ ,$$

则有

$$\{x,y,z\}-\{x_1,y_1,z_1\}=\lambda\{x_2,y_2,z_2\}-\lambda\{x,y,z\}\ ,$$

故

$$\{x,\ y,\ z\}=\frac{1}{1+\lambda}\{x_1+\lambda x_2,\ y_1+\lambda y_2,\ z_1+\lambda z_2\}\ ,$$

从而

$$x=\frac{x_1+\lambda x_2}{1+\lambda},\quad y=\frac{y_1+\lambda\, y_2}{1+\lambda},\quad z=\frac{z_1+\lambda z_2}{1+\lambda}\ .$$

上式称为定比分点坐标公式，点 M 称为有向线段 $\overrightarrow{M_1M_2}$ 的定比分点. 当 $\lambda=1$ 时，点 M 是有向线段 $\overrightarrow{M_1M_2}$ 的中点，其坐标为

$$x=\frac{x_1+x_2}{2},\quad y=\frac{y_1+y_2}{2},\quad z=\frac{z_1+z_2}{2}.$$

请读者考虑：点 M 的位置和 λ 之间的关系，为什么 $\lambda\neq-1$？

6.2.4 向量的数量积和向量的方向余弦

1. 向量的数量积

设一物体在常力 $\boldsymbol{F}$ 的作用下沿直线从点 M_1 移动到点 M_2，由物理学知道，力 $\boldsymbol{F}$ 所作的功 W 为 $W=|\boldsymbol{F}|\left|\overrightarrow{M_1M_2}\right|\cos\theta$，其中 θ 为 $\boldsymbol{F}$ 与 $\overrightarrow{M_1M_2}$ 的夹角（图 6-11）.

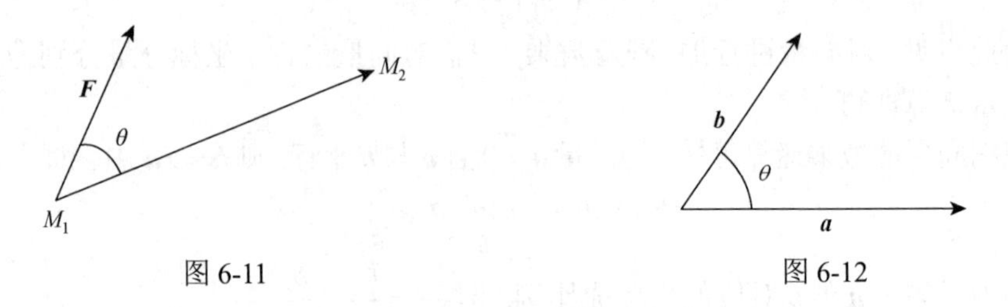

图 6-11　　　　图 6-12

定义 6.1　两个向量 $\boldsymbol{a}$ 和 $\boldsymbol{b}$ 的模与它们夹角的余弦的乘积，称作两向量 $\boldsymbol{a}$ 和 $\boldsymbol{b}$ 的数量积（或内积），记做 $\boldsymbol{a}\cdot\boldsymbol{b}$（图 6-12），即

$$\boldsymbol{a}\cdot\boldsymbol{b}=|\boldsymbol{a}||\boldsymbol{b}|\cos\theta.$$

根据定义 6.1，上述问题中力所作的功 W 是力 $\boldsymbol{F}$ 与位移 $\overrightarrow{M_1M_2}$ 的数量积，即 $W=\boldsymbol{F}\cdot\overrightarrow{M_1M_2}$.

由数量积的定义可以推得：

（1）$\boldsymbol{a}\cdot\boldsymbol{a}=|\boldsymbol{a}|^2$.

（2）向量 $\boldsymbol{a}$ 与向量 $\boldsymbol{b}$ 互相垂直的充要条件是 $\boldsymbol{a}\cdot\boldsymbol{b}=0$.

2. 数量积的坐标表示式和运算规律

设向量 $\boldsymbol{a}=\{a_x,a_y,a_z\}$，$\boldsymbol{b}=\{b_x,b_y,b_z\}$，则向量 $\boldsymbol{a}$ 与向量 $\boldsymbol{b}$ 及向量 $\boldsymbol{a}-\boldsymbol{b}$ 构成如图 6-13 所示的三角形，由余弦定理可知

$$|\boldsymbol{a}-\boldsymbol{b}|^2=|\boldsymbol{a}|^2+|\boldsymbol{b}|^2-2|\boldsymbol{a}||\boldsymbol{b}|\cos\theta,$$

即

$$|\boldsymbol{a}||\boldsymbol{b}|\cos\theta=\frac{1}{2}(|\boldsymbol{a}|^2+|\boldsymbol{b}|^2-|\boldsymbol{a}-\boldsymbol{b}|^2),$$

因此，$\boldsymbol{a}\cdot\boldsymbol{b}=|\boldsymbol{a}||\boldsymbol{b}|\cos\theta=\dfrac{1}{2}(|\boldsymbol{a}|^2+|\boldsymbol{b}|^2-|\boldsymbol{a}-\boldsymbol{b}|^2)$

$$=\frac{1}{2}[(a_x^2+a_y^2+a_z^2)+(b_x^2+b_y^2+b_z^2)$$
$$-(a_x-b_x)^2-(a_y-b_y)^2-(a_z-b_z)^2]$$
$$=a_xb_x+a_yb_y+a_zb_z,$$

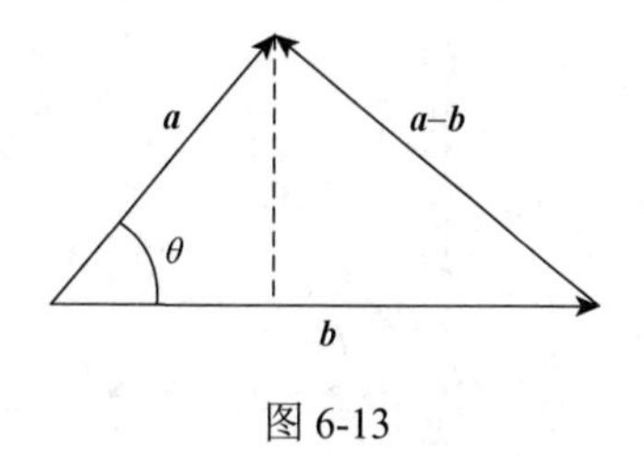

图 6-13

所以，数量积运算的坐标表示式为

$$\boldsymbol{a}\cdot\boldsymbol{b}=a_xb_x+a_yb_y+a_zb_z.$$

即两向量的数量积等于它们对应坐标的乘积之和.

由数量积运算的坐标表示式不难推出数量积满足下列三条运算规律：

（1）交换律：$\boldsymbol{a}\cdot\boldsymbol{b}=\boldsymbol{b}\cdot\boldsymbol{a}$.

（2）分配律：$(\boldsymbol{a}+\boldsymbol{b})\cdot\boldsymbol{c}=\boldsymbol{a}\cdot\boldsymbol{c}+\boldsymbol{b}\cdot\boldsymbol{c}$.

（3）结合律：$(\lambda\boldsymbol{a})\cdot\boldsymbol{b}=\lambda(\boldsymbol{a}\cdot\boldsymbol{b})$，其中 λ 为实数.

下面仅证明（2），其余留给读者自行证明.

证明　设 $\boldsymbol{a}=\{a_x,a_y,a_z\}$，$\boldsymbol{b}=\{b_x,b_y,b_z\}$，$\boldsymbol{c}=\{c_x,c_y,c_z\}$，则

$$\begin{aligned}(\boldsymbol{a}+\boldsymbol{b})\cdot\boldsymbol{c}&=\{(a_x+b_x),(a_y+b_y),(a_z+b_z)\}\cdot\{c_x,c_y,c_z\}\\&=(a_x+b_x)\cdot c_x+(a_y+b_y)\cdot c_y+(a_z+b_z)\cdot c_z\\&=a_xc_x+a_yc_y+a_zc_z+b_xc_x+b_yc_y+b_zc_z\\&=\boldsymbol{a}\cdot\boldsymbol{c}+\boldsymbol{b}\cdot\boldsymbol{c}.\end{aligned}$$

由于 $\boldsymbol{a}\cdot\boldsymbol{b}=|\boldsymbol{a}||\boldsymbol{b}|\cos\theta$，所以当 $\boldsymbol{a}$、$\boldsymbol{b}$ 都不是零向量时，有

$$\cos\theta=\frac{\boldsymbol{a}\cdot\boldsymbol{b}}{|\boldsymbol{a}||\boldsymbol{b}|}.$$

以数量积的坐标表示式及向量的模的坐标表示式代入上式，就得

$$\cos\theta=\frac{a_xb_x+a_yb_y+a_zb_z}{\sqrt{a_x^2+a_y^2+a_z^2}\sqrt{b_x^2+b_y^2+b_z^2}}.$$

这就是两向量夹角余弦的坐标表示式. 从这个公式可以看出两个向量 $\boldsymbol{a}$，$\boldsymbol{b}$ 互相垂直当且仅当

$$a_xb_x+a_yb_y+a_zb_z=0.$$

3. 向量的方向余弦

向量可以用它的模和方向表示，也可以用它的坐标来表示，为了应用上的方便，需要讨论向量的坐标和向量的模及方向之间的联系.

考察向量 $\boldsymbol{a}$ 与坐标系的基本单位向量 $\boldsymbol{i}$、$\boldsymbol{j}$、$\boldsymbol{k}$ 的数量积：

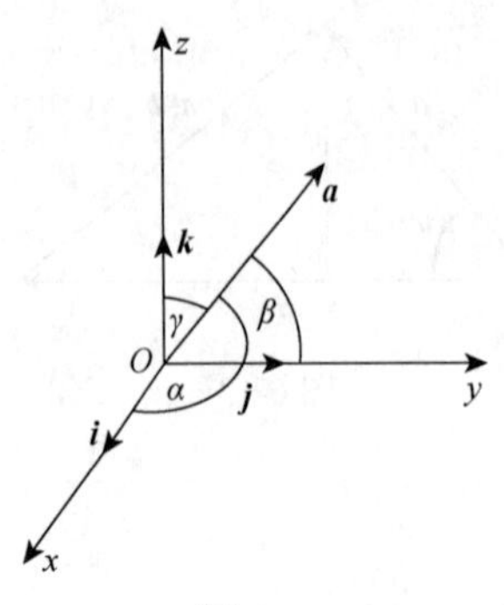

图 6-14

$$\boldsymbol{a}\cdot\boldsymbol{i}=|\boldsymbol{a}|\cos\alpha,\quad \boldsymbol{a}\cdot\boldsymbol{j}=|\boldsymbol{a}|\cos\beta,\quad \boldsymbol{a}\cdot\boldsymbol{k}=|\boldsymbol{a}|\cos\gamma .$$

其中α,β,γ依次为向量$\boldsymbol{a}$与$\boldsymbol{i},\boldsymbol{j},\boldsymbol{k}$之间的夹角, 如图 6-14 所示. 显然, 一个向量的方向完全可以由α,β,γ来确定, 称α,β,γ为向量$\boldsymbol{a}$的方向角, $\cos\alpha,\cos\beta,\cos\gamma$为向量$\boldsymbol{a}$的方向余弦.

由数量积的坐标表示式, 有

$$\boldsymbol{a}\cdot\boldsymbol{i}=\{a_x,a_y,a_z\}\cdot\{1,0,0\}=a_x ,$$

所以

$$a_x=|\boldsymbol{a}|\cos\alpha=\sqrt{a_x^2+a_y^2+a_z^2}\cos\alpha ,$$

同理

$$a_y=|\boldsymbol{a}|\cos\beta=\sqrt{a_x^2+a_y^2+a_z^2}\cos\beta ,\ \ a_z=|\boldsymbol{a}|\cos\gamma=\sqrt{a_x^2+a_y^2+a_z^2}\cos\gamma .$$

这表明: 向量的坐标等于向量的模与方向余弦的乘积, 也等于向量与基本单位向量的数量积.

由两向量之间夹角余弦的坐标表示式, 易知向量的方向余弦的坐标表示式为

$$\cos\alpha=\frac{a_x}{\sqrt{a_x^2+a_y^2+a_z^2}} ,$$

$$\cos\beta=\frac{a_y}{\sqrt{a_x^2+a_y^2+a_z^2}} ,$$

$$\cos\gamma=\frac{a_z}{\sqrt{a_x^2+a_y^2+a_z^2}} ,$$

并且有$\cos^2\alpha+\cos^2\beta+\cos^2\gamma=1$.

由此可知, 向量$\boldsymbol{e}_{\boldsymbol{a}}=\{\cos\alpha,\cos\beta,\cos\gamma\}$是向量$\boldsymbol{a}$的单位向量, 即

$$\boldsymbol{e}_{\boldsymbol{a}}=\frac{\boldsymbol{a}}{|\boldsymbol{a}|}=\{\cos\alpha,\cos\beta,\cos\gamma\}\quad(\boldsymbol{a}\neq 0) .$$

例 6.4　已知三点$A=(1,0,0)$, $B(3,1,1)$, $C(2,0,1)$, 求:

（1）$\overrightarrow{BC}$与$\overrightarrow{CA}$的夹角;（2）$\overrightarrow{BC}$的方向余弦、方向角;（3）$\overrightarrow{BC}$的单位向量.

解　（1）由题意知

$$\overrightarrow{BC}=\{2-3,0-1,1-1\}=\{-1,-1,0\},$$

$$\overrightarrow{CA}=\{1-2,0-0,0-1\}=\{-1,0,-1\},$$

$$\left|\overrightarrow{BC}\right|=\sqrt{2},\quad \left|\overrightarrow{BC}\right|=\sqrt{2} ,$$

从而

$$\overrightarrow{BC}\cdot\overrightarrow{CA}=(-1)\cdot(-1)+(-1)\cdot 0+0\cdot(-1)=1 ,$$

所以 $\overrightarrow{BC}$ 与 $\overrightarrow{CA}$ 的夹角 θ 的余弦为

$$\cos\theta=\frac{\overrightarrow{BC}\cdot\overrightarrow{CA}}{|\overrightarrow{BC}||\overrightarrow{CA}|}=\frac{1}{2},$$

从而 $\theta=\arccos\frac{1}{2}=\frac{\pi}{3}$.

（2）因为 $\overrightarrow{BC}=\{-1,-1,0\}$, 所以, 由向量的方向余弦的坐标表示式得

$$\cos\alpha=-\frac{1}{\sqrt{2}},\ \cos\beta=-\frac{1}{\sqrt{2}},\ \cos\gamma=0,$$

方向角为 $\alpha=\beta=\frac{3\pi}{4},\gamma=\frac{\pi}{2}$.

（3）$\overrightarrow{BC}$ 的单位向量为 $\boldsymbol{e}_a=\frac{\overrightarrow{BC}}{|\overrightarrow{BC}|}=\left\{-\frac{1}{\sqrt{2}},-\frac{1}{\sqrt{2}},0\right\}$.

习　题　6-2

1. 已知向量 $\boldsymbol{a}=3\boldsymbol{i}+4\boldsymbol{j}-\boldsymbol{k}$，求 $\boldsymbol{a}$ 模.
2. 求向量 $\boldsymbol{a}=\{1,-1,2\}$ 与 $\boldsymbol{b}=\{0,1,1\}$ 的夹角.
3. 证明以 $A(4,1,9)$、$B(10,-1,6)$、$C(2,4,3)$ 为顶点的三角形是等腰直角三角形.
4. 已知向量 $\boldsymbol{a}=6\boldsymbol{i}-4\boldsymbol{j}+10\boldsymbol{k}$，$\boldsymbol{b}=3\boldsymbol{i}+4\boldsymbol{j}-9\boldsymbol{k}$，试求：

（1）$\boldsymbol{a}+2\boldsymbol{b}$；　　（2）$3\boldsymbol{a}-2\boldsymbol{b}$.

5. 已知两点 $A(2,\sqrt{2},5)$ 和 $B(3,0,4)$，求向量 $\overrightarrow{AB}$ 的模、方向余弦和方向角.
6. 设向量的方向角为 α、β、γ. 若已知 $\alpha=\frac{\pi}{3}$，$\beta=\frac{2\pi}{3}$，求 γ.
7. 已知向量 $\boldsymbol{a}=m\boldsymbol{i}+5\boldsymbol{j}-\boldsymbol{k}$ 与向量 $\boldsymbol{b}=3\boldsymbol{i}+\boldsymbol{j}+n\boldsymbol{k}$ 平行, 求 m 和 n.
8. 下列结论是否成立, 为什么?

（1）若 $\boldsymbol{a}\cdot\boldsymbol{b}=0$, 则 $\boldsymbol{a}=\boldsymbol{0}$ 或 $\boldsymbol{b}=\boldsymbol{0}$；（2）$(\boldsymbol{a}\cdot\boldsymbol{b})\boldsymbol{c}=\boldsymbol{a}(\boldsymbol{b}\cdot\boldsymbol{c})$；

（3）$(\boldsymbol{a}\cdot\boldsymbol{b})^2=|\boldsymbol{a}|^2|\boldsymbol{b}|^2$；（4）两个单位向量的数量积等于 1.

9. 设向量 $\boldsymbol{a}$ 和 $\boldsymbol{b}$ 的夹角 $\theta=\frac{2\pi}{3}$，又 $|\boldsymbol{a}|=3$，$|\boldsymbol{b}|=4$，计算 $(3\boldsymbol{a}-2\boldsymbol{b})\cdot(\boldsymbol{a}+2\boldsymbol{b})$.
10. 求与 $\boldsymbol{a}=(1,2,3)$ 及 $\boldsymbol{b}=\boldsymbol{i}+\boldsymbol{j}$ 都垂直的单位向量.

6.3　平面及其方程

空间中平面与直线是最简单的图形, 本节和下一节将以向量为工具, 讨论平面与直线的方程, 从而运用代数的方法来研究图形的性质.

6.3.1 平面的点法式方程

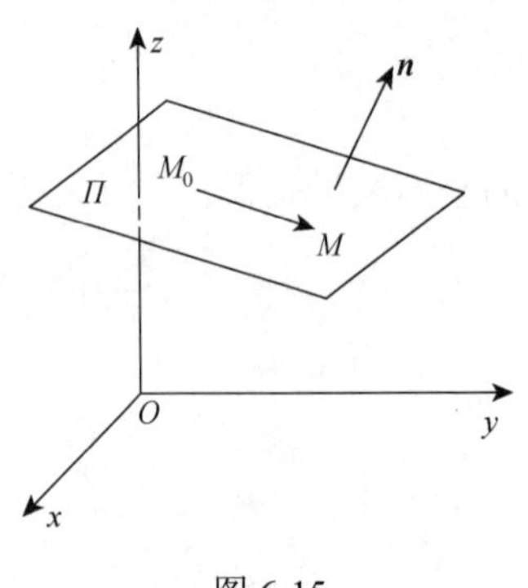

图 6-15

由中学立体几何的知识可知，经过空间一点能作而且只能作一个平面垂直于一条已知直线（或已知向量），我们称与一平面垂直的非零向量为该平面的法向量. 据此，若已知平面 Π 上的一点 $M_0(x_0,y_0,z_0)$ 和它的一个法向量 $\boldsymbol{n}=\{A,B,C\}$ 时，平面 Π 的位置就完全确定了（图 6-15）.

下面建立此平面的方程.

在平面 Π 上任取一点异于 $M_0(x_0,y_0,z_0)$ 的点 $M(x,y,z)$，因为 $\boldsymbol{n}\perp \Pi$，所以 $\boldsymbol{n}\perp \overrightarrow{M_0M}$，因此它们的数量积为零，即

$$\boldsymbol{n}\cdot \overrightarrow{M_0M}=0,$$

由于 $\boldsymbol{n}=\{A,B,C\}$，$\overrightarrow{M_0M}=\{x-x_0,y-y_0,z-z_0\}$，所以

$$A(x-x_0)+B(y-y_0)+C(z-z_0)=0. \tag{6-1}$$

这就是平面 Π 上任一点 M 的坐标所满足的方程.

如果 $M(x,y,z)$ 不在平面 Π 上，那么向量 $\overrightarrow{M_0M}$ 与法向量 $\boldsymbol{n}$ 不垂直，从而 $\boldsymbol{n}\cdot\overrightarrow{M_0M}\neq 0$，即不在平面 Π 上的点 M 的坐标 x、y、z 不满足方程（6-1）.

由此可知，平面 Π 上的任一点的坐标 x、y、z 都满足方程（6-1），不在平面 Π 上的点的坐标都不满足方程（6-1），故方程（6-1）就是平面 Π 的方程，而平面 Π 就是方程（6-1）的图形.

由于方程（6-1）可以由平面的法向量和其上的一点来确定，所以称方程（6-1）为所求平面的点法式方程.

例 6.5 求过点 $M_0(1,-2,0)$，且以 $\boldsymbol{n}=\{2,-1,5\}$ 为法向量的平面的方程.

解 根据平面的点法式方程，所求平面的方程为

$$2(x-1)-(y+2)+5(z-0)=0,$$

即 $2x-y+5z-4=0$.

例 6.6 求过三点 $M_1(1,1,1)$、$M_2(-3,2,1)$ 及 $M_3(4,3,2)$ 的平面方程.

解 由于过三个已知点的平面的法向量 $\boldsymbol{n}$ 与向量 $\overrightarrow{M_1M_2}$、$\overrightarrow{M_1M_3}$ 都垂直，而

$$\overrightarrow{M_1M_2}=\{-4,1,0\},\quad \overrightarrow{M_1M_3}=\{3,2,1\},$$

设 $\boldsymbol{n}=\{x,y,z\}$，则有

$$\boldsymbol{n}\cdot\overrightarrow{M_1M_2}=\{x,y,z\}\cdot\{-4,1,0\}=-4x+y=0,$$

$$\boldsymbol{n}\cdot\overrightarrow{M_1M_3}=\{x,y,z\}\cdot\{3,2,1\}=3x+2y+z=0,$$

取方程组的一组解：

$$x=1,y=4,z=-11,$$

即得所求平面的法向量 $\boldsymbol{n}=\{1,4,-11\}$. 根据平面的点法式方程, 所求平面的方程为

$$(x-1)+4(y-1)-11(z-1)=0,$$

即 $x+4y-11z+6=0$.

6.3.2　平面的一般方程

平面的点法式方程是三元一次方程, 由于任一平面都可以用它上面的一点及其法向量来确定, 所以任何一个平面都可以用三元一次方程来表示.

反过来, 设有三元一次方程

$$Ax+By+Cz+D=0, \tag{6-2}$$

我们任取满足方程（6-2）的一组数 x_0、y_0、z_0，即

$$Ax_0+By_0+Cz_0+D=0, \tag{6-3}$$

把方程（6-2）方程（6-3）两式相减, 得

$$A(x-x_0)+B(y-y_0)+C(z-z_0)=0. \tag{6-4}$$

把方程（6-4）与方程（6-1）相比较, 可知方程（6-4）是通过点 $M_0(x_0,y_0,z_0)$，以 $\boldsymbol{n}=\{A,B,C\}$ 为法向量的平面的方程. 又由于方程（6-4）和方程（6-2）同解, 所以方程（6-2）表示一个平面. 我们把方程（6-2）称为平面的一般方程, 其中 x、y、z 的系数就是该平面的一个法向量, 即 $\boldsymbol{n}=\{A,B,C\}$.

在平面的一般方程中, 其部分系数为零时, 可得如下一些特殊平面：

当 $D=0$，方程（6-2）成为 $Ax+By+Cz+D=0$，它表示一个经过原点的平面；

当 $C=0$，方程（6-2）成为 $Ax+By+D=0$，它表示一个与 z 轴平行的平面；$Ax+Cz+D=0$ 表示与 y 轴平行的平面, $By+Cz+D=0$ 表示与 x 轴平行的平面；

当 $B=C=0$，方程（6-2）成为 $Ax+D=0$，它表示一个平行于 yOz 面的平面；$By+D=0$ 表示一个平行于 xOz 面的平面, $Cz+D=0$ 表示一个平行于 xOy 面的平面；

当 $B=C=D=0$，方程（6-2）成为 $x=0$，它表示 yOz 面；$y=0$ 表示 xOz 面, $z=0$ 表示 xOy 面；

当 $C=D=0$，方程（6-2）成为 $Ax+By=0$，它表示一个经过 z 轴的平面；$Ax+Cz=0$ 表示一个经过 y 轴的平面, $By+Cz=0$ 表示一个经过 x 轴的平面.

例 6.7　一个平面通过 x 轴和点 $(3,1,-1)$，求该平面的方程.

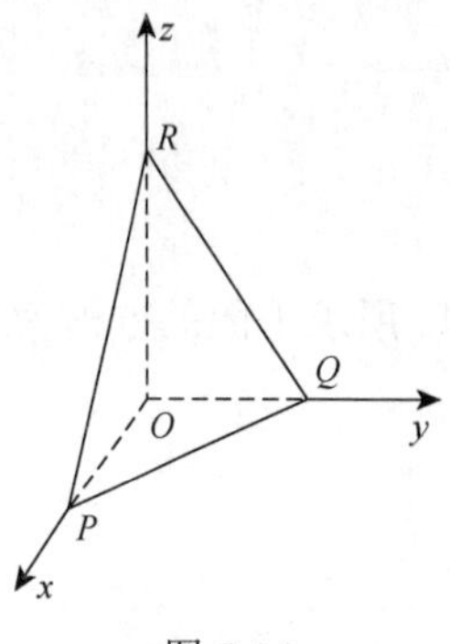

图 6-16

解　因为所求平面通过 x 轴，故在方程(6-2)中 $A=0$，又通过原点，所以 $D=0$．故可设所求的平面的方程为 $By+Cz=0$，将点 $(3,1,-1)$ 代入 $By+Cz=0$，得 $B-C=0$，即 $B=C$，所以有 $Cy+Cz=0$，因 $C\neq 0$，故所求平面的方程为 $y+z=0$．

例 6.8　求过三点 $P(a,0,0)$、$Q(0,b,0)$、$R(0,0,c)$ 的平面的方程（其中 a、b、c 为不等于零的常数）（图 6-16）．

解　设所求的平面的方程为 $Ax+By+Cz+D=0$，因为平面经过 P、Q、R 三点，故其坐标都满足方程，则有

$$\begin{cases} aA+D=0, \\ bB+D=0, \\ cC+D=0, \end{cases}$$

即得 $A=-\dfrac{D}{a},B=-\dfrac{D}{b},C=-\dfrac{D}{c}$，将其代入所设方程并除以 $D(D\neq 0)$，便得所求方程为

$$\frac{x}{a}+\frac{y}{b}+\frac{z}{c}=1. \tag{6-5}$$

方程(6-5)称为平面的截距式方程，a、b、c 依次称为平面在 x、y、z 轴上的截距.

6.3.3　两平面的夹角

设两平面的方程分别为

$$\Pi_1:\quad A_1x+B_1y+C_1z+D_1=0,$$
$$\Pi_2:\quad A_2x+B_2y+C_2z+D_2=0,$$

它们的法向量分别是

$$\boldsymbol{n}_1=\{A_1,B_1,C_1\},\quad \boldsymbol{n}_2=\{A_2,B_2,C_2\}$$

当两个平面相交时，形成两个互补的二面角，其中一个二面角和向量 $\boldsymbol{n}_1$ 与 $\boldsymbol{n}_2$ 之间的夹角相同（图 6-17）．因此，规定两平面之间的夹角为两法向量之间的夹角（通常指锐角）．

由两向量夹角余弦的坐标表示式可得两平面 Π_1、Π_2 之间的夹角 θ 的余弦为

$$\cos\theta=\frac{|A_1A_2+B_1B_2+C_1C_2|}{\sqrt{A_1^2+B_1^2+C_1^2}\cdot\sqrt{A_2^2+B_2^2+C_2^2}}. \tag{6-6}$$

从两向量垂直、平行的条件可得如下结论：

平面 Π_1、Π_2 互相垂直的充要条件是：$A_1A_2+B_1B_2+C_1C_2=0$；

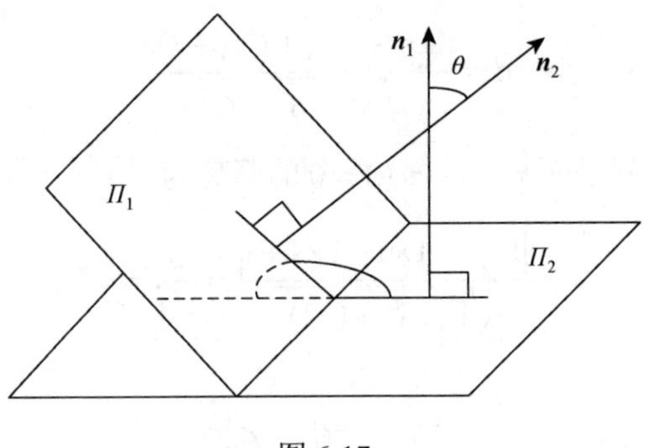

图 6-17

平面Π_1、Π_2互相平行的充要条件是：$\dfrac{A_1}{A_2}=\dfrac{B_1}{B_2}=\dfrac{C_1}{C_2}$.

例 6.9　求两平面$x-y+2z=6$和$2x+y+z-5=0$的夹角.

解　由公式（6-6）有

$$\cos\theta=\frac{|1\times 2+(-1)\times 1+2\times 1|}{\sqrt{1^2+(-1)^2+2^2}\cdot\sqrt{2^2+1^2+1^2}}=\frac{1}{2},$$

因此所求的夹角为$\theta=\dfrac{\pi}{3}$.

例 6.10　设$P_0(x_0,y_0,z_0)$是平面$Ax+By+Cz+D=0$外的一点, 求P_0到这平面的距离(图 6-18).

解　在已知平面上任取一点$P_1(x_1,y_1,z_1)$，过P_0作平面的垂线, 垂足为P_2，则P_0到平面的距离为

$$d=\left|\left|\overrightarrow{P_1P_0}\right|\cdot\cos\angle P_1P_0P_2\right|,$$

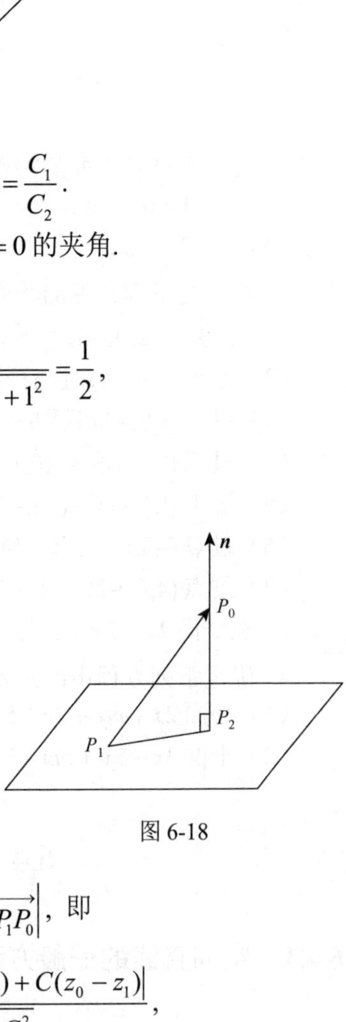

图 6-18

因为$\overrightarrow{P_1P_0}=\{x_0-x_1,y_0-y_1,z_0-z_1\}$，$\boldsymbol{n}=\{A,B,C\}$，

由向量的数量积可知：$d=\left|\left|\overrightarrow{P_1P_0}\right|\cdot\cos\angle P_1P_0P_2\right|=\left|\boldsymbol{e}_{\boldsymbol{n}}\cdot\overrightarrow{P_1P_0}\right|$，即

$$d=\left|\boldsymbol{e}_{\boldsymbol{n}}\cdot\overrightarrow{P_1P_0}\right|=\frac{|A(x_0-x_1)+B(y_0-y_1)+C(z_0-z_1)|}{\sqrt{A^2+B^2+C^2}},$$

因为P_1在平面上, 所以P_1的坐标满足平面方程, 即有

$$Ax_1+By_1+Cz_1=-D,$$

代入d的表达式中, 得到点$P_0(x_0,y_0,z_0)$到平面$Ax+By+Cz+D=0$的距离公式为

$$d=\frac{|Ax_0+By_0+Cz_0+D|}{\sqrt{A^2+B^2+C^2}}.$$

例如，点 $(2,1,1)$ 到平面 $x+y-z+1=0$ 的距离为

$$d=\frac{|1\times 2+1\times 1-1\times 1+1|}{\sqrt{1^2+1^2+(-1)^2}}=\frac{3}{\sqrt{3}}=\sqrt{3}.$$

习　题　6-3

1. 指出下列各平面的特殊位置，并画出各平面：

（1）$y-1=0$；　　（2）$3x+2y-6=0$；

（3）$x-2y=0$；　　（4）$x+y-2z=0$.

2. 求满足下列条件的平面方程：

（1）过点 $A(2,9,-6)$ 且与向径 $\overrightarrow{OA}$ 垂直；

（2）过点 $(3,0,-1)$ 且与平面 $3x-7y+5z-12=0$ 平行；

（3）过点 $(1,0,-1)$ 且同时平行于向量 $\boldsymbol{a}=2\boldsymbol{i}+\boldsymbol{j}+\boldsymbol{k}$ 和 $\boldsymbol{b}=\boldsymbol{i}-\boldsymbol{j}$；

（4）过点 $(1,1,1)$ 和点 $(0,1,-1)$ 且与平面 $x+y+z=0$ 垂直；

（5）过点 $(1,1,-1)$，$(-2,-2,2)$ 和 $(1,-1,2)$；

（6）过点 $(-3,1,-2)$ 和 z 轴；

（7）过点 $(4,0,-2)$，$(5,1,7)$ 且平行于 x 轴.

3. 求平面 $2x-2y+z+5=0$ 与各坐标面的夹角的余弦.

4. 确定下列方程中的 m 和 n，使得：

（1）平面 $2x+my+3z-5=0$ 与 $nx-6y-z+2=0$ 平行；

（2）平面 $3x-5y+mz-3=0$ 与 $x+3y+2z+5=0$ 垂直.

6.4　空间直线及其方程

6.4.1　空间直线的一般方程

空间不平行的两个平面必然相交于一直线，因此，空间任一直线都可以看作是两个平面 Π_1 与 Π_2 的交线（图 6-19）. 设空间的两个相交的平面分别为

$$\Pi_1:\ A_1x+B_1y+C_1z+D_1=0,$$

$$\Pi_2:\ A_2x+B_2y+C_2z+D_2=0,$$

那么其交线 L 上的任一点的坐标应同时满足这两个平面的方程，即应满足方程组

$$\begin{cases}A_1x+B_1y+C_1z+D_1=0,\\A_2x+B_2y+C_2z+D_2=0.\end{cases}\qquad(6\text{-}7)$$

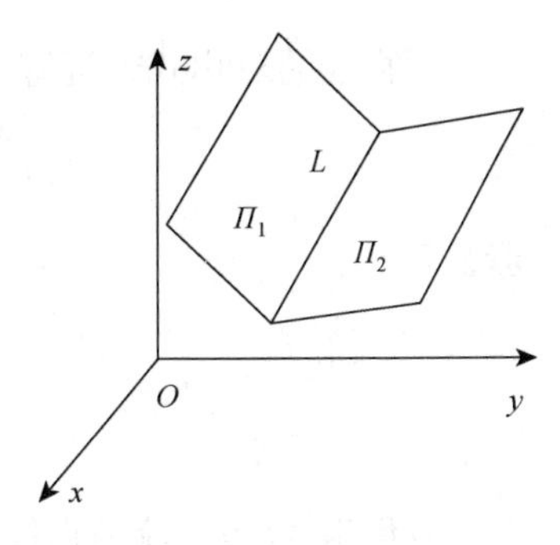

图 6-19

反过来不在空间直线 L 上的点，不能同时在平面 Π_1、Π_2 上，从而其坐标不能满足方程组（6-7），因此直线 L 可由方程组（6-7）表示，方程组（6-7）称为空间直线的一般方程.

6.4.2　空间直线的对称式方程和参数方程

如果一个非零向量平行于一条已知直线，这个向量称为这条直线的一个方向向量.

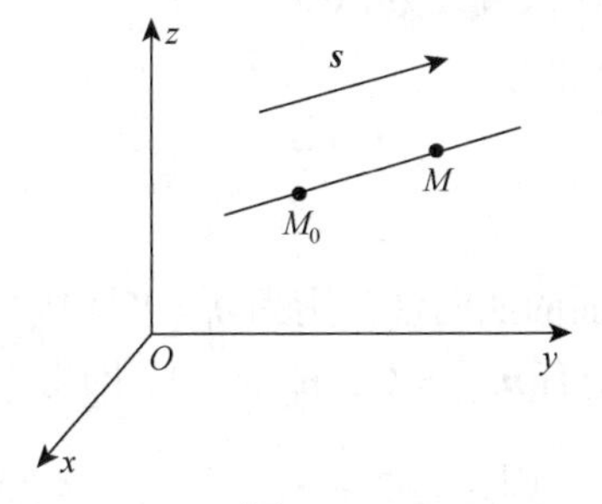

图 6-20

显然，直线上任一非零向量都可作为它的一个方向向量.

因为过空间一点可作且只能作一条直线平行于已知向量，所以当直线 L 上的一点 $M_0(x_0,y_0,z_0)$ 和它的方向向量 $\boldsymbol{s}=\{m,n,p\}$ 已知时，直线 L 的位置就完全确定了. 下面我们来建立这直线的方程.

设 $M(x,y,z)$ 是直线 L 上的任一点，则向量 $\overrightarrow{M_0M}=\{x-x_0,y-y_0,z-z_0\}$ 与直线的方向向量 $\boldsymbol{s}=\{m,n,p\}$ 共线，即平行（图 6-20），于是有

$$\frac{x-x_0}{m}=\frac{y-y_0}{n}=\frac{z-z_0}{p}.\qquad(6\text{-}8)$$

我们把方程（6-8）称为直线的对称式方程或点向式方程，其中 m、n、p 不能同时为零，当 m、n、p 中有一个为零，例如，$m=0$、$n\neq0$、$p\neq0$ 时，方程（6-8）可理解为

$$\begin{cases}x-x_0=0,\\\dfrac{y-y_0}{n}=\dfrac{z-z_0}{p},\end{cases}$$

当 m、n、p 中有两个为零，例如，$m=n=0$，方程（6-8）可理解为 $\begin{cases}x-x_0=0,\\y-y_0=0.\end{cases}$

直线的任一方向向量 $\boldsymbol{s}$ 的坐标 m,n,p 称为这直线的一组方向数，而向量 $\boldsymbol{s}$ 的方向余弦称为该直线的方向余弦.

由直线的对称式方程容易导出直线的参数方程，如设

$$\frac{x-x_0}{m}=\frac{y-y_0}{n}=\frac{z-z_0}{p}=t,$$

那么可得

$$\begin{cases}x=x_0+mt,\\ y=y_0+nt,\\ z=z_0+pt,\end{cases}\tag{6-9}$$

方程组（6-9）就是直线的**参数方程**.

例 6.11　把直线 L 的一般方程

$$\begin{cases}2x+y+z-5=0,\\ 2x+y-3z-1=0\end{cases}$$

化为对称式方程和参数方程.

解　先求出直线上的一点 (x_0,y_0,z_0)，令 $x_0=1$，代入直线方程得

$$\begin{cases}y+z=3,\\ y-3z=-1,\end{cases}$$

解得 $y_0=2$、$z_0=1$，所以，$(1,2,1)$ 是直线上的一点.

下面再求直线的方向向量，因为过直线的两个平面的法向量分别为 $\boldsymbol{n}_1=\{2,1,1\}$ 和 $\boldsymbol{n}_2=\{2,1,-3\}$，设直线的方向向量为 $\boldsymbol{s}=\{m,n,p\}$，则有 $\boldsymbol{n}_1\cdot\boldsymbol{s}=0$，$\boldsymbol{n}_2\cdot\boldsymbol{s}=0$，即有 $\begin{cases}2m+n+p=0,\\ 2m+n-3p=0,\end{cases}$ 解得 $p=0$，且有 $\begin{cases}2m+n=0,\\ 2m+n=0,\end{cases}$ 令 $m=1$，则 $n=-2$.

取 $\boldsymbol{s}=\{1,-2,0\}$ 为直线的方向向量，因此，直线 L 的对称式方程为

$$\frac{x-1}{1}=\frac{y-2}{-2}=\frac{z-1}{0}.$$

令 $\frac{x-1}{1}=\frac{y-2}{-2}=\frac{z-1}{0}=t$，则得直线的参数方程为

$$\begin{cases}x=1+t,\\ y=2-2t,\\ z=1.\end{cases}$$

例 6.12　求直线 $\frac{x-2}{1}=\frac{y-3}{1}=\frac{z-4}{2}$ 与平面 $2x+y+z-6=0$ 的交点.

解　所给直线的参数方程为 $\begin{cases}x=2+t,\\ y=3+t,\\ z=4+2t\end{cases}$ 代入平面方程中，得

$$2(2+t)+(3+t)+(4+2t)-6=0.$$

解上述方程，得 $t=-1$，把 $t=-1$ 代入直线的参数方程中，得 $x=1, y=2, z=2$，即 $(1,2,2)$ 为所求的交点.

例 6.13　求过点（1, –2, 4）且与平面 $2x-3y+z-4=0$ 垂直的直线的方程.

解　因为所求直线垂直于已知平面，所以可取已知平面的法向量 $\{2,-3,1\}$ 作为所求直线的方向向量，由此可得所求直线的方程为

$$\frac{x-1}{2}=\frac{y+2}{-3}=\frac{z-4}{1}.$$

例 6.14　求过点 $(2,1,3)$ 且与直线 $\frac{x+1}{3}=\frac{y-1}{2}=\frac{z}{-1}$ 垂直相交的直线的方程.

解　过点 $(2,1,3)$ 作一垂直于已知直线的平面，则该平面的方程为

$$3(x-2)+2(y-1)-(z-3)=0.$$

已知直线的参数方程为 $\begin{cases} x=-1+3t, \\ y=1+2t, \\ z=0-t, \end{cases}$ 把直线的参数方程代入平面方程，求得 $t=\frac{3}{7}$，

所以平面与已知直线的交点为 $\left(\frac{2}{7},\frac{13}{7},-\frac{3}{7}\right)$.

以点 $(2,1,3)$ 为起点，点 $\left(\frac{2}{7},\frac{13}{7},-\frac{3}{7}\right)$ 为终点的向量

$$\left\{\frac{2}{7}-2,\frac{13}{7}-1,-\frac{3}{7}-3\right\}=-\frac{6}{7}\{2,-1,4\},$$

是所求直线的一个方向向量，故所求直线的方程为

$$\frac{x-2}{2}=\frac{y-1}{-1}=\frac{z-3}{4}.$$

6.4.3　两直线的夹角

两直线的方向向量的夹角（一般为锐角）称为两直线的夹角.

设直线 L_1 和 L_2 的方向向量分别为 $\boldsymbol{s}_1=\{m_1,n_1,p_1\}$ 和 $\boldsymbol{s}_2=\{m_2,n_2,p_2\}$，由两向量之间夹角的余弦公式，立即可得两直线 L_1 和 L_2 的夹角 φ 的余弦表达式为

$$\cos\varphi=\frac{|m_1m_2+n_1n_2+p_1p_2|}{\sqrt{m_1^2+n_1^2+p_1^2}\cdot\sqrt{m_2^2+n_2^2+p_2^2}}.$$

从两个向量垂直、平行的充要条件可得如下结论：

两直线 L_1 和 L_2 互相垂直的充要条件是：$m_1m_2+n_1n_2+p_1p_2=0$；

两直线 L_1 和 L_2 互相平行的充要条件是：$\frac{m_1}{m_2}=\frac{n_1}{n_2}=\frac{p_1}{p_2}$.

例 6.15 求直线 L_1：$\dfrac{x-1}{1}=\dfrac{y}{-4}=\dfrac{z+3}{1}$ 和 L_2：$\dfrac{x}{2}=\dfrac{y+2}{-2}=\dfrac{z}{-1}$ 的夹角.

解 直线 L_1 的方向向量为 $\boldsymbol{s}_1=\{1,-4,1\}$；直线 L_2 的方向向量为 $\boldsymbol{s}_2=\{2,-2,-1\}$，设直线 L_1 和 L_2 的夹角为 φ，则有

$$\cos\varphi=\frac{|1\times2+(-4)\times(-2)+1\times(-1)|}{\sqrt{1^2+(-4)^2+1^2}\cdot\sqrt{2^2+(-2)^2+(-1)^2}}=\frac{1}{\sqrt{2}}=\frac{\sqrt{2}}{2},$$

所以 $\varphi=\dfrac{\pi}{4}$.

6.4.4 直线与平面的夹角

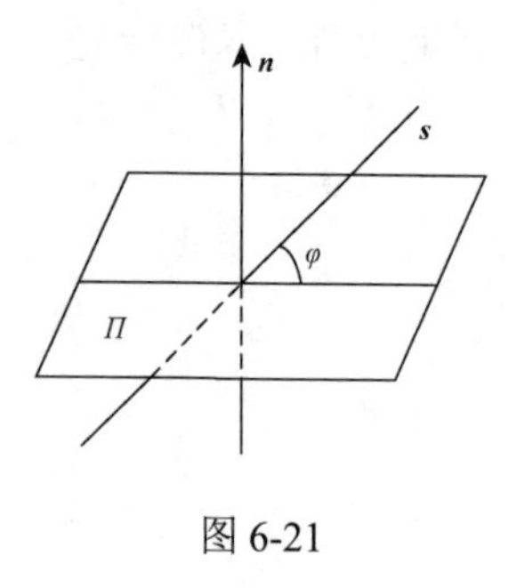

图 6-21

当直线与平面不垂直时，直线和它在平面上的投影直线的夹角 $\varphi\left(0\leqslant\varphi<\dfrac{\pi}{2}\right)$，称为直线与平面的夹角(图 6-21).

当直线与平面垂直时，规定直线与平面的夹角为 $\dfrac{\pi}{2}$.

设直线的方向向量为 $\boldsymbol{s}=\{m,n,p\}$，平面的法向量为 $\boldsymbol{n}=\{A,B,C\}$，直线与平面的夹角为 φ，那么按向量夹角余弦的坐标表达式，有

$$\sin\varphi=\frac{|Am+Bn+Cp|}{\sqrt{A^2+B^2+C^2}\cdot\sqrt{m^2+n^2+p^2}},$$

由两向量垂直、平行的条件可以推得如下结论：

直线与平面垂直的充要条件是 $\dfrac{A}{m}=\dfrac{B}{n}=\dfrac{C}{p}$；

直线与平面平行的充要条件是 $Am+Bn+Cp=0$.

6.4.5 平面束

设直线 L 的一般方程为 $\begin{cases}A_1x+B_1y+C_1z+D_1=0,\\A_2x+B_2y+C_2z+D_2=0,\end{cases}$ 显然，通过直线 L 的平面有无穷多个，如何来求这些平面呢？下面我们先介绍平面束的定义，然后通过平面束来解决上述问题.

空间中过同一直线 L 的一切平面的集合叫有轴平面束，L 叫平面束的轴.

设直线 L 的一般方程为 $\begin{cases}A_1x+B_1y+C_1z+D_1=0,\\A_2x+B_2y+C_2z+D_2=0,\end{cases}$ 则以 L 为轴的有轴平面束的方程为

$$\lambda(A_1x+B_1y+C_1z+D_1)+\mu(A_2x+B_2y+C_2z+D_2)=0,$$

其中 λ，μ 是不全为零的任意实数. 特别地,

$$A_1x+B_1y+C_1z+D_1+\lambda(A_2x+B_2y+C_2z+D_2)=0,$$

是表示除平面 Π_2：$A_2x+B_2y+C_2z+D_2=0$ 外过 L 的所有平面方程, 其中 λ 为任意实数.

例 6.16　求直线 $L:\begin{cases}2x-y+z-1=0,\\x+y-z+1=0\end{cases}$ 在平面 Π：$x+2y-z=0$ 上的投影直线方程.

解　过直线 $L:\begin{cases}2x-y+z-1=0,\\x+y-z+1=0\end{cases}$ 的平面束方程为

$$2x-y+z-1+\lambda(x+y-z+1)=0,$$

即

$$(2+\lambda)x+(-1+\lambda)y+(1-\lambda)z+(\lambda-1)=0,$$

其中 λ 为待定常数. 这平面与平面 Π：$x+2y-z=0$ 垂直的条件是

$$(2+\lambda)\cdot1+(-1+\lambda)\cdot2-1\cdot(1-\lambda)=0,$$

解此方程得到 $\lambda=\dfrac{1}{4}$，代入上述平面束方程, 得与平面 Π 垂直的平面方程为 $3x-y+z-1=0$，所以所求投影直线的方程为 $\begin{cases}x+2y-z=0,\\3x-y+z-1=0.\end{cases}$

习　题　6-4

1. 求满足下列条件的直线方程:

（1）过点 $(4,-1,3)$ 且平行于直线 $\dfrac{x-3}{2}=y=\dfrac{z-1}{5}$；

（2）过点 $(2,-3,1)$ 且垂直于平面 $2x+3y+z+1=0$；

（3）过两点 $M_1(1,2,3)$ 和 $M_2(0,-1,5)$；

（4）过点 $(0,2,4)$ 且同时平行于平面 $x+2z=1$ 和 $y-3z=2$.

2. 确定下列各组方程所表示的直线和平面之间的位置关系:

（1）$\dfrac{x+3}{-2}=\dfrac{y+4}{-7}=\dfrac{z}{3}$ 和 $4x-2y-2z-3=0$；

（2）$\dfrac{x-1}{2}=\dfrac{y+1}{3}=\dfrac{z-2}{6}$ 和 $3x-4y+z+2=0$；

（3）$\dfrac{x+2}{3}=\dfrac{y-1}{2}=\dfrac{z+3}{1}$ 和 $x+3y-9z-28=0$；

（4）$\dfrac{x+3}{4}=\dfrac{y-2}{2}=\dfrac{z-1}{-3}$ 和 $8x+4y-6z+11=0$.

3. 求过点 $M(2,1,0)$ 与直线 $\begin{cases} x=2t-3, \\ y=3t+5, \\ z=t \end{cases}$ 垂直的平面方程.

4. 求直线 $\dfrac{x}{-1}=\dfrac{1-y}{-1}=\dfrac{z-1}{2}$ 与平面 $2x+y-z+4=0$ 的交点和夹角.

5. 求点 $M(4,1,2)$ 在平面 $x+y+z=1$ 上的投影.

6. 求直线 $\begin{cases} x+y-z-1=0, \\ x-y+z+1=0 \end{cases}$ 在平面 $x+y+z=0$ 上的投影直线的方程.

7. 求通过平面 $4x-y+3z-1=0$ 和 $x+5y-z+2=0$ 的交线且满足下列条件之一的平面：（1）通过原点；（2）与 y 轴平行；（3）与平面 $2x-y+5z-3=0$ 垂直.

6.5　曲面及其方程简介

6.5.1　曲面方程的概念

在平面解析几何中，我们把平面曲线看作是动点的运动轨迹，同样在空间解析几何中，我们也把曲面看作动点的运动轨迹.

设在空间直角坐标系中有一曲面 S 与方程

$$F(x,y,z)=0 \tag{6-10}$$

有下述关系：

（1）曲面 S 上任一点的坐标都满足方程（6-10）；

（2）不在曲面 S 上的点的坐标都不满足方程（6-10）.

那么方程（6-10）就称为曲面 S 的方程，曲面 S 称为方程（6-10）的图形（图 6-22）.

曲面方程是曲面上任意点的坐标之间所满足的关系，也就是曲面上的动点 $M(x,y,z)$ 在运动过程中所必须满足的约束条件.

1. 球面

到空间一定点 M_0 的距离为定值 R 的所有点形成的曲面称为**球面**，点 M_0 称为**球心**，R 称为**半径**（图 6-23）.

设 $M(x,y,z)$ 是球面上的任一点，那么有 $|M_0M|=R$，由于

$$|M_0M|=\sqrt{(x-x_0)^2+(y-y_0)^2+(z-z_0)^2}\ ,$$

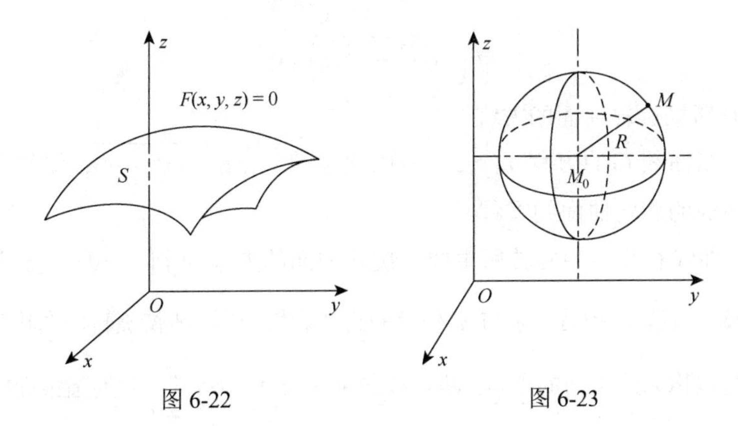

图 6-22　　图 6-23

所以

$$\sqrt{(x-x_0)^2+(y-y_0)^2+(z-z_0)^2}=R,$$

即

$$(x-x_0)^2+(y-y_0)^2+(z-z_0)^2=R^2,\tag{6-11}$$

这就是球面上任一点的坐标所满足的方程, 而不在球面上的点都不满足方程（6-11）, 因此方程（6-11）就是以点 $M_0(x_0,y_0,z_0)$ 为球心、R 为半径的球面方程.

如果球心在坐标原点, 则球面方程为 $x^2+y^2+z^2=R^2$.

例 6.17　方程 $x^2+y^2+z^2-2x+4y=0$ 表示怎样的曲面?

解　通过配方, 原方程可化为 $(x-1)^2+(y+2)^2+z^2=5$, 与方程（6-11）比较, 可知, 原方程表示球心在点 $M_0(1,-2,0)$、半径为 $R=\sqrt{5}$ 的球面.

2. 旋转曲面

一条已知的平面曲线绕其所在平面上的一条定直线旋转一周所成的曲面称为**旋转曲面**, 平面曲线和定直线分别称为旋转曲面的**母线**和**轴**（图 6-24）. 取定直线为 z 轴, 平面曲线 C 在 yOz 平面上, 则 C 的方程为

$$\begin{cases}f(y,z)=0,\\x=0,\end{cases}$$

将曲线 C 绕 z 轴旋转一周, 就得到了一个以 z 轴为轴的旋转曲面（图 6-24）, 下面我们来建立其方程.

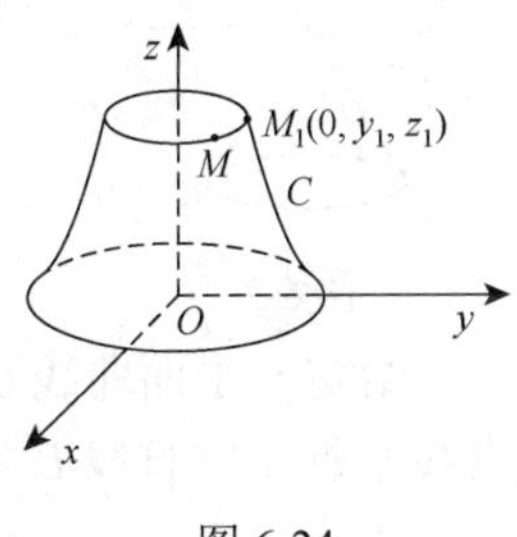

图 6-24

设 $M_1(0,y_1,z_1)$ 为曲线 C 上任一点, 则 $f(y_1,z_1)=0$, 当曲线 C 绕 z 轴旋转时, 点 M_1 也绕 z 轴旋转到另一点 $M(x,y,z)$, 这时 $z=z_1$ 保持不变, 且点 M 到 z 轴的距离 $d=\sqrt{x^2+y^2}=|y_1|$, 将 $z_1=z$, $y_1=\pm\sqrt{x^2+y^2}$ 代入方程 $f(y_1,z_1)=0$, 从而得

$$f\left(\pm\sqrt{x^2+y^2}, z\right)=0.$$

这就是所求旋转曲面的方程.

显然，在曲线 C 的方程 $f(y,z)=0$ 中将 y 改为 $y=\pm\sqrt{x^2+y^2}$，便得曲线 C 绕 z 轴旋转所成的旋转曲面的方程.

同理，曲线 C 绕 y 轴旋转所生成的旋转曲面的方程为 $f\left(y,\pm\sqrt{x^2+z^2}\right)=0$.

例 6.18 直线 L 绕另一条与 L 相交的直线旋转一周，所得旋转曲面称为**圆锥面**，两直线的交点称为圆锥面的**顶点**，两直线的夹角 $\alpha\left(0<\alpha<\dfrac{\pi}{2}\right)$ 称为圆锥面的**半顶角**. 试建立顶点在坐标原点，旋转轴为 z 轴，半顶角为 α 的圆锥面（图 6-25）的方程.

解 在 yOz 面上，直线 L 的方程为 $z=y\cot\alpha$，因为旋转轴为 z 轴，所以只要将上方程中的 y 改成 $\pm\sqrt{x^2+y^2}$，便得到这圆锥面的方程

$$z=\pm\sqrt{x^2+y^2}\cot\alpha,$$

或

$$z^2=a^2(x^2+y^2),$$

其中 $a=\cot\alpha$.

显然，圆锥面上任一点 M 的坐标一定满足此方程. 如果点 M 不在圆锥面上，那么直线 OM 与 z 轴的夹角就不等于 α，于是点 M 的坐标就不满足此方程.

例 6.19 将 xOz 面上的双曲线 $\begin{cases}\dfrac{x^2}{a^2}-\dfrac{z^2}{c^2}=1,\\ y=0\end{cases}$ 分别绕 x 轴和 z 轴旋转一周，求所生成的旋转曲面的方程.

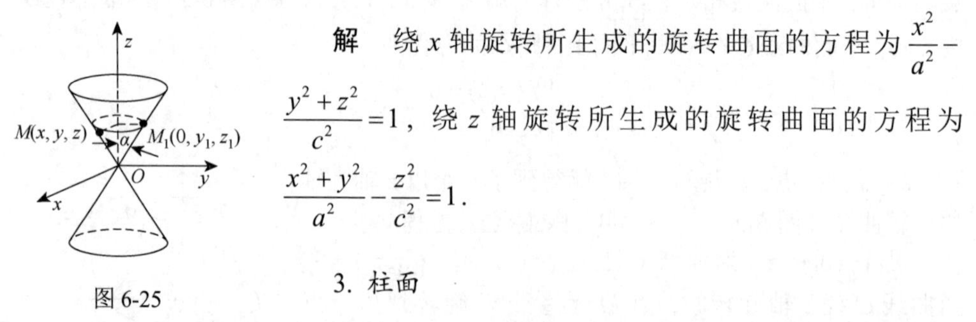

图 6-25

解 绕 x 轴旋转所生成的旋转曲面的方程为 $\dfrac{x^2}{a^2}-\dfrac{y^2+z^2}{c^2}=1$，绕 z 轴旋转所生成的旋转曲面的方程为 $\dfrac{x^2+y^2}{a^2}-\dfrac{z^2}{c^2}=1$.

3. 柱面

给定一平面曲线 C 和一定直线 L（L 不在曲线 C 所在的平面内），如果一动直线平行于定直线 L 并沿着曲线 C 移动所生成的曲面称为**柱面**，其中，曲线 C 称为柱面的**准线**，动直线称为柱面的**母线**. 下面仅讨论母线平行于坐标轴的柱面.

设准线 C 为 xOy 面内的一条曲线，其方程为 $\begin{cases} F(x,y)=0, \\ z=0, \end{cases}$ 沿 C 作母线平行于 z 轴的柱面. 在柱面上任取一点 $M(x_0,y_0,z_0)$，过 M 点作一条与 z 轴平行的直线，则该直线与 xOy 平面的交点为 $M_0(x,y,0)$，由于 M_0 在准线 C 上，所以有 $F(x_0,y_0)=0$，即 M 点的坐标应满足方程 $F(x,y)=0$.

反之，若空间一点 $M(x_0,y_0,z_0)$ 满足方程 $F(x,y)=0$，即 $F(x_0,y_0)=0$，则点 $M(x_0,y_0,z_0)$ 必在过准线 C 上一点 (x_0,y_0) 而平行于 z 轴的直线上，于是点 $M(x_0,y_0,z_0)$ 必在柱面上. 所以，方程 $F(x,y)=0$ 在空间就表示母线平行于 z 轴的柱面（图 6-26）.

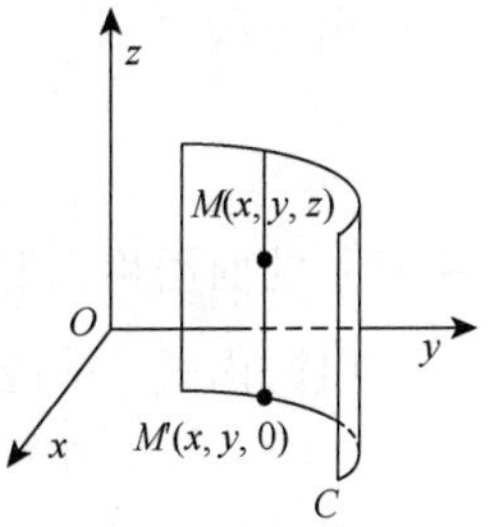

图 6-26

例如，方程 $x^2+y^2=R^2$ 表示母线平行于 z 轴且准线是 xOy 面上以原点为圆心、R 为半径的圆的柱面（图 6-27），称其为**圆柱面**，类似地，曲面 $x^2+z^2=R^2$、$y^2+z^2=R^2$ 都表示圆柱面.

方程 $y^2=2px$ 表示母线平行于 z 轴，以 xOy 面上的抛物线 $y^2=2px$ 为准线的柱面，该柱面称为**抛物柱面**（图 6-28）.

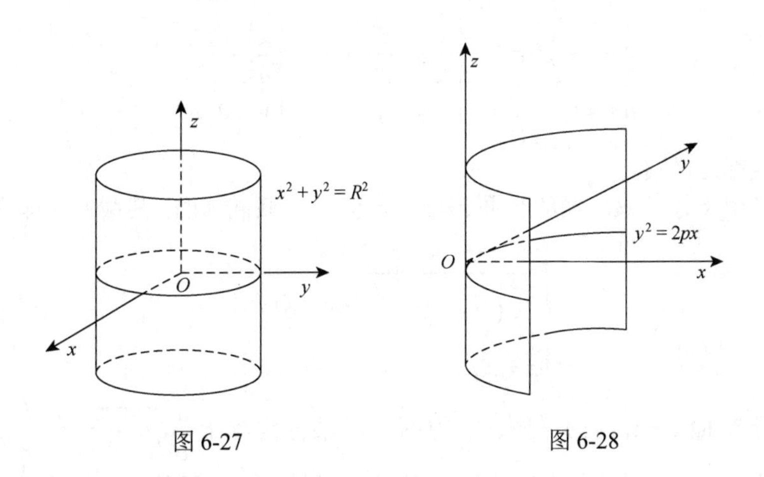

图 6-27　　　　图 6-28

6.5.2　二次曲面

三元二次方程所表示的曲面称为**二次曲面**. 相应地，将平面称为一次曲面.

一般的三元方程 $F(x,y,z)=0$ 所表示的曲面形状，难以用描点法得到，那应怎样了解它的形状呢?

利用坐标面或用平行于坐标面的平面与曲面相截，考察其交线（即截痕）的形状，然后加以综合，从而了解曲面的全貌，这种方法称为**截痕法**.

下面，我们用截痕法来讨论椭球面的几何形状，其他几个二次曲面可以类似讨论.

1. 椭球面

由方程

$$\frac{x^2}{a^2}+\frac{y^2}{b^2}+\frac{z^2}{c^2}=1, \tag{6-12}$$

所表示的曲面称为椭球面.

（1）由式（6-12）可知：

$$|x|\leqslant a,\ |y|\leqslant b,\ |z|\leqslant c \quad （常数\ a,b,c\ 均大于零），$$

这表明：椭球面（6-12）完全包含在以原点为中心的长方体内，这长方体的六个面的方程为

$$x=\pm a, y=\pm b, z=\pm c,$$

其中常数 a,b,c 称为椭球面的半轴.

（2）为了进一步了解这一曲面的形状，先求出它与三个坐标面的交线

$$\begin{cases}\dfrac{x^2}{a^2}+\dfrac{y^2}{b^2}=1,\\ z=0,\end{cases}\quad \begin{cases}\dfrac{y^2}{b^2}+\dfrac{z^2}{c^2}=1,\\ x=0,\end{cases}\quad \begin{cases}\dfrac{x^2}{a^2}+\dfrac{z^2}{c^2}=1,\\ y=0,\end{cases}$$

这些交线都是椭圆.

（3）用平行于 xOy 面的平面 $z=z_1(|z_1|\leqslant c)$ 去截椭球面，其截痕（即交线）为

$$\begin{cases}\dfrac{x^2}{\dfrac{a^2}{c^2}(c^2-z_1^2)}+\dfrac{y^2}{\dfrac{b^2}{c^2}(c^2-z_1^2)}=1,\\ z=z_1,\end{cases}$$

这是位于平面 $z=z_1$ 内的椭圆，它的两个半轴分别等于 $\dfrac{a}{c}\sqrt{c^2-z_1^2}$ 与 $\dfrac{b}{c}\sqrt{c^2-z_1^2}$，其椭圆中心均在 z 轴上，当 $|z_1|$ 由 0 逐渐增大到 c 时，椭圆的截面由大到小，最后缩成一点.

（4）以平面 $y=y_1(|y_1|\leqslant b)$ 或 $x=x_1(|x_1|\leqslant a)$ 去截椭球面分别可得与上述类似的结果.

综上讨论知：椭球面（6-12）的形状如图 6-29 所示.

（5）特别地，若 $a=b$，而 $a\neq c$，则（6-12）变为

$$\frac{x^2+y^2}{a^2}+\frac{z^2}{c^2}=1,$$

这一曲面是 xOz 面上的椭圆 $\frac{x^2}{a^2}+\frac{z^2}{c^2}=1$ 或 yOz 面上的椭圆 $\frac{y^2}{a^2}+\frac{z^2}{c^2}=1$ 绕 z 轴旋转而成的旋转曲面，因此，称此曲面为旋转椭球面.

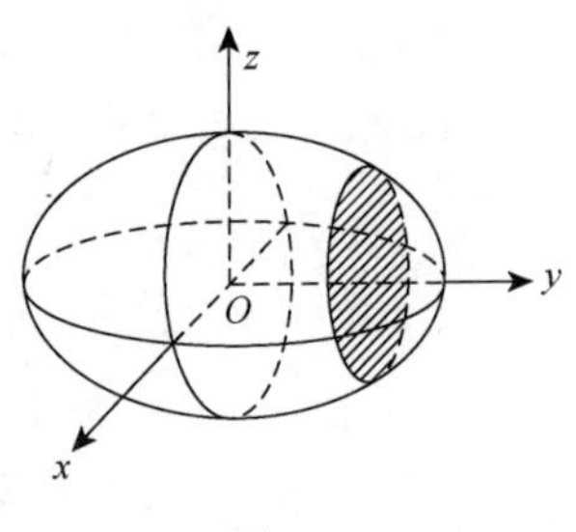

图 6-29

它与一般椭球面不同之处在于：

如用平面 $z=z_1(|z_1|\leqslant c)$ 与旋转椭球面相截时，所得的截痕是圆心在 z 轴上的圆

$$\begin{cases} x^2+y^2=\frac{a^2}{c^2}(c^2-z_1^2), \\ z=z_1. \end{cases}$$

其半径为 $\frac{a}{c}\sqrt{c^2-z_1^2}$.

（6）若 $a=b=c$，那么式（6-12）变成 $x^2+y^2+z^2=a^2$，这是球心在原点，半径为 a 的球面.

2. 抛物面

由方程

$$\frac{x^2}{2p}+\frac{y^2}{2q}=z \quad (p \text{ 与 } q \text{ 同号}), \tag{6-13}$$

所表示的曲面称为椭圆抛物面.

当 $p>0,q>0$ 时，运用上述截痕法可以知道它的形状（图 6-30）.

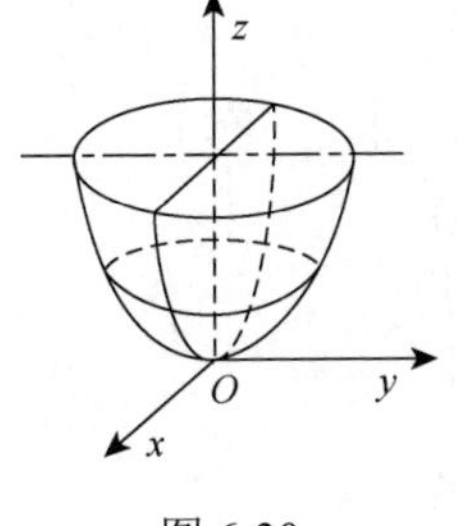

图 6-30

特别地，如果 $p=q$，那么方程（6-13）变为

$$\frac{x^2}{2p}+\frac{y^2}{2p}=z \quad (p>0),$$

这一曲面可看成是 xOz 面上的抛物线 $x^2=2pz$ 或 yOz 面上的抛物线 $y^2=2pz$ 绕 z 轴旋转而成的旋转曲面，这个曲面称为旋转抛物面.

3. 双曲面

由方程 $\frac{x^2}{a^2}+\frac{y^2}{b^2}-\frac{z^2}{c^2}=1$ 所表示的曲面称为单叶双曲面，它的形状如图 6-31 所示.

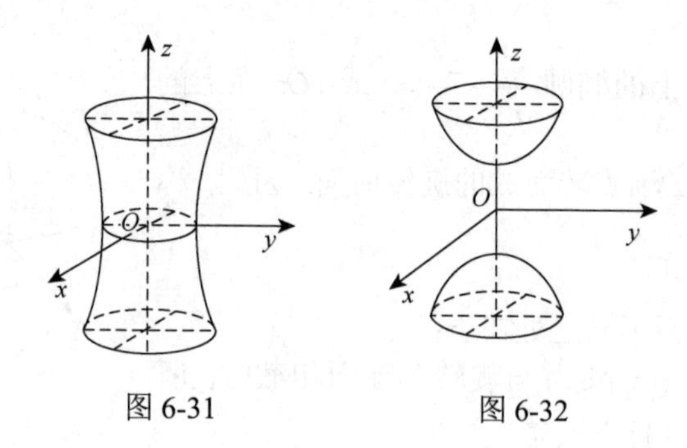

图 6-31　　图 6-32

由方程 $\frac{x^2}{a^2}+\frac{y^2}{b^2}-\frac{z^2}{c^2}=-1$ 所表示的曲面称为**双叶双曲面**，它的形状如图 6-32 所示.

习　题　6-5

1. 建立以点 $M(1,5,2)$ 为球心，且通过坐标原点的球面方程.
2. 方程 $x^2+y^2+z^2+2x-4y+2z=0$ 表示什么曲面？
3. 求 xOy 面上的圆 $x^2+y^2=a^2$ 绕 x 轴旋转一周所成曲面的方程.
4. 求 zOx 面上的抛物线 $z^2=2x$ 绕 x 轴旋转一周所成曲面的方程.
5. 画出下列方程所表示的曲面：

（1）$\frac{x^2}{4}+\frac{z^2}{9}=1$；　（2）$y^2=2z$；　（3）$x^2+y^2+z^2-2x=0$.

6. 指出下列曲面的名称，并作图：

（1）$4x^2-4y^2+z^2=1$；　（2）$\frac{x^2}{9}+\frac{y^2}{16}+z=1$；

（3）$y^2-9z^2=81$；　（4）$\frac{x^2}{4}-\frac{y^2}{9}+z^2=-1$.

总习题六（A）

1. 填空题

（1）设 $\boldsymbol{a}=\{3,2,1\}$，$\boldsymbol{b}=\left\{2,\frac{4}{3},k\right\}$，若 $\boldsymbol{a}\perp\boldsymbol{b}$，则 $k=$________；若 $\boldsymbol{a}//\boldsymbol{b}$，则 $k=$________.

（2）与平面 $x-y+2z-6=0$ 垂直的单位向量为________.

（3）过点 $(-3,1,-2)$ 和 $(3,0,5)$ 且平行于 x 轴的平面方程为________.

（4）过原点且垂直于平面 $2y-z+2=0$ 的直线为________.

（5）方程 $x^2+y^2=4$ 在平面解析几何中表示________，在空间解析几何中表示________.

（6）设曲面方程 $\frac{x^2}{a^2}+\frac{y^2}{b^2}+\frac{z^2}{c^2}=1$，当 $a=b$ 时，曲面可由 xOz 面上以曲线________绕________轴旋转而成，或由 yOz 面上以曲线________绕________轴旋转而成.

2. 选择题

（1）设 $\boldsymbol{a}+\boldsymbol{b}+\boldsymbol{c}=\boldsymbol{0}$，$|\boldsymbol{a}|=3$，$|\boldsymbol{b}|=1$，$|\boldsymbol{c}|=2$，则 $\boldsymbol{a}\cdot\boldsymbol{b}+\boldsymbol{b}\cdot\boldsymbol{c}+\boldsymbol{c}\cdot\boldsymbol{a}=$（　　）.

A. -1　　B. 7　　C. -7　　D. 1

（2）设向量 $\overrightarrow{AB}$ 与三坐标轴正向夹角依次为 α,β,γ，当 $\cos\beta=0$ 时，有（　　）.

A. $\overrightarrow{AB}//xOy$ 面　　B. $\overrightarrow{AB}//yOz$ 面

C. $\overrightarrow{AB}//xOz$ 面　　D. $\overrightarrow{AB}\perp xOz$ 面

（3）平面 $3x-3y-8=0$ 与 z 轴的关系是（　　）.

A. 平行于 z 轴　　B. 斜交于 z 轴

C. 垂直于 z 轴　　D. 通过 z 轴

（4）直线 $\frac{x-1}{2}=\frac{y}{1}=\frac{z+1}{-1}$ 与平面 $x-y+z=1$ 的位置关系是（　　）.

A. 垂直　　B. 平行　　C. 夹角为 $\frac{\pi}{4}$　　D. 夹角为 $-\frac{\pi}{4}$

（5）设有直线 $L_1:\frac{x-1}{1}=\frac{y-5}{-2}=\frac{z+8}{1}$ 与 $L_2:\begin{cases}x-y=6,\\2y+z=3,\end{cases}$ 则 L_1 与 L_2 的夹角为（　　）.

A. $\frac{\pi}{6}$　　B. $\frac{\pi}{4}$　　C. $\frac{\pi}{3}$　　D. $\frac{\pi}{2}$

（6）两平行平面 $2x-3y+4z+9=0$ 与 $2x-3y+4z-15=0$ 的距离为（　　）.

A. $\frac{6}{29}$　　B. $\frac{24}{29}$　　C. $\frac{24}{\sqrt{29}}$　　D. $\frac{6}{\sqrt{29}}$

（7）下列方程中所示曲面表示双叶旋转双曲面的是（　　）.

A. $x^2+y^2+z^2=1$　　B. $x^2+y^2=4z$

C. $x^2-\frac{y^2}{4}+z^2=1$　　D. $\frac{x^2+y^2}{9}-\frac{z^2}{16}=-1$

3. 已知 $\boldsymbol{a}=\{1,-2,1\}$，$\boldsymbol{b}=\{1,1,2\}$，计算

（1）$(2\boldsymbol{a}-\boldsymbol{b})\cdot(\boldsymbol{a}+\boldsymbol{b})$；　　（2）$|\boldsymbol{a}-\boldsymbol{b}|^2$.

4. 已知向量 $\overrightarrow{P_1P_2}$ 的始点为 $P_1(2,-2,5)$，终点为 $P_2(-1,4,7)$，试求：

（1）向量 $\overrightarrow{P_1P_2}$ 的坐标表示；　　（2）向量 $\overrightarrow{P_1P_2}$ 的模；

（3）向量 $\overrightarrow{P_1P_2}$ 的方向余弦；　　（4）与向量 $\overrightarrow{P_1P_2}$ 方向一致的单位向量.

5. 向量 $\boldsymbol{d}$ 垂直于向量 $\boldsymbol{a}=\{2,3,-1\}$ 和 $\boldsymbol{b}=\{1,-2,3\}$，且与 $\boldsymbol{c}=\{2,-1,1\}$ 的数量积为 -6，求向量 $\boldsymbol{d}$.

6. 求满足下列条件的平面方程：

（1）过三点 $P_1(0,1,2)$，$P_2(1,2,1)$ 和 $P_3(3,0,4)$；

（2）过 x 轴且与平面 $\sqrt{5}x+2y+z=0$ 的夹角为 $\dfrac{\pi}{3}$.

7. 一平面过直线 $\begin{cases}x+5y+z=0,\\ x-z+4=0\end{cases}$ 且与平面 $x-4y-8z+12=0$ 垂直，求该平面方程.

8. 求既与两平面 $x-4z=3$ 和 $2x-y-5z=1$ 的交线平行，又过点 $(-3,2,5)$ 的直线方程.

9. 一直线通过点 $A(1,2,1)$，且垂直于直线 L: $\dfrac{x-1}{3}=\dfrac{y}{2}=\dfrac{z+1}{1}$，又和直线 $x=y=z$ 相交，求该直线方程.

10. 指出下列方程表示的图形名称：

（1）$x^2+4y^2+z^2=1$；　　（2）$x^2+y^2=2z$；　　（3）$z=\sqrt{x^2+y^2}$；

（4）$x^2-y^2=0$；　　（5）$x^2-y^2=1$.

总习题六（B）

1. 已知向量 $\boldsymbol{a}=\{3,2,4\}$，$\boldsymbol{b}=\{-1,1,2\}$，$\boldsymbol{c}=\{1,4,8\}$，向量 $\boldsymbol{d}=\lambda\boldsymbol{a}+\mu\boldsymbol{b}$ 与向量 $\boldsymbol{c}$ 平行，且 $|\boldsymbol{d}|=3$，求 λ,μ 和 $\boldsymbol{d}$.

2. 设 $(\boldsymbol{a}+3\boldsymbol{b})\perp(7\boldsymbol{a}-5\boldsymbol{b})$，$(\boldsymbol{a}-4\boldsymbol{b})\perp(7\boldsymbol{a}-2\boldsymbol{b})$，求 $(\widehat{\boldsymbol{a},\boldsymbol{b}})$.

3. 求与 $\boldsymbol{a}=\{1,-2,3\}$ 共线，且 $\boldsymbol{a}\cdot\boldsymbol{b}=28$ 的向量 $\boldsymbol{b}$.

4. 已知 $\boldsymbol{a}=\{1,0,-2\},\boldsymbol{b}=\{1,1,0\}$，求 $\boldsymbol{c}$，使 $\boldsymbol{c}\perp\boldsymbol{a},\boldsymbol{c}\perp\boldsymbol{b}$ 且 $|\boldsymbol{c}|=6$.

5. 已知平面 Π 过点 $M_0(1,0,-1)$ 和直线 L_1: $\dfrac{x-2}{2}=\dfrac{y-1}{0}=\dfrac{z-1}{1}$，求平面 Π 的方程.

6. 求一过原点的平面 Π，使它与平面 $\Pi_0: x-4y+8z-3=0$ 成 $\frac{\pi}{4}$ 角，且垂直于平面 $\Pi_1: 7x+z+3=0$.

7. 求过直线 L_1：$\begin{cases} x+y+z=0 \\ 2x-y+3z=0 \end{cases}$ 且平行于直线 L_2： $x=2y=3z$ 的平面 Π 的方程.

8. 已知直线 L 过点 $B(1,-2,3)$，与 z 轴相交，且与直线 $L_1: \frac{x-1}{4}=\frac{y-3}{3}=\frac{z-2}{-2}$ 垂直，求直线 L 的方程.

9. 直线 L 过点 $A(-3,0,1)$ 且与直线 L_1：$\frac{x}{2}=\frac{y-1}{1}=\frac{z+1}{-1}$ 相交，L 又平行于平面 Π: $3x-4y-z+5=0$，求直线 L 的方程.

10. 求点 $M_0(2,-1,1)$ 到直线 l：$\begin{cases} x-2y+z-1=0, \\ x+2y-z+3=0 \end{cases}$ 的距离 d.

解析几何的
发展史

第 7 章　多元函数微分学

我们前面讨论的函数只含有一个自变量, 这种函数称为一元函数. 但在许多实际问题中, 常常会遇到依赖于多个自变量的函数, 即多元函数. 例如, 某种商品的市场需求量不仅与其市场价格有关, 而且与消费者的收入等因素有关, 即决定该商品需求量的因素不止一个. 本章将讨论多元函数微分学及其应用.

7.1　多元函数的基本概念

7.1.1　区域

在一元函数微分学中, 经常用到邻域与区间的概念, 而对于多元函数的讨论, 需要把邻域与区间等概念加以推广.

1. 邻域

设 $P_0(x_0,y_0)$ 为 xOy 平面上的一点, δ 是某一正数. 与 $P_0(x_0,y_0)$ 的距离小于 δ 的点 $P(x,y)$ 的全体称为点 P_0 的 δ 邻域, 记作 $U(P_0,\delta)$, 即

$$U(P_0,\delta)=\{(x,y)\,|\,\sqrt{(x-x_0)^2+(y-y_0)^2}<\delta\}.$$

不包含 $P_0(x_0,y_0)$ 的邻域称为 $P_0(x_0,y_0)$ 的空心邻域, 记为 $\mathring{U}(P_0,\delta)$.

如果不需要强调邻域的半径 δ, 用 $U(P_0)$ 表示点 P_0 的某个邻域. 显然, $U(P_0,\delta)$ 是 xOy 上以 $P_0(x_0,y_0)$ 为中心, δ 为半径的圆的内部点的全体.

下面利用邻域来描述点和点集之间的关系.

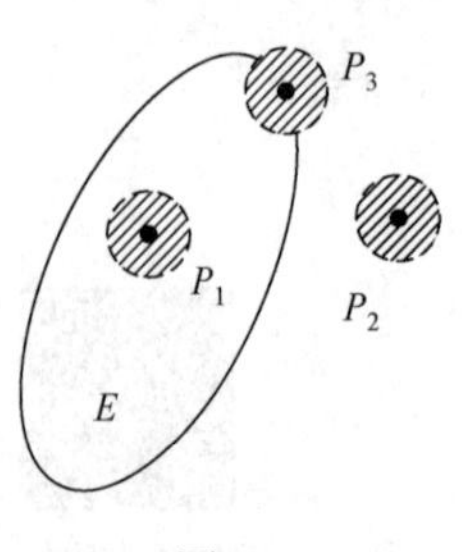

图 7-1

2. 内点

设点 P 是平面点集 E 中的一点, 若存在点 P 的某邻域 $U(P)$, 使得 $U(P)\subset E$, 则称点 P 为点集 E 的内点. 如图 7-1 所示, 点 P_1 为点集 E 的内点.

3. 外点

设对平面上的点 P 及平面点集 E, 若存在点 P 的某邻域

$U(P)$，使得 $U(P)\cap E=\varnothing$，则称点 P 为点集 E 的外点. 如图 7-1 所示，点 P_2 为点集 E 的外点.

4. 边界点

如果点 P 的任一邻域内既含有属于平面点集 E 的点，又含有不属于 E 的点，则称点 P 为点集 E 的边界点. 如图 7-1 所示，点 P_3 为点集 E 的边界点.

点集 E 的边界点的全体称为 E 的边界，记作 ∂E.

E 的内点必属于 E, E 的外点必不属于 E，而 E 的边界点可能属于 E，也可能不属于 E.

5. 开集

如果点集 E 中的点都是其内点，则称 E 为开集，如集合 $\{(x,y)|1<x^2+y^2<2\}$ 是开集.

6. 闭集

如果点集 E 的余集 E^C 为开集，则称 E 为闭集，如集合 $\{(x,y)|1\leqslant x^2+y^2\leqslant 2\}$ 是闭集.

有的集合既非开集，也非闭集，如 $\{(x,y)|1<x^2+y^2\leqslant 2\}$ 既非开集也非闭集.

7. 区域

如果集合 E 中的任意两点 P_1，P_2，都可用折线连接起来，且该折线上的点都属于 E，则称集合 E 为连通集.

如果集合 E 是一个连通的开集，则称开集 E 为区域或开区域. 例如，集合 $\{(x,y)\,|\,1<x^2+y^2<9\}$ 是一个开区域.

开区域连同它的边界一起构成的集合，称为闭区域.

8. 有界集

如果集合 E 可以包含在以原点为中心的某个圆内，则称 E 为有界集. 否则就称该集合 E 为无界集. 若区域 D 为有界集，则称 D 为有界区域.

例如，集合 $\{(x,y)\,|\,1\leqslant x^2+y^2\leqslant 4\}$ 是有界闭区域（图 7-2）；集合 $\{(x,y)\,|\,x+y>1\}$ 是无界开区域（图 7-3）；集合 $\{(x,y)\,|\,x+y\geqslant 1\}$ 是无界闭区域（图 7-4）.

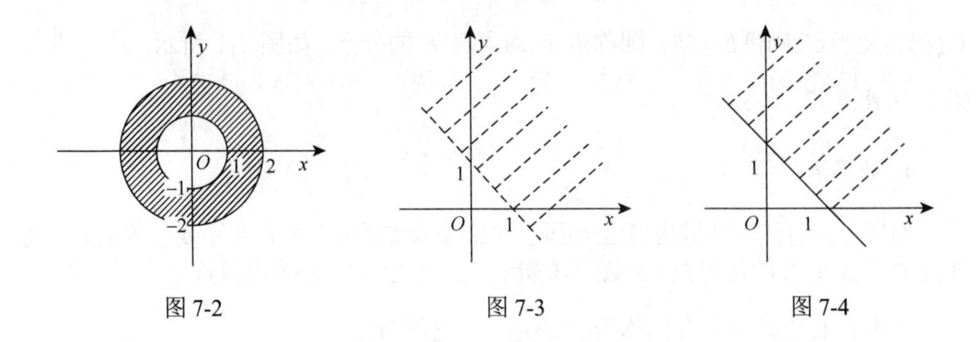

图 7-2　　图 7-3　　图 7-4

7.1.2　多元函数的概念

1. 引例

例 7.1　设银行存款利率为 r，将10 000元存入银行，不计复利，则 t 年后的本利和为

$$M = 10000\ (1+r)^t,$$

当 r 和 t 的值取定后，则 M 的对应值也随之确定.

例 7.2　科布−道格拉斯生产函数（C-D 函数）

$$Y = AK^{\alpha}L^{1-\alpha},$$

其中，Y 是工业总产值，A 是综合技术水平，L 是投入劳动力数，K 是投入的资本，α 为劳动力产出弹性系数. 当 A 确定时，当 K，L 在集合 $\{(K,L)\,|\,K>0,L>0\}$ 内取定一组值 (K,L)，将有唯一的一个 Y 值与之对应.

例 7.3　一定量的理想气体的压强 P，体积 V 和绝对温度 T 之间具有关系 $P=\dfrac{RT}{V}$，其中 R 为常数. 当 V，T 在集合 $\{(V,T)\,|\,V>0,T>T_0\}$ 内取定一对值 (V,T) 时，对应 P 的值就随之确定.

2. 多元函数的定义

定义 7.1　设 D 是平面上的一个点集，对于任意一点 $P(x,y)\in D$，变量 z 按照一定的法则总有确定的值与之对应，则称 z 是变量 x，y 的二元函数，记作

$$z=f(x,y)\quad（或 z=f(P)）.$$

其中点集 D 称为该函数的定义域，x，y 称为自变量，z 称为因变量.

上述定义 7.1 中，当自变量 x、y 在定义域内取定一点（x,y）时，因变量有确定的对应值 z，这个值称为函数 f 在点（x,y）处的函数值，记作 $f(x,y)$，即 $z=f(x,y)$. 函数值 $f(x,y)$ 的全体所构成的集合称为函数 f 的值域，记作 $f(D)$，即

$$f(D)=\{z\,|\,z=f(x,y),\ (x,y)\in D\}.$$

若 z 是 x、y 的函数，则除了用记号 $z=f(x,y)$ 外，也可记为 $z=\phi(x,y)$，$z=z(x,y)$ 等.

类似地可以定义三元函数 $u=f(x,y,z)$ 及三元以上的函数，二元和二元以上的函数统称为多元函数.

关于多元函数的定义域，其确定方法与一元函数相类似. 若函数是根据实际问题来建立，则定义域可根据实际问题的意义来确定；若函数用解析式 $u=f(P)$ 来表示，则它的定义域就是使该解析式有意义的自变量的全体组成的点集. 例如，函数 $z=\ln(x+y)$ 的定义域为

$$\{(x,y)\,|\,x+y>0\},$$

如图 7-5 所示，这是一个无界开区域；又如函数 $z=\arccos(x^2+y^2)$ 的定义域为

$$\{(x,y)\,|\,x^2+y^2\leqslant 1\},$$

如图 7-6 所示，这是一个有界闭区域.

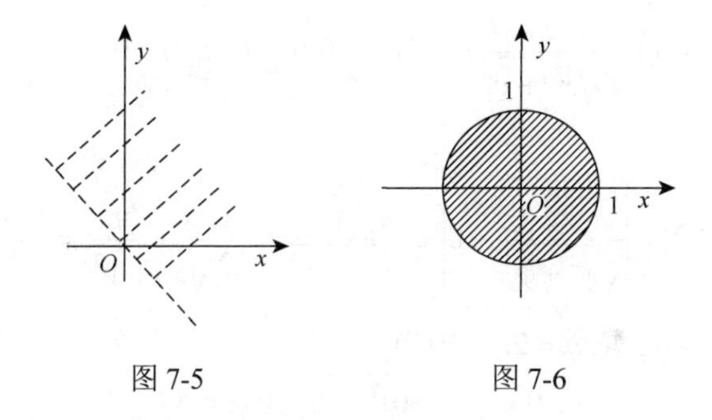

图 7-5　　图 7-6

设函数 $z=f(x,y)$ 的定义域为 D，对于任意取定的点 $P(x,y)\in D$，对应的函数值为 $z=f(x,y)$，也就是对于 D 中的点 $P(x,y)$，在空间对应一点 $M(x,y,f(x,y))$，当（x,y）取遍 D 上的一切点时，则得到一个空间点集：

$$\{(x,y,z)\,|\,z=f(x,y),\,(x,y)\in D\},$$

这个点集称为二元函数 $z=f(x,y)$ 的图形.

一般地，二元函数 $z=f(x,y)$ 的图形是一张曲面，如图 7-7 所示.

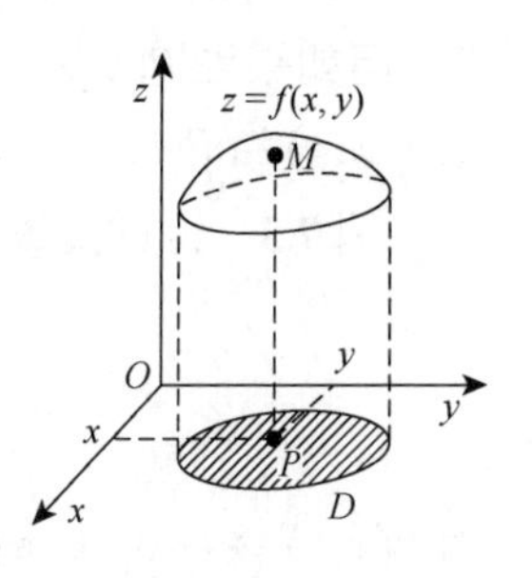

图 7-7

7.1.3　多元函数的极限

与一元函数的极限概念类似，如果在 $P(x,y)\to P_0(x_0,y_0)$ 的过程中，对应的函数值 $f(x,y)$ 能与某一确定

的常数 A 无限接近，则称 A 是函数 $f(x,y)$ 在 $(x,y)\to(x_0,y_0)$ 时的极限. 下面用“$\varepsilon-\delta$”语言描述这个极限概念.

定义 7.2 设二元函数 $z=f(x,y)$ 在点 $P_0(x_0,y_0)$ 的某一空心邻域 $\mathring{U}(P_0,\delta)$ 内有定义，如果对于任意给定的正数 ε，总存在正数 δ，使得对于适合不等式

$$0<|PP_0|=\sqrt{(x-x_0)^2+(y-y_0)^2}<\delta$$

的一切点 $P(x,y)$，都有 $|f(x,y)-A|<\varepsilon$ 成立，则称常数 A 为函数 $f(x,y)$ 当 $(x,y)\to(x_0,y_0)$ 时的极限，记作

$$\lim_{(x,y)\to(x_0,y_0)} f(x,y)=A \text{ 或 } f(x,y)\to A \quad ((x,y)\to(x_0,y_0)),$$

或记作

$$\lim_{P\to P_0} f(P)=A \text{ 或 } f(P)\to A \quad (P\to P_0).$$

二元函数的极限称为二重极限.

例 7.4 设 $f(x,y)=\dfrac{xy}{\sqrt{x^2+y^2}}$，求证 $\lim\limits_{(x,y)\to(0,0)} f(x,y)=0$.

证明 因为

$$|f(x,y)-0|=\left|\frac{xy}{\sqrt{x^2+y^2}}-0\right|=\frac{|xy|}{\sqrt{x^2+y^2}}\leqslant\frac{1}{2}\frac{x^2+y^2}{\sqrt{x^2+y^2}}=\frac{1}{2}\sqrt{x^2+y^2}.$$

所以，对任给的 $\varepsilon>0$，取 $\delta=2\varepsilon$，则当

$$0<\sqrt{(x-0)^2+(y-0)^2}<\delta$$

时，总有 $|f(x,y)-0|<\varepsilon$ 成立，因此 $\lim\limits_{(x,y)\to(0,0)} f(x,y)=0$.

特别注意，所谓二重极限 $\lim\limits_{(x,y)\to(x_0,y_0)} f(x,y)=A$ 存在，是指 $P(x,y)$ 以任何方式趋于 $P_0(x_0,y_0)$ 时，$f(x,y)$ 都无限接近于 A. 如果 $P(x,y)$ 沿某一定直线或定曲线趋于 $P_0(x_0,y_0)$ 时，$f(x,y)$ 无限接近于某一确定值，这时还不能断定 $f(x,y)$ 的极限存在，但如果当 $P(x,y)$ 以不同方式趋于 $P_0(x_0,y_0)$ 时，$f(x,y)$ 趋于不同的值，则可断定 $f(x,y)$ 当 $P(x,y)\to P_0(x_0,y_0)$ 时的极限不存在.

例 7.5 讨论函数

$$f(x,y)=\begin{cases}\dfrac{xy}{x^2+y^2}, & x^2+y^2\neq 0,\\ 0, & x^2+y^2=0\end{cases}$$

当 $P(x,y)\to O(0,0)$ 时的极限是否存在.

解 当 $P(x,y)$ 沿 x 轴趋于 $O(0,0)$ 时，

$$\lim_{\substack{(x,y)\to(0,0)\\ y=0}} f(x,y)=\lim_{x\to 0} f(x,0)=0,$$

又当 $P(x,y)$ 沿 y 轴趋于 $O(0, 0)$ 时,

$$\lim_{\substack{(x,y)\to(0,0)\\ x=0}} f(x,y)=\lim_{y\to 0} f(0,y)=0.$$

虽然 $P(x,y)$ 沿以上两种特殊方式（沿 x 轴或沿 y 轴）趋于 $O(0, 0)$ 时, 函数的极限存在且相等, 但是极限 $\lim\limits_{(x,y)\to(0,0)} f(x,y)$ 并不存在. 因为当 $P(x,y)$ 沿直线 $y=kx$ 趋于 $O(0, 0)$ 时, 有

$$\lim_{\substack{(x,y)\to(0,0)\\ y=kx}} f(x,y)=\lim_{x\to 0}\frac{kx^2}{x^2+k^2x^2}=\frac{k}{1+k^2}.$$

上式右端的值随 k 而变化, 即当 $P(x,y)$ 沿不同的直线趋于 $O(0, 0)$ 时, $f(x,y)$ 趋于不同的值, 因此函数 $f(x,y)$ 当 $P(x,y)\to O(0, 0)$ 时的极限不存在.

例 7.6　求 $\lim\limits_{(x,y)\to(2,0)}\dfrac{\sin(xy)}{y}$.

解　由积的极限运算法则和重要的极限, 得

$$\lim_{(x,y)\to(2,0)}\frac{\sin(xy)}{y}=\lim_{(x,y)\to(2,0)}\frac{\sin(xy)}{xy}\cdot x=\lim_{xy\to 0}\frac{\sin(xy)}{xy}\cdot\lim_{x\to 2}x=1\times 2=2.$$

7.1.4　多元函数的连续性

定义 7.3　设函数 $z=f(x,y)$ 在点 $P_0(x_0,y_0)$ 的某一邻域内有定义, 如果

$$\lim_{(x,y)\to(x_0,y_0)} f(x,y)=f(x_0,y_0),$$

则称函数 $f(x,y)$ 在点 $P_0(x_0,y_0)$ 连续.

如果函数 $f(x,y)$ 在 D 上的每一点都连续, 则称函数 $f(x,y)$ 在 D 上连续, 或称 $f(x,y)$ 是 D 上的连续函数.

函数不连续的点称为函数的间断点. 例如, 函数

$$f(x,y)=\begin{cases}\dfrac{xy}{x^2+y^2}, & x^2+y^2\neq 0,\\ 0, & x^2+y^2=0\end{cases}$$

当 $P(x,y)\to O(0, 0)$ 时的极限不存在, 故 $(0, 0)$ 是函数 $f(x,y)$ 的一个间断点. 与一元函数不同的是, 二元函数的间断点有时可以形成一条曲线. 例如, 函数 $f(x,y)=\cos\dfrac{1}{x^2+y^2-4}$ 在圆周 $x^2+y^2=4$ 上没有定义, 所以该圆周上各点都是该函数的间断点.

多元连续函数有与一元连续函数相类似的运算性质. 例如, 多元连续函数的和、差、积仍为连续函数；多元连续函数的商在分母不为零处仍连续；多元连续函数的复合函数也是连续函数.

由常数及具有不同自变量的一元基本初等函数经过有限次的四则运算和复合运算得到的, 能用一个式子表示的函数称为多元初等函数. 由多元连续函数的运算性质可得到下面的结论:

一切多元初等函数在其定义区域内都连续.

由多元初等函数的连续性, 在求 $\lim\limits_{P\to P_0} f(P)$ 时, 如果 $f(P)$ 是初等函数, 且 P_0 在 $f(P)$ 的定义域内, 则 $f(P)$ 在点 P_0 处连续, 于是

$$\lim_{P\to P_0} f(P)=f(P_0).$$

例 7.7 求极限 $\lim\limits_{(x,y)\to(1,2)}\dfrac{2xy}{x^2+y^2}$.

解 函数 $f(x,y)=\dfrac{2xy}{x^2+y^2}$ 是二元初等函数, 且（1,2）在 $f(x,y)$ 的定义区域内, 所以

$$\lim_{(x,y)\to(1,2)}\frac{2xy}{x^2+y^2}=f(1,\ 2)=\frac{4}{5}.$$

例 7.8 求极限 $\lim\limits_{(x,y)\to(0,0)}\dfrac{xy}{\sqrt{xy+1}-1}$.

解 $$\lim_{(x,y)\to(0,0)}\frac{xy}{\sqrt{xy+1}-1}=\lim_{(x,y)\to(0,0)}\frac{xy\left(\sqrt{xy+1}+1\right)}{xy+1-1}=\lim_{(x,y)\to(0,0)}\left(\sqrt{xy+1}+1\right)=2.$$

在有界闭区域 D 上的多元连续函数有如下性质:

性质 7.1（最值定理） 在有界闭区域 D 上的多元连续函数, 必在 D 上能取得它的最大值和最小值.

性质 7.2（有界性定理） 在有界闭区域 D 上的多元连续函数必在 D 上有界.

性质 7.3（介值定理） 在有界闭区域 D 上的多元连续函数, 必能取得介于最大值和最小值之间的任何值.

习 题 7-1

1. 设 $f\left(x+y,\dfrac{y}{x}\right)=x^2+y^2$, 求 $f(x,y)$.

2. 设函数 $z=\ln x+f(2+\mathrm{e}^y)$, 若当 $x=\mathrm{e}$ 时 $z=y$, 求 $f(x)$ 和 $z=z(x,y)$ 的表达式.

3. 求下列函数的定义域：

（1）$z=\sqrt{y-\sqrt{x}}$；　　（2）$z=\ln(x^2+y^2-1)$；

（3）$z=\arccos\dfrac{x^2+y^2}{2}+\dfrac{1}{\sqrt{x^2+y^2-1}}$；　　（4）$z=\dfrac{1}{\sqrt{x+y}}-\dfrac{1}{\sqrt{x-y}}$；

（5）$u=\sqrt{x^2+y^2+z^2-r^2}+\dfrac{1}{\sqrt{R^2-x^2-y^2-z^2}}$（$R>r>0$）.

4. 求下列极限：

（1）$\lim\limits_{(x,y)\to(0,1)}\dfrac{xy-1}{x^2+y^2}$；　　（2）$\lim\limits_{(x,y)\to(0,1)}\dfrac{\ln(\mathrm{e}^x+y)}{\sqrt{x^2+y^2}}$；

（3）$\lim\limits_{(x,y)\to(0,0)}\dfrac{x^2+y^2}{\sqrt{x^2+y^2+1}-1}$；　　（4）$\lim\limits_{(x,y)\to(0,0)}\dfrac{\sqrt{9+xy}-3}{xy}$；

（5）$\lim\limits_{(x,y)\to(0,0)}\dfrac{1-\cos(x^2+y^2)}{(x^2+y^2)\ln(1+x^2+y^2)}$；

（6）$\lim\limits_{(x,y)\to(0,0)}(x+y)\sin\dfrac{1}{x}\cos\dfrac{1}{y}$.

5. 证明下列极限不存在：

（1）$\lim\limits_{(x,y)\to(0,0)}\dfrac{x-y}{x+y}$；　　（2）$\lim\limits_{(x,y)\to(0,0)}\dfrac{x^2y^2}{x^2y^2+(x-y)^2}$.

6. 证明 $\lim\limits_{(x,y)\to(0,0)}\dfrac{xy^2}{x^2+y^2}=0$.

7. 函数 $f(x,y)=\dfrac{x^2+2y}{x^2-2y}$ 在何处是间断的?

8. 试定义函数 $f(x,y)=\dfrac{\tan(x^2+y^2)}{1-\cos\sqrt{x^2+y^2}}$ 在点 $(0\ ,\ 0)$ 的值，使得 $f(x,y)$ 在该点连续.

7.2　偏　导　数

7.2.1　一阶偏导数

在一元函数中，我们从函数的变化率引入了导数的概念. 对于多元函数，常常要考虑函数对其中一个变量的变化率问题. 例如，对 C-D 函数 $Q=Ax_1^{\alpha}x_2^{\beta}$，如果资本 x_1 的投入保持不变，则总产量 Q 对投入劳动 x_2 的变化率称为 Q 对 x_2 的偏导数，经济学中称之为劳动 x_2 的边际产量，类似，可以定义资本 x_1 的边际产量．一般，对二元函数 $z=f(x,y)$，当自变量 y 固定，z 对 x 的变化率称为 z 对 x 的偏导数；当自变量 x 固定，z 对 y 的变化率称为 z 对 y 的偏导数．可见，多元函数的偏导数实际上是一元函数的导数．即有如下定义：

定义 7.4　设函数 $z=f(x,y)$ 在点 (x_0,y_0) 的某一邻域内有定义，当 y 固定在 y_0 而 x 在 x_0 处有增量 Δx 时，相应地函数有增量

$$f(x_0+\Delta x,y_0)-f(x_0,y_0),$$

如果极限

$$\lim_{\Delta x\to 0}\frac{f(x_0+\Delta x,y_0)-f(x_0,y_0)}{\Delta x}$$

存在，则称此极限值为函数 $z=f(x,y)$ 在点 (x_0,y_0) 处对 x 的偏导数，记作

$$\left.\frac{\partial z}{\partial x}\right|_{\substack{x=x_0\\y=y_0}},\quad \left.\frac{\partial f}{\partial x}\right|_{\substack{x=x_0\\y=y_0}},\quad z_x(x_0,y_0),\quad f_x(x_0,y_0),$$

即

$$f_x(x_0,y_0)=\lim_{\Delta x\to 0}\frac{f(x_0+\Delta x,y_0)-f(x_0,y_0)}{\Delta x}.$$

类似地，函数 $z=f(x,y)$ 在点 (x_0,y_0) 处对 y 的偏导数定义为

$$\lim_{\Delta y\to 0}\frac{f(x_0,y_0+\Delta y)-f(x_0,y_0)}{\Delta y},$$

记作

$$\left.\frac{\partial z}{\partial y}\right|_{\substack{x=x_0\\y=y_0}},\quad \left.\frac{\partial f}{\partial y}\right|_{\substack{x=x_0\\y=y_0}},\quad z_y(x_0,y_0),\quad f_y(x_0,y_0),$$

即

$$f_y(x_0,y_0)=\lim_{\Delta y\to 0}\frac{f(x_0,y_0+\Delta y)-f(x_0,y_0)}{\Delta y}.$$

如果函数 $z=f(x,y)$ 在区域 D 内每一点 (x,y) 处对 x 的偏导数都存在，则这个偏导数是 x,y 的函数，称它为函数 $z=f(x,y)$ 对自变量 x 的偏导函数，记作

$$\frac{\partial z}{\partial x},\ \frac{\partial f}{\partial x},\ z_x(x,y),\ f_x(x,y).$$

类似地，可以定义函数 $z=f(x,y)$ 对自变量 y 的偏导函数，记作

$$\frac{\partial z}{\partial y},\ \frac{\partial f}{\partial y},\ z_y(x,y),\ f_y(x,y).$$

与一元函数的导函数一样，在不至于混淆时，偏导函数简称为偏导数，函数

$z=f(x,y)$ 在点 (x_0,y_0) 处的偏导数 $f_x(x_0,y_0)$，$f_y(x_0,y_0)$，就是偏导函数 $f_x(x,y)$，$f_y(x,y)$ 在点 (x_0,y_0) 处的函数值.

偏导数的概念还可推广到二元以上的函数. 例如，三元函数 $u=f(x,y,z)$ 在点 (x,y,z) 处对 x 的偏导数定义为

$$f_x(x,y,z)=\lim_{\Delta x\to 0}\frac{f(x+\Delta x,y,z)-f(x,y,z)}{x}.$$

至于求多元函数的偏导数, 并不需要用新的方法, 因为对一个自变量求偏导数时, 将其余的自变量都看作常数, 所以一元函数的求导公式和导数运算法则都可用于求多元函数的偏导数.

例 7.9　求 $z=x^3y+2xy^2$ 在点 (1 , 2) 处的偏导数.

解　把 y 看作常量, 对 x 求导, 得

$$\frac{\partial z}{\partial x}=3x^2y+2y^2,$$

把 x 看作常量, 对 y 求导, 得

$$\frac{\partial z}{\partial y}=x^3+4xy,$$

将点 (1 , 2) 代入上面的结果, 得

$$\left.\frac{\partial z}{\partial x}\right|_{\substack{x=1\\y=2}}=3\cdot1^2\cdot2+2\cdot2^2=14,$$

$$\left.\frac{\partial z}{\partial x}\right|_{\substack{x=1\\y=2}}=1^3+4\cdot1\cdot2=9.$$

例 7.10　求 $z=x^y(x>0\ ,x\neq1)$ 的偏导数.

解　把 y 看作常量, 对 x 求导, 得

$$\frac{\partial z}{\partial x}=yx^{y-1},$$

把 x 看作常量, 对 y 求导, 得

$$\frac{\partial z}{\partial y}=x^y\ln x.$$

例 7.11　求 $r=\sqrt{x^2+y^2+z^2}$ 的偏导数.

解　把 y 和 z 看作常量, 对 x 求导, 得

$$\frac{\partial r}{\partial x}=\frac{x}{\sqrt{x^2+y^2+z^2}}=\frac{x}{r},$$

类似地, 有

$$\frac{\partial r}{\partial y}=\frac{y}{\sqrt{x^2+y^2+z^2}}=\frac{y}{r},$$

$$\frac{\partial r}{\partial z}=\frac{z}{\sqrt{x^2+y^2+z^2}}=\frac{z}{r}.$$

例 7.12　已知理想气体的状态方程为 $PV=RT$（R 为常量），试证：

$$\frac{\partial P}{\partial V}\cdot\frac{\partial V}{\partial T}\cdot\frac{\partial T}{\partial P}=-1.$$

证明　因为

$$P=\frac{RT}{V},\ \frac{\partial P}{\partial V}=-\frac{RT}{V^2};$$

$$V=\frac{RT}{P},\ \frac{\partial V}{\partial T}=\frac{R}{P};$$

$$T=\frac{PV}{R},\ \frac{\partial T}{\partial P}=\frac{V}{R}.$$

所以

$$\frac{\partial P}{\partial V}\cdot\frac{\partial V}{\partial T}\cdot\frac{\partial T}{\partial P}=-\frac{RT}{V^2}\cdot\frac{R}{P}\cdot\frac{V}{R}=-1.$$

注意，由例 7.12 可知，偏导数的记号是一个整体记号，不能看作分子与分母之商，这与一元函数的导数记号 $\frac{\mathrm{d}y}{\mathrm{d}x}$ 可以看作函数的微分 $\mathrm{d}y$ 与自变量的微分 $\mathrm{d}x$ 之商是不同的.

二元函数 $z=f(x,y)$ 在点 (x_0,y_0) 处的偏导数有下述几何意义.

设 $M_0(x_0,y_0,f(x_0,y_0))$ 是曲面 $z=f(x,y)$ 上的一点，过 M_0 作平面 $y=y_0$，截此曲面得一曲线，此曲线在平面 $y=y_0$ 上的方程为 $z=f(x,y_0)$，二元函数 $z=f(x,y)$ 在点 (x_0,y_0) 处的偏导数 $f_x(x_0,y_0)$ 就是一元函数 $z=f(x,y_0)$ 在点 x_0 的导数 $\frac{\mathrm{d}}{\mathrm{d}x}f(x,y_0)|_{x=x_0}$. 根据导数的几何意义，偏导数 $f_x(x_0,y_0)$ 就是这曲线在点 M_0 处的切线 M_0T_x 对 x 轴的斜率；同理，偏导数 $f_y(x_0,y_0)$ 的几何意义是曲面 $z=f(x,y)$ 被平面 $x=x_0$ 所截得的曲线在点 M_0 处的切线 M_0T_y 对 y 轴的斜率，如图 7-8 所示.

我们知道，一元函数在某点具有导数，则它在该点必连续，但对于多元函数来说，即使各偏导数都存在，也不能保证函数在该点连续. 例如，函数

$$f(x,y)=\begin{cases}\dfrac{xy}{x^2+y^2}, & x^2+y^2\neq 0,\\ 0, & x^2+y^2=0\end{cases}$$

在点 (0，0) 对 x,y 的偏导数分别为

$$f_x(0,0)=\lim_{x\to 0}\frac{f(x,0)-f(0,0)}{x}=\lim_{x\to 0}\frac{0-0}{x}=0,$$

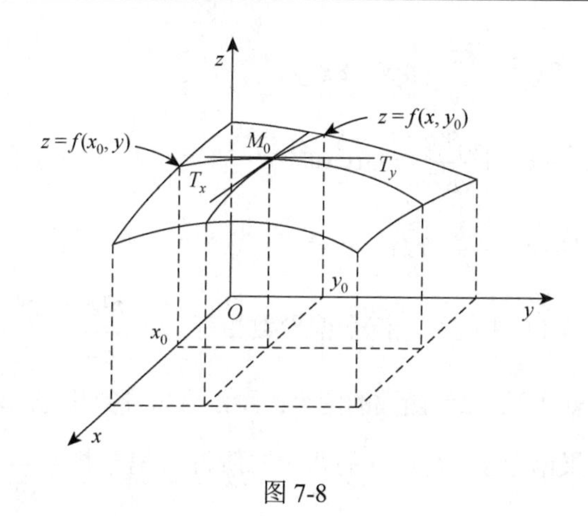

图 7-8

$$f_y(0,0)=\lim_{y\to 0}\frac{f(0,y)-f(0,0)}{y}=\lim_{y\to 0}\frac{0-0}{y}=0,$$

但在 7.1 节中已经知道这函数在点 (0 , 0) 并不连续.

对一个生产多产品的厂商, 其收入函数的偏导数经济学解释: 假定 x,y 分别表示该厂商所销售的两种产品 A 和 B 的数量, 它们的价格分别为 p_1,p_2, 厂商总收入函数为 $R=R(x,y)=p_1x+p_2y$. 根据偏导数的定义, $\frac{\partial R(x,y)}{\partial x}=p_1$. 该结果意味着当商品 B 的销售量保持不变时, 厂商多销售 1 个单位商品 A 所带来的收入增加额正好等于商品 A 的价格.

7.2.2　高阶偏导数

设函数 $z=f(x,y)$ 在区域 D 内具有偏导数 $f_x(x,y)$, $f_y(x,y)$, 则在 D 内 $f_x(x,y)$, $f_y(x,y)$ 仍是 x, y 的函数, 如果这两个函数的偏导数也存在, 则称它们是函数 $z=f(x,y)$ 的二阶偏导数. 按照对变量 x, y 求导次序的不同, $f(x,y)$ 有下列四个二阶偏导数:

$$\frac{\partial}{\partial x}\left(\frac{\partial z}{\partial x}\right)=\frac{\partial^2 z}{\partial x^2}=f_{xx}(x,y),\ \frac{\partial}{\partial y}\left(\frac{\partial z}{\partial x}\right)=\frac{\partial^2 z}{\partial x\partial y}=f_{xy}(x,y),$$

$$\frac{\partial}{\partial x}\left(\frac{\partial z}{\partial y}\right)=\frac{\partial^2 z}{\partial y\partial x}=f_{yx}(x,y),\ \frac{\partial}{\partial y}\left(\frac{\partial z}{\partial y}\right)=\frac{\partial^2 z}{\partial y^2}=f_{yy}(x,y).$$

其中 $f_{xy}(x,y)$ 与 $f_{yx}(x,y)$ 称为二阶混合偏导数. 同样可以定义三阶, 四阶, …, 以及 n 阶偏导数, 二阶或二阶以上的导数统称为高阶偏导数.

例 7.13　求 $z=x^4+y^4-4x^2y^2$ 的二阶偏导数.

解 $\dfrac{\partial z}{\partial x}=4x^3-8xy^2$，$\dfrac{\partial z}{\partial y}=4y^3-8x^2y$，

$\dfrac{\partial^2 z}{\partial x^2}=12x^2-8y^2$，$\dfrac{\partial^2 z}{\partial x\partial y}=-16xy$，

$\dfrac{\partial^2 z}{\partial y\partial x}=-16xy$，$\dfrac{\partial^2 z}{\partial y^2}=12y^2-8x^2$.

我们看到, 例 7.13 中的两个混合偏导数相等, 即 $\dfrac{\partial^2 z}{\partial x\partial y}=\dfrac{\partial^2 z}{\partial y\partial x}$，这不是偶然的. 可以证明, 在一定条件下, 二元函数的两个二阶混合偏导数相等, 即有下面的定理.

定理 7.1 如果函数 $z=f(x,y)$ 的两个二阶混合偏导数 $\dfrac{\partial^2 z}{\partial x\partial y}$ 与 $\dfrac{\partial^2 z}{\partial y\partial x}$ 在区域 D 内连续, 则在该区域内这两个二阶混合偏导数相等.

例 7.14 设 $z=\ln\sqrt{x^2+y^2}$，求证：$\dfrac{\partial^2 z}{\partial x^2}+\dfrac{\partial^2 z}{\partial y^2}=0$.

证明 因为 $z=\ln\sqrt{x^2+y^2}=\dfrac{1}{2}\ln(x^2+y^2)$，所以

$$\frac{\partial z}{\partial x}=\frac{x}{x^2+y^2},\quad \frac{\partial z}{\partial y}=\frac{y}{x^2+y^2},$$

$$\frac{\partial^2 z}{\partial x^2}=\frac{1\cdot(x^2+y^2)-x\cdot 2x}{(x^2+y^2)^2}=\frac{y^2-x^2}{(x^2+y^2)^2},$$

$$\frac{\partial^2 z}{\partial y^2}=\frac{1\cdot(x^2+y^2)-y\cdot 2y}{(x^2+y^2)^2}=\frac{x^2-y^2}{(x^2+y^2)^2},$$

因此，

$$\frac{\partial^2 z}{\partial x^2}+\frac{\partial^2 z}{\partial y^2}=\frac{y^2-x^2}{(x^2+y^2)^2}+\frac{x^2-y^2}{(x^2+y^2)^2}=0.$$

例 7.15 设 $r=\sqrt{x^2+y^2+z^2}$，求证：$\dfrac{\partial^2 r}{\partial x^2}+\dfrac{\partial^2 r}{\partial y^2}+\dfrac{\partial^2 r}{\partial z^2}=\dfrac{2}{r}$.

证明 因为

$$\frac{\partial r}{\partial x}=\frac{1}{2\sqrt{x^2+y^2+z^2}}\cdot 2x=\frac{x}{\sqrt{x^2+y^2+z^2}}=\frac{x}{r},$$

$$\frac{\partial^2 r}{\partial x^2}=\frac{1\cdot r-x\cdot\dfrac{\partial r}{\partial x}}{r^2}=\frac{1\cdot r-x\cdot\dfrac{x}{r}}{r^2}=\frac{r^2-x^2}{r^3},$$

同理

$$\frac{\partial^2 r}{\partial y^2}=\frac{r^2-y^2}{r^3},\quad \frac{\partial^2 r}{\partial z^2}=\frac{r^2-z^2}{r^3},$$

所以

$$\frac{\partial^2 r}{\partial x^2}+\frac{\partial^2 r}{\partial y^2}+\frac{\partial^2 r}{\partial z^2}=\frac{3r^2-(x^2+y^2+z^2)}{r^3}=\frac{2}{r}.$$

例 7.16　求两种投入要素的科布-道格拉斯生产函数

$$Q=Ax_1^{\alpha}x_2^{\beta}\ （其中 0<\alpha,\beta<1）$$

的二阶偏导数, 并解释其经济学意义.

解　因为

$$\frac{\partial Q}{\partial x_1}=A\alpha x_1^{\alpha-1}x_2^{\beta},\quad \frac{\partial Q}{\partial x_2}=\beta Ax_1^{\alpha}x_2^{\beta-1},$$

所以

$$\frac{\partial^2 Q}{\partial x_1^2}=\alpha(\alpha-1)Ax_1^{\alpha-2}x_2^{\beta},\quad \frac{\partial^2 Q}{\partial x_2^2}=\beta(\beta-1)Ax_1^{\alpha}x_2^{\beta-2},$$

$$\frac{\partial^2 Q}{\partial x_1\partial x_2}=\frac{\partial^2 Q}{\partial x_2\partial x_1}=\alpha\beta Ax_1^{\alpha-1}x_2^{\beta-1}.$$

根据假设, $\frac{\partial^2 Q}{\partial x_1^2}$, $\frac{\partial^2 Q}{\partial x_2^2}$ 均为负数. 这意味每种投入要素的边际生产率都在递减. 而 $\frac{\partial^2 Q}{\partial x_1\partial x_2}=\frac{\partial^2 Q}{\partial x_2\partial x_1}>0$ 意味着要素 2 投入的增加, 另外一单位要素 1 的生产率变得更高, 反之亦然, 也就是说, 边际生产率会随另一种要素的投入的增加而增加.

习　题　7-2

1. 求下列函数的偏导数:

（1）$z=x^3+y^3+2xy$；　（2）$z=(1+xy)^x$；

（3）$z=y^2\ln(x^2+y^2)$；　（4）$z=\ln\tan\frac{y}{x}$；

（5）$u=\arctan(x-y)^z$；　（6）$u=z^{\frac{y}{x}}$.

2. 设 $z=\ln(\sqrt{x}+\sqrt{y})$, 求证: $x\frac{\partial z}{\partial x}+y\frac{\partial z}{\partial y}=\frac{1}{2}$.

3. 设 $f(x,y)=(x-1)\arcsin\sqrt{\frac{y}{x}}+y$, 求 $f_y(1,y)$.

4. 求下列函数的二阶偏导数:

（1）$z=x^3y^2+3xy^3-2xy$；　（2）$z=x^2\sin y+y^2\sin x$；

（3）$z=\mathrm{e}^{x^2+y^2}$；　（4）$z=\arctan\frac{x}{y}$.

5. 设 $z=y\ln(xy)$，求 $\dfrac{\partial^2 z}{\partial x\partial y}$ 及 $\dfrac{\partial^2 z}{\partial y^2}$.

6. 设 $f(x,y)=\begin{cases}\dfrac{xy^2}{x^2+y^4}, & x^2+y^2\neq 0,\\ 0, & x^2+y^2=0,\end{cases}$

证明：函数 $f(x,y)$ 在点 $(0,0)$ 处的偏导数存在但不连续.

7. $z=(x+\mathrm{e}^y)^x$，求 $\left.\dfrac{\partial z}{\partial x}\right|_{(1,0)}$.

7.3 全 微 分

7.3.1 全微分

在第 2 章中, 如果一元函数 $y=f(x)$ 在点 x 可微, 则

$$\mathrm{d}y=f'(x)\Delta x \text{ 且 } \Delta y=\mathrm{d}y+o(\Delta x),$$

即微分 $\mathrm{d}y$ 是 Δx 的线性函数, 并且 $\mathrm{d}y$ 与 Δy 之差是 Δx 的高阶无穷小, 一元函数微分 $\mathrm{d}y$ 推广到多元函数就是全微分.

定义 7.5 如果函数 $z=f(x,y)$ 在点 (x,y) 的全增量 $\Delta z=f(x+\Delta x,y+\Delta y)-f(x,y)$ 可表示为 $\Delta z=A\Delta x+B\Delta y+o(\rho)$，其中 A、B 与 Δx，Δy 无关, 仅与 x，y 有关, $\rho=\sqrt{(\Delta x)^2+(\Delta y)^2}$. 则称函数 $z=f(x,y)$ 在点 (x,y) 可微, $A\Delta x+B\Delta y$ 称为函数 $z=f(x,y)$ 在点 (x,y) 的全微分, 记作 $\mathrm{d}z$，即

$$\mathrm{d}z=A\Delta x+B\Delta y.$$

如果函数 $z=f(x,y)$ 在区域 D 内的每一点都可微, 则称函数 $z=f(x,y)$ 在区域 D 内可微.

由全微分的定义可以看出, 函数 $z=f(x,y)$ 的全微分 $\mathrm{d}z$ 是 $\Delta x,\Delta y$ 的线性函数, 且 $\mathrm{d}z$ 与 Δz 之差是比 ρ 高阶的无穷小. 另外, 若函数 $z=f(x,y)$ 在点 (x,y) 可微, 则函数 $z=f(x,y)$ 在点 (x,y) 必连续.

定理 7.2（必要条件） 如果函数 $z=f(x,y)$ 在点 (x,y) 可微, 则函数 $z=f(x,y)$ 在点 (x,y) 的偏导数 $\dfrac{\partial z}{\partial x}$, $\dfrac{\partial z}{\partial y}$ 存在, 且有

$$\mathrm{d}z=\frac{\partial z}{\partial x}\Delta x+\frac{\partial z}{\partial y}\Delta y.$$

证明 因为函数 $z=f(x,y)$ 在点 (x,y) 可微, 于是, 对于点 (x,y) 的某一邻域

内的任一点$(x+\Delta x, y+\Delta y)$，都有

$$f(x+\Delta x, y+\Delta y)-f(x,y)=A\Delta x+B\Delta y+o(\rho)$$

成立，特别当$\Delta y=0$时上式也成立，此时$\rho=|\Delta x|$，所以上式变为

$$f(x+\Delta x, y)-f(x,y)=A\Delta x+o(|\Delta x|).$$

上式两边同除以Δx，并令$\Delta x\to 0$取极限，得

$$\lim_{\Delta x\to 0}\frac{f(x+\Delta x,y)-f(x,y)}{\Delta x}=A,$$

即$\dfrac{\partial z}{\partial x}$存在且$\dfrac{\partial z}{\partial x}=A$，同理可证$\dfrac{\partial z}{\partial y}$存在且$\dfrac{\partial z}{\partial y}=B$．从而可得

$$\mathrm{d}z=\frac{\partial z}{\partial x}\Delta x+\frac{\partial z}{\partial y}\Delta y.$$

我们知道，一元函数的可微与可导是等价的．但对于多元函数来说，函数可微，则函数一定存在偏导数；反之，函数存在偏导数，但函数不一定可微，即多元函数的各偏导数存在是可微的必要条件而不是充分条件．例如，函数

$$f(x,y)=\begin{cases}\dfrac{xy}{\sqrt{x^2+y^2}}, & x^2+y^2\neq 0,\\ 0, & x^2+y^2=0\end{cases}$$

在点(0，0)处有$f_x(0,0)=0$，$f_y(0,0)=0$，所以

$$\Delta z-[f_x(0,0)\Delta x+f_y(0,0)\Delta y]=\frac{\Delta x\Delta y}{\sqrt{(\Delta x)^2+(\Delta y)^2}},$$

当点$(\Delta x,\Delta y)$沿直线$y=x$趋于点$(0,0)$时，则

$$\frac{\dfrac{\Delta x\Delta y}{\sqrt{(\Delta x)^2+(\Delta y)^2}}}{\rho}=\frac{\Delta x\Delta y}{(\Delta x)^2+(\Delta y)^2}=\frac{\Delta x\Delta x}{(\Delta x)^2+(\Delta x)^2}=\frac{1}{2}.$$

这表明，当$\rho\to 0$时，$\Delta z-[f_x(0,0)\Delta x+f_y(0,0)\Delta y]$不是比$\rho$高阶的无穷小，因此函数$f(x,y)$在点$(0,0)$不可微．

定理 7.2 及这个例子说明，偏导数$\dfrac{\partial z}{\partial x}$与$\dfrac{\partial z}{\partial y}$存在并不能保证函数$z=f(x,y)$在点$(x,y)$可微，但如果再假定偏导数$\dfrac{\partial z}{\partial x}$与$\dfrac{\partial z}{\partial y}$在点$(x,y)$连续，就可保证$z=f(x,y)$在点$(x,y)$可微，即有下面可微的充分条件．

定理 7.3（充分条件）　如果函数$z=f(x,y)$在点(x,y)的某一邻域内存在偏导数$\dfrac{\partial z}{\partial x}$，$\dfrac{\partial z}{\partial y}$，且这两个偏导数在点$(x,y)$连续，则函数$z=f(x,y)$在点$(x,y)$可微．

证明　因为

$$\begin{aligned}\Delta z &= f(x+\Delta x, y+\Delta y) - f(x,y) \\ &= [f(x+\Delta x, y+\Delta y) - f(x, y+\Delta y)] + [f(x, y+\Delta y) - f(x,y)].\end{aligned}$$

由于 $f_x(x,y)$，$f_y(x,y)$ 在点 (x,y) 的某一邻域内存在，所以当 $|\Delta x|$，$|\Delta y|$ 充分小时，应用拉格朗日中值定理，得到

$$\Delta z = f_x(x+\theta_1\Delta x, y+\Delta y)\Delta x + f_y(x, y+\theta_2\Delta y)\Delta y.$$

其中 $0<\theta_1<1$，$0<\theta_2<1$.

又已知偏导数 $f_x(x,y)$，$f_y(x,y)$ 在点 (x,y) 连续，所以有

$$f_x(x+\theta_1\Delta x, y+\Delta y) = f_x(x,y) + \alpha, \quad \lim_{\rho\to 0}\alpha = 0,$$

$$f_y(x, y+\theta_2\Delta y) = f_y(x,y) + \beta, \quad \lim_{\rho\to 0}\beta = 0.$$

从而有 $\Delta z = f_x(x,y)\Delta x + f_y(x,y)\Delta y + \alpha\Delta x + \beta\Delta y$，
由

$$\frac{|\alpha\Delta x + \beta\Delta y|}{\rho} \leqslant |\alpha| \cdot \frac{|\Delta x|}{\rho} + |\beta| \cdot \frac{|\Delta y|}{\rho} \leqslant |\alpha| + |\beta|$$

可知，当 $\rho\to 0$ 时，$\alpha\Delta x + \beta\Delta y$ 是比 ρ 高阶的无穷小，因此

$$\Delta z = f_x(x,y)\Delta x + f_y(x,y)\Delta y + o(\rho).$$

这说明了函数 $z=f(x,y)$ 在点 (x,y) 可微.

由定理 7.3 可知，偏导数连续是函数可微的充分条件而不是必要条件. 例如，函数

$$f(x,y) = \begin{cases} (x^2+y^2)\sin\dfrac{1}{x^2+y^2}, & x^2+y^2 \neq 0, \\ 0, & x^2+y^2 = 0 \end{cases}$$

在点 $(0,0)$ 处可微，而 $f_x(x,y)$，$f_y(x,y)$ 在点 $(0,0)$ 不连续.

由于

$$f_x(0,0) = \lim_{x\to 0}\frac{f(x,0)-f(0,0)}{x} = \lim_{x\to 0} x\sin\frac{1}{x^2} = 0,$$

$$f_y(0,0) = \lim_{y\to 0}\frac{f(0,y)-f(0,0)}{y} = \lim_{y\to 0} y\sin\frac{1}{y^2} = 0,$$

$$\Delta z - [f_x(0,0)\Delta x + f_y(0,0)\Delta y] = [(\Delta x)^2 + (\Delta y)^2]\sin\frac{1}{(\Delta x)^2+(\Delta y)^2},$$

$$\begin{aligned}\lim_{(\Delta x,\Delta y)\to(0,0)}\frac{\Delta z - [f_x(0,0)\Delta x + f_y(0,0)\Delta y]}{\rho} &= \lim_{\rho\to 0}\frac{\rho^2\sin\dfrac{1}{\rho^2}}{\rho} \\ &= \lim_{\rho\to 0}\rho\sin\frac{1}{\rho^2} = 0.\end{aligned}$$

故函数 $f(x,y)$ 在点 $(0,0)$ 处可微.

另一方面，当 $x^2+y^2\neq 0$ 时，有

$$f_x(x,y)=2x\sin\frac{1}{x^2+y^2}-\frac{2x}{x^2+y^2}\cos\frac{1}{x^2+y^2},$$

$$f_y(x,y)=2y\sin\frac{1}{x^2+y^2}-\frac{2y}{x^2+y^2}\cos\frac{1}{x^2+y^2},$$

而点 (x,y) 沿直线 $y=x$ 趋于点 $(0,0)$ 时，极限

$$\lim_{\substack{x\to 0\\ y=x\to 0}} f_x(x,y)=\lim_{x\to 0} f_x(x,x)=\lim_{x\to 0}\left(2x\sin\frac{1}{2x^2}-\frac{1}{x}\cos\frac{1}{2x^2}\right)$$

不存在，即 $f_x(x,y)$ 在点 $(0,0)$ 不连续，同理可得 $f_y(x,y)$ 在点 $(0,0)$ 不连续.

习惯上，我们将自变量的增量 Δx 与 Δy 分别记作 $\mathrm{d}x$ 与 $\mathrm{d}y$，并分别称为**自变量 x 与 y 的微分**. 因此，函数 $z=f(x,y)$ 的全微分可写为

$$\mathrm{d}z=\frac{\partial z}{\partial x}\mathrm{d}x+\frac{\partial z}{\partial y}\mathrm{d}y.$$

上式中的 $\frac{\partial z}{\partial x}\mathrm{d}x$ 与 $\frac{\partial z}{\partial y}\mathrm{d}y$ 分别称为**函数 $z=f(x,y)$ 对 x 和对 y 的偏微分**，因此，二元函数的全微分是它的两个偏微分之和，也称二元函数的全微分符合**叠加原理**.

全微分的定义、可微的充分条件、必要条件及叠加原理都可推广到二元以上的多元函数. 例如，如果三元函数 $u=f(x,y,z)$ 在点 (x,y,z) 可微，则它的全微分就是它的三个偏微分之和，即

$$\mathrm{d}u=\frac{\partial u}{\partial x}\mathrm{d}x+\frac{\partial u}{\partial y}\mathrm{d}y+\frac{\partial u}{\partial z}\mathrm{d}z.$$

例 7.17　求函数 $z=x^3+y^3-2xy$ 的全微分.

解　因为

$$\frac{\partial z}{\partial x}=3x^2-2y,\quad \frac{\partial z}{\partial y}=3y^2-2x,$$

所以

$$\mathrm{d}z=(3x^2-2y)\mathrm{d}x+(3y^2-2x)\mathrm{d}y.$$

例 7.18　求函数 $z=\arctan(xy)$ 在点 $(2\ ,\ 1)$ 处的全微分.

解　因为

$$\frac{\partial z}{\partial x}=\frac{1}{1+(xy)^2}\cdot y=\frac{y}{1+x^2y^2},\quad \frac{\partial z}{\partial y}=\frac{1}{1+(xy)^2}\cdot x=\frac{x}{1+x^2y^2},$$

$$\left.\frac{\partial z}{\partial x}\right|_{\substack{x=2\\y=1}}=\frac{1}{5},\quad \left.\frac{\partial z}{\partial y}\right|_{\substack{x=2\\y=1}}=\frac{2}{5}.$$

所以

$$\mathrm{d}z=\frac{1}{5}\mathrm{d}x+\frac{2}{5}\mathrm{d}y=\frac{1}{5}(\mathrm{d}x+2\mathrm{d}y).$$

例 7.19 求函数 $u=\ln(xy+z^2)$ 的全微分.

解 因为 $\frac{\partial u}{\partial x}=\frac{y}{xy+z^2}$，$\frac{\partial u}{\partial y}=\frac{x}{xy+z^2}$，$\frac{\partial u}{\partial z}=\frac{2z}{xy+z^2}$，

所以

$$\begin{aligned}\mathrm{d}u&=\frac{y}{xy+z^2}\mathrm{d}x+\frac{x}{xy+z^2}\mathrm{d}y+\frac{2z}{xy+z^2}\mathrm{d}z\\&=\frac{1}{xy+z^2}(y\mathrm{d}x+x\mathrm{d}y+2z\mathrm{d}z).\end{aligned}$$

*7.3.2 全微分在近似计算中的应用

如果二元函数 $z=f(x,y)$ 的两个偏导数 $f_x(x,y)$，$f_y(x,y)$ 在点 (x,y) 连续，并且当 $|\Delta x|$，$|\Delta y|$ 都较小时，全增量可近似地用全微分来代替，即

$$\Delta z\approx \mathrm{d}z=f_x(x,y)\Delta x+f_y(x,y)\Delta y.$$

上式也可写为

$$f(x+\Delta x,y+\Delta y)\approx f(x,y)+f_x(x,y)\Delta x+f_y(x,y)\Delta y,$$

利用上式可以对二元函数进行近似计算.

例 7.20 计算 $(1.02)^{2.04}$ 的近似值.

解 设函数 $f(x,y)=x^y$，因此，要计算的值就是函数值 $f(1.02,2.04)$. 取 $x=1$，$\Delta x=0.02$，$y=2$，$\Delta y=0.04$，则有

$$f_x(x,y)=yx^{y-1},\quad f_y(x,y)=x^y\ln x,$$

$$f(1,2)=1,\quad f_x(1,2)=2,\quad f_y(1,2)=0.$$

所以

$$\begin{aligned}(1.02)^{2.04}&\approx f(1,2)+f_x(1,2)\Delta x+f_y(1,2)\Delta y\\&=1+2\times 0.02=1.04.\end{aligned}$$

例 7.21 圆柱体形变时，底半径由 30 cm 增大到 30.1 cm，高由 60 cm 减少到 59.5 cm．求此圆柱体体积变化的近似值.

解　设圆柱体的半径, 高和体积分别为 r , h 和 V , 则

$$V=\pi r^2 h,\ \Delta V\approx \mathrm{d}V=\frac{\partial V}{\partial r}\Delta r+\frac{\partial V}{\partial h}\Delta h=2\pi rh\Delta r+\pi r^2\Delta h,$$

将 $r=30$, $\Delta r=0.1$, $h=60$, $\Delta h=-0.5$ 代入上式, 得

$$\Delta V\approx 2\pi\times 30\times 60\times 0.1+\pi\times 30^2\times(-0.5)=-90\pi(\mathrm{cm}^3).$$

即此圆柱体的体积减少了 $90\pi\ \mathrm{cm}^3$.

习　题　7-3

1. 求下列函数的微分:

（1） $z=\mathrm{e}^{\frac{x}{y}}$;　　（2） $z=xy+\arctan\frac{x}{y}$;

（3） $z=\frac{xy}{x^2+y^2}$;　　（4） $u=\ln(x^3+y^2+z)$.

2. 求函数 $u=\left(\frac{y}{x}\right)^z$ 在点 $(1,1,2)$ 处的全微分.

3. 求函数 $z=xy^2$ 当 $x=2$, $y=1$, $\Delta x=0.1$, $\Delta y=-0.2$ 时的全增量与全微分.

*4. 计算 $\sqrt{(0.98)^3+(2.01)^3}$ 的近似值.

*5. 计算 $(0.99)^{2.05}$ 的近似值.

*6. 设有厚度为 0.1 cm, 内高为 10 cm, 内半径为 2 cm 的无盖圆柱形容器, 求容器外壳体积的近似值（设容器的壁和底的厚度相同）.

7. 证明函数 $f(x,y)=\sqrt{|xy|}$ 在点 $(0,0)$ 处不可微.

8. 设函数 $z=\left(1+\frac{x}{y}\right)^{\frac{x}{y}}$,求 $\mathrm{d}z|_{(1,1)}$.

7.4　多元复合函数的求导法则

在多元函数中, 最常见的是多元复合函数, 下面将一元复合函数的求导法则推广到多元复合函数的情形.

定理 7.4　如果函数 $u=\varphi(x)$, $v=\phi(x)$ 都在点 x 可导, 函数 $z=f(u,v)$ 在对应点 (u,v) 具有连续偏导数, 则复合函数 $z=f[\varphi(x),\phi(x)]$ 在点 x 可导, 且

$$\frac{\mathrm{d}z}{\mathrm{d}x}=\frac{\partial z}{\partial u}\cdot\frac{\mathrm{d}u}{\mathrm{d}x}+\frac{\partial z}{\partial v}\cdot\frac{\mathrm{d}v}{\mathrm{d}x}.$$

证明　设 x 取得增量 Δx , 相应地函数 $u=\varphi(x)$, $v=\phi(x)$ 有增量 $\Delta u,\Delta v$, 因此,

函数 $z=f(u,v)$ 也相应地取得增量 Δz．由于函数 $z=f(u,v)$ 在点 (u,v) 具有连续偏导数，故

$$\Delta z=\frac{\partial z}{\partial u}\cdot\Delta u+\frac{\partial z}{\partial v}\cdot\Delta v+o(\rho)\text{，其中 }\rho=\sqrt{(\Delta u)^2+(\Delta v)^2}\ .$$

上式两边同除以 Δx，得

$$\frac{\Delta z}{\Delta x}=\frac{\partial z}{\partial u}\cdot\frac{\Delta u}{\Delta x}+\frac{\partial z}{\partial v}\cdot\frac{\Delta v}{\Delta x}+\frac{o(\rho)}{\Delta x},$$

因为函数 $u=\varphi(x)$，$v=\phi(x)$ 是 x 的可导函数，所以，当 $\Delta x\to 0$ 时，$\Delta u\to 0$，$\Delta v\to 0$，$\frac{\Delta u}{\Delta x}\to\frac{\mathrm{d}u}{\mathrm{d}x}$，$\frac{\Delta v}{\Delta x}\to\frac{\mathrm{d}v}{\mathrm{d}x}$．因而

$$\begin{aligned}\lim_{\Delta x\to 0}\left|\frac{o(\rho)}{\Delta x}\right|&=\lim_{\Delta x\to 0}\left|\frac{o(\rho)}{\rho}\cdot\frac{\rho}{\Delta x}\right|=\lim_{\Delta x\to 0}\left|\frac{o(\rho)}{\rho}\right|\cdot\lim_{\Delta x\to 0}\frac{\rho}{|\Delta x|}\\&=\lim_{\rho\to 0}\left|\frac{o(\rho)}{\rho}\right|\cdot\lim_{\Delta x\to 0}\sqrt{\left(\frac{\Delta u}{\Delta x}\right)^2+\left(\frac{\Delta v}{\Delta x}\right)^2}=0\ .\end{aligned}$$

于是，$\lim\limits_{\Delta x\to 0}\frac{\Delta z}{\Delta x}=\frac{\partial z}{\partial u}\cdot\frac{\mathrm{d}u}{\mathrm{d}x}+\frac{\partial z}{\partial v}\cdot\frac{\mathrm{d}v}{\mathrm{d}x}$，

即

$$\frac{\mathrm{d}z}{\mathrm{d}x}=\frac{\partial z}{\partial u}\cdot\frac{\mathrm{d}u}{\mathrm{d}x}+\frac{\partial z}{\partial v}\cdot\frac{\mathrm{d}v}{\mathrm{d}x}\ .$$

由于定理 7.4 中的函数 z 是自变量 x 的一元复合函数，所以 z 对 x 的导数称为**全导数**.

定理 7.4 的结论可推广到复合函数的中间变量多于两个的情形．例如，$z=f(u,v,w)$，$u=\varphi(x)$，$v=\phi(x)$，$w=\omega(x)$ 复合成复合函数

$$z=f[\varphi(x),\phi(x),\omega(x)],$$

在与定理 7.4 类似的条件下，上面的复合函数在点 x 可导，且其全导数为

$$\frac{\mathrm{d}z}{\mathrm{d}x}=\frac{\partial z}{\partial u}\cdot\frac{\mathrm{d}u}{\mathrm{d}x}+\frac{\partial z}{\partial v}\cdot\frac{\mathrm{d}v}{\mathrm{d}x}+\frac{\partial z}{\partial w}\cdot\frac{\mathrm{d}w}{\mathrm{d}x}\ .$$

定理 7.5 如果函数 $u=\varphi(x,y)$，$v=\phi(x,y)$ 都在点 (x,y) 存在对 x，y 的偏导数，函数 $z=f(u,v)$ 在对应点 (u,v) 具有连续偏导数，则复合函数 $z=f[\varphi(x,y),\phi(x,y)]$ 在点 (x,y) 的两个偏导数 $\frac{\partial z}{\partial x}$，$\frac{\partial z}{\partial y}$ 都存在，且

$$\frac{\partial z}{\partial x}=\frac{\partial z}{\partial u}\cdot\frac{\partial u}{\partial x}+\frac{\partial z}{\partial v}\cdot\frac{\partial v}{\partial x}; \tag{7-1}$$

$$\frac{\partial z}{\partial y}=\frac{\partial z}{\partial u}\cdot\frac{\partial u}{\partial y}+\frac{\partial z}{\partial v}\cdot\frac{\partial v}{\partial y}. \tag{7-2}$$

证明　在求$\frac{\partial z}{\partial x}$时，$y$看作常数，故可看成是对只含一个变量$x$的复合函数求全导数，所以可以把定理 7.4 应用到对$z=f[\varphi(x,y),\phi(x,y)]$求偏导数的问题上来，从而可得式（7-1），同理可得式（7-2）.

对于中间变量多于两个的情形，也有类似的结论：

设函数$u=\varphi(x,y)$，$v=\phi(x,y)$，$w=\omega(x,y)$都在点(x,y)存在对x,y的偏导数，函数$z=f(u,v,w)$在对应点(u,v,w)具有连续偏导数，则复合函数

$$z=f[\varphi(x,y),\phi(x,y),\omega(x,y)]$$

在点(x,y)的两个偏导数$\frac{\partial z}{\partial x}$，$\frac{\partial z}{\partial y}$都存在，且有

$$\frac{\partial z}{\partial x}=\frac{\partial z}{\partial u}\cdot\frac{\partial u}{\partial x}+\frac{\partial z}{\partial v}\cdot\frac{\partial v}{\partial x}+\frac{\partial z}{\partial w}\cdot\frac{\partial w}{\partial x},$$

$$\frac{\partial z}{\partial y}=\frac{\partial z}{\partial u}\cdot\frac{\partial u}{\partial y}+\frac{\partial z}{\partial v}\cdot\frac{\partial v}{\partial y}+\frac{\partial z}{\partial w}\cdot\frac{\partial w}{\partial y}.$$

另外，还会出现复合函数的某些中间变量又是复合函数的自变量的情形. 例如，设函数$z=f(x,y,w)$具有连续偏导数，$w=\omega(x,y)$存在偏导数，则复合函数$z=f[x,y,\omega(x,y)]$可看作上述情形中$u=x$，$v=y$的特殊情形. 因此，$\frac{\partial u}{\partial x}=1$，$\frac{\partial u}{\partial y}=0$，$\frac{\partial v}{\partial x}=0$，$\frac{\partial v}{\partial y}=1$. 从而复合函数$z=f[x,y,\omega(x,y)]$对自变量$x$及$y$的偏导数为

$$\frac{\partial z}{\partial x}=\frac{\partial f}{\partial x}+\frac{\partial f}{\partial w}\cdot\frac{\partial w}{\partial x},$$

$$\frac{\partial z}{\partial y}=\frac{\partial f}{\partial y}+\frac{\partial f}{\partial w}\cdot\frac{\partial w}{\partial y}.$$

注　上面$\frac{\partial z}{\partial x}$与$\frac{\partial f}{\partial x}$是不同的，$\frac{\partial z}{\partial x}$是把复合函数$z=f[x,y,\omega(x,y)]$中的$y$看作常数而对$x$的偏导数，而$\frac{\partial f}{\partial x}$是把函数$f(x,y,w)$中的$y,w$看作常数而对$x$的偏导数，$\frac{\partial z}{\partial y}$与$\frac{\partial f}{\partial y}$也有类似的区别.

上述复合函数的求导法则称为**链式法则**.

例 7.22　设$z=\mathrm{e}^{2u-v}$，$u=\ln x$，$v=\sin x$，求$\frac{\mathrm{d}z}{\mathrm{d}x}$.

解　$\dfrac{dz}{dx}=\dfrac{\partial z}{\partial u}\cdot\dfrac{du}{dx}+\dfrac{\partial z}{\partial v}\cdot\dfrac{dv}{dx}=2e^{2u-v}\cdot\dfrac{1}{x}+e^{2u-v}(-1)\cos x$

$=e^{2\ln x-\sin x}\left(\dfrac{2}{x}-\cos x\right)$.

例 7.23　设 $z=u^2v-uv^2$，$u=x\cos y$，$v=x\sin y$，求 $\dfrac{\partial z}{\partial x}$，$\dfrac{\partial z}{\partial y}$.

解　$\dfrac{\partial z}{\partial x}=\dfrac{\partial z}{\partial u}\cdot\dfrac{\partial u}{\partial x}+\dfrac{\partial z}{\partial v}\cdot\dfrac{\partial v}{\partial x}$

$=(2uv-v^2)\cos y+(u^2-2uv)\sin y$

$=(2x^2\cos y\sin y-x^2\sin^2 y)\cos y+(x^2\cos^2 y-2x^2\sin y\cos y)\sin y$

$=3x^2\sin y\cos y(\cos y-\sin y)$,

$\dfrac{\partial z}{\partial y}=\dfrac{\partial z}{\partial u}\cdot\dfrac{\partial u}{\partial y}+\dfrac{\partial z}{\partial v}\cdot\dfrac{\partial v}{\partial y}$

$=(2uv-v^2)(-x\sin y)+(u^2-2uv)x\cos y$

$=(2x^2\cos y\sin y-x^2\sin^2 y)(-x\sin y)+(x^2\cos^2 y-2x^2\sin y\cos y)x\cos y$

$=x^3(\sin^3 y+\cos^3 y-\sin y\sin 2y-\cos y\sin 2y)$.

例 7.24　设 $u=f(x,y,z)=e^{x^2+y^2+z^2}$，$z=y^2\sin x$，求 $\dfrac{\partial u}{\partial x}$，$\dfrac{\partial u}{\partial y}$.

解　$\dfrac{\partial u}{\partial x}=\dfrac{\partial f}{\partial x}+\dfrac{\partial f}{\partial z}\cdot\dfrac{\partial z}{\partial x}=2x\ e^{x^2+y^2+z^2}+2z\ e^{x^2+y^2+z^2}\ y^2\cos x$

$=2\ e^{x^2+y^2+y^4\sin^2 x}\ (x+y^4\cos x\sin x)$,

$\dfrac{\partial u}{\partial y}=\dfrac{\partial f}{\partial y}+\dfrac{\partial f}{\partial z}\cdot\dfrac{\partial z}{\partial y}=2y\ e^{x^2+y^2+z^2}+2z\ e^{x^2+y^2+z^2}\ 2y\sin x$

$=2y\ e^{x^2+y^2+y^4\sin^2 x}\ (1+2y^2\sin^2 x)$.

例 7.25　设 $z=f\left(y\sin x,\dfrac{y}{x},e^{x+y}\right)$，求 $\dfrac{\partial z}{\partial x}$，$\dfrac{\partial z}{\partial y}$.

解　令 $u=y\sin x$，$v=\dfrac{y}{x}$，$w=e^{x+y}$，则 $z=f(u,v,w)$.

$$\dfrac{\partial z}{\partial x}=\dfrac{\partial f}{\partial u}\cdot\dfrac{\partial u}{\partial x}+\dfrac{\partial f}{\partial v}\cdot\dfrac{\partial v}{\partial x}+\dfrac{\partial f}{\partial w}\cdot\dfrac{\partial w}{\partial x}$$

$$=\dfrac{\partial f}{\partial u}\cdot y\cos x+\dfrac{\partial f}{\partial v}\cdot\left(-\dfrac{y}{x^2}\right)+\dfrac{\partial f}{\partial w}\cdot e^{x+y}$$

$$=y\cos x\dfrac{\partial f}{\partial u}-\dfrac{y}{x^2}\dfrac{\partial f}{\partial v}+e^{x+y}\ \dfrac{\partial f}{\partial w},$$

$$\dfrac{\partial z}{\partial y}=\dfrac{\partial f}{\partial u}\cdot\dfrac{\partial u}{\partial y}+\dfrac{\partial f}{\partial v}\cdot\dfrac{\partial v}{\partial y}+\dfrac{\partial f}{\partial w}\cdot\dfrac{\partial w}{\partial y}$$

$$=\frac{\partial f}{\partial u}\cdot\sin x+\frac{\partial f}{\partial v}\cdot\frac{1}{x}+\frac{\partial f}{\partial w}\cdot \mathrm{e}^{x+y}$$

$$=\sin x\cdot\frac{\partial f}{\partial u}+\frac{1}{x}\cdot\frac{\partial f}{\partial v}+\mathrm{e}^{x+y}\cdot\frac{\partial f}{\partial w}.$$

例 7.26　已知 $z=f\left(y+\frac{1}{x},x+\frac{1}{y}\right)$，且 f 具有二阶连续偏导数，求 $\frac{\partial^2 z}{\partial x^2}$，$\frac{\partial^2 z}{\partial x\partial y}$.

解　令 $u=y+\frac{1}{x}$，$v=x+\frac{1}{y}$，则 $z=f(u,v)$，因此，函数 $z=f\left(y+\frac{1}{x},x+\frac{1}{y}\right)$ 是由 $z=f(u,v)$ 及 $u=y+\frac{1}{x}$，$v=x+\frac{1}{y}$ 复合而成的复合函数. 于是

$$\frac{\partial z}{\partial x}=\frac{\partial f}{\partial u}\cdot\frac{\partial u}{\partial x}+\frac{\partial f}{\partial v}\cdot\frac{\partial v}{\partial x}=\frac{\partial f}{\partial u}\cdot\left(-\frac{1}{x^2}\right)+\frac{\partial f}{\partial v}\cdot 1=-\frac{1}{x^2}\frac{\partial f}{\partial u}+\frac{\partial f}{\partial v},$$

$$\frac{\partial z}{\partial y}=\frac{\partial f}{\partial u}\cdot\frac{\partial u}{\partial y}+\frac{\partial f}{\partial v}\cdot\frac{\partial v}{\partial y}=\frac{\partial f}{\partial u}\cdot 1+\frac{\partial f}{\partial v}\cdot\left(-\frac{1}{y^2}\right)=\frac{\partial f}{\partial u}-\frac{1}{y^2}\frac{\partial f}{\partial v}.$$

在求二阶偏导数时，注意 $\frac{\partial f}{\partial u}$，$\frac{\partial f}{\partial v}$ 仍然是以 u,v 为中间变量，以 x,y 为自变量的复合函数，根据复合函数的求导法则，有

$$\frac{\partial^2 z}{\partial x^2}=\frac{\partial}{\partial x}\left(\frac{\partial z}{\partial x}\right)=\frac{\partial}{\partial x}\left(-\frac{1}{x^2}\frac{\partial f}{\partial u}+\frac{\partial f}{\partial v}\right)$$

$$=\frac{2}{x^3}\frac{\partial f}{\partial u}-\frac{1}{x^2}\left(\frac{\partial^2 f}{\partial u^2}\cdot\frac{\partial u}{\partial x}+\frac{\partial^2 f}{\partial u\partial v}\cdot\frac{\partial v}{\partial x}\right)+\frac{\partial^2 f}{\partial v\partial u}\cdot\frac{\partial u}{\partial x}+\frac{\partial^2 f}{\partial v^2}\cdot\frac{\partial v}{\partial x}$$

$$=\frac{2}{x^3}\frac{\partial f}{\partial u}+\frac{1}{x^4}\frac{\partial^2 f}{\partial u^2}-\frac{1}{x^2}\frac{\partial^2 f}{\partial u\partial v}+\left(-\frac{1}{x^2}\right)\frac{\partial^2 f}{\partial v\partial u}+\frac{\partial^2 f}{\partial v^2}$$

$$=\frac{2}{x^3}\frac{\partial f}{\partial u}+\frac{1}{x^4}\frac{\partial^2 f}{\partial u^2}-\frac{2}{x^2}\frac{\partial^2 f}{\partial u\partial v}+\frac{\partial^2 f}{\partial v^2},$$

$$\frac{\partial^2 z}{\partial x\partial y}=\frac{\partial}{\partial y}\left(\frac{\partial z}{\partial x}\right)=\frac{\partial}{\partial y}\left(-\frac{1}{x^2}\frac{\partial f}{\partial u}+\frac{\partial f}{\partial v}\right)$$

$$=-\frac{1}{x^2}\left(\frac{\partial^2 f}{\partial u^2}\cdot\frac{\partial u}{\partial y}+\frac{\partial^2 f}{\partial u\partial v}\cdot\frac{\partial v}{\partial y}\right)+\frac{\partial^2 f}{\partial v\partial u}\cdot\frac{\partial u}{\partial y}+\frac{\partial^2 f}{\partial v^2}\cdot\frac{\partial v}{\partial y}$$

$$=-\frac{1}{x^2}\frac{\partial^2 f}{\partial u^2}+\frac{1}{x^2y^2}\frac{\partial^2 f}{\partial u\partial v}+\frac{\partial^2 f}{\partial v\partial u}+\left(-\frac{1}{y^2}\right)\frac{\partial^2 f}{\partial v^2}$$

$$=-\frac{1}{x^2}\frac{\partial^2 f}{\partial u^2}+\left(1+\frac{1}{x^2y^2}\right)\frac{\partial^2 f}{\partial u\partial v}-\frac{1}{y^2}\frac{\partial^2 f}{\partial v^2}.$$

如果函数 $z=f(u,v)$ 是自变量 u，v 的可微函数，则有全微分

$$\mathrm{d}z=\frac{\partial z}{\partial u}\mathrm{d}u+\frac{\partial z}{\partial v}\mathrm{d}v.$$

如果函数 $z=f(u,v)$ 是中间变量 u，v 的可微函数，而 u，v 是 x，y 的函数 $u=\varphi(x,y)$，$v=\phi(x,y)$，且这两个函数具有连续偏导数，则复合函数

$$z=f[\varphi(x,y),\phi(x,y)]$$

的全微分为

$$\mathrm{d}z=\frac{\partial z}{\partial x}\mathrm{d}x+\frac{\partial z}{\partial y}\mathrm{d}y,$$

上式中的偏导数 $\frac{\partial z}{\partial x}$ 及 $\frac{\partial z}{\partial y}$ 分别由公式（7-1）及（7-2）给出，将公式（7-1）及（7-2）中的 $\frac{\partial z}{\partial x}$ 及 $\frac{\partial z}{\partial y}$ 代入上式，得

$$\begin{aligned}\mathrm{d}z&=\left(\frac{\partial z}{\partial u}\frac{\partial u}{\partial x}+\frac{\partial z}{\partial v}\frac{\partial v}{\partial x}\right)\mathrm{d}x+\left(\frac{\partial z}{\partial u}\frac{\partial u}{\partial y}+\frac{\partial z}{\partial v}\frac{\partial v}{\partial y}\right)\mathrm{d}y\\&=\frac{\partial z}{\partial u}\left(\frac{\partial u}{\partial x}\mathrm{d}x+\frac{\partial u}{\partial y}\mathrm{d}y\right)+\frac{\partial z}{\partial v}\left(\frac{\partial v}{\partial x}\mathrm{d}x+\frac{\partial v}{\partial y}\mathrm{d}y\right)\\&=\frac{\partial z}{\partial u}\mathrm{d}u+\frac{\partial z}{\partial v}\mathrm{d}v.\end{aligned}$$

因此，不论 z 是自变量 u，v 的函数，还是中间变量 u，v 的函数，它们的全微分具有相同的形式，这个性质称为**全微分形式不变性**.

例 7.27 设 $z=\mathrm{e}^u\sin v$，$u=xy$，$v=x^2+y^2$，求 $\mathrm{d}z$.

解 $$\begin{aligned}\mathrm{d}z&=\mathrm{d}(\mathrm{e}^u\sin v)=\sin v\cdot\mathrm{e}^u\mathrm{d}u+\mathrm{e}^u\cos v\mathrm{d}v\\&=\sin v\cdot\mathrm{e}^u\mathrm{d}(xy)+\mathrm{e}^u\cos v\mathrm{d}(x^2+y^2)\\&=\sin v\cdot\mathrm{e}^u(y\mathrm{d}x+x\mathrm{d}y)+\mathrm{e}^u\cos v(2x\mathrm{d}x+2y\mathrm{d}y)\\&=(\sin v\cdot\mathrm{e}^u\cdot y+2x\mathrm{e}^u\cos v)\mathrm{d}x+(x\mathrm{e}^u\sin v+2y\mathrm{e}^u\cos v)\mathrm{d}y\\&=\mathrm{e}^{xy}[y\sin(x^2+y^2)+2x\cos(x^2+y^2)]\mathrm{d}x\\&\quad+\mathrm{e}^{xy}[x\sin(x^2+y^2)+2y\cos(x^2+y^2)]\mathrm{d}y.\end{aligned}$$

习　题　7-4

1. 设 $z=\arccos(u-v)$，而 $u=4x^3$，$v=3x$，求 $\dfrac{\mathrm{d}z}{\mathrm{d}x}$.

2. 设 $z=xy+yt$，而 $x=\mathrm{e}^t$，$y=\sin t$，求 $\dfrac{\mathrm{d}z}{\mathrm{d}t}$.

3. 设 $z=u^2+v^2$，而 $u=x-y$，$v=x+y$，求 $\dfrac{\partial z}{\partial x}$，$\dfrac{\partial z}{\partial y}$.

4. 设 $z=u^2\ln v$，而 $u=3x+2y$，$v=\dfrac{y}{x}$，求 $\dfrac{\partial z}{\partial x}$，$\dfrac{\partial z}{\partial y}$.

5. 设 $z=\arctan\dfrac{v}{u}$，而 $u=x+y$，$v=x-y$，验证：

$$\frac{\partial z}{\partial x}+\frac{\partial z}{\partial y}=\frac{y-x}{x^2+y^2}.$$

6. 求下列函数的一阶偏导数（其中 f 具有一阶连续偏导数）：

（1）$z=f(\mathrm{e}^{xy},x^2+y^2)$；　（2）$z=f(2x+y,x\sin y)$；

（3）$u=f\left(\dfrac{y}{z},\dfrac{x}{y}\right)$；　（4）$u=f(x,xy,xyz)$.

7. 设 $z=xy+xF(u)$，而 $u=\dfrac{y}{x}$，$F(u)$ 为可导函数. 证明：

$$x\frac{\partial z}{\partial x}+y\frac{\partial z}{\partial y}=z+xy.$$

8. 求下列函数的二阶偏导数 $\dfrac{\partial^2 z}{\partial x^2}$，$\dfrac{\partial^2 z}{\partial x\partial y}$，$\dfrac{\partial^2 z}{\partial y^2}$（其中 f 具有二阶连续偏导数）：

（1）$z=f(x^2y,xy^2)$；　（2）$z=f(\mathrm{e}^{x+y},\sin x,\cos y)$.

7.5　隐函数的求导法则

在第 2 章中，我们曾给出了求由方程

$$F(x,y)=0 \tag{7-3}$$

所确定的隐函数的导数的方法，但是，二元方程 $F(x,y)=0$ 并不总能确定一元隐函数. 例如，方程 $F(x,y)=x^2+y^2+1=0$ 就无法确定一个一元隐函数，因此，下面介绍隐函数存在定理，并根据多元复合函数的求导法则得出二元隐函数的求导公式.

定理 7.6 设函数 $F(x,y)$ 在点 (x_0,y_0) 的某一邻域内具有连续偏导数，且 $F(x_0,y_0)=0$，$F_y(x_0,y_0)\neq 0$. 则方程 $F(x,y)=0$ 在点 (x_0,y_0) 的某一邻域内恒能唯一确定一个连续且具有连续导数的函数 $y=f(x)$，它满足条件 $y_0=f(x_0)$，并且有

$$\frac{\mathrm{d}y}{\mathrm{d}x}=-\frac{F_x}{F_y}. \tag{7-4}$$

对定理 7.6 不作证明，仅根据多元复合函数的求导法则推导一元隐函数的求导公式（7-4）.

将方程（7-3）所确定的函数 $y=f(x)$ 代入方程（7-3），得到恒等式

$$F[x,f(x)]=0,$$

上式左端可看作 x 的复合函数，对这个函数关于 x 求全导数，得

$$F_x+F_y\cdot\frac{\mathrm{d}y}{\mathrm{d}x}=0,$$

由于 F_y 连续且 $F_y(x_0,y_0)\neq 0$，所以存在点 (x_0,y_0) 的某个邻域，在这个邻域内 $F_y\neq 0$，于是得

$$\frac{\mathrm{d}y}{\mathrm{d}x}=-\frac{F_x}{F_y}.$$

例 7.28 验证方程 $\frac{x^2}{9}+\frac{y^2}{4}=1$ 在点 (0, 2) 的某邻域内能唯一确定一个有连续导数，且当 $x=0$ 时 $y=2$ 的隐函数 $y=f(x)$，并求这函数的一阶导数与二阶导数在 $x=0$ 处的值.

解 设 $F(x,y)=\frac{x^2}{9}+\frac{y^2}{4}-1$，则 $F_x=\frac{2x}{9}$，$F_y=\frac{2y}{4}$，$F_y(0,2)=1\neq 0$，由定理 7.6 可知，方程 $\frac{x^2}{9}+\frac{y^2}{4}=1$ 在点 (0, 2) 的某邻域内能唯一确定一个有连续导数，且当 $x=0$ 时 $y=2$ 的隐函数 $y=f(x)$.

下面求这函数的一阶及二阶导数在 $x=0$ 处的值.

$$\frac{\mathrm{d}y}{\mathrm{d}x}=-\frac{F_x}{F_y}=-\frac{4x}{9y}，\ \frac{\mathrm{d}y}{\mathrm{d}x}\Big|_{x=0}=0；$$

$$\begin{aligned}\frac{\mathrm{d}^2y}{\mathrm{d}x^2}&=-\frac{4}{9}\cdot\frac{y-xy'}{y^2}=-\frac{4}{9}\cdot\frac{y-x\left(-\frac{4x}{9y}\right)}{y^2}\\&=-\frac{4(4x^2+9y^2)}{81y^3}=-\frac{4\cdot 36}{81y^3}=-\frac{16}{9y^3},\end{aligned}$$

$$\left.\frac{\mathrm{d}^2 y}{\mathrm{d}x^2}\right|_{x=0} = \left.\frac{\mathrm{d}^2 y}{\mathrm{d}x^2}\right|_{\substack{x=0\\y=2}} = -\frac{2}{9}.$$

例 7.29　设方程 $\ln\sqrt{x^2+y^2} = \arctan\frac{y}{x}$ 确定 y 是 x 的函数，求 $\frac{\mathrm{d}y}{\mathrm{d}x}$.

解　令 $F(x,y) = \ln\sqrt{x^2+y^2} - \arctan\frac{y}{x}$，则

$$F_x = \frac{1}{2}\cdot\frac{2x}{x^2+y^2} - \frac{1}{1+\left(\frac{y}{x}\right)^2}\cdot\left(-\frac{y}{x^2}\right) = \frac{x+y}{x^2+y^2},$$

$$F_y = \frac{1}{2}\cdot\frac{2y}{x^2+y^2} - \frac{1}{1+\left(\frac{y}{x}\right)^2}\cdot\frac{1}{x} = \frac{y-x}{x^2+y^2},$$

所以，当 $F_y \neq 0$ 时，由公式（7-4）得

$$\frac{\mathrm{d}y}{\mathrm{d}x} = -\frac{F_x}{F_y} = -\frac{x+y}{y-x} = \frac{x+y}{x-y}.$$

隐函数存在定理还可推广到多元函数，即在一定条件下，由三元方程

$$F(x,y,z) = 0 \tag{7-5}$$

可确定一个二元隐函数 $z = f(x,y)$，且可求出偏导数 $\frac{\partial z}{\partial x}$，$\frac{\partial z}{\partial y}$.

定理 7.7　设函数 $F(x,y,z)$ 在点 (x_0,y_0,z_0) 的某一邻域内具有连续偏导数，且 $F(x_0,y_0,z_0)=0$，$F_z(x_0,y_0,z_0)\neq 0$. 则方程 $F(x,y,z)=0$ 在点 (x_0,y_0,z_0) 的某一邻域内恒能唯一确定一个连续且具有连续偏导数的函数 $z=f(x,y)$，它满足条件 $z_0 = f(x_0,y_0)$，并且有

$$\frac{\partial z}{\partial x} = -\frac{F_x}{F_z},\quad \frac{\partial z}{\partial y} = -\frac{F_y}{F_z}. \tag{7-6}$$

与定理 7.6 类似，定理 7.7 也不作证明，仅对公式（7-6）作如下推导.

将 $z = f(x,y)$ 代入方程（7-5），得恒等式

$$F[x,y,f(x,y)] = 0.$$

应用复合函数的求导法则，上式两端分别关于 x 和 y 求偏导数，得

$$F_x + F_z\frac{\partial z}{\partial x} = 0,\quad F_y + F_z\frac{\partial z}{\partial y} = 0,$$

由于 F_z 连续且 $F_z(x_0,y_0,z_0)\neq 0$，所以存在点 (x_0,y_0,z_0) 的某个邻域，在这个邻域内 $F_z \neq 0$，于是，得

$$\frac{\partial z}{\partial x}=-\frac{F_x}{F_z},\ \frac{\partial z}{\partial y}=-\frac{F_y}{F_z}.$$

例 7.30　设 $z^3-3xyz=a^3$，求 $\frac{\partial^2 z}{\partial x^2}$，$\frac{\partial^2 z}{\partial x\partial y}$.

解　设 $F(x,y,z)=z^3-3xyz-a^3$，则

$$F_x=-3yz,\ F_y=-3xz,\ F_z=3z^2-3xy,$$

所以

$$\frac{\partial z}{\partial x}=-\frac{F_x}{F_z}=\frac{yz}{z^2-xy},\ \frac{\partial z}{\partial y}=-\frac{F_y}{F_z}=\frac{xz}{z^2-xy}.$$

$$\frac{\partial^2 z}{\partial x^2}=\frac{\partial}{\partial x}\left(\frac{\partial z}{\partial x}\right)=\frac{y\frac{\partial z}{\partial x}(z^2-xy)-yz\left(2z\frac{\partial z}{\partial x}-y\right)}{(z^2-xy)^2}$$

$$=\frac{y(z^2-xy)\frac{yz}{z^2-xy}-yz\left(2z\frac{yz}{z^2-xy}-y\right)}{(z^2-xy)^2}$$

$$=-\frac{2xy^3z}{(z^2-xy)^3}.$$

$$\frac{\partial^2 z}{\partial x\partial y}=\frac{\partial}{\partial y}\left(\frac{\partial z}{\partial x}\right)=\frac{\left(z+y\frac{\partial z}{\partial y}\right)(z^2-xy)-yz\left(2z\frac{\partial z}{\partial y}-x\right)}{(z^2-xy)^2}$$

$$=\frac{\left(z+y\frac{xz}{z^2-xy}\right)(z^2-xy)-yz\left(2z\frac{xz}{z^2-xy}-x\right)}{(z^2-xy)^2}$$

$$=\frac{z^5-2xyz^3-x^2y^2z}{(z^2-xy)^3}.$$

例 7.31　设 $z=f(x,y)$ 是由方程 $z-y-x+xe^{z-y-x}=0$ 所确定的二元函数，求 $\mathrm{d}z$.

解　令 $F(x,y,z)=z-y-x+xe^{z-y-x}$，则

$$F_x=-1+e^{z-y-x}-xe^{z-y-x},\ F_y=-1-xe^{z-y-x},\ F_z=1+xe^{z-y-x},$$

因此

$$\frac{\partial z}{\partial x}=-\frac{F_x}{F_z}=\frac{1-e^{z-y-x}+xe^{z-y-x}}{1+xe^{z-y-x}},\ \frac{\partial z}{\partial y}=-\frac{F_y}{F_z}=1,$$

所以

$$dz = \frac{\partial z}{\partial x}dx + \frac{\partial z}{\partial y}dy = \frac{1 - e^{z-y-x} + xe^{z-y-x}}{1 + xe^{z-y-x}}dx + dy.$$

例 7.32　设 $u = f(x,y,z)$ 具有连续的一阶偏导数，又函数 $y = y(x)$ 及 $z = z(x)$ 分别由方程 $e^{xy} - y = 0$，$e^z - xz = 0$ 所确定，求 $\frac{du}{dx}$.

解　将 $u = f(x,y,z)$ 中的 x,y,z 都看作中间变量，它们都是自变量 x 的函数，于是有

$$\frac{du}{dx} = \frac{\partial f}{\partial x} + \frac{\partial f}{\partial y}\cdot\frac{dy}{dx} + \frac{\partial f}{\partial z}\cdot\frac{dz}{dx}. \tag{7-7}$$

令 $F(x,y) = e^{xy} - y$，$G(x,z) = e^z - xz$，则有

$$\frac{dy}{dx} = -\frac{F_x}{F_v} = -\frac{ye^{xy}}{xe^{xr} - 1} = \frac{ye^{xy}}{1 - xe^{xy}} = \frac{y^2}{1 - xy},$$

$$\frac{dz}{dx} = -\frac{G_x}{G_z} = -\frac{-z}{e^z - x} = \frac{z}{e^z - x} = \frac{z}{x(z-1)+1},$$

将它们代入式（7-7），得

$$\frac{du}{dx} = \frac{\partial f}{\partial x} + \frac{y^2}{1 - xy}\cdot\frac{\partial f}{\partial y} + \frac{z}{x(z-1)+1}\cdot\frac{\partial f}{\partial z}.$$

习　题　7-5

1. 设 $\cos y + e^x - x^2 y = 0$，求 $\frac{dy}{dx}$.

2. 设 $\frac{x}{z} = \ln\frac{z}{y}$，求 $\frac{\partial z}{\partial x}$，$\frac{\partial z}{\partial y}$.

3. 设 $y^z = z^x$，求 $\frac{\partial z}{\partial x}$，$\frac{\partial z}{\partial y}$.

4. 设 $e^z - xyz = 0$，求 $\frac{\partial^2 z}{\partial x^2}$.

5. 设 $z = f(yz, z - x)$，求全微分 dz.

6. 求由方程 $xyz + \sqrt{x^2 + y^2 + z^2} = \sqrt{2}$ 所确定的函数 $z = z(x,y)$ 在点 $(1,\ 0,\ -1)$ 处的全微分 dz.

7. 设 $u = f(x,y,z)$ 有连续的一阶偏导数，又函数 $y = y(x)$ 及 $z = z(x)$ 分别由方程 $e^{xy} - xy = 0$，$e^x = \int_0^{x-z}\frac{\sin t}{t}dt$ 所确定，求 $\frac{du}{dx}$.

7.6 多元函数的极值及其求法

7.6.1 多元函数的极值与最大值、最小值

在生产实践中，经常遇到多元函数的最大值与最小值问题，多元函数的最大值与最小值问题是与极值问题相联系的. 因此，我们先讨论多元函数的极值问题.

定义 7.6 设函数 $z=f(x,y)$ 在点 $P_0(x_0,y_0)$ 的某邻域内有定义，如果对于该邻域内异于点 $P_0(x_0,y_0)$ 的任何点 $P(x,y)$，都有

$$f(x,y)<f(x_0,y_0),$$

则称函数 $f(x,y)$ 在点 $P_0(x_0,y_0)$ 处有极大值 $f(x_0,y_0)$；如果对于该邻域内异于点 $P_0(x_0,y_0)$ 的任何点 $P(x,y)$，都有

$$f(x,y)>f(x_0,y_0),$$

则称函数 $f(x,y)$ 在点 $P_0(x_0,y_0)$ 处有极小值 $f(x_0,y_0)$. 极大值与极小值统称为极值，使函数取得极值的点称为极值点.

例 7.33 函数 $z=x^2+y^2$ 在点 $(0,0)$ 处有极小值. 因为对于点 $(0,0)$ 的任一邻域内异于 $(0,0)$ 的点 (x,y)，对应的函数值 $f(x,y)$ 都为正，即有

$$f(x,y)>f(0,0),$$

所以函数 $z=x^2+y^2$ 在点 $(0,0)$ 处有极小值 $f(0,0)=0$. 从几何上看，点 $(0,0,0)$ 是位于 xOy 平面上方的开口向上的旋转抛物面 $z=x^2+y^2$ 的顶点，如图 7-9 所示.

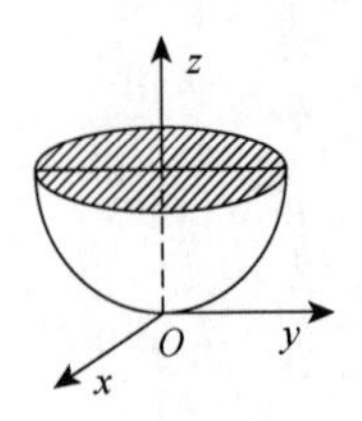

图 7-9

例 7.34 函数 $z=1-x^2-y^2$ 在点 $(0,0)$ 处有极大值. 因为在点 $(0,0)$ 处的函数值 $f(0,0)=1$，而对于点 $(0,0)$ 的任一邻域内异于 $(0,0)$ 的点 (x,y)，对应的函数值 $f(x,y)$ 都小于1，即有

$$f(x,y)<f(0,0),$$

所以函数 $z=1-x^2-y^2$ 在点 $(0,0)$ 处有极大值 $f(0,0)=1$. 从几何上看，函数 $z=1-x^2-y^2$ 的图形是以 $(0,0,1)$ 为顶点，开口向下的旋转抛物面，如图 7-10 所示.

例 7.35 函数 $z=xy$ 在点 $(0,0)$ 处既不能取得极大值，也不能取得极小值. 因为在点 $(0,0)$ 处的函数值 $f(0,0)=0$，而在点 $(0,0)$ 的任一邻域内，总有使函数值为正的点，也有使函数值为负的点.

以上关于二元函数极值的概念，可以推广到 n 元函数. 设 n 元函数 $u=f(P)$ 在点 P_0 的某邻域内有定义，如果对于该邻域内异于点 P_0 的任何点 P，都有

$$f(P)<f(P_0)\ （或\ f(P)>f(P_0)\ ），$$

则称函数 $f(P)$ 在点 P_0 有极大值（或极小值）$f(P_0)$.

对于简单的函数，利用极值的定义就能判别出函数的极值. 而对一般的函数，仍需要借助于多元函数微分法来判别和求极值点.

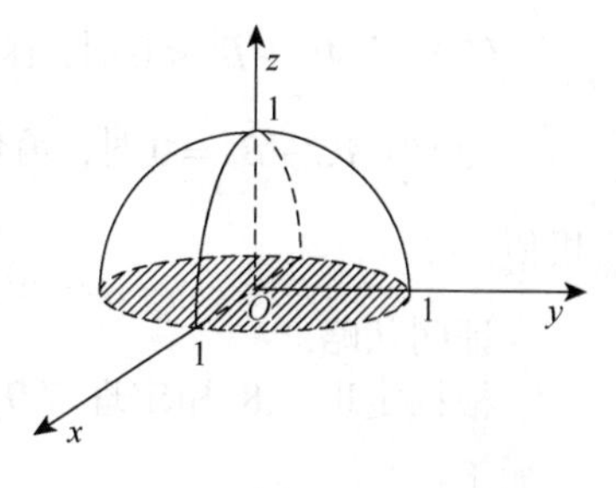

图 7-10

定理 7.8（极值存在的必要条件）　设函数 $z=f(x,y)$ 在点 $P_0(x_0,y_0)$ 处具有偏导数，且在点 $P_0(x_0,y_0)$ 处取得极值，则必有

$$f_x(x_0,y_0)=0,\ f_y(x_0,y_0)=0.$$

证明　不妨设函数 $z=f(x,y)$ 在点 $P_0(x_0,y_0)$ 处取得极小值，根据极小值的定义，对于点 $P_0(x_0,y_0)$ 的某邻域内异于点 $P_0(x_0,y_0)$ 的任何点 $P(x,y)$，都有

$$f(x,y)>f(x_0,y_0),$$

特殊地，在该邻域内取 $y=y_0$ 而 $x\neq x_0$ 的点，也适合上面的不等式，因此上面的不等式变为

$$f(x,y_0)>f(x_0,y_0),$$

这表明一元函数 $f(x,y_0)$ 在 $x=x_0$ 处取得极小值，因而必有

$$f_x(x_0,y_0)=0.$$

同理可证

$$f_y(x_0,y_0)=0.$$

与一元函数类似，能使 $f_x(x_0,y_0)=0$，$f_y(x_0,y_0)=0$ 同时成立的点 (x_0,y_0) 称为函数 $z=f(x,y)$ 的驻点. 由定理 7.8 可知，在偏导数存在的条件下，函数的极值点必定是驻点，但函数的驻点不一定是极值点. 例如，点 $(0,0)$ 是函数 $z=xy$ 的驻点，但由例 7.35 知该函数在点 $(0,0)$ 无极值.

如何判定一个驻点是否是极值点，下面介绍一个判定二元函数极值的充分条件.

定理 7.9（极值存在的充分条件）　设函数 $z=f(x,y)$ 在点 (x_0,y_0) 的某邻域内连续且具有二阶连续偏导数，又 $f_x(x_0,y_0)=0$，$f_y(x_0,y_0)=0$，记

$$f_{xx}(x_0,y_0)=A,\ f_{xy}(x_0,y_0)=B,\ f_{yy}(x_0,y_0)=C.$$

（1）当 $AC-B^2>0$ 时，函数 $z=f(x,y)$ 在点 (x_0,y_0) 处取得极值，且当 $A>0$ 时有极小值，当 $A<0$ 时有极大值；

（2）当 $AC-B^2<0$ 时，函数 $z=f(x,y)$ 在点 (x_0,y_0) 处没有极值；

（3）当 $AC-B^2=0$ 时，函数 $z=f(x,y)$ 在点 (x_0,y_0) 处可能有极值，也可能没有极值.

证明从略.

根据定理 7.8 和定理 7.9，具有二阶连续偏导数的函数 $z=f(x,y)$ 的极值的求法如下：

第一步，解方程组

$$\begin{cases} f_x(x,y)=0, \\ f_y(x,y)=0, \end{cases}$$

求出函数 $f(x,y)$ 的一切驻点.

第二步，对于每个驻点 (x_0,y_0)，计算出二阶偏导数值 A ,B 和 C .

第三步，确定 $AC-B^2$ 的符号，按定理 7.9 的结论判断 $f(x_0,y_0)$ 是否为极值，是极大值还是极小值.

例 7.36 求函数 $f(x,y)=x^3+y^3-3(x^2+y^2)$ 的极值.

解 解方程组

$$\begin{cases} f_x(x,y)=3x^2-6x=0, \\ f_y(x,y)=3y^2-6y=0, \end{cases}$$

求得驻点为 $(0,0)$，$(2,0)$，$(0,2)$，$(2,2)$.

求函数的二阶偏导数

$$f_{xx}(x,y)=6x-6\text{，}\ f_{xy}(x,y)=0\text{，}\ f_{yy}(x,y)=6y-6\text{.}$$

在点 $(0,0)$ 处，$A=-6$，$B=0$，$C=-6$，$AC-B^2=36>0$ 且 $A=-6<0$，所以函数 $f(x,y)$ 在点 $(0,0)$ 处有极大值 $f(0,0)=0$；

在点 $(2,0)$ 处，$A=6$，$B=0$，$C=-6$，$AC-B^2=-36<0$，所以函数 $f(x,y)$ 在点 $(2,0)$ 处没有极值；

在点 $(0,2)$ 处，$A=-6$，$B=0$，$C=6$，$AC-B^2=-36<0$，所以函数 $f(x,y)$ 在点 $(0,2)$ 处没有极值；

在点 $(2,2)$ 处，$A=6$，$B=0$，$C=6$，$AC-B^2=36>0$ 且 $A=6>0$，所以函数 $f(x,y)$ 在点 $(2,2)$ 处有极小值 $f(2,2)=-8$.

例 7.37 设 $z=f(x,y)$ 是由方程 $x^2-6xy+10y^2-2yz-z^2+18=0$ 所确定的函数，求函数 $z=f(x,y)$ 的极值点和极值.

解 方程

$$x^2-6xy+10y^2-2yz-z^2+18=0, \tag{7-8}$$

两端分别关于 x 和 y 求偏导数，得

$$2x-6y-2y\frac{\partial z}{\partial x}-2z\frac{\partial z}{\partial x}=0, \tag{7-9}$$

$$-6x+20y-2z-2y\frac{\partial z}{\partial y}-2z\frac{\partial z}{\partial y}=0. \tag{7-10}$$

令 $\frac{\partial z}{\partial x}=0$ ， $\frac{\partial z}{\partial y}=0$ ，解得 $x=3y$ ， $z=y$ ，将其代入原方程，得驻点 $(9, 3)$ ，$(-9, -3)$ 及 $z|_{(9,3)}=3$ ，$z|_{(-9,-3)}=-3$. 对式（7-9）两端分别关于 x 和 y 求偏导数, 对式（7-10）两端关于 y 求偏导数, 得

$$2-2y\frac{\partial^2 z}{\partial x^2}-2\left(\frac{\partial z}{\partial x}\right)^2-2z\frac{\partial^2 z}{\partial x^2}=0,$$

$$-6-2\frac{\partial z}{\partial x}-2y\frac{\partial^2 z}{\partial x\partial y}-2\frac{\partial z}{\partial x}\cdot\frac{\partial z}{\partial y}-2z\frac{\partial^2 z}{\partial x\partial y}=0,$$

$$20-2\frac{\partial z}{\partial y}-2\frac{\partial z}{\partial y}-2y\frac{\partial^2 z}{\partial y^2}-2\left(\frac{\partial z}{\partial y}\right)^2-2z\frac{\partial^2 z}{\partial y^2}=0.$$

将点 $(9, 3, 3)$ 及 $\frac{\partial z}{\partial x}\Big|_{(9,3,3)}=0$， $\frac{\partial z}{\partial y}\Big|_{(9,3,3)}=0$ 代入上面三式, 得

$$A=\frac{\partial^2 z}{\partial x^2}\bigg|_{(9,3,3)}=\frac{1}{6},\ B=\frac{\partial^2 z}{\partial x\partial y}\bigg|_{(9,3,3)}=-\frac{1}{2},\ C=\frac{\partial^2 z}{\partial y^2}\bigg|_{(9,3,3)}=\frac{5}{3},$$

因为

$$AC-B^2=\frac{1}{6}\cdot\frac{5}{3}-\left(-\frac{1}{2}\right)^2=\frac{1}{36}>0 \text{ 且 } A=\frac{1}{6}>0,$$

所以点 $(9, 3)$ 是函数 $z=f(x,y)$ 的极小值点, 极小值为 $f(9,3)=3$.

对于点 $(-9, -3)$, 类似地得

$$A=\frac{\partial^2 z}{\partial x^2}\bigg|_{(-9,-3,-3)}=-\frac{1}{6},\ B=\frac{\partial^2 z}{\partial x\partial y}\bigg|_{(-9,-3,-3)}=\frac{1}{2},\ C=\frac{\partial^2 z}{\partial y^2}\bigg|_{(-9,-3,-3)}=-\frac{5}{3},$$

因为

$$AC-B^2=\left(-\frac{1}{6}\right)\cdot\left(-\frac{5}{3}\right)-\left(\frac{1}{2}\right)^2=\frac{1}{36}>0 \text{ 且 } A=-\frac{1}{6}<0,$$

所以点 $(-9, -3)$ 是函数 $z=f(x,y)$ 的极大值点, 极大值为 $f(-9,-3)=-3$.

从 7.1 节中我们知道, 有界闭区域 D 上的连续函数 $f(x,y)$ 在 D 上必能取得最大值和最小值, 这种使函数取得最大值和最小值的点可能在 D 的内部, 也可能在 D 的边界上. 若函数在 D 上连续, 在 D 内可微且只有有限个驻点, 则函数在 D 的内部取到的最大值（最小值）也就是函数的极大值（极小值）. 因此, 在有界闭区域 D 上求连续函数 $f(x,y)$ 的最大值和最小值的方法是: 将函数 $f(x,y)$ 在 D 内所有驻点处的函数值, 偏导数不存在的点处的函数值及 $f(x,y)$ 在 D 的边界上的最大值和最小值作比

较，其中最大的就是最大值，最小的就是最小值. 在实际问题中，如果根据问题的性质知道，函数 $f(x,y)$ 的最大值（或最小值）一定在区域 D 内取得，且在 D 内只有唯一的驻点，则该驻点处的函数值就是函数 $f(x,y)$ 在 D 上的最大值（或最小值）.

例 7.38　求函数 $f(x,y)=x^2-y^2+2$ 在椭圆域 $D=\left\{(x,y)\,|\,x^2+\dfrac{y^2}{4}\leqslant 1\right\}$ 上的最大值和最小值.

解　解方程组

$$\begin{cases} f_x(x,y)=2x=0, \\ f_y(x,y)=-2y=0, \end{cases}$$

得驻点 $(0,\ 0)$，驻点处的函数值为 $f(0,0)=2$.

在区域 D 的边界 $x^2+\dfrac{y^2}{4}=1$ 上，由于 $x^2=1-\dfrac{y^2}{4}$，所以原函数 $f(x,y)$ 变为一元函数

$$g(y)=1-\frac{y^2}{4}-y^2+2=-\frac{5}{4}y^2+3,\ -2\leqslant y\leqslant 2,$$

由 $\dfrac{\mathrm{d}g(y)}{\mathrm{d}y}=-\dfrac{5}{2}y=0$ 得驻点 $y=0$. 计算函数 $g(y)$ 在 $y=0$，$y=\pm 2$ 处的函数值，得

$$g(0)=3,\ g(\pm 2)=-2,$$

因此，$f(x,y)$ 在 D 的边界上的最大值是 3，最小值是 -2.

将 $f(x,y)$ 在 D 的边界上的最大值，最小值及驻点的函数值比较，得函数 $f(x,y)$ 在 D 上的最大值是 3，最小值是 -2.

例 7.39　已知容积为 $8\,\mathrm{m}^3$ 的有盖长方体水池，应如何选择长、宽、高的尺寸，才能使其表面积最小.

解　设水池的长为 $x\,\mathrm{m}$，宽为 $y\,\mathrm{m}$，则其高为 $\dfrac{8}{xy}\,\mathrm{m}$，此水池的表面积为

$$A=2\left(xy+y\cdot\frac{8}{xy}+x\cdot\frac{8}{xy}\right),$$

即

$$A=2\left(xy+\frac{8}{x}+\frac{8}{y}\right)\quad(x>0,\ y>0),$$

因此，水池表面积 A 是 x，y 的二元函数. 下面求 A 的最小值.

解方程组

$$\begin{cases} A_x = 2\left(y - \dfrac{8}{x^2}\right) = 0, \\ A_y = 2\left(x - \dfrac{8}{y^2}\right) = 0, \end{cases}$$

得 $x=2$，$y=2$.

根据题意可知，水池表面积的最小值一定存在，且在开区域 $D=\{(x,y)\mid x>0, y>0\}$ 内取得，又函数 A 在 D 内只有唯一的驻点 $(2, 2)$．因此可以断定，当 $x=2$，$y=2$ 时，A 取得最小值，即当水池的长为 2 m，宽为 2 m，高为 $\dfrac{8}{2\cdot 2}=2$ m 时，水池的表面积最小.

7.6.2　条件极值与拉格朗日乘数法

前面讨论的极值问题，除了限制自变量在其定义域内以外，并无其他条件，这种极值问题称为**无条件极值**．但在实际问题中，常会遇到对函数的自变量还有附加条件的极值问题，称它为**条件极值**.

求函数的条件极值，有时可以将附加条件代入目标函数而化为无条件极值．但在很多情况下，将条件极值化为无条件极值并不简单，甚至是不可能的．因此需要寻求直接求条件极值的方法，这就是下面介绍的拉格朗日乘数法.

我们讨论目标函数

$$z = f(x,y) \tag{7-11}$$

在附加条件

$$\varphi(x,y) = 0 \tag{7-12}$$

下取得极值的必要条件.

若函数 $z=f(x,y)$ 在点 (x_0,y_0) 取得极值，则

$$\varphi(x_0,y_0) = 0, \tag{7-13}$$

并设函数 $f(x,y)$，$\varphi(x,y)$ 均在点 (x_0,y_0) 的某邻域内具有连续偏导数，且 $\varphi_y(x_0,y_0)\neq 0$，由隐函数存在定理 7.6，方程（7-12）可以确定一个连续且具有连续导数的函数 $y=y(x)$，将它代入式（7-11），得

$$z = f[x,y(x)], \tag{7-14}$$

因此，函数（7-11）在附加条件（7-12）下在点 (x_0,y_0) 处的条件极值，就相当于一元函数（7-14）在 $x=x_0$ 处的无条件极值．由一元可导函数取得极值的必要条件，有

$$\left.\frac{\mathrm{d}z}{\mathrm{d}x}\right|_{x=x_0} = f_x(x_0,y_0) + f_y(x_0,y_0)\left.\frac{\mathrm{d}y}{\mathrm{d}x}\right|_{x=x_0} = 0, \tag{7-15}$$

又由隐函数求导公式，有

$$\left.\frac{\mathrm{d}y}{\mathrm{d}x}\right|_{x=x_0}=-\frac{\varphi_x(x_0,y_0)}{\varphi_y(x_0,y_0)},$$

将上式代入式（7-15），得

$$f_x(x_0,y_0)-f_y(x_0,y_0)\frac{\varphi_x(x_0,y_0)}{\varphi_y(x_0,y_0)}=0. \tag{7-16}$$

式（7-13）和式（7-16）就是目标函数（7-11）在附加条件（7-12）下在点(x_0,y_0)处取得极值的必要条件.

令

$$\frac{f_y(x_0,y_0)}{\varphi_y(x_0,y_0)}=-\lambda,$$

即

$$f_y(x_0,y_0)+\lambda\varphi_y(x_0,y_0)=0, \tag{7-17}$$

将上式代入式（7-16），得

$$f_x(x_0,y_0)+\lambda\varphi_x(x_0,y_0)=0, \tag{7-18}$$

从而上述必要条件就变为

$$\begin{cases}f_x(x_0,y_0)+\lambda\varphi_x(x_0,y_0)=0,\\ f_y(x_0,y_0)+\lambda\varphi_y(x_0,y_0)=0,\\ \varphi(x_0,y_0)=0,\end{cases} \tag{7-19}$$

所以，求目标函数$z=f(x,y)$在附加条件$\varphi(x,y)=0$下可能的极值点，先作辅助函数

$$L(x,y)=f(x,y)+\lambda\varphi(x,y),$$

其中$L(x,y)$称为拉格朗日函数，参数λ称为拉格朗日乘数.

再对$L(x,y)$关于x，y求一阶偏导数，并使之为零，然后与方程（7-12）联立，有

$$\begin{cases}f_x(x,y)+\lambda\varphi_x(x,y)=0,\\ f_y(x,y)+\lambda\varphi_y(x,y)=0,\\ \varphi(x,y)=0,\end{cases} \tag{7-20}$$

解上面方程组得x，y，λ，则点(x,y)就是函数$f(x,y)$在附加条件$\varphi(x,y)=0$下可能的极值点.

上述方法称为拉格朗日乘数法.

拉格朗日乘数法还可以推广到多个附加条件的情形. 例如，求目标函数

$$u=f(x,y,z,t)$$

在附加条件

$$\varphi(x,y,z,t)=0，\ \phi(x,y,z,t)=0 \tag{7-21}$$

下可能的极值点, 可构造拉格朗日函数

$$L(x,y,z,t)=f(x,y,z,t)+\lambda\varphi(x,y,z,t)+\mu\phi(x,y,z,t),$$

其中 λ, μ 为参数, 对 $L(x,y,z,t)$ 关于 x, y, z, t 求一阶偏导数并使之为零, 再与式 (7-21) 中的两个方程联立起来求解, 得到的点 (x,y,z,t) 就是函数 $f(x,y,z,t)$ 在附加条件 (7-21) 下可能的极值点.

例 7.40　在经过点 $(1,2,3)$ 的所有平面中, 哪一个平面与坐标平面在第一卦限所围成的立体的体积最小, 并求出最小值.

解　设所求平面的方程为

$$\frac{x}{a}+\frac{y}{b}+\frac{z}{c}=1 \quad (a>0,\ b>0,\ c>0),$$

因为平面过点 $(1,2,3)$, 所以它满足条件

$$\frac{1}{a}+\frac{2}{b}+\frac{3}{c}=1,$$

设所求立体的体积为 V, 则

$$V=\frac{1}{6}abc.$$

于是原问题转化为求 $V=\dfrac{1}{6}abc$ 在附加条件 $\dfrac{1}{a}+\dfrac{2}{b}+\dfrac{3}{c}=1$ 下的最小值. 作拉格朗日函数

$$L(a,b,c)=\frac{1}{6}abc+\lambda\left(\frac{1}{a}+\frac{2}{b}+\frac{3}{c}-1\right),$$

解方程组

$$\begin{cases} L_a=\dfrac{1}{6}bc-\dfrac{\lambda}{a^2}=0, \\ L_b=\dfrac{1}{6}ac-\dfrac{2\lambda}{b^2}=0, \\ L_a=\dfrac{1}{6}ab-\dfrac{3\lambda}{c^2}=0, \\ \dfrac{1}{a}+\dfrac{2}{b}+\dfrac{3}{c}-1=0, \end{cases}$$

得 $a=3$, $b=6$, $c=9$.

这是唯一可能的极值点, 由于实际问题的最小值一定存在, 所以最小值就在这个可能的极值点取得, 故平面 $\dfrac{x}{3}+\dfrac{y}{6}+\dfrac{z}{9}=1$ 与坐标平面在第一卦限所围立体的体积最小, 最小体积为

$$V=\frac{1}{6}\times 3\times 6\times 9=27.$$

例 7.41　抛物面 $z=x^2+y^2$ 被平面 $x+y+z=1$ 截成一椭圆，求原点到这椭圆的最长与最短距离.

分析　本题是有两个附加条件的条件极值. 设 x,y,z 是椭圆上的点，则所求距离为 $d=\sqrt{x^2+y^2+z^2}$，为计算方便，可将原问题转化为求函数

$$d^2=x^2+y^2+z^2$$

在附加条件

$$x^2+y^2-z=0,\quad x+y+z-1=0$$

下的最大值与最小值.

解　作拉格朗日函数

$$L(x,y,z)=x^2+y^2+z^2+\lambda(x^2+y^2-z)+\mu(x+y+z-1),$$

解方程组

$$\begin{cases}L_x=2x+2\lambda x+\mu=0,\\ L_y=2y+2\lambda y+\mu=0,\\ L_z=2z-\lambda+\mu=0,\\ x^2+y^2-z=0,\\ x+y+z-1=0,\end{cases}$$

得可能的极值点 $\left(\frac{-1+\sqrt{3}}{2},\frac{-1+\sqrt{3}}{2},2-\sqrt{3}\right)$ 及 $\left(\frac{-1-\sqrt{3}}{2},\frac{-1-\sqrt{3}}{2},2+\sqrt{3}\right)$.

由于实际问题的最大值与最小值一定存在，且

$$d\left(\frac{-1+\sqrt{3}}{2},\frac{-1+\sqrt{3}}{2},2-\sqrt{3}\right)=\sqrt{9-5\sqrt{3}},$$

$$d\left(\frac{-1-\sqrt{3}}{2},\frac{-1-\sqrt{3}}{2},2+\sqrt{3}\right)=\sqrt{9+5\sqrt{3}},$$

所以原点到椭圆的最长距离为 $\sqrt{9+5\sqrt{3}}$，最短距离为 $\sqrt{9-5\sqrt{3}}$.

习　题　7-6

1. 求下列函数的极值：

（1） $f(x,y)=2xy-3x^2-2y^2+10$；

（2） $f(x,y)=x^4+y^4-(x+y)^2$；

（3） $f(x,y)=\sin x+\cos y+\cos(x-y)\left(0\leqslant x\leqslant\dfrac{\pi}{2},0\leqslant y\leqslant\dfrac{\pi}{2}\right)$；

（4） $f(x,y)=x^2-xy+y^2-9x-6y+20$.

2. 求由方程 $x^2+y^2+z^2-2x+2y-4z-10=0$ 确定的函数 $z=z(x,y)$ 的极值点和极值.

3. 求函数 $f(x,y)=x^2+2x^2y+y^2$ 在圆域 $D=\{(x,y)\,|\,x^2+y^2\leqslant1\}$ 上的最大值与最小值.

4. 求函数 $z=xy$ 在附加条件 $x+y=1$ 下的可能的极值点.

5. 在椭圆 $x^2+4y^2=4$ 上求一点，使其到直线 $2x+3y-6=0$ 的距离最短.

6. 已知容积为 V 的无盖长方体水池，应如何选择长，宽，高，才能使它的表面积最小.

7. 将周长为 $2l$ 的矩形绕它的一边旋转而构成一个圆柱体，问矩形的边长各为多少时，才可使圆柱体的体积最大.

8. 求二元函数 $f(x,y)=x^2(2+y^2)+y\ln y$ 的极值.

9. 求函数 $u=xy+2yz$ 在限制条件 $x^2+y^2+z^2=10$ 下的最值.

10. 已知函数 $f(u,v)$ 具有连续的二阶偏导数，$f(1,1)=2$ 是 $f(u,v)$ 的极值，$z=f[x+y,f(x,y)]$，求 $\dfrac{\partial^2 z}{\partial x\partial y}$.

7.7　经济数学模型与案例分析

设某企业生产甲、乙两种产品，这两种产品的数量分别为 x 和 y，这两种产品的价格分别定为 p_1 和 p_2，假设这两种产品在市场上供需平衡，即销售量等于产量.

（1）这两种产品的总成本为 $C=C(x,y)$，偏导数 $\dfrac{\partial C}{\partial x}=C_x(x,y)$ 与 $\dfrac{\partial C}{\partial y}=C_y(x,y)$ 分别表示这两种产品的边际成本；

（2）企业的总收益为 $R(x,y)=p_1x+p_2y$，偏导数 $\dfrac{\partial R}{\partial x}=R_x(x,y)$ 与 $\dfrac{\partial R}{\partial y}=R_y(x,y)$ 分别表示这两种产品的边际收益；

（3）企业所创造的总利润为 $L(x,y)=R(x,y)-C(x,y)$，偏导数 $\dfrac{\partial L}{\partial x}=L_x(x,y)$ 与 $\dfrac{\partial L}{\partial y}=L_y(x,y)$ 分别表示这两种产品的边际利润.

例 7.42　某企业销售两种产品，两种产品的需求量 x 与 y 是由产品的价格 p_1 与 p_2 所确定，需求函数为

$$x = 40 - 2p_1 + p_2,\ y = 25 + p_1 - p_2.$$

假设企业生产两种产品 x 单位与 y 单位的成本为

$$C(x,y) = x^2 + xy + y^2.$$

求使企业获得最大利润的这两种产品的生产水平，以及企业获得的最大利润.

解　由 $\begin{cases} x = 40 - 2p_1 + p_2, \\ y = 25 + p_1 - p_2, \end{cases}$ 得 $\begin{cases} p_1 = 65 - x - y, \\ p_2 = 90 - x - 2y, \end{cases}$ 总收益函数为

$$R(x,y) = xp_1 + yp_2 = x(65 - x - y) + y(90 - x - 2y) = 65x + 90y - x^2 - 2xy - 2y^2,$$

总利润函数为

$$L(x,y) = R(x,y) - C(x,y) = 65x + 90y - 2x^2 - 3xy - 3y^2.$$

令

$$\begin{cases} L_x(x,y) = 65 - 4x - 3y = 0, \\ L_y(x,y) = 90 - 3x - 6y = 0, \end{cases}$$

解得唯一的驻点：$x = 8$，$y = 11$，则

$$L_{xx}(x,y) = -4,\ L_{xy}(x,y) = -3,\ L_{yy}(x,y) = -6,$$

在点（8，11）处，$A = L_{xx}(8,11) = -4$，$B = L_{xy}(8,11) = -3$，$C = L_{yy}(8,11) = -6$，$AC - B^2 = 15 > 0$ 且 $A = -4 < 0$，所以函数 $L(x,y)$ 在点（8，11）处取到极大值，也即最大值. 即当企业每天生产甲种产品 8 单位，乙种产品 11 单位时，获得的利润最大，最大利润为 $L(8, 11) = 755$.

例 7.43　某单位计划用 5000 元购买甲、乙两种商品，假设购买甲种商品的数量为 x，乙种商品的数量为 y，并且购买这两种商品的效用函数为

$$U(x,y) = 3\ln x + 2\ln y,$$

已知甲种商品的单价为 60 元，乙种商品的单价为 40 元，试问两种商品各购买多少时，才能使购买这两种商品的效用最大？

解　这是一个条件极值问题，即在约束条件 $60x + 40y = 5000$ 下，求效用函数

$$U(x,y) = 3\ln x + 2\ln y$$

的最大值问题.

作拉格朗日函数

$$\begin{aligned} L(x,y) &= U(x,y) + \lambda(60x + 40y - 5000) \\ &= 3\ln x + 2\ln y + \lambda(60x + 40y - 5000), \end{aligned}$$

令

$$\begin{cases} L_x(x,y) = \dfrac{3}{x} + 60\lambda = 0, \\ L_y(x,y) = \dfrac{2}{y} + 40\lambda = 0, \\ 60x + 40y - 5000 = 0, \end{cases}$$

解得唯一可能的极值点：$x=50$，$y=50$.

因实际问题的最大值一定存在, 所以当购买甲、乙两种商品的数量都是50时, 才能使购买这两种商品的效用最大.

例 7.44　假设某企业在两个相互分割的市场上出售同一种产品, 两个市场的需求函数分别是 $p_1=18-2Q_1$，$p_2=12-Q_2$，其中 p_1 和 p_2 分别表示该产品在两个市场的价格（单位：万元/吨），Q_1 和 Q_2 分别表示该产品在两个市场的销售量（即需求量, 单位：吨), 并且该企业生产这种产品的总成本函数是 $C=2Q+5$，其中 Q 表示该产品在在两个市场的销售总量, 即 $Q=Q_1+Q_2$.

（1）如果该企业实行价格差别政策, 试确定两个市场上该产品的销售量和价格, 使该企业获得最大利润；

（2）如果该企业实行价格无差别政策, 试确定两个市场上该产品的销售量及其统一的价格, 使该企业的总利润最大化；并比较两种价格策略下的总利润的大小.

解　（1）根据题意, 总利润函数为

$$L=R-C=p_1Q_1+p_2Q_2-(2Q+5)=-2Q_1^2-Q_2^2+16Q_1+10Q_2-5,$$

令

$$\begin{cases}L_{Q_1}=-4Q_1+16=0,\\ L_{Q_2}=-2Q_2+10=0,\end{cases}$$

解得 $Q_1=4$，$Q_2=5$，对应 $p_1=10$（万元/吨），$p_2=7$（万元/吨）.

因驻点 $(4,5)$ 唯一, 且实际问题一定存在最大值, 故最大值必在驻点处达到, 相应的最大利润为

$$L=-2\times4^2-5^2+16\times4+10\times5-5=52\text{（万元）}.$$

（2）若实行价格无差别策略, 则 $p_1=p_2$，于是有约束条件 $2Q_1-Q_2=6$. 作拉格朗日函数 $F(Q_1,Q_2)=-2Q_1^2-Q_2^2+16Q_1+10Q_2-5+\lambda(2Q_1-Q_2-6)$,

令

$$\begin{cases}F_{Q_1}=-4Q_1+16+2\lambda=0,\\ F_{Q_2}=-2Q_2+10-\lambda=0,\\ 2Q_1-Q_2-6=0,\end{cases}$$

解得 $Q_1=5$，$Q_2=4$，$\lambda=2$，对应 $p_1=p_2=8$.

最大利润 $L=-2\times5^2-4^2+16\times5+10\times4-5=49$（万元）.

由上述结果可知, 企业实行差别定价所得总利润要大于统一价格的总利润.

例 7.45　某公司可通过电台及报纸两种方式做销售某种商品的广告, 根据统计资料, 销售收入 R（万元）与电台广告费用 x_1（万元）及报纸广告费用 x_2（万

元）之间的关系有如下经验公式：

$$R = 15 + 14x_1 + 32x_2 - 8x_1x_2 - 2x_1^2 - 10x_2^2 .$$

（1）在广告费用不限的情况下，求最优广告策略；

（2）若提供的广告费用为1.5万元，求相应地最优广告策略.

解　（1）利润函数为

$$\begin{aligned} f(x_1,x_2) &= 15 + 14x_1 + 32x_2 - 8x_1x_2 - 2x_1^2 - 10x_2^2 - (x_1 + x_2) \\ &= 15 + 13x_1 + 31x_2 - 8x_1x_2 - 2x_1^2 - 10x_2^2 . \end{aligned}$$

令

$$\begin{cases} f_{x_1}(x_1,x_2) = 13 - 8x_2 - 4x_1 = 0, \\ f_{x_2}(x_1,x_2) = 31 - 8x_1 - 20x_2 = 0, \end{cases}$$

解得 $x_1 = 0.75$（万元），$x_2 = 1.25$（万元）.

$$f_{x_1x_1}(x_1,x_2) = -4 ,\ f_{x_1x_2}(x_1,x_2) = -8 ,\ f_{x_2x_2}(x_1,x_2) = -20 ,$$

在点 $(0.75,1.25)$ 处，$A = -4$，$B = -8$，$C = -20$，$AC - B^2 = 80 - 84 = 16 > 0$，且 $A = -4 < 0$，所以函数 $f(x_1,x_2)$ 在点 $(0.75,1.25)$ 处取到极大值，也即最大值. 所以，当电台广告费用为0.75万元，报纸广告费用为1.25万元时，可使利润最大.

（2）问题是求利润函数 $f(x_1,x_2)$ 在约束条件 $x_1 + x_2 = 1.5$ 下的条件极值.

作拉格朗日函数 $F(x_1,x_2) = 15 + 13x_1 + 31x_2 - 8x_1x_2 - 2x_1^2 - 10x_2^2 + \lambda(x_1 + x_2 - 1.5)$，

令

$$\begin{cases} F_{x_1}(x_1,x_2) = -4x_1 - 8x_2 + 13 + \lambda = 0, \\ F_{x_2}(x_1,x_2) = -8x_1 - 20x_2 + 31 + \lambda = 0, \\ x_1 + x_2 - 1.5 = 0, \end{cases}$$

解得 $x_1 = 0$，$x_2 = 1.5$.

因此，将广告费1.5万元全部用于报纸广告，可使利润最大.

例 7.46　设生产某种产品必须投入两种要素，x_1 和 x_2 分别为两要素的投入量，Q 为产出量；若生产函数为 $Q = 2x_1^{\alpha}x_2^{\beta}$，其中 α,β 为正常数，且 $\alpha + \beta = 1$. 假设两种要素的价格分别为 p_1 和 p_2，试问：当产出量为12时，两要素各投入多少可以使得投入总费用最小？

解　根据题设，在产出量满足 $12 = 2x_1^{\alpha}x_2^{\beta}$ 的条件下，求总费用 $C = p_1x_1 + p_2x_2$ 的最小值. 作拉格朗日函数 $F(x_1,x_2) = p_1x_1 + p_2x_2 + \lambda(12 - 2x_1^{\alpha}x_2^{\beta})$.

令

$$\begin{cases} F_{x_1}(x_1,x_2) = p_1 - 2\lambda\alpha x_1^{\alpha-1}x_2^{\beta} = 0, & (7\text{-}22) \\ F_{x_2}(x_1,x_2) = p_2 - 2\lambda\beta x_1^{\alpha}x_2^{\beta-1} = 0, & (7\text{-}23) \\ \varphi(x_1,x_2) = 12 - 2x_1^{\alpha}x_2^{\beta} = 0, & (7\text{-}24) \end{cases}$$

式(7-22)乘βx_1，式(7-23)乘αx_2，即得$p_1\beta x_1 = p_2\alpha x_2$，$x_1 = \dfrac{p_2\alpha}{p_1\beta}x_2$再代入式(7-24)得

$$x_2 = 6\left(\frac{p_1\beta}{p_2\alpha}\right)^{\alpha}, \quad x_1 = 6\left(\frac{p_2\alpha}{p_1\beta}\right)^{\beta}.$$

因驻点唯一，且实际问题存在最小值，故当$x_1 = \dfrac{p_2\alpha}{p_1\beta}x_2$，$x_2 = 6\left(\dfrac{p_1\beta}{p_2\alpha}\right)^{\alpha}$时，可使投入总费用最小.

例 7.47 某企业家经营两个工厂，这两个工厂生产同一种产品. 两个工厂的成本函数分别为

$$C_1 = 3Q_1^2 + 2Q_1 + 6, \quad C_2 = 2Q_2^2 + 2Q_2 + 4,$$

其中Q_1和Q_2分别是两个厂的产量（单位：吨），而该产品的需求函数为

$$Q = \frac{37}{3} - \frac{1}{6}P,$$

其中$Q = Q_1 + Q_2$是产品的总销售量，P为产品的价格（单位：万元/吨）.

（1）若政府对每销售一吨产品征税t（万元），应如何确定两个厂的产量Q_1和Q_2，才能获得最大利润?

（2）当t为何值时，政府征收到的税收总额最大?

解 总收益函数为$R=PQ=(74-6Q)Q=74Q-6Q^2=74(Q_1+Q_2)-6(Q_1+Q_2)^2$，总成本函数为$C = C_1 + C_2 = 2(Q_1 + Q_2) + 3Q_1^2 + 2Q_2^2 + 10$，
税收总额为$T = tQ = t(Q_1 + Q_2)$，

（1）总利润函数为

$$L(Q_1,Q_2) = R - C - T = (72-t)(Q_1+Q_2) - 9Q_1^2 - 12Q_1Q_2 - 8Q_2^2 - 10,$$

令

$$\begin{cases} L_{Q_1}(Q_1,Q_2) = 72 - t - 18Q_1 - 12Q_2 = 0, \\ L_{Q_2}(Q_1,Q_2) = 72 - t - 12Q_1 - 16Q_2 = 0, \end{cases}$$

解得唯一的驻点$Q_1 = 2 - \dfrac{t}{36}$，$Q_2 = 3 - \dfrac{t}{24}$. 因驻点唯一，且实际问题的最大值一定存在，所以当两工厂的产量分别为$Q_1 = 2 - \dfrac{t}{36}$和$Q_2 = 3 - \dfrac{t}{24}$时，可获得最大利润.

（2）税收总额为

$$T(t) = tQ = t(Q_1 + Q_2) = t\left(5 - \frac{t}{24} - \frac{t}{36}\right) = 5t - \frac{5t^2}{72},$$

令$T'(t) = 5 - \dfrac{5}{36}t = 0$，得唯一驻点：$t = 36$.

因驻点唯一，且实际问题的最大值一定存在，所以当 $t=36$ 时，政府征收到的税收总额最大.

习 题 7-7

1. 某厂家生产的一种产品同时在两个市场销售，售价分别为 p_1 和 p_2，销售量分别为 q_1 和 q_2，需求函数分别为 $q_1=24-0.2p_1$ 和 $q_2=10-0.05p_2$，总成本函数为 $C=35+40(q_1+q_2)$，试问：厂家如何确定两个市场的售价，能使其获得的总利润最大？最大总利润为多少？

2. 某养殖场饲养两种鱼，若甲种鱼放养 x（万尾），乙种鱼放养 y（万尾），收获时两种鱼的收获量分别为

$$(3-\alpha x-\beta y)x \text{ 和 } (4-\beta x-2\alpha y)y\ (\alpha>\beta>0),$$

求使产鱼总量最大的放养数.

3. 设某种产品的产量是劳动力 x 和原料 y 的函数：$f(x,y)=60x^{\frac{3}{4}}y^{\frac{1}{4}}$，假设每单位劳动力花费100元，每单位原料花费200元，现有30000元资金用于生产，应如何安排劳动力和原料，才能得到最多的产品.

4. 某同学计划用600元购买甲、乙两种商品，甲种商品的单价是20元，乙种商品的单价是30元，假设购买甲种商品 x 单位和乙种商品 y 单位的效用是由效用函数 $U(x,y)=10x^{0.6}y^{0.4}$ 确定的. 试问两种商品各购买多少时，才能使购买这两种商品的效用最大？

5. 设某企业每天生产甲种产品 x 千克和乙种产品 y 千克的总成本为

$$C(x,y)=x^2+2xy+2y^2+2000,$$

甲种产品的价格为200元/千克，乙种产品的价格为300元/千克，并假定这两种产品全部售完. 试求使企业获得最大利润的这两种产品的生产水平，企业获得的最大利润是多少？

6. 某厂生产甲、乙两种产品，其销售单价分别为10万元和9万元，若生产 x 件甲种产品和 y 件乙种产品的总成本为

$$C(x,y)=400+2x+3y+0.01(3x^2+xy+3y^2),$$

又已知两种产品的总产量为100件，求企业获得最大利润时两种产品的产量各为多少？并求此时企业的最大利润.

7. 某地区计划投资150（万元）对该地区现有电器厂和化工厂进行技术改造，已知为完成一个电器厂的技术改造需投资5（万元），而完成一个化工厂的技术

改造需投资 6（万元）. 如果 x 个电器厂和 y 个化工厂完成技术改造, 可使该地区得到的总利润的年增加值为

$$f(x,y)=\sqrt[5]{\frac{125}{3}}x^{\frac{3}{5}}y^{\frac{2}{5}}+x+\frac{6}{5}y,$$

（已扣除技术改造的投资）. 问该地区应如何使用这笔资金于两种工厂的技术改造, 才能使该地区得到的总利润年增加值最大, 最大值是多少？

8. 某厂生产甲、乙两种产品, 总收入 R 与两种产品的产量 x 和 y 之间的函数关系是

$$R(x,y)=120x+140y-2x^2-2xy-y^2,$$

总成本 C 与它们的产量 x 和 y 之间的函数关系是

$$C(x,y)=700+20x+60y.$$

（1）在产量 x 和 y 不受限制的情况下, 该厂应如何规定这两种产品的产量, 方可获得最大利润, 最大利润是多少？

（2）在限制两种产品的产量之和为 30 的情况下, 该厂又应如何规定这两种产品的产量, 才可获得最大利润, 最大利润是多少？

9. 某厂生产甲、乙两种产品, 两种产品的产量分别为 x 和 y（单位：吨）时的总收益函数为 $R(x,y)=27x+42y-x^2-2xy-4y^2$, 总成本函数为 $C(x,y)=36+12x+8y$（单位：万元）. 除此之外, 生产甲种产品每千克还需支付排污费 1 万元, 生产乙种产品每千克还需支付排污费 2 万元.

（1）在不限制排污费用支出的情况下, 两种产品的产量各为多少时总利润最大？最大总利润是多少？

（2）若限制排污费用支出为 6 万元, 两种产品的产量各为多少时总利润最大？最大总利润是多少？

总习题七（A）

1. 在“充分”、“必要”和“充要”三者中选择一个正确的填入下列空格内.

（1）$f(x,y)$ 在点 (x,y) 可微是 $f(x,y)$ 在该点连续的______条件, $f(x,y)$ 在点 (x,y) 连续是 $f(x,y)$ 在该点可微的________条件.

（2）$z=f(x,y)$ 在点 (x,y) 的偏导数 $\frac{\partial z}{\partial x}$ 及 $\frac{\partial z}{\partial y}$ 存在是 $f(x,y)$ 在该点可微的______条件. $z=f(x,y)$ 在点 (x,y) 可微是函数在该点的偏导数 $\frac{\partial z}{\partial x}$ 及 $\frac{\partial z}{\partial y}$ 存在的____条件.

（3）$z=f(x,y)$ 的偏导数 $\frac{\partial z}{\partial x}$ 及 $\frac{\partial z}{\partial y}$ 在点 (x,y) 存在且连续是 $f(x,y)$ 在该点可微的________条件.

（4）函数 $z=f(x,y)$ 的两个二阶混合偏导数 $\frac{\partial^2 z}{\partial x\partial y}$ 及 $\frac{\partial^2 z}{\partial y\partial x}$ 在区域 D 内连续是这两个二阶混合偏导数在 D 内相等的__________条件.

2. 求函数 $z=\sqrt{\frac{x^2+y^2-x}{2x-x^2-y^2}}$ 的定义域.

3. 设 $f(x+y,x-y)=x^2-y^2$，求 $f(x,y)$.

4. 求下列极限问题：

（1）$\lim\limits_{(x,y)\to(0,0)}\frac{1-\cos\sqrt{x^2+y^2}}{(x^2+y^2)\mathrm{e}^{x^2y^2}}$；　　（2）$\lim\limits_{(x,y)\to(1,0)}\frac{\ln(x+\mathrm{e}^y)}{\sqrt{x^2+y^2}}$.

5. 设 $f(x,y)=x^2\mathrm{e}^{y^2}+(x-1)\arcsin\frac{y}{x}$，求 $f_x'(1,0)$ 和 $f_y'(1,0)$.

6. 求下列函数的一阶和二阶偏导数：

（1）$z=\ln(x+y^2)$；　　（2）$z=x^y$.

7. 求下列函数的全微分：

（1）设 $z=z(x,y)$ 是由方程 $x^2+y^2+z^2=ye^z$ 所确定的隐函数，求 $\mathrm{d}z$；

（2）设 $u=x^y y^z z^x$，求 $\mathrm{d}u$.

8. 设 $z=xy+\frac{x}{y}$，其中 $x=\varphi(t)$，$x=\psi(t)$ 均可微，求 $\frac{\mathrm{d}y}{\mathrm{d}x}$.

9. 设 $u=yf\left(\frac{x}{y}\right)+xg\left(\frac{y}{x}\right)$，其中函数 f,g 具有二阶连续导数，求 $x\frac{\partial^2 u}{\partial x^2}+y\frac{\partial^2 u}{\partial x\partial y}$.

10. 设函数 $y=y(x)$ 由 $(\cos x)^y+(\sin y)^x=1$ 确定，求 $\frac{\mathrm{d}y}{\mathrm{d}x}$.

11. 在已知的圆锥内嵌入一个长方体，如何选择其长、宽、高，使它的体积最大.

总习题七（B）

1. 选择题

（1）二元函数 $f(x,y)=\begin{cases}\frac{xy}{x^2+y^2}, & x^2+y^2\neq 0,\\ 0, & x^2+y^2=0\end{cases}$ 在点 $(0, 0)$ 处（　　）.

A. 连续，偏导数存在　　B. 连续，偏导数不存在

C. 不连续，偏导数存在　　D. 不连续，偏导数不存在

（2）设函数 $z=f(x,y)$，$\frac{\partial^2 f}{\partial y^2}=2$，且 $f(x,0)=1, f_y(x,0)=x$．则 $f(x,y)=$（　　）．

A. $1-xy+y^2$　B. $1+xy+y^2$　　C. $1-x^2y+y^2$　　D. $1+x^2y+y^2$

（3）设函数 $u(x,y)=\varphi(x+y)+\varphi(x-y)+\int_{x-y}^{x+y}\phi(t)\mathrm{d}t$，其中函数 φ 具有二阶导数，ϕ 具有一阶导数，则必有（　　）．

A. $\frac{\partial^2 u}{\partial x^2}=-\frac{\partial^2 u}{\partial y^2}$　　B. $\frac{\partial^2 u}{\partial x^2}=\frac{\partial^2 u}{\partial y^2}$

C. $\frac{\partial^2 u}{\partial x\partial y}=\frac{\partial^2 u}{\partial y^2}$　　D. $\frac{\partial^2 u}{\partial x\partial y}=\frac{\partial^2 u}{\partial x^2}$

（4）设有三元方程 $xy-z\ln y+\mathrm{e}^{xz}=1$，根据隐函数存在定理，存在点 $(0,1,1)$ 的一个邻域，在此邻域内，该方程（　　）．

A. 只能确定一个具有连续偏导数的隐函数 $z=z(x,y)$

B. 可确定两个具有连续偏导数的隐函数 $x=x(y,z)$ 和 $z=z(x,y)$

C. 可确定两个具有连续偏导数的隐函数 $y=y(z,x)$ 和 $z=z(x,y)$

D. 可确定两个具有连续偏导数的隐函数 $x=x(y,z)$ 和 $y=y(z,x)$

（5）设 $f(x,y)$ 与 $\varphi(x,y)$ 均为可微函数，且 $\varphi_y(x,y)\neq 0$．已知 (x_0,y_0) 是 $f(x,y)$ 在附加条件 $\varphi(x,y)=0$ 下的一个极值点，下列选项正确的是（　　）．

A. 若 $f_x(x_0,y_0)=0$，则 $f_y(x_0,y_0)=0$

B. 若 $f_x(x_0,y_0)=0$，则 $f_y(x_0,y_0)\neq 0$

C. 若 $f_x(x_0,y_0)\neq 0$，则 $f_y(x_0,y_0)=0$

D. 若 $f_x(x_0,y_0)\neq 0$，则 $f_y(x_0,y_0)\neq 0$

2. 填空题

（1）设 $f(x,y,z)=\mathrm{e}^x yz^2$，其中 $z=z(x,y)$ 是由方程 $x+y+z+xyz=0$ 确定的隐函数．则 $f_x(0,1,-1)=$________．

（2）设 $z=\frac{1}{x}f(xy)+y\varphi(x+y)$，$f$ 和 φ 具有二阶连续导数．则 $\frac{\partial^2 z}{\partial x\partial y}=$________．

（3）设函数 $z=z(x,y)$ 由方程 $F\left(\frac{x}{z},\frac{y}{z}\right)=0$ 所确定，其中 F 为可微函数．则 $x\frac{\partial z}{\partial x}+y\frac{\partial z}{\partial y}=$________．

（4）设函数 $f(u)$ 可微，且 $f'(0)=\frac{1}{2}$，则 $z=f(4x^2-y^2)$ 在点（1，2）处的全微分 $\mathrm{d}z|_{(1,2)}=$________．

（5）设函数 $f(u,v)$ 由关系式 $f[xg(y),y]=x+g(y)$ 确定，其中函数 $g(y)$ 可微且 $g(y)\neq 0$．则 $\dfrac{\partial^2 f}{\partial u\partial v}=$____________.

3．设 $f(x,y)=\dfrac{y}{1+xy}-\dfrac{1-y\sin\dfrac{\pi x}{y}}{\arctan x}$，$x>0$，$y>0$，求

（1）$g(x)=\lim\limits_{y\to+\infty}f(x,y)$；

（2）$\lim\limits_{x\to 0^+}g(x)$．

4．设函数 $f(x,y)=\begin{cases}\dfrac{\sqrt{|xy|}}{x^2+y^2}\sin(x^2+y^2), & x^2+y^2\neq 0,\\ 0, & x^2+y^2=0,\end{cases}$ 讨论 $f(x,y)$ 在点 $(0,0)$ 处的可微性.

5．设 $z=f(u,x,y)$，$u=x\mathrm{e}^y$，其中 f 具有二阶连续偏导数．求 $\dfrac{\partial^2 z}{\partial x\partial y}$．

6．设函数 $z=f(x,y)$ 在点 $(1,1)$ 处可微，且 $f(1,1)=1$，$\left.\dfrac{\partial f}{\partial x}\right|_{(1,1)}=2$，$\left.\dfrac{\partial f}{\partial y}\right|_{(1,1)}=3$，$\varphi(x)=f(x,f(x,x))$．求 $\dfrac{\mathrm{d}}{\mathrm{d}x}\varphi^3(x)\big|_{x=1}$．

7．设函数 $f(u)$ 在 $(0,+\infty)$ 内具有二阶导数，且 $z=f\left(\sqrt{x^2+y^2}\right)$ 满足等式

$$\frac{\partial^2 z}{\partial x^2}+\frac{\partial^2 z}{\partial y^2}=0.$$

验证：$f''(u)+\dfrac{f'(u)}{u}=0$．

8．设 $u=f(x,y,z)$，$\varphi(x^2,\mathrm{e}^y,z)=0$，$y=\sin x$，其中 f,φ 具有一阶连续的偏导数，且 $\dfrac{\partial\varphi}{\partial z}\neq 0$，求 $\dfrac{\mathrm{d}u}{\mathrm{d}x}$．

9．设 $z=x^3 f\left(xy,\dfrac{y}{x}\right)$，其中 $f(u,v)$ 具有连续的二阶偏导数．求 $\dfrac{\partial^2 z}{\partial y^2}$；$\dfrac{\partial^2 z}{\partial x\partial y}$．

10．求二元函数 $z=f(x,y)=x^2y(4-x-y)$ 在由直线 $x+y=6$,x 轴和 y 轴所围成的闭区域 D 上的极值和最大值与最小值.

数学家介绍

第8章　二 重 积 分

重积分是多元函数积分学的一部分, 它是定积分的思想和理论在多元函数情形的一种直接推广. 本章主要介绍二重积分的概念、性质和计算.

8.1　二重积分的概念与性质

8.1.1　二重积分的概念

1. 引例

例 8.1　曲顶柱体的体积.

设有一立体, 它的底是 xOy 坐标面上的有界闭区域 D, 它的侧面是以 D 的边界曲线为准线而母线平行于 z 轴的柱面, 它的顶是由二元非负连续函数 $z=f(x,y)$ 所确定的曲面, 这种立体称为曲顶柱体, 如图 8-1 所示.

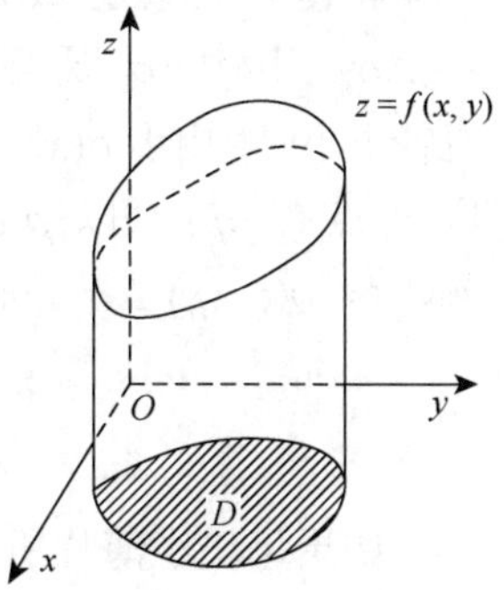

我们知道, 对于平顶柱体, 其高是不变的, 它的体积等于底面积与高的乘积, 但曲顶柱体的高 $f(x,y)$ 在区域 D 上是变量, 即当点 (x,y) 在区域 D 上变化时, 高 $f(x,y)$ 也在变化. 因此, 曲顶柱体的体积不能用平顶柱体的体积公式来计算. 我们可采用类似于定积分中计算曲边梯形面积的思路来解决曲顶柱体体积的计算问题.

图 8-1

用任意一组曲线网将闭区域 D 分成 n 个小闭区域: $\Delta\sigma_1$, $\Delta\sigma_2$, $\cdots,\Delta\sigma_n$, 其中 $\Delta\sigma_i$ 既表示第 i 个小闭区域, 也表示这个小闭区域的面积. 以每个小闭区域为底, 以小闭区域的边界曲线为准线作母线平行于 z 轴的柱面, 这些柱面把原来的曲顶柱体分成了 n 个小曲顶柱体, 这 n 个小曲顶柱体的体积分别记为: $\Delta V_1, \Delta V_2, \cdots,\Delta V_n$. 在这些小曲顶柱体中任取一个, 设其底为小区域 $\Delta\sigma_i$ (图 8-2), 由于 $f(x,y)$ 在 D 上连续, 当 $\Delta\sigma_i$ 的直径(闭区域上任意两点间距离的最大值)很小时, $f(x,y)$ 在 $\Delta\sigma_i$ 上的变化不大, 这时 $\Delta\sigma_i$ 所对应的小曲顶柱体可近似地看作平顶柱体, 在 $\Delta\sigma_i$ 中任取一点 (ξ_i,η_i), 以 $f(\xi_i,\eta_i)$ 为高, 以 $\Delta\sigma_i$ 为底的平顶柱体的体积 $f(\xi_i,\eta_i)\ \Delta\sigma_i$ 作为第 i 个小曲顶柱体体积的近似值, 即 $\Delta V_i \approx f(\xi_i,\eta_i)\ \Delta\sigma_i$. 将这 n 个平顶柱体体积之和作为曲顶柱体体积的近似值, 即

$$V=\sum_{i=1}^{n}\Delta V_i \approx \sum_{i=1}^{n} f(\xi_i,\eta_i)\Delta\sigma_i .$$

区域 D 分得越细，近似值 $\sum_{i=1}^{n} f(\xi_i,\eta_i)\Delta\sigma_i$ 越接近于体积 V，令 λ 是 n 个小闭区域直径中的最大值，当 $\lambda\to 0$ 时，上述和的极限就是曲顶柱体的体积 V，即

$$V=\lim_{\lambda\to 0}\sum_{i=1}^{n} f(\xi_i,\eta_i)\Delta\sigma_i .$$

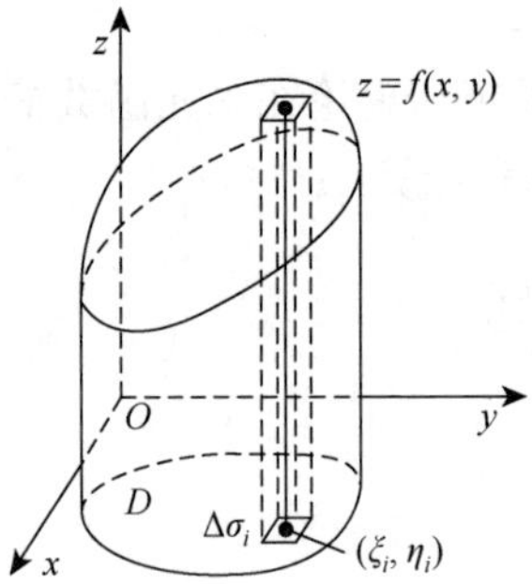

图 8-2

例 8.2 平面薄片的质量

设有一平面薄片，占有 xOy 平面上的闭区域 D，它在 D 上任意一点 (x,y) 处的面密度为 $\rho(x,y)$，其中 $\rho(x,y)>0$ 且在 D 上连续，计算该薄片的质量 M.

我们知道，如果平面薄片是均匀的，即面密度是常数，薄片的质量可用下面的公式

质量 = 面密度 × 面积

来计算. 而当面密度 $\rho(x,y)$ 是变量时，上面的公式就不能直接用于求薄片的质量，我们仍可应用处理曲顶柱体体积的方法来解决.

将薄片任意分成 n 小块，每个小块所占有的小闭区域分别为 $\Delta\sigma_1$，$\Delta\sigma_2$，$\cdots,\Delta\sigma_n$，其中 $\Delta\sigma_i$ 既表示第 i 个小闭区域，也表示这个小闭区域的面积，当 $\Delta\sigma_i$ 的直径很小时，由于 $\rho(x,y)$ 连续，这些小薄片可近似地看作均匀薄片，在每个 $\Delta\sigma_i$ 上任取一点 (ξ_i,η_i)，以 $\rho(\xi_i,\eta_i)\ \Delta\sigma_i$ 作为第 i 块小薄片质量 ΔM_i 的近似值，即 $\Delta M_i\approx\rho(\xi_i,\eta_i)\ \Delta\sigma_i$. n 块小薄片质量的近似值的和就是薄片质量 M 的近似值，即

$$M\approx\sum_{i=1}^{n}\rho(\xi_i,\eta_i)\Delta\sigma_i .$$

如果每块小薄片所占有的小闭区域 $\Delta\sigma_i$ 分得越细，近似值 $\sum_{i=1}^{n}\rho(\xi_i,\eta_i)\Delta\sigma_i$ 就越接近于 M. 令 λ 是 n 个小闭区域直径的最大值，当 $\lambda\to 0$ 时，上述和的极限就是所求薄片的质量，即

$$M=\lim_{\lambda\to 0}\sum_{i=1}^{n}\rho(\xi_i,\eta_i)\Delta\sigma_i .$$

上述两个例子的实际意义虽然不同，但都可归结为与某二元函数及平面闭区域有关的同一形式的和的极限，还有许多实际问题也可归结为这种和的极限，我们把这类和的极限定义为二重积分.

2. 二重积分的定义

定义 8.1 设 $f(x,y)$ 是定义在有界闭区域 D 上的有界函数，将闭区域 D 任意分成 n 个小闭区域：

$$\Delta\sigma_1, \Delta\sigma_2, \cdots, \Delta\sigma_n,$$

其中$\Delta\sigma_i$既表示第i个小闭区域，也表示它的面积，在每个小闭区域$\Delta\sigma_i$上任取一点(ξ_i,η_i)，作乘积$f(\xi_i,\eta_i)\ \Delta\sigma_i\ (i=1, 2,\cdots,n)$，并作和$\sum\limits_{i=1}^{n} f(\xi_i,\eta_i)\Delta\sigma_i$．如果当这些小闭区域直径的最大值$\lambda$趋于零时，和式的极限

$$\lim_{\lambda\to 0}\sum_{i=1}^{n} f(\xi_i,\eta_i)\Delta\sigma_i$$

存在，此极限与闭区域D的分法及点(ξ_i,η_i)在$\Delta\sigma_i$上的取法无关．则称函数$f(x,y)$在闭区域D上可积，此极限值称为函数$f(x,y)$在闭区域D上的二重积分，记作$\iint\limits_D f(x,y)\mathrm{d}\sigma$，即

$$\iint\limits_D f(x,y)\mathrm{d}\sigma = \lim_{\lambda\to 0}\sum_{i=1}^{n} f(\xi_i,\eta_i)\Delta\sigma_i\,, \tag{8-1}$$

其中$f(x,y)$称为被积函数，$f(x,y)\mathrm{d}\sigma$称为被积表达式，$\mathrm{d}\sigma$称为面积元素，x与y称为积分变量，D称为积分区域，$\sum\limits_{i=1}^{n} f(\xi_i,\eta_i)\Delta\sigma_i$称为积分和.

下面对上述定义作两点说明：

（1）当$f(x,y)$在闭区域D上连续时，式（8-1）右端和的极限一定存在．因此，我们总假定$f(x,y)$在闭区域D上连续，所以$f(x,y)$在D上的二重积分总是存在的，今后不再特别声明.

（2）由于在二重积分中对闭区域D的划分是任意的，所以在直角坐标系下，如果用平行于坐标轴的直线网划分闭区域D，那么除了包含边界点的一些小闭区域外，其他的小闭区域都是矩形闭区域，设矩形小闭区域$\Delta\sigma_i$的长为Δx_j，宽为Δy_k，则$\Delta\sigma_i = \Delta x_j \Delta y_k$，如图8-3所示．因此，在直角坐标系下，把面积元素$\mathrm{d}\sigma$记为$\mathrm{d}x\mathrm{d}y$，二重积分记作$\iint\limits_D f(x,y)\mathrm{d}x\mathrm{d}y$.

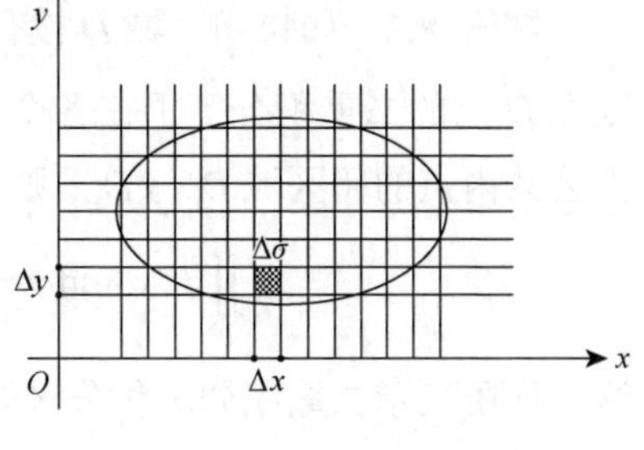

图 8-3

由二重积分的定义可知，以xOy平面上的闭区域D为底，以非负连续函数$z=f(x,y)$所表示的曲面为顶的曲顶柱体的体积V就是$f(x,y)$在闭区域D上的二重积分，即

$$V=\iint\limits_{D} f(x,y)\mathrm{d}\sigma .$$

xOy 平面上的闭区域 D 的平面薄片的质量 M 是它的面密度 $\rho(x,y)$ 在薄片所占闭区域 D 上的二重积分，即

$$M=\iint\limits_{D} \rho(x,y)\mathrm{d}\sigma .$$

3. 二重积分的几何意义

如果在有界闭区域 D 上 $f(x,y)\geqslant 0$，则以 xOy 平面上的闭区域 D 为底，曲面 $z=f(x,y)$ 为顶的曲顶柱体位于 xOy 平面的上方，所以二重积分 $\iint\limits_{D} f(x,y)\mathrm{d}\sigma$ 的几何意义就是该曲顶柱体的体积. 如果在闭区域 D 上 $f(x,y)<0$，相应的曲顶柱体位于 xOy 平面的下方，二重积分的绝对值等于曲顶柱体的体积，但二重积分的值是负的，即二重积分 $\iint\limits_{D} f(x,y)\mathrm{d}\sigma$ 的几何意义是该曲顶柱体体积的相反数. 如果 $f(x,y)$ 在闭区域 D 的某些部分区域上为正，在其他部分区域上为负，我们规定，把 xOy 平面上方的柱体体积取正，xOy 平面下方的柱体体积取负，则二重积分 $\iint\limits_{D} f(x,y)\mathrm{d}\sigma$ 等于这些部分区域上曲顶柱体体积的代数和.

8.1.2 二重积分的性质

二重积分有与定积分相类似的性质. 假设函数都是可积的，有如下性质：

性质 8.1 设 λ，μ 为常数，则

$$\iint\limits_{D}[\lambda f(x,y)+\mu g(x,y)]\mathrm{d}\sigma=\lambda\iint\limits_{D} f(x,y)\mathrm{d}\sigma+\mu\iint\limits_{D} g(x,y)\mathrm{d}\sigma .$$

性质 8.2 如果闭区域 D 被有限条曲线分成有限个无公共内点的部分闭区域，则在 D 上的二重积分等于在各个部分闭区域上二重积分的和. 例如，D 分为两个无公共内点的闭区域 D_1 与 D_2，则

$$\iint\limits_{D} f(x,y)\mathrm{d}\sigma=\iint\limits_{D_1} f(x,y)\mathrm{d}\sigma+\iint\limits_{D_2} f(x,y)\mathrm{d}\sigma .$$

这一性质表示二重积分对积分区域具有可加性.

性质 8.3 如果在闭区域 D 上，$f(x,y)=1$，σ 为 D 的面积，则

$$\iint\limits_{D}\mathrm{d}\sigma=\sigma .$$

也就是说，高为1的平顶柱体的体积在数值上等于积分区域 D 的面积. 因此，我们

可以利用该性质来计算平面图形的面积.

性质 8.4　如果在区域 D 上，$f(x,y)\leqslant g(x,y)$，则有

$$\iint_D f(x,y)\mathrm{d}\sigma \leqslant \iint_D g(x,y)\mathrm{d}\sigma .$$

特别地，由于 $-|f(x,y)|\leqslant f(x,y)\leqslant |f(x,y)|$，所以，有

$$\left|\iint_D f(x,y)\mathrm{d}\sigma\right| \leqslant \iint_D |f(x,y)|\mathrm{d}\sigma .$$

性质 8.5　设 M 和 m 分别是函数 $f(x,y)$ 在有界闭区域 D 上的最大值和最小值，σ 是 D 的面积，则有

$$m\sigma \leqslant \iint_D f(x,y)\mathrm{d}\sigma \leqslant M\sigma .$$

性质 8.6（二重积分的中值定理）　设 $f(x,y)$ 是有界闭区域 D 上的连续函数，σ 是 D 的面积，则在 D 上至少存在一点 (ξ,η)，使得

$$\iint_D f(x,y)\mathrm{d}\sigma = f(\xi,\eta)\sigma .$$

中值定理的几何意义：以闭区域 D 为底，曲面 $z=f(x,y)$ 为顶的曲顶柱体的体积，等于仍以 D 为底，D 上某一点 (ξ,η) 处的函数值 $f(\xi,\eta)$ 为高的平顶柱体的体积.

根据二重积分的定义，可得如下性质：

设 xOy 平面上的闭区域 D 被 y 轴分为 D_1,D_2 两个闭区域，且 D_1,D_2 关于 y 轴对称.

（1）若连续函数 $f(x,y)$ 是关于 x 的奇函数，即 $f(-x,y)=-f(x,y)$，则

$$\iint_D f(x,y)\mathrm{d}\sigma = 0 .$$

（2）若连续函数 $f(x,y)$ 是关于 x 的偶函数，即 $f(-x,y)=f(x,y)$，则

$$\iint_D f(x,y)\mathrm{d}\sigma = 2\iint_{D_1} f(x,y)\mathrm{d}\sigma .$$

若闭区域 D 关于 x 轴对称，也有类似的结果.

习　题　8-1

1. 利用二重积分的几何意义，确定下列二重积分的值：

（1）$\iint_D \sqrt{R^2-x^2-y^2}\mathrm{d}\sigma$，其中 $D=\{(x,y)\,|\,x^2+y^2\leqslant R^2\}$；

（2）$\iint\limits_D \left(4-\sqrt{x^2+y^2}\right)\mathrm{d}\sigma$，其中 $D=\{(x,y)\,|\,x^2+y^2\leqslant 4\}$.

2. 利用二重积分的几何意义，说明 I_1 与 I_2 之间的关系，其中

$I_1=\iint\limits_{D_1}(x^2+y^2)^3\mathrm{d}\sigma$，$D_1=\{(x,y)\,|\,-1\leqslant x\leqslant 1,\ -1\leqslant y\leqslant 1\}$；

$I_2=\iint\limits_{D_2}(x^2+y^2)^3\mathrm{d}\sigma$，$D_2=\{(x,y)\,|\,0\leqslant x\leqslant 1, 0\leqslant y\leqslant 1\}$.

3. 根据二重积分的性质，比较下列积分的大小：

（1）$\iint\limits_D \ln(x+y)\mathrm{d}\sigma$ 与 $\iint\limits_D (x+y)^2\mathrm{d}\sigma$，其中 $D=\{(x,y)\,|\,x\geqslant 0, y\geqslant 0, x+y\leqslant 1\}$；

（2）$\iint\limits_D (x+y)^2\mathrm{d}\sigma$ 与 $\iint\limits_D (x+y)^3\mathrm{d}\sigma$，其中 $D=\{(x,y)\,|\,(x-2)^2+(y-1)^2\leqslant 1\}$.

4. 根据二重积分的性质，估计下列积分的值：

（1）$I=\iint\limits_D \cos^2 x\cos^2 y\mathrm{d}\sigma$，其中 $D=\{(x,y)\,|\,0\leqslant x\leqslant \pi,\ 0\leqslant y\leqslant \pi\}$；

（2）$I=\iint\limits_D (x^2+4y^2+9)\mathrm{d}\sigma$，其中 $D=\{(x,y)\,|\,x^2+y^2\leqslant 4\}$.

8.2　二重积分的计算

按照二重积分的定义计算二重积分，只对少数特别简单的被积函数和积分区域是可行的，对一般的函数和积分区域，这种方法不但烦琐而且困难，有时甚至无法求出其值. 下面我们将根据二重积分的几何意义得出二重积分的计算方法，即把二重积分化为二次积分来计算.

8.2.1　利用直角坐标计算二重积分

下面用几何观点来讨论二重积分 $\iint\limits_D f(x,y)\mathrm{d}\sigma$ 的计算问题.

设被积函数 $f(x,y)\geqslant 0$，按照二重积分的几何意义，$\iint\limits_D f(x,y)\mathrm{d}\sigma$ 的值等于以 D 为底，曲面 $z=f(x,y)$ 为顶的曲顶柱体的体积，其中积分区域 D 可表示为

$$a\leqslant x\leqslant b,\ \varphi_1(x)\leqslant y\leqslant \varphi_2(x),$$

如图8-4所示，其中 $\varphi_1(x)$，$\varphi_2(x)$ 在 $[a,b]$ 上连续. 我们用计算平行截面面积为已知的立体体积的方法，来计算这个曲顶柱体的体积.

先计算平行截面的面积. 在区间$[a,b]$上任取一点x_0, 过点x_0作垂直于x轴的平面, 这平面截曲顶柱体, 所得截面是一个以区间$[\varphi_1(x_0),\varphi_2(x_0)]$为底, $z=f(x_0,y)$为曲边的曲边梯形, 此截面的面积为

$$A(x_0)=\int_{\varphi_1(x_0)}^{\varphi_2(x_0)} f(x_0,y)\mathrm{d}y \quad (a\leqslant x\leqslant b).$$

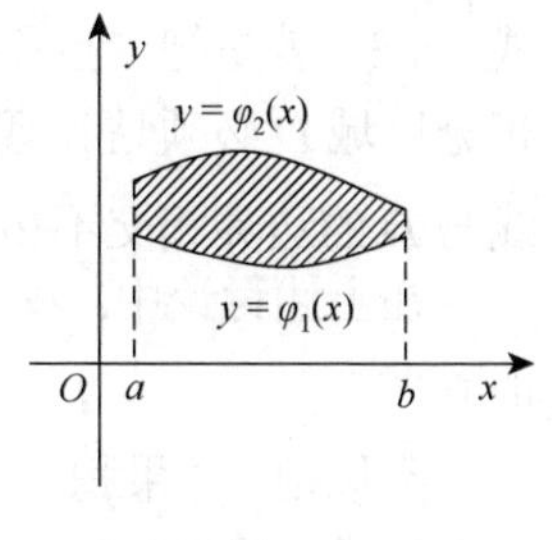

图 8-4

一般地, 如图8-5所示, 过区间$[a,b]$上任一点x且平行于yOz面的平面截曲顶柱体所得截面的面积为

$$A(x)=\int_{\varphi_1(x)}^{\varphi_2(x)} f(x,y)\mathrm{d}y.$$

由平行截面面积为已知的立体体积的计算方法, 得曲顶柱体的体积为

$$V=\int_a^b A(x)\mathrm{d}x=\int_a^b\left[\int_{\varphi_1(x)}^{\varphi_2(x)} f(x,y)\mathrm{d}y\right]\mathrm{d}x,$$

从而

$$\iint_D f(x,y)\mathrm{d}\sigma=\int_a^b\left[\int_{\varphi_1(x)}^{\varphi_2(x)} f(x,y)\mathrm{d}y\right]\mathrm{d}x. \tag{8-2}$$

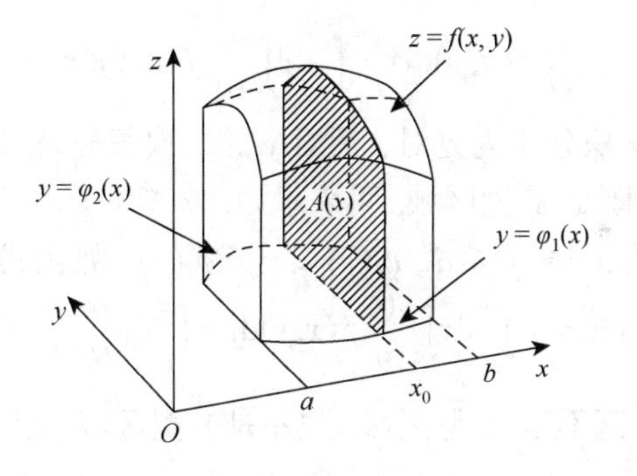

图 8-5

式（8-2）右端的积分称为先对y后对x的二次积分. 在积分过程中, 先将x看作常数, $f(x,y)$看作y的函数, 对y计算从$\varphi_1(x)$到$\varphi_2(x)$的定积分, 算得的结果是x的函数, 再对x计算从a到b的定积分, 这个先对y后对x的二次积分也可记作

$$\int_a^b \mathrm{d}x\int_{\varphi_1(x)}^{\varphi_2(x)} f(x,y)\mathrm{d}y,$$

即式（8-2）可写成

$$\iint_D f(x,y)\mathrm{d}\sigma=\int_a^b \mathrm{d}x\int_{\varphi_1(x)}^{\varphi_2(x)} f(x,y)\mathrm{d}y. \tag{8-3}$$

式（8-3）就是把二重积分化为先对 y 后对 x 的二次积分公式. 应用公式（8-3）时, 积分区域 D 必须是 X 型区域, X 型区域的特点是: 穿过 D 内部且平行于 y 轴的直线与 D 的边界相交不多于两点, 如图 8-4 和图 8-5 所示.

在上述讨论中, 我们假设 $f(x,y)\geqslant 0$, 但如果没有这个限制, 公式（8-3）仍然成立.

类似地, 如果积分区域 D 是 Y 型区域, Y 型区域的特点是：穿过区域 D 内部且平行于 x 轴的直线与 D 的边界相交不多于两点, 如图 8-6 所示.

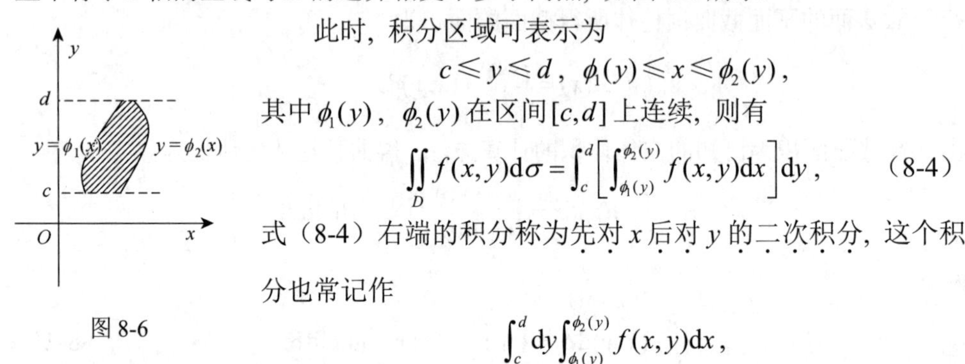

图 8-6

此时, 积分区域可表示为

$$c\leqslant y\leqslant d,\ \phi_1(y)\leqslant x\leqslant \phi_2(y),$$

其中 $\phi_1(y)$, $\phi_2(y)$ 在区间 $[c,d]$ 上连续, 则有

$$\iint\limits_D f(x,y)\mathrm{d}\sigma=\int_c^d\left[\int_{\phi_1(y)}^{\phi_2(y)} f(x,y)\mathrm{d}x\right]\mathrm{d}y, \tag{8-4}$$

式（8-4）右端的积分称为先对 x 后对 y 的二次积分, 这个积分也常记作

$$\int_c^d \mathrm{d}y\int_{\phi_1(y)}^{\phi_2(y)} f(x,y)\mathrm{d}x,$$

即式（8-4）可写成

$$\iint\limits_D f(x,y)\mathrm{d}\sigma=\int_c^d \mathrm{d}y\int_{\phi_1(y)}^{\phi_2(y)} f(x,y)\mathrm{d}x\cdot \tag{8-5}$$

式（8-5）就是把二重积分化为先对 x 后对 y 的二次积分公式.

如果积分区域 D 既是 X 型区域, 可表示为：$a\leqslant x\leqslant b$, $\varphi_1(x)\leqslant y\leqslant \varphi_2(x)$, 又是 Y 型区域, 可表示为：$c\leqslant y\leqslant d$, $\phi_1(y)\leqslant x\leqslant \phi_2(y)$, 则由式（8-3）和式（8-5）, 得

$$\iint\limits_D f(x,y)\mathrm{d}\sigma=\int_a^b \mathrm{d}x\int_{\varphi_1(x)}^{\varphi_2(x)} f(x,y)\mathrm{d}y=\int_c^d \mathrm{d}y\int_{\phi_1(y)}^{\phi_2(y)} f(x,y)\mathrm{d}x.$$

如果积分区域 D 既不是 X 型区域, 也不是 Y 型区域, 则二重积分 $\iint\limits_D f(x,y)\mathrm{d}\sigma$ 不能用公式（8-3）或（8-5）化为二次积分, 但可以将区域 D 分成若干部分, 使每个部分都是 X 型区域或是 Y 型区域, 然后利用二重积分对积分区域的可加性, 各个部分区域上二重积分的和就是在区域 D 上的二重积分, 如图 8-7 所示.

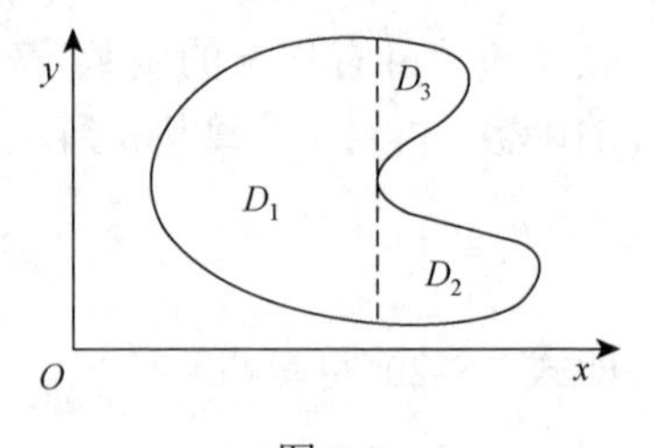

图 8-7

将二重积分化为二次积分时, 确定积分限是关键. 如果 D 是 X 型区域, 先将 D 投影到 x 轴上, 投影区间为 $[a,b]$, 在 $[a,b]$ 上任取一点 x, 过点 x 作平行于 y 轴的直线, 直线位于 D 内的直线段上点的纵坐标 y 从 $y=\varphi_1(x)$ 变到 $y=\varphi_2(x)$, 这就是对 y 积分时的下限与上限, 由于 x 是 $[a,b]$ 上任意取定的, 故对 x 积分时, 积分区间就是 $[a,b]$.

例 8.3　计算$\iint\limits_D xy\mathrm{d}\sigma$，其中$D$是由抛物线$y^2=x$及直线$y=x$所围成的闭区域.

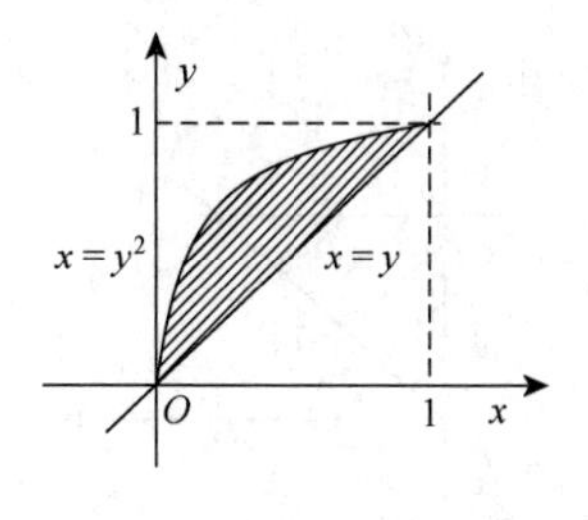

图8-8

解　积分区域D如图 8-8 所示，D既是X型区域，又是Y型区域.

如果D看作X型区域，将D投影到x轴上，得x的变化区间$[0,1]$，任取$x\in[0,1]$，得y的变化区间$[x,\sqrt{x}]$，即$D=\{(x,y)\,|\,0\leqslant x\leqslant 1,\ \ x\leqslant y\leqslant\sqrt{x}\}$，利用公式（8-3），得

$$\begin{aligned}\iint\limits_D xy\mathrm{d}\sigma&=\int_0^1 x\mathrm{d}x\int_x^{\sqrt{x}} y\mathrm{d}y=\frac{1}{2}\int_0^1 x[y^2]_x^{\sqrt{x}}\mathrm{d}x\\&=\frac{1}{2}\int_0^1 x(x-x^2)\mathrm{d}x=\frac{1}{2}\int_0^1(x^2-x^3)\mathrm{d}x\\&=\frac{1}{2}\left[\frac{1}{3}x^3-\frac{1}{4}x^4\right]_0^1=\frac{1}{24}.\end{aligned}$$

如果将D看作Y型区域，将D投影到y轴上，得y的变化区间$[0,1]$，任取$y\in[0,1]$，得x的变化区间$[y^2,y]$，即$D=\{(x,y)\,|\,0\leqslant y\leqslant 1,\ y^2\leqslant x\leqslant y\}$，利用公式（8-5），得

$$\begin{aligned}\iint\limits_D xy\mathrm{d}\sigma&=\int_0^1 y\mathrm{d}y\int_{y^2}^{y} x\mathrm{d}x=\frac{1}{2}\int_0^1 y[x^2]_{y^2}^{y}\mathrm{d}y\\&=\frac{1}{2}\int_0^1 y(y^2-y^4)\mathrm{d}y=\frac{1}{2}\int_0^1(y^3-y^5)\mathrm{d}y\\&=\frac{1}{2}\left[\frac{1}{4}y^4-\frac{1}{6}y^6\right]_0^1=\frac{1}{24}.\end{aligned}$$

例 8.4　计算$\iint\limits_D\sqrt{y^2-xy}\,\mathrm{d}\sigma$，其中$D$是由直线$y=x$，$y=1$，$x=0$所围成的闭区域.

解　积分区域D如图 8-9 所示，D既是X型区域，又是Y型区域.

如果将D看作Y型区域，即

$D=\{(x,y)\,|\,0\leqslant y\leqslant 1, 0\leqslant x\leqslant y\}$，利用公式（8-5），得

$$\begin{aligned}\iint\limits_D\sqrt{y^2-xy}\,\mathrm{d}\sigma&=\int_0^1\mathrm{d}y\int_0^y\sqrt{y^2-xy}\,\mathrm{d}x\\&=-\frac{2}{3}\int_0^1\frac{1}{y}\left[(y^2-xy)^{\frac{3}{2}}\right]_0^y\mathrm{d}y=-\frac{2}{3}\int_0^1\frac{1}{y}(0-y^3)\,\mathrm{d}y\\&=\frac{2}{3}\int_0^1 y^2\,\mathrm{d}y=\frac{2}{9}.\end{aligned}$$

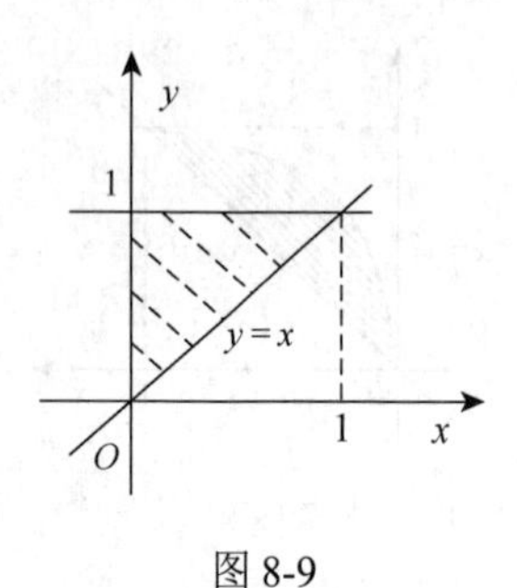

图 8-9

如果将 D 看作 X 型区域，即 $D=\{(x,y)\,|\,0\leqslant x\leqslant 1, x\leqslant y\leqslant 1\}$，利用公式（8-3），得

$$\iint\limits_D \sqrt{y^2-xy}\,\mathrm{d}\sigma=\int_0^1\mathrm{d}x\int_x^1\sqrt{y^2-xy}\,\mathrm{d}y,$$

其中关于 y 的积分计算比较麻烦，所以用公式（8-5）计算方便.

例 8.5 计算 $\iint\limits_D xy\,\mathrm{d}\sigma$，其中 D 是由抛物线 $y^2=x$ 及直线 $y=x-2$ 所围成的闭区域.

图 8-10

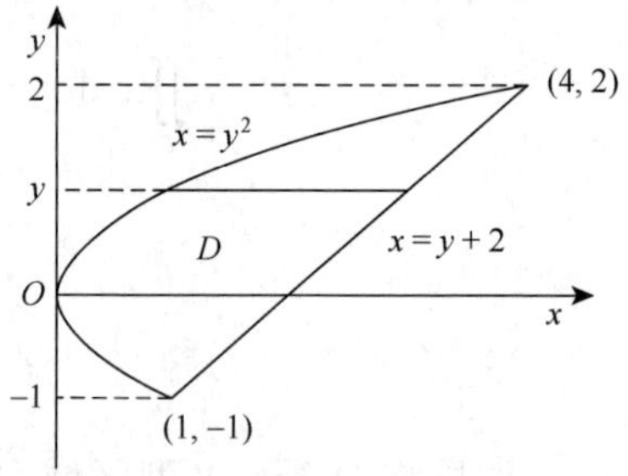

解 积分区域 D 如图 8-10 所示，D 既是 X 型区域，又是 Y 型区域.

如果将 D 看作 Y 型区域，将 D 投影到 y 轴上，得 y 的变化区间 $[-1, 2]$，任取 $y\in[-1, 2]$，得 x 的变化区间 $[y^2, y+2]$，即 $D=\{(x,y)\,|\,-1\leqslant y\leqslant 2, y^2\leqslant x\leqslant y+2\}$，利用公式（8-5），得

$$\begin{aligned}\iint\limits_D xy\,\mathrm{d}\sigma&=\int_{-1}^2 y\mathrm{d}y\int_{y^2}^{y+2}x\mathrm{d}x=\int_{-1}^2 y\left[\frac{1}{2}x^2\right]_{y^2}^{y+2}\mathrm{d}y\\&=\frac{1}{2}\int_{-1}^2 y[(y+2)^2-y^4]\,\mathrm{d}y=\frac{1}{2}\int_{-1}^2(4y+4y^2+y^3-y^5)\,\mathrm{d}y\\&=\frac{1}{2}\left[2y^2+\frac{4}{3}y^3+\frac{1}{4}y^4-\frac{1}{6}y^6\right]_{-1}^2=\frac{45}{8}.\end{aligned}$$

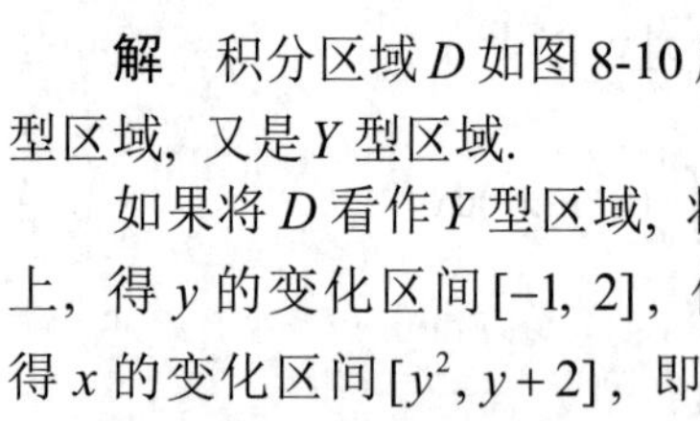

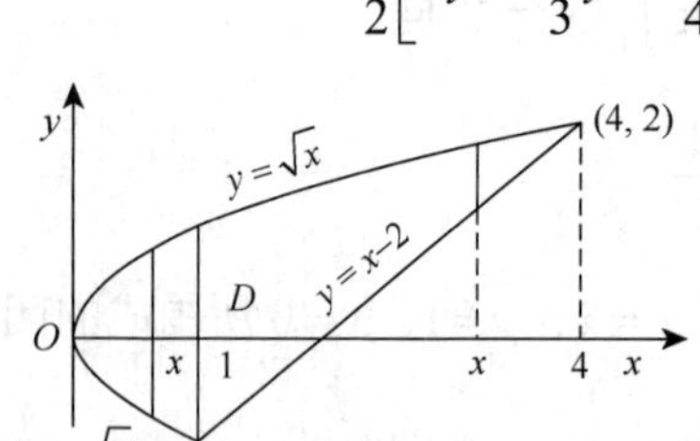

图 8-11

如果将 D 看作 X 型区域，由于在区间 $[0, 1]$ 和 $[1, 4]$ 上 $\varphi_1(x)$ 的表达式不同，所以过交点 $(1, -1)$ 作平行于 y 轴的直线 $x=1$ 将 D 分成 D_1 和 D_2 两部分，如图 8-11 所示，其中

$$D_1=\{(x,y)\,|\,0\leqslant x\leqslant 1, -\sqrt{x}\leqslant y\leqslant\sqrt{x}\},$$

$$D_2=\{(x,y)\,|\,1\leqslant x\leqslant 4, x-2\leqslant y\leqslant\sqrt{x}\}.$$

因此，根据二重积分的性质 8.2，就有

$$\begin{aligned}\iint\limits_D xy\,\mathrm{d}\sigma&=\iint\limits_{D_1}xy\,\mathrm{d}\sigma+\iint\limits_{D_2}xy\,\mathrm{d}\sigma\\&=\int_0^1x\mathrm{d}x\int_{-\sqrt{x}}^{\sqrt{x}}y\mathrm{d}y+\int_1^4x\mathrm{d}x\int_{x-2}^{\sqrt{x}}y\mathrm{d}y=\frac{45}{8}.\end{aligned}$$

例 8.6 计算 $\iint\limits_D \mathrm{e}^{-x^2}\mathrm{d}\sigma$，其中 D 是由直线 $y=x$，$y=0$ 及 $x=1$ 所围成的闭区域.

解 积分区域 D 如图 8-12 所示，D 既是 X 型区域，又是 Y 型区域.

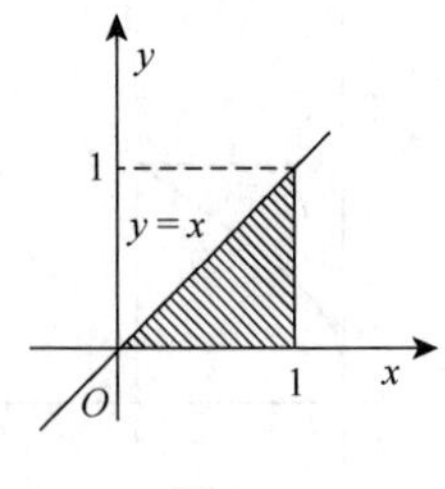

图 8-12

如果将 D 看作 X 型区域，即 $D=\{(x,y)\,|\,0\leqslant x\leqslant 1,\ 0\leqslant y\leqslant x\}$，利用公式（8-3），得

$$\iint_D e^{-x^2}d\sigma=\int_0^1 e^{-x^2}dx\int_0^x dy=\int_0^1 xe^{-x^2}dx$$

$$=-\frac{1}{2}[e^{-x^2}]_0^1=\frac{1}{2}(1-e^{-1}).$$

如果将 D 看作 Y 型区域，即 $D=\{(x,y)\,|\,0\leqslant y\leqslant 1,\ y\leqslant x\leqslant 1\}$，利用公式（8-5），得

$$\iint_D e^{-x^2}d\sigma=\int_0^1 dy\int_y^1 e^{-x^2}dx.$$

由于上式右端出现了不能用初等函数表示的积分 $\int e^{-x^2}dx$，所以计算不出结果. 故本题只能将区域 D 看作 X 型区域，利用公式（8-3）计算.

例 8.7 计算二次积分 $I=\int_{e^{-2}}^{e^{-1}}dy\int_e^{\frac{1}{y}}\frac{1}{\ln x}dx+\int_0^{e^{-2}}dy\int_e^{e^2}\frac{1}{\ln x}dx$.

解 若先对 x 积分，被积函数 $\frac{1}{\ln x}$ 的原函数不能用初等函数表示，但若先对 y 积分，将 $\frac{1}{\ln x}$ 看作常数，这时原函数容易求出，因此，先将所求的二次积分交换积分次序后再计算.

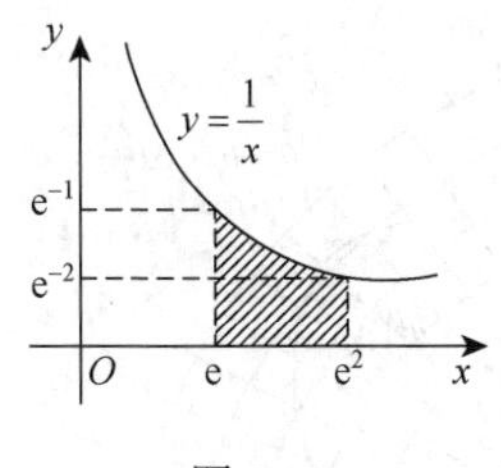

图 8-13

由 I 中两项的积分上限与下限知，积分区域分别为

$$D_1=\left\{(x,y)\,|\,e^{-2}\leqslant y\leqslant e^{-1},\ e\leqslant x\leqslant\frac{1}{y}\right\},$$

$$D_2=\{(x,y)\,|\,0\leqslant y\leqslant e^{-2},\ e\leqslant x\leqslant e^2\}.$$

区域 D 如图 8-13 所示.

将 D 看作 X 型区域，即 $D=\left\{(x,y)\,|\,e\leqslant x\leqslant e^2,\ 0\leqslant y\leqslant\frac{1}{x}\right\}$，于是

$$I=\int_e^{e^2}dx\int_0^{\frac{1}{x}}\frac{1}{\ln x}dy=\int_e^{e^2}\frac{1}{x\ln x}dx=[\ln(\ln x)]_e^{e^2}=\ln 2.$$

例 8.8 计算 $\iint_D|y^2-x|\,d\sigma$，其中 $D=\{(x,y)\,|\,0\leqslant x\leqslant 1,0\leqslant y\leqslant 1\}$.

解 因为

$$|y^2-x|=\begin{cases}y^2-x, & y^2\geqslant x,\\ x-y^2, & y^2<x,\end{cases}$$

所以，为了在积分时去掉绝对值符号，用曲线 $y^2=x$ 将 D 分成 D_1 与 D_2 两部分，如图 8-14 所示，其中

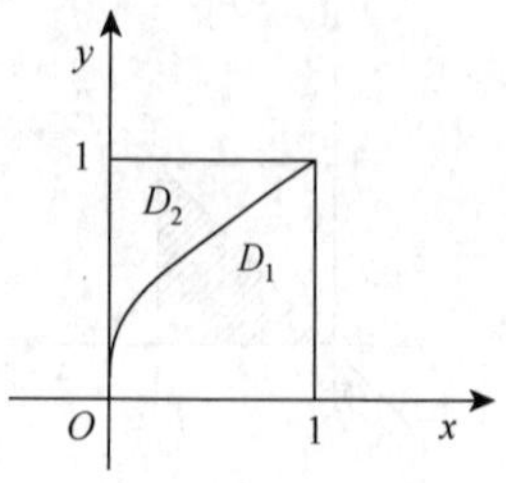

$$D_1=\{(x,y)\,|\,0\leqslant y\leqslant 1,\ y^2\leqslant x\leqslant 1\},$$

$$D_2=\{(x,y)\,|\,0\leqslant y\leqslant 1,\ 0\leqslant x\leqslant y^2\}.$$

图 8-14

于是，根据二重积分的性质 8.2，有

$$\begin{aligned}\iint\limits_{D}|y^2-x|\,\mathrm{d}\sigma&=\iint\limits_{D_1}(x-y^2)\,\mathrm{d}\sigma+\iint\limits_{D_2}(y^2-x)\,\mathrm{d}\sigma\\&=\int_0^1\mathrm{d}y\int_{y^2}^1(x-y^2)\,\mathrm{d}x+\int_0^1\mathrm{d}y\int_0^{y^2}(y^2-x)\,\mathrm{d}x\\&=\int_0^1\left[\frac{1}{2}x^2-xy^2\right]_{y^2}^1\mathrm{d}y+\int_0^1\left[xy^2-\frac{1}{2}x^2\right]_0^{y^2}\mathrm{d}y\\&=\int_0^1\left(\frac{1}{2}-y^2+\frac{1}{2}y^4\right)\mathrm{d}y+\int_0^1\frac{1}{2}y^4\mathrm{d}y=\frac{11}{30}.\end{aligned}$$

8.2.2　利用极坐标计算二重积分

有些二重积分，其积分区域 D 是圆域、圆环域、扇形域或者其中的一部分，D 的边界曲线用极坐标表示比较方便. 尤其当被积函数是 x^2+y^2 或 $\dfrac{y}{x}$ 的函数，用极坐标变量 ρ，θ 表示比较简单，我们可考虑用极坐标来计算二重积分 $\iint\limits_D f(x,y)\mathrm{d}\sigma$.

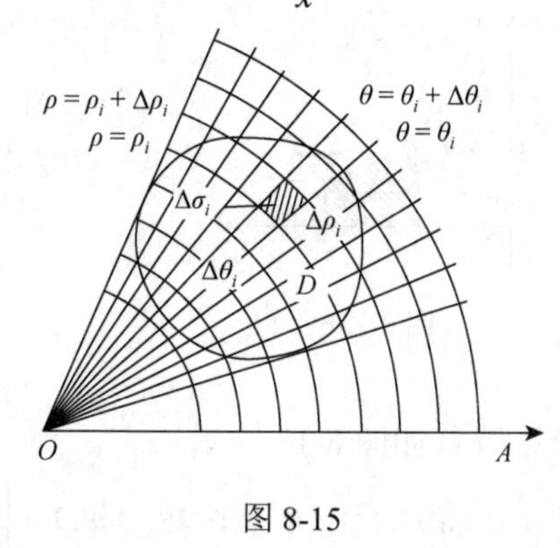

图 8-15

我们知道，二重积分的值与积分区域 D 的分法无关，在直角坐标系下，我们用平行于坐标轴的直线网来划分区域 D. 在极坐标系下，如图 8-15 所示，我们用以极点为中心的一族同心圆：$\rho=$ 常数，以及从极点出发的一族射线：$\theta=$ 常数，把 D 分成 n 个小闭区域，除了包含边界点的一些小闭区域外，其余小闭区域的面积 $\Delta\sigma_i$ 计算如下：

$$\begin{aligned}\Delta\sigma_i&=\frac{1}{2}(\rho_i+\Delta\rho_i)^2\cdot\Delta\theta_i-\frac{1}{2}\rho_i{}^2\cdot\Delta\theta_i\\&=\frac{1}{2}(2\rho_i+\Delta\rho_i)\Delta\rho_i\cdot\Delta\theta_i\\&=\frac{\rho_i+(\rho_i+\Delta\rho_i)}{2}\cdot\Delta\rho_i\cdot\Delta\theta_i\\&=\overline{\rho_i}\cdot\Delta\rho_i\cdot\Delta\theta_i.\end{aligned}$$

其中 $\overline{\rho}_i$ 表示相邻两圆弧半径的平均值. 在这个小闭区域内取圆周 $\rho=\overline{\rho}_i$ 上的一点

$(\overline{\rho}_i,\overline{\theta}_i)$，该点的直角坐标为$(\xi_i,\eta_i)$，则由直角坐标与极坐标之间的关系有$\xi_i=\overline{\rho}_i\cos\overline{\theta}_i$，$\eta_i=\overline{\rho}_i\sin\overline{\theta}_i$. 于是

$$\lim_{\lambda\to 0}\sum_{i=1}^{n}f(\xi_i,\eta_i)\Delta\sigma_i=\lim_{\lambda\to 0}\sum_{i=1}^{n}f(\overline{\rho}_i\cos\overline{\theta}_i,\overline{\rho}_i\sin\overline{\theta}_i)\overline{\rho}_i\cdot\Delta\rho_i\cdot\Delta\theta_i,$$

由二重积分的定义, 便有

$$\iint_D f(x,y)\mathrm{d}\sigma=\iint_D f(\rho\cos\theta,\rho\sin\theta)\rho\mathrm{d}\rho\mathrm{d}\theta. \tag{8-6}$$

这就是二重积分的变量从直角坐标变换为极坐标的变换公式, 其中$\rho\mathrm{d}\rho\mathrm{d}\theta$称为**极坐标系下的面积元素**.

公式（8-6）表明, 要把二重积分的变量从直角坐标变换为极坐标, 只要把被积函数中的x，y分别换为$\rho\cos\theta$，$\rho\sin\theta$，并把直角坐标系下的面积元素$\mathrm{d}x\mathrm{d}y$换为极坐标系下的面积元素$\rho\mathrm{d}\rho\mathrm{d}\theta$.

在极坐标系下, 二重积分仍可化为二次积分来计算, 并且一般都化为先对ρ后对θ的二次积分.

如果极点O在区域D的外部. D由射线$\theta=\alpha$，$\theta=\beta$及曲线$\rho=\varphi_1(\theta)$，$\rho=\varphi_2(\theta)$所围成, 如图 8-16 所示, 其中函数$\varphi_1(\theta),\varphi_2(\theta)$在区间$[\alpha,\beta]$上连续, θ的变化区间为$[\alpha,\beta]$. 任取$\theta\in[\alpha,\beta]$，对应于θ值的射线位于D内的点的极径ρ从$\varphi_1(\theta)$变到$\varphi_2(\theta)$，即

$$D=\{(\rho,\theta)\,|\,\alpha\leqslant\theta\leqslant\beta,\ \varphi_1(\theta)\leqslant\rho\leqslant\varphi_2(\theta)\},$$

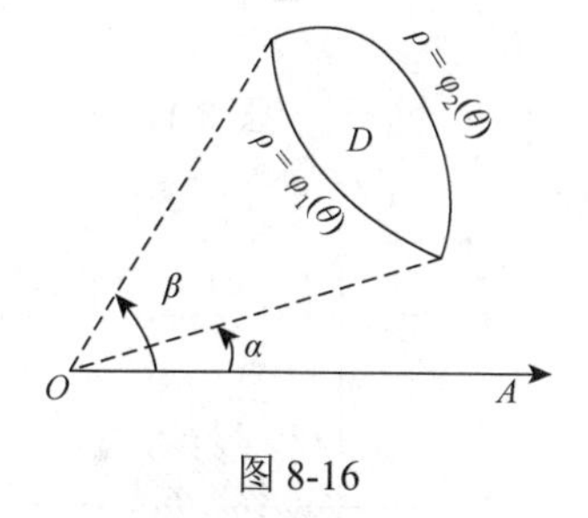

图 8-16

于是

$$\iint_D f(\rho\cos\theta,\rho\sin\theta)\rho\mathrm{d}\rho\mathrm{d}\theta=\int_\alpha^\beta\mathrm{d}\theta\int_{\varphi_1(\theta)}^{\varphi_2(\theta)}f(\rho\cos\theta,\rho\sin\theta)\rho\mathrm{d}\rho.$$

如果极点O在D的边界上, 积分区域D是由射线$\theta=\alpha$，$\theta=\beta$和连续曲线$\rho=\varphi(\theta)$所围成的曲边扇形, 如图 8-17 所示, 这时闭区域D可表示为

$$\alpha\leqslant\theta\leqslant\beta,\ 0\leqslant\rho\leqslant\varphi(\theta),$$

那么

$$\iint_D f(\rho\cos\theta,\rho\sin\theta)\rho\mathrm{d}\rho\mathrm{d}\theta=\int_\alpha^\beta\mathrm{d}\theta\int_0^{\varphi(\theta)}f(\rho\cos\theta,\rho\sin\theta)\rho\mathrm{d}\rho.$$

如果极点O在D的内部, 设D的边界由连续曲线$\rho=\varphi(\theta)$表示, 如图 8-18 所示, 则

$$D=\{(\rho,\theta)\,|\,0\leqslant\theta\leqslant 2\pi,\ 0\leqslant\rho\leqslant\varphi(\theta)\},$$

那么

$$\iint_D f(\rho\cos\theta,\rho\sin\theta)\rho\mathrm{d}\rho\mathrm{d}\theta=\int_0^{2\pi}\mathrm{d}\theta\int_0^{\varphi(\theta)}f(\rho\cos\theta,\rho\sin\theta)\rho\mathrm{d}\rho.$$

例 8.9 计算$\iint\limits_D \frac{1}{1+x^2+y^2}\mathrm{d}x\mathrm{d}y$，其中$D=\{(x,y)\,|\,x^2+y^2\leqslant 1, x\geqslant 0\}$.

解 在极坐标系下，D可表示为$-\frac{\pi}{2}\leqslant\theta\leqslant\frac{\pi}{2}, 0\leqslant\rho\leqslant 1$，如图 8-19 所示，于是

$$\iint\limits_D \frac{1}{1+x^2+y^2}\mathrm{d}x\mathrm{d}y=\int_{-\frac{\pi}{2}}^{\frac{\pi}{2}}\mathrm{d}\theta\int_0^1\frac{\rho}{1+\rho^2}\,\mathrm{d}\rho=\frac{1}{2}\int_{-\frac{\pi}{2}}^{\frac{\pi}{2}}[\ln(1+\rho^2)]_0^1\mathrm{d}\theta$$

$$=\frac{1}{2}\ln 2\int_{-\frac{\pi}{2}}^{\frac{\pi}{2}}\mathrm{d}\theta=\frac{\pi}{2}\ln 2.$$

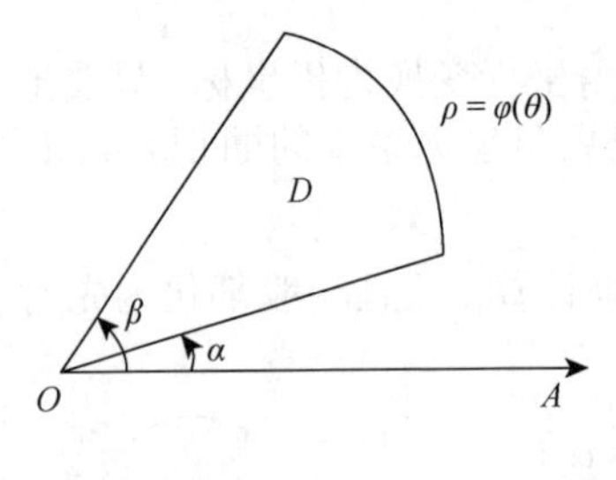

图 8-17

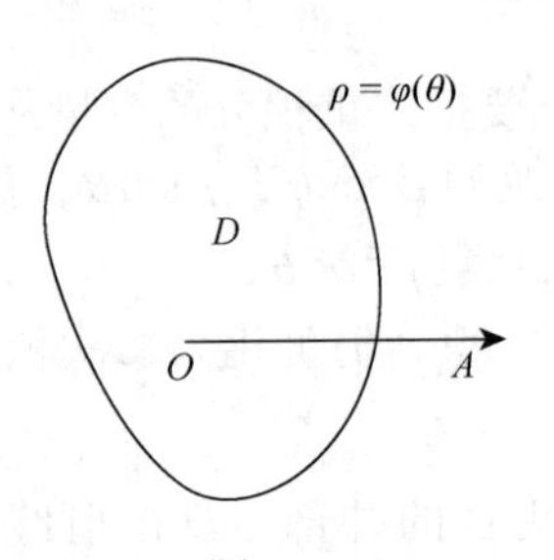

图 8-18

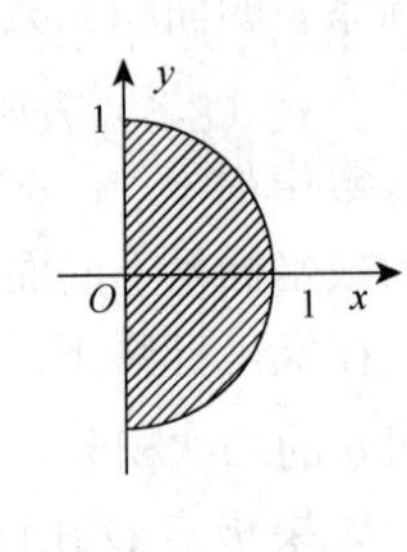

图 8-19

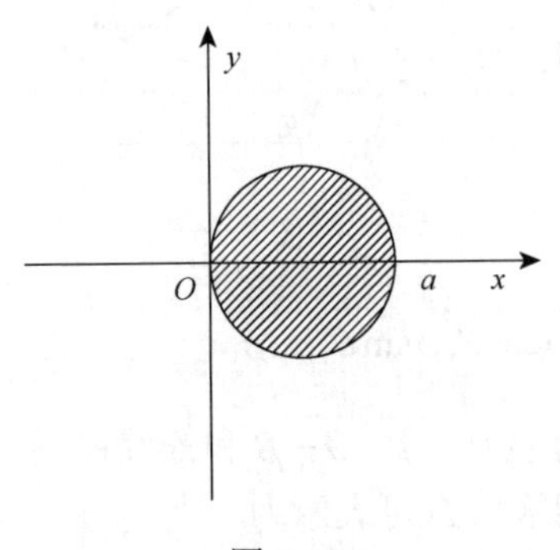

图 8-20

例 8.10 计算$\iint\limits_D\sqrt{a^2-x^2-y^2}\mathrm{d}\sigma$，其中$D$是由圆周$x^2+y^2=ax$所围成的闭区域.

解 在极坐标系下，D可用不等式组表示为：$-\frac{\pi}{2}\leqslant\theta\leqslant\frac{\pi}{2}, 0\leqslant\rho\leqslant a\cos\theta$，如图 8-20 所示，于是

$$\iint\limits_D\sqrt{a^2-x^2-y^2}\mathrm{d}\sigma=\int_{-\frac{\pi}{2}}^{\frac{\pi}{2}}\mathrm{d}\theta\int_0^{a\cos\theta}\sqrt{a^2-\rho^2}\,\rho\,\mathrm{d}\rho$$

$$=-\frac{1}{2}\int_{-\frac{\pi}{2}}^{\frac{\pi}{2}}\mathrm{d}\theta\int_0^{a\cos\theta}\sqrt{a^2-\rho^2}\,\mathrm{d}(a^2-\rho^2)=-\frac{1}{3}\int_{-\frac{\pi}{2}}^{\frac{\pi}{2}}[(a^2-\rho^2)^{\frac{3}{2}}]_0^{a\cos\theta}\mathrm{d}\theta$$

$$=\frac{a^3}{3}\int_{-\frac{\pi}{2}}^{\frac{\pi}{2}}[1-(\sqrt{1-\cos^2\theta})^3]\mathrm{d}\theta$$

$$=\frac{a^3}{3}\int_0^{\frac{\pi}{2}}(1-\sin^3\theta)\mathrm{d}\theta+\frac{a^3}{3}\int_{-\frac{\pi}{2}}^{0}(1+\sin^3\theta)\mathrm{d}\theta$$

$$=\frac{2a^3}{3}\left(\frac{\pi}{2}-\frac{2}{3}\right).$$

例 8.11 计算：$\iint\limits_D (\sqrt{x^2+y^2}+y)\mathrm{d}x\mathrm{d}y$，其中 D 是由 $x^2+y^2=4$ 和 $(x+1)^2+y^2=1$ 所围成.

解 设大圆内的圆域为 D_1，小圆内的圆域为 D_2，如图 8-21 所示. 则 $D=D_1-D_2$. 将积分区域 D 用不等式表示为

$$D_1=\{(\rho,\theta)\,|\,0\leqslant\theta\leqslant 2\pi, 0\leqslant\rho\leqslant 2\},$$

$$D_2=\{(\rho,\theta)\,|\,\frac{\pi}{2}\leqslant\theta\leqslant\frac{3}{2}\pi, 0\leqslant\rho\leqslant -2\cos\theta\},$$

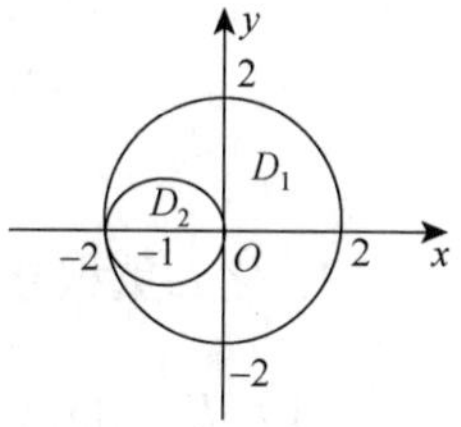

图 8-21

所以

$$\iint\limits_D (\sqrt{x^2+y^2}+y)\mathrm{d}x\mathrm{d}y$$

$$=\iint\limits_D y\mathrm{d}x\mathrm{d}y+\iint\limits_D \sqrt{x^2+y^2}\mathrm{d}x\mathrm{d}y$$

$$=\iint\limits_D \sqrt{x^2+y^2}\mathrm{d}x\mathrm{d}y \quad （根据对称性，\iint\limits_D y\,\mathrm{d}x\mathrm{d}y=0）$$

$$=\iint\limits_{D_1} \sqrt{x^2+y^2}\mathrm{d}x\mathrm{d}y-\iint\limits_{D_2} \sqrt{x^2+y^2}\mathrm{d}x\mathrm{d}y=\int_0^{2\pi}\mathrm{d}\theta\int_0^2\rho\cdot\rho\mathrm{d}\rho-\int_{\frac{\pi}{2}}^{\frac{3}{2}\pi}\mathrm{d}\theta\int_0^{-2\cos\theta}\rho\cdot\rho\mathrm{d}\rho$$

$$=2\pi\cdot\frac{8}{3}+\frac{8}{3}\int_{\frac{\pi}{2}}^{\frac{3}{2}\pi}(1-\sin^2\theta)\mathrm{d}\sin\theta=\frac{16}{9}(3\pi-2).$$

例 8.12 利用二重积分计算积分 $I=\int_0^{+\infty}\mathrm{e}^{-x^2}\mathrm{d}x$.

解 因为被积函数 e^{-x^2} 的原函数不是初等函数，所以该积分值不能用牛顿-莱布尼茨公式计算，但由于

$$I=\int_0^{+\infty}\mathrm{e}^{-x^2}\mathrm{d}x=\int_0^{+\infty}\mathrm{e}^{-y^2}\mathrm{d}y,$$

所以 $I^2=\left(\int_0^{+\infty}\mathrm{e}^{-x^2}\mathrm{d}x\right)^2=\iint\limits_D \mathrm{e}^{-(x^2+y^2)}\mathrm{d}x\mathrm{d}y$，

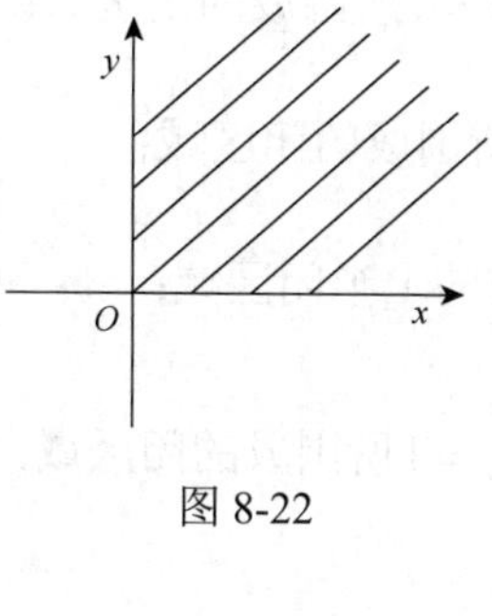

其中 $D=\{(x,y)\,|\,x\geqslant 0, y\geqslant 0\}$. 在极坐标系下，$D$ 可表示为 $0\leqslant\theta\leqslant\frac{\pi}{2}, 0\leqslant\rho<+\infty$，如图 8-22 所示，于是

图 8-22

$$I^2=\iint\limits_D \mathrm{e}^{-(x^2+y^2)}\mathrm{d}x\mathrm{d}y=\int_0^{\frac{\pi}{2}}\mathrm{d}\theta\int_0^{+\infty}\mathrm{e}^{-\rho^2}\rho\,\mathrm{d}\rho$$

$$=\frac{\pi}{2}\cdot\left(-\frac{1}{2}\right)\int_0^{+\infty}\mathrm{e}^{-\rho^2}\mathrm{d}(-\rho^2)$$

$$=-\frac{\pi}{4}[\mathrm{e}^{-\rho^2}]_0^{+\infty}=\frac{\pi}{4}.$$

而 $I>0$，故 $I=\int_0^{+\infty}\mathrm{e}^{-x^2}\mathrm{d}x=\frac{\sqrt{\pi}}{2}$.

习　题　8-2

1. 化二重积分 $I=\iint\limits_D f(x,y)\mathrm{d}\sigma$ 为两种不同次序的二次积分：

（1）$D=\{(x,y)\mid |x|+|y|\leqslant 1\}$；

（2）$D=\{(x,y)\mid 1\leqslant x^2+y^2\leqslant 4, x\geqslant 0, y\geqslant 0\}$；

（3）D 是由直线 $y=x$，$x=1$ 及 $y=5x$，$x=2$ 所围成的闭区域；

（4）D 是由直线 $x+y=2$，$x=0$ 及曲线 $y=x^3$ 所围成的闭区域.

2. 改变下列二次积分的积分次序：

（1）$\int_0^2\mathrm{d}x\int_{2-x}^{\sqrt{4-x^2}}f(x,y)\mathrm{d}y$；

（2）$\int_0^1\mathrm{d}y\int_{\sqrt{y}}^{\sqrt{2-y^2}}f(x,y)\mathrm{d}x$；

（3）$\int_1^{\mathrm{e}}\mathrm{d}x\int_0^{\ln x}f(x,y)\mathrm{d}y$；

（4）$\int_0^4\mathrm{d}y\int_0^{\frac{y}{2}}f(x,y)\mathrm{d}x+\int_4^6\mathrm{d}y\int_0^{6-y}f(x,y)\mathrm{d}x$；

（5）$\int_{-2}^0\mathrm{d}y\int_0^{y+2}f(x,y)\mathrm{d}x+\int_0^4\mathrm{d}y\int_0^{\sqrt{4-y}}f(x,y)\mathrm{d}x$；

（6）$\int_0^1\mathrm{d}x\int_0^{x^2}f(x,y)\mathrm{d}y+\int_1^2\mathrm{d}x\int_0^{\sqrt{2x-x^2}}f(x,y)\mathrm{d}y$.

3. 计算下列二重积分：

（1）$\iint\limits_D \mathrm{e}^{x+y}\mathrm{d}x\mathrm{d}y$，其中 $D=\{(x,y)\mid 0\leqslant x\leqslant 1, 0\leqslant y\leqslant 1\}$；

（2）$\iint\limits_D (2x+3y)\mathrm{d}x\mathrm{d}y$，其中 D 是由两坐标轴及直线 $x+y=1$ 所围成的闭区域；

（3）$\iint\limits_D x\sqrt{y}\,\mathrm{d}x\mathrm{d}y$，其中 D 是由抛物线 $y=\sqrt{x}$ 及 $y=x^2$ 所围成的闭区域；

（4）$\iint\limits_D x^2y\mathrm{d}x\mathrm{d}y$，其中 D 是由圆 $x^2+y^2=1$ 及 x 轴所围成的上半闭区域；

（5）$\iint\limits_D \frac{x^2}{y^2}\mathrm{d}x\mathrm{d}y$，其中 D 是由直线 $y=x$，$x=2$ 及曲线 $xy=1$ 所围成的闭区域；

（6）$\iint\limits_D e^{\frac{x}{y}}dxdy$，其中 D 是由直线 $y=1$，$y=2$，$x=0$ 及曲线 $y^2=x$ 所围成的闭区域;

（7）$\iint\limits_D \frac{\sin y}{y}dxdy$，其中 D 是由直线 $y=x$ 及曲线 $y^2=x$ 所围成的闭区域.

4. 把二重积分 $I=\iint\limits_D f(x,y)d\sigma$ 表示成极坐标系下的二次积分, 其中积分区域 D 是:

（1）$\{(x,y)\,|\,x^2+y^2\leqslant 2Rx\}$；

（2）$\{(x,y)\,|\,x^2+y^2\leqslant a^2, y\geqslant 0\}\ (a>0)$；

（3）$\{(x,y)\,|\,0\leqslant x\leqslant 1,\ 0\leqslant y\leqslant 1\}$；

（4）$\{(x,y)\,|\,x^2+y^2\leqslant 1, x+y\geqslant 1\}$.

5. 利用极坐标计算下列二重积分:

（1）$\iint\limits_D e^{-(x^2+y^2)}d\sigma$，其中 $D=\{(x,y)\,|\,x^2+y^2\leqslant 4\}$；

（2）$\iint\limits_D \ln(1+x^2+y^2)d\sigma$，其中 $D=\{(x,y)\,|\,x^2+y^2\leqslant 1, x\geqslant 0\}$；

（3）$\iint\limits_D \arctan\frac{y}{x}d\sigma$，其中 $D=\{(x,y)\,|\,1\leqslant x^2+y^2\leqslant 4, 0\leqslant y\leqslant x\}$；

（4）$\iint\limits_D \sin\sqrt{x^2+y^2}d\sigma$，其中 $D=\{(x,y)\,|\,x^2+y^2\leqslant 4\}$；

（5）$\iint\limits_D |x^2+y^2-4|d\sigma$，其中 $D=\{(x,y)\,|\,x^2+y^2\leqslant 9\}$；

（6）$\iint\limits_D e^{-(x^2+y^2-\pi)}\sin(x^2+y^2)d\sigma$，其中 $D=\{(x,y)\,|\,x^2+y^2\leqslant \pi\}$；

（7）$\iint\limits_D \sqrt{x^2+y^2}d\sigma$，其中 $D=\{(x,y)\,|\,2x\leqslant x^2+y^2\leqslant 4\}$.

6. 计算下列二次积分:

（1）$\int_1^2 dx\int_{\sqrt{x}}^{x}\sin\frac{\pi x}{2y}dy+\int_2^4 dx\int_{\sqrt{x}}^{2}\sin\frac{\pi x}{2y}dy$；

（2）$\int_{\frac{1}{4}}^{\frac{1}{2}}dy\int_{\frac{1}{2}}^{\sqrt{y}}e^{\frac{y}{x}}dx+\int_{\frac{1}{2}}^{1}dy\int_{y}^{\sqrt{y}}e^{\frac{y}{x}}dx$.

7. 计算二重积分: $\iint\limits_D \frac{\sqrt{x^2+y^2}}{\sqrt{4a^2-x^2-y^2}}dxdy$，其中 D 是由曲线 $y=-a+\sqrt{a^2-x^2}$（$a>0$）和直线 $y=-x$ 所围成的闭区域.

8. 求两个底圆半径都等于 R 的直交圆柱面所围成的立体的体积.

9. 求由曲面 $z=6-x^2-2y^2$ 及 $z=2x^2+y^2$ 所围成的立体的体积.

总习题八（A）

1. 填空题

（1）设 D 是正方形区域 $\{(x,y)\,|\,0\leqslant x\leqslant 1, 0\leqslant y\leqslant 1\}$，则 $\iint\limits_D xy\mathrm{d}x\mathrm{d}y=$ ________.

（2）已知 D 是长方形区域 $\{(x,y)|a\leqslant x\leqslant b, 0\leqslant y\leqslant 1\}$，又已知 $\iint\limits_D yf(x)\mathrm{d}x\mathrm{d}y=1$，则 $\int_a^b f(x)\mathrm{d}x=$ __________.

（3）若 D 是由 $x+y=1$ 和两坐标轴围城的三角形区域, 则二重积分 $\iint\limits_D f(x)\mathrm{d}x\mathrm{d}y$ 可以表示为定积分 $\iint\limits_D f(x)\mathrm{d}x\mathrm{d}y=\int_0^1\varphi(x)\mathrm{d}x$，那么 $\varphi(x)=$ __________.

（4）若 $\int_0^1\mathrm{d}x\int_0^x f(x,y)\mathrm{d}y=\int_0^1\mathrm{d}y\int_{x_1(y)}^{x_2(y)} f(x,y)\mathrm{d}x$，那么区间 $[x_1(y),x_2(y)]=$ _______.

（5）若 $\int_{-a}^0\mathrm{d}x\int_0^{\sqrt{a^2-x^2}} f(x,y)\mathrm{d}y=\int_\alpha^\beta\mathrm{d}\theta\int_0^a rf(r\cos\theta,r\sin\theta)\mathrm{d}r$，则区间 $(\alpha,\beta)=$ ________.

2. 选择题

（1）设 D 是由 $y=kx\,(k>0), y=0$ 和 $x=1$ 所围成的三角形区域, 且 $\iint\limits_D xy^2\mathrm{d}x\mathrm{d}y=\frac{1}{15}$，则 $k=$（　　）.

A. 1　　B. $\sqrt[3]{\frac{4}{5}}$　　C. $\sqrt[3]{\frac{1}{15}}$　　D. $\sqrt[3]{\frac{2}{5}}$

（2）设 D_1 是正方形区域，D_2 是 D_1 的内切圆区域，D_3 是 D_1 的外接圆区域，D_1 的中心点在 $(-1,1)$ 点，记 $I_1=\iint\limits_{D_1}\mathrm{e}^{2y-x^2-y^2}\mathrm{d}x\mathrm{d}y$，$I_2=\iint\limits_{D_2}\mathrm{e}^{2y-x^2-y^2}\mathrm{d}x\mathrm{d}y$，$I_3=\iint\limits_{D_3}\mathrm{e}^{2y-x^2-y^2}\mathrm{d}x\mathrm{d}y$，则 I_1,I_2,I_3 的大小顺序为（　　）.

A. $I_1\leqslant I_2\leqslant I_3$　　B. $I_2\leqslant I_1\leqslant I_3$

C. $I_3\leqslant I_1\leqslant I_2$　　D. $I_3\leqslant I_2\leqslant I_1$

（3）将极坐标系下的二次积分：$I=\int_0^\pi\mathrm{d}\theta\int_0^{2\sin\theta} rf(r\cos\theta,r\sin\theta)\mathrm{d}r$ 化为直角坐标系下的二次积分, 则 $I=$（　　）.

A. $I=\int_{-1}^1\mathrm{d}y\int_{1-\sqrt{1-y^2}}^{1+\sqrt{1-y^2}} f(x,y)\mathrm{d}x$　　B. $I=\int_0^2\mathrm{d}x\int_{-\sqrt{2x-x^2}}^{\sqrt{2x-x^2}} f(x,y)\mathrm{d}y$

C. $I=\int_{-1}^{1}\mathrm{d}y\int_{-\sqrt{2y-y^2}}^{\sqrt{2y-y^2}}f(x,y)\mathrm{d}x$　　D. $I=\int_{-1}^{1}\mathrm{d}x\int_{1-\sqrt{1-x^2}}^{1+\sqrt{1-x^2}}f(x,y)\mathrm{d}y$

（4）设D是第二象限内的一个有界闭区域，而且$0<y<1$. 记

$$I_1=\iint_D yx\mathrm{d}\sigma,\quad I_2=\iint_D y^2x\mathrm{d}\sigma,\quad I_3=\iint_D y^{\frac{1}{2}}x\mathrm{d}\sigma,$$

则I_1,I_2,I_3的大小顺序为（　　）.

A. $I_1\leqslant I_2\leqslant I_3$　　B. $I_2\leqslant I_1\leqslant I_3$

C. $I_3\leqslant I_1\leqslant I_2$　　D. $I_3\leqslant I_2\leqslant I_1$

3. 计算下列积分：

（1）计算$\iint\limits_D \mathrm{e}^x\mathrm{d}x\mathrm{d}y$，其中$D$是由$x=0, y=\mathrm{e}^x$和$y=2$所围成的区域；

（2）计算$\iint\limits_D \frac{x^2}{y^2}\mathrm{d}x\mathrm{d}y$，其中$D$是由$x=-2, y=x$和$xy=1$所围成的区域；

（3）计算$\iint\limits_D (x+y)\mathrm{d}x\mathrm{d}y$，其中$D$是由$x^2+y^2\leqslant 2$和$x^2+y^2\geqslant 2x$所围成的区域.

4. 交换下列积分的顺序：

（1）$\int_0^1\mathrm{d}y\int_y^{\sqrt{y}}f(x,y)\mathrm{d}x$；　　（2）$\int_1^{\mathrm{e}}\mathrm{d}x\int_0^{\ln x}f(x,y)\mathrm{d}y$；

（3）$\int_0^2\mathrm{d}x\int_x^{2x}f(x,y)\mathrm{d}y$；　　（4）$\int_0^1\mathrm{d}x\int_0^x f(x,y)\mathrm{d}y+\int_1^2\mathrm{d}x\int_0^{2-x}f(x,y)\mathrm{d}y$；

（5）$\int_0^1\mathrm{d}x\int_0^{x^2}f(x,y)\mathrm{d}y+\int_1^2\mathrm{d}x\int_0^{2-x}f(x,y)\mathrm{d}y$.

5. 将二重积分$\iint\limits_D f(x,y)\mathrm{d}\sigma$化成在直角坐标下两种顺序的二次积分，并进一步化成在极坐标下的二次积分，其中积分区域D给定如下：

（1）D是区域$\{(x,y)\,|\,x^2+y^2\leqslant 2y\}$；

（2）D是区域$\{(x,y)\,|\,x^2+y^2\leqslant 1, x+y\geqslant 1\}$；

（3）D是区域$\{(x,y)\,|\,1\leqslant x^2+y^2\leqslant 4\}$；

（4）D是由$y=x, y=0$和$x=1$所围成的区域.

6. 用二重积分计算以下图形D的面积：

（1）D由$y=\mathrm{e}^x, y=\mathrm{e}^{2x}, x=1$所围成；　（2）$D$由$y^2=x, x+y=2$所围成.

7. 用二重积分计算由曲面$z=1-x^2-y^2$及$z=0$所围立体的体积.

总习题八（B）

1. 选择题

（1）设D是xoy平面上以（1，1），（−1，1）和（−1，−1）为顶点的三角

形区域，D_1 是 D 在第一象限的部分，则 $\iint\limits_D (xy+\cos x\sin y)\,\mathrm{d}x\mathrm{d}y=$（　　）.

A. $2\iint\limits_{D_1}\cos x\sin y\,\mathrm{d}x\mathrm{d}y$　　B. $2\iint\limits_{D_1}xy\,\mathrm{d}x\mathrm{d}y$

C. $4\iint\limits_{D_1}(xy+\cos x\sin y)\,\mathrm{d}x\mathrm{d}y$　　D. 0

（2）设 $f(x,y)$ 连续，且 $f(x,y)=xy+\iint\limits_D f(u,v)\mathrm{d}u\mathrm{d}v$，其中 D 是由 $y=x^2, y=0$，$x=1$ 所围成的闭区域，则 $f(x,y)=$（　　）.

A. xy　　B. $2xy$　　C. $xy+\dfrac{1}{8}$　　D. $xy+1$

（3）设 $f(x,y)$ 为连续函数，则 $\int_0^{\frac{\pi}{4}}\mathrm{d}\theta\int_0^1 f(\rho\cos\theta,\rho\sin\theta)\rho\mathrm{d}\rho=$（　　）.

A. $\int_0^{\frac{\sqrt{2}}{2}}\mathrm{d}x\int_x^{\sqrt{1-x^2}} f(x,y)\mathrm{d}y$　　B. $\int_0^{\frac{\sqrt{2}}{2}}\mathrm{d}x\int_0^{\sqrt{1-x^2}} f(x,y)\mathrm{d}y$

C. $\int_0^{\frac{\sqrt{2}}{2}}\mathrm{d}y\int_y^{\sqrt{1-y^2}} f(x,y)\mathrm{d}x$　　D. $\int_0^{\frac{\sqrt{2}}{2}}\mathrm{d}y\int_0^{\sqrt{1-y^2}} f(x,y)\mathrm{d}x$

（4）设函数 $f(u)$ 连续，区域 $D=\{(x,y)|x^2+y^2\leqslant 2y\}$，则 $\iint\limits_D f(xy)\mathrm{d}x\mathrm{d}y=$（　　）.

A. $\int_{-1}^1\mathrm{d}x\int_{-\sqrt{1-x^2}}^{\sqrt{1-x^2}} f(xy)\mathrm{d}y$　　B. $\int_0^{\pi}\mathrm{d}\theta\int_0^{2\sin\theta} f(\rho^2\cos\theta\sin\theta)\mathrm{d}\rho$

C. $2\int_0^2\mathrm{d}y\int_0^{\sqrt{2y-y^2}} f(xy)\mathrm{d}x$　　D. $\int_0^{\pi}\mathrm{d}\theta\int_0^{2\sin\theta} f(\rho^2\cos\theta\sin\theta)\rho\mathrm{d}\rho$

（5）设区域 $D=\{(x,y)|x^2+y^2\leqslant 4, x\geqslant 0, y\geqslant 0\}$，$f(x)$ 为 D 上的正值连续函数，a ,b 为常数，则 $\iint\limits_D \dfrac{a\sqrt{f(x)}+b\sqrt{f(y)}}{\sqrt{f(x)}+\sqrt{f(y)}}\mathrm{d}\sigma=$（　　）.

A. $ab\pi$　　B. $\dfrac{ab}{2}\pi$　　C. $(a+b)\pi$　　D. $\dfrac{a+b}{2}\pi$

2. 填空题

（1）交换积分次序 $\int_0^1\mathrm{d}x\int_{\sqrt{x}}^{1+\sqrt{1-x^2}} f(x,y)\mathrm{d}y=$__________.

（2）交换积分次序 $\int_0^1\mathrm{d}y\int_{\sqrt{y}}^{\sqrt{2-y^2}} f(x,y)\mathrm{d}x=$__________.

（3）交换积分次序 $\int_0^{\frac{1}{4}}\mathrm{d}y\int_y^{\sqrt{y}} f(x,y)\mathrm{d}x+\int_{\frac{1}{4}}^{\frac{1}{2}}\mathrm{d}y\int_y^{\frac{1}{2}} f(x,y)\mathrm{d}x=$________.

（4）已知函数 $f(x)$ 在 $[0, 1]$ 上连续，且 $\int_0^1 f(x)\mathrm{d}x=A$，则 $\int_0^1\mathrm{d}x\int_x^1 f(x)\ f(y)\mathrm{d}y=$ ________.

（5）设 $a>0$，$f(x)=g(x)=\begin{cases}a, & 0\leqslant x\leqslant 1,\\ 0, & 其他,\end{cases}$ 而 D 表示全平面，则 $I=\iint\limits_D f(x)g(y-x)\,\mathrm{d}x\mathrm{d}y=$__________.

3. 计算二重积分：$\iint\limits_D y[1+x\mathrm{e}^{\frac{1}{2}(x^2+y^2)}]\mathrm{d}x\mathrm{d}y$，其中 D 是由直线 $y=x, y=-1$ 及 $x=1$ 围成的平面区域.

4. 计算二重积分：$\iint\limits_D x\mathrm{e}^{-y^2}\mathrm{d}x\mathrm{d}y$，其中 D 是曲线 $y=4x^2$ 和 $y=9x^2$ 在第一象限所围成的区域.

5. 计算二次积分：$\iint\limits_D \mathrm{e}^{\max\{x^2,y^2\}}\mathrm{d}x\mathrm{d}y$. 其中 $D=\{(x,y)|0\leqslant x\leqslant 1, 0\leqslant y\leqslant 1\}$.

6. 设函数 $f(x,y)=\begin{cases}x^2y, & 1\leqslant x\leqslant 2, 0\leqslant y\leqslant x,\\ 0, & 其他,\end{cases}$ 求 $\iint\limits_D f(x,y)\mathrm{d}x\mathrm{d}y$，其中 $D=\{(x,y)|\ x^2+y^2\geqslant 2x\}$.

7. 设 $D=\{(x,y)|x^2+y^2\leqslant\sqrt{2}, x\geqslant 0, y\geqslant 0\}$，$[1+x^2+y^2]$ 表示不超过 $1+x^2+y^2$ 的最大整数. 计算二重积分 $\iint\limits_D xy[1+x^2+y^2]\mathrm{d}x\mathrm{d}y$.

8. 计算二重积分 $\iint\limits_D \left|x^2+y^2-1\right|\mathrm{d}\sigma$，其中 $D=\{(x,y)|0\leqslant x\leqslant 1, 0\leqslant y\leqslant 1\}$.

9. 计算二重积分：$\iint\limits_D \sqrt{|y-x^2|}\,\mathrm{d}x\mathrm{d}y$，其中 $D=\{(x,y)||x|\leqslant 1，0\leqslant y\leqslant 2\}$.

10. 设闭区域 D：$x^2+y^2\leqslant y, x\geqslant 0$，$f(x,y)$ 为 D 上的连续函数，且

$$f(x,y)=\sqrt{1-x^2-y^2}-\frac{8}{\pi}\iint\limits_D f(u,v)\mathrm{d}u\mathrm{d}v,$$

求 $f(x,y)$.

多元微积分学的发展史

第9章 无 穷 级 数

无穷级数是高等数学的重要内容之一，其本质在于对无穷多项求和，也就是对一个无穷数列的所有项求和. 它是表示函数、研究函数的性质及进行数值计算的一种工具. 无穷级数分为常数项级数和函数项级数，常数项级数是函数项级数的特殊情况，是函数项级数的基础. 因此，在本章我们先讨论常数项级数，介绍无穷级数的一些基本内容，然后讨论函数项级数的有关问题.

9.1 常数项级数的概念与性质

9.1.1 常数项级数的概念

假设给定一个数列 $u_1, u_2, u_3, \cdots, u_n, \cdots$，则表达式

$$u_1 + u_2 + u_3 + \cdots + u_n + \cdots \tag{9-1}$$

称为（常数项）无穷级数，简称（常数项）级数，记为 $\sum_{n=1}^{\infty} u_n$，即

$$\sum_{n=1}^{\infty} u_n = u_1 + u_2 + u_3 + \cdots + u_n + \cdots,$$

其中第 n 项 u_n 称为级数的一般项或通项.

例如，

$$\sum_{n=1}^{\infty}(2n-1) = 1 + 3 + 5 + \cdots + (2n-1) + \cdots;$$

$$\sum_{n=1}^{\infty}(-1)^n = -1 + 1 - 1 + \cdots + (-1)^n + \cdots;$$

$$\sum_{n=1}^{\infty}\frac{1}{n^p} = 1 + \frac{1}{2^p} + \frac{1}{3^p} + \cdots + \frac{1}{n^p} + \cdots.$$

都是常数项级数.

等差数列各项的和 $\sum_{n=1}^{\infty}[a_1 + (n-1)d]$ 称为算术级数. 等比数列各项的和 $\sum_{n=1}^{\infty} a_1 q^{n-1}$ 称为等比级数，也称为几何级数. 级数 $\sum_{n=1}^{\infty}\frac{1}{n^p}$ 称为 p-级数，当 $p = 1$ 时，称为调和级数.

设级数（9-1）的前 n 项和为

$$s_n=\sum_{k=1}^{n}u_k=u_1+u_2+\cdots+u_n.$$

称 s_n 为级数（9-1）的部分和.

当 n 依次取 $1,2,3,\cdots$ 时，得到一个新的数列

$$s_1=u_1,\ s_2=u_1+u_2,\cdots,\ s_n=u_1+u_2+\cdots+u_n,\cdots.$$

数列 $\{s_n\}$ 称为级数 $\sum\limits_{n=1}^{\infty}u_n$ 的部分和数列.

定义 9.1 如果级数 $\sum\limits_{n=1}^{\infty}u_n$ 的部分和数列 $\{s_n\}$ 有极限 s，即

$$\lim_{n\to\infty}s_n=s\ (\text{常数}),$$

则称级数 $\sum\limits_{n=1}^{\infty}u_n$ 收敛，这时极限 s 称为这个级数的和，并写成

$$s=u_1+u_2+u_3+\cdots+u_n+\cdots;$$

如果部分和数列 $\{s_n\}$ 没有极限，则称级数 $\sum\limits_{n=1}^{\infty}u_n$ 发散.

显然，当级数收敛时，其部分和 s_n 是级数的和 s 的近似值，它们之间的差值

$$r_n=s-s_n=u_{n+1}+u_{n+2}+\cdots$$

称为级数的余项. 用近似值 s_n 代替和 s 所产生的误差是这个余项的绝对值，即误差是 $|r_n|$.

例 9.1 判定无穷级数 $\sum\limits_{n=1}^{\infty}\dfrac{1}{n(n+1)}$ 的敛散性.

解 该级数的部分和为

$$\begin{aligned}s_n&=\frac{1}{1\cdot2}+\frac{1}{2\cdot3}+\cdots+\frac{1}{n(n+1)}\\&=\left(1-\frac{1}{2}\right)+\left(\frac{1}{2}-\frac{1}{3}\right)+\cdots+\left(\frac{1}{n}-\frac{1}{n+1}\right)=1-\frac{1}{n+1},\end{aligned}$$

因为

$$\lim_{n\to\infty}s_n=\lim_{n\to\infty}\left(1-\frac{1}{n+1}\right)=1,$$

所以该级数收敛，它的和为 1.

例 9.2 证明级数 $\sum\limits_{n=1}^{\infty}n$ 是发散的.

证明 该级数的部分和为

$$s_n = 1 + 2 + 3 + \cdots + n = \frac{1}{2}n(n+1).$$

显然$\lim\limits_{n\to\infty} s_n = \infty$，因此所给级数是发散的.

例 9.3　证明级数$\sum\limits_{n=1}^{\infty}(-1)^{n-1}$是发散的.

证明　该级数的部分和为

$$s_n = 1 - 1 + 1 - 1 + \cdots + (-1)^{n-1} = \begin{cases} 1, & n = 2k-1, \\ 0, & n = 2k, \end{cases} k = 1, 2, \cdots.$$

显然，$\lim\limits_{n\to\infty} s_n$不存在，因此所给级数是发散的.

例 9.4　讨论几何级数$\sum\limits_{n=1}^{\infty} aq^{n-1}$的敛散性，其中$a \neq 0$，$q$是公比.

解　当$|q|<1$时，部分和

$$s_n = a + aq + \cdots + aq^{n-1} = \frac{a - aq^n}{1-q} = \frac{a}{1-q} - \frac{aq^n}{1-q}.$$

由于$\lim\limits_{n\to\infty} q^n = 0$，从而$\lim\limits_{n\to\infty} s_n = \frac{a}{1-q}$，因此级数收敛，其和为$\frac{a}{1-q}$.

当$|q|=1$时，如果$q=1$，则$s_n = na \to \infty$，此时级数发散；如果$q=-1$，则

$$s_n = \begin{cases} 0, & n\text{为偶数}, \\ a, & n\text{为奇数}, \end{cases}$$

从而$\lim\limits_{n\to\infty} s_n$不存在，此时级数也发散.

当$|q|>1$时，部分和仍为$s_n = \frac{a - aq^n}{1-q}$. 因为$\lim\limits_{n\to\infty} q^n = \infty$，所以$\lim\limits_{n\to\infty} s_n = \infty$，故这时级数发散.

综上所述，几何级数$\sum\limits_{n=1}^{\infty} aq^{n-1}$当$|q|<1$时收敛于$\frac{a}{1-q}$，$|q| \geqslant 1$时发散.

例 9.5　判定无穷级数$\sum\limits_{n=1}^{\infty} \frac{1}{9n^2 - 3n - 2}$的敛散性.

解　因为该级数的一般项为

$$u_n = \frac{1}{9n^2 - 3n - 2} = \frac{1}{3}\left(\frac{1}{3n-2} - \frac{1}{3n+1}\right)$$

所以

$$\begin{aligned} s_n &= \frac{1}{3}\left[\left(1 - \frac{1}{4}\right) + \left(\frac{1}{4} - \frac{1}{7}\right) + \cdots + \left(\frac{1}{3n-2} - \frac{1}{3n+1}\right)\right] \\ &= \frac{1}{3}\left(1 - \frac{1}{3n+1}\right) \end{aligned}$$

从而

$$\lim_{n\to\infty}s_n=\lim_{n\to\infty}\frac{1}{3}\left(1-\frac{1}{3n+1}\right)=\frac{1}{3}.$$

故该级数收敛，它的和为$\frac{1}{3}$.

9.1.2　无穷级数的性质

由级数收敛、发散及和的定义可知，级数的收敛问题，实际上就是其部分和数列的收敛问题，所以，利用数列极限的有关性质，就能推出常数项级数的下述基本性质：

性质 9.1　如果级数$\sum_{n=1}^{\infty}u_n$收敛于和s，则级数$\sum_{n=1}^{\infty}ku_n$（常数$k\neq 0$）也收敛，且其和为ks.

证明　设级数$\sum_{n=1}^{\infty}u_n$与级数$\sum_{n=1}^{\infty}ku_n$的部分和分别为s_n和σ_n，则

$$\sigma_n=ku_1+ku_2+\cdots+ku_n=ks_n,$$

所以

$$\lim_{n\to\infty}\sigma_n=\lim_{n\to\infty}ks_n=k\lim_{n\to\infty}s_n=ks.$$

即性质 9.1 的结论成立.

由性质 9.1 可得如下的结论：级数的每一项同乘一个不为零的常数后，其敛散性不变.

性质 9.2　如果级数$\sum_{n=1}^{\infty}u_n$与$\sum_{n=1}^{\infty}v_n$分别收敛于和s与σ，则级数$\sum_{n=1}^{\infty}(u_n\pm v_n)$也收敛，且其和为$s\pm\sigma$.

证明　设级数$\sum_{n=1}^{\infty}(u_n\pm v_n)$的前$n$项和为$\lambda_n$，则

$$\begin{aligned}\lambda_n&=(u_1\pm v_1)+(u_2\pm v_2)+\cdots+(u_n\pm v_n)\\&=(u_1+u_2+\cdots+u_n)\pm(v_1+v_2+\cdots+v_n)\\&=s_n\pm\sigma_n.\end{aligned}$$

其中s_n和σ_n分别为级数$\sum_{n=1}^{\infty}u_n$和$\sum_{n=1}^{\infty}v_n$的前n项和. 所以

$$\lim_{n\to\infty}\lambda_n=\lim_{n\to\infty}(s_n\pm\sigma_n)=s\pm\sigma.$$

性质9.3　在级数$\sum_{n=1}^{\infty}u_n$的前面部分去掉或加上有限项, 不会改变级数的敛散性.

证明　不妨设将级数$\sum_{n=1}^{\infty}u_n$的前k项去掉, 则得级数

$$u_{k+1}+u_{k+2}+\cdots+u_{k+n}+\cdots.$$

于是新得到的级数的部分和为

$$\sigma_n=u_{k+1}+u_{k+2}+\cdots+u_{k+n}=s_{k+n}-s_k.$$

其中s_{n+k}是原来级数的前$k+n$项的和. 因为s_k是常数, 所以当$n\to\infty$时, σ_n和s_{n+k}或者同时具有极限, 或者同时没有极限. 在有极限时,

$$\lim_{n\to\infty}\sigma_n=\lim_{n\to\infty}(s_{k+n}-s_k)=s-s_k.$$

类似地, 可以证明在级数的前面加上有限项, 不会改变级数的敛散性. 性质 9.3 由此得证.

但是由证明的结果可以看出：在级数收敛时, 级数前面部分去掉或加上有限项, 级数的和可能发生变化.

性质 9.4　如果级数$\sum_{n=1}^{\infty}u_n$收敛, 则对这级数的项任意加括号后所成的级数

$$(u_1+\cdots+u_{n_1})+(u_{n_1+1}+\cdots+u_{n_2})+\cdots+(u_{n_{k-1}+1}+\cdots+u_{n_k})+\cdots$$

仍然收敛, 且其和不变.

证明　设级数$\sum_{n=1}^{\infty}u_n$的部分和为s_n, 加括号后所成的级数的部分和为t_k, 则

$$t_1=u_1+\cdots+u_{n_1}=s_{n_1},$$

$$t_2=(u_1+\cdots+u_{n_1})+(u_{n_1+1}+\cdots+u_{n_2})=s_{n_2},$$

$$\cdots\cdots$$

$$t_k=(u_1+\cdots+u_{n_1})+(u_{n_1+1}+\cdots+u_{n_2})+\cdots+(u_{n_{k-1}+1}+\cdots+u_{n_k})=s_{n_k},$$

$$\cdots\cdots$$

由此可知, 数列$\{t_k\}$是数列$\{s_n\}$的一个子数列. 因为数列$\{s_n\}$收敛, 由收敛数列与其子数列的关系可知, 数列$\{t_k\}$一定收敛, 并且有

$$\lim_{k\to\infty}t_k=\lim_{n\to\infty}s_n$$

即加括号后所成的级数收敛, 且其和不变. 性质 9.4 于是得证.

但是必须注意：一个收敛的级数, 去掉括号后所成的级数不一定收敛. 例如, 级数

$$(1-1)+(1-1)+\cdots$$

收敛于零，但级数

$$1-1+1-1+\cdots$$

却是发散的.

如果加括号后所成的级数发散，则原级数也发散. 这是性质 9.4 的逆否命题，可以用来判定级数发散.

性质 9.5（级数收敛的必要条件） 如果级数$\sum_{n=1}^{\infty}u_n$收敛，则$\lim_{n\to\infty}u_n=0$.

证明 设级数$\sum_{n=1}^{\infty}u_n$的部分和为s_n，且$s_n\to s(n\to\infty)$，则

$$\lim_{n\to\infty}u_n=\lim_{n\to\infty}(s_n-s_{n-1})=\lim_{n\to\infty}s_n-\lim_{n\to\infty}s_{n-1}=s-s=0.$$

性质 9.5 于是得证.

由级数收敛的必要条件可知，要考察一个级数是否收敛，我们应当首先考察当$n\to\infty$时，这个级数的一般项u_n是否趋近于零，如果u_n不趋近于零，那么立即可以断定该级数发散.

例 9.6 判定级数$\sum_{n=1}^{\infty}\frac{n}{n+1}$的敛散性.

解 由于当$n\to\infty$时$u_n=\frac{n}{n+1}$不趋于零，所以级数$\sum_{n=1}^{\infty}\frac{n}{n+1}$发散.

但必须要注意，一般项趋于零是级数收敛的必要条件，并非充分条件. 下面就是一个一般项趋于零，但不收敛的例子.

例 9.7 证明调和级数$\sum_{n=1}^{\infty}\frac{1}{n}$发散.

证明 假设级数$\sum_{n=1}^{\infty}\frac{1}{n}$收敛. 设它的部分和为$s_n$，且$s_n\to s(n\to\infty)$. 显然，对级数$\sum_{n=1}^{\infty}\frac{1}{n}$的前$2n$项和$s_{2n}$，也有$s_{2n}\to s(n\to\infty)$. 于是

$$s_{2n}-s_n\to s-s=0\quad(n\to\infty).$$

但另一方面

$$s_{2n}-s_n=\frac{1}{n+1}+\frac{1}{n+2}+\cdots+\frac{1}{2n}>\underbrace{\frac{1}{2n}+\frac{1}{2n}+\cdots+\frac{1}{2n}}_{n\text{项}}=\frac{1}{2}$$

故当$n\to\infty$时$s_{2n}-s_n$不趋于零，矛盾. 所以调和级数发散.

这说明调和级数$\sum_{n=1}^{\infty}\frac{1}{n}$虽然$\lim_{n\to\infty}\frac{1}{n}=0$，但它是发散的.

习　题　9-1

1. 写出下列级数的一般项：

（1）$1+\frac{1}{3}+\frac{1}{5}+\frac{1}{7}+\cdots$；　　（2）$-\frac{3}{1}+\frac{4}{2}-\frac{5}{3}+\frac{6}{4}-\frac{7}{5}+\cdots$；

（3）$\frac{a^2}{3}-\frac{a^3}{5}+\frac{a^4}{7}-\frac{a^5}{9}+\cdots$；　　（4）$\frac{\sqrt{x}}{2}-\frac{x}{2\cdot 4}+\frac{x\sqrt{x}}{2\cdot 4\cdot 6}-\frac{x^2}{2\cdot 4\cdot 6\cdot 8}+\cdots$.

2. 根据级数收敛与发散的定义判定下列级数的敛散性：

（1）$\sum_{n=1}^{\infty}\ln\frac{n+1}{n}$；　　（2）$\sum_{n=1}^{\infty}\frac{1}{(2n-1)(2n+1)}$；

（3）$-\frac{3}{5}+\frac{3^2}{5^2}-\frac{3^3}{5^3}+\frac{3^4}{5^4}-\cdots$；　　（4）$\frac{1}{2}+\frac{3}{4}+\frac{7}{8}+\cdots+\frac{2^n-1}{2^n}+\cdots$.

3. 判定下列级数的敛散性：

（1）$\sum_{n=1}^{\infty}\frac{1}{5n}$；　　（2）$\sum_{n=1}^{\infty}\left(\frac{4}{3^n}+\frac{3}{4^n}\right)$；

（3）$\sum_{n=1}^{\infty}\frac{n}{n+1}$；　　（4）$\sum_{n=1}^{\infty}(-1)^n\frac{1}{100}$.

4. 若级数$\sum_{n=1}^{\infty}u_n$与$\sum_{n=1}^{\infty}v_n$都发散，级数$\sum_{n=1}^{\infty}(u_n\pm v_n)$的敛散性如何？若其中一个收敛，另一个发散，那么级数$\sum_{n=1}^{\infty}(u_n\pm v_n)$敛散性又如何？试说明理由.

9.2　正 项 级 数

我们在 9.1 节讨论了级数$\sum_{n=1}^{\infty}u_n$，它的通项u_n可以是正数、负数，或零，所以通常称之为一般项级数. 本节我们将讨论$u_n\geqslant 0(n=1,2,3,\cdots)$的级数.

满足$u_n\geqslant 0(n=1,2,3,\cdots)$的级数$\sum_{n=1}^{\infty}u_n$称为正项级数. 正项级数虽然比较简单，但是很重要，因为我们在研究其他类型的级数时，常常要用到正项级数的有关结果.

由于正项级数的一般项$u_n\geqslant 0$，所以

$$s_{n+1}=s_n+u_{n+1}\geqslant s_n,$$

即正项级数 $\sum_{n=1}^{\infty}u_n$ 的部分和数列 $\{s_n\}$ 一定为单调增加数列. 如果部分和数列 $\{s_n\}$ 有界, 则由单调有界数列必有极限可得, 数列 $\{s_n\}$ 必有极限存在; 反之, 如果正项级数收敛于 s, 即 $\lim_{n\to\infty}s_n=s$, 则数列 $\{s_n\}$ 一定有界. 由此我们可以得到下面的定理.

定理 9.1　正项级数 $\sum_{n=1}^{\infty}u_n$ 收敛的充要条件是它的部分和数列有界.

由定理 9.1 可得关于正项级数的一个基本的审敛法.

定理 9.2（比较审敛法）　设 $\sum_{n=1}^{\infty}u_n$ 和 $\sum_{n=1}^{\infty}v_n$ 都是正项级数, 且 $u_n\leqslant v_n$,

（1）如果级数 $\sum_{n=1}^{\infty}v_n$ 收敛, 则级数 $\sum_{n=1}^{\infty}u_n$ 收敛;

（2）如果级数 $\sum_{n=1}^{\infty}u_n$ 发散, 则级数 $\sum_{n=1}^{\infty}v_n$ 发散.

因为级数的每一项同乘不为零的常数 k, 以及去掉级数的有限项后, 不影响级数的敛散性, 所以可得如下推论:

推论 9.1　设 $\sum_{n=1}^{\infty}u_n$ 和 $\sum_{n=1}^{\infty}v_n$ 都是正项级数, 且存在自然数 N, 使当 $n\geqslant N$ 时有 $u_n\leqslant kv_n(k>0)$,

（1）如果 $\sum_{n=1}^{\infty}v_n$ 收敛, 则 $\sum_{n=1}^{\infty}u_n$ 收敛;

（2）如果 $\sum_{n=1}^{\infty}u_n$ 发散, 则 $\sum_{n=1}^{\infty}v_n$ 发散.

例 9.8　证明级数 $\frac{1}{2+k}+\frac{1}{2^2+k}+\frac{1}{2^3+k}+\cdots+\frac{1}{2^n+k}+\cdots(k>0)$ 收敛.

证明　因为 $0<\frac{1}{2^n+k}<\frac{1}{2^n}$, 而级数 $\sum_{n=1}^{\infty}\frac{1}{2^n}$ 收敛, 由比较审敛法可知, 所给级数也收敛.

例 9.9　讨论 p-级数 $\sum_{n=1}^{\infty}\frac{1}{n^p}=1+\frac{1}{2^p}+\frac{1}{3^p}+\cdots+\frac{1}{n^p}+\cdots(p>0)$ 的敛散性.

解　当 $p\leqslant 1$ 时，$\frac{1}{n^p}\geqslant\frac{1}{n}$. 因为 $\sum_{n=1}^{\infty}\frac{1}{n}$ 发散，所以根据比较审敛法知，级数 $\sum_{n=1}^{\infty}\frac{1}{n^p}$ 发散.

当 $p>1$ 时，依次把 p-级数的第 1 项，第 2 项到第 3 项，第 4 到 7 项，第 8 到 15 项，…，加括号后得到的级数为

$$1+\left(\frac{1}{2^p}+\frac{1}{3^p}\right)+\left(\frac{1}{4^p}+\frac{1}{5^p}+\frac{1}{6^p}+\frac{1}{7^p}\right)+\left(\frac{1}{8^p}+\cdots+\frac{1}{15^p}\right)+\cdots.$$

显然，加括号后的级数的各项显然小于级数

$$\begin{aligned}&1+\left(\frac{1}{2^p}+\frac{1}{2^p}\right)+\left(\frac{1}{4^p}+\cdots+\frac{1}{4^p}\right)+\left(\frac{1}{8^p}+\cdots+\frac{1}{8^p}\right)+\cdots\\&=1+\frac{1}{2^{p-1}}+\left(\frac{1}{2^{p-1}}\right)^2+\left(\frac{1}{2^{p-1}}\right)^3+\cdots.\end{aligned}\tag{9-2}$$

对应的各项，而级数（9-2）是公比为 $q=\frac{1}{2^{p-1}}<1$ 的等比级数，所以级数（9-2）收敛，从而级数 $\sum_{n=1}^{\infty}\frac{1}{n^p}$ 收敛.

综上所述，p-级数 $\sum_{n=1}^{\infty}\frac{1}{n^p}$ 当 $p>1$ 时收敛，$p\leqslant 1$ 时发散.

例 9.10　判定级数 $\sum_{n=1}^{\infty}\frac{1}{(n+1)(n+4)}$ 的敛散性.

解　因为 $0<\frac{1}{(n+1)(n+4)}<\frac{1}{n^2}$，而级数 $\sum_{n=1}^{\infty}\frac{1}{n^2}$ 是 $p=2$ 的 p-级数，它是收敛的，所以级数 $\sum_{n=1}^{\infty}\frac{1}{(n+1)(n+4)}$ 收敛.

定理 9.3（比较审敛法的极限形式）　设 $\sum_{n=1}^{\infty}u_n$ 和 $\sum_{n=1}^{\infty}v_n$ 都是正项级数，如果

$$\lim_{n\to\infty}\frac{u_n}{v_n}=l\quad(0<l<+\infty),$$

则级数 $\sum_{n=1}^{\infty}u_n$ 和 $\sum_{n=1}^{\infty}v_n$ 同时收敛或同时发散.

例 9.11　判定级数 $\sum_{n=1}^{\infty}\sin\frac{1}{n}$ 的敛散性.

解　因为

$$\lim_{n\to\infty}\frac{\sin\frac{1}{n}}{\frac{1}{n}}=1,$$

而级数 $\sum_{n=1}^{\infty}\frac{1}{n}$ 是发散的, 根据比较审敛法的极限形式知, 级数 $\sum_{n=1}^{\infty}\sin\frac{1}{n}$ 发散.

上面介绍的比较审敛法, 其基本思想是把某个已知敛散性的级数作为比较对象, 通过比较对应项的大小, 来判定给定级数的敛散性. 但有时不易找到作为比较对象的已知级数. 为了能从级数本身判定级数的敛散性, 我们介绍达朗贝尔(D'Alembert)的比值审敛法和柯西的根值审敛法.

定理 9.4(比值审敛法) 设 $\sum_{n=1}^{\infty}u_n$ 是正项级数, 并且 $\lim_{n\to\infty}\frac{u_{n+1}}{u_n}=\rho$, 则

(1) 当 $\rho<1$ 时, 级数收敛;

(2) 当 $\rho>1$ (或 $\lim_{n\to\infty}\frac{u_{n+1}}{u_n}=\infty$) 时, 级数发散.

一般情况下, 如果正项级数的一般项中含有幂或阶乘因式时, 可试用比值审敛法.

例 9.12 判定下列级数的敛散性.

(1) $\sum_{n=1}^{\infty}\frac{1}{(n-1)!}$; (2) $\sum_{n=1}^{\infty}\frac{3^n}{n^2 2^n}$.

解 (1) 因为

$$\lim_{n\to\infty}\frac{u_{n+1}}{u_n}=\lim_{n\to\infty}\frac{(n-1)!}{n!}=\lim_{n\to\infty}\frac{1}{n}=0<1,$$

所以根据比值审敛法可知, 级数 $\sum_{n=1}^{\infty}\frac{1}{(n-1)!}$ 收敛.

(2) 因为

$$\lim_{n\to\infty}\frac{u_{n+1}}{u_n}=\lim_{n\to\infty}\frac{3^{n+1}}{(n+1)^2 2^{n+1}}\cdot\frac{n^2 2^n}{3^n}=\lim_{n\to\infty}\frac{3n^2}{2(n+1)^2}=\frac{3}{2}>1,$$

所以根据比值审敛法可知, 级数 $\sum_{n=1}^{\infty}\frac{3^n}{n^2 2^n}$ 发散.

当 $\lim_{n\to\infty}\frac{u_{n+1}}{u_n}=1$ 时, 级数 $\sum_{n=1}^{\infty}u_n$ 可能收敛, 也可能发散. 此时必须用其他方法来判定这级数的敛散性.

例 9.13 判定级数 $\sum_{n=1}^{\infty}\frac{1}{2n(2n+1)}$ 的敛散性.

解 因为$\frac{1}{2n(2n+1)}<\frac{1}{n^2}$，而级数$\sum_{n=1}^{\infty}\frac{1}{n^2}$收敛，因此由比较审敛法可知级数$\sum_{n=1}^{\infty}\frac{1}{2n(2n+1)}$收敛.

定理 9.5（根值审敛法） 设$\sum_{n=1}^{\infty}u_n$是正项级数，并且$\lim_{n\to\infty}\sqrt[n]{u_n}=\rho$，则

（1）当$\rho<1$时，级数收敛；

（2）当$\rho>1$（或$\lim_{n\to\infty}\sqrt[n]{u_n}=+\infty$）时，级数发散.

例 9.14 判定级数$\sum_{n=1}^{\infty}\left(\frac{n}{2n+1}\right)^n$的敛散性.

解 因为

$$\lim_{n\to\infty}\sqrt[n]{u_n}=\lim_{n\to\infty}\frac{n}{2n+1}=\frac{1}{2}<1,$$

由根值审敛法知，级数$\sum_{n=1}^{\infty}\left(\frac{n}{2n+1}\right)^n$收敛.

当$\lim_{n\to\infty}\sqrt[n]{u_n}=1$时，级数$\sum_{n=1}^{\infty}u_n$可能收敛也可能发散，此时必须用其他方法来判定这级数的敛散性.

习 题 9-2

1. 用比较审敛法（包括极限形式）判定下列级数的敛散性：

（1）$\sum_{n=1}^{\infty}\frac{1}{2n-1}$；（2）$\sum_{n=1}^{\infty}\frac{1}{(n+1)(n+4)}$；

（3）$\sum_{n=1}^{\infty}\frac{(\sin 2n)^2}{4^n}$；（4）$\sum_{n=1}^{\infty}\sin\frac{2\pi}{3^n}$；

（5）$\sum_{n=1}^{\infty}\frac{1}{1+a^n}\quad (a>0)$.

2. 用比值审敛法判定下列级数的敛散性：

（1）$\sum_{n=1}^{\infty}\frac{n^n}{n!}$；（2）$\sum_{n=1}^{\infty}\frac{n^2}{3^n}$；

（3）$\sum_{n=1}^{\infty}n\tan\frac{\pi}{3^{n+1}}$；（4）$\sum_{n=1}^{\infty}\frac{5^n}{n!}$.

3. 用根值审敛法判定下列级数的敛散性：

（1）$\sum_{n=1}^{\infty}\left(\frac{n}{10n+1}\right)^{n}$；　（2）$\sum_{n=1}^{\infty}\frac{1}{2^{2n-1}(3n-1)}$；　（3）$\sum_{n=1}^{\infty}\left(\frac{n}{3n-1}\right)^{2n-1}$；

（4）$\sum_{n=1}^{\infty}\left(\frac{x}{a_n}\right)^{n}$　$(x>0,\ \lim\limits_{n\to\infty}a_n=a,\ a_n>0)$.

4. 判定下列级数的敛散性：

（1）$\sum_{n=1}^{\infty}\frac{3+(-1)^n}{5^n}$；　（2）$\sum_{n=1}^{\infty}\frac{n+1}{n(n+2)}$；

（3）$\sum_{n=1}^{\infty}2^n\sin\frac{\pi}{3^n}$；　（4）$\sum_{n=1}^{\infty}\ln\left(1+\frac{2}{n^2}\right)$.

9.3　一般项级数及其审敛法

9.3.1　交错级数及其审敛法

如果级数的各项是正、负交错的，也就是说，级数具有下面的形式：

$$u_1-u_2+u_3-u_4+\cdots,$$

或

$$-u_1+u_2-u_3+u_4-\cdots,$$

其中u_1，u_2,⋯ 都是正数，这样的级数称为交错级数. 下面我们证明关于交错级数的一个审敛法.

定理 9.6（莱布尼茨定理）　如果交错级数$\sum_{n=1}^{\infty}(-1)^{n-1}u_n(u_n>0,\quad n=1,2,3,\cdots)$满足条件：

（1）$u_n\geqslant u_{n+1}(n=1,2,3,\cdots)$,

（2）$\lim\limits_{n\to\infty}u_n=0$,

则级数$\sum_{n=1}^{\infty}(-1)^{n-1}u_n$收敛，且其和$s\leqslant u_1$. 用它的部分和$s_n$作为级数和$s$的近似值，误差$|s_n-s|\leqslant u_{n+1}$.

证明　把交错级数的前$2n$项的和记为s_{2n}，则前$2n$项的和可表示为

$$s_{2n}=(u_1-u_2)+(u_3-u_4)+\cdots+(u_{2n-1}-u_{2n}),$$

由条件（1）可知，所有括号中的差都是非负的，因此$\{s_{2n}\}$是单调增加数列。另外，前$2n$项的和s_{2n}又可以表示为

$$s_{2n}=u_1-(u_2-u_3)-(u_4-u_5)-\cdots-(u_{2n-2}-u_{2n-1})-u_{2n},$$

其中每个括号中的差也是非负的，因此$s_{2n}\leqslant u_1$. 所以数列$\{s_{2n}\}$为单调有界数列，因而当$n\to\infty$时，s_{2n}有极限s，且$s\leqslant u_1$，即$\lim\limits_{n\to\infty}s_{2n}=s\leqslant u_1$.

我们再来证明前$2n+1$项的和s_{2n+1}的极限也是s。因为

$$s_{2n+1}=s_{2n}+u_{2n+1},$$

由条件（2）知$\lim\limits_{n\to\infty}u_{2n+1}=0$，所以

$$\lim_{n\to\infty}s_{2n+1}=\lim_{n\to\infty}(s_{2n}+u_{2n+1})=s+0=s.$$

由于交错级数的前偶数项的和与奇数项的和都趋于同一个极限s，故

$$\lim_{n\to\infty}s_n=s,\quad 且s\leqslant u_1.$$

即交错级数$\sum\limits_{n=1}^{\infty}(-1)^{n-1}u_n$收敛.

又因为，余项r_n的绝对值为

$$|r_n|=|s-s_n|=u_{n+1}-u_{n+2}+u_{n+3}-\cdots$$

也是一个交错级数，它也满足交错级数收敛的条件（1）和（2），所以，该级数一定收敛，且$|s_n-s|\leqslant u_{n+1}$.

例 9.15 判定交错级数$\sum\limits_{n=1}^{\infty}(-1)^{n-1}\dfrac{1}{n}$的敛散性.

解 交错级数$\sum\limits_{n=1}^{\infty}(-1)^{n-1}\dfrac{1}{n}$满足条件

（1）$u_n=\dfrac{1}{n}>\dfrac{1}{n+1}=u_{n+1}(n=1,2,3,\cdots)$，

（2）$\lim\limits_{n\to\infty}u_n=\lim\limits_{n\to\infty}\dfrac{1}{n}=0$，

所以级数$\sum\limits_{n=1}^{\infty}(-1)^{n-1}\dfrac{1}{n}$收敛.

级数$\sum\limits_{n=1}^{\infty}(-1)^{n-1}\dfrac{1}{n}$的和$s<1$. 如果取前$n$项的和

$$s_n=1-\frac{1}{2}+\frac{1}{3}-\frac{1}{4}+\cdots+(-1)^{n-1}\frac{1}{n}$$

作为s的近似值，则所产生的误差$|r_n|\leqslant\dfrac{1}{n+1}$.

9.3.2 绝对收敛与条件收敛

对于级数$\sum_{n=1}^{\infty}u_n$，若$u_n(n=1,2,3,\cdots)$为任意实数，则称这样的级数为一般项级数.

为了判定一般项级数$\sum_{n=1}^{\infty}u_n$的敛散性，通常先考察其各项加绝对值后形成的正项级数$\sum_{n=1}^{\infty}|u_n|$的敛散性.

如果级数$\sum_{n=1}^{\infty}|u_n|$收敛，则称级数$\sum_{n=1}^{\infty}u_n$绝对收敛；如果级数$\sum_{n=1}^{\infty}u_n$收敛，而级数$\sum_{n=1}^{\infty}|u_n|$发散，则称级数$\sum_{n=1}^{\infty}u_n$条件收敛. 例如级数$\sum_{n=1}^{\infty}(-1)^{n-1}\frac{1}{n^3}$是绝对收敛的，而级数$\sum_{n=1}^{\infty}(-1)^{n-1}\frac{1}{n}$是条件收敛的.

级数绝对收敛与级数收敛有以下重要关系：

定理 9.7 如果级数$\sum_{n=1}^{\infty}u_n$绝对收敛，则级数$\sum_{n=1}^{\infty}u_n$必收敛.

证明 设级数$\sum_{n=1}^{\infty}|u_n|$收敛. 令

$$v_n=\frac{1}{2}(u_n+|u_n|)(n=1,2,3,\cdots),$$

显然$v_n\geqslant 0$且$v_n\leqslant|u_n|(n=1,2,3,\cdots)$. 由正项级数的比较审敛法知，级数$\sum_{n=1}^{\infty}v_n$收敛，从而级数$\sum_{n=1}^{\infty}2v_n$也收敛. 而$u_n=2v_n-|u_n|$，由 9.1 节无穷级数的性质 9.2 知$\sum_{n=1}^{\infty}u_n$收敛.

但是必须注意：上述定理的逆定理并不成立. 不能由级数$\sum_{n=1}^{\infty}u_n$收敛而得出级数$\sum_{n=1}^{\infty}|u_n|$一定收敛，如例 9.15 中的级数$\sum_{n=1}^{\infty}(-1)^{n-1}\frac{1}{n}$.

例 9.16 判定级数$\sum_{n=1}^{\infty}\frac{\sin n\alpha}{n^2}$的敛散性.

解 因为$\left|\dfrac{\sin n\alpha}{n^2}\right| \leqslant \dfrac{1}{n^2}$，而级数$\sum\limits_{n=1}^{\infty}\dfrac{1}{n^2}$收敛，所以级数$\sum\limits_{n=1}^{\infty}\left|\dfrac{\sin n\alpha}{n^2}\right|$收敛. 即级数$\sum\limits_{n=1}^{\infty}\dfrac{\sin n\alpha}{n^2}$绝对收敛.

例 9.17 判定级数$\dfrac{1}{\ln 2}-\dfrac{1}{\ln 3}+\dfrac{1}{\ln 4}-\dfrac{1}{\ln 5}+\cdots$的敛散性. 如果收敛，是绝对收敛还是条件收敛？

解 级数的一般项$u_n=(-1)^{n+1}\dfrac{1}{\ln(1+n)}$. 利用导数可以证明$\ln(1+x)<x(x>0)$. 因此$|u_n|=\dfrac{1}{\ln(1+n)}>\dfrac{1}{n}$. 而级数$\sum\limits_{n=1}^{\infty}\dfrac{1}{n}$是发散的，所以级数$\sum\limits_{n=1}^{\infty}|u_n|$发散，故所给级数不是绝对收敛的.

但所给级数是交错级数，且满足莱布尼茨定理的两个条件

$$\frac{1}{\ln(1+n)}>\frac{1}{\ln[1+(1+n)]},\quad \lim_{n\to\infty}\frac{1}{\ln(1+n)}=0,$$

因此所给级数是条件收敛.

绝对收敛级数有很多性质是条件收敛级数所没有的，下面不加证明地给出关于绝对收敛级数的两个性质.

***定理 9.8** 绝对收敛级数不因改变项的位置而改变它的和（绝对收敛级数具有可交换性）.

***定理 9.9**（绝对收敛级数的乘法） 设级数$\sum\limits_{n=1}^{\infty}u_n$及$\sum\limits_{n=1}^{\infty}v_n$都绝对收敛，它们的和分别为$s$和$\sigma$，则它们的柯西乘积

$$u_1v_1+(u_1v_2+u_2v_1)+\cdots+(u_1v_n+u_2v_{n-1}+\cdots+u_nv_1)+\cdots$$

也是绝对收敛的，且其和为$s\cdot\sigma$.

习 题 9-3

1. 判定下列级数的敛散性. 若收敛，是绝对收敛还是条件收敛：

（1）$\sum\limits_{n=1}^{\infty}(-1)^{n-1}\dfrac{1}{\sqrt{n+1}}$；　（2）$\sum\limits_{n=1}^{\infty}(-1)^{n-1}\dfrac{1}{\sqrt{n^2+n}}$；

（3）$\sum\limits_{n=1}^{\infty}(-1)^{n-1}\dfrac{2n}{\sqrt{n^2+n}}$；　（4）$\sum\limits_{n=1}^{\infty}(-1)^{n}\dfrac{k+n}{n^2}(k>0)$；

（5）$\sum_{n=1}^{\infty}(-1)^{n-1}\frac{1}{n8^n}$；（6）$\sum_{n=1}^{\infty}(-1)^{n-1}\ln\frac{n+1}{n}$；

（7）$\sum_{n=1}^{\infty}(-1)^{n-1}\sin\frac{1}{n^3}$；（8）$\sum_{n=1}^{\infty}(-1)^{n}\left(1-\cos\frac{\alpha}{n}\right)$.

2. 证明交错 p-级数 $\sum_{n=1}^{\infty}\frac{(-1)^{n-1}}{n^p}$ 当 $p>1$ 时绝对收敛；当 $0<p\leqslant 1$ 时条件收敛.

9.4 幂 级 数

在前面的几节中，我们讨论了常数项级数. 下面我们将讨论函数项级数的概念及有关性质.

9.4.1 函数项级数的概念

设函数列 $u_1(x),u_2(x),\cdots,u_n(x),\cdots$ 的各项都是定义在区间 I 上的函数，由它们构成的表达式

$$u_1(x)+u_2(x)+\cdots+u_n(x)+\cdots, \tag{9-3}$$

称为定义在区间 I 上的（函数项）无穷级数，简称（函数项）级数. $u_n(x)$ 称为一般项或通项.

当 x 在区间 I 中取某个确定值 x_0 时，级数（9-3）就成为常数项级数

$$u_1(x_0)+u_2(x_0)+\cdots+u_n(x_0)+\cdots. \tag{9-4}$$

级数（9-4）可能收敛也可能发散. 如果级数（9-4）收敛，则称点 x_0 是函数项级数（9-3）的收敛点；如果级数（9-4）发散，则称点 x_0 是函数项级数（9-3）的发散点. 函数项级数（9-3）的所有收敛点的全体称为它的收敛域. 所有发散点的全体称为它的发散域.

对于收敛域内的任意一个数 x，函数项级数成为一个收敛的常数项级数，因而有一个确定的和 s. 这样，在收敛域上函数项级数的和是 x 的函数 $s(x)$，通常称 $s(x)$ 为函数项级数的和函数，该函数的定义域就是函数项级数的收敛域，并写成

$$s(x)=u_1(x)+u_2(x)+\cdots+u_n(x)+\cdots.$$

把函数项级数（9-3）的前 n 项的部分和记为 $s_n(x)$，则在收敛域上有

$$\lim_{n\to\infty}s_n(x)=s(x).$$

我们仍然把 $r_n(x)=s(x)-s_n(x)$ 称为函数项级数的余项（当然只有 x 在收敛域上时，$r_n(x)$ 才有意义），所以有 $\lim_{n\to\infty}r_n(x)=0$.

函数项级数中简单而又常见的一类就是各项都是幂函数的级数，即所谓幂级数.

9.4.2 幂级数及其收敛区间

形如

$$a_0+a_1(x-x_0)+a_2(x-x_0)^2+\cdots+a_n(x-x_0)^n+\cdots \tag{9-5}$$

的函数项级数，称为 $x-x_0$ 的幂级数，其中 $a_0,a_1,a_2,\cdots,a_n,\cdots$ 称为幂级数的系数.

当 $x_0=0$ 时，函数项级数（9-5）变为简单而常见的一类级数

$$a_0+a_1x+a_2x^2+\cdots+a_nx^n+\cdots, \tag{9-6}$$

该级数称为 x 的幂级数. 如果作变换 $y=x-x_0$，则级数（9-5）就变为级数（9-6）. 因此，下面只讨论形如式（9-6）的幂级数.

对于一个给定的幂级数来说，x 取什么值时幂级数收敛，取什么值时幂级数发散？这就是幂级数的敛散性问题.

对于幂级数（9-6）来说，它的各项可能符号不同，我们将幂级数（9-6）的各项取绝对值，则得到正项级数

$$\sum_{n=0}^{\infty}|a_nx^n|=|a_0|+|a_1x|+|a_2x^2|+\cdots+|a_nx^n|+\cdots.$$

假设当 n 充分大时，$a_n\neq 0$，且

$$\lim_{n\to\infty}\left|\frac{a_{n+1}}{a_n}\right|=\rho,$$

则

$$\lim_{n\to\infty}\left|\frac{a_{n+1}x^{n+1}}{a_nx^n}\right|=\lim_{n\to\infty}\left|\frac{a_{n+1}}{a_n}\right|\cdot|x|=|x|\cdot\rho.$$

于是，由比值审敛法可知：当 $\rho\neq 0$ 时，如果 $|x|\cdot\rho<1$，即 $|x|<\dfrac{1}{\rho}$，则幂级数（9-6）绝对收敛；如果 $|x|\cdot\rho>1$，即 $|x|>\dfrac{1}{\rho}$，则幂级数（9-6）发散.

上述结论表明，只要 $0<\rho<+\infty$，就会有一个对称开区间 $(-R,\ R)$，在这个区间内幂级数（9-6）绝对收敛，在 $(-\infty,-R)\cup(R,+\infty)$ 内幂级数（9-6）发散，在 $x=\pm R$ 处，级数可能收敛也可能发散.

正数 $R=\dfrac{1}{\rho}$ 称为幂级数（9-6）的收敛半径.

当 $\rho=0$ 时，$|x|\cdot\rho=0<1$，幂级数（9-6）对一切实数 x 都绝对收敛，这时，规定收敛半径 $R=+\infty$．

如果幂级数仅在 $x=0$ 处收敛，则规定收敛半径 $R=0$．由此可得

定理 9.10　如果

$$\lim_{n\to\infty}\left|\frac{a_{n+1}}{a_n}\right|=\rho$$

其中 a_n、a_{n+1} 是幂级数 $\sum_{n=1}^{\infty}a_nx^n$ 的相邻两项的系数，则

（1）当 $0<\rho<+\infty$ 时，$R=\dfrac{1}{\rho}$；

（2）当 $\rho=0$ 时，$R=+\infty$；

（3）当 $\rho=+\infty$ 时，$R=0$．

例 9.18　求幂级数 $\sum_{n=1}^{\infty}(-1)^{n-1}\dfrac{x^n}{n}$ 的收敛半径.

解　因为 $\rho=\lim_{n\to\infty}\left|\dfrac{a_{n+1}}{a_n}\right|=\lim_{n\to\infty}\dfrac{\frac{1}{n+1}}{\frac{1}{n}}=1$，所以收敛半径 $R=1$．

例 9.19　求幂级数 $\sum_{n=1}^{\infty}n^nx^n$ 的收敛半径.

解　因为 $\rho=\lim_{n\to\infty}\left|\dfrac{a_{n+1}}{a_n}\right|=\lim_{n\to\infty}\dfrac{(n+1)^{n+1}}{n^n}=\lim_{n\to\infty}\left(1+\dfrac{1}{n}\right)^n(n+1)=+\infty$，所以收敛半径 $R=0$．

例 9.20　求幂级数 $\sum_{n=0}^{\infty}\dfrac{x^n}{n!}$ 的收敛半径.

解　因为 $\rho=\lim_{n\to\infty}\left|\dfrac{a_{n+1}}{a_n}\right|=\lim_{n\to\infty}\dfrac{n!}{(n+1)!}=\lim_{n\to\infty}\dfrac{1}{n+1}=0$，所以收敛半径 $R=\infty$．

若幂级数 $\sum_{n=1}^{\infty}a_nx^n$ 的收敛半径为 R，则 $(-R,R)$ 称为幂级数 $\sum_{n=1}^{\infty}a_nx^n$ 的收敛区间. 幂级数在收敛区间内绝对收敛. 我们把收敛区间的端点 $x=\pm R$ 代入幂级数中，得到常数项级数，判定其敛散性后，就可以确定幂级数的收敛域.

例 9.21　求下列幂级数的收敛域：

（1）$\sum_{n=1}^{\infty}(-1)^{n-1}\dfrac{x^n}{n}$；　（2）$\sum_{n=1}^{\infty}n^nx^n$；　（3）$\sum_{n=0}^{\infty}\dfrac{x^n}{n!}$．

解 （1）由例 9.18 知，收敛半径 $R=1$.

当 $x=1$ 时，级数成为交错级数 $\sum_{n=1}^{\infty}(-1)^{n-1}\frac{1}{n}$，该级数收敛.

当 $x=-1$ 时，级数成为 $\sum_{n=1}^{\infty}\left(-\frac{1}{n}\right)$，该级数发散.

所以该级数的收敛域为 $(-1, 1]$.

（2）由例 9.19 知，收敛半径 $R=0$，所以收敛域为 $\{x \mid x=0\}$，即级数仅在 $x=0$ 处收敛.

（3）由例 9.20 知，收敛半径 $R=+\infty$，所以该级数的收敛域为 $(-\infty, +\infty)$.

例 9.22 求幂级数 $\sum_{n=1}^{\infty}\frac{(x-1)^n}{n\cdot 2^n}$ 的收敛域.

解 令 $t=x-1$，上述级数变为 t 的幂级数 $\sum_{n=1}^{\infty}\frac{t^n}{n\cdot 2^n}$，因为

$$\rho=\lim_{n\to\infty}\left|\frac{a_{n+1}}{a_n}\right|=\lim_{n\to\infty}\frac{\dfrac{1}{(n+1)2^{n+1}}}{\dfrac{1}{n\cdot 2^n}}=\lim_{n\to\infty}\frac{n}{2(n+1)}=\frac{1}{2},$$

所以幂级数 $\sum_{n=1}^{\infty}\frac{t^n}{n\cdot 2^n}$ 的收敛半径 $R=2$.

当 $t=2$ 时，$\sum_{n=1}^{\infty}\frac{t^n}{n\cdot 2^n}$ 成为调和级数 $\sum_{n=1}^{\infty}\frac{1}{n}$，该级数发散；当 $t=-2$ 时，$\sum_{n=1}^{\infty}\frac{t^n}{n\cdot 2^n}$ 成为交错级数 $\sum_{n=1}^{\infty}(-1)^n\frac{1}{n}$，该级数收敛，

所以幂级数 $\sum_{n=1}^{\infty}\frac{t^n}{n\cdot 2^n}$ 的收敛域为 $-2\leqslant t<2$，从而原级数当 $-2\leqslant x-1<2$ 时收敛，即收敛域为 $[-1, 3)$.

当幂级数缺项（如只有偶数次幂或只有奇数次幂）时，不满足定理 9.8 的使用条件. 此时可考虑用比值审敛法求收敛半径.

例 9.23 求幂级数 $\sum_{n=1}^{\infty}2^n x^{2n-1}$ 的收敛半径.

解 根据比值审敛法：

$$\lim_{n\to\infty}\left|\frac{2^{n+1}x^{2n+1}}{2^n x^{2n-1}}\right|=\lim_{n\to\infty}2|x|^2=2|x|^2.$$

当 $2|x|^2<1$，即 $|x|<\frac{\sqrt{2}}{2}$ 时，所给级数绝对收敛；当 $2|x|^2>1$，即 $|x|>\frac{\sqrt{2}}{2}$ 时，所给级数发散. 因此幂级数的收敛半径 $R=\frac{\sqrt{2}}{2}$.

9.4.3 幂级数的运算

设有两个幂级数

$$\sum_{n=0}^{\infty} a_n x^n = a_0 + a_1 x + a_2 x^2 + \cdots + a_n x^n + \cdots,$$

$$\sum_{n=0}^{\infty} b_n x^n = b_0 + b_1 x + b_2 x^2 + \cdots + b_n x^n + \cdots,$$

它们的和函数分别为 $s_1(x)$、 $s_2(x)$，收敛半径分别为 R_1 和 R_2，记 $R = \min\{R_1, R_2\}$，则在 $(-R,\ R)$ 内有如下运算法则：

1. 加法运算

$$\sum_{n=0}^{\infty} a_n x^n \pm \sum_{n=0}^{\infty} b_n x^n = \sum_{n=0}^{\infty} (a_n \pm b_n) x^n = s_1(x) \pm s_2(x).$$

2. 乘法运算

$$\begin{aligned}
&\left(\sum_{n=0}^{\infty} a_n x^n\right) \cdot \left(\sum_{n=0}^{\infty} b_n x^n\right) \\
&= (a_0 + a_1 x + a_2 x^2 + \cdots + a_n x^n + \cdots)(b_0 + b_1 x + b_2 x^2 + \cdots + b_n x^n + \cdots) \\
&= a_0 b_0 + (a_0 b_1 + a_1 b_0) x + (a_0 b_2 + a_1 b_1 + a_2 b_0) x^2 + \cdots + \sum_{i=0}^{n} a_i b_{n-i} x^n + \cdots \\
&= s_1(x) s_2(x).
\end{aligned}$$

3. 微分运算

$$s_1'(x) = \left(\sum_{n=0}^{\infty} a_n x^n\right)' = \sum_{n=0}^{\infty} (a_n x^n)' = \sum_{n=1}^{\infty} n a_n x^{n-1}.$$

这说明, 收敛的幂级数可以逐项求导.

4. 积分运算

$$\int_0^x s_1(x) \mathrm{d}x = \int_0^x \left(\sum_{n=0}^{\infty} a_n x^n\right) \mathrm{d}x = \sum_{n=0}^{\infty} \int_0^x (a_n x^n) \mathrm{d}x = \sum_{n=0}^{\infty} \frac{a_n}{n+1} x^{n+1}.$$

这说明, 收敛的幂级数可以逐项积分.

例 9.24 求下列级数的和函数:

（1）$\displaystyle\sum_{n=0}^{\infty} \frac{x^{n+1}}{n+1}$； （2）$\displaystyle\sum_{n=1}^{\infty} \frac{2n-1}{2^n} x^{2n-2}$.

解　（1）设和函数为$s(x)$，则$s(x)=\sum\limits_{n=0}^{\infty}\frac{x^{n+1}}{n+1}$.

两边逐项求导, 并由$\frac{1}{1-x}=1+x+x^2+\cdots+x^n+\cdots,x\in(-1,1)$得

$$s'(x)=\sum_{n=0}^{\infty}\left(\frac{x^{n+1}}{n+1}\right)'=\sum_{n=0}^{\infty}x^n=\frac{1}{1-x}.$$

上式两边从 0 到 x 逐项积分, 得

$$s(x)-s(0)=\int_0^x\frac{1}{1-x}\mathrm{d}x=-\ln(1-x),\quad x\in(-1,1).$$

当$x=-1$时, 级数成为$\sum\limits_{n=0}^{\infty}\frac{(-1)^{n+1}}{n+1}$，该级数收敛；当$x=1$时, 级数成为$\sum\limits_{n=0}^{\infty}\frac{1}{n+1}$，该级数发散, 所以

$$\sum_{n=0}^{\infty}\frac{x^{n+1}}{n+1}=-\ln(1-x),\quad x\in[-1,\ 1)\cdot$$

（2）设和函数为$s(x)$，则$s(x)=\sum\limits_{n=1}^{\infty}\frac{2n-1}{2^n}x^{2n-2}$

两边从 0 到 x 逐项积分, 得

$$\int_0^x s(x)\mathrm{d}x=\int_0^x\sum_{n=1}^{\infty}\frac{2n-1}{2^n}x^{2n-2}\mathrm{d}x=\sum_{n=1}^{\infty}\frac{1}{2^n}\int_0^x(2n-1)x^{2n-2}\mathrm{d}x$$

$$=\sum_{n=1}^{\infty}\frac{1}{2^n}x^{2n-1}=\frac{\frac{x}{2}}{1-\frac{x^2}{2}}=\frac{x}{2-x^2},\quad x\in(-\sqrt{2},\sqrt{2}).$$

上式两边逐项求导, 得

$$s(x)=\left(\frac{x}{2-x^2}\right)'=\frac{2+x^2}{(2-x^2)^2},\quad x\in(-\sqrt{2},\sqrt{2})\cdot$$

当$x=-\sqrt{2}$时, 级数成为$\sum\limits_{n=1}^{\infty}\frac{2n-1}{2}$，该级数发散；当$x=\sqrt{2}$时, 级数仍为$\sum\limits_{n=1}^{\infty}\frac{2n-1}{2}$，发散. 所以

$$s(x)=\frac{2+x^2}{(2-x^2)^2},\quad x\in(-\sqrt{2},\sqrt{2}).$$

习　题　9-4

1. 求下列幂级数的收敛半径和收敛区域:

（1）$\sum\limits_{n=1}^{\infty}nx^n$；　　（2）$\sum\limits_{n=1}^{\infty}(-1)^n\frac{x^n}{n^2}$；

（3）$\sum_{n=1}^{\infty}\frac{x^n}{n\cdot 3^n}$；（4）$\sum_{n=1}^{\infty}\frac{2^n}{n^2+1}x^n$；

（5）$\sum_{n=1}^{\infty}(-1)^n\frac{x^{2n+1}}{2n+1}$；（6）$\sum_{n=1}^{\infty}(-1)^{n+1}\frac{x^{2n-1}}{(2n-1)!}$；

（7）$\sum_{n=1}^{\infty}\frac{2n-1}{2^n}x^{2n-2}$；（8）$\sum_{n=1}^{\infty}(-1)^{n-1}\frac{(x-1)^n}{n}$.

2. 求下列级数的和函数：

（1）$\sum_{n=1}^{\infty}nx^{n-1}$；（2）$\sum_{n=1}^{\infty}\frac{x^{4n+1}}{4n+1}$；

（3）$\sum_{n=1}^{\infty}\frac{x^{2n-1}}{2n-1}$；（4）$\sum_{n=1}^{\infty}\frac{x^{n+2}}{(n+1)(n+2)}$.

9.5 函数展开成幂级数

在上一节的讨论中，我们知道幂级数在收敛域内确定了一个和函数. 与此相反的问题是：给定一个函数，能否找到及如何找到一个幂级数，使其收敛于这个函数. 这就是函数的幂级数展开问题. 如果一个函数可以表示成幂级数，那么该函数的求导、求积分等运算问题就迎刃而解. 因而函数展开为幂级数是一个很重要的问题.

9.5.1 泰勒级数

在第3章中我们已经看到，如果函数 $f(x)$ 在 x_0 的某一邻域内具有直到 $n+1$ 阶的导数，则在该邻域内 $f(x)$ 的 n 阶泰勒公式

$$f(x)=f(x_0)+f'(x_0)(x-x_0)+\cdots+\frac{f^{(n)}(x_0)}{n!}(x-x_0)^n+R_n(x), \tag{9-7}$$

成立，其中 $R_n(x)$ 为拉格朗日型余项：

$$R_n(x)=\frac{f^{(n+1)}(\xi)}{(n+1)!}(x-x_0)^{n+1},$$

ξ 是 x_0 与 x 之间的某个值，这时在该邻域内 $f(x)$ 可以用 n 次多项式

$$f(x_0)+f'(x_0)(x-x_0)+\frac{f''(x_0)}{2!}(x-x_0)^2+\cdots+\frac{f^{(n)}(x_0)}{n!}(x-x_0)^n \tag{9-8}$$

来近似表示，并且误差等于余项的绝对值 $|R_n(x)|$. 显然，如果 $|R_n(x)|$ 随着 n 的增大而减小，那么就可以用增加（9-8）的项数的办法来提高近似的精确度.

若 $f(x)$ 在 x_0 的某邻域内具有各阶导数 $f'(x), f''(x), \cdots, f^{(n)}(x), \cdots$，我们可以构造出幂级数

$$f(x_0)+f'(x_0)(x-x_0)+\frac{f''(x_0)}{2!}(x-x_0)^2+\cdots+\frac{f^{(n)}(x_0)}{n!}(x-x_0)^n+\cdots. \quad (9\text{-}9)$$

幂级数（9-9）称为函数 $f(x)$ 的泰勒级数. 显然，当 $x=x_0$ 时，$f(x)$ 的泰勒级数收敛于 $f(x_0)$，但除了 $x=x_0$ 外，它是否一定收敛？如果它收敛，它是否一定收敛于 $f(x)$？关于这些问题，有以下定理.

定理 9.11 设函数 $f(x)$ 在点 x_0 的某邻域 $U(x_0)$ 内具有各阶导数，则 $f(x)$ 在该邻域内能展开成泰勒级数的充要条件是 $f(x)$ 的泰勒公式中的余项 $R_n(x)$ 当 $n\to\infty$ 时的极限为零，即 $\lim\limits_{n\to\infty}R_n(x)=0\ (x\in U(x_0))$.

证明 必要性 设 $f(x)$ 在 $U(x_0)$ 内能展开为泰勒级数，即

$$f(x)=f(x_0)+f'(x_0)(x-x_0)+\frac{f''(x_0)}{2!}(x-x_0)^2+\cdots+\frac{f^{(n)}(x_0)}{n!}(x-x_0)^n+\cdots, \quad (9\text{-}10)$$

对一切 $x\in U(x_0)$ 成立. 我们把 n 阶泰勒公式（9-7）写成

$$f(x)=s_{n+1}(x)+R_n(x), \quad (9\text{-}11)$$

其中 $s_{n+1}(x)$ 是 $f(x)$ 的泰勒级数（9-9）的前 $(n+1)$ 项之和，由式（9-10）有

$$\lim_{n\to\infty}s_{n+1}(x)=f(x),$$

所以 $\lim\limits_{n\to\infty}R_n(x)=\lim\limits_{n\to\infty}[f(x)-s_{n+1}(x)]=f(x)-f(x)=0$.

充分性 设 $\lim\limits_{n\to\infty}R_n(x)=0$. 由式（9-11）有

$$s_{n+1}(x)=f(x)-R_n(x),$$

从而

$$\lim_{n\to\infty}s_{n+1}(x)=\lim_{n\to\infty}[f(x)-R_n(x)]=f(x),$$

即 $f(x)$ 的泰勒级数（9-9）在 $U(x_0)$ 内收敛，并且收敛于 $f(x)$. 定理得证.

在（9-9）中取 $x_0=0$，得

$$f(0)+f'(0)x+\frac{f''(0)}{2!}x^2+\cdots+\frac{f^{(n)}(0)}{n!}x^n+\cdots, \quad (9\text{-}12)$$

该级数称为函数 $f(x)$ 的麦克劳林级数.

函数 $f(x)$ 的麦克劳林级数是 x 的幂级数，如果 $f(x)$ 能展开成 x 的幂级数，那么这种展开式是唯一的，它一定与 $f(x)$ 的麦克劳林级数（9-12）一致.

事实上，如果 $f(x)$ 在 $x_0=0$ 的某邻域 $(-R,R)$ 内能展开成 x 的幂级数，即

$$f(x)=a_0+a_1x+a_2x^2+\cdots+a_nx^n+\cdots, \quad (9\text{-}13)$$

对一切 $x\in(-R,R)$ 成立，那么由于幂级数在收敛区间内可以逐项求导，有

$$f'(x) = a_1 + 2a_2 x + 3a_3 x^2 + \cdots + na_n x^{n-1} + \cdots,$$
$$f''(x) = 2!a_2 + 3\cdot 2a_3 x + \cdots + n(n-1)a_n x^{n-2} + \cdots,$$
$$f'''(x) = 3!a_3 + \cdots + n(n-1)(n-2)a_n x^{n-3} + \cdots,$$
$$\cdots\cdots$$
$$f^{(n)} = n!a_n + (n+1)n(n-1)\cdots 2a_{n+1}x + \cdots,$$
$$\cdots\cdots$$

把 $x=0$ 代入以上各式, 得

$$a_0 = f(0),\quad a_1 = f'(0),\quad a_2 = \frac{f''(0)}{2!},\cdots,\quad a_n = \frac{f^{(n)}(0)}{n!},\cdots,$$

即式（9-13）中幂级数的系数恰好是麦克劳林级数的系数. 这就证明了 $f(x)$ 关于 x 的幂级数展开式的唯一性.

下面具体讨论把函数 $f(x)$ 展开为 x 的幂级数的方法.

9.5.2　函数展开成幂级数

1. 直接展开法

欲把 $f(x)$ 展开为 x 的幂级数, 步骤如下:

第一步, 求 $f'(x), f''(x), \cdots, f^{(n)}(x)$ 及 $f(0), f'(0), f''(0), \cdots, f^{(n)}(0)$, 如果在 $x=0$ 处某阶导数不存在, 则表明该函数不能展开为 x 的幂级数. 例如, 在 $x=0$ 处, $f(x)=x^{\frac{7}{3}}$ 的三阶导数不存在, 它就不能展开为 x 的幂级数.

第二步, 写出幂级数

$$f(0) + f'(0)x + \frac{f''(0)}{2!}x^2 + \cdots + \frac{f^{(n)}(0)}{n!}x^n + \cdots,$$

并求出收敛半径 R.

第三步, 考察当 x 在区间 $(-R, R)$内时余项$R_n(x)$ 的极限, 如果

$$\lim_{n\to\infty} R_n(x) = \lim_{n\to\infty} \frac{f^{(n+1)}(\xi)}{(n+1)!}x^{n+1} = 0 \quad (\xi\text{在}0\text{与}x\text{之间}),$$

则函数 $f(x)$ 在 $(-R, R)$ 内幂级数展开式为

$$f(x) = f(0) + f'(0)x + \frac{f''(0)}{2!}x^2 + \cdots + \frac{f^{(n)}(0)}{n!}x^n + \cdots \quad (-R<x<R),$$

如果 $R_n(x)$ 的极限不为 0, 则该函数不能展开为 x 的幂级数.

要把 $f(x)$ 展开为 $x-x_0$ 的幂级数时, 计算步骤与上述过程类似.

例 9.25　将函数 $f(x)=\mathrm{e}^x$ 展开成 x 的幂级数.

解 因 $f^{(n)}(x)=\mathrm{e}^x(n=1,2,\cdots)$，所以，$f^{(n)}(0)=1(n=1,2,\cdots)$，而 $f(0)=1$．于是得级数

$$1+x+\frac{x^2}{2!}+\cdots+\frac{x^n}{n!}+\cdots,$$

它的收敛半径 $R=+\infty$．

对于任何有限的数 x、ξ(ξ在0与x之间)，余项的绝对值

$$|R_n(x)|=\left|\frac{\mathrm{e}^{\xi}}{(n+1)!}x^{n+1}\right|<\mathrm{e}^{|x|}\cdot\frac{|x|^{n+1}}{(n+1)!}.$$

因 $\mathrm{e}^{|x|}$ 有限，而$\frac{|x|^{n+1}}{(n+1)!}$是收敛级数$\sum_{n=0}^{\infty}\frac{|x|^{n+1}}{(n+1)!}$的一般项，所以当$n\to\infty$时，有$|R_n(x)|\to 0$．

于是得展开式

$$\mathrm{e}^x=\sum_{n=0}^{\infty}\frac{x^n}{n!}=1+x+\frac{x^2}{2!}+\cdots+\frac{x^n}{n!}+\cdots\quad(-\infty<x<+\infty).$$

例 9.26 将函数 $f(x)=\sin x$ 展开成 x 的幂级数.

解 因为函数的各阶导数为

$$f^{(n)}(x)=\sin\left(x+n\cdot\frac{\pi}{2}\right)\quad(n=1,\ 2,\cdots),$$

所以，$f^{(n)}(0)$ 顺序循环地取 $0,1,0,-1,\cdots(n=0,1,2,3,\cdots)$，于是得级数

$$x-\frac{x^3}{3!}+\frac{x^5}{5!}-\cdots+(-1)^n\frac{x^{2n+1}}{(2n+1)!}+\cdots,$$

它的收敛半径 $R=+\infty$．

对于任何有限的数 x、ξ(ξ在0与x之间)，余项的绝对值

$$|R_n(x)|=\left|\frac{\sin\left[\xi+(n+1)\cdot\frac{\pi}{2}\right]}{(n+1)!}x^{n+1}\right|\leqslant\frac{|x|^{n+1}}{(n+1)!}\to 0\quad(n\to\infty).$$

因此得展开式

$$\sin x=\sum_{n=0}^{\infty}(-1)^n\frac{x^{2n+1}}{(2n+1)!}=x-\frac{x^3}{3!}+\frac{x^5}{5!}-\cdots+(-1)^n\frac{x^{2n+1}}{(2n+1)!}+\cdots\quad(-\infty<x<+\infty).$$

我们不加证明地给出二项展开式

$$(1+x)^m=1+mx+\frac{m(m-1)}{2!}x^2+\cdots+\frac{m(m-1)\cdots(m-n+1)}{n!}x^n+\cdots\quad(-1<x<1),$$

这里 m 为任意实数. 当 m 为正整数时，就是中学所学的二项式定理.

2. 间接展开法

用直接方法将函数展开成幂级数，往往比较麻烦. 因为首先要求出函数的高

阶导数, 而除了一些简单函数外, 一个函数的 n 阶导数的表达式往往很难归纳出来. 其次要考察余项 $R_n(x)$ 是否趋向于零, 这也不是件容易的事.

由于函数的幂级数展开式是唯一的, 所以我们可以利用幂级数的性质以及已知的幂级数展开式, 将所给函数展开成幂级数, 这种间接展开的方法往往比较简单.

例 9.27　将函数 $f(x)=\cos x$ 展开成 x 的幂级数.

解　因为 $\sin x$ 的展开式为

$$\sin x=\sum_{n=0}^{\infty}(-1)^n\frac{x^{2n+1}}{(2n+1)!}=x-\frac{x^3}{3!}+\frac{x^5}{5!}-\cdots+(-1)^n\frac{x^{2n+1}}{(2n+1)!}+\cdots\quad(-\infty<x<+\infty),$$

上式两边逐项求导, 得

$$\cos x=\sum_{n=0}^{\infty}(-1)^n\frac{x^{2n}}{(2n)!}=1-\frac{x^2}{2!}+\frac{x^4}{4!}-\cdots+(-1)^n\frac{x^{2n}}{(2n)!}+\cdots\quad(-\infty<x<+\infty).$$

例 9.28　将函数 $f(x)=\ln(1+x)$ 展开成 x 的幂级数.

解　$\dfrac{1}{1+x}$ 是等比级数 $\sum\limits_{n=0}^{\infty}(-1)^n x^n(-1<x<1)$ 的和函数, 即

$$\frac{1}{1+x}=\sum_{n=0}^{\infty}(-1)^n x^n=1-x+x^2-x^3+\cdots+(-1)^n x^n+\cdots\quad(-1<x<1),$$

上式两边从 0 到 x 逐项积分, 得

$$\ln(1+x)=\sum_{n=0}^{\infty}(-1)^n\frac{x^{n+1}}{n+1},$$

上式展开式对 $x=1$ 也成立, 这是因为上式右端的幂级数当 $x=1$ 时收敛, 而 $\ln(1+x)$ 在 $x=1$ 处有定义且连续. 故

$$\ln(1+x)=\sum_{n=0}^{\infty}(-1)^n\frac{x^{n+1}}{n+1}=x-\frac{x^2}{2}+\frac{x^3}{3}-\cdots+(-1)^n\frac{x^{n+1}}{n+1}+\cdots\quad(-1<x\leqslant 1).$$

函数 $\dfrac{1}{1-x}$、e^x、$\sin x$、$\cos x$、$\ln(1+x)$和$(1+x)^m$ 的幂级数展开式以后可以直接引用.

例 9.29　将函数 $f(x)=e^{-x^2}$ 展开成 x 的幂级数.

解　因为

$$e^x=\sum_{n=0}^{\infty}\frac{x^n}{n!}\quad(-\infty<x<+\infty),$$

所以

$$e^{-x^2}=\sum_{n=0}^{\infty}\frac{(-x^2)^n}{n!}=\sum_{n=0}^{\infty}(-1)^n\frac{x^{2n}}{n!}\quad(-\infty<x<+\infty).$$

例 9.30　将函数 $f(x)=\dfrac{1}{3-x}$ 展开成（x–1）的幂级数.

解 因为

$$\frac{1}{3-x}=\frac{1}{2-(x-1)}=\frac{1}{2}\cdot\frac{1}{1-\frac{x-1}{2}},$$

而

$$\frac{1}{1-x}=\sum_{n=0}^{\infty}x^n \quad (-1<x<1),$$

故

$$\frac{1}{3-x}=\frac{1}{2}\sum_{n=0}^{\infty}\left(\frac{x-1}{2}\right)^n=\sum_{n=0}^{\infty}\frac{1}{2^{n+1}}(x-1)^n,$$

其中$-1<\frac{x-1}{2}<1$，即$-1<x<3$.

例 9.31 将函数$f(x)=\sin x$展开成$\left(x-\frac{\pi}{4}\right)$的幂级数.

解 因为

$$\begin{aligned}\sin x&=\sin\left[\frac{\pi}{4}+\left(x-\frac{\pi}{4}\right)\right]=\sin\frac{\pi}{4}\cos\left(x-\frac{\pi}{4}\right)+\cos\frac{\pi}{4}\sin\left(x-\frac{\pi}{4}\right)\\&=\frac{1}{\sqrt{2}}\left[\cos\left(x-\frac{\pi}{4}\right)+\sin\left(x-\frac{\pi}{4}\right)\right],\end{aligned}$$

由于

$$\cos\left(x-\frac{\pi}{4}\right)=\sum_{n=0}^{\infty}(-1)^n\frac{\left(x-\frac{\pi}{4}\right)^{2n}}{(2n)!}=1-\frac{\left(x-\frac{\pi}{4}\right)^2}{2!}+\frac{\left(x-\frac{\pi}{4}\right)^4}{4!}-\cdots \quad (-\infty<x<+\infty),$$

$$\sin\left(x-\frac{\pi}{4}\right)=\sum_{n=0}^{\infty}(-1)^n\frac{\left(x-\frac{\pi}{4}\right)^{2n+1}}{(2n+1)!}=\left(x-\frac{\pi}{4}\right)-\frac{\left(x-\frac{\pi}{4}\right)^3}{3!}+\frac{\left(x-\frac{\pi}{4}\right)^5}{5!}-\cdots \quad (-\infty<x<+\infty),$$

所以

$$\sin x=\frac{\sqrt{2}}{2}\left[1+\left(x-\frac{\pi}{4}\right)-\frac{1}{2!}\left(x-\frac{\pi}{4}\right)^2-\frac{1}{3!}\left(x-\frac{\pi}{4}\right)^3+\frac{1}{4!}\left(x-\frac{\pi}{4}\right)^4+\frac{1}{5!}\left(x-\frac{\pi}{4}\right)^5-\cdots\right] \quad (-\infty<x<+\infty).$$

9.5.3 幂级数的应用

函数展开成幂级数，从形式上看，似乎复杂化了，其实不然. 因为幂级数的部分和是个多项式，它在进行数值计算时比较简便，所以经常用这样的多项式来近似表达复杂的函数. 由此产生的误差可以用余项来估计.

例 9.32 计算 e 的近似值，精确到10^{-10}.

解　e的值就是e^x的展开式在$x=1$的函数值，即

$$e=\sum_{n=0}^{\infty}\frac{1}{n!}=1+1+\frac{1}{2!}+\cdots+\frac{1}{n!}+\cdots$$
$$\approx 1+1+\frac{1}{2!}+\cdots+\frac{1}{n!}.$$

误差

$$\begin{aligned}|R_n|&=\frac{1}{(n+1)!}+\frac{1}{(n+2)!}+\cdots+\frac{1}{(n+k)!}+\cdots\\&<\frac{1}{(n+1)!}+\frac{1}{(n+1)!(n+1)}+\cdots+\frac{1}{(n+1)!(n+1)^{k-1}}+\cdots\\&=\frac{1}{(n+1)!}\left[1+\frac{1}{n+1}+\frac{1}{(n+1)^2}+\cdots+\frac{1}{(n+1)^{k-1}}+\cdots\right]\\&=\frac{1}{(n+1)!}\frac{1}{1-\frac{1}{n+1}}=\frac{1}{n!n}.\end{aligned}$$

要精确到10^{-10}，需要$\frac{1}{n!n}<0.5\times10^{-10}$，即$n!n>2\times10^{10}$，由于$13!\cdot13>2\times10^{10}$，所以取$n=13$，即

$$e\approx1+1+\frac{1}{2!}+\cdots+\frac{1}{13!}.$$

在计算机上求得$e\approx2.7182818284$.

例 9.33　计算ln2的近似值，要求误差不超过0.0001.

解　在展开式

$$\ln(1+x)=\sum_{n=0}^{\infty}(-1)^n\frac{x^{n+1}}{n+1}\quad(-1<x\leqslant1)$$

中，设$x=1$，得

$$\ln2=\sum_{n=0}^{\infty}(-1)^n\frac{1}{n+1}.$$

为了保证误差不超过10^{-4}，须取$n>10000$项进行计算. 这样做计算量太大了，我们必需用收敛更快的级数代替它.

把展开式

$$\ln(1+x)=\sum_{n=0}^{\infty}(-1)^n\frac{x^{n+1}}{n+1}\quad(-1<x\leqslant1)$$

中x换成$-x$得

$$\ln(1-x)=\sum_{n=0}^{\infty}-\frac{x^{n+1}}{n+1}\quad(-1\leqslant x<1),$$

两式相减，得到不含偶次幂的展开式：

$$\ln\frac{1+x}{1-x}=\ln(1+x)-\ln(1-x)=2\left(x+\frac{x^3}{3}+\frac{x^5}{5}+\cdots\right)\quad(-1<x<1),$$

令$\dfrac{1+x}{1-x}=2$，解出$x=\dfrac{1}{3}$，以$x=\dfrac{1}{3}$代入上式，得

$$\ln 2=2\left(\frac{1}{3}+\frac{1}{3}\cdot\frac{1}{3^3}+\frac{1}{5}\cdot\frac{1}{3^5}+\frac{1}{7}\cdot\frac{1}{3^7}+\cdots\right).$$

如果取前 4 项的和作为 ln2 的近似值，则误差

$$\begin{aligned}|R_4|&=2\left(\frac{1}{9}\cdot\frac{1}{3^9}+\frac{1}{11}\cdot\frac{1}{3^{11}}+\frac{1}{13}\cdot\frac{1}{3^{13}}+\cdots\right)\\&<\frac{2}{3^{11}}\left[1+\frac{1}{9}+\left(\frac{1}{9}\right)^2+\cdots\right]\\&=\frac{2}{3^{11}}\cdot\frac{1}{1-\dfrac{1}{9}}=\frac{1}{4\cdot 3^9}=\frac{1}{78732}<\frac{1}{2}\times 10^{-4}.\end{aligned}$$

于是有

$$\ln 2\approx 2\left(\frac{1}{3}+\frac{1}{3}\cdot\frac{1}{3^3}+\frac{1}{5}\cdot\frac{1}{3^5}+\frac{1}{7}\cdot\frac{1}{3^7}\right).$$

取 5 位小数进行计算，得

$$\ln 2\approx 2(0.33333+0.01235+0.00082+0.00007)\approx 0.6931.$$

例 9.34 计算定积分

$$\frac{2}{\sqrt{\pi}}\int_0^{\frac{1}{2}}\mathrm{e}^{-x^2}\,\mathrm{d}x$$

的近似值，要求误差不超过 0.0001$\left(取\dfrac{1}{\sqrt{\pi}}\approx 0.56419\right)$.

解 由例 9.29 得

$$\mathrm{e}^{-x^2}=\sum_{n=0}^{\infty}(-1)^n\frac{x^{2n}}{n!}\quad(-\infty<x<+\infty),$$

于是，根据幂级数在收敛区间内逐项可积，得

$$\begin{aligned}\frac{2}{\sqrt{\pi}}\int_0^{\frac{1}{2}}\mathrm{e}^{-x^2}\,\mathrm{d}x&=\frac{2}{\sqrt{\pi}}\int_0^{\frac{1}{2}}\left[\sum_{n=0}^{\infty}\frac{(-1)^n x^{2n}}{n!}\right]\mathrm{d}x=\frac{2}{\sqrt{\pi}}\sum_{n=0}^{\infty}\frac{(-1)^n}{n!}\int_0^{\frac{1}{2}}x^{2n}\,\mathrm{d}x\\&=\frac{1}{\sqrt{\pi}}\left(1-\frac{1}{2^2\cdot 3}+\frac{1}{2^4\cdot 5\cdot 2!}-\frac{1}{2^6\cdot 7\cdot 3!}+\cdots\right).\end{aligned}$$

取前 4 项的和作近似值，其误差为

$$|R_4| \leqslant \frac{1}{\sqrt{\pi}} \frac{1}{2^8 \cdot 9 \cdot 4!} < \frac{1}{90000} < 0.5 \times 10^{-4},$$

所以

$$\frac{2}{\sqrt{\pi}} \int_0^{\frac{1}{2}} \mathrm{e}^{-x^2} \mathrm{d}x \approx \frac{1}{\sqrt{\pi}} \left(1 - \frac{1}{2^2 \cdot 3} + \frac{1}{2^4 \cdot 5 \cdot 2!} - \frac{1}{2^6 \cdot 7 \cdot 3!}\right) \approx 0.5205 .$$

习 题 9-5

1. 写出函数 $x\ln(1+x)$ 的麦克劳林级数.

2. 将下列函数展开成 x 的幂级数，并求展开式成立的区间：

（1）5^x；（2）$\dfrac{1}{x^2+3x+2}$；

（3）$\dfrac{1}{(2-x)^2}$；（4）$\ln(1+x-2x^2)$.

3. 将函数 $f(x)=\lg x$ 展开成（x–1）的幂级数，并求展开式成立的区间.

4. 将函数 $f(x)=\dfrac{1}{x^2+5x+6}$ 展开成（x–2）的幂级数.

5. 将函数 $f(x)=\cos x$ 展开成 $\left(x+\dfrac{\pi}{3}\right)$ 的幂级数.

6. 将函数 $f(x)=\dfrac{1}{x^2}$ 展开成 $(x+4)$ 的幂级数.

7. 利用函数幂级数展开式求下列各数的近似值：

（1）$\sqrt[5]{240}$（误差不超过 0.0001）；

（2）$\cos 2^\circ$（误差不超过 0.0001）.

8. 利用被积函数的幂级数展开式求下列定积分的近似值：

（1）$\int_0^1 \dfrac{\sin x}{x}\mathrm{d}x$（误差不超过 0.0001）；

（2）$\int_0^{0.5} \dfrac{1}{1+x^4}\mathrm{d}x$（误差不超过 0.0001）.

9.6 经济数学模型与案例分析

问题：假设有一家知名的民营企业，欲设立一笔助学基金，每年底从利息中拿出 12 万元，赞助某知名大学家庭贫困而学习成绩优异的学子，该企业委托某银行保管这笔基金，双方确定这笔基金的年利率（复利）为 3%，问该企业设立的这笔基金数目是多少？

在经济学中，这个问题是**永续年金**问题，所谓年金就是一定时期内每期等额的序列收付款项，而永续年金是指无限期支付的年金，著名的诺贝尔（Nobel）经济学奖也是永续年金. 下面用级数知识来解决上面提出的问题.

设基金数目为Y，每年底的赞助金为A，基金的年利率为r，第n年赞助金的现值（基金的现在价值）为$\frac{A}{(1+r)^n}\quad (n=1,2,\cdots)$，于是

$$\begin{aligned}Y&=\frac{A}{1+r}+\frac{A}{(1+r)^2}+\cdots+\frac{A}{(1+r)^n}+\cdots\\&=A\sum_{n=1}^{\infty}\frac{1}{(1+r)^n},\end{aligned}$$

$\sum\limits_{n=1}^{\infty}\frac{1}{(1+r)^n}$是等比级数，因为公比$0<q=\frac{1}{1+r}<1$，所以该等比级数是收敛的，其和为$\dfrac{\frac{1}{1+r}}{1-\frac{1}{1+r}}=\frac{1}{r}$，所以$Y=\frac{A}{r}$.

在上面提出的问题中，$A=12$万元，$r=3\%$，所以$Y=\frac{A}{r}=400$（万元）. 故该企业设立的这笔助学基金的数目为400万元.

总习题九（A）

1. 选择题

（1）若级数$\sum\limits_{n=1}^{\infty}u_n$发散，则（　　）.

A. 一定$\lim\limits_{n\to\infty}u_n=0$　　B. 一定$\lim\limits_{n\to\infty}u_n\neq 0$

C. 一定$\lim\limits_{n\to\infty}u_n=\infty$　　D. 以上答案都不对

（2）下列级数发散的是（　　）.

A. $\sum\limits_{n=1}^{\infty}\frac{1}{\sqrt[3]{n^2+1}}$　　B. $\sum\limits_{n=1}^{\infty}\frac{1}{\sqrt{n^3}}$　　C. $\sum\limits_{n=1}^{\infty}\frac{1}{2^n}$　　D. $\sum\limits_{n=1}^{\infty}\left(\frac{\mathrm{e}}{\pi}\right)^n$

（3）下列级数发散的是（　　）.

A. $\sum\limits_{n=1}^{\infty}\frac{(-1)^{n-1}}{3^n}$　　B. $\sum\limits_{n=1}^{\infty}\frac{n}{3n-1}$　　C. $\sum\limits_{n=1}^{\infty}\frac{(-1)^n}{\ln(n+1)}$　　D. $\sum\limits_{n=1}^{\infty}\frac{n}{3^{\frac{n}{2}}}$

（4）级数$\sum\limits_{n=1}^{\infty}(-1)^{n-1}(\sqrt{n+k}-\sqrt{n})\ (k>0)$是（　　）.

A. 条件收敛　　B. 绝对收敛

C. 发散　　D. 敛散性不确定

（5）幂级数$\sum_{n=0}^{\infty}\frac{x^n}{2^n(n+1)}$的收敛域为（　　）.

A. $[-2,2)$　　B. $(-2,2)$　　C. $(-2,2]$　　D. $[-2,2]$

2. 填空题

（1）设$\lim_{n\to\infty}u_n=a$，则$\sum_{n=1}^{\infty}(u_n-u_{n+1})=$________.

（2）当q满足条件________时，$\sum_{n=1}^{\infty}\frac{a}{q^n}(a\neq 0)$收敛.

（3）幂级数$\sum_{n=0}^{\infty}\frac{(x-1)^n}{(2n+1)}$的收敛域为________.

（4）函数$f(x)=\frac{x^3}{1+x}$在$(-1,1)$内的幂级数展开式为________.

（5）幂级数$\sum_{n=1}^{\infty}\frac{1}{\sqrt{n+1}}x^n$的收敛区间为________.

3. 判定下列级数的敛散性. 若收敛，是绝对收敛，还是条件收敛.

（1）$\sum_{n=1}^{\infty}\frac{(-1)^n}{n-\sin n}$；　　（2）$\sum_{n=1}^{\infty}(-1)^n\ln\left(1+\frac{1}{n^2}\right)$.

4. 求$\sum_{n=1}^{\infty}\frac{x^n}{n+1}$的收敛区间及和函数.

总习题九（B）

1. 选择题

（1）下列级数收敛的是（　　）.

A. $\sum_{n=1}^{\infty}e^{\left(\frac{1}{n}\right)^n}$　　B. $\sum_{n=1}^{\infty}\ln\left(1+\frac{1}{n}\right)$

C. $\sum_{n=1}^{\infty}\left[\frac{(-1)^n}{\sqrt{n}}-\frac{1}{n^2}\right]$　　D. $\sum_{n=2}^{\infty}\frac{1}{\ln n}$

（2）下列级数条件收敛的是（　　）.

A. $\sum_{n=1}^{\infty}\frac{(-1)^{n-1}}{n!}$　　B. $\sum_{n=1}^{\infty}\frac{(-1)^{n-1}}{\sqrt[n]{2}}$

C. $\sum_{n=1}^{\infty}\frac{(-1)^{2n-1}}{n}$　　D. $\sum_{n=1}^{\infty}\frac{(-1)^n(2n-1)}{n^2}$

（3）幂级数$\sum_{n=0}^{\infty}\frac{(-1)^n x^{2n}}{n!}$在$(-\infty,+\infty)$内的和函数$s(x)=$（　　）.

A. e^{-x^2}　　B. e^{x^2}　　C. $-e^{-x^2}$　　D. $-e^{x^2}$

（4）$\sum_{n=1}^{\infty}\frac{1}{n!}=$（　　）.

A. e　　B. $e-1$　　C. $e+1$　　D. $1-e$

（5）设$\{u_n\}$是数列，下列命题正确的是（　　）.

A. 若$\sum_{n=1}^{\infty}u_n$收敛，则$\sum_{n=1}^{\infty}(u_{2n-1}+u_{2n})$收敛

B. 若$\sum_{n=1}^{\infty}(u_{2n-1}+u_{2n})$收敛，则$\sum_{n=1}^{\infty}u_n$收敛

C. 若$\sum_{n=1}^{\infty}u_n$收敛，则$\sum_{n=1}^{\infty}(u_{2n-1}-u_{2n})$收敛

D. 若$\sum_{n=1}^{\infty}(u_{2n-1}-u_{2n})$收敛，则$\sum_{n=1}^{\infty}u_n$收敛

2. 填空题

（1）幂级数$\sum_{n=0}^{\infty}\frac{(-1)^n x^{2n}}{3^n}$的收敛区间为________.

（2）幂级数$\sum_{n=1}^{\infty}\frac{1}{n!}x^{n+1}$在$(-\infty, +\infty)$内的和函数$s(x)=$________.

（3）级数$\sum_{n=1}^{\infty}(-1)^n\frac{\sqrt{n+2}-\sqrt{n-2}}{n^{\alpha}}$在$\alpha$满足________时绝对收敛，满足_____时条件收敛.

（4）设有级数$\sum_{n=0}^{\infty}a_n\left(\frac{x+1}{2}\right)^n$，若$\lim_{n\to\infty}\left|\frac{a_n}{a_{n+1}}\right|=\frac{1}{3}$，则该级数的收敛半径为________.

（5）幂级数$\sum_{n=1}^{\infty}\frac{e^n-(-1)^n}{n^2}x^n$的收敛半径为________.

3. 判定下列级数的敛散性，若收敛是绝对收敛，还是条件收敛：

（1）$\sum_{n=1}^{\infty}\frac{(-1)^{n-1}}{n-\ln n}$；　　（2）$\sum_{n=1}^{\infty}(-1)^n(\sqrt{n+2}-\sqrt{n+1})$.

4. 在$(-1, 1)$内求幂级数$\sum_{n=1}^{\infty}(-1)^n nx^{n+1}$的和函数，并求级数$\sum_{n=1}^{\infty}\frac{n}{2^n}$的和.

数学家介绍及无穷级数的发展史

第 10 章　微分方程与差分方程

由未知函数及其导数（或微分）构成的方程称为微分方程. 它可以描述随时间推移而连续发生的各种变化现象. 差分方程可看成是微分方程的离散化, 是一种递推关系. 微分（或差分）方程来源于生产实践, 又为自然、社会等科学领域问题的解决提供了强有力工具. 本章将介绍微分方程与差分方程的一些基本概念、定理、计算方法及其应用.

10.1　微分方程的基本概念

介绍微分方程的基本概念之前, 先看几何与物理方面的两个例子.

例 10.1　已知曲线过点 $(1,2)$, 且在该曲线上任意一点 $M(x,y)$ 处的切线斜率为 $2x$, 求这条曲线的方程.

解　设曲线的方程为 $y=y(x)$, 根据导数的几何意义, 有

$$\frac{\mathrm{d}y}{\mathrm{d}x}=2x, \tag{10-1}$$

上式两端对 x 不定积分, 得

$$y=x^2+C \quad (C\text{为任意常数}),$$

因所求曲线过点 $(1,2)$, 将 $x=1$, $y=2$ 代入上式, 得 $C=1$. 故所求曲线方程为

$$y=x^2+1.$$

例 10.2（自由落体运动规律）　设质量为 m 的物体, 在时间 $t=0$ 时自由下落, 不计空气阻力, 求物体下落距离与时间的关系.

解　设 $x=x(t)$ 为物体随着时间变化下落的距离函数, 于是物体下落的加速度为 $x''=x''(t)$. 根据牛顿第二定律, 得

$$\frac{\mathrm{d}^2x}{\mathrm{d}t^2}=g, \tag{10-2}$$

将上式关于 t 求不定积分两次, 得

$$\frac{\mathrm{d}x}{\mathrm{d}t}=gt+C_1, \tag{10-3}$$

$$x=\frac{1}{2}gt^2+C_1t+C_2, \tag{10-4}$$

其中C_1和C_2为任意常数. 且有$x(0)=0$，物体的初速度$v_0=x'(0)=0$，将以上两条件代入式（10-3），式（10-4），得$C_1=0, C_2=0$，故

$$x=\frac{1}{2}gt^2.$$

例 10.1 中y是未知函数, 方程（10-1）含有未知函数的导数；例 10.2 中x是未知函数, 方程（10-2）也含有未知函数的导数.

定义 10.1 一个方程中如果含有未知函数的导数或微分, 则称该方程为微分方程；微分方程中出现的未知函数的导数的最高阶数称为这个方程的阶. 未知函数是一元函数的微分方程称为常微分方程. 未知函数是多元函数的微分方程, 称为偏微分方程.

例如, 方程（10-1）是一阶常微分方程, 方程（10-2）是二阶常微分方程, 方程

$$x^3y'''+x^2y''-4xy'=3x^2+1$$

是三阶常微分方程.

一般地, n阶常微分方程的一般形式是

$$F(x,y,y',\cdots,y^{(n)})=0. \tag{10-5}$$

注 上式中$y^{(n)}$的系数不能为 0, 而变量$x,y,y',\cdots,y^{(n-1)}$则可以不出现. 例如, 4 阶微分方程$y^{(4)}+1=0$中, 除$y^{(4)}$外, 其他变量均未出现（系数为 0）.

例如：$\frac{\partial u}{\partial y}=x+y$，$\frac{\partial^2 u}{\partial^2 x}+\frac{\partial^2 u}{\partial^2 y}=0$为两个偏微分方程. 在本章, 我们把常微分方程简称为微分方程.

定义 10.2 如果将已知函数$y=\varphi(x)$代入方程（10-5）后, 能使其成为恒等式, 则称函数$y=\varphi(x)$是方程（10-5）的解.

例如, 函数$y=x^2+C$和$y=x^2+1$都是微分方程（10-1）的解. 函数$x=\frac{1}{2}gt^2+C_1t+C_2$和$x=\frac{1}{2}gt^2$都是二阶微分方程（10-2）的解.

定义 10.3 若微分方程的解中含有任意常数, 且相互独立的任意常数的个数与微分方程的阶数相同, 则称此解为微分方程的通解. 如果微分方程的解中不含任意常数, 称这样的解为该微分方程的特解.

例如, 函数$y=x^2+C$是一阶微分方程（10-1）的通解, $y=x^2+1$是它的一个特解. 函数$x=\frac{1}{2}gt^2+C_1t+C_2$是二阶微分方程（10-2）的通解, 而$x=\frac{1}{2}gt^2$是该方程的一个特解.

可以看出，当自变量取某值时，未知函数及其导数取特定的值，这样的条件称为初始条件. 求微分方程满足初始条件的特解，称为微分方程的初值问题.

这就是说，例 10.1 中的初始条件是 $y(1)=2$. 例 10.2 中的初始条件是 $x(0)=0$，$x'(0)=0$.

设微分方程中的未知函数为 $y=y(x)$，如果微分方程是一阶的，通常用来确定任意常数的条件是：当 $x=x_0$ 时，$y=y_0$；或写成 $y|_{x=x_0}=y_0$，其中 x_0，y_0 都是给定的值. 如果微分方程是二阶的，通常用来确定任意常数的条件是：当 $x=x_0$ 时，$y=y(x_0)$，$y'=y'(x_0)$，或写成 $y|_{x=x_0}=y(x_0)$，$y'|_{x=x_0}=y'(x_0)$.

微分方程的解的图形是曲线，称为微分方程的积分曲线. 通解表示一族积分曲线，特解表示积分曲线族中某一条特定的曲线.

例如，例 10.1 中方程 $y'=2x$ 的通解为 $y=x^2+C$，对应的积分曲线族如图 10-1 所示. 满足初始条件 $y|_{x=1}=2$ 的特解是这族曲线中通过点 $(1,2)$ 的那一条抛物线，即 $y=x^2+1$.

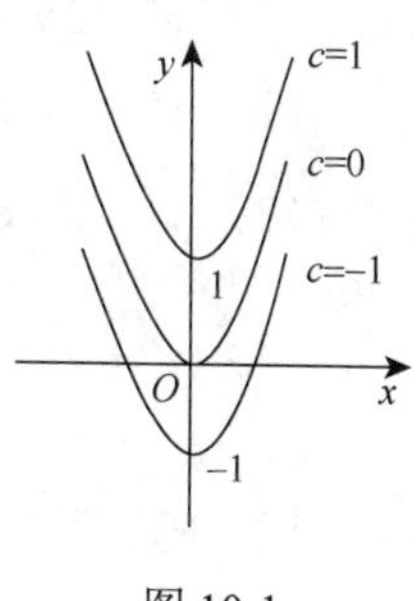

图 10-1

例 10.3　验证函数 $y=C_1\sin x+C_2\cos x$（C_1,C_2 为任意常数）是方程 $y''+y=0$ 的通解，并求出满足初始条件 $y|_{x=\frac{\pi}{4}}=1$，$y'|_{x=\frac{\pi}{4}}=-1$ 的特解.

解　先求出所给函数的导数

$$y'=C_1\cos x-C_2\sin x,\quad y''=-C_1\sin x-C_2\cos x.$$

将 y,y'' 代入方程左端，可知两边恒等，而且 $y=C_1\sin x+C_2\cos x$ 中有两个独立的任意常数，故它是二阶微分方程 $y''+y=0$ 的通解.

将初始条件代入 $y=C_1\sin x+C_2\cos x$ 和 $y'=C_1\cos x-C_2\sin x$，得

$$\begin{cases}\dfrac{\sqrt{2}}{2}C_1+\dfrac{\sqrt{2}}{2}C_2=1,\\ \dfrac{\sqrt{2}}{2}C_1-\dfrac{\sqrt{2}}{2}C_2=-1,\end{cases}$$

解得 $C_1=0$，$C_2=\sqrt{2}$，于是得所求特解为 $y=\sqrt{2}\cos x$.

注　本章内容中，方程的通解所包含的常数 $C,C_1,C_2,\cdots$ 未作特别说明时，都为任意常数. 其实任意常数并不是可以任意取值，而是在使得通解有意义的情况下可任意取值. 如：$\cos y\mathrm{d}y=\sin x\mathrm{d}x$ 的通解为 $\sin y+\cos x=C$，显然，任意常数 C 只能在 $[-2,2]$ 的区间内任意取值，也不要求取遍任意实数.

习　题　10-1

1. 指出下列各微分方程的阶数：

（1）$x\dfrac{\mathrm{d}y}{\mathrm{d}x}+y=\cos x$；　　（2）$xy'''+4y''+x^2y=0$；

（3）$(x-y)\mathrm{d}x+(3x+2y)\mathrm{d}y=0$；　　（4）$s+t\dfrac{\mathrm{d}s}{\mathrm{d}t}+t^2\dfrac{\mathrm{d}^2s}{\mathrm{d}t^2}=0$；

（5）$x(y')^2-2yy'+x=0$；　　（6）$x^2y''-xy'-y=0$.

2. 指出下列各函数是否为对应微分方程的解：

（1）$y''+2y'+y=x$，$y=x$；

（2）$y'-y=\mathrm{e}^x, y(0)=1, y=(x+1)\mathrm{e}^x$；

（3）$y'-y=\mathrm{e}^{x+x^2}, y=\mathrm{e}^x\int_0^x \mathrm{e}^{t^2}\mathrm{d}t+C\mathrm{e}^x$；

（4）$y''=x^2+y^2, y=\dfrac{1}{x}$；

（5）$x+yy'=0$，$\begin{cases}x=\cos t,\\ y=\sin t.\end{cases}$

3. 验证函数 $y=C_1\mathrm{e}^x+C_2\mathrm{e}^{3x}$ 是方程 $y''-4y'+3y=0$ 的通解，并求出满足初始条件 $y|_{x=0}=6, y'|v=10$ 的特解.

4. 求下列微分方程的通解：

（1）$\dfrac{\mathrm{d}y}{\mathrm{d}x}=3x^2+5$；　　（2）$\dfrac{\mathrm{d}^2x}{\mathrm{d}t^2}=12\sin 2t$.

5. 写出以下曲线所满足的微分方程：曲线上点 $P(x,y)$ 处的法线与 x 轴的交点为 Q，且线段 PQ 被 y 轴平分.

10.2　可分离变量的微分方程与齐次方程

下面我们将讨论一些特殊的一阶微分方程

$$F(x,y,y')=0$$

的基本解法.

如果由方程 $F(x,y,y')=0$ 可以解出 y'，则得到一阶微分方程的常见形式

$$y'=f(x,y).$$

一阶微分方程有时也可以写成如下的对称形式：

$$P(x,y)\mathrm{d}x+Q(x,y)\mathrm{d}y=0.$$

在该方程中，变量 x 与 y 对称，它既可看作是以 x 为自变量、y 为未知函数的方程

$$\frac{\mathrm{d}y}{\mathrm{d}x}=-\frac{P(x,y)}{Q(x,y)}\quad (Q(x,y)\neq 0),$$

也可看作是以 y 为自变量、x 为未知函数的方程

$$\frac{\mathrm{d}x}{\mathrm{d}y}=-\frac{Q(x,y)}{P(x,y)}\quad (P(x,y)\neq 0).$$

下面我们对这种形式的微分方程进行讨论.

10.2.1　可分离变量的微分方程

如果一阶微分方程能化成

$$\frac{\mathrm{d}y}{\mathrm{d}x}=f(x)\varphi(y)$$

的形式，即

$$\frac{1}{\varphi(y)}\mathrm{d}y=f(x)\mathrm{d}x\quad (\varphi(y)\neq 0),\tag{10-6}$$

即若原方程可以化成一端是 y 的函数乘以 $\mathrm{d}y$，另一端是 x 的函数乘以 $\mathrm{d}x$ 的形式，则原方程就称为**可分离变量的微分方程**.

假如 $G(y)$ 和 $F(x)$ 分别为 $\frac{1}{\varphi(y)}$ 和 $f(x)$ 的原函数，则对式（10-6）两端积分得 $\int\frac{1}{\varphi(y)}\mathrm{d}y=\int f(x)\mathrm{d}x+C$，即

$$G(y)=F(x)+C.\tag{10-7}$$

式（10-7）以隐函数的形式给出了 y 和 x 的函数关系，称式（10-7）为微分方程（10-6）的**隐式通解**.

在上述过程中，要求 $\varphi(y)\neq 0$，如果 $\varphi(y)=0$ 且它有一个根 $y=y_0$，则把 $y=y_0$ 代入方程 $\frac{\mathrm{d}y}{\mathrm{d}x}=f(x)\varphi(y)$，可验证它也是方程的一个解，有时它不包含在通解中而已，求通解时可以不用补上，但求方程的全部解时需要另外补上.

例 10.4　求微分方程 $\frac{\mathrm{d}y}{\mathrm{d}x}=2xy$ 的通解.

解　该方程是可分离变量的微分方程，当 $y\neq 0$ 时，分离变量得

$$\frac{1}{y}\mathrm{d}y=2x\mathrm{d}x.$$

两端积分得

$$\int \frac{1}{y}\mathrm{d}y = \int 2x\mathrm{d}x,$$

$$\ln|y| = x^2 + C_1.$$

即

$$y = \pm \mathrm{e}^{x^2+C_1} = \pm \mathrm{e}^{C_1}\cdot \mathrm{e}^{x^2} = C\mathrm{e}^{x^2},$$

其中 $C=\pm \mathrm{e}^{C_1}$．可以验证函数 $y = C\mathrm{e}^{x^2}$ 即是所求方程的通解（C 可以看作任意常数，$C=0$ 时对应特解 $y=0$）．

以后为了运算方便，把 $\ln|y|$ 写成 $\ln y$，以上解答过程简写为 $\ln y = x^2 + \ln C$．其中 $\ln C$ 是一个形式记号，化简得

$$y = C\mathrm{e}^{x^2}.$$

其中 C 为任意常数.

例 10.5 求微分方程 $\dfrac{\mathrm{d}y}{\mathrm{d}x} = \dfrac{x(1+y^2)}{(1+x^2)y}$ 满足初始条件 $y|_{x=0}=1$ 的特解.

解 这是一个可分离变量的微分方程，分离变量得

$$\frac{y}{1+y^2}\mathrm{d}y = \frac{x}{1+x^2}\mathrm{d}x,$$

两端积分得 $\ln(1+y^2) = \ln(1+x^2) + \ln C$．

注 为了方便起见，此处将任意常数 C 写作 $\ln C$，化简得

$$1+y^2 = C(1+x^2),$$

将 $x=0, y=1$ 代入得 $C=2$，故所求特解为 $y^2 = 2x^2+1$．

例 10.6 求微分方程 $(1+y^2)\mathrm{d}x - xy(1+x^2)\mathrm{d}y = 0$ 满足初始条件 $y(1)=2$ 的特解.

解 分离变量得 $\dfrac{y}{1+y^2}\mathrm{d}y = \dfrac{1}{x(1+x^2)}\mathrm{d}x$，即

$$\frac{y}{1+y^2}\mathrm{d}y = \left(\frac{1}{x} - \frac{x}{1+x^2}\right)\mathrm{d}x,$$

两边积分得 $\dfrac{1}{2}\ln(1+y^2) = \ln x - \dfrac{1}{2}\ln(1+x^2) + \dfrac{1}{2}\ln C$，整理得

$$\ln[(1+x^2)(1+y^2)] = \ln(Cx^2).$$

因此，通解为 $(1+x^2)(1+y^2) = Cx^2$．

把初始条件 $y(1)=2$ 代入通解，得 $C=10$，故所求特解为

$$(1+x^2)(1+y^2) = 10x^2.$$

例 10.7 求微分方程 $\dfrac{\mathrm{d}y}{\mathrm{d}x} = \dfrac{\sqrt{1-y^2}}{\sqrt{1-x^2}}$ 的通解.

解 这是可分离变量的微分方程，分离变量得

$$\frac{\mathrm{d}y}{\sqrt{1-y^2}}=\frac{\mathrm{d}x}{\sqrt{1-x^2}},$$

两端积分得所求通解为 $\arcsin y=\arcsin x+C$.

注　以后在求微分方程的通解时，常用任意常数 C 代替任意常数 $\ln C$, $\pm \mathrm{e}^C,\cdots$, 也常在开始时就把任意常数 C 记为 $\ln C$, $\pm \mathrm{e}^C,\cdots$, 这样修改常数是为了使推导过程或结果更简洁, 但不影响求其通解.

例 10.8　氧气充足时，酵母增长规律为 $\frac{\mathrm{d}A}{\mathrm{d}t}=kA$. 而在缺氧的条件下，酵母的发酵过程中会产生酒精，而酒精将抑制酵母的继续发酵. 在酵母增长的同时，酒精量也相应增加，酒精的抑制作用也相应地增加，致使酵母的增长率逐渐下降，直到酵母量稳定地接近于一个极限值为止，上述过程的数学形式如下：

$$\frac{\mathrm{d}A}{\mathrm{d}t}=kA(A_m-A),$$

其中，A_m 为酵母量的最后极限值，是一个常数. 它表示在前期酵母的增长率是逐渐上升，到后期酵母的增长率逐渐下降. 求解此微分方程，并假定当 $t=0$ 时，酵母的现有量为 A_0.

解　微分方程 $\frac{\mathrm{d}A}{\mathrm{d}t}=kA(A_m-A)$ 是可分离变量的微分方程. 分离变量，得 $\frac{\mathrm{d}A}{A(A_m-A)}=k\mathrm{d}t$，两边积分，得 $\int\frac{\mathrm{d}A}{A(A_m-A)}=\int k\mathrm{d}t$，即

$$\frac{1}{A_m}\int\left(\frac{1}{A_m-A}+\frac{1}{A}\right)\mathrm{d}A=\int k\mathrm{d}t,$$

由此可得

$$\ln\frac{A}{C(A_m-A)}=kA_m t,$$

因此所求微分方程的通解为 $\frac{A}{A_m-A}=C\mathrm{e}^{kA_m t}$. 又由初始条件：$t=0$ 时，$A=A_0$，可得 $C=\frac{A_0}{A_m-A_0}$，于是微分方程的特解为

$$\frac{A}{A_m-A}=\frac{A_0}{A_m-A_0}\mathrm{e}^{kA_m t},$$

即

$$A=\frac{A_m}{1+\left(\frac{A_m}{A_0}-1\right)\mathrm{e}^{-kA_m t}}.$$

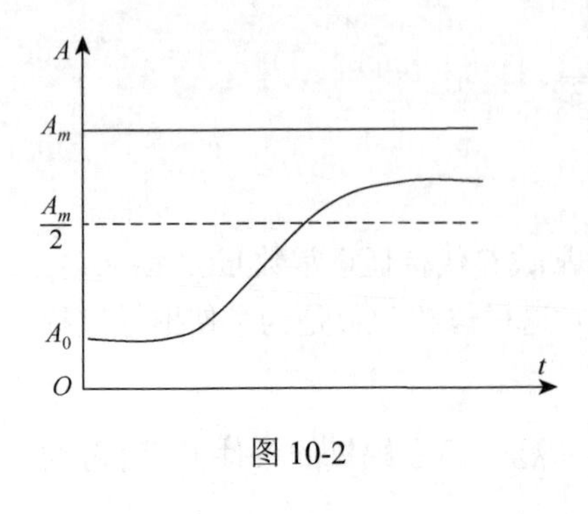

图 10-2

这就是在缺氧的条件下, 求得的酵母现有量 A 与时间 t 的函数关系. 其曲线称为生物生长曲线, 又名 Logistic 曲线. 在实际应用中常遇到这样一类变量: 变量的增长率 $\frac{\mathrm{d}A}{\mathrm{d}t}$ 与现有量 A、饱和值与现有量的差 $A_m - A$ 都成正比. 这种变量是按Logisitic 曲线方程变化的, 其图形如图 10-2 所示. 在生物学、经济学等学科中可常见这种类型的模型.

10.2.2　齐次方程

在一阶微分方程中, 可化为形如

$$\frac{\mathrm{d}y}{\mathrm{d}x}=\varphi\left(\frac{y}{x}\right) \tag{10-8}$$

的微分方程, 称为一阶齐次微分方程, 简称齐次方程.

在齐次方程（10-8）中, 令 $u=\frac{y}{x}$, 则 $y=ux$, 这里 u 是新的未知函数. 两边求导得

$$\frac{\mathrm{d}y}{\mathrm{d}x}=u+x\frac{\mathrm{d}u}{\mathrm{d}x},$$

将其代入方程（10-8）, 得

$$u+x\frac{\mathrm{d}u}{\mathrm{d}x}=\varphi(u).$$

这是可分离变量的方程, 分离变量并两边积分, 得

$$\int\frac{\mathrm{d}u}{\varphi(u)-u}=\int\frac{\mathrm{d}x}{x}. \tag{10-9}$$

求出积分后, 再用 $\frac{y}{x}$ 替换 u 便得所给齐次方程的通解.

例 10.9　求方程 $x^2\frac{\mathrm{d}y}{\mathrm{d}x}=xy-y^2$ 满足初始条件 $y|_{x=1}=1$ 的特解.

解　原方程可变形为

$$\frac{\mathrm{d}y}{\mathrm{d}x}=\frac{y}{x}-\left(\frac{y}{x}\right)^2.$$

这是齐次方程, 令 $\frac{y}{x}=u$, 得 $y=ux$, $\frac{\mathrm{d}y}{\mathrm{d}x}=u+x\frac{\mathrm{d}u}{\mathrm{d}x}$, 代入原方程, 得

$u+x\dfrac{\mathrm{d}u}{\mathrm{d}x}=u-u^2$，即 $x\dfrac{\mathrm{d}u}{\mathrm{d}x}=-u^2$．分离变量并积分，得

$$\frac{1}{u}=\ln x+\ln C.$$

由初始条件 $y|_{x=1}=1$，得 $\ln C=1$，故所求特解为 $y=\dfrac{x}{\ln x+1}$.

例 10.10　求方程 $\dfrac{\mathrm{d}y}{\mathrm{d}x}=\dfrac{y}{x}+\tan\dfrac{y}{x}$ 的通解.

解　此方程为齐次方程，令 $\dfrac{y}{x}=u$，则 $y=xu$，$\dfrac{\mathrm{d}y}{\mathrm{d}x}=u+x\dfrac{\mathrm{d}u}{\mathrm{d}x}$．原方程可化为 $x\dfrac{\mathrm{d}u}{\mathrm{d}x}+u=u+\tan u$，分离变量得

$$\frac{\mathrm{d}u}{\tan u}=\frac{\mathrm{d}x}{x},$$

两端积分得 $\ln\sin u=\ln x+\ln C$，即 $\sin u=Cx$．将 $u=\dfrac{y}{x}$ 代回，则得所求方程的通解为 $\sin\dfrac{y}{x}=Cx$.

例 10.11　求方程 $(x^3-y^3)\mathrm{d}y-x^2y\mathrm{d}x=0$ 的通解.

解　原方程可写成

$$\frac{\mathrm{d}y}{\mathrm{d}x}=\frac{\dfrac{y}{x}}{1-\left(\dfrac{y}{x}\right)^3}.$$

这是齐次方程，令 $\dfrac{y}{x}=u$，得 $x\dfrac{\mathrm{d}u}{\mathrm{d}x}+u=\dfrac{u}{1-u^3}$．分离变量得 $\dfrac{1-u^3}{u^4}\mathrm{d}u=\dfrac{\mathrm{d}x}{x}$，两端积分得 $-\dfrac{1}{3u^3}-\ln u=\ln x+\ln C_1$．将 $u=\dfrac{y}{x}$ 代入上式得

$$-\frac{1}{3}\frac{x^3}{y^3}-\ln y+\ln x=\ln x+C\quad (C=\ln C_1).$$

故原方程通解为

$$\frac{1}{3}x^3+y^3\ln y+Cy^3=0.$$

由以上讨论可以看出，求解一个不能分离变量的微分方程，可寻求适当的变量代换，将它化为可分离变量的微分方程再求解.

例 10.12　求方程 $2xy^2\dfrac{\mathrm{d}y}{\mathrm{d}x}-2y^3=x^3\dfrac{\mathrm{d}y}{\mathrm{d}x}$ 的通解.

解　将所给方程化为 $\dfrac{\mathrm{d}y}{\mathrm{d}x}=\dfrac{2y^3}{2xy^2-x^3}$，

对方程右端分子、分母同除以 x^3 得 $\dfrac{dy}{dx}=\dfrac{2\left(\dfrac{y}{x}\right)^3}{2\left(\dfrac{y}{x}\right)^2-1}$.

因此, 所给方程为齐次方程, 令 $u=\dfrac{y}{x}$, 即 $y=ux$, 则 $\dfrac{dy}{dx}=u+x\dfrac{du}{dx}$. 移项并通分得

$$x\frac{du}{dx}=\frac{u}{2u^2-1}.$$

分离变量得

$$\frac{2u^2-1}{u}du=\frac{dx}{x},$$

即

$$\left(2u-\frac{1}{u}\right)du=\frac{1}{x}dx.$$

两边积分得

$$u^2-\ln u=\ln x+C_1,$$

所以

$$u^2-C_1=\ln(xu).$$

从而得

$$xu=Ce^{u^2}\ (\text{其中 } C=e^{-C_1}),$$

将 $u=\dfrac{y}{x}$ 代回得所求方程的通解为 $y=Ce^{\left(\frac{y}{x}\right)^2}$.

习　题　10-2

1. 求下列微分方程的通解：

（1）$xy'=y\ln y$；　　（2）$5y'-3x^2-5x=0$；

（3）$e^x-yy'=0$；　　（4）$x\sqrt{1-y^2}dx+y\sqrt{1-x^2}dy=0$；

（5）$y-xy'=a(y^2+y')$；　　（6）$y\ln x dx+x\ln y dy=0$；

（7）$\dfrac{dy}{dx}=2^{x+y}$；　　（8）$\sec^2 x\tan y dx+\sec^2 y\tan x dy=0$；

（9）$(e^{x+y}-e^x)dx+(e^{x+y}+e^y)dy=0$；　　（10）$ydx+(x^2-4x)dy=0$.

2. 求下列微分方程满足所给初始条件的特解：

（1）$xdy+2ydx=0$，$y|_{x=2}=1$；

（2）$y'-e^{2x-y}=0$，$y|_{x=0}=0$；

（3）$\dfrac{x}{1+y}\mathrm{d}x-\dfrac{y}{1+x}\mathrm{d}y=0,\ y(0)=1$；

（4）$\cos x\sin y\mathrm{d}y-\cos y\sin x\mathrm{d}x=0,\ y(0)=\dfrac{\pi}{4}$；

（5）$\mathrm{d}x+(1+\mathrm{e}^{-x})\tan y\mathrm{d}y=0,\ y|_{x=0}=\dfrac{\pi}{4}$；

（6）$y'\sin x=y\ln y,\ y\left(\dfrac{\pi}{2}\right)=\mathrm{e}$.

3. 求一曲线, 使得该曲线在任一点 P 处的切线 $\overline{PQ}$ 与向径 $\overline{OP}$ 的交角等于 45°.

4. 求下列齐次微分方程的通解：

（1）$x\dfrac{\mathrm{d}y}{\mathrm{d}x}-(x+2y)=0$；　（2）$x\dfrac{\mathrm{d}y}{\mathrm{d}x}=y\ln\dfrac{y}{x}$；

（3）$(y^2-2xy)\mathrm{d}x+x^2\mathrm{d}y=0$；　（4）$(x^2+y^2)\mathrm{d}x-xy\mathrm{d}y=0$.

5. 求下列齐次微分方程满足所给初始条件的特解：

（1）$\dfrac{\mathrm{d}y}{\mathrm{d}x}+\dfrac{2xy}{y^2-3x^2}=0$，$y|_{x=0}=1$；

（2）$xyy'=x^2+y^2$，$y|_{x=1}=2$；

（3）$x\mathrm{d}y-(y+x\mathrm{e}^{\frac{y}{x}})\mathrm{d}x=0$，$y|_{x=1}=0$.

10.3　一阶线性微分方程

10.3.1　线性方程

形如

$$\frac{\mathrm{d}y}{\mathrm{d}x}+P(x)y=Q(x) \tag{10-10}$$

的微分方程称为一阶线性微分方程. 它的特点是：方程中出现的未知函数 y 及其导数都是一次的. 当 $Q(x)\equiv 0$ 时，方程（10-10）变为

$$\frac{\mathrm{d}y}{\mathrm{d}x}+P(x)y=0, \tag{10-11}$$

称该方程为方程（10-10）对应的齐次线性微分方程. 如果 $Q(x)$ 不恒为零, 则称方程（10-10）为非齐次线性微分方程. 显然, 方程（10-11）是可分离变量的方程, 分离变量, 得

$$\frac{\mathrm{d}y}{y}=-P(x)\mathrm{d}x,$$

两端积分，得

$$\ln y=-\int P(x)\mathrm{d}x+\ln C,$$

由此得齐次线性微分方程（10-11）的通解为

$$y=C\mathrm{e}^{-\int P(x)\mathrm{d}x}. \tag{10-12}$$

现在我们来求非齐次线性微分方程（10-10）的通解，设想非齐次方程（10-10）也具有形式（10-12）的解，但其中常数 C 为函数 $C(x)$，这个设想会得到验证是正确的，这种方法称为常数变易法（将常数变易为待定函数的方法）．现把齐次线性方程（10-11）的通解（10-12）中的任意常数 C 看作 x 的未知函数 $C(x)$，即设方程（10-10）的解为

$$y=C(x)\mathrm{e}^{-\int P(x)\mathrm{d}x}, \tag{10-13}$$

于是可得

$$\frac{\mathrm{d}y}{\mathrm{d}x}=C'(x)\mathrm{e}^{-\int P(x)\mathrm{d}x}-C(x)P(x)\mathrm{e}^{-\int P(x)\mathrm{d}x}.$$

把以上两式代入方程（10-10）中，得到 $C'(x)\mathrm{e}^{-\int P(x)\mathrm{d}x}=Q(x)$，即

$$C'(x)=Q(x)\mathrm{e}^{\int P(x)\mathrm{d}x},$$

两端积分得

$$C(x)=\int Q(x)\mathrm{e}^{\int P(x)\mathrm{d}x}\mathrm{d}x+C.$$

把上式再代入式（10-13）得非齐次方程（10-10）的通解为

$$y=\mathrm{e}^{-\int P(x)\mathrm{d}x}\left(\int Q(x)\mathrm{e}^{\int P(x)\mathrm{d}x}\mathrm{d}x+C\right), \tag{10-14}$$

或

$$y=C\mathrm{e}^{-\int P(x)\mathrm{d}x}+\mathrm{e}^{-\int P(x)\mathrm{d}x}\int Q(x)\mathrm{e}^{\int P(x)\mathrm{d}x}\mathrm{d}x.$$

上式右端第一项（含有一个任意常数 C）是与（10-10）对应的齐次线性微分方程（10-11）的通解．而第二项（不含任意常数）是非齐次线性微分方程（10-10）的一个特解．由此可知：一阶非齐次线性微分方程的通解等于对应的齐次线性微分方程的通解与非齐次线性微分方程的一个特解之和．该性质对任何阶的线性微分方程均成立．

例 10.13　求解微分方程

$$y'-y\cot x=2x\sin x.$$

解法 1（常数变易法）　对应齐次方程为

$$y'-y\cot x=0,$$

分离变量，得

$$\frac{1}{y}\mathrm{d}y=\cot x\mathrm{d}x,$$

两边积分得齐次方程的通解

$$y = Ce^{\int \cot x\mathrm{d}x} = Ce^{\ln\sin x} = C\sin x.$$

用常数变易法，设原方程的解为 $y = C(x)\sin x$，则

$$y' = C'(x)\sin x + C(x)\cos x,$$

代入原非齐次方程，得 $C'(x) = 2x$．两边积分，得

$$C(x) = x^2 + C,$$

故所求通解为

$$y = (x^2 + C)\sin x.$$

解法 2（公式法）　由于 $P(x) = -\cot x, Q(x) = 2x\sin x$.　故由公式（10-14）得

$$\begin{aligned} y &= e^{\int \cot x\mathrm{d}x}\left(\int 2x\sin x e^{-\int \cot x\mathrm{d}x}\mathrm{d}x + C\right) \\ &= e^{\ln\sin x}\left(\int 2x\sin x \cdot e^{-\ln\sin x}\mathrm{d}x + C\right) \\ &= \sin x\left(\int 2x\sin x \cdot \frac{1}{\sin x}\mathrm{d}x + C\right) \\ &= (x^2 + C)\sin x. \end{aligned}$$

例 10.14　求方程 $xy' + y = \cos x$ 满足初始条件 $y|_{x=\pi}=1$ 的特解.

解　利用常数变易法求解，将所给方程改写为

$$y' + \frac{1}{x}y = \frac{1}{x}\cos x,$$

与其对应的齐次线性方程为 $y' + \frac{1}{x}y = 0$．分离变量，求得该齐次线性方程的通解为 $y = \frac{C}{x}$.

设所给非齐次线性方程的通解为 $y = \frac{C(x)}{x}$，则有

$$y' = \frac{xC'(x) - C(x)}{x^2}.$$

将 y 及 y' 代入非齐次线性方程，得 $\frac{C'(x)}{x} = \frac{1}{x}\cos x$．于是，有

$$C(x) = \int \cos x\mathrm{d}x = \sin x + C,$$

因此，原方程的通解为 $y = \frac{C}{x} + \frac{\sin x}{x}$.

将初始条件 $y|_{x=\pi}=1$ 代入，得 $C = \pi$，所以，所求特解为

$$y = \frac{1}{x}(\pi + \sin x).$$

例 10.15　求方程 $y'=\dfrac{y^2-x}{2y(x+1)}$ 的通解.

解　所给方程中含有 y^2，因此，它不是一阶线性微分方程，如果将原方程改写成为

$$2yy'=\frac{y^2}{x+1}-\frac{x}{x+1},$$

从而可得到

$$(y^2)'-\frac{1}{x+1}y^2=-\frac{x}{x+1},$$

于是，可作变量代换 $u=y^2$，即有

$$u'-\frac{1}{x+1}u=-\frac{x}{x+1},$$

这是关于 u 和 x 的一阶非齐次线性方程，且有 $P(x)=-\dfrac{1}{x+1}, Q(x)=-\dfrac{x}{x+1}$，由非齐次方程的通解公式可得

$$\begin{aligned}u&=\mathrm{e}^{-\int\frac{-1}{x+1}\mathrm{d}x}\left(\int-\frac{x}{x+1}\mathrm{e}^{\int\frac{-1}{x+1}\mathrm{d}x}\mathrm{d}x+C\right)\\&=(x+1)\left(\int-\frac{x}{x+1}\mathrm{e}^{\int\frac{-1}{x+1}\mathrm{d}x}\mathrm{d}x+C\right)\\&=C(x+1)-(x+1)\ln(x+1)-1,\end{aligned}$$

因此，原方程的通解为

$$y^2=C(x+1)-(x+1)\ln(x+1)-1.$$

例 10.16　求微分方程 $(y^2-6x)y'+2y=0$ 满足初始条件 $y|_{x=2}=1$ 的特解.

解　它不是未知函数 y 与 y' 的线性方程，但是可以将它变形为

$$\frac{\mathrm{d}x}{\mathrm{d}y}=\frac{6x-y^2}{2y},$$

即

$$\frac{\mathrm{d}x}{\mathrm{d}y}-\frac{3}{y}x=-\frac{y}{2}.$$

若将 x 视为 y 的函数，则对于 $x(y)$ 及其导数 $\dfrac{\mathrm{d}x}{\mathrm{d}y}$ 而言，上式是一个线性方程，故其通解

$$\begin{aligned}x&=\mathrm{e}^{\int\frac{3}{y}\mathrm{d}y}\left(\int\left(-\frac{y}{2}\right)\mathrm{e}^{-\int\frac{3}{y}\mathrm{d}y}\mathrm{d}y+C\right)\\&=y^3\left(\frac{1}{2y}+C\right).\end{aligned}$$

把初始条件 $y|_{x=2}=1$ 代入得 $C=\frac{3}{2}$. 因此, 所求特解为 $x=\frac{3}{2}y^3+\frac{y^2}{2}$.

10.3.2　伯努利方程

形如

$$\frac{\mathrm{d}y}{\mathrm{d}x}+P(x)y=Q(x)y^n \quad (n\neq 0,1) \tag{10-15}$$

的微分方程称为伯努利（Bernoulli）方程. 当 $n=0$ 或 $n=1$ 时, 这是线性微分方程. 当 $n\neq 0$ 且 $n\neq 1$ 时, 伯努利方程不是线性的, 但通过变量代换可将它化成线性微分方程.

将（10-15）两端除以 y^n, 得

$$y^{-n}\frac{\mathrm{d}y}{\mathrm{d}x}+P(x)y^{1-n}=Q(x).$$

令 $y^{1-n}=u$, 有 $\frac{\mathrm{d}u}{\mathrm{d}x}=(1-n)y^{-n}\frac{\mathrm{d}y}{\mathrm{d}x}$, 即 $y^{-n}\frac{\mathrm{d}y}{\mathrm{d}x}=\frac{1}{1-n}\frac{\mathrm{d}u}{\mathrm{d}x}$, 代入上式得

$$\frac{1}{1-n}\frac{\mathrm{d}u}{\mathrm{d}x}+P(x)u=Q(x),$$

即

$$\frac{\mathrm{d}u}{\mathrm{d}x}+(1-n)P(x)u=(1-n)Q(x).$$

这是关于变量 u 和 x 的一阶线性微分方程, 常数变易法可求出其通解, 以 y^{1-n} 代换 u 便得到伯努利方程的解. 显然 $y=0$ 也是伯努利方程的解.

例 10.17　求方程 $\frac{\mathrm{d}y}{\mathrm{d}x}=\frac{y}{2x}+\frac{x^2}{2y}$ 的通解.

解　这是伯努利方程, 两端同乘以 $2y$ 可得

$$2y\frac{\mathrm{d}y}{\mathrm{d}x}-\frac{y^2}{x}=x^2.$$

令 $y^2=u$, 得 $\frac{\mathrm{d}u}{\mathrm{d}x}=2y\frac{\mathrm{d}y}{\mathrm{d}x}$, 代入上式得

$$\frac{\mathrm{d}u}{\mathrm{d}x}-\frac{u}{x}=x^2.$$

这是一阶线性微分方程, 由式（10-14）得它的通解为 $u=Cx+\frac{1}{2}x^3$, 于是原方程的通解为

$$y^2=Cx+\frac{1}{2}x^3.$$

例 10.18　求方程 $\frac{\mathrm{d}y}{\mathrm{d}x}+\frac{y}{x}=a(\ln x)y^2$ 的通解.

解　这是伯努利方程, 方程两端同除以 y^2, 得

$$y^{-2}\frac{\mathrm{d}y}{\mathrm{d}x}+\frac{1}{x}y^{-1}=a\ln x,$$

即

$$-\frac{\mathrm{d}(y^{-1})}{\mathrm{d}x}+\frac{1}{x}y^{-1}=a\ln x.$$

令 $u=y^{-1}$, 则上述方程变为

$$\frac{\mathrm{d}u}{\mathrm{d}x}-\frac{1}{x}u=-a\ln x,$$

该方程为线性方程, 其通解为

$$u=x\left[C-\frac{a}{2}(\ln x)^2\right],$$

所以原微分方程的通解为

$$yx\left[C-\frac{a}{2}(\ln x)^2\right]=1.$$

习　题　10-3

1. 求下列微分方程的通解：

（1）$\frac{\mathrm{d}y}{\mathrm{d}x}+2xy=4x$；　（2）$\frac{\mathrm{d}s}{\mathrm{d}t}=-s\cos t+\frac{1}{2}\sin 2t$；

（3）$y'+y\tan x=\sin 2x$；　（4）$y'+\frac{2x}{x^2-1}y=\frac{\cos x}{x^2-1}$；

（5）$\frac{\mathrm{d}y}{\mathrm{d}x}+y=\mathrm{e}^{-x}$.

2. 求下列微分方程满足初始条件的特解：

（1）$\frac{\mathrm{d}y}{\mathrm{d}x}+3y=8$，$y|_{x=0}=2$；　（2）$\frac{\mathrm{d}y}{\mathrm{d}x}+\frac{1}{x}y=\frac{\sin x}{x}, y|_{x=\pi}=1$；

（3）$(1-x^2)y'+xy=1, y|_{x=0}=1$.

3. 设 $y=y(x)$ 可微, 且 $y(x)=\int_0^x y(t)\mathrm{d}t+x+1$，试求 $y(x)$.

4. 求一曲线的方程, 这曲线通过原点, 且它在每一点处的切线斜率都等于 $2x+y$.

5. 求下列伯努利方程的通解：

（1）$\frac{\mathrm{d}y}{\mathrm{d}x}-y=xy^5$；　（2）$\frac{\mathrm{d}y}{\mathrm{d}x}+y=y^2(\cos x-\sin x)$；

（3）$\frac{\mathrm{d}y}{\mathrm{d}x}+\frac{1}{x}y=x^2y^6$；　（4）$xy'+y-y^2\ln x=0$.

10.4　可降阶的高阶微分方程

二阶和二阶以上的微分方程称之为高阶微分方程. 一般的高阶微分方程没有通用的解法，只有一些特殊的高阶微分方程可以通过代换化成较低阶的方程来求解，解这类方程的基本方法是降阶. 下面仅介绍三类容易降阶的特殊高阶微分方程的求解方法.

10.4.1　$y^{(n)}=f(x)$ 型的微分方程

微分方程

$$y^{(n)}=f(x) \tag{10-16}$$

的右端仅含有自变量 x. 可将该方程写为

$$\frac{\mathrm{d}}{\mathrm{d}x}y^{(n-1)}=f(x),$$

将上式两端积分，就得到一个 $n-1$ 阶的微分方程

$$y^{(n-1)}=\int f(x)\mathrm{d}x+C_1.$$

同理可得

$$y^{(n-2)}=\int\left[\int f(x)\mathrm{d}x+C_1\right]\mathrm{d}x+C_2.$$

依此继续进行，连续积分 n 次，便得方程（10-16）的含有 n 个任意常数的通解.

例 10.19　求微分方程 $y'''=\mathrm{e}^{2x}-\cos x$ 的通解.

解　对所给方程连续积分三次，得

$$y''=\frac{1}{2}\mathrm{e}^{2x}-\sin x+C_1,$$

$$y'=\frac{1}{4}\mathrm{e}^{2x}+\cos x+C_1x+C_2,$$

$$y=\frac{1}{8}\mathrm{e}^{2x}+\sin x+\frac{1}{2}C_1x^2+C_2x+C_3,$$

这就是所求的通解.

10.4.2　$y''=f(x,y')$ 型的微分方程

方程

$$y''=f(x,y') \tag{10-17}$$

的右端不显含未知函数 y. 如果我们设 $y'=p$，则 $y''=\frac{\mathrm{d}p}{\mathrm{d}x}=p'$，方程（10-17）变成

$$p'=f(x,p),$$

这是关于 x 和 p 的一阶微分方程, 设它的通解为

$$p=\psi(x,C_1).$$

由于 $p=\frac{\mathrm{d}y}{\mathrm{d}x}$，因此得到一阶微分方程

$$\frac{\mathrm{d}y}{\mathrm{d}x}=\psi(x,C_1).$$

对该方程积分便得（10-17）的通解为

$$y=\int\psi(x,C_1)\mathrm{d}x+C_2.$$

例 10.20　求方程 $(1+x^2)y''+2xy'=1$ 的通解.

解　所给方程不显含变量 y，令 $y'=p$，则 $y''=p'$，代入原方程得

$$(1+x^2)p'+2xp=1.$$

它是一阶线性微分方程, 整理得

$$p'+\frac{2x}{1+x^2}p=\frac{1}{1+x^2},$$

其通解为

$$\begin{aligned}p&=\mathrm{e}^{-\int\frac{2x}{1+x^2}\mathrm{d}x}\left(C_1+\int\frac{1}{1+x^2}\mathrm{e}^{\int\frac{2x}{1+x^2}\mathrm{d}x}\mathrm{d}x\right)\\&=\frac{1}{1+x^2}\left[C_1+\int\frac{1}{1+x^2}(1+x^2)\mathrm{d}x\right]\\&=\frac{x+C_1}{1+x^2}.\end{aligned}$$

将 $p=y'$ 代入上式, 并再积分一次得所求方程的通解为

$$y=\frac{1}{2}\ln(1+x^2)+C_1\arctan x+C_2.$$

例 10.21　求方程 $y''(x^2+1)=2xy'$ 满足初始条件 $y|_{x=0}=1$，$y'|_{x=0}=3$ 的特解.

解　此方程不显含 y，令 $y'=p$，则 $y''=p'$，代入方程, 得

$$p'(x^2+1)=2xp,$$

分离变量后两边积分，得

$$p=C_1(1+x^2),$$

由 $y'|_{x=0}=3$，得 $C_1=3$，从而

$$\frac{\mathrm{d}y}{\mathrm{d}x}=3(1+x^2),$$

两边积分得

$$y=3x+x^3+C_2.$$

由 $y|_{x=0}=1$，得 $C_2=1$，故所求特解为

$$y=3x+x^3+1.$$

10.4.3　$y''=f(y,y')$ 型的微分方程

方程

$$y''=f(y,y') \tag{10-18}$$

的特点是它不显含自变量 x. 对于这类方程，令 $y'=p(y)$，视 p 为新的函数，y 为新的自变量，两边再对 x 求导得

$$y''=\frac{\mathrm{d}p}{\mathrm{d}x}=\frac{\mathrm{d}p}{\mathrm{d}y}\times\frac{\mathrm{d}y}{\mathrm{d}x}=p\frac{\mathrm{d}p}{\mathrm{d}y},$$

则方程（10-18）变成

$$p\frac{\mathrm{d}p}{\mathrm{d}y}=f(y,p).$$

这是关于变量 p 和 y 的一阶微分方程，设它的通解为

$$y'=p=\varphi(y,C_1).$$

分离变量并积分，即可得方程（10-18）的通解

$$\int\frac{\mathrm{d}y}{\varphi(y,C_1)}=x+C_2.$$

例 10.22　求 $y''+\dfrac{(y')^3}{y}=0$ 满足初始条件 $y|_{x=0}=1$，$y'|_{x=0}=1$ 的特解.

解　此方程不显含自变量 x. 令 $y'=p$，则 $y''=p\dfrac{\mathrm{d}p}{\mathrm{d}y}$，代入原方程得 $p\dfrac{\mathrm{d}p}{\mathrm{d}y}+\dfrac{1}{y}p^3=0$. 分离变量得 $-\dfrac{\mathrm{d}p}{p^2}=\dfrac{\mathrm{d}y}{y}$，故

$$\frac{1}{p}=\ln y+C_1,$$

由初始条件 $y'|_{x=0}=1$，可得 $C_1=1$，所以 $\frac{1}{p}=1+\ln y$，即

$$p=\frac{1}{1+\ln y},$$

故 $\frac{\mathrm{d}y}{\mathrm{d}x}=\frac{1}{1+\ln y}$．分离变量得 $(1+\ln y)\mathrm{d}y=\mathrm{d}x$，积分得

$$y\ln y=x+C_2 .$$

再由初始条件 $y|_{x=0}=1$ 得 $C_2=0$．因此所求特解为

$$y\ln y=x .$$

例 10.23 求微分方程 $yy''-(y')^2=0$ 的通解.

解 方程中不显含自变量 x，设 $y'=p$，则 $y''=p\frac{\mathrm{d}p}{\mathrm{d}y}$，代入原方程, 得

$$yp\frac{\mathrm{d}p}{\mathrm{d}y}-p^2=0 .$$

如果 $p\neq 0$，那么方程中约去 p 并分离变量, 得

$$\frac{\mathrm{d}p}{p}=\frac{\mathrm{d}y}{y},$$

两端积分并化简, 得 $p=C_1y$，即

$$y'=C_1y ,$$

再分离变量并积分, 得

$$\ln y=C_1x+\ln C_2 ,$$

即 $y=C_2\mathrm{e}^{C_1x}$．

如果 $p=0$，那么 $y=C$，显然它也满足原方程, 但 $y=C$ 已包含在上述解中（令 $C_1=0$ 即得），所以原方程的通解为

$$y=C_2\mathrm{e}^{C_1x} .$$

习 题 10-4

1. 求下列各微分方程的通解：

（1） $y'''=x\mathrm{e}^x$；（2） $y''=\frac{1}{1+x^2}$；

（3） $xy''+y'=0$；（4） $yy''+(y')^2=y'$；

（5） $y''+y'\tan x=\sin 2x$；（6） $y^3y''-1=0$．

2. 求下列各微分方程满足初始条件的特解：

（1） $y^3y''+1=0, y|_{x=1}=1, y'|_{x=1}=0$；

（2） $y'''=\dfrac{\ln x}{x^2}, y|_{x=1}=0, y'|_{x=1}=1, y''|_{x=1}=2$；

（3） $(1+x^2)y''=2xy', y|_{x=0}=1, y'|_{x=0}=3$；

（4） $y''=3\sqrt{y}, y|_{x=0}=1, y'|_{x=0}=2$.

3. 求满足方程 $y''=x$，经过点 $M(0,1)$ 且在该点与直线 $y=\dfrac{x}{2}+1$ 相切的曲线的方程.

*10.5　二阶常系数线性微分方程

二阶常系数线性微分方程的一般形式为

$$y''+py'+qy=f(x), \tag{10-19}$$

这里 p，q 是常数，$f(x)$ 是 x 的已知函数. 当 $f(x)$ 恒等于零时，称为二阶常系数齐次线性微分方程，否则，称为二阶常系数非齐次线性微分方程.

10.5.1　二阶常系数齐次线性微分方程

定理 10.1　设 $y=y_1(x)$ 与 $y=y_2(x)$ 为二阶常系数齐次线性微分方程

$$y''+py'+qy=0 \tag{10-20}$$

的相互独立的两个特解（即 $y_2(x)/y_1(x)$ 不恒等于常数），则 $y=C_1y_1+C_2y_2$ 为方程（10-20）的通解，这里 C_1 与 C_2 为任意常数.

证明　因为 $y_1(x)$ 与 $y_2(x)$ 是方程（2）的解，所以

$$y_1''+py_1'+qy_1=0,\quad y_2''+py_2'+qy_2=0.$$

又 $y=C_1y_1+C_2y_2$，$y'=C_1y_1'+C_2y_2'$，$y''=C_1y_1''+C_2y_2''$. 把它们代入式（10-20）左端，得

$$\begin{aligned}y''+py'+qy&=(C_1y_1''+C_2y_2'')+p(C_1y_1'+C_2y_2')+q(C_1y_1+C_2y_2)\\&=C_1(y_1''+py_1'+qy_1)+C_2(y_2''+py_2'+qy_2)\\&=0.\end{aligned}$$

即 $y=C_1y_1+C_2y_2$ 为方程（10-20）的解.

在 $y_2(x)/y_1(x)$ 不恒等于常数的条件下，$y=C_1y_1+C_2y_2$ 中含有两个相互独立的任意常数 C_1 和 C_2，所以 $y=C_1y_1+C_2y_2$ 是方程（10-20）的通解.

由该定理可知，求方程（10-20）的通解问题，归结为求（10-20）的两个相互独立的特解. 为了寻找这两个特解，注意当 r 为常数时，指数函数 $y=e^{rx}$ 和它的各阶导数只相差一个常数因子，因此不妨寻求形如 $y=e^{rx}$ 的解. 这是一个尝试的过程.

设 $y=e^{rx}$ 为方程（10-20）的解，则 $y'=re^{rx}$，$y''=r^2e^{rx}$，代入方程（10-20），得

$$(r^2+pr+q)e^{rx}=0.$$

由于 $e^{rx}\neq 0$，所以有

$$r^2+pr+q=0. \tag{10-21}$$

只要 r 满足式（10-21），函数 $y=e^{rx}$ 就是微分方程（10-20）的解. 我们把代数方程（10-21）称为微分方程（10-20）的特征方程，特征方程的根称为特征根. 由于特征方程是一元二次方程，故其特征根有三种不同的情况，相应地可得到微分方程（10-20）的三种不同形式的通解.

（1）当 $p^2-4q>0$ 时，特征方程（10-21）有两个不相等的实根 r_1 和 r_2，此时可得方程（10-20）的两个特解：

$$y_1=e^{r_1x},\quad y_2=e^{r_2x}.$$

且 $y_2/y_1=e^{(r_2-r_1)x}\neq$ 常数，故 $y=C_1e^{r_1x}+C_2e^{r_2x}$ 是方程（10-20）的通解.

（2）当 $p^2-4q=0$ 时，特征方程（10-21）有两个相等的实根 $r_1=r_2$，此时得微分方程（10-20）的一个特解

$$y_1=e^{r_1x},$$

为了求（10-20）的通解，还需要求出与 e^{r_1x} 相互独立的另一特解 y_2. 不妨设 $y_2/y_1=u(x)$，则

$$y_2=e^{r_1x}u(x),\quad y_2'=e^{r_1x}(u'+r_1u),\quad y_2''=e^{r_1x}(u''+2r_1u'+r_1^2u),$$

将 y_2,y_2' 及 y_2'' 代入方程（10-20），得

$$e^{r_1x}[(u''+2r_1u'+r_1^2u)+p(u'+r_1u)+qu]=0,$$

将上式约去 e^{r_1x}，合并同类项，得

$$u''+(2r_1+p)u'+(r_1^2+pr_1+q)u=0.$$

由于 r_1 是特征方程（10-21）的二重根，因此，$r_1^2+pr_1+q=0$ 且 $2r_1+p=0$，于是得

$$u''=0.$$

不妨取 $u=x$，由此得到微分方程（10-20）的另一个特解

$$y_2=xe^{r_1x},$$

且 $y_2/y_1=x\neq$ 常数，从而得到微分方程（10-20）的通解为

$$y=C_1e^{r_1x}+C_2xe^{r_1x},$$

即 $y=e^{r_1x}(C_1+C_2x)$.

（3）当 $p^2-4q<0$ 时，特征方程（10-21）有一对共轭复根

$$r_1=\alpha+\mathrm{i}\beta,\quad r_2=\alpha-\mathrm{i}\beta,$$

于是得到微分方程（10-20）的两个特解

$$\overline{y}_1=e^{(\alpha+\mathrm{i}\beta)x},\quad \overline{y}_2=e^{(\alpha-\mathrm{i}\beta)x}.$$

但它们是复数形式，为应用方便，利用欧拉公式 $e^{\mathrm{i}\theta}=\cos\theta+\mathrm{i}\sin\theta$ 将 $\overline{y}_1$ 和 $\overline{y}_2$ 改写成 $\overline{y}_1=e^{\alpha x}(\cos\beta x+\mathrm{i}\sin\beta x)$，$\overline{y}_2=e^{\alpha x}(\cos\beta x-\mathrm{i}\sin\beta x)$. 于是得到两个新的实函数

$$y_1=\frac{1}{2}(\overline{y}_1+\overline{y}_2)=e^{\alpha x}\cos\beta x,\quad y_2=\frac{1}{2\mathrm{i}}(\overline{y}_1-\overline{y}_2)=e^{\alpha x}\sin\beta x.$$

代入原方程，可以验证它们仍是（10-20）的解，且 $y_2/y_1=\tan\beta x\neq$ 常数，故微分方程（10-20）的通解为

$$y=e^{\alpha x}(C_1\cos\beta x+C_2\sin\beta x).$$

综上所述，求微分方程（10-20）通解的步骤可归纳如下：

第一步，写出微分方程（10-20）的特征方程 $r^2+pr+q=0$，求出特征根；

第二步，根据特征根的不同形式，按照表 10-1 写出微分方程（10-20）的通解.

表 10-1

特征方程 $r^2+pr+q=0$ 的根 r_1,r_2	微分方程 $y''+py'+qy=0$ 的通解
两个不等实根 $r_1\neq r_2$	$y=C_1e^{r_1x}+C_2e^{r_2x}$
两个相等实根 $r_1=r_2$	$y=(C_1+C_2x)e^{r_1x}$
一对共轭复根 $r_{1,2}=\alpha\pm\mathrm{i}\beta$	$y=e^{\alpha x}(C_1\cos\beta x+C_2\sin\beta x)$

例 10.24　求微分方程 $y''-4y'-5y=0$ 的通解.

解　所给微分方程的特征方程为

$$r^2-4r-5=0,$$

特征根为 $r_1=-1,r_2=5$，于是所求微分方程的通解为

$$y=C_1e^{-x}+C_2e^{5x}.$$

例 10.25　求微分方程 $y''-4y'+4y=0$ 的满足初始条件 $y|_{x=0}=1,y'|_{x=0}=1$ 的特解.

解　所给微分方程的特征方程为 $r^2-4r+4=0$，特征根 $r_1=r_2=2$. 故所求微分方程的通解为

$$y=e^{2x}(C_1+C_2x).$$

求导，得

$$y' = 2e^{2x}(C_1 + C_2 x) + C_2 e^{2x}.$$

将初始条件 $y|_{x=0}=1$ 及 $y'|_{x=0}=1$ 代入以上两式求得 $C_1=1, C_2=-1$. 故所求特解为

$$y = e^{2x}(1-x).$$

例 10.26 求微分方程 $y''-2y'+10y=0$ 的通解.

解 所给微分方程的特征方程为 $r^2-2r+10=0$. 特征根 $r_{1,2}=1\pm 3\mathrm{i}$. 故所求微分方程的通解为

$$y = e^{x}(C_1\cos 3x + C_2\sin 3x).$$

例 10.27 设函数 $f(x)$ 可导, 且满足

$$f(x) = 1 + 2x + \int_0^x tf(t)\mathrm{d}t - x\int_0^x f(t)\mathrm{d}t,$$

试求函数 $f(x)$.

解 由上述方程知 $f(0)=1$, 将方程两边对 x 求导, 得

$$f'(x) = 2 - \int_0^x f(t)\mathrm{d}t,$$

由此可得 $f'(0)=2$. 上式两边再对 x 求导, 得

$$f''(x) = -f(x).$$

这是二阶常系数齐次线性方程, 其特征方程为

$$r^2+1=0,$$

特征根 $r_1=-\mathrm{i}, r_2=\mathrm{i}$. 于是, 所求微分方程的通解为

$$f(x) = C_1\cos x + C_2\sin x.$$

由此得 $f'(x)=-C_1\sin x + C_2\cos x$. 由 $f(0)=1$, $f'(0)=2$, 得 $C_1=1, C_2=2$, 所以

$$f(x) = \cos x + 2\sin x.$$

上面介绍的求二阶常系数齐次线性微分方程通解的原理和方法, 也可以用于求解更高阶的常系数齐次线性方程.

10.5.2 二阶常系数非齐次线性微分方程

从 10.3 节的讨论知, 一阶非齐次线性微分方程的通解等于对应的齐次线性方程的通解与非齐次线性方程的一个特解之和, 对二阶常系数非齐次线性微分方程来说, 也具有类似的性质.

定理 10.2 设 $y^*=y^*(x)$ 是二阶常系数非齐次线性微分方程

$$y''+py'+qy=f(x) \tag{10-22}$$

的一个特解, 而 Y 为对应于方程(10-22)的齐次线性微分方程的通解, 则 $y=Y+y^*$ 为方程（10-22）的通解.

由此结论可知，可按下面三个步骤来求解二阶常系数非齐次线性微分方程的通解：

（1）求其对应的齐次线性微分方程的通解 Y；

（2）求非齐次线性微分方程的一个特解 y^*；

（3）原方程的通解为 $y=Y+y^*$.

定理 10.3　设 y_1 和 y_2 是 $y''+py'+qy=f(x)$ 的两个特解，则 y_1-y_2 是 $y''+py'+qy=0$ 的一个解.

证明　由题设可知

$$y_1''+py_1'+qy_1=f(x),\quad y_2''+py_2'+qy_2=f(x).$$

将 y_1-y_2 代入 $y''+py'+qy=0$，得

$$\begin{aligned}(y_1-y_2)''+p(y_1-y_2)'+q(y_1-y_2)&=(y_1''+py_1'+qy_1)-(y_2''+py_2'+qy_2)\\&=f(x)-f(x)\\&=0.\end{aligned}$$

定理得证.

定理 10.4（叠加原理）　设 $y''+py'+qy=f_1(x)+f_2(x)$，y_1 是 $y''+py'+qy=f_1(x)$ 的一个特解，y_2 是 $y''+py'+qy=f_2(x)$ 的一个特解，则 y_1+y_2 是 $y''+py'+qy=f_1(x)+f_2(x)$ 的一个特解.

证明　由题设可知

$$y_1''+py_1'+qy_1=f_1(x),\quad y_2''+py_2'+qy_2=f_2(x),$$

将 y_1+y_2 代入方程 $y''+py'+qy=f_1(x)+f_2(x)$ 的左端，得

$$\begin{aligned}(y_1+y_2)''+p(y_1+y_2)'+q(y_1+y_2)&=(y_1''+py_1'+qy_1)+(y_2''+py_2'+qy_2)\\&=f_1(x)+f_2(x).\end{aligned}$$

所以，定理的结论成立.

求齐次线性微分方程的通解 Y 的方法前面已讨论过，所以只要研究一下如何求非齐次方程（10-22）的一个特解就行. 限于篇幅，这里只讨论 $f(x)$ 为以下两种形式的情形.

（1）$f(x)=P_m(x)\mathrm{e}^{\lambda x}$，其中 λ 是常数，$P_m(x)$ 是 x 的 m 次多项式：

$$P_m(x)=a_0x^m+a_1x^{m-1}+\cdots+a_{m-1}x+a_m.$$

（2）$f(x)=\mathrm{e}^{\lambda x}[P_l(x)\cos\omega x+P_n(x)\sin\omega x]$，其中 λ 和 ω 是常数，$P_l(x)$，$P_n(x)$ 分别是 x 的 l 次和 n 次多项式，其中有一个可为零.

对于以上两种情形，可用待定系数法来求方程（10-22）的一个特解，其基本思想是：先根据 $f(x)$ 的特点，确定特解 y^* 的类型，然后把 y^* 代入到原方程中，确定 y^* 中的待定系数.

1. $f(x)=P_m(x)e^{\lambda x}$ 型

因为方程（10-22）右端 $f(x)$ 是多项式 $P_m(x)$ 与指数函数 $e^{\lambda x}$ 的乘积，而多项式与指数函数乘积的导数仍然是同一类型的函数，因此，我们推测 $y^*=Q(x)e^{\lambda x}$（其中 $Q(x)$ 是某个多项式）可能是方程（10-22）的一个解，把 y^*，$(y^*)'$ 及 $(y^*)''$ 代入方程（10-22），求出 $Q(x)$ 的系数，使 $y^*=Q(x)e^{\lambda x}$ 满足方程（10-22）即可. 为此将 $y^*=Q(x)e^{\lambda x}$，$(y^*)'=e^{\lambda x}[\lambda Q(x)+Q'(x)]$，$(y^*)''=e^{\lambda x}[\lambda^2 Q(x)+2\lambda Q'(x)+Q''(x)]$，代入方程（10-22）并消去 $e^{\lambda x}$，得

$$Q''(x)+(2\lambda+p)Q'(x)+(\lambda^2+p\lambda+q)Q(x)=P_m(x). \tag{10-23}$$

（1）如果 λ 不是方程（10-22）的特征方程 $r^2+pr+q=0$ 的根，由于 $P_m(x)$ 是一个 m 次多项式，要使方程（10-23）的两端恒等，可令 $Q(x)$ 为另一个 m 次多项式 $Q_m(x)$，即设 $Q_m(x)$ 为

$$Q_m(x)=b_0x^m+b_1x^{m-1}+\cdots+b_{m-1}x+b_m,$$

其中 $b_0,b_1,\cdots,b_m$ 为待定系数，将 $Q_m(x)$ 代入（10-23），比较等式两端 x 同次幂的系数，可得含有 $b_0,b_1,\cdots,b_m$ 的 $m+1$ 个方程的联立方程组，解出 $b_i(i=0,1,\cdots,m)$，得到所求特解

$$y^*=Q_m(x)e^{\lambda x}.$$

（2）如果 λ 是特征方程 $r^2+pr+q=0$ 的单根，即 $\lambda^2+p\lambda+q=0$，但 $2\lambda+p\neq 0$，要使式（10-23）的两端恒等，$Q'(x)$ 必须是 m 次多项式，此时可令

$$Q(x)=xQ_m(x),$$

并且可用同样的方法确定 $Q_m(x)$ 的系数 $b_i(i=0,1,\cdots,m)$.

（3）如果 λ 是特征方程 $r^2+pr+q=0$ 的重根，即 $\lambda^2+p\lambda+q=0$ 且，要使式（10-23）的两端恒等，$Q''(x)$ 必须是 m 次多项式，此时可令

$$Q(x)=x^2Q_m(x),$$

并且利用同样的方法可以确定 $Q_m(x)$ 的系数 $b_i(i=0,1,\cdots m)$.

综上所述，我们有以下结论：

如果 $f(x)=P_m(x)e^{\lambda x}$，则二阶常系数非齐次线性微分方程（10-22）具有形如 $y^*=x^kQ_m(x)e^{\lambda x}$ 的特解，其中 $Q_m(x)$ 是与 $P_m(x)$ 同次（m 次）的多项式. 而 k 按 λ 不是特征方程的根、是特征方程的单根或是特征方程的重根依次取为 0, 1 或 2.

例 10.28 求微分方程 $y''-4y'+4y=x^2$ 的特解.

解 因为 $f(x)=x^2$ 是 x 的二次多项式，从而可设 $y^*=Ax^2+Bx+C$，其中 A、B、C 是特定系数.

又 $y^{*\prime}=2Ax+B$，$y^{*\prime\prime}=2A$，将 y^*，$y^{*\prime}$，$y^{*\prime\prime}$ 代入方程，得 $2A-4(2Ax+B)+4(Ax^2+Bx+C)=x^2$，合并同类项，得

$$4Ax^2+(4B-8A)x+2A-4B+4C=x^2,$$

比较等式两端系数，得

$$\begin{cases}4A=1,\\4B-8A=0,\\2A-4B+4C=0,\end{cases}$$

由此解出

$$A=\frac{1}{4},B=\frac{1}{2},C=\frac{3}{8},$$

于是所求非齐次方程的特解为

$$y^*=\frac{1}{4}x^2+\frac{1}{2}x+\frac{3}{8}.$$

例 10.29　求方程 $y''-5y'+6y=6x^2-10x+2$ 的通解.

解　所给方程是二阶常系数非齐次线性微分方程，且右端函数形如 $P_m(x)e^{\lambda x}$，其中 $\lambda=0$，$P_m(x)=6x^2-10x+2$.

先求对应齐次方程 $y''-5y'+6y=0$ 的通解，其特征方程是

$$r^2-5r+6=0,$$

特征根 $r_1=2,r_2=3$，对应齐次方程的通解为

$$Y=C_1e^{2x}+C_2e^{3x}.$$

因为 $\lambda=0$ 不是特征根，因而所求方程有形如

$$y^*=Ax^2+Bx+C$$

的特解. 由于 $(y^*)'=2Ax+B$，$(y^*)''=2A$，将它们代入原方程中得恒等式

$$6Ax^2+(6B-10A)x+2A-5B+6C=6x^2-10x+2,$$

比较上式两端 x 的同次幂的系数，得

$$\begin{cases}6A=6,\\6B-10A=-10,\\2A-5B+6C=2,\end{cases}$$

解方程组得 $A=1,B=0,C=0$. 故所求方程的一个特解为

$$y^*=x^2,$$

从而所求方程的通解为

$$y=C_1e^{2x}+C_2e^{3x}+x^2.$$

例 10.30　求微分方程 $y''-5y'+3y=(x+3)e^{2x}$ 的特解.

解　因为 $f(x)=(x+3)e^{2x}$ 是多项式 $(x+3)$ 与指数函数 e^{2x} 的乘积，$r=2$ 不是特征根，所以假设 $y^*=(Ax+B)e^{2x}$，求导可得

$$y^{*\prime} = Ae^{2x} + 2(Ax+B)e^{2x},$$
$$y^{*\prime\prime} = 4Ae^{2x} + 4(Ax+B)e^{2x}.$$

代入方程得

$$4Ae^{2x} + 4(Ax+B)e^{2x} - 5Ae^{2x} - 10(Ax+B)e^{2x} + 3(Ax+B)e^{2x} = (x+3)e^{2x},$$

合并同类项可得

$$-Ae^{2x} - 3(Ax+B)e^{2x} = (x+3)e^{2x}.$$

比较等式两端系数有

$$\begin{cases} -3A = 1, \\ -A - 3B = 3, \end{cases}$$

由此解出 $A=\frac{1}{3}, B=-\frac{8}{9}$. 于是所求非齐次方程的特解为

$$y^* = -\frac{1}{3}\left(x+\frac{8}{3}\right)e^{2x}.$$

例 10.31 求方程 $y''-4y'+4y=2xe^{2x}$ 的通解.

解 所求方程是二阶常系数非齐次线性微分方程, 且右端函数形如 $P_m(x)e^{\lambda x}$, 其中 $\lambda=2$, $P_m(x)=2x$. 所求解的方程对应的齐次方程 $y''-4y'+4y=0$ 的通解为

$$Y = e^{2x}(C_1 + C_2 x).$$

由于 $r=2$ 是二重特征根, 所以设所求方程有形如

$$y^* = x^2(Ax+B)e^{2x}$$

的特解. 将它代入所求方程可得

$$6Ax + 2B = 2x.$$

比较等式两端 x 的同次幂的系数, 得 $A=\frac{1}{3}, B=0$. 于是得所求方程的一个特解为

$$y^* = \frac{1}{3}x^3 e^{2x}.$$

所求方程的通解为

$$y = e^{2x}\left(C_1 + C_2 x + \frac{1}{3}x^3\right).$$

2. $f(x)=e^{\lambda x}[P_l(x)\cos\omega x + P_n(x)\sin\omega x]$ 型

可以推证, 如果 $f(x)=e^{\lambda x}[P_l(x)\cos\omega x + P_n(x)\sin\omega x]$, 则二阶常系数非齐次线性微分方程（4）的特解可设为

$$y^* = x^k e^{\lambda x}[Q_m(x)\cos\omega x + R_m(x)\sin\omega x],$$

其中 $Q_m(x), R_m(x)$ 是 m 次多项式, $m=\max\{l,n\}$ 而 k 按 $\lambda \pm i\omega$ 不是特征方程的根或是特征方程的单根依次取 0 或 1.

例 10.32　求方程 $y''+y'-2y=\mathrm{e}^x(\cos x-7\sin x)$ 的通解.

解　所求解的方程对应的齐次方程 $y''+y'-2y=0$ 的特征方程为

$$r^2+r-2=0,$$

特征根 $r_1=1, r_2=-2$，齐次方程的通解为

$$Y=C_1\mathrm{e}^x+C_2\mathrm{e}^{-2x}.$$

因为 $\lambda\pm\mathrm{i}\omega=1\pm\mathrm{i}$ 不是特征根，故所求方程具有形如

$$y^*=\mathrm{e}^x(A\cos x+B\sin x)$$

的特解，求得

$$(y^*)'=\mathrm{e}^x[(A+B)\cos x+(B-A)\sin x],$$

$$(y^*)''=\mathrm{e}^x[2B\cos x-2A\sin x].$$

代入所求方程并化简得恒等式

$$(3B-A)\cos x-(B+3A)\sin x=\cos x-7\sin x,$$

比较上式两端 $\cos x$ 和 $\sin x$ 的系数，可得

$$\begin{cases}-A+3B=1,\\-3A-B=-7,\end{cases}$$

因此 $A=2, B=1$, 故

$$y^*=\mathrm{e}^x(2\cos x+\sin x).$$

所求通解为

$$y=\mathrm{e}^x(2\cos x+\sin x)+C_1\mathrm{e}^x+C_2\mathrm{e}^{-2x}.$$

例 10.33　求微分方程 $y''-4y'+13y=4\cos 3x$ 的一个特解.

解　设 $y^*=A\sin 3x+B\cos 3x$，于是有

$$y^{*'}=3A\cos 3x-3B\sin 3x,$$

$$y^{*''}=-9A\sin 3x-9B\cos 3x.$$

代入方程有

$$-9(A\sin 3x+B\cos 3x)-12(A\cos 3x-B\sin 3x)+13(A\sin 3x+B\cos 3x)=4\cos 3x,$$

化简整理得

$$(4A+12B)\sin 3x+(4B-12A)\cos 3x=4\cos 3x,$$

比较等式两边系数得

$$\begin{cases}4A+12B=0,\\4B-12A=4,\end{cases}$$

解得

$$A=-\frac{3}{10}, B=\frac{1}{10}.$$

所以原方程的一个特解为 $y^*=-\dfrac{1}{10}(3\sin 3x-\cos 3x)$.

习 题 10-5

1. 求下列微分方程的通解：

（1）$y''-4y=0$；（2）$y''-3y'-4y=0$；

（3）$y''+y=0$；（4）$y''-4y'+5y=0$；

（5）$4y''-12y'+9y=0$；（6）$y''+2y'+3y=0$；

（7）$y''-2y'+y=0$；（8）$y''-4y'=0$.

2. 求下列微分方程满足所给初始条件的特解：

（1）$y''-3y'+2y=0,\ y|_{x=0}=2, y'|_{x=0}=-3$；

（2）$4y''+4y'+y=0,\ y|_{x=0}=2, y'|_{x=0}=0$；

（3）$y''-4y'+13y=0,\ y|_{x=0}=0, y'|_{x=0}=3$.

3. 求下列各微分方程的解：

（1）$y''+5y'+4y=3-2x$；（2）$y''+3y'+2y=3xe^{-x}$；

（3）$y''-3y'+2y=xe^{x}$；（4）$y''+y=x\cos 2x$；

（5）$y''-6y'+9y=(x+1)e^{3x}$；（6）$y''-9y=e^{3x}\cos x$；

（7）$y''+y=\cos x$；（8）$y''-2y'-3y=3x+1$.

4. 方程 $y''+9y=0$ 的一条积分曲线过点 $(\pi,-1)$，且在该点和直线 $y+1=x-\pi$ 相切，求这曲线的方程.

5. 一质点的加速度为

$$\frac{d^2s}{dt^2}=2\cos 2t-4s,$$

若质点在 $t=0$ 时从原点以速度 $v=2$ 开始运动，求它的运动方程.

*10.6 差分方程的基本概念

在经济学、生物学与生态学中经常使用离散的变量，比如：以年、季度、月为单位的产量、销售量、材料消耗、利润等就是如此. 又比如，一个国家或地区的人口数量的变化、动物种群数量的变化等都是有关时间离散变化的，而不是连续的. 描述这种变量之间变化规律的数学模型就是离散型的数学模型——差分方程. 下面将介绍差分方程概念、性质与基本求解方法.

10.6.1　差分的概念及其性质

定义 10.4　设函数 $y=f(t)$ 中的自变量 t 取所有的非负整数，并且记其函数值为 y_t，则其值可以排列成一个数列 $y_0,y_1,y_2,\cdots,y_n,\cdots$，差

$$y_{t+1}-y_t=f(t+1)-f(t)$$

称为函数 y_t 的差分，也称为一阶差分，记为 Δy_t，即

$$\Delta y_t=y_{t+1}-y_t=f(t+1)-f(t).$$

二阶差分就是一阶差分的差分，即

$$\begin{aligned}\Delta^2 y_t&=\Delta(\Delta y_t)=\Delta(y_{t+1}-y_t)=(y_{t+2}-y_{t+1})-(y_{t+1}-y_t)\\&=y_{t+2}-2y_{t+1}+y_t.\end{aligned}$$

类似地，可以定义三阶差分、四阶差分及更高阶的差分. 把二阶及二阶以上的差分统称为高阶差分，高阶差分的一般形式为

$$\begin{aligned}\Delta^n y_t&=\Delta(\Delta^{n-1}y_t)=\Delta^{n-1}y_{t+1}-\Delta^{n-1}y_t\\&=\sum_{i=0}^{n}(-1)^i C_n^i y_{t+n-i}\quad(n=2,3,\cdots).\end{aligned}$$

其中 $C_n^i=\dfrac{n!}{i!(n-i)!}$.

通常，Δ 称为差分算子. 差分算子 Δ 具有下列性质：

性质 10.1　$\Delta(k)=0$（k 为常数）.

证明　$\Delta(k)=k-k=0$.

性质 10.2　设 a,b 为常数，则 $\Delta(ay_t\pm bz_t)=a\Delta y_t\pm b\Delta z_t$.

证明　仅对加法情形给出证明，减法类似可证.

$$\begin{aligned}\Delta(ay_t+bz_t)&=(ay_{t+1}+bz_{t+1})-(ay_t+bz_t)\\&=a(y_{t+1}-y_t)-b(z_{t+1}-z_t)\\&=a\Delta y_t-b\Delta z_t.\end{aligned}$$

性质 10.3　$\Delta(ky_t)=k\Delta y_t$（k 为常数）.

该性质的证明由读者自己完成.

性质 10.4　$\Delta(y_t\cdot z_t)=z_t\Delta y_t+y_{t+1}\Delta z_t=z_{t+1}\Delta y_t+y_t\Delta z_t$.

证明　

$$\begin{aligned}\Delta(y_t\cdot z_t)&=y_{t+1}z_{t+1}-y_tz_t\\&=y_{t+1}z_{t+1}-y_{t+1}z_t+y_{t+1}z_t-y_tz_t\\&=y_{t+1}(z_{t+1}-z_t)+z_t(y_{t+1}-y_t)\\&=y_{t+1}\Delta z_t+z_t\Delta y_t,\end{aligned}$$

或$\Delta(y_t \cdot z_t) = y_{t+1}z_{t+1} - y_t z_t$

$$= y_{t+1}z_{t+1} - y_t z_{t+1} + y_t z_{t+1} - y_t z_t$$
$$= z_{t+1}(y_{t+1} - y_t) + y_t(z_{t+1} - z_t)$$
$$= z_{t+1}\Delta y_t + y_t \Delta z_t.$$

例 10.34　设$y_n = n^2 + 3n + 1$，求$\Delta^2 y_n$.

解　$\Delta y_n = y_{n+1} - y_n = 2n + 4$，

$\Delta^2 y_n = \Delta(\Delta y_n) = \Delta(2n+4) = 2\Delta n + \Delta 4 = 2$.

例 10.35　求$y_t = t^2 e^t$的一阶差分.

解　$\Delta y_t = y_{t+1} - y_t = (t+1)^2 e^{t+1} - t^2 e^t = [e(t+1)^2 - t^2]e^t$.

10.6.2　差分方程的基本概念

定义 10.5　含有自变量、未知函数y_t及y_t的差分的方程称为差分方程. 出现在差分方程中未知函数下标的最大差，称为差分方程的阶.

例如，$y_{t+6} - 2y_{t+1} = 0$为五阶差分方程. $\Delta^2 y_t + \Delta y_t = 0$是一阶差分方程，因为$\Delta^2 y_t + \Delta y_t = (y_{t+2} - 2y_{t+1} + y_t) + (y_{t+1} - y_t) = y_{t+2} - y_{t+1}$. 差分方程是数列的递推关系式.

定义 10.6　如果将已知函数$y_t = f(t)$代入差分方程，使其成为恒等式，则称$y_t = f(t)$为差分方程的解. 含有n个独立的任意常数$C_1, C_2, \cdots, C_n$的解$y_t = f(t, C_1, C_2, \cdots, C_n)$称为$n$阶差分方程的通解. 在通解中给任意常数$C_1, C_2, \cdots, C_n$以确定的值而得到的解，称为$n$阶差分方程的特解.

例如，$y_t = 4t + C$（C为任意常数）是差分方程$y_{t+1} - y_t = 4$的通解，而$y_t = 4t + 2$，$y_t = 4t + 1$等都是该差分方程的特解. 由通解确定差分方程的某个特解的条件称为定解条件. n阶差分方程常见的定解条件为初始条件：

$$y_0 = f(0) = a_0,\ y_1 = f(1) = a_1,\ \cdots,\ y_{n-1} = f(n-1) = a_{n-1},$$

其中$a_0, a_1, \cdots, a_{n-1}$为$n$个已知常数.

定理 10.5　若有两个整变量函数都满足差分方程及初始条件，则这两个函数相等.

习　题　10-6

1. 求下列函数的差分：

（1）$y_t = c$，求Δy_t；　　（2）$y_t = t^3 + 3$，求$\Delta^3 y_t$；

（3）$y_t = e^t$，求$\Delta^2 y_t$；　　（4）$y_t = t^2 + 2t - 1$，求$\Delta^2 y_t$.

2. 确定下列差分方程的阶：

（1）$y_{n+4} - ny_{n+3} - n^2 y_n = 1$；　（2）$3y_{n+2} - 5n^2 y_n = 7n$；

（3）$4y_{t+2} - y_{t+1} = \sin t$；　（4）$3y_{t+2} - 2y_{t+1} = 6t + 1$；

（5）$7y_{t+3} - y_t = 9$；　（6）$5y_{t+5} - 7y_t = 7$.

3. 验证下列函数是所给差分方程的解：

（1）$y_t = c + 2t, y_{t+1} - y_t = 2$；　（2）$y_t = c_1 + c_2 2^t$，$y_{t+2} - 3t_{t+1} + 2y_t = 0$.

*10.7　一阶常系数线性差分方程

在掌握了差分方程的有关概念后，下面进一步讨论差分方程的求解问题.

由上一节的定义 10.5 知，含有未知函数差分的方程称为差分方程. 例如，$y_{n+2} - 4y_{n+1} - y_n = 0$，$\Delta^3 y_n - 3\Delta^2 y_n + \Delta y_n = y_n$ 都是差分方程.

差分方程中未知函数差分的最高阶数（或者方程中未知函数的最大下标与最小下标的差）称为差分方程的阶. 例如，上述两个差分方程的阶数分别为二阶、三阶.

差分方程中未知函数 y_n 是一次幂的，称为线性差分方程，否则称为非线性差分方程.

一阶常系数线性差分方程的一般形式为

$$y_{t+1} + ay_t = f(t), \tag{10-24}$$

其中 a 为非零常数，$f(t)$ 为 t 的已知函数.

差分方程（10-24）对应的齐次方程为

$$y_{t+1} + ay_t = 0. \tag{10-25}$$

下面介绍一阶常系数线性差分方程的解法.

10.7.1　齐次差分方程的通解

将方程（10-25）改写为

$$y_{t+1} = (-a)y_t,$$

则逐次迭代可得方程（10-25）的通解为

$$y_t = C(-a)^t,$$

其中 $C = y_0$ 为任意常数.

10.7.2　一阶常系数线性差分方程的解法

假设 $f(t)$ 为已知函数，y_t 为未知函数，a 为不等于零的常数. 形如

$$y_{t+1}-ay_t=f(t) \tag{10-26}$$

的方程称为一阶常系数线性差分方程. 若 $f(t)\equiv 0$，称此方程为一阶常系数齐次线性差分方程，否则称为一阶常系数非齐次线性差分方程.

首先介绍一阶常系数齐次线性差分方程

$$y_{t+1}-ay_t=0 \tag{10-27}$$

的一般解法. 由于 $y_{t+1}=ay_t$，数列 $\{y_t\}$ 为等比数列，公比为 a，通项 $y_t=y_1a^{t-1}$. 设 $y_t^*=r^t(r\neq 0)$ 是 $y_{t+1}-ay_t=0$ 的一个解，代入方程得

$$r^{t+1}-ar^t=r^t(r-a)=0.$$

因为 $r^t\neq 0$，所以

$$r-a=0. \tag{10-28}$$

代数方程（10-28）称为差分方程（10-27）的特征方程.

解得 $r=a$，$y_t^*=a^t$ 是 $y_{t+1}-ay_t=0$ 的一个特解，而 $y_t=Ca^t$ 是 $y_{t+1}-ay_t=0$ 的通解.

若 y_0 已知，则 $y_{t+1}-ay_t=0$ 的特解是 $y_t=y_0a^t$；若 y_1 已知，则 $y_{t+1}-ay_t=0$ 的特解是 $y_t=y_1a^{t-1}$.

例 10.36　求差分方程 $y_{t+1}+4y_t=0$ 满足 $y_0=3$ 的特解.

解　方程 $y_{t+1}+4y_t=0$ 的通解为 $y_t=C(-4)^t$. 由 $y_0=3$，得 $y_0=C(-4)^0, C=3$. 故所求的特解为 $y_t=3\cdot(-4)^t$.

例 10.37　解差分方程 $2y_{t+1}-5y_t=0$，其中 $y_0=\dfrac{2}{5}$.

解　特征方程为 $2r-5=0$，特征根 $r=\dfrac{5}{2}$. 原差分方程的通解为

$$y_t=C\left(\frac{5}{2}\right)^t.$$

将 $y_0=\dfrac{2}{5}$ 代入得原差分方程得特解

$$y_t=\frac{2}{5}\left(\frac{5}{2}\right)^t=\left(\frac{5}{2}\right)^{t-1}.$$

与解线性微分方程的情况类似，非齐次线性差分方程的通解等于相应齐次线

性差分方程的通解加上非齐次线性差分方程的一个特解. 所以, 求非齐次线性差分方程的通解, 关键是求得它的一个特解.

下面仅就 $f(t)=b^tP_m(t)$（$P_m(t)$ 为 t 的已知 m 次多项式）的情况讨论其特解的求法. 可以证明此时 $y_{t+1}-ay_t=f(t)$ 的特解形式如表 10-2 所示。

表 10-2

当 b 不是特征方程的根	$y_t^*=b^tQ_m(t)$
当 b 是特征方程的根	$y_t^*=tb^tQ_m(t)$

其中 $Q_m(t)$ 为 m 次多项式, 有 $m+1$ 个待定系数, 只要将其代入原差分方程, 就可用比较系数法求出这 $m+1$ 个待定系数.

例 10.38　求解差分方程 $y_{t+1}+2y_t=5t^2$.

解　特征方程为 $\lambda+2=0$, 所以 $\lambda=-2$, 对应齐次方程的通解为 $y=C(-2)^t$. 令非齐次方程的一个特解为 $y_t^*=B_0+B_1t+B_2t^2$, 将其代入方程 $B_0+B_1(t+1)+B_2(t+1)^2+2(B_0+B_1t+B_2t^2)=5t^2$, 整理得

$$3B_0+B_1+B_2+(3B_1+2B_2)t+3B_2t^2=5t^2,$$

比较同次项系数, 得 $B_2=\frac{5}{3}$, $B_1=-\frac{10}{9}$, $B_0=-\frac{5}{27}$, 所以, 特解为 $y_t^*=-\frac{5}{27}-\frac{10}{9}t+\frac{5}{3}t^2$, 故非齐次方程的通解为

$$y_t^*=C(-2)^t-\frac{5}{27}-\frac{10}{9}t+\frac{5}{3}t^2.$$

例 10.39　求差分方程 $y_{t+1}-2y_t=\left(\frac{1}{3}\right)^t$.

解　特征方程为 $\lambda-2=0$, 于是 $y_t=C\cdot 2^t$. 令非齐次方程的一个特解为 $y_t^*=B\left(\frac{1}{3}\right)^t$, 将其代入原方程, 得

$$B\left(\frac{1}{3}\right)^{t+1}-2B\left(\frac{1}{3}\right)^t=\left(\frac{1}{3}\right)^t,$$

所以 $B=-\frac{3}{5}$, 故通解为 $y_t=C\cdot 2^t-\frac{3}{5}\left(\frac{1}{3}\right)^t$.

例 10.40　求差分方程 $y_{t+1}-y_t=t2^t$ 的通解.

解　特征方程为 $\lambda-1=0$, 于是对应齐次方程的通解为 $y_t=C$, 因为 2 不是特征根, 令非齐次方程的特解为

$$y_t^*=2^t(B_0+B_1t),$$

于是$2^{t+1}[B_0+B_1(t+1)]-2^t(B_0+B_1t)=t2^t$，$B_0+2B_1+B_1t=t$，得

$$B_1=1,\ B_0=-2.$$

所以，非齐次方程的一个特解为$y_t^*=2^t(t-2)$，非齐次方程的通解为

$$y_t=C+2^t(t-2).$$

例 10.41　求差分方程$y_{t+1}-3y_t=t3^t$在给定初始条件$y_0=1$下的特解.

解　对应齐次方程为$y_{t+1}-3y_t=0$，特征方程为$r-3=0$，特征根$r=3$，对应齐次方程的通解

$$Y_t=C\cdot 3^t.$$

又$\varphi(t)=3^t\cdot t$，这里$b=3=r$，$m=1$. 所以$y_{t+1}-3y_t=t3^t$的特解形式为$y_t{}^*=3^t t(B_0+B_1t)$，代入原方程比较系数，得

$$B_0=\frac{1}{6},B_1=-\frac{1}{6}.$$

所以原方程的通解为

$$y_t=C\cdot 3^t+3^t t\left(\frac{1}{6}t-\frac{1}{6}\right)=C\cdot 3^t+\frac{t3^t(t-1)}{6}.$$

由$y_0=1$可得$C=1$，故所求特解为

$$y_t=3^t+\frac{t3^t(t-1)}{6}.$$

习　题　10-7

求下列差分方程的通解及特解：

（1）$y_{x+1}-3y_x=-2$；　　（2）$y_{x+1}+y_x=2^x$；

（3）$y_{x+1}+4y_x=2x^2+x-1$；　　（4）$y_{x+1}+y_x=x(-1)^x$；

（5）$y_{n+1}-5y_n=4\left(y_0=\frac{4}{3}\right)$.

*10.8　二阶常系数线性差分方程

上一节讨论了一阶常系数线性差分方程的有关求解过程，下面将进一步探讨二阶常系数线性差分方程的求解问题.

10.8.1　二阶常系数齐次差分方程

二阶常系数线性差分方程的一般形式为

$$y_{t+2}+ay_{t+1}+by_t=f(t), \tag{10-29}$$

$$y_{t+2}+ay_{t+1}+by_t=0, \tag{10-30}$$

其中a，b为已知常数，且$b\neq 0$，$f(t)$为t的已知函数.

方程（10-29）称为二阶常系数非齐次线性差分方程，而（10-30）称为（10-29）所对应的二阶常系数齐次线性差分方程.

首先介绍二阶常系数齐次线性差分方程

$$y_{t+2}+ay_{t+1}+by_t=0$$

的求解方法.

类似于一阶差分方程，可假设$y_t^*=r^t(r\neq 0)$是方程$y_{t+2}+ay_{t+1}+by_t=0$的一个特解，代入方程得

$$r^t(r^2+ar+b)=0.$$

因$r^t\neq 0$，所以$y_t^*=r^t(r\neq 0)$为特解的充要条件是

$$r^2+ar+b=0. \tag{10-31}$$

式（10-31）称为差分方程（10-30）的特征方程，它对应的解为特征根或特征值. 由于特征方程是一元二次方程，故其特征根有三种不同的情况，相应地可得到微分方程（10-30）的三种不同形式的通解.

（1）当$\Delta=a^2-4b>0$时，特征方程（10-31）有两个不相等的实根r_1和r_2，此时可得方程（10-30）的通解为

$$y_t=C_1r_1^t+C_2r_2^t,$$

其中$r_{1,2}=\dfrac{-a\pm\sqrt{\Delta}}{2}$.

（2）当$\Delta=a^2-4b=0$时，特征方程（10-31）有两个相等的实根$r_1=r_2=r_0=-\dfrac{1}{2}a$，类似于二阶常系数微分方程，可得通解为

$$y_t=(C_1+C_2t)r_0^t.$$

（3）当$\Delta=a^2-4b<0$时，同样类似于二阶常系数微分方程，可得通解为

$$y_t=\lambda^t(C_1\cos\omega x+C_2\sin\omega x),$$

其中$\lambda=\sqrt{b}, \omega=\arctan\left(-\dfrac{\sqrt{-\Delta}}{a}\right)$.

综上所述，求差分方程（10-30）的通解的步骤可归纳如下：

第一步，写出差分方程（10-30）的特征方程$r^2+pr+q=0$，求出特征根；

第二步，根据特征根的不同形式，按照上面的方法写出差分方程（10-30）的通解.

例 10.42　求差分方程$y_{t+2}-4y_{t+1}-5y_t=0$的通解.

解 所给差分方程的特征方程为$r^2-4r-5=0$．特征根为$r_1=-1, r_2=5$．于是，所求差分方程的通解为

$$y=C_1(-1)^t+C_2 5^t.$$

例 10.43 求差分方程$y_{t+2}-4y_{t+1}+4y_t=0$的通解.

解 所给差分方程的特征方程为$r^2-4r+4=0$．特征根为$r_1=r_2=2$．故所求差分方程的通解为

$$y=(C_1+C_2 t)2^t.$$

例 10.44 求差分方程$y_{t+2}-2y_{t+1}+10y_t=0$的通解.

解 所给差分方程的特征方程为$r^2-2r+10=0$．因为$\Delta=-36$，故所求差分方程的通解为

$$y_t=(\sqrt{10})^t(C_1\cos\omega t+C_2\sin\omega t),$$

其中$\omega=\arctan 3$.

10.8.2 二阶常系数非齐次差分方程

在一阶常系数非齐次线性差分方程求解过程中，我们得到非齐次微分方程的通解为其对应的齐次微分方程的通解与它的特解之和. 在求解二阶常系数非齐次差分方程时，也有类似结论. 前面我们讨论了求二阶常系数齐次线性差分方程（10-30）的通解的方法，所以只要掌握如何求非齐次方程（10-29）的特解就可以了. 求二阶常系数非齐次线性差分方程的常用方法也是“待定系数法”，限于篇幅，下面仅给出$f(t)$的常见形式及假设特解的条件和形式.

（1）如果$f(t)=\mu^t P_m(t)$，μ为非零常数，$P_m(t)$为已知的m次多项式，则可假设特解的形式为$y_t^*=\mu^t t^k Q_m(t)$，其中$Q_m(t)$是与$P_m(t)$同次的m次多项式，$k=0,1,2$分别对应于μ是非齐次方程对应的齐次方程的特征方程的特征根的重数. 即当μ不是特征根时，$k=0$；当μ是单根时，$k=1$；当μ是重特征根时，$k=2$.

（2）如果$f(t)=\mu^t(A\cos\omega t+B\sin\omega t)$，$\mu$为非零常数，$A, B$不能同时为零且均为常数，则可假设特解的形式为$\mu^t t^k(a\cos\omega t+b\sin\omega t)$，$a, b$为待定常数，$k$根据$\rho=\mu(\cos\omega+\mathrm{i}\sin\omega)$是否为特征根的情况确定. 当$\rho$不是特征根时，$k=0$；当$\rho$是单根时，$k=1$.

例 10.45 求差分方程$y_{t+2}-9y_t=3^t(36t+18)$的通解.

解 特征方程为$r^2-9=0$，所以$r_1=-3, r_2=3$．而$f(t)=3^t(36t+18)$，$\mu=3$是单特征根，故设特解为

$$y_t^*=3^t t(at+b),$$

将其代入原方程，得

$$3^{t+2}(t+2)[a(t+2)+b]-9\times 3^t t(at+b)=3^t(36t+18),$$

整理得

$$a(t+2)^2+b(t+2)-at^2-bt=4t+2,$$

此即

$$2at+2a+b=2t+1.$$

由此可解出 $a=1,b=-1$. 所以特解为

$$y_t^*=3^t t(t-1),$$

于是所求非齐次差分方程的通解为

$$y(t)=y_t+y_t^*=C_1(-3)^t+C_2 3^t+3^t t(t-1)\quad (C_1,C_2 \text{为任意常数}).$$

例 10.46　求差分方程 $y_{t+2}-4y_{t+1}+4y_t=2^t(3t+1)$ 的特解.

解　由例 10.42 可知, 所给差分方程特征方程有两个相等的特征根 $r_1=r_2=2$, 而 $f(t)=2^t(3t+1)$, 所以 $\mu=2$ 为重特征根, 所以可设特解为

$$y_t^*=2^t t^2(at+b),$$

将其代入所给方程, 可得

$$2^{t+2}(t+2)^2[a(t+2)+b]-4\times 2^{t+1}(t+1)^2[a(t+1)+b]$$
$$+4\times 2^t t^2(at+bt)=2^t(3t+1),$$

整理得 $24at+24a+8b=3t+1$, 解得 $a=\dfrac{1}{8},b=-\dfrac{1}{4}$, 故方程的特解为

$$y_t^*=2^t t^2\left(\frac{1}{8}t-\frac{1}{4}\right).$$

例 10.47　求差分方程 $y_{t+2}-4y_{t+1}+4y_t=25\sin\dfrac{\pi}{2}t$ 的特解.

解　由例 10.42 可知该差分方程对应的齐次方程的通解为

$$y_t=(C_1+C_2t)2^t.$$

根据上面的内容可以假设所给齐次方程的特解为

$$y_t^*=a\cos\frac{\pi}{2}t+b\sin\frac{\pi}{2}t\quad (a,b \text{为待定常数}).$$

将其代入所给方程并利用下面的三角公式

$$\cos(t+2)\frac{\pi}{2}=-\cos\frac{\pi}{2}t,\ \sin(t+2)\frac{\pi}{2}=-\sin\frac{\pi}{2}t,$$
$$\cos(t+1)\frac{\pi}{2}=-\sin\frac{\pi}{2}t,\ \sin(t+1)\frac{\pi}{2}=\cos\frac{\pi}{2}t,$$

可得

$$(4a+3b)\sin\frac{\pi}{2}t+(3a-4b)\cos\frac{\pi}{2}t=25\sin\frac{\pi}{2}t,$$

由此解得 $a=4,b=3$, 故所求特解为

$$y_t^*=4\cos\frac{\pi}{2}t+3\sin\frac{\pi}{2}t.$$

习　题　10-8

求下列差分方程的通解或特解：

（1）$y_{n+2}-3y_{n+1}+4y_n=0$；

（2）$y_{n+2}+3y_{n+1}-\frac{7}{4}y_n=9\ \ (y_0=6, y_1=3)$；

（3）$y_{n+2}+2y_{n+1}-3y_n=2^n+1$.

10.9　微分方程与差分方程的应用举例

本节将结合实际例子, 阐述如何通过建立微分方程和差分方程解决一些经济与现实生活中的实际问题.

例 10.48　设某商品的需求弹性 $\eta_d=k$（k 为正常数）, 求该商品的需求函数 $Q=Q(p)$.

解　根据需求弹性的定义 $\eta_d=-\frac{\mathrm{d}Q}{\mathrm{d}p}\cdot\frac{p}{Q}$, 可得微分方程

$$\frac{\mathrm{d}Q}{\mathrm{d}p}\cdot\frac{p}{Q}=-k\cdot$$

此方程为一阶可分离变量的微分方程, 分离变量, 得 $\frac{\mathrm{d}Q}{Q}=-k\frac{\mathrm{d}p}{p}$, 两边同时积分, 得

$$\ln Q=-k\ln p+\ln C,$$

因此

$$Q=C\mathrm{e}^{-k\ln p}=Cp^{-k},$$

所以所求的需求函数为 $Q=Cp^{-k}$（k 为常数）.

例 10.49　已知某厂的纯利润 L 对广告费 x 的变化率 $\frac{\mathrm{d}L}{\mathrm{d}x}$ 与常数 A 和纯利润 L 之差成正比, 且当 $x=0$ 时, $L=L_0$, 试求纯利润 L 与广告费 x 之间的函数关系.

解　由题意可得

$$\frac{\mathrm{d}L}{\mathrm{d}x}=k(A-L), \text{ 其中 } k \text{ 为常数, 且 } L|_{x=0}=L_0 .$$

这是一个可分离变量的微分方程, 分离变量得 $\frac{\mathrm{d}L}{A-L}=k\mathrm{d}x$, 两边积分可得

$$-\ln(A-L)=kx+\ln C_1,$$

即

$$A-L=C\mathrm{e}^{-kx}\quad\left(\text{其中 } C=\frac{1}{C_1}\right),$$

所以

$$L = A - Ce^{-kx}.$$

由初始条件 $L|_{x=0} = L_0$，解得 $C = A - L_0$. 所以纯利润 L 与广告费 x 的函数关系为

$$L = A - (A - L_0)e^{-kx}.$$

例 10.50　国家对贫困大学生除了发放奖学金、特困补助外, 还用贷款方式进行助困. 另外, 贷款购房、购汽车等也逐步进入了我们的生活. 如何计算分期归还贷款的问题, 已是一个十分现实的问题. 此问题的一般提法是：假设从银行贷款 P_0 元, 年利率是 p，这笔贷款要在今后的 m 年内按月等额归还, 试问每月应偿还多少元?

解　假设每月应偿还 a 元, 第 1 个月应付利息为 $y_1 = P_0 \frac{p}{12}$；第 2 个月应付利息为

$$y_2 = (P_0 - a + y_1)\frac{p}{12} = \left(1 + \frac{p}{12}\right)y_1 - \frac{p}{12}a.$$

依此类推, 第 $n+1$ 个月应付利息为 $y_{n+1} = \left(1 + \frac{p}{12}\right)y_n - \frac{p}{12}a$，这是一个一阶常系数非齐次线性差分方程, 即

$$y_{n+1} - \left(1 + \frac{p}{12}\right)y_n = -\frac{p}{12}a,$$

其通解为

$$y_n = C\left(1 + \frac{p}{12}\right)^n + a.$$

又 $y_1 = P_0 \frac{p}{12}$，所以 $C = \dfrac{\frac{p}{12}P_0 - a}{1 + \frac{p}{12}}$，则

$$y_n = \frac{\frac{p}{12}P_0 - a}{1 + \frac{p}{12}}\left(1 + \frac{p}{12}\right)^n + a = \frac{p}{12}P_0\left(1 + \frac{p}{12}\right)^{n-1} + a\left[1 - \left(1 + \frac{p}{12}\right)^{n-1}\right].$$

m 年的利息总和为

$$\begin{aligned} Y &= \sum_{n=1}^{12m} y_n \\ &= \frac{p}{12}P_0\sum_{n=1}^{12m}\left(1 + \frac{p}{12}\right)^{n-1} + 12ma - a\sum_{n=1}^{12m}\left(1 + \frac{p}{12}\right)^{n-1} \\ &= 12ma - P_0 + P_0\left(1 + \frac{p}{12}\right)^{12m} - \frac{12a}{p}\left[\left(1 + \frac{p}{12}\right)^{12m} - 1\right]. \end{aligned}$$

由$12ma - P_0 = Y$，得

$$P_0\left(1+\frac{p}{12}\right)^{12m} - \frac{12a}{p}\left[\left(1+\frac{p}{12}\right)^{12m} - 1\right] = 0,$$

故

$$a = \frac{\frac{p}{12}P_0\left(1+\frac{p}{12}\right)^{12m}}{\left(1+\frac{p}{12}\right)^{12m} - 1}.$$

例 10.51 令需求与供给函数分别为

$$Q_d = 12 - 2P + P' + 3P'', \quad Q_s = -4 + 6P - P' + 2P''.$$

初始条件为$P(0)=10,\ P'(0)=4$．假设在每一刻市场均是出清的，求$P(t)$．

解 由$Q_d = Q_s$得

$$P'' + 2P' - 8P = -16,$$

方程的通解为

$$P(t) = C_1\mathrm{e}^{2t} + C_2\mathrm{e}^{-4t} + 2.$$

由$P(0)=10,\ P'(0)=4$得，$C_1 = 6,\ C_2 = 2$．因此特解为

$$P(t) = 6\mathrm{e}^{2t} + 2\mathrm{e}^{-4t} + 2.$$

又因为$\lim\limits_{t\to\infty} P(t) = \infty$，所以瞬时均衡（$P_{\mathrm{e}} = 2$）是动态不稳定的.

例 10.52（存款模型） 设S_0是初始存款，年利率为$r(0<r<1)$，t年末金额累积到$S_t(t=1,2,\cdots)$．若以复利累积，那么

$$S_{t+1} = S_t + rS_t = (1+r)S_t \quad t = 0,1,2,\cdots,$$

求t年末累积金额S_t．

解 因为$S_{t+1} = S_t + rS_t = (1+r)S_t$为一阶常系数次线性差分方程. 由迭代法求得其通解为

$$S_t = (1+r)^t S_0,$$

其中$t = 0,1,2,\cdots$．

例 10.53（Kahn 消费模型） 试解下述卡恩模型，即求Y_t和C_t．

$$\begin{cases} Y_t = C_t + I, \\ C_t = aY_{t-1} + \beta, \end{cases}$$

其中$0<a<1, \beta>0$，Y_t，C_t分别是时期t的国民收入和消费，I是投资，假设每期相同.

解 消去模型中的C_t，可得到关于Y_t的一阶常系数非齐次线性差分方程

$$Y_t = aY_{t-1} + \beta + I, t = 1,2,\cdots,$$

容易求得其解为

$$Y_t = (Y_0 - Y_{\mathrm{e}})a^t + Y_{\mathrm{e}},$$

其中，Y_0 为基期的国民收入，$Y_e=\dfrac{\beta+I}{I-a}$. 由 Kahn 模型还可得到消费

$$C_t=(Y_0-Y_e)a^t+\frac{aI+\beta}{I-a}.$$

例 10.54　某新婚夫妇要购买一套商品房，向银行申请抵押贷款 20 万元. 月利率为 0.4%，期限为 10 年，试问这对夫妇每月要还多少钱？

解　时间单位为月，设抵押贷款期限为 N 个月，贷款额为 A_0，月利率为 R，按复利计算，每月还钱 x，还款约定从借款日的下一个月开始. 于是开始还款的第一个月还了 x 元后还欠钱（简称第一个月还欠款，下同）：

$$A_1=(1+R)A_0-x;$$

第二个月还欠款：$A_2=(1+R)A_1-x$；

第三个月还欠款：$A_3=(1+R)A_2-x$；

第 N 个月还欠款：$A_N=(1+R)A_{N-1}-x$.

这是一种特殊的差分方程，逐项迭代即得

$$\begin{aligned}A_N&=A_0(1+R)^N-x[(1+R)^{n-1}+(1+R)^{n-2}+\cdots+1]\\&=A_0(1+R)^N-x\cdot\frac{(1+R)^N-1}{R}.\end{aligned}$$

N 个月还请贷款，即 $A_N=0$，由上式解得

$$x=\frac{A_0R(1+R)^N}{(1+R)^N-1}.$$

对于这对夫妇来说，$A_0=20$ 万元，$R=0.004$，$N=120$ 月，计算得 $x=2101.81$ 元，也就是说，这对夫妇每月要还款 2101.81 元.

例 10.55（蛛网模型）　在市场经济中存在这样的循环现象：若去年的猪肉生产量供过于求，则猪肉的价格就会降低；价格降低会使今年养猪者减少，使今年猪肉生产量供不应求，于是猪肉价格上扬；价格上扬，又使明年的猪肉生产量增加，造成新的供过于求.

据统计，某城市 1991 年的猪肉产量为 30 万吨，肉价为 6 元/千克，1992 年猪肉产量 25 万吨，肉价 8 元/千克，已知 1993 年的猪肉产量为 28 万吨，若维持目前的消费水平与生产模式，问若干年以后猪肉的生产量与价格是否会趋于稳定？若能够稳定，求出稳定的生产量和价格.

解　先对市场中存在的循环现象进行分析，设第 n 年的猪肉产量为 x_n，猪肉价格为 y_n，由于当年产量确定当年价格，故 $y_n=f(x_n)$，而当年价格又决定下一年度的产量，故 $x_{n+1}=g(y_n)$. 在经济学中，$y_n=f(x_n)$ 称为需求函数，$x_{n+1}=g(y_n)$ 称为供应函数，产销关系呈现如下过程：

$$x_1\to y_1\to x_2\to y_2\to x_3\to y_3\to x_4\to y_4\to\cdots.$$

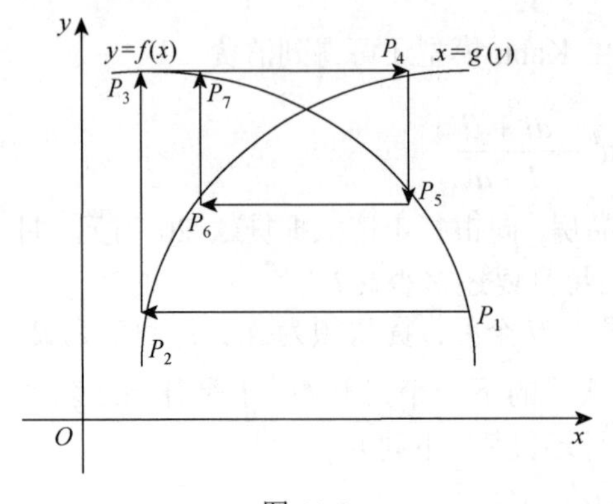

图 10-3

令点 $P_1(x_1, y_1)$, $P_2(x_2, y_1)$, $P_3(x_2, y_2)$, $P_4(x_3, y_2)$, $\cdots$, $P_{2k-1}(x_k, y_k)$, $P_{2k}(x_{k+1}, y_k)$ $(k=1,2,\cdots)$，将点列 $P_1, P_2, \cdots$ 描在平面直角坐标系中就会发现 P_{2k} 都满足 $x=g(y)$，P_{2k-1} 都满足 $y=f(x)$（图 10-3）. 这种关系很像一个蛛网，故被称为蛛网模型.

现在回到猪肉产销问题上. 将 1991 年的猪肉产量记为 x_1，1991 年的猪肉价格记为 y_1，依次类推，根据 x_i，y_i 可做出点列：

$$P_1(30, 6),\ P_2(25, 6),\ P_3(25, 8),\ P_4(28, 8), \cdots.$$

点 $P_1(30, 6)$，$P_3(25, 8)$ 反映了需求函数 $y=f(x)$ 的关系.

点 $P_2(25, 6)$，$P_4(28, 8)$ 反映了供应函数 $x=g(y)$ 的特点.

利用插值法，求出反映需求函数和供应函数的近似公式为

$$y_n = 18 - \frac{2}{5}x_n,\ n=1, 2, \cdots; \tag{10-32}$$

$$x_{n+1} = 16 + \frac{3}{2}y_n,\ n=1, 2, \cdots. \tag{10-33}$$

将式（10-32）代入式（10-33）得到关于产量 x_{n+1} 与 x_n 的递推公式

$$x_{n+1} = 43 - \frac{3}{5}x_n,$$

由此可知

$$x_{k+1} - x_k = -\frac{3}{5}(x_k - x_{k-1}) = \left(-\frac{3}{5}\right)^2 (x_{k-1} - x_{k-2}) = \cdots$$
$$= \left(-\frac{3}{5}\right)^{k-1} (x_2 - x_1),$$

对 k 从 1 到 n 求和 $\sum_{k=1}^{n}(x_{k+1} - x_k)$，得

$$x_{n+1} - x_1 = (x_2 - x_1)\sum_{k=1}^{n}\left(-\frac{3}{5}\right)^{k-1},$$

即

$$x_{n+1} = x_1 + (x_2 - x_1)\sum_{k=1}^{n}\left(-\frac{3}{5}\right)^{k-1} = 30 - 5\sum_{k=1}^{n}\left(-\frac{3}{5}\right)^{k-1}.$$

考察 $n \to \infty$ 时，x_{n+1} 的极限，若极限存在，则说明若干年后，猪肉产量将趋于稳定. 因为

$$\lim_{n\to\infty} x_{n+1} = \lim_{n\to\infty}\left[30 - 5\sum_{k=1}^{n}\left(-\frac{3}{5}\right)^{k-1}\right]$$

$$= 30 - \frac{5}{1+\frac{3}{5}} = 26.875(\text{万吨})$$

类似地, 可得

$$y_{n+1} = 18 - \frac{32}{5} - \frac{3}{5}y_n,$$

$$y_{k+1} - y_k = -\frac{3}{5}(y_k - y_{k-1}) = \cdots$$

$$= (y_2 - y_1)\left(-\frac{3}{5}\right)^{k-1} \quad (k = 1, 2, \cdots),$$

$$y_{n+1} - y_1 = \sum_{k=1}^{n}(y_{k+1} - y_k) = (y_2 - y_1)\sum_{k=1}^{n}\left(-\frac{3}{5}\right)^{k-1},$$

因此可得

$$y_{n+1} = y_1 + (y_2 - y_1)\sum_{k=1}^{n}\left(-\frac{3}{5}\right)^{k-1}$$

$$= 6 + 2\sum_{k=1}^{n}\left(-\frac{3}{5}\right)^{k-1},$$

$$\lim_{n\to\infty} y_{n+1} = 6 + 2\times\frac{1}{1+\frac{3}{5}} = \frac{58}{8} = 7.25\,(\text{元/千克}).$$

通过上述分析可知, 若维持目前的消费水平与生产模式, 猪肉的产量和价格都会趋于稳定, 猪肉产量稳定在年产 26.875 万吨, 猪肉价格稳定在每公斤 7.25 元.

以上例题表明, 根据实际问题建立微分方程或差分方程时, 应明确该问题中未知函数导数或差分的实际意义, 并运用相关学科中的知识寻找含有未知函数导数或差分的等量关系, 从而建立描述该问题的微分方程或差分方程, 然后再求方程的解. 实际上这就是数学建模的初步, 感兴趣的读者可进一步阅读介绍数学模型方面的书籍.

最后需要指出的是：在应用中常出现无法求通解的微分方程, 此时可以利用离散化的方法, 借助计算机求方程的数值解. 关于这方面的方法, 可以参阅微分方程数值解或数值分析等方面的书籍.

习　题　10-9

1.（产品的推销模型）　一种耐用商品在某一地区已售出的总量为 $x(t)$，设潜

在的消费总量是 N, 在销售初期, 商家依靠宣传、免费试用等方式打开销路, 若该商品确实受欢迎, 则消费者会一传十、十传百, 购买的人会逐渐增多. 此时该商品的销售速率主要受已购者数量 $x(t)$ 的影响, 所以销售速率近似正比于已购者的数量 $x(t)$. 但由于该地区潜在消费者数量有限, 在销售后期, 该商品的销售速率将主要受未购者数量 $N-x(t)$ 的影响, 即销售速率正比于未购者的数量 $N-x(t)$. 所以, 可认为产品销售速率正比于 $x(t)$ 与 $N-x(t)$ 的乘积, 即

$$\frac{\mathrm{d}x}{\mathrm{d}t}=kx(N-x)$$

其中 k 为此例常数. 这一模型称作 Logistic 阻滞增长模型. 求 Logistic 阻滞增长模型的解.

2.（消费模型） 设 C 是消费, S 是储蓄, Y 是收入, 它们都是时间 t 的函数, 一个简单的消费模型如下：

$$\begin{cases}C_t+S_t=Y_t,\\ Y_t=aS_{t-1},\\ C_t=\beta Y_t.\end{cases}$$

其中 Y_t 在 $t=0$ 时的值 Y_0 已知, $a>0$, $0<\beta<1$, 此外 β 是边际消费倾向. 试求解此差分方程.

总习题十（A）

1. 填空题

（1）微分方程 $\frac{\mathrm{d}y}{\mathrm{d}x}=y\ln x$ 的通解为_________.

（2）某商品的需求量 Q 对价格 p 的弹性为 $-kp$, 且最大需求量为 50（即 $Q(0)=50$）, 则 Q 对 p 的关系为_________.

（3）若 $y^*=\varphi(x)$ 是微分方程 $y''+2y=f(x)$ 的一个特解, 则该方程的通解为_________.

（4）差分方程 $2y_{t+1}+y_t=3+t$ 的通解为_________.

（5）微分方程 $y''-2y'+2y=\mathrm{e}^x$ 的通解为_________.

2. 选择题

（1）微分方程 $\frac{\mathrm{d}y}{\mathrm{d}x}=\mathrm{e}^{2x-y}$ 满足初始条件 $y(0)=0$ 的特解是（　　）.

A. $y^2=\frac{1}{2}x^2+2$　　B. $\mathrm{e}^y=\frac{1}{2}(\mathrm{e}^{2x}+1)$

C. $y^2=2x^2+\frac{1}{2}$　　D. $x\mathrm{e}^{2x-y}=1$

（2）方程 $(x+y)\mathrm{d}x+x\mathrm{d}y=0$ 是（　　）.

A. 可分离变量的方程　　B. 齐次方程

C. 伯努利方程　　D. 常系数微分方程

（3）$(y')^2+(y'')^3y-xy^4=0$ 是（　　）阶微分方程.

A. 4　　B. 3　　C. 2　　D. 1

（4）差分方程 $y_{t+1}-2y_t=t^2 2^t$ 的特解形式为（　　）.

A. $y_t=kt^2 2^t$　　B. $y_t=(at^2+bt+C)2^t$

C. $y_t=(at^3+bt^2+Ct)2^t$　　D. 以上都不对

（5）若连续函数 $f(x)$ 满足关系式 $f(x)=\int_0^{2x} f\left(\frac{t}{2}\right)\mathrm{d}t+\ln 2$，则 $f(x)=$（　　）.

A. $\mathrm{e}^x\ln 2$　　B. $\mathrm{e}^{2x}\ln 2$　　C. $\mathrm{e}^x+\ln 2$　　D. $\mathrm{e}^{2x}+\ln 2$

3. 求解下列微分方程：

（1）$\frac{\mathrm{d}y}{\mathrm{d}x}+\frac{\mathrm{e}^{y^2+x}}{y}=0$；　　（2）$y''-3y'+2y=x\mathrm{e}^x$.

4. 求解下列差分方程：

（1）$y_{t+1}-y_t=2t^2$；　　（2）$y_{t+1}-2y_t=\left(\frac{1}{3}\right)^t$；　　（3）$y_{t+1}-2y_t=t2^t$.

5. 求微分方程 $(x^2-1)\mathrm{d}y+(2xy-\cos x)\mathrm{d}x=0$ 满足初始条件 $y|_{x=0}=1$ 的特解.

总习题十（B）

1. 填空题

（1）若 $f(x)$ 满足 $f(x)=\mathrm{e}^x+\int_0^x f(t)\mathrm{d}t$，则 $f(x)=$_________.

（2）若 $y=C_1\mathrm{e}^x+C_2\mathrm{e}^{-x}+1$ 是微分方程 $y''-y=f(x)$ 的通解, 则 $f(x)=$_________.

（3）微分方程 $y\mathrm{d}x+(x^2-4x)\mathrm{d}y=0$ 的通解为_________.

（4）已知曲线 $y=f(x)$ 过点 $\left(0,-\frac{1}{2}\right)$，且其上任一点 (x,y) 处的切线斜率为 $x\ln(1+x^2)$，则 $f(x)=$_________.

（5）微分方程 $xy'+y=0$ 满足条件 $y(1)=1$ 的解为_________.

2. 选择题

（1）函数 $y(x)$ 满足微分方程 $xy'+y-y^2\ln x=0$ 且 $y(1)=1$，则 $y(\mathrm{e})=$（　　）.

A. $\frac{1}{\mathrm{e}}$　　B. $\frac{1}{2}$　　C. 2　　D. e

（2）微分方程 $\frac{dx}{y^2}+\frac{dy}{x^2}=0$ 满足 $y(2)=1$ 的特解为（　　）.

A. $x^2+y^2=2$　　　　B. $x^3+y^3=9$

C. $x^3+y^3=1$　　　　D. $\frac{x^3}{3}+\frac{y^3}{3}=1$

（3）若 $y_1(x)$，$y_2(x)$ 是二阶线性齐次微分方程 $y''+p(x)y'+q(x)y=0$ 的两个解，则 $y=C_1y_1+C_2y_2$（C_1，C_2 为任意常数）必是该方程的（　　）.

A. 解　　B. 特解　　C. 通解　　D. 全部解

（4）以下形式（　　）是微分方程 $y''-y=e^x+1$ 的一个特解（其中 a,b 为常数）.

A. ae^x+b　　B. axe^x+b　　C. ae^x+bx　　D. axe^x+bx

（5）设 y_1，y_2 是一阶线性非齐次微分方程的两个特解. 若常数 λ，μ 使 $\lambda y_1+\mu y_2$ 是该方程的解，$\lambda y_1-\mu y_2$ 是该方程对应的齐次方程的解，则（　　）.

A. $\lambda=\frac{1}{2}$，$\mu=\frac{1}{2}$　　　　B. $\lambda=-\frac{1}{2}$，$\mu=-\frac{1}{2}$

C. $\lambda=\frac{2}{3}$，$\mu=\frac{1}{3}$　　　　D. $\lambda=\frac{2}{3}$，$\mu=\frac{2}{3}$

3. 求解下列微分方程：

（1）$x\frac{dy}{dx}=y(\ln y-\ln x)$；　　　　（2）$(x^2+1)y'=4x^3-2xy$.

4. 求解下列差分方程：

（1）$y_{t+1}-2y_t=3t^2$；　　　　（2）$y_t-4y_{t-1}=3\times 2^{2t}$，$y_1=8$；

（3）$y_{t+1}+3y_t=(-3)^t+1$.

5. 已知某商品的需求量 D 和供给量 S 都是价格 p 的函数：$D=D(p)=\frac{a}{p^2}$，$S=S(p)=bp$，其中 $a>0$ 和 $b>0$ 为常数，价格 p 是时间 t 的函数且满足方程：$\frac{dp}{dt}=k[D(p)-S(p)]$（$k$ 为正的常数）.

假设当 $t=0$ 时价格为 1，试求：（1）需求量等于供给量时的均衡价格 p_e；（2）价格函数 $p(t)$；（3）极限 $\lim\limits_{t\to\infty}p(t)$.

数学家介绍及
微分方程的应用

参 考 文 献

[1] 方明亮, 郭正光, 2011. 高等数学（上册）[M]. 北京：高等教育出版社.

[2] 郭正光, 方明亮, 2012. 高等数学（下册）[M]. 北京：高等教育出版社.

[3] 何良材, 何中市, 2003. 经济应用数学（上册）[M]. 3 版. 重庆：重庆大学出版社.

[4] 华东师范大学数学系, 1996. 数学分析 M]. 2 版. 北京：高等教育出版社.

[5] 霍伊, 利弗诺, 麦克纳, 等, 2006. 经济数学[M]. 张伟, 张华祝, 倪晓宁等译. 北京：中国人民大学出版社.

[6] 贾晓峰, 石冰, 1998. 微积分与数学模型[M]. 北京：高等教育出版社.

[7] 同济大学应用数学系, 2002. 高等数学[M]. 5 版. 北京：高等教育出版社.

[8] 托马斯, 2003. 微积分[M].叶其孝译. 北京：高等教育出版社.

[9] 谢季坚, 李启文, 2004. 大学数学[M]. 2 版. 北京：高等教育出版社.

[10] 谢季坚, 李启文, 2004. 大学数学——微积分及其在生命科学、经济管理中的应用 [M]. 2 版. 北京：高等教育出版社.

[11] 张从军, 王育全, 李辉, 等, 2005. 微积分[M]. 上海：复旦大学出版社.

[12] 阮炯, 2002. 差分方程和常微分方程[M]. 上海：复旦大学出版社.

附录I　积　分　表

1. 含有 x^n 的形式

（1）$\int x^n \mathrm{d}x = \frac{x^{n+1}}{n+1} + C, n \neq -1$；

（2）$\int \frac{1}{x} \mathrm{d}x = \ln|x| + C$；

2. 含有 $a+bx$ 的形式

（3）$\int \frac{x}{a+bx} \mathrm{d}x = \frac{1}{b^2}(bx - a\ln|a+bx|) + C$；

（4）$\int \frac{x}{(a+bx)^2} \mathrm{d}x = \frac{1}{b^2}\left(\frac{a}{a+bx} + \ln|a+bx|\right) + C$；

（5）$\int \frac{x}{(a+bx)^n} \mathrm{d}x = \frac{1}{b^2}\left[\frac{-1}{(n-2)(a+bx)^{n-2}} + \frac{a}{(n-1)(a+bx)^{n-1}}\right] + C, n \neq 1,2$；

（6）$\int \frac{x^2}{a+bx} \mathrm{d}x = \frac{1}{b^3}\left[-\frac{bx}{2}(2a-bx) + a^2\ln|a+bx|\right] + C$；

（7）$\int \frac{x^2}{(a+bx)^2} \mathrm{d}x = \frac{1}{b^3}\left(bx - \frac{a^2}{a+bx} - 2a\ln|a+bx|\right) + C$；

（8）$\int \frac{x^2}{(a+bx)^3} \mathrm{d}x = \frac{1}{b^3}\left[\frac{2a}{a+bx} - \frac{a^2}{2(a+bx)^2} + \ln|a+bx|\right] + C$；

（9）$\int \frac{x^2}{(a+bx)^n} \mathrm{d}x = \frac{1}{b^3}\left[\frac{-1}{(n-3)(a+bx)^{n-3}}\right.$

$$\left. + \frac{2a}{(n-2)(a+bx)^{n-2}} - \frac{a^2}{(n-1)(a+bx)^{n-1}}\right] + C, n \neq 1,2,3；$$

（10）$\int \frac{1}{x(a+bx)} \mathrm{d}x = \frac{1}{a}\ln\left|\frac{x}{a+bx}\right| + C$；

（11）$\int \frac{1}{x(a+bx)^2} \mathrm{d}x = \frac{1}{a}\left(\frac{1}{a+bx} + \frac{1}{a}\ln\left|\frac{x}{a+bx}\right|\right) + C$；

（12）$\int \frac{1}{x^2(a+bx)} \mathrm{d}x = -\frac{1}{a}\left(\frac{1}{x} + \frac{b}{a}\ln\left|\frac{x}{a+bx}\right|\right) + C$；

（13）$\int\frac{1}{x^2(a+bx)^2}\mathrm{d}x=-\frac{1}{a^2}\left[\frac{a+2bx}{x(a+bx)}+\frac{2b}{a}\ln\left|\frac{x}{a+bx}\right|\right]+C$；

3. 含有 $a^2\pm x^2,a>0$ 的形式

（14）$\int\frac{1}{a^2+x^2}\mathrm{d}x=\frac{1}{a}\arctan\frac{x}{a}+C$；

（15）$\int\frac{1}{x^2-a^2}\mathrm{d}x=-\int\frac{1}{a^2-x^2}\mathrm{d}x=\frac{1}{2a}\ln\left|\frac{x-a}{x+a}\right|+C$；

（16）$\int\frac{1}{(a^2\pm x^2)^n}\mathrm{d}x=\frac{1}{2a^2(n-1)}\left[\frac{x}{(a^2\pm x^2)^{n-1}}+(2n-3)\int\frac{1}{(a^2\pm x^2)^{n-1}}\mathrm{d}x\right],n\neq 1$；

4. 含有 $a+bx+cx^2,b^2\neq 4ac$ 的形式

（17）$\int\frac{1}{a+bx+cx^2}\mathrm{d}x=\begin{cases}\frac{2}{\sqrt{4ac-b^2}}\arctan\frac{2cx+b}{\sqrt{4ac-b^2}}+C,b^2<4ac,\\ \frac{2}{\sqrt{b^2-4ac}}\ln\left|\frac{2cx+b-\sqrt{b^2-4ac}}{2cx+b+\sqrt{b^2-4ac}}\right|+C,b^2>4ac;\end{cases}$

（18）$\int\frac{x}{a+bx+cx^2}\mathrm{d}x=\frac{1}{2c}\left(\ln|a+bx+cx^2|-b\int\frac{1}{a+bx+cx^2}\mathrm{d}x\right)$；

5. 含有 $\sqrt{a+bx}$ 的形式

（19）$\int x^n\sqrt{a+bx}\mathrm{d}x=\frac{2}{b(2n+3)}[x^n(a+bx)^{3/2}-na\int x^{n-1}\sqrt{a+bx}\mathrm{d}x]$；

（20）$\int\frac{1}{x\sqrt{a+bx}}\mathrm{d}x=\begin{cases}\frac{1}{\sqrt{a}}\ln\left|\frac{\sqrt{a+bx}-\sqrt{a}}{\sqrt{a+bx}+\sqrt{a}}\right|+C,a>0,\\ \frac{2}{\sqrt{-a}}\arctan\sqrt{\frac{a+bx}{-a}}+C,a<0;\end{cases}$

（21）$\int\frac{1}{x^n\sqrt{a+bx}}\mathrm{d}x=\frac{-1}{a(n-1)}\left[\frac{\sqrt{a+bx}}{x^{n-1}}+\frac{b(2n-3)}{2}\int\frac{1}{x^{n-1}\sqrt{a+bx}}\mathrm{d}x\right],n\neq 1$；

（22）$\int\frac{\sqrt{a+bx}}{x}\mathrm{d}x=2\sqrt{a+bx}+a\int\frac{1}{x\sqrt{a+bx}}\mathrm{d}x$；

（23）$\int\frac{\sqrt{a+bx}}{x^n}\mathrm{d}x=\frac{-1}{a(n-1)}\left[\frac{(a+bx)^{3/2}}{x^{n-1}}+\frac{(2n-5)b}{2}\int\frac{\sqrt{a+bx}}{x^{n-1}}\mathrm{d}x\right],n\neq 1$；

（24）$\int\frac{x}{\sqrt{a+bx}}\mathrm{d}x=\frac{-2(2a-bx)}{3b^2}\sqrt{a+bx}+C$；

（25）$\int\frac{x^n}{\sqrt{a+bx}}\mathrm{d}x=\frac{2}{(2n+1)b}\left(x^n\sqrt{a+bx}-na\int\frac{x^{n-1}}{\sqrt{a+bx}}\mathrm{d}x\right)$；

6. 含有$\sqrt{x^2 \pm a^2}, a>0$的形式

（26）$\int \sqrt{x^2 \pm a^2}\mathrm{d}x = \frac{1}{2}(x\sqrt{x^2 \pm a^2} \pm a^2 \ln|x+\sqrt{x^2 \pm a^2}|) + C$；

（27）$\int x^2\sqrt{x^2 \pm a^2}\mathrm{d}x = \frac{1}{8}[x(2x^2 \pm a^2)\sqrt{x^2 \pm a^2} - a^4 \ln|x+\sqrt{x^2 \pm a^2}|] + C$；

（28）$\int \frac{1}{x}\sqrt{x^2 + a^2}\mathrm{d}x = \sqrt{x^2+a^2} - a\ln\left|\frac{a+\sqrt{x^2+a^2}}{x}\right| + C$；

（29）$\int \frac{1}{x}\sqrt{x^2 - a^2}\mathrm{d}x = \sqrt{x^2-a^2} - a\arccos\frac{a}{x} + C$；

（30）$\int \frac{1}{x^2}\sqrt{x^2 \pm a^2}\mathrm{d}x = \frac{-1}{x}\sqrt{x^2 \pm a^2} + \ln|x+\sqrt{x^2 \pm a^2}| + C$；

（31）$\int \frac{1}{\sqrt{x^2 \pm a^2}}\mathrm{d}x = \ln|x+\sqrt{x^2 \pm a^2}| + C$；

（32）$\int \frac{x^2}{\sqrt{x^2 \pm a^2}}\mathrm{d}x = \frac{1}{2}(x\sqrt{x^2 \pm a^2} \mp a^2 \ln|x+\sqrt{x^2 \pm a^2}|) + C$；

（33）$\int \frac{1}{x\sqrt{x^2 - a^2}}\mathrm{d}x = \frac{1}{a}\arccos\frac{a}{x} + C$；

（34）$\int \frac{1}{x\sqrt{x^2 + a^2}}\mathrm{d}x = \frac{-1}{a}\ln\left|\frac{a+\sqrt{x^2+a^2}}{x}\right| + C$；

（35）$\int \frac{1}{x\sqrt{x^2 \pm a^2}}\mathrm{d}x = \mp\frac{\sqrt{x^2 \pm a^2}}{a^2 x} + C$；

（36）$\int \frac{1}{(x^2 \pm a^2)^{3/2}}\mathrm{d}x = \frac{\pm x}{a^2\sqrt{x^2 \pm a^2}} + C$；

7. 含有$\sqrt{a^2 - x^2}, a>0$的形式

（37）$\int \sqrt{a^2 - x^2}\mathrm{d}x = \frac{1}{2}\left(x\sqrt{a^2-x^2} + a^2\arcsin\frac{x}{a}\right) + C$；

（38）$\int x^2\sqrt{a^2 - x^2}\mathrm{d}x = \frac{1}{8}\left[x(2x^2-a^2)\sqrt{a^2-x^2} + a^4\arcsin\frac{x}{a}\right] + C$；

（39）$\int \frac{1}{x}\sqrt{a^2 - x^2}\mathrm{d}x = \sqrt{a^2-x^2} - a\ln\left|\frac{a+\sqrt{a^2-x^2}}{x}\right| + C$；

（40）$\int \frac{1}{x^2}\sqrt{a^2 - x^2}\mathrm{d}x = \frac{-1}{x}\sqrt{a^2-x^2} - \arcsin\frac{x}{a} + C$；

（41）$\int \frac{1}{\sqrt{a^2 - x^2}}\mathrm{d}x = \arcsin\frac{x}{a} + C$；

(42) $\int\frac{1}{x\sqrt{a^2-x^2}}\mathrm{d}x=\frac{-1}{a}\ln\left|\frac{a+\sqrt{a^2-x^2}}{x}\right|+C$；

(43) $\int\frac{1}{x^2\sqrt{a^2-x^2}}\mathrm{d}x=\frac{-\sqrt{a^2-x^2}}{a^2x}+C$；

(44) $\int\frac{x^2}{\sqrt{a^2-x^2}}\mathrm{d}x=\frac{1}{2}\left(-x\sqrt{a^2-x^2}+a^2\arcsin\frac{x}{a}\right)+C$；

(45) $\int\frac{x^2}{(a^2-x^2)^{3/2}}\mathrm{d}x=\frac{x}{a^2\sqrt{a^2-x^2}}+C$；

8. 含有 $\sin x$ 或 $\cos x$ 的形式

(46) $\int\sin x\mathrm{d}x=-\cos x+C$；

(47) $\int\cos x\mathrm{d}x=\sin x+C$；

(48) $\int\sin^2 x\mathrm{d}x=\frac{1}{2}(x-\sin x\cos x)+C$；

(49) $\int\cos^2 x\mathrm{d}x=\frac{1}{2}(x+\sin x\cos x)+C$；

(50) $\int\sin^n x\mathrm{d}x=\frac{1}{n}[-\sin^{n-1}x\cos x+(n-1)\int\sin^{n-2}x\mathrm{d}x]$；

(51) $\int\cos^n x\mathrm{d}x=\frac{1}{n}[\cos^{n-1}x\sin x+(n-1)\int\cos^{n-2}x\mathrm{d}x]$；

(52) $\int x\sin x\mathrm{d}x=\sin x-x\cos x+C$；

(53) $\int x\cos x\mathrm{d}x=\cos x+x\sin x+C$；

(54) $\int x^n\sin x\mathrm{d}x=-x^n\cos x+n\int x^{n-1}\cos x\mathrm{d}x$；

(55) $\int x^n\cos x\mathrm{d}x=x^n\sin x-n\int x^{n-1}\sin x\mathrm{d}x$；

(56) $\int\frac{1}{1\pm\sin x}\mathrm{d}x=\tan x\mp\sec x+C$；

(57) $\int\frac{1}{1\pm\cos x}\mathrm{d}x=-\cot x\pm\csc x+C$；

(58) $\int\frac{1}{\sin x\cos x}\mathrm{d}x=\ln|\tan x|+C$；

9. 含有 $\tan x,\cot x,\sec x,\csc x$ 的形式

(59) $\int\tan x\mathrm{d}x=-\ln|\cos x|+C$；

(60) $\int\cot x\mathrm{d}x=\ln|\sin x|+C$；

（61）$\int \sec x\mathrm{d}x = \ln|\sec x + \tan x| + C$；

（62）$\int \csc x\mathrm{d}x = \ln|\csc x - \cot x| + C$；

（63）$\int \tan^2 x\mathrm{d}x = -x + \tan x + C$；

（64）$\int \cot^2 x\mathrm{d}x = -x - \cot x + C$；

（65）$\int \sec^2 x\mathrm{d}x = \tan x + C$；

（66）$\int \csc^2 x\mathrm{d}x = -\cot x + C$；

（67）$\int \tan^n x\mathrm{d}x = \dfrac{\tan^{n-1} x}{n-1} - \int \tan^{n-2} x\mathrm{d}x, n \neq 1$；

（68）$\int \cot^n x\mathrm{d}x = -\dfrac{\cot^{n-1} x}{n-1} - \int \cot^{n-2} x\mathrm{d}x, n \neq 1$；

（69）$\int \sec^n x\mathrm{d}x = \dfrac{\sec^{n-2} x\tan x}{n-1} + \dfrac{n-2}{n-1}\int \sec^{n-2} x\mathrm{d}x, n \neq 1$；

（70）$\int \csc^n x\mathrm{d}x = -\dfrac{\csc^{n-2} x\cot x}{n-1} + \dfrac{n-2}{n-1}\int \csc^{n-2} x\mathrm{d}x, n \neq 1$；

（71）$\int \dfrac{1}{1 \pm \tan x}\mathrm{d}x = \dfrac{1}{2}(x \pm \ln|\cos x \pm \sin x|) + C$；

（72）$\int \dfrac{1}{1 \pm \cot x}\mathrm{d}x = \dfrac{1}{2}(x \mp \ln|\sin x \pm \cos x|) + C$；

（73）$\int \dfrac{1}{1 \pm \sec x}\mathrm{d}x = x + \cot x \mp \csc x + C$；

（74）$\int \dfrac{1}{1 \pm \csc x}\mathrm{d}x = x - \tan x \pm \sec x + C$；

10. 含有反三角函数的形式

（75）$\int \arcsin x\mathrm{d}x = x\arcsin x + \sqrt{1-x^2} + C$；

（76）$\int \arccos x\mathrm{d}x = x\arccos x - \sqrt{1-x^2} + C$；

（77）$\int \arctan x\mathrm{d}x = x\arctan x - \dfrac{1}{2}\ln(1+x^2) + C$；

（78）$\int \operatorname{arccot} x\mathrm{d}x = x\operatorname{arccot} x + \dfrac{1}{2}\ln(1+x^2) + C$；

（79）$\int \operatorname{arcsec} x\mathrm{d}x = x\operatorname{arcsec} x - \ln|x + \sqrt{x^2-1}| + C$；

（80）$\int \operatorname{arccsc} x\mathrm{d}x = x\operatorname{arccsc} x + \ln|x + \sqrt{x^2-1}| + C$；

（81）$\int x\arcsin x\mathrm{d}x = \dfrac{1}{4}[x\sqrt{1-x^2} + (2x^2-1)\arcsin x] + C$；

（82）$\int x\arccos x\mathrm{d}x=\frac{1}{4}[-x\sqrt{1-x^2}+(2x^2-1)\arccos x]+C$；

（83）$\int x\arctan x\mathrm{d}x=\frac{1}{2}[(1+x^2)\arctan x-x]+C$；

（84）$\int x\operatorname{arccot} x\mathrm{d}x=\frac{1}{2}[(1+x^2)\operatorname{arccot} x+x]+C$；

11. 含有 e^x 的形式

（85）$\int a^x\mathrm{d}x=\frac{a^x}{\ln a}+C$；

（86）$\int \mathrm{e}^x\mathrm{d}x=\mathrm{e}^x+C$；

（87）$\int x\mathrm{e}^x\mathrm{d}x=(x-1)\mathrm{e}^x+C$；

（88）$\int x^n\mathrm{e}^x\mathrm{d}x=x^n\mathrm{e}^x-n\int x^{n-1}\mathrm{e}^x\mathrm{d}x$；

（89）$\int \frac{1}{1+\mathrm{e}^x}\mathrm{d}x=x-\ln(1+\mathrm{e}^x)+C$；

（90）$\int \mathrm{e}^{ax}\sin bx\mathrm{d}x=\frac{\mathrm{e}^{ax}}{a^2+b^2}(a\sin bx-b\cos bx)+C$；

（91）$\int \mathrm{e}^{ax}\cos bx\mathrm{d}x=\frac{\mathrm{e}^{ax}}{a^2+b^2}(a\cos bx+b\sin bx)+C$；

12. 含有 $\ln x$ 的形式

（92）$\int \ln x\mathrm{d}x=x(\ln x-1)+C$；

（93）$\int \frac{\ln x}{\sqrt{x}}\mathrm{d}x=4\sqrt{x}(\ln\sqrt{x}-1)+C$；

（94）$\int x\ln x\mathrm{d}x=\frac{x^2}{4}(2\ln x-1)+C$；

（95）$\int x^n\ln x\mathrm{d}x=\frac{x^{n+1}}{(n+1)^2}[(n+1)\ln x-1]+C, n\neq -1$；

（96）$\int (\ln x)^2\mathrm{d}x=x[(\ln x)^2-2\ln x+2]+C$；

（97）$\int (\ln x)^n\mathrm{d}x=x(\ln x)^n-n\int(\ln x)^{n-1}\mathrm{d}x$；

（98）$\int \sin(\ln x)\mathrm{d}x=\frac{x}{2}[\sin(\ln x)-\cos(\ln x)]+C$；

（99）$\int \cos(\ln x)\mathrm{d}x=\frac{x}{2}[\sin(\ln x)+\cos(\ln x)]+C$；

（100）$\int \ln(x+\sqrt{1+x^2})\mathrm{d}x=x\ln(x+\sqrt{1+x^2})-\sqrt{1+x^2}+C$.

附录Ⅱ　几种常用的曲线

(1) 三次抛物线

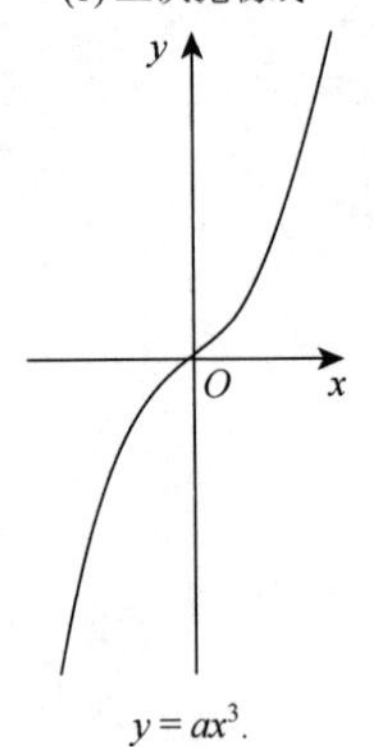

$y = ax^3$.

(2) 半立方抛物线

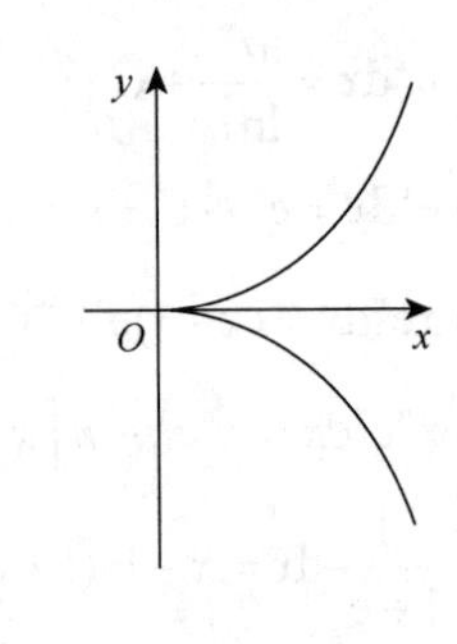

$y^2 = ax^3$.

(3) 概率曲线

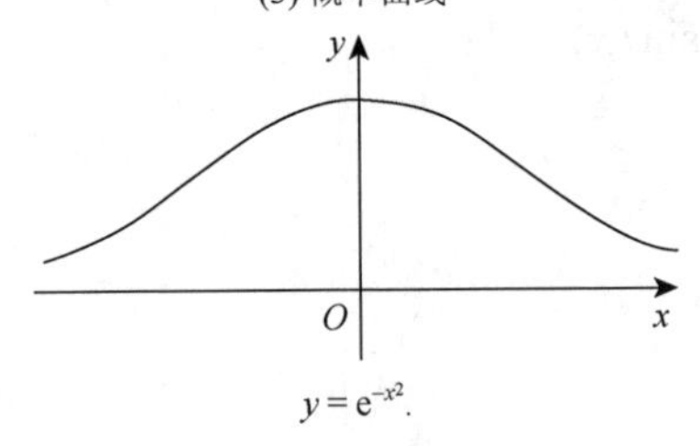

$y = \mathrm{e}^{-x^2}$.

(4) 箕舌线

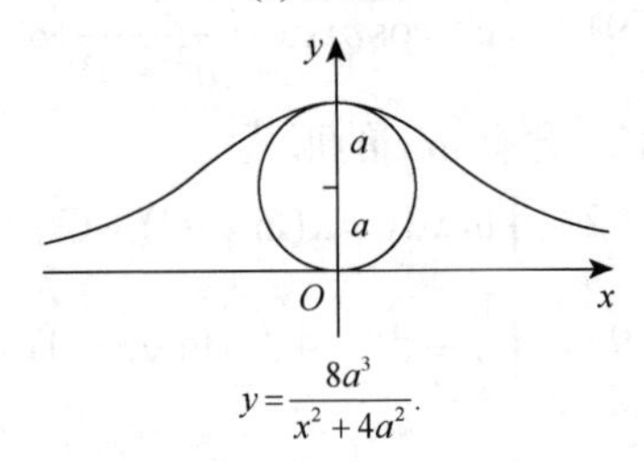

$y = \dfrac{8a^3}{x^2 + 4a^2}$.

(5) 蔓叶线

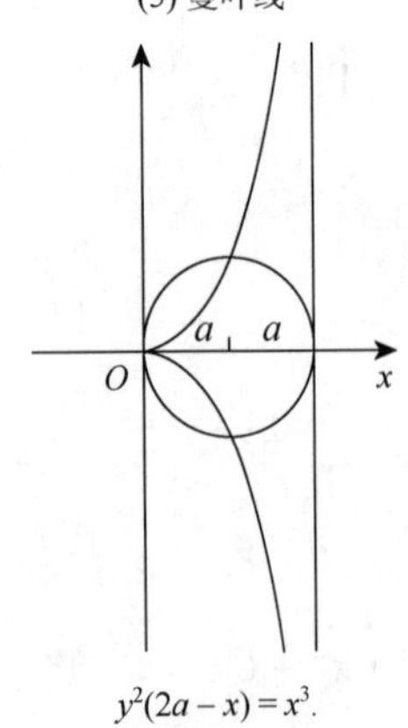

$y^2(2a - x) = x^3$.

(6) 笛卡儿叶形线

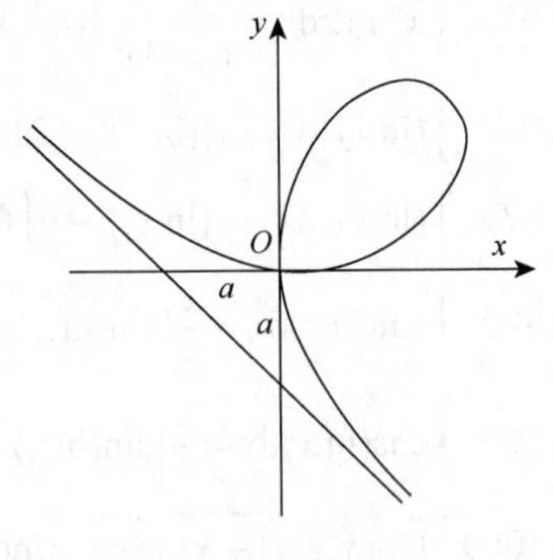

$x^3 + y^3 - 3axy = 0$.

$x = \dfrac{3at}{1+t^3},\ y = \dfrac{3at^2}{1+t^3}$.

(7) 星形线(内摆线的一种)

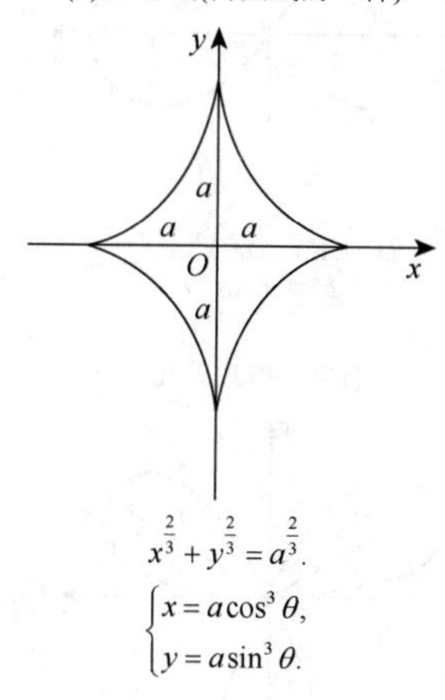

$$x^{\frac{2}{3}}+y^{\frac{2}{3}}=a^{\frac{2}{3}}.$$

$$\begin{cases}x=a\cos^3\theta,\\ y=a\sin^3\theta.\end{cases}$$

(8) 摆线

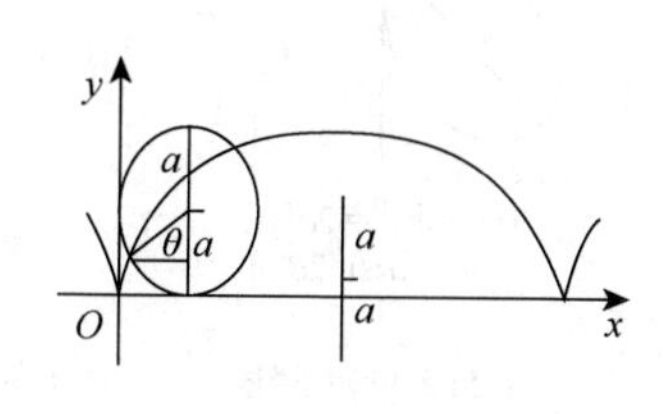

$$\begin{cases}x=a(\theta-\sin\theta),\\ y=a(1-\cos\theta).\end{cases}$$

(9) 心形线(外摆线的一种)

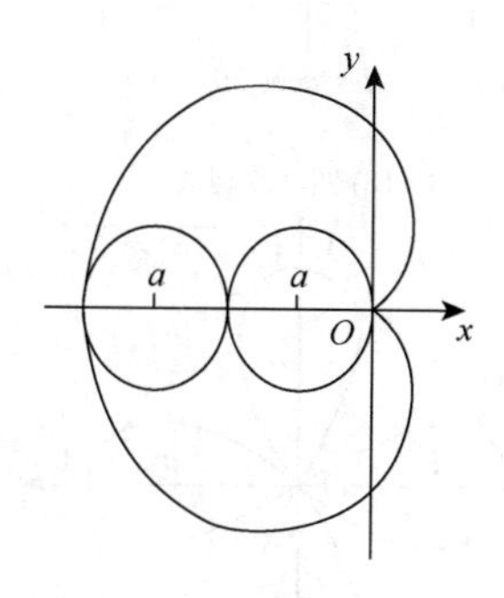

$$x^2+y^2+ax=a\sqrt{x^2+y^2},$$
$$\rho=a(1-\cos\theta).$$

(10) 阿基米德螺线

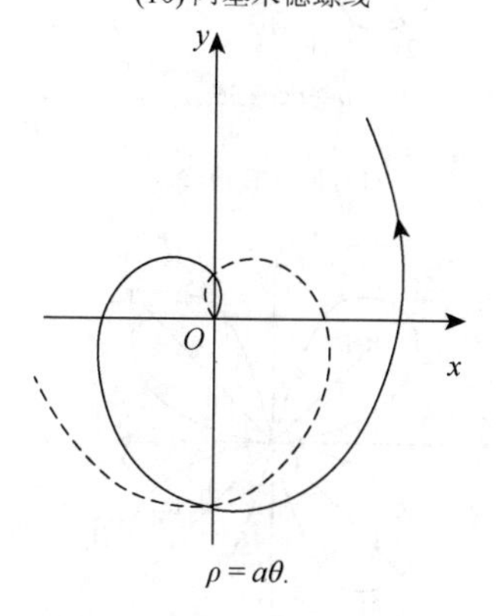

$$\rho=a\theta.$$

(11) 对数螺线

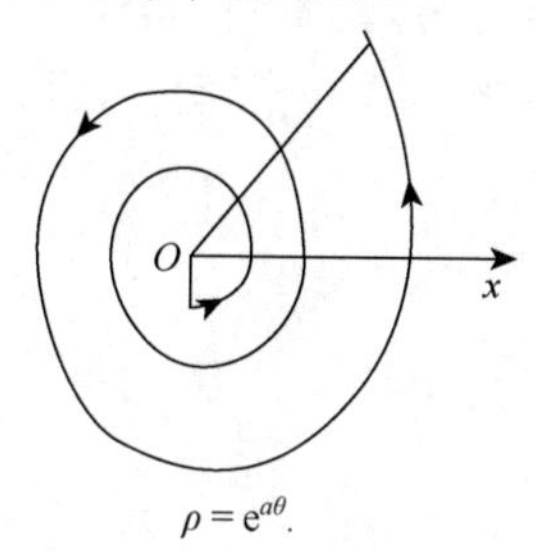

$$\rho=\mathrm{e}^{a\theta}.$$

(12) 双曲螺线

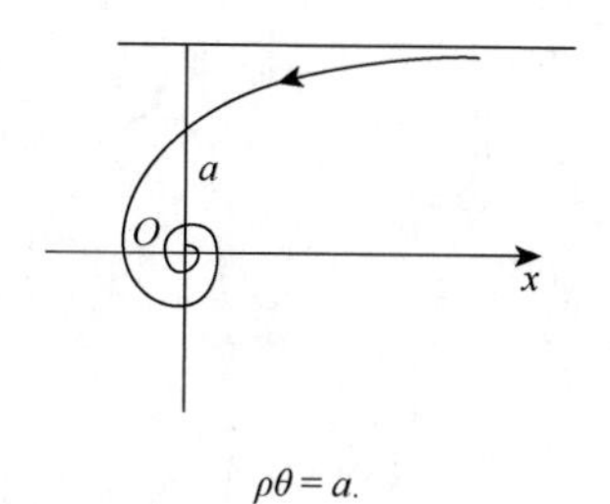

$$\rho\theta=a.$$

(13) 伯努利双纽线

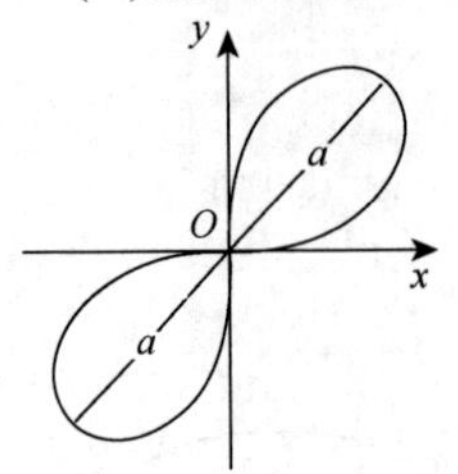

$(x^2+y^2)^2=2a^2xy$,
$\rho^2=a^2\sin 2\theta$.

(14) 伯努利双纽线

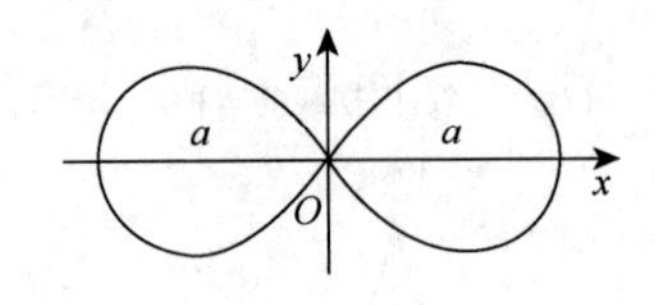

$(x^2+y^2)^2=a^2(x^2-y^2)$,
$\rho^2=a^2\cos 2\theta$.

(15) 三叶玫瑰线

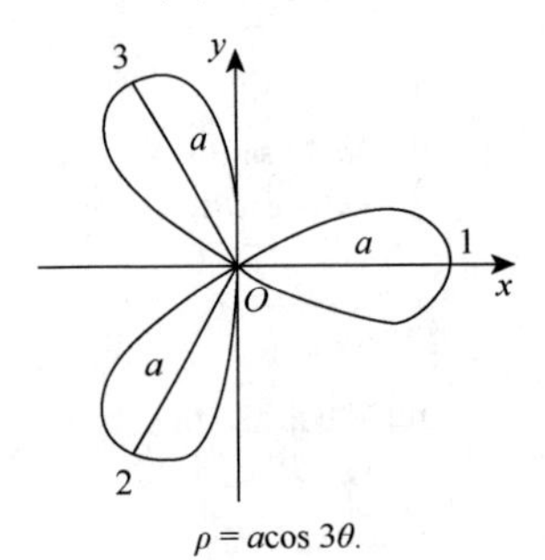

$\rho=a\cos 3\theta$.

(16) 三叶玫瑰线

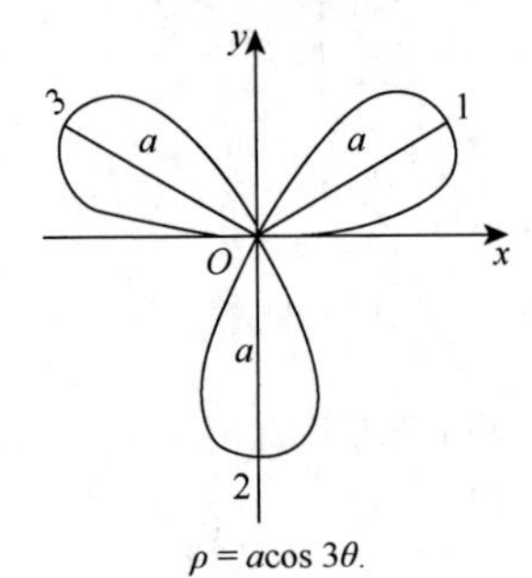

$\rho=a\cos 3\theta$.

(17) 四叶玫瑰线

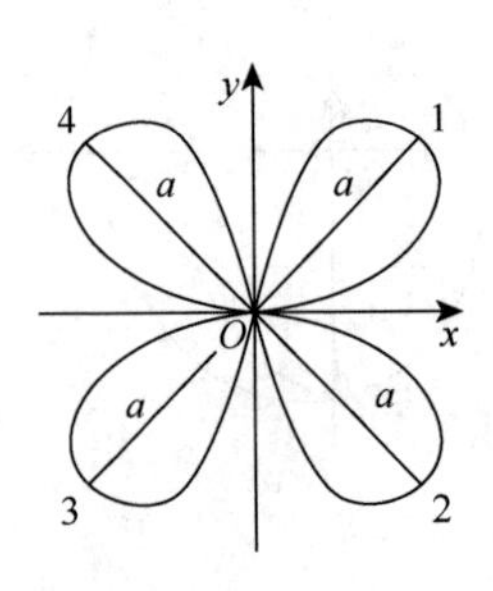

$\rho=a\sin 2\theta$.

(18) 四叶玫瑰线

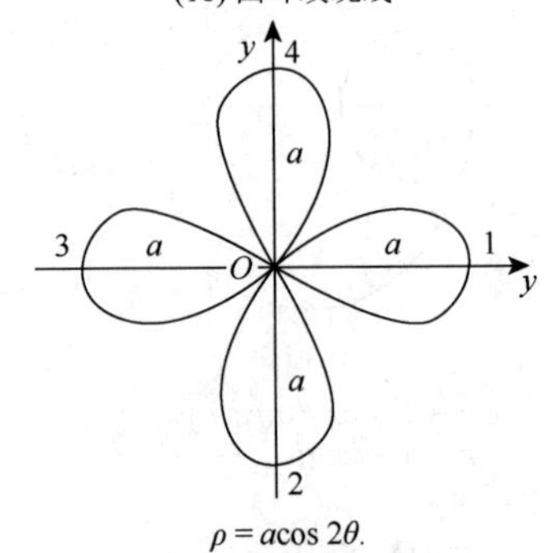

$\rho=a\cos 2\theta$.

参 考 答 案

第 1 章

习题 1-1

1. （1）$-3 \leqslant x \leqslant 3$ 且 $x \neq 1$；（2）$2 \leqslant x \leqslant 3$；（3）$1 < x < 2$；（4）$x \neq -1, 0, 1$；（5）$\mathbf{R}$；（6）$2k\pi \leqslant x \leqslant (2k+1)\pi$ 且 $x \neq 1$（其中 $k \in \mathbf{Z}$）.

2. 函数 $f(x^2)$ 的定义域为 $[-1,1]$；函数 $f(\sin x)$ 的定义域为 $[2k\pi, (2k+1)\pi]$（其中 $k \in \mathbf{Z}$）；函数 $f(x+a)$ 的定义域为 $[-a, -a+1]$；函数 $f(x+a)+f(x-a)$ 的定义域为：（1）若 $a < \dfrac{1}{2}$，$x \in [a, 1-a]$；（2）若 $a = \dfrac{1}{2}$，$x = \dfrac{1}{2}$；（3）若 $a > \dfrac{1}{2}$，$x \in \phi$.

3. $f\left(\dfrac{a}{2}\right) = 0$，$f(2a) = \dfrac{1}{2a^2}$.

4. $f(g(x)) = \begin{cases} -1, & x > 0, \\ 0, & x = 0, \\ 1, & x < 0; \end{cases}$ $g(f(x)) = \begin{cases} 2, & |x| < 1, \\ 1, & |x| = 1, \\ 1/2, & |x| > 1. \end{cases}$

5. 略.

6. （1）不是；（2）是；（3）不是；（4）不是；（5）是.

7. （1）$[1,+\infty)$，单调增加；（2）$(-\infty,1)$，$(1,+\infty)$ 都是单调增加；（3）$(-\infty,+\infty)$ 单调减少；（4）$\left[2k\pi - \dfrac{\pi}{2}, 2k\pi + \dfrac{\pi}{2}\right]$，单调减少；$\left[2k\pi + \dfrac{\pi}{2}, 2k\pi + \dfrac{3\pi}{2}\right]$，单调增加.

8. （1）奇函数；（2）偶函数；（3）既非奇函数又非偶函数；（4）偶函数.

9. 略.

10. 略.

11. （1）周期函数，周期为 π；（2）周期函数，周期为 2；（3）不是周期函数；（4）周期函数，周期为 π.

12. （1）$f^{-1}(x) = \log_2 \dfrac{x}{1-x} (0 < x < 1)$；（2）$f^{-1}(x) = \dfrac{ax+b}{cx-a} (a^2 \neq bc)$；

（3）$f^{-1}(x) = \dfrac{1}{2}(10^x + 10^{-x}) (x \in \mathbf{R})$；（4）$f^{-1}(x) = \dfrac{1}{2}\arccos\dfrac{x}{3} (-3 \leqslant x \leqslant 3)$.

13. （1） $y=f(x)=\mathrm{e}^{x^2}$, $f(0)=1$, $f(2)=\mathrm{e}^4$;

（2） $y=f(x)=(\mathrm{e}^{x+1}-1)^2+1$, $f(1)=\mathrm{e}^4-2\mathrm{e}^2+2$, $f(-1)=1$.

14. $h=\dfrac{V}{\pi r^2}$, $V\in[0,\pi r^2 H]$.

15. $f(x)=\begin{cases}0.64x, & 0\leqslant x\leqslant 4.5,\\ 4.5\times 0.64+(x-4.5)\times 3.2, & x>4.5\end{cases}$ $f(3.5)$=2.24 元；

$f(4.5)=$ 2.88 元； $f(5.5)=6.08$ 元.

16. （1） $p(x)=\begin{cases}90, & 0<x\leqslant 100,\\ 90-0.01(x-100), & 100<x<1600,\\ 75, & x\geqslant 1600;\end{cases}$

（2） $R(x)=\begin{cases}(90-60)x, & 0\leqslant x\leqslant 100,\\ (90-60-0.01x)x, & 100<x<1500,\\ 15x, & x\geqslant 1500;\end{cases}$

（3）20000 元.

习题 1-2

1. （1） $|a_1-3|=\dfrac{1}{2}$, $|a_{10}-3|=\dfrac{1}{11}$, $|a_{100}-3|=\dfrac{1}{101}$;（2） $N=9999$;（3） $N=\left[\dfrac{1}{\varepsilon}-1\right]$.

2. 略.

3. 例如， $x_n=(-1)^n$.

4. 0.

5. 略.

习题 1-3

1. $\delta=0.004$. 提示：因为 $x\to 1$ ，所以不妨设 $|x-1|<\dfrac{1}{2}$.

2. $X\geqslant\sqrt{7003}$.

3. 略.

4. 略.

5. $f(0^-)=3$, $f(0^+)=0$ ，因为 $f(0^-)\neq f(0^+)$ ，所以当 $x\to 0$ 时， $f(x)$ 的极限不存在.

6. 略.

习题 1-4

1. 略.
2. 函数 $y=x\sin x$ 在 $(0,+\infty)$ 内无界，但当 $x\to+\infty$ 时，此函数不是无穷大.
3. 略.

习题 1-5

1. （1）0；（2）1；（3）$\frac{1}{2}$；（4）$\frac{1}{3}$；（5）$-\frac{2}{3}$；（6）-3；（7）$\frac{1}{2}$；（8）2；（9）$3x^2$；（10）-2；（11）$\frac{1}{2}$；（12）0；（13）∞；（14）$+\infty$；（15）∞；（16）$\sqrt[6]{2}$.
2. $a=1$.
3. $f(1^-)=0$，$f(1^+)=\infty$，$f(1^-)\neq f(1^+)$，所以函数极限不存在.
4. $a=25$，$b=10$.
5. （1）0；（2）0；（3）0；（4）0.
6. $f(0^-)=5$，$f(0^+)=5$，因为 $f(0^-)=f(0^+)$，所以，$\lim\limits_{x\to0}f(x)=5$.

习题 1-6

1. （1）e^{-4}；（2）$e^{\frac{1}{2}}$；（3）e^6；（4）$e^{-\frac{1}{2}}$.
2. （1）1；（2）$\frac{2}{3}$；（3）0；（4）0；（5）1；（6）x.
3. 略.
4. 3.

习题 1-7

1. x^2-2x^3.
2. $a=-4$.
3. （1）$\frac{1}{m}$ ($n=1$时)，0 ($n>1$时)；（2）$\frac{1}{6}$；（3）$\frac{1}{2}$；（4）$\frac{3}{2}$；（5）$\frac{\sqrt{2}}{72}$；（6）$\frac{4}{5}$；（7）$\frac{1}{2}$；（8）$\frac{1}{3}$.

习题 1-8

1. （1） $f(x)$ 在 $(-\infty,-1)$ 和 $(-1,+\infty)$ 内连续，$x=-1$ 为跳跃间断点；

（2） $f(x)$ 在 $\mathbf{R}$ 上处处不连续.

2. （1） $f(x)$ 在 $(-\infty,3)$ 和 $[3,+\infty)$ 内连续，$x=3$ 为跳跃间断点；

（2） $f(x)$ 在 $(-\infty,0)$ 和 $(0,+\infty)$ 内连续，$x=0$ 为第二类间断点；

（3） $f(x)$ 在 $(-\infty,0)$ 和 $(0,+\infty)$ 内连续，$x=0$ 为跳跃间断点；

（4） $f(x)$ 在 $\mathbf{R}$ 上是连续的；

（5） $f(x)$ 在 $(-\infty,1),(1,2)$ 和 $(2,+\infty)$ 内连续，$x=1$ 为可去间断点，若令 $f(1)=-2$，则 $f(x)$ 在 $x=1$ 处连续，$x=2$ 为第二类间断点；

（6） $f(x)$ 在 $(-\infty,-1),(-1,0),(0,1)$ 和 $(1,+\infty)$ 内连续，$x=-1$ 是第二类间断点，$x=0$ 是跳跃间断点，$x=1$ 是可去间断点，若令 $f(1)=\dfrac{1}{2}$，则 $f(x)$ 在 $x=1$ 处连续.

3. （1） $f(x)=\begin{cases}1, & 0\leqslant x<1,\\ \dfrac{1}{2}, & x=1,\\ 0, & x>1.\end{cases}$ $x=1$ 为跳跃间断点；

（2） $f(x)=\begin{cases}x, & |x|<1,\\ 0, & |x|=1,\\ -x, & |x|>1.\end{cases}$ $x=1$ 和 $x=-1$ 为跳跃间断点.

4. $a=2$.

5. $a=3$，b 为任意实数.

6. （1） $\lim\limits_{x\to 4.5}f(x)=2.88$ 元；（2） $f(x)$ 是连续函数.

习题 1-9

1. （1） $f(x)$ 在 $\mathbf{R}$ 上是连续的；（2） $f(x)$ 在 $(-\infty,2)$ 和 $(2,+\infty)$ 内连续，$x=2$ 为可去间断点；（3） $f(x)$ 在 $[-4,3]$ 上连续.

2. （1） 1；（2） $\dfrac{\pi}{6}$；（3） $\dfrac{1}{\pi}$；（4） e^{-4}；（5） e^{2}；

（6） e^{2}；（7） $\dfrac{1}{2}$；（8） $e^{-\frac{1}{2}}$；（9） -2.

3. 略.

4. A.

5. $a=\ln 2$.

习题 1-10

1. 略.
2. 略.
3. 提示：证明 $f(x)$ 在 $[a, b]$ 上连续.
4. 提示：$m \leqslant \dfrac{f(x_1)+f(x_2)+\cdots+f(x_n)}{n} \leqslant M$，其中 m，M 分别为 $f(x)$ 在 $[x_1, x_n]$ 上的最小值和最大值.
5. 略.
6. 略.

习题 1-11

1. （1）$[0,100)$；（2）$C(40)=12000$；$C(80)=72000$；$C(95)=342000$.
2. （1）$C(x)=1500+22x$；（2）$R(x)=52x$；
（3）$P(x)=30x-1500$；（4）$(50,2600)$.
3. （1）500 kg；（2）$(400,7200)$；（3）13 元/kg.
4. $q=1, p=3.2$.
5. $p=\dfrac{c+\sqrt{c^2-4a(b-d)}}{2a}$ $(b<d)$.
6. $f(x)=\begin{cases}(x-800)\cdot 14\% & x\leqslant 4000, \\ x(1-20\%)\cdot 14\% & x>4000.\end{cases}$ 1209.6 元.
7. （1）$y=20x$；（2）$y=80000$ 元.
8. $F(t)=\begin{cases}2, & 0<t\leqslant 2, \\ 2.50, & 2<t\leqslant 3, \\ 3.00, & 3<t\leqslant 4, \\ 3.50, & 4<t\leqslant 5.\end{cases}$
9. （1）1126.49 元；（2）1127.16 元；（3）1127.49 元；（4）1127.50 元.

总习题一（A）

1. （1）A；（2）D；（3）D；（4）C；（5）D.
2. （1）$[1,+\infty)$；（2）必要, 充分, 必要, 充要；
（3）$a=2, b=-3$；（4）不存在；（5）1.

3. （1）3π；（2）$\frac{8}{7}$；（3）$\frac{\pi}{3}$；（4）$\frac{2}{3}$；（5）0；（6）1；（7）$\frac{1}{4}$；（8）1；（9）e^{2a}；（10）2.

4. 略.

5. $a=-4$，$b=0$.

6. 提示：用数学归纳法证明$\{x_n\}$单调递减，且$x_n>0$，$\lim\limits_{n\to\infty}x_n=4$.

7. 当$a=3$，$b=\ln 3$时，函数$f(x)$处处连续..

8. （1）$x=0$为跳跃间断点；（2）$x=0, x=n\pi+\frac{\pi}{2}(n=0,\pm1,\pm2,\cdots)$为可去间断点，$x=n\pi(n=\pm1,\pm2,\cdots)$为无穷间断点；（3）$x=0$为跳跃间断点.

9. 当$a=0$时，函数$g(x)$在$x=0$点处连续；当$a\neq0$时，$x=0$是函数$g(x)$的可去间断点.

10. 略.

总习题一（B）

1. （1）D；（2）C；（3）B；（4）B；（5）A.

2. （1）1；（2）$a=1, b$为任意实数；（3）$\frac{9}{2}$；（4）0，0；（5）2.

3. （1）$\frac{\sqrt{2}}{2}$；（2）4；（3）$\sqrt[3]{abc}$；（4）e^2；（5）1；（6）0；（7）1；（8）1；（9）$\frac{1}{1-x}$；（10）$\frac{1}{4}$.

4. 间断点为$x=-1$和$x=1$，均属于可去间断点.

5. $a=2$，$b=1$.

6. 略.

7. $\lim\limits_{x\to\infty}x_n=\sqrt{a}$.

8. （1）略；（2）$y=2x+1$.

第2章

习题 2-1

1. （1）$-\frac{1}{(1+x)^2}$；　（2）$-\sin x$.

2. 6.

3. 不正确.
4. 不一定，若 $f'(x_0)=\infty$，则曲线在 $(x_0,f(x_0))$ 有垂直于 x 轴的切线.
5. $(-1,-2)$ 或 $(1,2)$.
6. （1）-1；（2）2；（3）4.
7. （1）连续且可导；（2）不连续也不可导；（3）连续但不可导.
8. $f'(a)=\varphi(a)$.
9. 略.

习题 2-2

1. （1）$\frac{2}{3}x^{-\frac{1}{3}}+\frac{2}{9}x^{-\frac{5}{3}}+\frac{1}{x^2}$；（2）$3^x\ln 3+\frac{2}{\sqrt{1-x^2}}$；

（3）$\alpha x^{\alpha-1}-a^x\ln a+\frac{1}{x}-\sec^2 x$；（4）$\frac{7}{8}x^{-\frac{1}{8}}$；

（5）$-\csc x\cot x-\csc^2 x$；（6）$-\frac{2}{x(1+\ln x)^2}$；

（7）$\sin x\ln x+x\cos x\ln x+\sin x$；（8）$\frac{10^x(x\ln x\ln 10-1)+1}{x\ln^2 x}$.

2. （1）$20(3x-1)(3x^2-2x+5)^9$；（2）$-\frac{x}{\sqrt{(x^2+1)^3}}$；

（3）$4\ln 2\cdot\cos 2x\cdot 4^{\sin 2x}$；（4）$-\frac{4}{x^3}\sin\frac{2}{x^2}$；

（5）$\frac{1}{x\ln x}$；（6）$\frac{2}{a}\sec^2\frac{x}{a}\cdot\tan\frac{x}{a}+\frac{2a}{x^2}\csc^2\frac{a}{x}\cdot\cot\frac{a}{x}$；

（7）$\operatorname{arccot}\frac{x}{3}-\frac{3x}{9+x^2}$；（8）$\frac{4\sqrt{x+\sqrt{x}}\cdot\sqrt{x}+2\sqrt{x}+1}{8\sqrt{x+\sqrt{x+\sqrt{x}}}\cdot\sqrt{x+\sqrt{x}}\cdot\sqrt{x}}$；

（9）$\frac{e^x-1}{1+e^{2x}}$；（10）$\frac{1}{\sqrt{a^2+x^2}}$.

3. 略

4. （1）$2xf'(x^2)$；（2）$-(2e^{-2x}+\sin x)f'(e^{-2x}+\cos x)$；

（3）$\sin 2x(f'(\sin^2 x)-f'(\cos^2 x))$；（4）$\frac{1}{x}f'(\ln x)\ln f(x)+\frac{f'(x)}{f(x)}f(\ln x)$.

5. $$f'(x)=\begin{cases}3x^2-4x, & x\leqslant 0\text{或}x>2,\\ 4x-3x^2, & 0<x<2,\\ \text{不存在}, & x=2.\end{cases}$$

6. $f'(x)=\begin{cases}-\dfrac{1}{x^2}, & x<0,\\ \text{不存在}, & x=0,\\ -2x+3, & 0<x<1,\\ \dfrac{1}{x}, & x\geqslant 1.\end{cases}$

7. $f'(x)=\begin{cases}\arctan\dfrac{1}{x^2}-\dfrac{2x^2}{1+x^4}, & x\neq 0,\\ \dfrac{\pi}{2}, & x=0,\end{cases}$ $f'(x)$ 在 $x=0$ 处连续.

习题 2-3

1. （1）$-\dfrac{e^x\sin y+e^{-y}\sin x}{e^x\cos y+e^{-y}\cos x}$；（2）$\dfrac{y}{x(y-1)}$；（3）$-\dfrac{\sqrt{xy}}{x}$.

2. （1）$x\sqrt{\dfrac{1-x}{1+x}}\left(\dfrac{1}{x}-\dfrac{1}{2(1-x)}-\dfrac{1}{2(1+x)}\right)$；

（2）$\dfrac{\sqrt{x+2}(3-x)^4}{(x+1)^5}\left(\dfrac{1}{2(x+2)}+\dfrac{4}{x-3}-\dfrac{5}{x+1}\right)$；

（3）$\left(\dfrac{x}{1+x}\right)^x\left(\ln x-\ln(1+x)+\dfrac{1}{1+x}\right)$；

（4）$x^{a^x}\cdot a^x\left(\ln a\ln x+\dfrac{1}{x}\right)+x^{x^a}\cdot x^{a-1}(a\ln x+1)+a^{x^x}\ln a\cdot x^x(1+\ln x)$；

3. （1）$-\dfrac{1}{2}e^{-2t}$；（2）$\dfrac{1}{2}t$；（3）$\dfrac{\sin t}{1-\cos t}$；（4）$\dfrac{(y^2-e^t)(1+t^2)}{2(1-ty)}$.

4. 切线方程为：$4x+3y-12a=0$，法线方程为：$3x-4y+6a=0$.

习题 2-4

1. （1）$4-\dfrac{1}{x^2}$；（2）$4e^{2x-1}$；（3）$\dfrac{1}{x}$；（4）$2\arctan x+\dfrac{2x}{1+x^2}$；

（5）$\dfrac{2ye^y-y^2e^y-2xy}{(e^y-x)^3}$；（6）$-\dfrac{2}{y^5}(y^2+1)$；（7）$-\csc^3 t$；（8）$\dfrac{1}{f''(t)}$.

2. $y^{(n)}=\dfrac{\ln x-1}{(\ln x)^2}$.

3. 略.

4. （1）$-4e^x\cos x$；（2）$a_0 n!$；

（3）$(-1)^n e^{-x}(x^3-3nx^2+3n(n-1)x-n(n-1)(n-2))$；

（4）$5^{3x}\cdot(3\ln 5)^n+(-1)^n\dfrac{n!}{x^{n+1}}+(-2)^n e^{-2x}$.

5. $\dfrac{d^2y}{dt^2}-\dfrac{dy}{dt}=e^t$.

6. 略.

习题 2-5

1. （1）$\dfrac{1}{2\sqrt{x-x^2}}dx$；（2）$-\sec x\tan x\cdot e^{-\frac{1}{\cos x}}dx$；

（3）$\dfrac{-\sin x(1-x^2)+2x\cos x}{(1-x^2)^2}dx$；（4）$\dfrac{2}{1+x^2}dx$；

（5）$\dfrac{3}{3x+1}\sin(2\ln(3x+1))dx$；（6）$\dfrac{2x}{3(1+x^2)}dx$；

（7）$\left[(\tan x)^x\left(\ln\tan x+\dfrac{2x}{\sin 2x}\right)+x^{\tan x}\left(\sec^2 x\ln x+\dfrac{\tan x}{x}\right)\right]dx$；

（8）$dy=-\dfrac{a^2}{x^2}dx=\dfrac{y}{x}dx$；（9）$\dfrac{3a^2\cos 3x+y^2\sin x}{2y\cos x}dx$；

（10）$\dfrac{e^y}{1-xe^y}dx$.

2. 当$x=1$，$\Delta x=0.1$时，$\Delta y=0.531, dy=0.5$，当$x=1$，$\Delta x=0.2$时，$\Delta y=1.128, dy=1$.

3. （1）0.485；（2）0.1；（3）45°34′或0.795（弧度）；（4）9.9867.

4. 6282 g.

5. 略.

总习题二（A）

1. （1）A；（2）D；（3）B；（4）C.

2. （1）$\dfrac{1}{3}$；（2）$(\ln 2-1)dx$；（3）$y=\sqrt{3}x-1$；（4）$\dfrac{1}{2}$.

3. $y=\dfrac{1}{e}x$.

4. $\dfrac{1}{2e}$.

5. 100!.

6. $f(1)=0, f'(1)=2$.

7. $a=-1, b=2$.

8. $f(\varphi'(x))=\arcsin 2x$，$\dfrac{df(\varphi(x))}{d\varphi(x)}=\dfrac{1}{\sqrt{1-x^4}}$，$(f(\varphi(x)))'=\dfrac{2x}{\sqrt{1-x^4}}$.

9. $f'(x)=\begin{cases}\cos x, & x<0, \\ 1, & x\geqslant 0.\end{cases}$

10. $a=-\dfrac{1}{2}, b=1, c=0$.

11. （1）$(-1)^n\dfrac{n!\cdot 2}{(x+1)^{n+1}}$；（2）$2^{n-1}\sin\left(2x+(n-1)\dfrac{\pi}{2}\right)$.

总习题二（B）

1. （1）$\dfrac{y\sin(xy)-e^{x+y}}{e^{x+y}-x\sin(xy)}$；（2）$f'(x_0)=k$；（3）$(m+n)f'(x_0)$；
（4）$-\pi dx$；（5）$y=x-1$.

2. （1）D；（2）B；（3）C；（4）A.

3. $y'=-6x\tan(10+3x^2)$.

4. $n=2$.

5. $2f'(x^2)\cos[f(x^2)]+4x^2\{f''(x^2)\cos[f(x^2)]-[f'(x^2)]^2\sin[f(x^2)]\}$.

6. $\dfrac{1}{2}\left(2-\ln\dfrac{\pi}{4}\right)$.

7. $y'=\dfrac{2}{3(2y+1)(2x+1)\sqrt{x^2+x}}$.

8. $\left(\dfrac{a}{b}\right)^x\left(\dfrac{b}{x}\right)^a\left(\dfrac{x}{a}\right)^b\left(\ln\dfrac{a}{b}-\dfrac{a-b}{x}\right)$.

9. （1）$k>0$；（2）$k>1$；（3）$k>2$.

第3章

习题 3-1

1. 略.

2. 略.

3. 提示：对 $F(x)=(x-1)f(x)$ 应用罗尔中值定理.

4. 提示：用零点定理证明至少有一个正根, 用反证法结合罗尔中值定理证明至多只有一个正实根.

5. 略.

6. 提示：构造辅助函数 $F(x)=f(x)-(ax+b)$，两次应用罗尔中值定理.

习题 3-2

1. （1）1； （2）$\frac{\sqrt{2}}{4}$； （3）$\frac{\sqrt{3}}{3}$； （4）$\frac{1}{3}$； （5）1； （6）1；（7）1； （8）$\frac{1}{2}$； （9）$\frac{1}{2}$； （10）1； （11）e^a； （12）1.

2. （1）e^{-2a}； （2）3； （3）$\frac{1}{3}$； （4）$-\frac{1}{2}$.

3. $a=-2,b=\frac{4}{3}$.

习题 3-3

1. $\sqrt{x}=2+\frac{1}{4}(x-4)-\frac{1}{64}(x-4)^2+\frac{1}{16\sqrt{\xi^5}}(x-4)^3$，$\xi$ 介于 4 与 x 之间.

2. $2^x-1+x\ln 2+\frac{(\ln 2)^2}{2!}x^2+\cdots\frac{(\ln 2)^n}{n!}x^n+\frac{(\ln 2)^{n+1}2^\xi}{(n+1)!}x^{n+1}+\frac{(\ln 2)^{n+1}2^\xi}{(n+1)!}x^{n+1}$，$\xi$ 介于 $0,x$ 之间.

3. $a=0$，$b=1$，$c=-\frac{1}{2}$.

4. $\cos^2 x=\frac{1}{2}(1+\cos 2x)=1x^2+\frac{2x^4}{3!}-\frac{2^5x^6}{6!}+o(x^6)$.

习题 3-4

1. 单调减少.

2. （1）定义域上严格单调增加；（2）单调减少区间为 $(-\infty,0]$，单调增加区间为 $[0,+\infty)$；

（3）单调减少区间为 $[1,2]$，单调增加区间为 $[0,1]$；

（4）单调增加区间为$(-\infty,-2]$和$[0,+\infty)$，单调减少区间为$[-2,-1)$，$(-1,0]$.

3. 略.

4. 当$a>\dfrac{1}{\mathrm{e}}$时，没有实根；当$0<a<\dfrac{1}{\mathrm{e}}$时有两个实根；当$a=\dfrac{1}{\mathrm{e}}$时，只有$x=\mathrm{e}$一个实根.

习题 3-5

1. （1）极小值为$14-5\sqrt{5}$，极大值为$14+5\sqrt{5}$；

（2）$x=-1$是函数的极小值点，极小值为$-\dfrac{1}{2}$，$x=1$是函数的极大值点，极大值为$\dfrac{1}{2}$；

（3）$x=(2k+1)\pi+\dfrac{3\pi}{4}$是函数的极小值点，极小值为$-\dfrac{\sqrt{2}}{2}\mathrm{e}^{(2k+1)\pi+\frac{3\pi}{4}}$，

$x=2k\pi+\dfrac{3\pi}{4}$是函数的极大值点，极大值为$\dfrac{\sqrt{2}}{2}\mathrm{e}^{2k\pi+\frac{3\pi}{4}}$；

（4）$x=\mathrm{e}^{-1}$是函数的极小值点，极小值为$\left(\dfrac{1}{\mathrm{e}}\right)^{\frac{1}{\mathrm{e}}}$；

（5）函数无极值；

（6）函数无极值.

2. 当$a=2$时，$x=\dfrac{\pi}{3}$是函数的极大值点，极大值为$f\left(\dfrac{\pi}{3}\right)=\sqrt{3}$.

3. （1）$f(0)=2$为函数的最小值，$f(\pm1)=\mathrm{e}+\mathrm{e}^{-1}$为函数的最大值；

（2）$f(0)=1$为函数的最小值，$f(1)=10$为函数的最大值；

（3）$f(-5)=-5+\sqrt{6}$是函数的最小值，$f\left(\dfrac{3}{4}\right)=\dfrac{5}{4}$是函数的最大值.

4. （1）生产 300 台时，$L(3)=\dfrac{5}{2}=2.5$（万元）为最大利润值；（2）再生产 100 台，此时总利润为$L(4)=2$（万元），比生产 300 台时，总利润减少了 0.5 万元.

5. $r=\sqrt[3]{\dfrac{V}{2\pi}}$，$h=\sqrt[3]{\dfrac{4V}{\pi}}$时，所花的原材料最少。

6. 每月生产 40 件时，总收入最大，最大为$R(40)=160000\mathrm{e}^{-2}$.

7. 当底边宽为 3 cm，长为 6 cm，盒子高为 4 cm 时，才能使表面积最小为 108 cm^2.

习题 3-6

1. （1）凹区间为$[0,+\infty)$，凸区间为$(-\infty,0]$，$(0,0)$为拐点；

（2）凹区间为$(0,\mathrm{e}]$，凸区间为$[\mathrm{e},+\infty)$，$(\mathrm{e},1)$为拐点；

（3）凹区间为$\left[2k\pi+\dfrac{\pi}{2},2k\pi+\dfrac{3\pi}{2}\right]$；凸区间为$\left[2k\pi-\dfrac{\pi}{2},2k\pi+\dfrac{\pi}{2}\right]$，$\left(2k\pi+\dfrac{\pi}{2},\mathrm{e}^{-2k\pi-\frac{\pi}{2}}\right)$为拐点.

2. （1）$x=\sqrt{3}$和$x=-\sqrt{3}$是两条垂直渐近线，$y=0$是一条水平渐近线，没有斜渐近线；

（2）$x=0$是一条垂直渐近线，$y=0$是一条水平渐近线，没有斜渐近线；

（3）没有垂直渐近线，$y=1$是水平渐近线，没有斜渐近线.

3. $a=-2,b=6$.

4. （1）单调性与凹凸性讨论如下：

	$(-\infty,0)$	$x=0$	$(0,1)$	$x=1$	$(1,+\infty)$
y'	$-$	0	$-$	0	$+$
y	单调减少	不取极值	单调减少	极小值点	单调增加

	$(-\infty,0)$	$x=0$	$\left(0,\dfrac{2}{3}\right)$	$x=\dfrac{2}{3}$	$\left(\dfrac{2}{3},+\infty\right)$
y''	$+$	0	$-$	0	$+$
y	凹	拐点	凸	拐点	凹

（2）$y=\arcsin x-2x$在定义域$[-1,1]$上严格单调减少，凹凸性讨论如下：

	$(-\infty,0)$	$x=0$	$(0,+\infty)$
y''	$-$	0	$+$
y	凸	拐点	凹

习题 3-7

1. 边际成本：$C'(x)=1+\dfrac{1}{(1+x)^2}$；边际收益：$R'(x)=2$；边际利润：

$L'(x)=1-\frac{1}{(1+x)^2}$.

2. 由需求弹性：$\eta_{需求}=-p\frac{Q'}{Q}=\frac{2p}{100-2p}$，所以价格为 p 时，若商品价格增加（减少）1%时，商品需求就减少（增加）$\frac{2p}{100-2p}$%.

3. 略.

总习题三（A）

1. （1）充分；　（2）1；　（3）1，1；　4. $(-\infty,0),(0,+\infty)$；　5. $(-1,1)$.

2. （1）A；　（2）A；　（3）B；　（4）A；　（5）B；　（6）B.

3. （1）$e^{-\frac{\pi}{2}}$；　（2）$\frac{1}{2}$；　（3）$-\frac{1}{2}$；　（4）15.

4. **证明**　令 $y=xf(x)$ 在，可以验证函数 $y=xf(x)$ 在 $[a,b]$ 上连续，在 (a,b) 内可导，由拉格朗日中值定理，知存在 $\xi\in(a,b)$，使得

$$\frac{bf(b)-af(a)}{b-a}=f(\xi)+\xi f'(\xi).$$

5. **证明**　因为 $g'(x)>|f'(x)|\geqslant 0$，所以 $g(x)$ 严格单调增加，当 $x>a$ 时，$g(x)>g(a)$，又由柯西中值定理知，存在 $\xi\in(a,x)$ 使

$$\frac{f(x)-f(a)}{g(x)-g(a)}=\frac{f'(\xi)}{g'(\xi)},$$

故 $\frac{|f(x)-f(a)|}{g(x)-g(a)}=\frac{|f'(\xi)|}{g'(\xi)}<1$，即 $|f(x)-f(a)|<g(x)-g(a)$.

6. $f(x)=\frac{1-x}{1+x}=1-2x+2x^2+\cdots+(-1)^n2x^n+\frac{2x^{n+1}}{(1+\xi)^{n+1}}$　（ξ 在 0 与 x 之间）.

7. **证明**　（1）设 $f(x)=\frac{\tan x}{x}$ $x\in\left(0,\frac{\pi}{2}\right)$，则

$$f'(x)=\frac{\sec^2 x\cdot x-\tan x}{x^2}=\frac{x-\frac{1}{2}\sin 2x}{x^2\cos^2 x}.$$

令 $g(x)=x-\frac{1}{2}\sin 2x$，$g'(x)=1-\cos 2x>0$ $x\in\left(0,\frac{\pi}{2}\right)$，所以 $g(x)$ 在 $\left[0,\frac{\pi}{2}\right]$ 上单

调增加，则当$x>0$时，$g(x)>g(0)=0$，从而$f'(x)>0$，得$f(x)$在$\left(0,\dfrac{\pi}{2}\right)$上单调上升，当$0<x_1<x_2<\dfrac{\pi}{2}$时，$f(x_2)>f(x_1)$，即

$$\frac{\tan x_2}{\tan x_1}>\frac{x_2}{x_1}.$$

（2）设$f(x)=(1+x)\ln(1+x)-\arctan x$，

$$f'(x)=\ln(1+x)+1-\frac{1}{1+x^2}=\ln(1+x)+\frac{x^2}{x^2+1}>0\ (x>0),$$

所以$f(x)$在$[0,+\infty]$上单调增加，当$x>0$时，$f(x)>f(0)=0$，则

$$(1+x)\ln(1+x)-\arctan x>0,$$

即$\ln(1+x)>\dfrac{\arctan x}{x+1}$.

8. 单调增加区间为：$(-\infty,0],[2,+\infty)$，单调减少区间为$[0,2]$极大值点$x=0$，极小值点$x=2$，极大值$f(0)=0$，极小值$f(2)=-3\sqrt[3]{4}$.

9. 凸区间$(-\infty,2]$，凹区间$[2,+\infty)$．拐点$(2,2\mathrm{e}^{-2})$，最大值e^{-1}.

10. $r=\dfrac{l}{\pi+4},h=\dfrac{1}{\pi+4}$通过的光线最充足.

总习题三（B）

1.（1）$\sqrt{ab}$；（2）$a=1$，$b=-\dfrac{5}{2}$；（3）-30；（4）ak；（5）$2+\dfrac{\pi}{2}$.

2.（1）C；（2）A；（3）C；（4）D.

3.（1）$\mathrm{e}^{\frac{1+n}{2}}$；（2）e；（3）$\mathrm{e}^2$.

4. 略.

5. 略.

6. 2个.

7.（1）单调增加区间为$(-\infty,1],[3,+\infty)$，减小区间为$[1,3]$，极小值为$y=\dfrac{27}{4}$；

（2）$x=1$为$f(x)$的铅直渐近线，$y=x+2$是$f(x)$的斜渐近线；

（3）函数图形在$(-\infty,0]$上是凸的，在区间$[0,\infty)$上是凹的，拐点为$(0,0)$；

（4）略.

8. 提示：令$F(x)=\mathrm{e}^x[f(x)-\lambda]$.

9. 略.

第 4 章

习题 4-1

1. （1）$-\sqrt{1-x^2}+C$；　（2）$-\dfrac{1}{x\sqrt{1-x^2}}$；　（3）$-\cos x+C$，$\arctan x+C$.

2. $\dfrac{1}{2}\sin^2 x$，$-\dfrac{1}{4}\cos 2x$，$-\dfrac{1}{2}\cos^2 x$ 是同一函数 $\sin x\cos x$ 的原函数.

3. （1）$-\dfrac{2}{3}x^{-\frac{3}{2}}+C$；　（2）$\dfrac{8}{15}x^{\frac{15}{8}}+C$；　（3）$\dfrac{3}{4}x^{\frac{4}{3}}-2x^{\frac{1}{2}}+C$；

（4）$\dfrac{1}{4}x^2-\ln|x|-\dfrac{3}{2}x^{-2}+\dfrac{4}{3}x^{-3}+C$；　（5）$\dfrac{2}{5}x^{\frac{5}{2}}-x+\dfrac{1}{2}x^2-2\sqrt{x}+C$；

（6）$2\arctan x-3\arcsin x+C$；　（7）$\dfrac{(3\mathrm{e})^x}{\ln(3\mathrm{e})}+C$；　（8）$2x-5\dfrac{\left(\dfrac{2}{3}\right)^x}{\ln 2-\ln 3}+C$；

（9）$4\sin x-\tan x+C$；　（10）$x+\cos x+C$；　（11）$-\cot x+\csc x+C$；

（12）$2\arcsin x-3\arctan x+\dfrac{1}{2}\ln|x|+C$；　（13）$x-\sec x+C$；

（14）$\dfrac{1}{2}(x-\sin x)+C$；　（15）$\dfrac{1}{2}\tan x+C$；　（16）$\sin x-\cos x+C$；

（17）$-\cot x-\tan x+C$；　（18）$\dfrac{\tan x+x}{2}+C$；　（19）$-\dfrac{1}{x}-\arctan x+C$；

（20）e^x+x+C；　（21）$x^3+\arctan x+C$.

4. 总成本函数 $C(x)=\dfrac{1}{2000}x+2\sqrt{x}+10$.

总收入函数 $R(x)=100x-0.005x^2$.

习题 4-2

1. （1）$\dfrac{1}{x^2}\mathrm{d}x=\mathrm{d}\left(-\dfrac{1}{x}+C\right)$；　（2）$\dfrac{1}{x}\mathrm{d}x=\mathrm{d}(\ln x+C)$；

（3）$\mathrm{e}^x\mathrm{d}x=\mathrm{d}(\mathrm{e}^x+C)$；　（4）$\sec^2 x\mathrm{d}x=\mathrm{d}(\tan x+C)$；

（5）$\sin x\mathrm{d}x=\mathrm{d}(-\cos x+C)$；　（6）$\cos x\mathrm{d}x=\mathrm{d}(\sin x+C)$；

（7）$\dfrac{1}{\sqrt{1-x^2}}\mathrm{d}x=\mathrm{d}(\arcsin x+C)$；　（8）$\dfrac{x}{\sqrt{1-x^2}}\mathrm{d}x=\mathrm{d}(-\sqrt{1-x^2}+C)$；

（9）$\tan x\sec x\,\mathrm{d}x=\mathrm{d}(\sec x+C)$；（10）$\dfrac{1}{x^2+1}\mathrm{d}x=\mathrm{d}(\arctan x+C)$；

（11）$\dfrac{1}{(x+1)\sqrt{x}}\mathrm{d}x=\mathrm{d}(2\arctan\sqrt{x}+C)$；

（12）$\dfrac{1}{\sqrt{x(1-x)}}\mathrm{d}x=\mathrm{d}(2\arcsin\sqrt{x}+C)$．

2. （1）$-\dfrac{1}{5}\mathrm{e}^{-5x}+C$；（2）$-\dfrac{1}{2(2x-3)}+C$；

（3）$-\dfrac{1}{2}\ln|3-2x|+C$；（4）$\ln|\ln x|+C$；

（5）$-\dfrac{1}{2}(5-3x)^{\frac{2}{3}}+C$；（6）$-\dfrac{1}{a}\cos ax-b\mathrm{e}^{\frac{x}{b}}+C$；

（7）$-\dfrac{4}{3}\mathrm{e}^{-\frac{3}{4}x+1}+C$；（8）$\dfrac{1}{6}\arctan\dfrac{2}{3}x+C$；

（9）$\dfrac{1}{3}(1+x^2)^{\frac{3}{2}}+C$；（10）$-\dfrac{1}{3}\sqrt{2-3x^2}+C$；

（11）$\dfrac{1}{4}\mathrm{e}^{2x^2+1}+C$；（12）$-\dfrac{1}{2}\cos(x^2+1)+C$；

（13）$-\dfrac{3}{4}\ln|1-x^4|+C$；（14）$-\ln|1-\mathrm{e}^x|+C$；

（15）$-\ln|\mathrm{e}^{-x}-1|+C$；（16）$\mathrm{e}^{\sin x}+C$；

（17）$-\dfrac{1}{2\sin^2 x}+C$；（18）$2\sin\sqrt{x}+C$；

（19）$-\dfrac{2}{3}\mathrm{e}^{-3\sqrt{x}}+C$；（20）$-\dfrac{10^{\arccos x}}{\ln 10}+C$；

（21）$\ln|\arcsin x|+C$；（22）$-\ln|\cos\sqrt{x^2+1}|+C$；

（23）$-2(\sin x+\cos x)^{-\frac{1}{2}}+C$；（24）$-\dfrac{1}{x\ln x}+C$；

（25）$\ln|\ln\ln x|+C$；（26）$(\arctan\sqrt{x})^2+C$；

（27）$\dfrac{1}{2\sqrt{2}}\ln\left|\dfrac{\sqrt{2}x-1}{\sqrt{2}x+1}\right|+C$；（28）$\sin x-\dfrac{1}{3}\sin^3 x+C$；

（29）$\dfrac{1}{2}t+\dfrac{1}{4\omega}\sin 2(\omega t+\varphi)+C$；（30）$-\dfrac{1}{10}\cos 5x+\dfrac{1}{2}\cos x+C$；

（31）$\dfrac{1}{4}\sin 2x-\dfrac{1}{24}\sin 12x+C$；（32）$\dfrac{1}{3}\sec^3 x-\sec x+C$；

（33）$\frac{1}{3}\sec^3 x+C$；（34）$\frac{x^3}{3}+\frac{(x^2-1)^{\frac{3}{2}}}{3}+C$；

（35）$\sqrt{x^2-9}-3\arccos\frac{3}{|x|}+C$；

（36）$\arcsin x-\frac{x}{1+\sqrt{1-x^2}}+C$ 或 $\arcsin x-\frac{1-\sqrt{1-x^2}}{x}+C$；

（37）$-\frac{1}{a^2}\frac{\sqrt{a^2-x^2}}{x}+C$；（38）$-x\cos 2x+\frac{1}{2}\sin 2x-\frac{1}{2}\cos 2x+C$；

（39）$-\frac{\sqrt{1-x^2}}{x}+C$；（40）$\frac{1}{2}\ln|\sqrt{x^4+1}+x^2|+\frac{1}{2}\ln\left|\frac{\sqrt{x^4+1}-1}{x^2}\right|+C$；

（41）$\frac{1}{4}\arctan\left(x+\frac{1}{2}\right)+C$；（42）$\frac{1}{2}\ln(x^2+2x+17)+C$；

（43）$\frac{1}{5}\ln\left|\frac{x-4}{x+1}\right|+C$；（44）$x+3\ln\left|\frac{x-3}{x-2}\right|+C$；

（45）$\frac{1}{4}\ln|x|-\frac{1}{24}\ln|x^6+4|+C$；（46）$x+\frac{1}{\sqrt{2}}\arctan\left(\frac{\cot x}{\sqrt{2}}\right)+C$.

习题 4-3

1. （1）C；（2）C.

2. （1）$x\sin x+\cos x+C$；（2）$-2x\cos\frac{x}{2}+4\sin\frac{x}{2}+C$；

（3）$x\ln x-x+C$；（4）$\frac{1}{2}x^2\ln x-\frac{1}{4}x^2+C$；

（5）$\frac{1}{2}xe^{2x}-\frac{1}{4}e^{2x}+C$；（6）$-\frac{1}{\omega}t\cos(\omega t+\varphi)+\frac{1}{\omega^2}\sin(\omega t+\varphi)+C$；

（7）$x\tan x+\ln|\cos x|+C$；（8）$x\ln(x+\sqrt{x^2+1})-\sqrt{x^2+1}+C$；

（9）$-x^2\cos x+2x\sin x+2\cos x+C$；（10）$\frac{1}{4}x^2-\frac{1}{4}x\sin 2x-\frac{1}{8}\cos 2x+C$；

（11）$3[(\sqrt[3]{x})^2-2\sqrt[3]{x}+2]e^{\sqrt[3]{x}}+C$；（12）$x\arctan x-\frac{1}{2}\ln(1+x^2)+C$；

（13）$\frac{1}{2}e^x(\cos x+\sin x)+C$；（14）$-\frac{2e^{-2x}}{17}\left(4\sin\frac{x}{2}+\cos\frac{x}{2}\right)+C$；

（15）$\frac{1}{2}\left[x^2\ln(x-1)-\frac{1}{2}x^2-x-\ln(x-1)\right]+C$；（16）$x\ln^2 x-2x\ln x+2x+C$；

（17）$-\frac{1}{x}(\ln^2 x+\ln x+2)+C$；（18）$\ln\ln x\cdot\ln x-\ln x+C$；

（19）$x(\arcsin x)^2+2\sqrt{1-x^2}\arcsin x-2x+C$；

（20）$\frac{1}{3}x^3\arctan x-\frac{1}{6}[x^2-\ln(1+x^2)]+C$；

（21）$x\sec x-\ln|\tan x+\sec x|+C$；（22）$\frac{1}{2}x(\cos\ln x+\sin\ln x)+C$；

（23）$2\sqrt{x}\ln(1+x)-4\sqrt{x}+4\arctan\sqrt{x}+C$；

（24）$\sqrt{2x-x^2}\arcsin(1-x)+x+C$.

3. $\frac{x}{\sqrt{1+x^2}}-\ln(x+\sqrt{1+x^2})+C$.

习题 4-4

（1）$\frac{x^3}{3}+\frac{x^2}{2}+x+\ln|x-1|+C$；

（2）$\frac{x^3}{3}+\frac{x^2}{2}+x+8\ln|x|-4\ln|x-1|-3\ln|x+1|+C$；

（3）$\ln|x^2+3x-10|+C$；（4）$\frac{x}{2(x-1)^2}+C$；

（5）$\frac{1}{2}[\ln x^2-\ln(x^2+1)]+C$；（6）$\frac{1}{4}\ln|t-1|-\frac{1}{4}\ln|t+1|+\frac{1}{2(1+t)}+C$；

（7）$\frac{1}{2}\ln|x+1|+\frac{1}{x+1}+\frac{1}{2}\ln|x-1|+C$；

（8）$-\frac{\sqrt{2}}{8}\ln(x^2-\sqrt{2}x+1)+\frac{\sqrt{2}}{4}\arctan(\sqrt{2}x-1)$

$+\frac{\sqrt{2}}{8}\ln(x^2+\sqrt{2}x+1)+\frac{\sqrt{2}}{4}\arctan(\sqrt{2}x+1)+C$;

（9）$\ln|x|-\frac{2}{7}\ln|1+x^7|+C$；（10）$\frac{1}{\sqrt{2}}\arctan\left(\frac{1}{\sqrt{2}}\tan\frac{x}{2}\right)+C$；

（11）$\frac{1}{2\sqrt{3}}\arctan\left(\frac{2}{\sqrt{3}}\tan x\right)+C$；（12）$\ln|1+\tan\frac{x}{2}|+C$；

（13）$\frac{1}{3}\ln|\tan\frac{x}{2}|+\frac{1}{3}\ln\left(3+\tan^2\frac{x}{2}\right)+C$；（14）$\frac{2}{5}x^{\frac{5}{2}}+\frac{2}{3}x^{\frac{3}{2}}+C$；

（15）$2\sqrt{x+1}-2\ln(\sqrt{x+1}+1)+C$；

（16）$x+1-4\sqrt{x+1}+4\ln(\sqrt{x+1}+1)+C$；

（17）$\frac{3}{2}\sqrt[3]{(x+1)^2}-3\sqrt[3]{x+1}+3\ln\left|\sqrt[3]{x+1}+1\right|+C$；　（18）$6(\sqrt[6]{x}-\arctan\sqrt[6]{x})+C$.

（19）$-2\sqrt{\frac{1+x}{x}}-2\ln(\sqrt{x+1}-\sqrt{x})+C$；　（20）$-\frac{3}{2}\sqrt[3]{\frac{x+1}{x-1}}+C$.

习题 4-5

（1）$\ln(x+\sqrt{5-4x+x^2}-2)+C$；　（2）$x\ln^3 x-3x\ln^2 x+6x\ln x-6x+C$；

（3）$\frac{x}{2(x^2+1)}+\arctan x+C$；　（4）$\arccos\frac{1}{|x|}+C$；

（5）$-\frac{5a^2}{8}\ln|x-1+\sqrt{(x-1)^2-a^2}|+\frac{1}{3}\sqrt{[(x-1)^2-a^2]^3}+C$；

（6）$\frac{\sqrt{2x-1}}{x}+2\arctan\sqrt{2x-1}+C$；

（7）$\frac{1}{6}\cos^5 x\sin x+\frac{5}{24}\cos^3 x\sin x+\frac{15}{24}\left(\frac{1}{4}\sin 2x+\frac{x}{2}\right)+C$；

（8）$-\frac{1}{13}e^{ax}(2\sin 3x+3\cos 3x)+C$.

总习题四（A）

1. （1）$-\frac{4}{3}$；　（2）$\arcsin x+\pi$；

（3）$\frac{1}{2x}+C$；　（4）$F[\varphi(x)]+C$；

（5）$-\frac{1}{xf(x)}+C$；　（6）$-2e^{-x^2}+4x^2e^{-x^2}$；

（7）$x+e^x+C$；　（8）$-\frac{1}{3}(1-x^2)^{\frac{3}{2}}+C$.

2. （1）C;　（2）D;　（3）B;　（4）C;　（5）B.

3.（1）$-\sqrt{1-x^2}+C$；　（2）$\frac{1}{2}\cos^2 x-2\cos x+3\ln(2+\cos x)+C$；

（3）$\arctan(x+2)+C$；　（4）$\frac{1}{4}\arctan\left(\frac{x^2+1}{2}\right)+C$；

（5）$x\arctan\sqrt{x}-\sqrt{x}+\arctan\sqrt{x}+C$；

（6）$-\dfrac{\sqrt{1-x^2}}{x}+C$；

（7）$\left(1-\dfrac{1}{x}\right)\ln(1-x)+C$；（8）$\sqrt{2x-1}\mathrm{e}^{\sqrt{2x-1}}-\mathrm{e}^{\sqrt{2x-1}}+C$；

（9）$-\ln(\mathrm{e}^{-x}+1)+C$；（10）$\ln\left|\dfrac{\sqrt{x+1}-1}{\sqrt{x+1}+1}\right|+C$；

（11）$\dfrac{1}{2}\ln(1+x^2)+\dfrac{1}{2(1+x^2)}+C$；（12）$\dfrac{1}{2}\arcsin\dfrac{2x}{3}+\dfrac{1}{4}\sqrt{9-4x^2}+C$；

（13）$\dfrac{1}{2}x^2\mathrm{e}^{x^2}-\dfrac{1}{2}\mathrm{e}^{x^2}+C$；（14）$a\arcsin\dfrac{x}{a}-\sqrt{a^2-x^2}+C$；

（15）$\ln|x-\sin x|+C$；（16）$\dfrac{1}{4}\ln^2(x^2+1)+C$；

（17）$\ln\left|\dfrac{\sqrt{\mathrm{e}^x+1}-1}{\sqrt{\mathrm{e}^x+1}+1}\right|+C$；（18）$\mathrm{e}^x-\ln(1+\mathrm{e}^x)+C$；

（19）$\dfrac{1}{\sqrt{3}}\arctan\dfrac{x\ln x}{\sqrt{3}}+C$；（20）$x\tan\dfrac{x}{2}+C$.

4. **证明** 因为，$\int f(ax+b)\mathrm{d}x=\dfrac{1}{a}\int f(ax+b)\mathrm{d}(ax+b)$，

令 $t=ax+b$，则

$$\int f(ax+b)\mathrm{d}x=\frac{1}{a}\int f(ax+b)\mathrm{d}(ax+b)=\frac{1}{a}\int f(t)\mathrm{d}t,$$

又 $\int f(x)\mathrm{d}x=F(x)+C$，所以有

$$\int f(t)\mathrm{d}t=F(t)+C,$$

所以 $\int f(ax+b)\mathrm{d}x=\dfrac{1}{a}F(ax+b)+C$.

5. $\dfrac{x\cos x-2\sin 2x}{8x}+C$.

6. $-\sin xf(\cos x)+C$.

7. $100q\mathrm{e}^{-\frac{q}{10}}$.

总习题四（B）

1. （1）$\dfrac{\mathrm{e}^{-x}}{2\sqrt{x}}$；（2）$x^2\cos x-4x\sin x-6\cos x+C$；（3）$x-\dfrac{1}{2}x^2+C$；

（4）$\frac{4}{15}x^{\frac{5}{2}}+\frac{4}{3}x^{\frac{3}{2}}+C_1x+C_2$；（5）$(-2x^2-1)\mathrm{e}^{-x^2}+C$；（6）$x+C$；

（7）$-\frac{1}{3}\sqrt{(1-x^2)^3}+C$；（8）$-\frac{\ln x}{x}+C$；（9）$f(x)=\frac{1}{2}\ln^2 x$.

2.（1）$-\frac{1}{2}(\mathrm{e}^{-2x}\arctan\mathrm{e}^x+\mathrm{e}^{-x}+\arctan\mathrm{e}^x)+C$；

（2）$\frac{1}{4}\ln\left|\tan\frac{x}{2}\right|+\frac{1}{8}\tan^2\frac{x}{2}+C$；

（3）$x\cdot\ln(x+\sqrt{1+x^2})-\sqrt{1+x^2}+C$；

（4）$2x\sqrt{\mathrm{e}^x-1}-4\sqrt{\mathrm{e}^x-1}+4\arctan\sqrt{\mathrm{e}^x-1}+C$；

（5）$\frac{1}{\cos x}-\tan x+x+C$；

（6）$\sqrt{x}+\frac{x}{2}-\frac{\sqrt{x^2+x}}{2}-\frac{1}{4}\ln|2x+1+2\sqrt{x^2+x}|+C$；

（7）$\frac{x\ln x}{\sqrt{1+x^2}}-\ln|x+\sqrt{1+x^2}|+C$；

（8）$\mathrm{e}^x\tan\frac{x}{2}-\int\mathrm{e}^x\tan\frac{x}{2}\mathrm{d}x+\int\mathrm{e}^x\tan\frac{x}{2}\mathrm{d}x=\mathrm{e}^x\tan\frac{x}{2}+C$；

（9）$\frac{1}{97}(1-x)^{-97}-\frac{1}{49}(1-x)^{-98}+\frac{1}{99}(1-x)^{-99}+C$；

（10）$x\arctan x-\frac{1}{2}\ln(1+x^2)-\frac{1}{2}(\arctan x)^2+C$；

（11）$\frac{(x-1)\mathrm{e}^{\arctan x}}{2\sqrt{1+x^2}}+C$；

（12）$x\ln\left(1+\sqrt{\frac{1+x}{x}}\right)-\left[\frac{1}{4}\ln\left(\sqrt{\frac{1+x}{x}}-1\right)-\frac{1}{4}\ln\left(\sqrt{\frac{1+x}{x}}+1\right)+\frac{1}{2\left(\sqrt{\frac{1+x}{x}}+1\right)}\right]+C$.

3. $\frac{1}{2}\left[\frac{f(x)}{f'(x)}\right]^2+C$.

4. $-2\sqrt{1-x}\arcsin\sqrt{x}+2\sqrt{x}+C$.

5. $\frac{x\mathrm{e}^{\frac{x}{2}}}{2(x+1)\sqrt{x+1}}$.

6. $f(x)=a^x$.

第5章

习题 5-1

1. 必要；充分.

2.（1）2；（2）$\dfrac{\pi a^2}{4}$；（3）0；（4）0.

3.（1）⩾；（2）⩽；（3）⩾；（4）⩾.

4.（1）A；（2）D；（3）C.

5. 略

*6. 略

习题 5-2

1.（1）$f(x)$，$-f(x)$；（2）$\dfrac{x\sin x}{1+\cos^2 x}$；（3）$\sin x\cos x\sqrt{1+\sin^2 x}$；（4）$\dfrac{1}{2}$.

2.（1）B；（2）B.

3. $\dfrac{dy}{dx}=-\sin x e^{-y}$.

4. $c=\dfrac{1}{2}$.

5.（1）极小值0；（2）横坐标$x=\pm\dfrac{\sqrt{2}}{2}$.

6.（1）24；（2）$\dfrac{21}{8}$；（3）$\dfrac{\pi}{3}$；（4）$1-\dfrac{\pi}{4}$；（5）4；（6）1；（7）$\dfrac{\pi}{6}$；（8）1.

7.（1）$\dfrac{1}{2}$；（2）$\dfrac{\pi^2}{4}$.

8. 当$x>0$时，$f(x)$单调递增；当$x<0$时，$f(x)$单调递减；$(-\infty,+\infty)$为$f(x)$的凹区间.

习题 5-3

1.（1）$\dfrac{3}{2}$；（2）$\dfrac{\pi}{6}-\dfrac{\sqrt{3}}{8}$；（3）$2-2\ln\dfrac{3}{2}$；（4）$\pi-\dfrac{4}{3}$；（5）$e-e^{\frac{1}{2}}$；（6）$\dfrac{1}{6}$；

（7）π；（8）$\frac{1}{12}$；（9）$\frac{3}{2}$；（10）$\frac{\pi}{2}$；（11）$\frac{4}{3}$；（12）1；（13）$\ln 2-\frac{1}{2}$；（14）$2-\frac{2}{e}$.

2.（1）提示：换元$1-x=t$；（2）提示：换元$a+(b-a)x=t$.

3. 2.

4. 0.

习题 5-4

1.（1）$\frac{3}{2}-\ln 2$；（2）$b-a$.

2. $\frac{16}{3}p^2$.

3. $k=1$.

4. $\frac{9}{4}$.

5. $\frac{4}{3}a^2\pi^3$.

6. $\frac{1}{6}\pi$.

7. $S=2$，$V=9\pi$.

8. $\frac{4}{3}\pi a^2 b$.

习题 5-5

1.（1）$\frac{1}{8}$；（2）2.

2.（1）收敛，$-\frac{1}{2}$；（2）发散；（3）收敛，π；（4）收敛, 1；（5）收敛，$\frac{\pi}{2}$；（6）发散；（7）收敛，-1；（8）收敛，$\frac{\pi}{2}$.

习题 5-6

1. 13450.

2. 总成本函数为$200+\frac{1}{3}x^3-4x^2+18x$；平均成本函数为$\frac{200}{x}+\frac{1}{3}x^2-4x+18$；产量从3个单位增加至10个单位时，总成本的增量是$\frac{259}{3}$.

3. 3283.33元.

4.（1）721.67亿t；（2）28.2年.

5. 总成本函数$C(x)=0.2x^2+2x+20$，总利润函数$L(x)=-0.2x^2+16x-20$，每天生产40单位时才能获得最大利润，最大利润为$L(40)=300$（元）.

总题五（A）

1.（1）2；（2）$\frac{(1-x)\ln x}{1+x}$；（3）$f(x+b)-f(x+a)$；（4）$14e^{-\frac{1}{6}}-12$；

（5）$\frac{1}{\pi}$；（6）$x-1$.

2.（1）D；（2）A；（3）C；（4）D；（5）D

3.（1）$\frac{22}{3}$；（2）$\frac{4}{3}$；（3）$\frac{\ln 3}{8}$；（4）1；（5）$\frac{1}{5}(e^{\pi}-2)$；（6）$9+\frac{4}{3}\sqrt{2}$.

4.（1）$\frac{1}{10}$；（2）$\frac{1}{2}$.

5. 略.

6. 当$t=\frac{1}{2}$时，$\min f(t)=\frac{1}{4}$；当$t=0$或1时，$\max f(t)=\frac{1}{2}$.

7. $a=3$.

8. π^2-2.

9.（1）总利润函数$L(x)=-x^3+15x^2+42x-10$；（2）产量为12时，总利润最大.

总习题五（B）

1. $f(x)=xe^x+e^x-1$.

2. 略.

3.（1）$\frac{\ln 3}{2}$；（2）12.

4. 略.

5. $x\in(0,1)$满足条件.

6. -1.

7. 极大值为$F\left(\dfrac{\pi}{2}\right)=\dfrac{1}{2}(1+e^{-\frac{\pi}{2}})$，无极小值.

8. $\dfrac{\pi^2}{4}$.

9. 8年是最佳停产时间, 方可获得最大利润, 最大利润为18.4（百万元）.

第 6 章

习题 6-1

1.（1）A 点在 IV 卦限；（2）B 点在 VII 卦限；（3）C 点在 VIII 卦限；（4）D 点在 V 卦限.

2. 过 $P(a,b,c)$ 平行于 z 轴的直线上面的点的坐标沿 x 轴方向的分量均为 a，y 轴方向的分量均为 b. 过 $P(a,b,c)$ 平行于 xOy 面的直线上面的点的坐标沿 z 轴方向的分量均为 c.

3. P 到原点的距离 $\sqrt{45}$；P 到 x 轴的距离 $\sqrt{41}$；P 到 y 轴的距离 $\sqrt{20}$；P 到 z 轴的距离 $\sqrt{29}$；P 到 xOy 的距离 4；P 到 yOz 的距离 2；P 到 zOx 的距离 5.

4. 略.

习题 6-2

1. $\sqrt{26}$.

2. $\arccos\dfrac{\sqrt{3}}{6}$.

3. 略.

4.（1）$12\boldsymbol{i}+4\boldsymbol{j}-8\boldsymbol{k}$；（2）$12\boldsymbol{i}-20\boldsymbol{j}+48\boldsymbol{k}$

5. $|\overrightarrow{AB}|=2$；$\cos\alpha=\dfrac{1}{2}$，$\cos\beta=-\dfrac{\sqrt{2}}{2}$，$\cos r=-\dfrac{1}{2}$；$\alpha=\dfrac{\pi}{3}$，$\beta=\dfrac{3\pi}{4}$，$r=\dfrac{2\pi}{3}$.

6. $\gamma=\dfrac{\pi}{4}$ 或 $\dfrac{3\pi}{4}$.

7. $m=15$，$n=-\dfrac{1}{5}$.

8.（1）×；（2）×；（3）×；（4）×.

9. -61.

10. $\left(-\frac{3}{\sqrt{19}},\frac{3}{\sqrt{19}},-\frac{1}{\sqrt{19}}\right)$；$\left(\frac{3}{\sqrt{19}},-\frac{3}{\sqrt{19}},\frac{1}{\sqrt{19}}\right)$.

习题 6-3

1.（1）平行于 zOx 面的平面；（2）平行于 z 轴的平面；（3）通过 z 轴的平面；（4）通过原点的平面.

2.（1）$2x+9y-6z-121=0$；（2）$3x-7y+5z-4=0$；
（3）$x+y-3z-4=0$；（4）$2x-y-z=0$；
（5）$x-3y-2z=0$；（6）$x+3y=0$；（7）$-9y+z+2=0$.

3. 与 yOz 面夹角的余弦为 $\frac{2}{3}$；与 zOx 面夹角的余弦为 $\frac{2}{3}$；与 xOy 面夹角的余弦为 $\frac{1}{3}$.

4.（1）$m=18\quad n=-\frac{2}{3}$；（2）$m=6$.

习题 6-4

1.（1）$\frac{x-4}{2}=\frac{y+1}{1}=\frac{z-3}{5}$；（2）$\frac{x-2}{2}=\frac{y+3}{3}=\frac{z-1}{1}$；
（3）$\frac{x-1}{1}=\frac{y-2}{3}=\frac{z-3}{-2}$；（4）$\frac{x}{-2}=\frac{y-2}{3}=\frac{z-4}{1}$.

2.（1）平行；（2）平行；（3）直线在平面内；（4）垂直.

3. $2x+3y+z-7=0$.

4. 交点 $\left(-\frac{4}{3},\frac{7}{3},\frac{11}{3}\right)$；夹角 $\frac{\pi}{6}$.

5. $(2,-1,0)$.

6. $\begin{cases}y-z-1=0\\x+y+z=0\end{cases}$.

7.（1）$9x+3y+5z=0$；（2）$21x+14z-3=0$；（3）$7x+14y+5=0$.

习题 6-5

1. $(x-1)^2+(y-5)^2+(z-2)^2=30$.

2. 以 $(-1,2,-1)$ 为球心，半径为 $\sqrt{6}$ 的球面.

3. $x^2+y^2+z^2=a^2$.

4. $y^2+z^2=2x$.

5. 作图略.

6.（1）单叶双曲面；（2）椭圆抛物面；（3）双曲柱面；

（4）双叶双曲面. 作图略.

总题六（A）

1.（1）$k=\dfrac{-26}{3}$；$k=\dfrac{2}{3}$.（2）$\pm\dfrac{\sqrt{6}}{6}\{1,-1,2\}$.（3）$7y+z-5=0$.（4）$\dfrac{x}{0}=\dfrac{y}{2}=-z$.（5）以原点为圆心, 2 为半径的圆周；以 $x^2+y^2=4$ 为准线, 母线平行于 z 轴的圆柱面.（6）$\dfrac{x^2}{a^2}+\dfrac{z^2}{c^2}=1$, z；$\dfrac{y^2}{a^2}+\dfrac{z^2}{c^2}=1$, z.

2.（1）C；（2）C；（3）A；（4）B；（5）C；（6）C；（7）D.

3.（1）7；（2）10.

4.（1）$\{-3,6,2\}$；（2）7；（3）$\cos\alpha=-\dfrac{3}{7},\cos\beta=\dfrac{6}{7},\cos\gamma=\dfrac{2}{7}$；（4）$-\dfrac{3}{7}\boldsymbol{i}+\dfrac{6}{7}\boldsymbol{j}+\dfrac{2}{7}\boldsymbol{k}$.

5. $\boldsymbol{d}=\{-3,3,3\}$.

6.（1）$x-5y-4z+13=0$；（2）$y+3z=0$ 或 $3y-z=0$.

7. $4x+5y-2z+12=0$.

8. $\dfrac{x+3}{4}=\dfrac{y-2}{3}=\dfrac{z-5}{1}$ 或 $\begin{cases}x-4z+23=0,\\2x-y-5z+33=0.\end{cases}$

9. $\dfrac{x-1}{1}=\dfrac{y-2}{-2}=\dfrac{z-1}{1}$.

10.（1）绕 y 轴旋转的旋转椭球面；（2）绕 z 轴旋转的旋转抛物面；（3）绕 z 轴旋转的锥面；（4）母线平行于 z 轴的两垂直平面：$x=y$，$x=-y$；（5）母线平行于 z 轴的双曲柱面.

总习题六（B）

1. $m=\pm\dfrac{1}{3}$，$\lambda=\pm\dfrac{1}{3}$，$\mu=\pm\dfrac{2}{3}$，$\boldsymbol{d}=\pm\left\{\dfrac{1}{3},\dfrac{4}{3},\dfrac{8}{3}\right\}$.

2. $(\widehat{\boldsymbol{a},\boldsymbol{b}})=\dfrac{\pi}{3}$.

3. $\boldsymbol{b}=\{2,-4,6\}$.

4. $\boldsymbol{c}=\{4,-4,2\}$ 或 $\boldsymbol{c}=\{-4,4,-2\}$.
5. $x+3y-2z-3=0$.
6. $x+20y-7z=0$ 或 $49x-100y-343z=0$.
7. $7x-26y+18z=0$.
8. $\dfrac{x-1}{1}=\dfrac{y+2}{-2}=\dfrac{z-3}{-1}$.
9. $\dfrac{x+3}{-5}=\dfrac{y}{-4}=\dfrac{z-1}{1}$.
10. $d=\dfrac{\sqrt{230}}{5}$.

第 7 章

习题 7-1

1. $f(x,y)=\dfrac{x^2(1+y^2)}{(1+y)^2}$.
2. $f(x)=\ln(x-2)-1$； $z(x,y)=\ln x+y-1$.
3.（1） $D=\{(x,y)\mid y^2\geqslant x,x\geqslant 0\}$；（2） $D=\{(x,y)\mid x^2+y^2>1\}$；
（3） $D=\{(x,y)\mid 1<x^2+y^2\leqslant 2\}$；（4） $D=\{(x,y)\mid y^2\geqslant x,x\geqslant 0\}$；
（5） $D=\{(x,y)\mid x+y>0,x-y>0\}$；（6） $D=\{(x,y,z)\mid r^2\leqslant x^2+y^2+z^2<R^2\}$.
4.（1） -1；（2） $\ln 2$；（3） 2；（4） $\dfrac{1}{6}$；（5） $\dfrac{1}{2}$；（6） 0.
7. $\{(x,y)\mid x^2-2y=0\}$.
8. $f(0,0)=2$.

习题 7-2

1.（1） $\dfrac{\partial z}{\partial x}=3x^2+2y$， $\dfrac{\partial z}{\partial y}=3y^2+2x$；
（2） $\dfrac{\partial z}{\partial x}=(1+xy)^x\left[\ln(1+xy)+\dfrac{xy}{1+xy}\right]$， $\dfrac{\partial z}{\partial y}=x^2(1+xy)^{x-1}$；
（3） $\dfrac{\partial z}{\partial x}=\dfrac{2xy^2}{x^2+y^2}$， $\dfrac{\partial z}{\partial y}=2y\ln(x^2+y^2)+\dfrac{2y^3}{x^2+y^2}$；
（4） $\dfrac{\partial z}{\partial x}=-\dfrac{2y}{x^2\sin\dfrac{2y}{x}}$， $\dfrac{\partial z}{\partial y}=\dfrac{2}{x\sin\dfrac{2y}{x}}$；

（5）$\frac{\partial u}{\partial x}=\frac{z(x-y)^{z-1}}{1+(x-y)^{2z}}$，$\frac{\partial u}{\partial y}=-\frac{z(x-y)^{z-1}}{1+(x-y)^{2z}}$；$\frac{\partial u}{\partial z}=\frac{(x-y)^{z}\ln(x-y)}{1+(x-y)^{2z}}$；

（6）$\frac{\partial u}{\partial x}=-\frac{y}{x^2}\cdot z^{\frac{y}{x}}\ln z$，$\frac{\partial u}{\partial y}=\frac{1}{x}\cdot z^{\frac{y}{x}}\ln z$，$\frac{\partial u}{\partial z}=\frac{y}{x}\cdot z^{\frac{y}{x}-1}$.

2. 略

3. $f_y(1,y)=1$.

4.（1）$\frac{\partial^2 z}{\partial x^2}=6xy^2$，$\frac{\partial^2 z}{\partial x\partial y}=6x^2y+9y^2-2$，$\frac{\partial^2 z}{\partial y^2}=2x^3+18xy$；

（2）$\frac{\partial^2 z}{\partial x^2}=2\sin y-y^2\sin x$，$\frac{\partial^2 z}{\partial x\partial y}=2x\cos y+2y\cos x$，$\frac{\partial^2 z}{\partial y^2}=-x^2\sin y+2\sin x$；

（3）$\frac{\partial^2 z}{\partial x^2}=2(1+2x^2)\mathrm{e}^{x^2+y^2}$，$\frac{\partial^2 z}{\partial x\partial y}=4xy\mathrm{e}^{x^2+y^2}$，$\frac{\partial^2 z}{\partial y^2}=2(1+2y^2)\mathrm{e}^{x^2+y^2}$；

（4）$\frac{\partial^2 z}{\partial x^2}=-\frac{2xy}{(x^2+y^2)^2}$，$\frac{\partial^2 z}{\partial x\partial y}=\frac{x^2-y^2}{(x^2+y^2)^2}$，$\frac{\partial^2 z}{\partial y^2}=\frac{2xy}{(x^2+y^2)^2}$.

5. $\frac{\partial^2 z}{\partial x\partial y}=\frac{1}{x}$，$\frac{\partial^2 z}{\partial y^2}=\frac{1}{y}$.

6. 略

习题 7-3

1.（1）$\mathrm{d}z=\frac{1}{y}\mathrm{e}^{\frac{x}{y}}(\mathrm{d}x-\frac{x}{y}\mathrm{d}y)$；

（2）$\mathrm{d}z=\frac{1}{x^2+y^2}[y(x^2+y^2+1)\mathrm{d}x+x(x^2+y^2-1)\mathrm{d}y]$；

（3）$\mathrm{d}z=\frac{y^2-x^2}{(x^2+y^2)^2}(y\mathrm{d}x-x\mathrm{d}y)$；

（4）$\mathrm{d}u=\frac{1}{x^3+y^2+z}(3x^2\mathrm{d}x+2y\mathrm{d}y+\mathrm{d}z)$.

2. $\mathrm{d}u=-2(\mathrm{d}x-\mathrm{d}y)$.

3. -0.656；-0.7.

*4. 3.01.

*5. 0.98.

*6. 4.4π.

7. 略

习题 7-4

1. $\dfrac{dz}{dx}=\dfrac{3(1-4x^2)}{\sqrt{1-x^2(4x^2-3)^2}}$.

2. $\dfrac{dz}{dt}=e^t(\sin t+\cos t)+t\cos t+\sin t$.

3. $\dfrac{\partial z}{\partial x}=4x$，$\dfrac{\partial z}{\partial y}=4y$.

4. $\dfrac{\partial z}{\partial x}=6(3x+2y)\ln\dfrac{y}{x}-\dfrac{1}{x}(3x+2y)^2$，$\dfrac{\partial z}{\partial y}=4(3x+2y)\ln\dfrac{y}{x}+\dfrac{1}{y}(3x+2y)^2$.

6.（1）$\dfrac{\partial z}{\partial x}=ye^{xy}f_1'+2xf_2'$，$\dfrac{\partial z}{\partial y}=xe^{xy}f_1'+2yf_2'$；

（2）$\dfrac{\partial z}{\partial x}=2f_1'+\sin yf_2'$，$\dfrac{\partial z}{\partial y}=f_1'+x\cos yf_2'$；

（3）$\dfrac{\partial u}{\partial x}=\dfrac{1}{y}f_2'$，$\dfrac{\partial u}{\partial y}=\dfrac{1}{z}f_1'-\dfrac{x}{y^2}f_2'$，$\dfrac{\partial u}{\partial z}=-\dfrac{y}{z^2}f_1'$；

（4）$\dfrac{\partial u}{\partial x}=f_1'+yf_2'+yzf_3'$，$\dfrac{\partial u}{\partial y}=xf_2'+xzf_3'$，$\dfrac{\partial u}{\partial z}=xyf_3'$.

8.（1）$\dfrac{\partial^2 z}{\partial x^2}=2yf_1'+4x^2y^2f_{11}''+4xy^3f_{12}''+y^4f_{22}''$，

$\dfrac{\partial^2 z}{\partial x\partial y}=2xf_1'+2yf_2'+2x^3yf_{11}''+5x^2y^2f_{12}''+2xy^3f_{22}''$，

$\dfrac{\partial^2 z}{\partial y^2}=2xf_2'+x^4f_{11}''+4x^3yf_{12}''+4x^2y^2f_{22}''$.

（2）$\dfrac{\partial^2 z}{\partial x^2}=e^{x+y}\cdot f_1'-\sin x\cdot f_2'+e^{2(x+y)}f_{11}''+2e^{x+y}\cos xf_{12}''+\cos^2 xf_{22}''$，

$\dfrac{\partial^2 z}{\partial x\partial y}=e^{x+y}\cdot f_1'+e^{2(x+y)}f_{11}''-e^{x+y}\sin yf_{13}''+e^{x+y}\cos xf_{21}''-\cos x\sin yf_{23}''$，

$\dfrac{\partial^2 z}{\partial y^2}=e^{x+y}\cdot f_1'-\cos y\cdot f_3'+e^{2(x+y)}f_{11}''-2e^{x+y}\sin yf_{13}''-\sin^2 yf_{33}''$.

习题 7-5

1. $\dfrac{dy}{dx}=\dfrac{e^x-2xy}{\sin y+x^2}$.

2. $\dfrac{\partial z}{\partial x}=\dfrac{z}{x+z}$，$\dfrac{\partial z}{\partial y}=\dfrac{z^2}{y(x+z)}$.

3. $\dfrac{\partial z}{\partial x}=\dfrac{z\ln z}{x(\ln z-1)}$，$\dfrac{\partial z}{\partial y}=\dfrac{z^2}{xy(1-\ln z)}$.

4. $\dfrac{\partial^2 z}{\partial x^2}=\dfrac{y^2 z\cdot(2\mathrm{e}^z-2xy-z\mathrm{e}^z)}{(\mathrm{e}^z-xy)^3}$.

5. $\mathrm{d}z=-\dfrac{1}{1-yf_1'-f_2'}(f_2'\mathrm{d}x-zf_1'\mathrm{d}y)$.

6. $\mathrm{d}z\big|_{(1,0,-1)}=\mathrm{d}x-\sqrt{2}\mathrm{d}y$.

7. $\dfrac{\mathrm{d}u}{\mathrm{d}x}=\dfrac{\partial f}{\partial x}-\dfrac{y}{x}\cdot\dfrac{\partial f}{\partial y}+\dfrac{\sin(x-z)-\mathrm{e}^x(x-z)}{\sin(x-z)}\cdot\dfrac{\partial f}{\partial z}$.

习题 7-6

1.（1）极大值 $f(0,0)=10$；

（2）极小值 $f(1,1)=-2$，极小值 $f(-1,-1)=-2$；

（3）极大值 $f\left(\dfrac{\pi}{3},\dfrac{\pi}{6}\right)=\dfrac{3}{2}\sqrt{3}$；

（4）极小值 $f(8,7)=-37$.

2. 极大值 $z(1,-1)=6$，极小值 $z(1,-1)=-2$.

3. 最大值 $1+\dfrac{4}{9}\sqrt{3}$，最小值 0.

4. $\left(\dfrac{1}{2},\dfrac{1}{2}\right)$.

5. $\left(\dfrac{8}{5},\dfrac{3}{5}\right)$.

6. $x=y=\sqrt[3]{2V}$，$z=\dfrac{1}{2}\sqrt[3]{2V}$.

7. 长为 $\dfrac{l}{3}$，宽为 $\dfrac{2l}{3}$ 时，以 $\dfrac{l}{3}$ 为轴旋转才可使圆柱体的体积最大.

习题 7-7

1. $p_1=80$，$p_2=120$，最大总利润为 $L(80,120)=605$.

2. $x_0=\dfrac{3\alpha-2\beta}{2\alpha^2-\beta^2}$，$y_0=\dfrac{4\alpha-3\beta}{2(2\alpha^2-\beta^2)}$.

3. 当安排225个单位劳动力和37.5个单位原料时, 才能得到最多的产品.

4. 当购买甲种商品18单位, 乙种商品8单位时, 才能使购买这两种商品的效用最大.

5. 当企业每天生产甲种产品 50 kg, 乙种产品 50 kg 时, 获得的利润最大, 最大利润为 $L(50,50)=10500$ 元.

6. 甲、乙两种产品的产量分别为70件和30件时企业获得最大利润, 最大利润为 $L(70,30)=145$ 万元.

7. 该地区应改造18个电器厂和10个化工厂, 才能使该地区得到的总利润年增加值最大, 最大值是 $f(18,10)=60$ (万元).

8.(1) 甲、乙两种产品的产量分别为10和30时利润最大, 最大利润为 $L(10,30)=1000$;

(2) 当甲、乙两种产品的产量分别为10和20时利润最大, 最大利润为 $L(10,20)=900$.

9.(1) 当甲、乙两种产品的产量分别为4 t和3 t时, 总利润最大, 最大总利润为 $L(4,3)=40$ (万元);

(2) 当甲、乙两种产品的产量都为 2 t 时, 总利润最大, 最大总利润为 $L(2,2)=28$ (万元).

总习题七(A)

1.(1) 充分, 必要;(2) 必要, 充分;(3) 充分;(4) 充分.

2. $D=\{(x,y)\,|\,x\leqslant x^2+y^2<2x\}$.

3. $f(x,y)=xy$.

4.(1) $\lim\limits_{\substack{x\to 0\\ y\to 0}}\dfrac{1-\cos\sqrt{x^2+y^2}}{(x^2+y^2)e^{x^2y^2}}=\dfrac{1}{2}$;(2) $\lim\limits_{\substack{x\to 1\\ y\to 0}}\dfrac{\ln(x+e^y)}{\sqrt{x^2+y^2}}=\ln 2$.

5. $f_x'(1,0)=2$, $f_y'(1,0)=0$.

6.(1) $\dfrac{\partial z}{\partial x}=\dfrac{1}{x+y^2}$, $\dfrac{\partial^2 z}{\partial x^2}=-\dfrac{1}{(x+y^2)^2}$, $\dfrac{\partial z}{\partial y}=\dfrac{2y}{x+y^2}$, $\dfrac{\partial^2 z}{\partial y^2}=\dfrac{2(x-y^2)}{(x+y^2)^2}$, $\dfrac{\partial^2 z}{\partial x\partial y}=-\dfrac{2y}{(x+y^2)^2}$;(2) $\dfrac{\partial z}{\partial x}=yx^{y-1}$, $\dfrac{\partial^2 z}{\partial x^2}=y(y-1)x^{y-2}$, $\dfrac{\partial z}{\partial y}=x^y\ln x$, $\dfrac{\partial^2 z}{\partial y^2}=x^y\ln^2 x$, $\dfrac{\partial^2 z}{\partial x\partial y}=x^{y-1}+y\cdot x^{y-1}\ln x$.

7.(1) $dz=\dfrac{2x}{ye^z-2z}dx+\dfrac{2y-e^z}{ye^z-2z}dy$;

（2）$\mathrm{d}u = x^y y^z z^x\left[\left(\ln z+\dfrac{y}{x}\right)\mathrm{d}x+\left(\ln x+\dfrac{z}{y}\right)\mathrm{d}y+\left(\ln y+\dfrac{x}{z}\right)\mathrm{d}z\right]$.

8. $\dfrac{\mathrm{d}z}{\mathrm{d}t}=\left(y+\dfrac{1}{y}\right)\varphi'+\left(x-\dfrac{x}{y^2}\right)\psi'$.

9. $x\dfrac{\partial^2 u}{\partial x^2}+y\dfrac{\partial^2 u}{\partial x\partial y}=0$.

10. $y'=\dfrac{(\cos x)^y y\tan x-(\sin y)^x\ln\sin y}{(\cos x)^y\ln\cos x+(\sin y)^x x\cot y}$.

11. $\dfrac{2\sqrt{2}}{3}R$，$\dfrac{2\sqrt{2}}{3}R$，$\dfrac{1}{3}h$，$V_{\max}=\dfrac{8}{27}R^2h$.

总习题七（B）

1.（1）C；（2）B；（3）B；（4）D；（5）D.

2.（1）1；（2）$yf''+\varphi'+y\varphi''$；（3）z；（4）$4\mathrm{d}x-2\mathrm{d}y$；（5）$-\dfrac{g'(v)}{g^2(v)}$.

3.（1）$g(x)=\dfrac{1}{x}-\dfrac{1-\pi x}{\arctan x}\ (x>0)$；（2）$\lim\limits_{x\to 0^+}g(x)=\pi$.

5. $\dfrac{\partial^2 z}{\partial x\partial y}=\mathrm{e}^y f_u+x\mathrm{e}^{2y}f_{uu}+\mathrm{e}^y f_{uy}+x\mathrm{e}^y f_{xu}+f_{xy}$.

6. $\dfrac{\mathrm{d}}{\mathrm{d}x}\phi^3(x)|_{x=1}=51$.

8. $\dfrac{\mathrm{d}u}{\mathrm{d}x}=f_x+f_y\cos x-\dfrac{f_z}{\phi_3'}(2x\phi_1'+\mathrm{e}^y\cos x\phi_2')$.

9. $\dfrac{\partial^2 z}{\partial y^2}=x^5 f_{11}''+2x^3 f_{12}''+xf_{22}''$；$\dfrac{\partial^2 z}{\partial x\partial y}=x^4 yf_{11}''-yf_{22}''+4x^3 f_1'+2xf_2'$.

10. 极大值 $f(2,1)=4$；最小值 $f(4,2)=-64$，最大值 $f(2,1)=4$.

第 8 章

习题 8-1

1.（1）$\dfrac{2}{3}\pi R^3$；（2）$\dfrac{32}{3}\pi$.

2. $I_1=4I_2$.

3.（1）$\iint\limits_D \ln(x+y)\mathrm{d}\sigma \leqslant \iint\limits_D (x+y)^2\mathrm{d}\sigma$；（2）$\iint\limits_D (x+y)^2\mathrm{d}\sigma < \iint\limits_D (x+y)^3\mathrm{d}\sigma$.

4.（1）$0 \leqslant I \leqslant \pi^2$；（2）$36\pi \leqslant I \leqslant 100\pi$.

总习题 8-2

1. （1）$I=\int_{-1}^{0}\mathrm{d}x\int_{-(1+x)}^{1+x}f(x,y)\mathrm{d}y+\int_{0}^{1}\mathrm{d}x\int_{x-1}^{1-x}f(x,y)\mathrm{d}y$ 或

$\int_{-1}^{0}\mathrm{d}y\int_{-(1+y)}^{1+y}f(x,y)\mathrm{d}x+\int_{0}^{1}\mathrm{d}y\int_{y-1}^{1-y}f(x,y)\mathrm{d}x$；

（2）$I=\int_{0}^{1}\mathrm{d}x\int_{\sqrt{1-x^2}}^{\sqrt{4-x^2}}f(x,y)\mathrm{d}y+\int_{1}^{2}\mathrm{d}x\int_{0}^{\sqrt{4-x^2}}f(x,y)\mathrm{d}y$ 或

$I=\int_{0}^{1}\mathrm{d}y\int_{\sqrt{1-y^2}}^{\sqrt{4-y^2}}f(x,y)\mathrm{d}x+\int_{1}^{2}\mathrm{d}y\int_{0}^{\sqrt{4-y^2}}f(x,y)\mathrm{d}x$；

（3）$I=\int_{1}^{2}\mathrm{d}x\int_{x}^{5x}f(x,y)\mathrm{d}y$ 或

$I=\int_{1}^{2}\mathrm{d}y\int_{1}^{y}f(x,y)\mathrm{d}x+\int_{2}^{5}\mathrm{d}y\int_{1}^{2}f(x,y)\mathrm{d}x+\int_{5}^{10}\mathrm{d}y\int_{\frac{y}{5}}^{2}f(x,y)\mathrm{d}x$；

（4）$I=\int_{0}^{1}\mathrm{d}x\int_{x^2}^{2-x}f(x,y)\mathrm{d}y$ 或 $I=\int_{0}^{1}\mathrm{d}y\int_{0}^{\sqrt[3]{y}}f(x,y)\mathrm{d}x+\int_{1}^{2}\mathrm{d}y\int_{0}^{2-y}f(x,y)\mathrm{d}x$；

2.（1）$\int_{0}^{2}\mathrm{d}y\int_{2-y}^{\sqrt{4-y^2}}f(x,y)\mathrm{d}x$；（2）$\int_{0}^{1}\mathrm{d}x\int_{0}^{x^2}f(x,y)\mathrm{d}x+\int_{1}^{\sqrt{2}}\mathrm{d}y\int_{0}^{\sqrt{2-x^2}}f(x,y)\mathrm{d}x$；

（3）$\int_{0}^{1}\mathrm{d}y\int_{\mathrm{e}^y}^{\mathrm{e}}f(x,y)\mathrm{d}x$；（4）$\int_{0}^{2}\mathrm{d}x\int_{2x}^{6-x}f(x,y)\mathrm{d}y$；（5）$\int_{0}^{2}\mathrm{d}x\int_{x-2}^{4-x^2}f(x,y)\mathrm{d}y$；

（6）$\int_{0}^{1}\mathrm{d}y\int_{\sqrt{y}}^{1+\sqrt{1-y^2}}f(x,y)\mathrm{d}x$.

3.（1）$(\mathrm{e}-1)^2$；（2）$\frac{5}{6}$；（3）$\frac{6}{55}$；（4）$\frac{2}{15}$；（5）$\frac{9}{4}$；（6）$e^2-\frac{3}{2}$；（7）$1-\sin 1$.

4.（1）$\int_{-\frac{\pi}{2}}^{\frac{\pi}{2}}\mathrm{d}\theta\int_{0}^{2\mathrm{R}\cos\theta}f(\rho\cos\theta,\rho\sin\theta)\rho\,\mathrm{d}\rho$；（2）$\int_{0}^{\pi}\mathrm{d}\theta\int_{0}^{a}f(\rho\cos\theta,\rho\sin\theta)\rho\,\mathrm{d}\rho$；

（3）$\int_{0}^{\frac{\pi}{4}}\mathrm{d}\theta\int_{0}^{\sec\theta}f(\rho\cos\theta,\rho\sin\theta)\rho\,\mathrm{d}\rho+\int_{\frac{\pi}{4}}^{\frac{\pi}{2}}\mathrm{d}\theta\int_{0}^{\csc\theta}f(\rho\cos\theta,\rho\sin\theta)\rho\,\mathrm{d}\rho$；

（4）$\int_{0}^{\frac{\pi}{2}}\mathrm{d}\theta\int_{\frac{1}{\cos\theta+\sin\theta}}^{1}f(\rho\cos\theta,\rho\sin\theta)\rho\,\mathrm{d}\rho$.

5.（1）$\pi(1-\mathrm{e}^{-4})$；（2）$\pi\ln 2-\frac{\pi}{2}$；（3）$\frac{3}{64}\pi^2$；（4）$2\pi(\sin 2-2\cos 2)$；（5）$\frac{41}{2}\pi$；

（6）$\frac{\pi}{2}(\mathrm{e}^{\pi}+1)$；（7）$\frac{16}{9}(3\pi-2)$.

6.（1）$\frac{4}{\pi^3}(\pi+2)$；（2）$\frac{3}{8}\mathrm{e}-\frac{1}{2}\sqrt{\mathrm{e}}$；

7. $a^2\left(\dfrac{\pi^2}{16}-\dfrac{1}{2}\right)$；

8. $\dfrac{16}{3}R^3$；

9. 6π.

总习题八（A）

1.（1）$\dfrac{1}{4}$；（2）2；（3）$(1-x)f(x)$；（4）$[y,1]$；（5）$\left(\dfrac{\pi}{2},\pi\right)$.

2.（1）A；（2）B；（3）D；（4）C.

3.（1）$\dfrac{1}{2}$；（2）$\dfrac{9}{4}$；（3）$-\dfrac{\pi}{2}$.

4.（1）$\int_0^1 \mathrm{d}x\int_{x^2}^{x} f(x,y)\mathrm{d}y$；（2）$\int_0^1 \mathrm{d}y\int_{\mathrm{e}^y}^{\mathrm{e}} f(x,y)\mathrm{d}x$；

（3）$\int_0^2 \mathrm{d}y\int_{\frac{y}{2}}^{y} f(x,y)\mathrm{d}x+\int_2^4 \mathrm{d}y\int_{\frac{y}{2}}^{2} f(x,y)\mathrm{d}x$；（4）$\int_0^1 \mathrm{d}y\int_y^{2-y} f(x,y)\mathrm{d}x$；

（5）$\int_0^1 \mathrm{d}y\int_{\sqrt{y}}^{2-y} f(x,y)\mathrm{d}x$.

5.（1）
$$\int_{-1}^1 \mathrm{d}x\int_{1-\sqrt{1-x^2}}^{1+\sqrt{1-x^2}} f(x,y)\mathrm{d}y=\int_0^2 \mathrm{d}y\int_{-\sqrt{2y-y^2}}^{\sqrt{2y-y^2}} f(x,y)\mathrm{d}x$$
$$=\int_0^{\pi} \mathrm{d}\theta\int_0^{2\sin\theta} rf(r\cos\theta,r\sin\theta)\mathrm{d}r；$$

（2）
$$\int_0^1 \mathrm{d}x\int_{1-x}^{\sqrt{1-x^2}} f(x,y)\mathrm{d}y=\int_0^1 \mathrm{d}y\int_{1-y}^{\sqrt{1-y^2}} f(x,y)\mathrm{d}x$$
$$=\int_0^{\frac{\pi}{2}} \mathrm{d}\theta\int_{\frac{1}{\sin\theta+\cos\theta}}^{1} rf(r\cos\theta,r\sin\theta)\mathrm{d}r；$$

（3）
$$\int_{-2}^{-1} \mathrm{d}x\int_{-\sqrt{4-x^2}}^{\sqrt{4-x^2}} f(x,y)\mathrm{d}y+\int_{-1}^1 \mathrm{d}x\int_{-\sqrt{4-x^2}}^{-\sqrt{1-x^2}} f(x,y)\mathrm{d}y$$
$$+\int_{-1}^1 \mathrm{d}x\int_{\sqrt{1-x^2}}^{\sqrt{4-x^2}} f(x,y)\mathrm{d}y+\int_1^2 \mathrm{d}x\int_{-\sqrt{4-x^2}}^{\sqrt{4-x^2}} f(x,y)\mathrm{d}y$$
$$=\int_{-2}^{-1} \mathrm{d}y\int_{-\sqrt{4-y^2}}^{\sqrt{4-y^2}} f(x,y)\mathrm{d}x+\int_{-1}^1 \mathrm{d}y\int_{-\sqrt{4-y^2}}^{-\sqrt{1-y^2}} f(x,y)\mathrm{d}x$$
$$+\int_{-1}^1 \mathrm{d}y\int_{\sqrt{1-y^2}}^{\sqrt{4-y^2}} f(x,y)\mathrm{d}x+\int_1^2 \mathrm{d}y\int_{-\sqrt{4-y^2}}^{\sqrt{4-y^2}} f(x,y)\mathrm{d}x$$
$$=\int_0^{2\pi} \mathrm{d}\theta\int_1^2 rf(r\cos\theta,r\sin\theta)\mathrm{d}r.$$

6.（1）$\dfrac{1}{2}\mathrm{e}^2-\mathrm{e}+\dfrac{1}{2}$；（2）$\dfrac{9}{2}$.

7. $\frac{\pi}{2}$.

总习题八（B）

1.（1）A;（2）C;（3）C;（4）D;（5）D.

2.（1）$\int_0^1 dy\int_0^{y^2} f(x,y)dx+\int_1^2 dy\int_0^{\sqrt{2y-y^2}} f(x,y)dx$；

（2）$\int_0^1 dx\int_0^{x^2} f(x,y)dy+\int_1^{\sqrt{2}} dx\int_0^{\sqrt{2-x^2}} f(x,y)dy$；

（3）$\int_0^{\frac{1}{2}} dx\int_{x^2}^{x} f(x,y)dy$；（4）$\frac{1}{2}A^2$；（5）$a^2$.

3. $-\frac{2}{3}$.

4. $e-1$.

5. $\frac{49}{20}$.

6. $\frac{3}{8}$.

7. $\frac{\pi}{4}-\frac{1}{3}$.

8. $\frac{5}{3}+\frac{\pi}{2}$.

9. $f(x,y)=\sqrt{1-x^2-y^2}-\frac{4}{3\pi}\left(\frac{\pi}{2}-\frac{2}{3}\right)$.

第 9 章

习题 9-1

1.（1）$u_n=\frac{1}{2n-1}$；（2）$u_n=(-1)^n\frac{n+2}{n}$；（3）$u_n=(-1)^{n+1}\frac{a^{n+1}}{2n+1}$；

（4）$u_n=\frac{(-1)^{n+1}x^{\frac{n}{2}}}{2\cdot 4\cdot\cdots\cdot(2n)}$ 或 $u_n=\frac{(-1)^{n+1}x^{\frac{n}{2}}}{2^n\cdot n!}$.

2.（1）发散；（2）收敛；（3）收敛；（4）发散.

3.（1）发散；（2）收敛；（3）发散；（4）发散.

4. 可能收敛也可能发散, 发散.

习题 9-2

1.（1）发散；　（2）收敛；　（3）收敛；　（4）收敛；

（5）当$0<a\leqslant 1$时发散，当$a>1$时收敛.

2.（1）发散；　（2）收敛；　（3）收敛；　（4）收敛.

3.（1）收敛；　（2）收敛；　（3）收敛；

（4）当$a=0$时发散；当$0<a<x$时发散；当$a>x$时收敛；当$a=x$时，可能收敛也可能发散.

4.（1）收敛；　（2）发散；　（3）收敛；　（4）收敛.

习题 9-3

1.（1）条件收敛；　（2）条件收敛；　（3）发散；　（4）条件收敛；

（5）绝对收敛；　（6）条件收敛；　（7）绝对收敛；　（8）绝对收敛.

2. 略.

习题 9-4

1.（1）$R=1$，$(-1,1)$；　（2）$R=1$，$[-1,1]$；

（3）$R=3$，$[-3,3)$；　（4）$R=\frac{1}{2}$，$[-\frac{1}{2},\frac{1}{2}]$；

（5）$R=1$，$[-1,1]$；　（6）$R=+\infty$，$(-\infty,+\infty)$；

（7）$R=\sqrt{2}$，$(-\sqrt{2},\sqrt{2})$；　（8）$R=1$，$(0,2]$.

2.（1）$s(x)=\frac{1}{(1-x)^2}$，$x\in(-1,1)$；

（2）$s(x)=\frac{1}{4}\ln\frac{1+x}{1-x}+\frac{1}{2}\arctan x-x$，$x\in(-1,1)$；

（3）$s(x)=\frac{1}{2}\ln\frac{1+x}{1-x}$，$x\in(-1,1)$；

（4）$s(x)=\begin{cases}(1-x)\ln(1-x)+x-\frac{1}{2}x^2, & x\in[-1,1), \\ \frac{1}{2}, & x=1.\end{cases}$

习题 9-5

1. $x\ln(1+x)=x^2-\dfrac{x^3}{2}+\dfrac{x^4}{3}-\dfrac{x^5}{4}+\cdots+(-1)^n\dfrac{x^{n+2}}{n+1}+\cdots$，$-1<x\leqslant 1$.

2.（1）$5^x=\sum\limits_{n=0}^{\infty}\dfrac{(\ln 5)^n}{n!}x^n$，$-\infty<x<+\infty$；

（2）$\dfrac{1}{x^2+3x+2}=\sum\limits_{n=0}^{\infty}(-1)^n(1-\dfrac{1}{2^{n+1}})x^n$，$-1<x<1$；

（3）$\dfrac{1}{(2-x)^2}=\sum\limits_{n=1}^{\infty}\dfrac{n}{2^{n+1}}x^{n-1}$，$-2<x<2$；

（4）$\ln(1+x-2x^2)=\sum\limits_{n=0}^{\infty}\dfrac{(-1)^n2^{n+1}-1}{n+1}x^{n+1}$，$-\dfrac{1}{2}<x\leqslant\dfrac{1}{2}$.

3. $\lg x=\dfrac{1}{\ln 10}\sum\limits_{n=0}^{\infty}(-1)^n\dfrac{(x-1)^{n+1}}{n+1}$，$0<x\leqslant 2$.

4. $\dfrac{1}{x^2+5x+6}=\sum\limits_{n=0}^{\infty}(-1)^n(\dfrac{1}{4^{n+1}}-\dfrac{1}{5^{n+1}})(x-2)^n$，$-2<x<6$.

5. $\cos x=\sum\limits_{n=0}^{\infty}(-1)^n\left[\dfrac{1}{2}\cdot\dfrac{(x+\frac{\pi}{3})^{2n}}{(2n)!}+\dfrac{\sqrt{3}}{2}\cdot\dfrac{(x+\frac{\pi}{3})^{2n+1}}{(2n+1)!}\right]$，$-\infty<x<+\infty$.

6. $\dfrac{1}{x^2}=\sum\limits_{n=1}^{\infty}\dfrac{n}{4^{n+1}}(x+4)^{n-1}$，$-8<x<0$.

7.（1）$\sqrt[5]{240}\approx 2.9926$；　（2）$\cos 2^\circ\approx 0.9994$.

8.（1）$\int_0^1\dfrac{\sin x}{x}\mathrm{d}x\approx 0.9461$；　（2）$\int_0^{0.5}\dfrac{1}{1+x^4}\mathrm{d}x\approx 0.4940$.

总习题九（A）

1.（1）D;　（2）A;　（3）B;　（4）A;　（5）A.

2.（1）u_1-a；（2）$|q|>1$；（3）$[0,2)$；（4）$\sum\limits_{n=0}^{\infty}(-1)^nx^{n+3}$；（5）$(-1,1)$.

3.（1）条件收敛;（2）绝对收敛.

4. $(-1,1)$，$s(x)=\begin{cases}\dfrac{-\ln(1-x)-x}{x}, & -1<x<1, x\neq 0,\\ 0, & x=0.\end{cases}$

总习题九（B）

1.（1）C;　（2）D;　（3）A;　（4）B;　（5）A.

2.（1）$(-\sqrt{3},\sqrt{3})$；　（2）$xe^{x}-x$；　（3）$\alpha>\frac{1}{2}$，$-\frac{1}{2}<\alpha\leqslant\frac{1}{2}$；

（4）$\frac{2}{3}$；　（5）$R=\frac{1}{e}$.

3.（1）条件收敛；　（2）条件收敛.

4. $\frac{-x^{2}}{(1+x)^{2}}$，$x\in(-1,1)$；$\sum_{n=1}^{\infty}\frac{n}{2^{n}}=2$.

第 10 章

习题 10-1

1.（1）一阶；（2）三阶；（3）一阶；（4）二阶；（5）一阶；（6）二阶.

2.（1）不是；（2）是；（3）是；（4）不是；（5）不是.

3. $y=4e^{x}+2e^{3x}$.

4.（1）$y=x^{3}+5x+c$;（2）$x=-3\sin 2t+C_{1}t+C_{2}$.

5. $yy'+2x=0$.

习题 10-2

1.（1）$\ln y=Cx$；　（2）$y=\frac{1}{5}x^{3}+\frac{1}{2}x^{2}+C$；

（3）$\frac{1}{2}y^{2}=e^{x}+C$；　（4）$\sqrt{1-x^{2}}+\sqrt{1-y^{2}}=C$；

（5）$\frac{y}{1-ay}=C(a+x)$；　（6）$\ln^{2}x+\ln^{2}y=C$；

（7）$2^{x}+2^{-y}=C$；　（8）$\tan x\tan y=C$；

（9）$(e^{y}-1)(e^{x}+1)=C$；　（10）$y^{4}=\frac{Cx}{4-x}$.

2.（1）$x^{2}y=4$；　（2）$e^{y}=\frac{1}{2}(1+e^{2x})$；

（3）$2(x^3-y^3)+3(x^2-y^2)+5=0$；（4）$\cos x-\sqrt{2}\cos y=0$；

（5）$1+e^x=2\sqrt{2}\cos y$；（6）$\ln y=|\csc x-\cot x|$.

3. $2\arctan\frac{y}{x}=\ln(x^2+y^2)+C$.

4.（1）$x+y=Cx^2$；（2）$\ln\frac{y}{x}=Cx+1$；

（3）$y=Cx(y-x)$；（4）$\arcsin\frac{y}{x}=\ln Cx$；

（4）$y^2=x^2(2\ln|x|+C)$.

5.（1）$y^3=y^2-x^2$；（2）$y^2=2x^2(2+\ln x)$；（3）$e^{-\frac{y}{x}}=1-\ln x$.

习题 10-3

1.（1）$y=2+Ce^{-x^2}$；（2）$s=\sin t-1+Ce^{-\sin t}$；

（3）$y=C\cos x-2\cos^2 x$；（4）$y=\frac{\sin x+C}{x^2-1}$；

（5）$y=e^{-x}(x+C)$.

2.（1）$y=\frac{8}{3}-\frac{2}{3}e^{-3x}$；（2）$y=\frac{\pi-1-\cos x}{x}$；（3）$y=x+\sqrt{1-x^2}$.

3. $y=2e^x-1$.

4. $y=2(e^x-x-1)$.

5.（1）$y^{-4}=-x+\frac{1}{4}+Ce^{-4x}$；（2）$\frac{1}{y}=-\sin x+Ce^x$；

（3）$y^{-5}=Cx^5+\frac{5}{2}x^3$；（4）$\frac{1}{y}=\ln x+1+Cx$.

习题 10-4

1.（1）$y=xe^x-3e^x+\frac{1}{2}C_1x^2+C_2x+C_3$；

（2）$y=x\arctan x-\frac{1}{2}\ln(1+x^2)+C_1x+C_2$；（3）$y=C_1\ln x+C_2$；

（4）$y+C_1\ln(y-C_1)=x+C_2$；

（5）$y=-\frac{1}{2}\sin 2x-x+C_1\sin x+C_2$；（6）$C_1y^2-1=(C_1x+C_2)^2$.

2.（1）$y=\sqrt{2x-x^2}$；（2）$y=\dfrac{3}{2}x^2-2x-\dfrac{x}{2}\ln^2 x+\dfrac{1}{2}$；

（3）$y=3x+x^3+1$；（4）$y=\left(\dfrac{1}{2}x+1\right)^4$；

3. $y=\dfrac{1}{6}x^3+\dfrac{x}{2}+1$.

习题 10-5

1.（1）$y=C_1\mathrm{e}^{-2x}+C_2\mathrm{e}^{2x}$；（2）$y=C_1\mathrm{e}^{-x}+C_2\mathrm{e}^{4x}$；

（3）$y=C_1\cos x+C_2\sin x$；（4）$y=\mathrm{e}^{2x}(C_1\cos x+C_2\sin x)$；

（5）$y=(C_1+C_2x)\mathrm{e}^{\frac{3}{2}x}$；（6）$y=\mathrm{e}^{-x}(C_1\cos\sqrt{2}x+C_2\sin\sqrt{2}x)$；

（7）$y=(C_1+C_2x)\mathrm{e}^{x}$；（8）$y=C_1+C_2\mathrm{e}^{4x}$.

2.（1）$y=7\mathrm{e}^{x}-5\mathrm{e}^{2x}$；（2）$y=2\mathrm{e}^{-\frac{1}{2}x}+x\mathrm{e}^{-\frac{1}{2}x}$；（3）$y=\mathrm{e}^{2x}\sin 3x$.

3.（1）$y=C_1\mathrm{e}^{-4x}+C_2\mathrm{e}^{-x}-\dfrac{1}{2}x+\dfrac{11}{8}$；

（2）$y=C_1\mathrm{e}^{-2x}+C_2\mathrm{e}^{-x}+\left(\dfrac{3}{2}x^2+3x\right)\mathrm{e}^{-x}$；

（3）$y=\mathrm{C}_1\mathrm{e}^{x}+\mathrm{C}_2\mathrm{e}^{2x}-\left(\dfrac{1}{2}x^2+x\right)\mathrm{e}^{x}$；

（4）$y=\mathrm{C}_1\cos x+\mathrm{C}_2\sin x-\dfrac{1}{3}x\cos 2x+\dfrac{4}{9}\sin 2x$；

（5）$y=(\mathrm{C}_1+\mathrm{C}_2x)\mathrm{e}^{3x}+\left(\dfrac{1}{6}x^3+\dfrac{1}{2}x^2\right)\mathrm{e}^{3x}$；

（6）$y=\mathrm{C}_1\mathrm{e}^{3x}+\mathrm{C}_2\mathrm{e}^{-3x}+\left(\dfrac{6}{37}\sin x-\dfrac{1}{37}\cos x\right)\mathrm{e}^{3x}$；

（7）$y=\mathrm{C}_1\cos x+\mathrm{C}_2\sin x+\dfrac{1}{2}x\sin x$；

（8）$y=\mathrm{C}_1\mathrm{e}^{3x}+\mathrm{C}_2\mathrm{e}^{-x}-x+\dfrac{1}{3}$.

4. $y=\cos 3x-\dfrac{1}{3}\sin 3x$.

5. $s=\left(\dfrac{t}{2}+1\right)\sin 2t$.

习题 10-6

1.（1）0；（2）6；（3）$\mathrm{e}^t(\mathrm{e}-1)^2$；（4）2.

2.（1）4 阶；（2）2 阶；（3）一阶；（4）一阶；（5）三阶；（6）五阶.

3. 略.

习题 10-7

（1）$y_x = C3^x + 1$；（2）$y_x = C(-1)^x + \frac{1}{3}\cdot 2^x$；

（3）$y_x = C(-4)^x + \frac{2}{5}x^2 + \frac{1}{25}x - \frac{36}{125}$；（4）$y = C\cdot(-1)^x - \frac{1}{2}x(x+1)(-1)^x$；

（5）$y_n = \frac{7}{3}\cdot 5^n - 1$.

习题 10-8

（1）$y_n = 2^n(C_1\cos\alpha + C_2\sin\alpha)$，其中 $\alpha = \arctan\frac{\sqrt{7}}{3}$；

（2）$y_n = \frac{1}{2}\left(-\frac{7}{2}\right)^n + \frac{3}{2}\left(\frac{1}{2}\right)^n + 4$；

（3）$y_n = C_1 + C_2\cdot(-3)^n + \frac{1}{5}\cdot 2^n + \frac{1}{4}n$.

习题 10-9

1. $x = \frac{N}{1+C\mathrm{e}^{-kNt}}$；

2. $Y_t = Y_0(\alpha - \alpha\beta)^t$，$C_t = \beta^2 Y_0(\alpha-\alpha\beta)^t$，$S_t = \alpha Y_0(1-\beta)^{t+1}$.

总习题十（A）

1.（1）$y = Cx^x\mathrm{e}^{-x}$；（2）$Q = 50\mathrm{e}^{kp}$；（3）$y = C_1\cos\sqrt{2}x + C_2\sin\sqrt{2}x + \phi(x)$；

（4）$y_t = C\left(-\frac{1}{2}\right)^t + \frac{7}{9} + \frac{1}{3}t$；（5）$y = \mathrm{e}^x(C_1\cos x + C_2\sin x + 1)$.

2. （1）B；（2）B；（3）C；（4）C；（5）B.

3.（1）$e^{-y^2}-2e^x+C=0$；（2）$y=C_1e^x+C_2e^{2x}-(\frac{1}{2}x^2+x)e^x$.

4.（1）$y=C+\frac{2}{3}t^3-t^2+\frac{1}{3}t$；（2）$y=C\cdot 2^t-\frac{3}{5}\cdot\left(\frac{1}{3}\right)^t$；

（3）$y_t=C\cdot 2^t+2^{t-2}(t^2-t)$.

5. $y=\frac{\sin x-1}{x^2-1}$.

总习题十（B）

1. （1）$e^x(x+1)$；（2）-1；（3）$(x-4)y^4=Cx$；

（4）$\frac{1}{2}(1+x^2)[\ln(1+x^2)-1]$；（5）$y=\frac{1}{x}$.

2. （1）B；（2）B；（3）A；（4）B；（5）A.

3.（1）$\ln\frac{y}{x}-1=Cx$；（2）$y=\frac{x^4+C}{x^2+1}$.

4.（1）$y_t=C\cdot 2^t-3t^2-6t-9$；（2）$y_t=(3t-1)\cdot 4^t$；

（3）$y_t=\left(C-\frac{t}{3}\right)\cdot(-3)^t+\frac{1}{4}$.

5.（1）$p_e=\left(\frac{a}{b}\right)^{\frac{1}{3}}$；（2）$p(t)=[p_e^3+(1-p_e^3)e^{-3kbt}]^{\frac{1}{3}}$；（3）$p_e$.